Quantenmechanik

Quantenmechanik

Eine Einführung des Nobelpreisträgers Steven Weinberg

Steven Weinberg

ALWAYS LEARNING

PEARSON

Bibliografische Information der Deutschen Nationalbibliothek

Die Deutsche Nationalbibliothek verzeichnet diese Publikation in der Deutschen Nationalbibliografie; detaillierte bibliografische Daten sind im Internet über *http://dnb.dnb.de* abrufbar.

10 9 8 7 6 5 4 3 2 1

18 17 16 15

ISBN 978-3-86894-263-7 (Buch)
ISBN 978-3-86326-760-5 (E-Book)

www.pearson.de
A part of Pearson plc worldwide

Programmleitung: Birger Peil, bpeil@pearson.de
Übersetzung und Fachlektorat: Ulrich Schollwöck, München
Korrektorat: Micaela Krieger-Hauwede, Leipzig
Herstellung: Philipp Burkart, pburkart@pearson.de
Satz: Micaela Krieger-Hauwede, Leipzig
Coverabbildung: Randy Lemaire
Druck und Verarbeitung: Drukarnia Dimograf, Bielsko-Biala

Printed in Poland

Für Louise, Elizabeth und Gabrielle

Vorlesungen über Quantenmechanik

Seine außergewöhnliche physikalische Einsicht verbindet der Nobelpreisträger Steven Weinberg mit seiner Gabe, Sachverhalte klar darzustellen, und liefert so eine prägnante Einführung in die moderne Quantenmechanik.

Ideal eignet sich dieses Lehrbuch für einen einjährigen Kurs für fortgeschrittene Studenten. Gleichzeitig ist es aber auch eine nützliche Referenz für Forscher. Eingeführt werden die Leser in das Gebiet durch einen Überblick über die Geschichte der Quantenmechanik und eine Darstellung klassischer Lösungen der Schrödinger-Gleichung. Danach wird die Quantenmechanik im modernen Hilbertraum-Zugang entwickelt. Das Lehrbuch beschäftigt sich mit vielen Themen, die man in anderen Büchern über Quantenmechanik nur selten findet; darunter Alternativen zur Kopenhagener Interpretation, Blochwellen und Bandstruktur, das Wigner-Eckart-Theorem, magische Quantenzahlen, Isospin-Symmetrie, die Diracsche Theorie kanonischer Systeme mit Zwangsbedingungen, allgemeine Streutheorie, der »in-in«-Formalismus, die Berry-Phase, Landau-Niveaus, Verschränkung und Quantencomputing. Am Ende der Kapitel gibt es Aufgaben, für die Lösungen für Unterrichtende unter `http://www.pearson-studium.de` erhältlich sind.

EXTRAS ONLINE
Lösungen

Steven Weinberg gehört dem Department für Physik und Astronomie der University of Texas in Austin an. Er forscht über eine breite Auswahl von Themen in der Quantenfeldtheorie, der Elementarteilchenphysik und der Kosmologie und wurde mit zahlreichen Auszeichnungen gewürdigt, unter anderem dem Nobelpreis für Physik, der National Medal of Science und dem Heinemann-Preis für mathematische Physik. Weinberg ist Mitglied der Nationalen Akademie der Wissenschaften der USA, der Royal Society in Großbritannien, und anderer Akademien in den USA und der ganzen Welt. Die Amerikanische Philosophische Gesellschaft verlieh ihm die Benjamin-Franklin-Medaille mit einer Laudatio, die feststellte, dass er »von vielen für den herausragendsten heute lebenden theoretischen Physiker gehalten wird.« Zu seinen Büchern für Physiker gehören *Gravitation and Cosmology*, das dreibändige Werk *The Quantum Theory of Fields* und jüngst *Cosmology*. Seine Ausbildung erhielt er in Cornell, Kopenhagen und Princeton. Außerdem wurden ihm von sechzehn anderen Universitäten Abschlüsse ehrenhalber verliehen. Steven Weinberg unterrichtete an der Columbia-Universität, in Berkeley, am M.I.T. und in Harvard, wo er die Higgins-Professur für Physik innehatte, bevor er 1982 nach Texas ging.

Inhaltsverzeichnis

Vorwort

Die Entwicklung der Quantenmechanik in den zwanziger Jahren des letzten Jahrhunderts war der größte Fortschritt in der Physik seit den Arbeiten von Isaac Newton. Sie war nicht leicht, denn die Ideen der Quantenmechanik stellen eine tiefgreifende Abkehr von der gewöhnlichen menschlichen Intuition dar. Die Quantenmechanik wurde aufgrund ihrer Erfolge akzeptiert. Sie ist grundlegend für die moderne Atomphysik, Molekülphysik, Kernphysik und Elementarteilchenphysik und ebenso für weite Bereiche der Chemie und Festkörperphysik.

Es gibt viele schöne Bücher über Quantenmechanik, darunter die Bücher von Dirac und Schiff, aus denen ich selbst den Stoff vor langer Zeit gelernt habe. Trotzdem schien mir keines dieser Bücher passend für den Stoff zu sein, den ich in einem einjährigen Kurs für fortgeschrittene Studenten behandeln wollte. Zum Beispiel möchte ich Symmetrieprinzipien wesentlich stärker als üblich betonen, einschließlich ihrer Rolle bei der Motivierung der Kommutatorrelationen. (In diesem Zugang braucht man nämlich den kanonischen Formalismus für die meisten Zwecke gar nicht, sodass eine systematische Behandlung dieses Formalismus' bis Kapitel 9 warten kann.) Außerdem behandle ich auch einige moderne Themen, die in den alten Büchern natürlich noch nicht vorkommen, darunter zahlreiche Beispiele aus der Elementarteilchenphysik, Alternativen zur Kopenhagener Deutung und eine kurze (sehr kurze) Einführung in die Theorie und die experimentellen Überprüfungen der Verschränkung und ihrer Anwendung auf das Quantencomputing. Darüber hinaus wende ich mich einigen Themen zu, die in Büchern zur Quantenmechanik oft ausgelassen werden: Blochwellen, Zeitumkehrinvarianz, das Wigner-Eckart-Theorem, magische Quantenzahlen, Isospin-Symmetrie, »in«- und »out«-Zustände, den »in-in«-Formalismus, die Berry-Phase, Diracs Theorie kanonischer Systeme mit Zwangsbedingungen, Levinsons Theorem, das allgemeine optische Theorem, die allgemeine Theorie der resonanten Streuung, Anwendungen der Funktionalanalysis, Photoionisierung, Landau-Niveaus, Multipolstrahlung usw.

Die Kapitel des Buchs sind in Abschnitte unterteilt, die im Durchschnitt einer einzelnen Vorlesung von 75 Minuten entsprechen. Der Stoff dieses Buches passt gerade so in einen einjährigen Kurs, was bedeutet, dass viele andere Themen ausgelassen werden mussten. Jedes Buch über Quantenmechanik ist eine Übung im Weglassen, und ich kann nicht behaupten, dass meine Auswahl besser ist als die anderer Autoren. Zumindest hat sie aber für mich gut funktioniert, wenn ich den Kurs unterrichtet habe.

Es gibt ein Thema, das ich ohne Bedauern ausgelassen habe: die relativistische Wellengleichung von Dirac. Mir erscheint die Art zutiefst irreführend, in der sie gewöhnlich in den Büchern über Quantenmechanik dargestellt wird. Dirac hielt seine Gleichung für eine relativistische Verallgemeinerung der nichtrelativistischen zeitabhängigen Schrödinger-Gleichung, welche die Wahrscheinlichkeitsamplitude für ein Punktteilchen in einem äußeren elektromagnetischen Feld beschreibt. Eine gewisse Zeit lang dachte man, es wäre gut, dass Diracs Zugang nur für Teilchen mit Spin 1/2 funktioniert und Zustände negativer Energie vorkommen, die man, sofern sie leer sind, mit dem Antiteilchen des Elektrons identifizieren kann. Heute wissen wir, dass es Teilchen wie die Bosonen $W^{\pm}$ gibt, die genauso elementar sind wie das Elektron und eigene Antiteilchen besitzen, dennoch aber Spin 1 und nicht Spin 1/2 haben. Den richtigen Weg, die Relativitätstheorie und die Quantenmechanik zu kombinieren, beschreitet die Quantenfeldtheorie. Dort taucht die Diracsche Wellenfunktion als das Matrixelement eines Quantenfeldes zwischen einem Einteilchenzustand und dem Vakuum auf, nicht aber als Wahrscheinlichkeitsamplitude.

Ich habe mich bemüht, in diesem Buch eine Überschneidung mit der Behandlung der Quantenfeldtheorie aus früheren Büchern zu vermeiden.[1] Von der Quantisierung des elektromagnetischen Feldes abgesehen, befasst sich dieses Buch nicht mit relativistischer Quantenmechanik. Allerdings gibt es in *The Quantum Theory of Fields* einige Themen, die im Allgemeinen nicht in Kursen über Quantenmechanik vorkommen, von denen ich aber denke, das man sie braucht. Diese Themen werden auch hier behandelt, insbesondere in Kapitel 8 über allgemeine Streutheorie, selbst wenn sich dadurch eine gewisse Überschneidung mit meinen früheren Büchern ergibt.

Dieses Buch geht davon aus, dass physikalische Zustände durch Vektoren im Hilbertraum dargestellt werden, und die Wellenfunktionen von Schrödinger einfach die Skalarprodukte dieser Zustände mit den Basiszuständen zu festen Orten sind. Das ist im Wesentlichen der Zugang der Diracschen »Transformationstheorie«. Diracs bra-ket-Schreibweise verwende ich nicht, weil sie für einige Zwecke etwas merkwürdig ist. In Abschnitt 3.1 erläutere ich aber, wie sie mit der in diesem Buch verwendeten Schreibweise zusammenhängt. Egal in welcher Schreibweise: Der Zugang über den Hilbertraum mag dem Anfänger auf den ersten Blick recht abstrakt erscheinen. Um dem Leser ein besseres Gefühl für die physikalische Bedeutung dieses Formalismus' zu geben, gehe ich zu seinen historischen Wurzeln zurück. Kapitel 1 gibt eine Übersicht über die Entwicklung der Quantenmechanik von der Planckschen Strahlungsformel bis zur Heisenbergschen Matrizenmechanik, der Schrödingerschen Wellenmechanik und der Bornschen Wahrscheinlichkeitsinterpretation. In Kapitel 2 werden die klassischen Probleme der gebundenen Zustände des Wasserstoffatoms und des harmonischen Oszillators mithilfe der Schrödinger-Gleichung gelöst. Der Formalismus des Hilbertraums wird in Kapitel 3 eingeführt und von da an verwendet.

* * *

Ich bin Raphael Flauger und Joel Meyers dankbar, die mich als Doktoranden unterstützten, wenn ich Kurse über Quantenmechanik an der University of Texas hielt, und zahlreiche Änderungen und Korrekturen am Vorlesungsskript vorschlugen, auf dem dieses Buch aufbaut. Dank schulde ich auch Robert Griffiths, James Hartle, Allan Macdonald und John Preskill, die mir bei bestimmten Themen Ratschläge gaben. Natürlich bin alleine ich für mögliche verbleibende Fehler in diesem Buch verantwortlich. Außerdem

1 S. Weinberg, *The Quantum Theory of Fields* (Cambridge University Press, Cambridge, 1995; 1996; 2000).

geht mein Dank an Terry Riley und Abel Ephraim für die Recherche zahlloser Bücher und Aufsätze, und an Jan Duffy für ihre vielfältige Unterstützung. Ich bin Lindsay Barnes und Jon Billam vom Verlag Cambridge University Press dankbar für ihre Hilfe bei der Fertigstellung dieses Buches für die Veröffentlichung. Ganz besonders danke ich meinem Herausgeber Simon Capelin für seine Ermutigung und den guten Rat.

STEVEN WEINBERG

Austin

Vorwort zur deutschen Ausgabe

Noch ein Buch über Quantenmechanik? Ohne Zweifel ist die Quantenmechanik die zentrale Revolution der modernen Naturwissenschaften: Weite Teile der Atomphysik, der Molekülphysik, der Festkörperphysik sowie die gesamte Elementarteilchenphysik sind ohne Quantenmechanik auch nicht ansatzweise zu verstehen. Die Chemie ist, überspitzt formuliert, die Quantenmechanik der Elektronenhüllen, und auf molekularer Ebene wird daher selbst die Biologie von der Quantenphysik regiert. Begriffe wie Verschränkung, Nichtlokalität, probabilistische Deutung, von denen teilweise sogar der Laie gehört hat, deuten an, was sich bei einer genaueren Betrachtung immer stärker erweist: Die Begriffsbildungen der Quantenmechanik stehen in diametralem Widerspruch zu allem, was sich menschliche Intuition bei ihrer Betrachtung der Natur zurechtlegt. Dieser »Hokuspokus« ist aber die am besten experimentell überprüfte wissenschaftliche Theorie und besticht vor allem dadurch, wie ein letztlich recht überschaubarer konzeptioneller Apparat die Welt in so vielen verschiedenen Facetten höchst akkurat beschreibt, und zwar gerade auch dort, wo man intuitiv ganz anderes erwarten würde.

Diese Mischung aus anfänglicher Unanschaulichkeit und enormer Breite der Anwendbarkeit stellt jeden Verfasser eines Buches zur Quantenmechanik vor die Herausforderung, dem Leser dabei zu helfen, eine ganz neue Intuition zu entwickeln, die die Quantenmechanik anschaulich macht, und den mathematischen Formalismus zu meistern – was auf das Beherrschen verschiedenster Näherungsverfahren hinausläuft. Zugleich hat er die Aufgabe, den Leser mit einigen der wichtigsten Anwendungen der Quantenmechanik vertraut zu machen. Hier kann es wohl keinen Königsweg geben. In diesem Buch legt Steven Weinberg, einer der hervorragendsten theoretischen Physiker unserer Zeit, seine Sicht der Quantenmechanik dar: Für seinen überragenden Beitrag zur Quantenphysik, den er durch die Vereinheitlichung zweier der vier Fundamentalwechselwirkungen der Natur, nämlich der schwachen und der elektromagnetischen Wechselwirkung, geleistet hat, ist er mit dem Nobelpreis ausgezeichnet worden. Wer seine Lehrbücher zur Quantenfeldtheorie und zur Kosmologie bereits kennt, weiß, dass Weinberg die Quantenphysik nicht nur zutiefst durchdrungen und weiterentwickelt hat, sondern sie auch brilliant darstellen kann. Das gilt auch für diesen Band über Quantenmechanik, der in gewisser Weise den anderen Lehrbüchern vorausgeht, auch wenn er nun zuletzt erschienen ist. In kristallklarer Sprache, strenger Logik und ohne Umschiffen der mathematischen Untiefen (»wie der Leser leicht nachrechnen kann«) gibt Weinberg eine ebenso anspruchsvolle wie verständliche und saubere Darstellung der Quantenmechanik, die sicher auch für den etablierten Forscher noch viel Bedenkenswertes enthält. Darum: noch ein Buch über Quantenmechanik!

Zum Inhalt des Buches

In **Kapitel 1** werden die historischen Grundlagen der Quantenmechanik dargestellt: Ausgehend von den seinerzeit rätselhaften Eigenschaften der Strahlung und der Atomspektren werden Matrizen- und Wellenmechanik sowie die Wahrscheinlichkeitsdeutung behandelt.

Die Schrödingersche Wellenmechanik ist Thema des **Kapitels 2**; als wichtigste Anwendungen werden das Wasserstoffatom sowie der harmonische Oszillator behandelt.

Kapitel 3 startet noch einmal von vorne und präsentiert den konzeptionellen Apparat der Quantenmechanik, wie man ihn heute sieht: Zustände und Observablen im Hilbertraum sowie die Rolle von Symmetrien. Das Kapitel schließt mit einer Diskussion zur Interpretation der Quantenmechanik.

Im **Kapitel 4** wird die Physik des Drehimpulses quantenmechanisch behandelt. Dabei geht es sowohl um intrinsischen Drehimpuls (Spin), Bahndrehimpulse und deren Addition als auch den Bezug zur Quantenstatistik. Das Kapitel schließt mit einer Diskussion der diskreten Symmetrien der Parität, Zeitumkehr und Ladungsumkehr, sowie einer rein algebraischen Behandlung des Wasserstoffatoms.

Nur sehr wenige Probleme der Quantenmechanik, wie sie in den Kapiteln 3 und 4 eingeführt wurde, lassen sich exakt lösen. Daher kommt Näherungsverfahren eine zentrale Bedeutung zu; die wichtigsten für den zeitunabhängigen Fall werden in **Kapitel 5** vorgestellt und an vielen Anwendungen getestet.

Kapitel 6 setzt die Diskussion der Näherungsverfahren im zeitabhängigen Fall fort und behandelt schließlich im Rahmen der adiabatischen Näherung auch die Physik der Berry-Phase.

Bei der Untersuchung quantenmechanischer Systeme hat sich die Streuung von Teilchen aneinander in den letzten 100 Jahren als eines der wichtigsten experimentellen Verfahren erwiesen. In **Kapitel 7** wird die einfachste und wichtigste Klasse von Streuproblemen behandelt, die man durch Streuung an einem Potenzial beschreiben kann.

Kapitel 8 verallgemeinert die Überlegungen aus Kapitel 7 auf das Konzept der S-Matrix, die dann mit verschiedenen Näherungsmethoden berechnet wird. Eine solche Verallgemeinerung ist notwendig, da viele Streuprozesse gerade in der Teilchenphysik nicht im Bild der Potenzialstreuung verstanden werden können, z.B. wenn Teilchen erzeugt oder umgewandelt werden.

Kapitel 9 wirft die Frage auf, inwieweit man die Quantenmechanik aus sich selbst heraus und ohne Bezug zu klassischen Systemen aufbauen kann; dieser Bezug ist insofern problematisch, als die klassische Physik eine Konsequenz der Quantenphysik ist und nicht unabhängig. Mögliche Zugänge werden in Kapitel 9 behandelt.

Die Wechselwirkung materieller Systeme mit elektromagnetischen Feldern wird in 2 Kapiteln behandelt. In **Kapitel 10** bleiben die Felder klassisch, was für viele Anwendungen ausreicht. **Kapitel 11** hingegen gelangt zu einer vollständigen Quantisierung der elektromagnetischen Felder und damit zu einer vollständig quantenmechanischen Theorie der elektromagnetischen Strahlung.

Kapitel 12 beschließt das Buch mit einer Diskussion desjenigen quantenmechanischen Phänomens, das die Abkehr von klassischen Paradigmen vielleicht am stärksten zeigt, der Verschränkung und der damit verbundenen Nichtlokalität der Quantenmechanik. Es erlaubt die experimentelle Überprüfung bestimmter Grundannahmen der Quantenmechanik und bildet die Grundlage eines möglichen Quantencomputings.

Umgang mit dem Buch

Dozent Vom Umfang her ist der Stoff des Buches in einem Semester sicher nur in starker Auswahl zu bewältigen; für den vollen Umfang braucht man vermutlich zwei Semester. Je nach Studienplan deckt dieses Buch neben einer umfassenden Einführung in die Quantenmechanik auch den fortgeschrittenen Stoff einer Anfängervorlesung oder den einfacheren Stoff einer fortgeschrittenen Vorlesung ab, in der man beispielsweise auch die zweite Quantisierung behandeln würde. Von anderen Vorlesungen über Quantenmechanik unterscheidet sich dieses Werk vor allem durch die starke Herausstellung von Symmetrieprinzipien als Grundlage der Quantenmechanik, die sehr tiefgehende Behandlung der Streutheorie jenseits der Potenzialstreuung und die sehr gründliche Behandlung der Quantisierung der elektromagnetischen Felder. Die mathematischen Voraussetzungen gehen aber nicht über die normalen Kenntnisse von Analysis und linearer Algebra hinaus; im Zweifelsfall erarbeitet der Verfasser die Mathematik direkt im Text.

Student Der Gesamtumfang dieses Werks geht deutlich über das hinaus, was Sie in einer einsemestrigen Vorlesung über Quantenmechanik erwarten können; es wird daher neben einer Vorlesungsbegleitung vor allem auch die Gelegenheit bieten, sich in noch deutlich fortgeschrittenere Themen einzuarbeiten, ohne dabei durch einen Wechsel des Buches den roten Faden zu verlieren. Solche Themen, die ziemlich sicher nicht Teil einer ersten theoretischen Vorlesung sein werden, sind zum Beispiel einige der störungstheoretischen Verfahren in Kapitel 5 und 6, die allgemeine Streutheorie in Kapitel 8, der kanonische Formalismus in Kapitel 9, sowie die Quantentheorie der Strahlung aus Kapitel 11. Bei den für Sie relevanten Kapiteln sollten Sie unbedingt die Aufgaben behandeln, um Ihr Verständnis zu überprüfen.

ULRICH SCHOLLWÖCK

München

Schreibweise

Lateinische Indizes i, j, k, usw. laufen im Allgemeinen über die drei räumlichen Koordinatenbezeichnungen, die man normalerweise gleich 1, 2, 3 setzt.

Die Einsteinsche Summenkonvention wird nicht verwendet; wiederholt vorkommende Indizes werden nur aufsummiert, wenn dies explizit angezeigt wird.

Räumliche Dreiervektoren werden als fettgedruckte Symbole dargestellt. Insbesondere ist $\boldsymbol{\nabla}$ der Gradientenoperator.

∇^2 ist der Laplace-Operator $\sum_i \partial^2/\partial x^i \partial x^i$.

Der dreidimensionale »Levi-Civita-Tensor« ϵ_{ijk} ist als die vollständig antisymmetrische Größe mit $\epsilon_{123} = +1$ definiert. Das heißt

$$\epsilon_{ijk} \equiv \begin{cases} +1 & ijk = 123,\ 231,\ 312 \\ -1 & ijk = 132,\ 213,\ 321 \\ 0 & \text{sonst} \end{cases}$$

Für das Kronecker-Delta gilt

$$\delta_{nm} = \begin{cases} 1 & n = m \\ 0 & n \neq m \end{cases}$$

Ein Hut über einem Vektor steht für den entsprechenden Einheitsvektor. Somit ist $\hat{\mathbf{v}} \equiv \mathbf{v}/|\mathbf{v}|$.

Ein Punkt über einer Größe steht für ihre zeitliche Ableitung.

Die Stufenfunktion $\theta(s)$ hat den Wert $+1$ für $s > 0$ und 0 für $s < 0$.

Die Komplex-Konjugierte, Transponierte und hermitesch Adjungierte einer Matrix A werden jeweils als A^*, A^{T} und $A^\dagger = A^{*\mathrm{T}}$ bezeichnet. Die hermitesch Adjungierte eines Operators O wird mit $O^\dagger$ bezeichnet. Die Abkürzungen + H. c. oder + c. c. am Ende einer Gleichung stehen für die Addition der hermitesch Adjungierten oder Komplex-Konjugierten der vorangegangenen Terme.

Wo es nötig ist, zwischen Operatoren und deren Eigenwerten zu unterscheiden, werden Großbuchstaben für die Operatoren und Kleinbuchstaben für ihre Eigenwerte verwendet. Diese Konvention wird nicht immer verwendet, wenn die Unterscheidung zwischen Operatoren und Eigenwerten aus dem Zusammenhang offensichtlich ist.

Faktoren aus der Lichtgeschwindigkeit c, der Boltzmann-Konstante $k_{\mathcal{B}}$ und dem Planckschen Wirkungsquantum h oder $\hbar \equiv h/2\pi$ werden explizit angegeben.

Für elektromagnetische Felder sowie elektrische Ladungen und Ströme werden Gaußsche CGS-Einheiten verwendet, sodass $e_1 e_2/r$ das Coulombpotenzial für zwei Ladungen e_1 und e_2 ist, die zueinander den Abstand r haben. Im ganzen Text steht $-e$ für die Ladung des

Elektrons im Gaußschen CGS-System, sodass die Sommerfeldsche Feinstrukturkonstante gleich $\alpha \equiv e^2/\hbar c \simeq 1/137$ ist.

Zahlen, die hinter den angeführten numerischen Zahlenwerten in Klammern stehen, geben die Ungenauigkeit in den letzten Stellen der angegebenen Zahl an. Wenn nicht anders angeführt, stammen experimentelle Daten aus K. Nakamura *et al.* (Particle Data Group), Review of Particle Properties, J. Physics G **37**, 075021 (2010).

Lernziele

1 Photonen
- Schwarzkörperstrahlung
- Rayleigh-Jeans-Formel, Planck-Formel
- Atomare Konstanten
- Photoelektrischer Effekt, Compton-Streuung

2 Atomspektren
- Entdeckung der Atomkerne
- Ritzsches Kombinationsprinzip
- Bohrsche Quantisierungsbedingung
- Wasserstoffspektrum
- Kernladungszahlen und Massenzahlen
- Sommerfeldsche Quantisierungsbedingung
- Einsteins A- und B-Koeffizienten

3 Wellenmechanik
- de Broglie-Wellen
- Davisson-Germer-Experiment
- Schrödinger-Gleichung

4 Matrizenmechanik
- Strahlungsübergangsrate
- harmonischer Oszillator
- Heisenbergsche Matrizenalgebra
- Kommutatorrelationen
- Äquivalenz zur Wellenmechanik

5 Wahrscheinlichkeitsinterpretation
- Streuung, Wahrscheinlichkeitsdichte, Erwartungswerte
- klassische Bewegung
- Bornsche Regel für Übergangswahrscheinlichkeiten

Historische Einführung

1

ÜBERBLICK

» Die Prinzipien der Quantenmechanik widersprechen der Alltagsintuition so sehr, dass man sie am besten motiviert, indem man einen Blick auf ihre Vorgeschichte wirft. In diesem Kapitel behandeln wir die Probleme, mit denen sich die Physiker in den ersten Jahren des zwanzigsten Jahrhunderts auseinandersetzten und die schließlich zur modernen Quantenmechanik führten. «

1.1 Photonen

In den letzten Jahrzehnten des neunzehnten Jahrhunderts war den Physikern sehr daran gelegen, die Natur der sogenannten Schwarzkörperstrahlung zu verstehen – Strahlung, die in ein thermisches Gleichgewicht mit Materie einer gegebenen Temperatur T gelangt ist. Die Energiedichte $\rho(\nu, T)d\nu$ für Frequenzen zwischen ν und $\nu + d\nu$ hatte man hauptsächlich an der Physikalisch-Technischen Reichsanstalt in Berlin gemessen, und aus thermodynamischen Überlegungen heraus war bekannt, dass $\rho(\nu, T)$ eine universelle Funktion von Frequenz und Temperatur ist. Wie aber sollte man diese Funktion berechnen?

Eine einfache Rechnung legte 1900 John William Strutt (1842–1919) vor, den man besser als Lord Rayleigh[1] kennt. Es war bekannt, dass man sich das Strahlungsfeld in einem Kasten als eine Fourierreihe über Normalmoden vorstellen kann. In einem kubischen Kasten mit Kantenlänge L zum Beispiel muss eine beliebige Randbedingung, die auf einer Seitenfläche des Kastens erfüllt ist, ebenso auf der entgegengesetzten Seitenfläche erfüllt sein. Somit muss sich die Phase des Strahlungsfeldes über einen Abstand L um ein Vielfaches von 2π ändern. Damit ist das Strahlungsfeld die Summe von Termen, die proportional zu $\exp(i\mathbf{q} \cdot \mathbf{x})$ sind. Dabei ist

$$\mathbf{q} = 2\pi\mathbf{n}/L, \tag{1.1.1}$$

und der Vektor $\mathbf{n}$ hat ganzzahlige Komponenten. (Zum Beispiel ist es zweckmäßig, periodische Randbedingungen einzuführen, um Translationsinvarianz zu gewährleisten: Jede Komponente des elektromagnetischen Feldes wird auf entgegengesetzten Seitenflächen des Kastens als gleich angenommen.) Jede Normalmode wird somit durch ein Tripel von ganzen Zahlen n_1, n_2, n_3 und einen Polarisationszustand charakterisiert, den man entweder als linkszirkulär oder als rechtszirkulär polarisiert annehmen kann. Die Wellenlänge einer Normalmode ist $\lambda = 2\pi/|\mathbf{q}|$, und damit ist ihre Frequenz durch

$$\nu = \frac{c}{\lambda} = \frac{|\mathbf{q}|c}{2\pi} = \frac{|\mathbf{n}|c}{L} \tag{1.1.2}$$

gegeben. Jede Normalmode besetzt ein Einheitsvolumen im Raum der Vektoren $\mathbf{n}$, und daher ist die Zahl der Normalmoden $N(\nu)d\nu$ im Bereich der Frequenzen zwischen ν und $\nu + d\nu$ gleich dem zweifachen Volumen der zugehörigen Kugelschale in diesem Raum:

$$N(\nu)d\nu = 2 \times 4\pi|\mathbf{n}|^2 \, d|\mathbf{n}| = 8\pi(L/c)^3\nu^2 d\nu \, . \tag{1.1.3}$$

Der Zusatzfaktor 2 berücksichtigt die zwei möglichen Polarisationszustände für jede Wellenzahl. Rayleigh stellte fest, dass in der klassischen statistischen Mechanik in jedem System, das als eine Ansammlung harmonischer Oszillatoren betrachtet werden kann, die mittlere Energie jedes Oszillators $\bar{E}(T)$ einfach proportional zur Temperatur ist, ein Zusammenhang, den man als $\bar{E}(T) = k_B T$ schreibt, wobei k_B eine Naturkonstante ist, die man als Boltzmann-Konstante bezeichnet. (Die Herleitung folgt weiter unten.) Wendete

1 J. W. Strutt, Verh. d. deutsch. phys. Ges. **2**, 65 (1900).

man diese Relation auf Strahlung an, so wäre die Energiedichte der Strahlung für Frequenzen zwischen ν und $\nu + d\nu$ durch einen Ausdruck gegeben, den man mittlerweile als Rayleigh-Jeans-Formel bezeichnet:

$$\rho(\nu, T)d\nu = \frac{\bar{E}(T)\, N(\nu)\, d\nu}{L^3} = \frac{8\pi k_{\mathcal{B}} T \nu^2\, d\nu}{c^3} . \tag{1.1.4}$$

(Ein numerischer Fehler in Rayleighs Ableitung wurde 1905 von James Jeans (1877–1946) berichtigt.) Die Voraussage, dass $\rho(\nu, T)$ proportional zu $T\nu^2$ ist, stimmte für kleine Werte von ν/T tatsächlich mit dem Experiment überein, versagte jedoch kläglich für größere Werte. In der Tat wäre die gesamte Energiedichte $\int \rho(\nu, T)d\nu$ unendlich, würde die Voraussage bei fester Temperatur für alle Frequenzen gelten. Diese Feststellung erhielt den Namen **Ultraviolettkatastrophe**.

Das korrekte Resultat wurde ein wenig später von Max Planck (1858–1947) im gleichen Band der Zeitschrift der Deutschen Physikalischen Gesellschaft veröffentlicht.[2] Planck stellte fest, dass die Daten zur Schwarzkörperstrahlung durch die Formel

$$\rho(\nu, T)\, d\nu = \frac{8\pi h}{c^3} \frac{\nu^3\, d\nu}{\exp(h\nu/k_{\mathcal{B}} T) - 1} \tag{1.1.5}$$

beschrieben werden konnten. Dabei war h eine neue Konstante, die man seither als die **Plancksche Konstante** (oder das **Plancksche Wirkungsquantum**) bezeichnet. Der Vergleich mit dem Experiment ergab $k_{\mathcal{B}} \approx 1,4 \cdot 10^{-23}$ J/K und[3] $h \approx 6,6 \cdot 10^{-34}$ Js. Diese Formel war lediglich geraten, doch ein wenig später gab Planck eine Herleitung der Formel an.[4] Sie beruhte auf der Annahme, die Strahlung sei die gleiche wie in dem Fall, in dem sie im Gleichgewicht mit einer großen Zahl geladener Oszillatoren mit verschiedenen Frequenzen ν stünde. Die Energie jedes Oszillators mit Frequenz ν wäre dabei ein ganzzahliges Vielfaches von $h\nu$. Plancks Herleitung ist länglich und es lohnt sich nicht, sie hier zu wiederholen, da ihre Grundlage sich stark von dem unterscheidet, was sie bald ersetzen sollte.

Die Plancksche Formel stimmt mit der Rayleigh-Jeans-Formel (1.1.4) für $\nu/T \ll k_{\mathcal{B}}/h$ überein, ergibt aber eine Energiedichte, die für $\nu/T \gg k_{\mathcal{B}}/h$ exponentiell abfällt. Das führt auf eine endliche Gesamtenergiedichte

$$\int_0^\infty \rho(\nu, T)\, d\nu = a_{\mathcal{B}} T^4 , \quad a_{\mathcal{B}} \equiv \frac{8\pi^5 k_{\mathcal{B}}^4}{15 h^3 c^3} . \tag{1.1.6}$$

(Verwendet man aktuelle Werte für die Naturkonstanten, so ergibt dies $a_{\mathcal{B}} = 7,56577(5) \cdot 10^{-22}\,\mathrm{J\,cm^{-3}K^{-4}}$.) Die vielleicht wichtigste unmittelbare Konsequenz der Arbeit von Planck war, dass sich aus ihr lang gesuchte Werte für atomare Konstanten ergaben. Die Theorie der idealen Gase führt auf das wohlbekannte Gesetz $pV = nRT$. Dabei ist p der Druck von n Mol eines Gases bei Temperatur T in einem Volumen V; die Konstante R ist durch

2 M. Planck, Verh. d. deutsch. phys. Ges. **2**, 202 (1900).

3 Der moderne Wert ist $6.62606891(9) \times 10^{-34}$ Js; siehe E. R. Williams, R. L. Steiner, D. B. Newell, P. T. Olson, Phys. Rev. Lett. **81**, 2404 (1998).

4 M. Planck, Verh. d. deutsch. phys. Ges. **2**, 237 (1900).

$R = k_{\mathcal{B}}N_{\mathcal{A}}$ gegeben. Die Avogadro-Zahl $N_{\mathcal{A}}$ ist dabei die Zahl der Moleküle in einem Mol Gas. Aus Messungen von Gaseigenschaften hatten sich schon lange Werte für R ergeben, sodass Planck daraus mithilfe der bekannten Boltzmann-Konstanten $k_{\mathcal{B}}$ einen Wert für $N_{\mathcal{A}}$ gewinnen konnte, nämlich das Reziproke der Masse eines hypothetischen Atoms mit einer atomaren Masseneinheit (was ungefähr der Masse eines Wasserstoffatoms entspricht). Der Wert stimmte gut mit Schätzungen von $N_{\mathcal{A}}$ aus Eigenschaften nicht-idealer Gase überein, die nicht nur von der Massendichte, sondern auch von der Teilchendichte abhängen, wie zum Beispiel die Viskosität. Wenn man annahm, dass Atome in Festkörpern so dicht gepackt sind, dass das Verhältnis von Masse zu Volumen eines einzelnen Atoms ungefähr der gemessenen Dichte einer festen makroskopischen Probe des Elements entspricht, konnte man aus der Kenntnis der Masse einzelner Atome die Größe der Atome abschätzen. Analog dazu hatte man die durch Elektrolyse erzeugte Menge verschiedener Elemente gemessen, woraus sich ein Wert für das Faraday, $F = eN_{\mathcal{A}}$, ergab. Darin ist e die elektrische Ladung, die bei der Erzeugung eines Atoms der Valenz 1 übertragen wird. Aus der Kenntnis von $N_{\mathcal{A}}$ konnte man so e berechnen. Ferner konnte man davon ausgehen, dass e die Ladung des Elektrons war, das 1897 von Joseph John Thomson (1856–1940) entdeckt worden war. Man hatte damit also die Elektronenladung sehr viel genauer gemessen als mit irgendeiner direkten Messung, die man zu der damaligen Zeit ausführen konnte. Thomson hatte das Verhältnis von e zur Elektronenmasse gemessen, indem er die Krümmung von Kathodenstrahlen in elektrischen und magnetischen Feldern beobachtete, und damit kam man auch zu einem Wert für die Elektronenmasse. Eine Ironie des Schicksals ist es wohl, dass Rayleigh auch schon vor dem Aufkommen der Planckschen Strahlungsformel zu diesen Werten hätte kommen können, und zwar durch einen Vergleich gemessener Werte von $\rho(\nu, T)$ mit der Rayleigh-Jeans-Formel (1.1.4) bei kleinen Werten von ν/T, bei denen die Formel gilt: Und damit hätte er $k_{\mathcal{B}}$ bestimmen können – ohne dass er dafür h gebraucht hätte.

Die Plancksche Quantisierungsannahme bezog sich auf die Materie, die die Strahlung emittiert und absorbiert, nicht auf die Strahlung selbst. Wie George Gamow später anmerkte, dachte Planck, dass Strahlung wie Butter wäre; Butter kann in beliebiger Menge vorkommen, aber nur in Vielfachen von 250 Gramm gekauft und verkauft werden. Es war schließlich Albert Einstein (1879–1955), der 1905 vorschlug, dass eigens die Energie der Strahlung mit einer Frequenz ν ein ganzzahliges Vielfaches von $h\nu$ sei.[5] Aufgrund dieser Hypothese sagte er voraus, dass beim photoelektrischen Effekt nur dann Elektronen emittiert werden, wenn Licht auf eine Metalloberfläche fällt, dessen Frequenz des Lichts einen Minimalwert $\nu_{\min}$ übersteigt. Dabei ist $h\nu_{\min}$ die Energie, die man benötigt, um ein einzelnes Elektron aus dem Metall herauszulösen (die »Arbeitsfunktion«). Die Elektronen haben dann die Energie $h(\nu - \nu_{\min})$. Experimente[6] von Robert Millikan (1868–1953) zwischen 1914 und 1916 bestätigten diese Formel und ergaben für h einen Wert, der mit dem aus der Schwarzkörperstrahlung abgeleiteten übereinstimmte.

5 A. Einstein, Ann. d. Physik **17**, 132 (1905).
6 R. A. Millikan, Phys. Rev. **7**, 355 (1916).

Der Zusammenhang zwischen Einsteins Hypothese und der Planckschen Strahlungsformel ist in einer Herleitung der Schwarzkörperformel durch Hendrik Lorentz (1853–1928) aus dem Jahr 1910 am besten erklärt.[7] Lorentz benutzte dazu ein Resultat der statistischen Mechanik, das auf J. Willard Gibbs (1839–1903) zurückgeht:[8] Bei einem System, das aus einer großen Zahl identischer (Teil)systeme im thermischen Gleichgewicht bei einer gegebenen Temperatur T besteht (wie etwa Lichtquanten gleicher Frequenz in einem Hohlraum in einem Schwarzkörper), ist die Wahrscheinlichkeit, dass eines dieser Teilsysteme die Energie E hat, proportional zu $\exp(-E/k_{\mathcal{B}}T)$. Wären die Energien der Lichtquanten kontinuierlich verteilt, so würde sich eine mittlere Energie

$$\bar{E} = \frac{\int_0^\infty \exp(-E/k_{\mathcal{B}}T)\, E\, dE}{\int_0^\infty \exp(-E/k_{\mathcal{B}}T)\, dE} = k_{\mathcal{B}}T$$

ergeben; das ist die Annahme, die bei der Herleitung der Rayleigh-Jeans-Formel (1.1.4) verwendet wurde. Sind die Energien hingegen ganzzahlige Vielfache von $h\nu$, so lautet die mittlere Energie

$$\bar{E} = \frac{\sum_{n=0}^\infty \exp(-nh\nu/k_{\mathcal{B}}T)\, nh\nu}{\sum_{n=0}^\infty \exp(-nh\nu/k_{\mathcal{B}}T)} = \frac{h\nu}{\exp(h\nu/k_{\mathcal{B}}T) - 1} \,. \tag{1.1.7}$$

Die Energiedichte von Strahlung mit Frequenzen zwischen ν und $\nu + d\nu$ ist wiederum durch $\rho d\nu = \bar{E} N d\nu / L^3$ gegeben, was dann in Verbindung mit den Gleichungen (1.1.3) und (1.1.7) die Plancksche Formel (1.1.5) ergibt.

Sogar nachdem Millikans Experimente Einsteins Voraussage zur Energie von Photoelektronen bestätigt hatten, blieb man hinsichtlich der Realität der Lichtquanten skeptisch. Weitestgehend beseitigt wurden diese Zweifel durch die 1922 bis 1923 durchgeführten Experimente von Arthur Compton (1892–1962) zur Streuung von Röntgenstrahlen.[9] Die Energie von Röntgenstrahlen ist so hoch, dass man die viel kleinere Bindungsenergie eines Elektrons in einem leichten Atom vernachlässigen und es damit als freies Teilchen behandeln kann. Aus der speziellen Relativitätstheorie folgt, dass ein Lichtquantum der Energie $E = h\nu$ den Impuls $p = h\nu/c$ haben muss, damit die Beziehung $m_\gamma^2 c^4 = E^2 - p^2 c^2 = 0$ erfüllt ist. Wenn zum Beispiel ein Lichtquantum rückwärts gestreut wird, dann hat das Lichtquantum eine Frequenz ν' und das vorwärts gestreute Elektron hat den Impuls $h\nu/c + h\nu'/c$, wobei ν' durch die Energieerhaltung festgelegt wird:

$$h\nu + m_e c^2 = h\nu' + \sqrt{m_e^2 c^4 + (h\nu/c + h\nu'/c)^2 c^2}.$$

Dabei ist m_e die Elektronenmasse. Somit ist

$$\nu' = \frac{\nu\, m_e c^2}{(2h\nu + m_e c^2)} \,.$$

7 H. A. Lorentz, Phys. Z. **11m** 1234 (1910).

8 J. W. Gibbs, *Elementary Principles in Statistical Mechanics* (New York, 1902).

9 A. H. Compton, Phys. Rev. **21**, 207 (1923).

Gewöhnlich schreibt man dies als eine Formel, die die Wellenlängen $\lambda = c/\nu$ und $\lambda' = c/\nu'$ zueinander in Beziehung setzt:

$$\lambda' = \lambda + 2h/m_e c\,. \tag{1.1.8}$$

Die Länge $h/m_e c = 2{,}425 \times 10^{-10}$ cm bezeichnet man als die Compton-Wellenlänge des Elektrons. (Bei einer Streuung unter dem Winkel θ wird der Faktor 2 in Gleichung (1.1.8) durch $1 - \cos\theta$ ersetzt.) Die experimentelle Bestätigung solcher Beziehungen überzeugte die Physiker von der Existenz dieser Quanten. Ein wenig später gab der Chemiker G. N. Lewis[10] dem Lichtquantum den Namen, unter dem es seither bekannt ist: das **Photon**.

1.2 Atomspektren

Während des ganzen neunzehnten und des frühen zwanzigsten Jahrhunderts standen die Physiker noch einem anderen Problem gegenüber: Zu Beginn des neunzehnten Jahrhunderts hatte man entdeckt, dass heiße atomare Gase Licht nur bei bestimmten festen Frequenzen absorbieren und emittieren, wobei das Muster der Frequenzen, das sogenannte Spektrum, vom jeweiligen Element abhängt. Diese Beobachtung wurde zu einem nützlichen Werkzeug bei der chemischen Analyse und der Entdeckung neuer Elemente wie dem Helium, das man im Spektrum der Sonne entdeckte. Aber wie Schriftstücke in einer vergessenen Sprache ergaben die Atomspektren keine verständliche Nachricht.

Aber ohne Kenntnisse über die Struktur der Atome war es unmöglich, die Atomspektren besser zu verstehen. Nach Thomsons Entdeckung des Elektrons im Jahr 1897 betrachtete man Atome als eine Art Pudding, in dem negativ geladene Elektronen wie Rosinen in einem gleichförmigen Hintergrund positiver Ladung stecken. Radikal änderte sich dieses Bild durch Experimente, die 1909 bis 1911 im Labor von Ernest Rutherford (1871–1937) an der Universität Manchester durchgeführt wurden. In diesen Experimenten ließen ein Assistent, Hans Geiger (1882–1945), und ein Student, Ernest Marsden (1889–1970), einen gebündelten Strahl von Alphateilchen (^{4}He-Kernen) auf eine dünne Goldfolie auftreffen. Die durch die Folie hindurchgehenden Alphateilchen wurden durch Lichtblitze beim Auftreffen auf einer Zinksulfidschicht detektiert. Wie erwartet, wurde der Strahl durch die Streuung von Alphateilchen an den Goldatomen leicht aufgeweitet. Aus irgendeinem Grund kam Rutherford auf die Idee, Geiger und Marsden zu bitten nachzusehen, ob irgendwelche Alphateilchen unter großen Winkeln gestreut würden. Damit würde man eigentlich nicht rechnen, wenn das Alphateilchen auf ein viel leichteres Teilchen wie das Elektron träfe. Trifft ein Teilchen der Masse M und der Geschwindigkeit v auf ein ruhendes Teilchen der Masse m und bewegt es sich in gleicher Richtung mit der Geschwindigkeit v' weiter, während es dem Zielteilchen eine Geschwindigkeit u verleiht, so ergeben die Impuls- und Energieerhaltungsgleichungen

$$Mv = mu + Mv', \quad \frac{1}{2}Mv^2 = \frac{1}{2}Mv'^2 + \frac{1}{2}mu^2\,. \tag{1.2.1}$$

10 G. N. Lewis, Nature, December 18, 1926.

(In der hier verwendeten Schreibweise zeigt eine positive Geschwindigkeit in die gleiche Richtung wie die ursprüngliche Geschwindigkeit des Alphateilchens, während eine negative Geschwindigkeit in die entgegengesetzte Richtung weist.) Eliminiert man u, so erhält man eine quadratische Gleichung für v'/v:

$$0 = (1 + M/m)(v'/v)^2 - 2(M/m)(v'/v) - 1 + M/m \,.$$

Diese Gleichung hat zwei Lösungen. Eine Lösung ist $v' = v$. In diesem Fall passiert nichts – das einfallende Teilchen bewegt sich einfach mit seiner Anfangsgeschwindigkeit v weiter. Die interessante Lösung ist die andere:

$$v' = -v\left(\frac{m-M}{m+M}\right) . \qquad (1.2.2)$$

Sie hat allerdings nur dann einen negativen Wert (d.h., das Teilchen wird zurückgestreut), wenn $m > M$ ist. (Schwächere Bedingungen an m kann man aus einer Streuung um beliebige große Winkel ableiten.)

Trotzdem beobachtete man, dass Alphateilchen unter großen Winkeln gestreut wurden. Rutherford erklärte später: »Das war so ziemlich das Unglaublichste, was mir in meinem Leben passiert ist. Es war in etwa so, als hätte man eine 38-cm-Granate auf ein Papiertaschentuch abgefeuert, und die Granate käme zurück und würde einen treffen.«[11]

Das Alphateilchen musste also im Goldatom etwas getroffen haben, das viel schwerer als ein Elektron ist, dessen Masse nur etwa 1/7300 der Masse eines Alphateilchens beträgt. Ferner muss das Zielteilchen ziemlich klein sein, um das Alphateilchen durch die Coulomb-Abstoßung positiver Ladungen stoppen zu können. Beträgt die Ladung des Zielteilchens $+Ze$, so muss die kinetische Energie $Mv^2/2$ in eine potentielle Energie $(2e)(Ze)/r$ umgewandelt werden, um das Alphateilchen mit der Ladung $+2e$ zu stoppen. Somit ist $r = 4Ze^2/Mv^2$. Die Geschwindigkeit von Alphateilchen, die von Radium emittiert werden, beträgt $2{,}09 \cdot 10^9$ cm/s. Der Abstand, bei dem sie von einem schweren Zielteilchen gestoppt würden, liegt also bei $3Z \cdot 10^{-14}$ cm. Das ist für jedes sinnvolle Z (sogar $Z \approx 100$) viel kleiner als die Abmessung eines Goldatoms, die bei ein paar mal 10^{-8} cm liegt.

Rutherford schlußfolgerte,[12] dass die positive Ladung des Atoms in einem kleinen, schweren Kern konzentriert ist, um den die viel leichteren, negativ geladenen Elektronen in Umlaufbahnen kreisen, so wie Planeten um die Sonne. Aber dies machte das Geheimnis der Atomspektren noch mysteriöser. Ein geladenes Teilchen wie das Elektron sollte auf einer Umlaufbahn Licht mit einer Frequenz abstrahlen, die so groß ist wie die der Bahnbewegung selbst. Die Frequenzen dieser Bahnbewegungen können beliebig sein. Es kommt noch schlimmer: Da das Elektron an die Strahlung Energie abgibt, sollte es spiralförmig in den Atomkern stürzen. Wie konnten Atome stabil bleiben?

Im Jahr 1913 bot ein junger Besucher in Rutherfords Labor in Manchester, Niels Bohr (1885–1962), eine Antwort. In erster Linie schlug Bohr vor, dass die Energien eines Atoms

11 Zitiert in: E. N. da Costa Andrade, *Rutherford and the Nature of the Atom* (Doubleday, Garden City, NY, 1964).
12 E. Rutherford, Phil. Mag. **21**, 669 (1911).

quantisiert sind, was bedeutet, dass ein Atom nur in einer diskreten Menge von Zuständen mit den Energien $E_1, E_2, \ldots$ (in aufsteigender Ordnung) auftreten kann. Die Frequenz eines Photons, das bei einem Übergang $m \to n$ emittiert oder bei einem Übergang $n \to m$ absorbiert wird, ist aufgrund von Einsteins Formel $E = h\nu$ sowie der Energieerhaltung durch

$$\nu = (E_m - E_n)/h \tag{1.2.3}$$

gegeben. Eine helle oder dunkle Spektrallinie ist demnach auf Atome zurückzuführen, die Photonen bei einem Übergang von einem Zustand höherer Energie zu einem Zustand niedrigerer Energie emittieren oder umgekehrt absorbieren. Dies lieferte die Erklärung für eine als das Ritzsche Kombinationsprinzip bekannte Regel, die 1908 experimentell (aber ohne eine Erklärung) von Walther Ritz (1878–1909) festgehalten wurde.[13] Sie besagt, dass das Spektrum eines beliebigen Atoms kompakter durch eine Menge sogenannter »Terme« beschrieben werden kann, wobei die Frequenzen des Spektrums alle durch die möglichen Differenzen je zweier Terme gegeben sind. Nach Bohr waren diese Terme gerade die Energien E_n, geteilt durch h.

Bohr stellte auch eine Methode zur Berechnung der Energien E_n vor, die zumindest für Elektronen im Coulombfeld einer einzelnen Punktladung gelten sollte, wie beispielsweise im Wasserstoff, im einfach ionisierten Helium, usw. Bohr fiel auf, dass das Plancksche Wirkungsquantum h die gleiche Dimension wie ein Drehimpuls hat, und er nahm an, dass der Drehimpuls $m_e v r$ eines Elektrons der Geschwindigkeit v auf einer Kreisbahn mit Radius r ein ganzzahliges Vielfaches einer Konstante $\hbar$ sei, vermutlich von der selben Größenordnung wie h:[14]

$$m_e v r = n\hbar\,, \quad n = 1, 2, \ldots\,. \tag{1.2.4}$$

(Bohr verwendete nicht das Symbol $\hbar$. Leser, die bereits wissen, wie $\hbar$ mit h zusammenhängt, sollten das für einen Moment vergessen; im Augenblick ist $\hbar$ einfach eine andere Konstante.) Bohr verband dies mit der Gleichgewichtsbedingung für die Umlaufbahn

$$\frac{m_e v^2}{r} = \frac{Ze^2}{r^2} \tag{1.2.5}$$

und der Formel für die Energie des Elektrons

$$E = \frac{m_e v^2}{2} - \frac{Ze^2}{r}\,. \tag{1.2.6}$$

Daraus folgte

$$v = \frac{Ze^2}{n\hbar}\,, \quad r = \frac{n^2\hbar^2}{Zm_e e^2}\,, \quad E = -\frac{Z^2 e^4 m_e}{2n^2\hbar^2}\,. \tag{1.2.7}$$

Verwendet man nun Einsteins Beziehung zwischen Energie und Frequenz, so ist die Frequenz eines Elektrons, das bei einem Übergang von einer Kreisbahn mit Quantenzahl n in eine Kreisbahn mit Quantenzahl $n' < n$ erzeugt wird, durch

$$\nu = \frac{\Delta E}{h} = \frac{Z^2 e^4 m_e}{2h\hbar^2}\left(\frac{1}{n'^2} - \frac{1}{n^2}\right) \tag{1.2.8}$$

gegeben.

13 W. Ritz, Phys. Z. **9**, 521 (1908).

14 N. Bohr, Phil. Mag. **26**, 1, 476, 857 (1913); Nature **92**, 231 (1913).

Um $\hbar$ zu bestimmen, stützte sich Bohr auf ein **Korrespondenzprinzip**, dass nämlich für außenliegende Bahnen, d.h. für große n, das Resultat aus der klassischen Physik gelten solle. Für $n \gg 1$ und $n' = n - 1$ ergibt Gleichung (1.2.8) $\nu = Z^2 e^4 m_e / h\hbar^2 n^3$. Das kann man mit der Bahnfrequenz eines Elektrons vergleichen, $v/2\pi r = Z^2 e^4 m_e / 2\pi n^3 \hbar^3$. Nach der klassischen Elektrodynamik sollten diese beiden Frequenzen übereinstimmen, und somit konnte Bohr auf $\hbar = h/2\pi$ schließen. Mithilfe des Wertes für h aus dem Vergleich experimenteller Beobachtungen an der Schwarzkörperstrahlung mit der Planckschen Strahlungsformel konnte Bohr Zahlenwerte für die Geschwindigkeit, den Bahnradius und die Energie des Elektrons ableiten:

$$v = \frac{Ze^2}{n\hbar} \simeq \frac{Zc}{137n} , \tag{1.2.9}$$

$$r = \frac{n^2\hbar^2}{Zm_e e^2} \simeq n^2 \times 0.529\, Z^{-1} \times 10^{-8}\ \text{cm} , \tag{1.2.10}$$

$$E = -\frac{Z^2 e^4 m_e}{2n^2\hbar^2} \simeq -\frac{13.6\, Z^2\ \text{eV}}{n^2} . \tag{1.2.11}$$

Die bestechende Übereinstimmung von Gleichung (1.2.11) mit den atomaren Energieniveaus des Wasserstoffs, die man von den Frequenzen der Spektrallinien hergeleitet hatte, war ein starkes Indiz, dass Bohr auf der richtigen Spur war.

In dieser Herleitung hatte sich Bohr auf die alte Idee der klassischen Strahlungstheorie verlassen, dass die Frequenzen von Spektrallinien mit den Frequenzen der Bahnbewegung des Elektrons übereinstimmen sollten, aber er hatte dies nur für die äußersten Bahnen mit großem n angenommen. Die Lichtfrequenzen, die er für Übergänge zwischen niedrigeren Zuständen, wie etwa $n = 2 \to n = 1$ berechnete, stimmten überhaupt nicht mit den Bahnfrequenzen des Ausgangs- oder Endzustands überein. Somit war Bohrs Arbeit ein weiterer großer Schritt weg von der klassischen Physik.

Bohrs Gleichungen konnten nicht nur für Wasserstoff verwendet werden ($Z = 1$), sondern näherungsweise auch für die innersten Bahnen in schwereren Atomen, bei denen die Ladung des Kerns nicht durch Elektronen abgeschirmt wird und man Ze als die tatsächliche Ladung des Kerns annehmen kann. Für $Z \geq 10$ ist die Energie eines Photons, das bei einem Übergang von einer $n = 2$ zu einer $n = 1$ Bahn emittiert wird, größer als 1 keV und damit im Bereich des Röntgenspektrums. Durch Messung der Energien dieser Röntgenstrahlen konnte H. G. J. Moseley (1887–1915) Z für eine Reihe von Atomen von Kalzium bis Zink finden. Er entdeckte, dass Z im Rahmen der experimentellen Ungenauigkeit eine ganze Zahl ist, was nahelegte, dass die positive Ladung der Atomkerne von Teilchen der Ladung $+e$ getragen wird, die viel schwerer als Elektronen sind und denen Rutherford den Namen **Protonen** gab. Ferner nahm Z mit ganz wenigen Ausnahmen jeweils um 1 zu, wenn man von irgendeinem Element zu dem mit dem nächsthöheren atomaren Gewicht A (das ist in etwa die Masse des Atoms in Einheiten der Masse des Wasserstoffatoms) wechselte. Aber Z war nicht gleich A. Zink zum Beispiel hat $A = 60,37$ und es stellte sich heraus, dass $Z = 20,00$ ist. Einige Jahre lang dachte man, dass das Atomgewicht gleich der

Zahl der Protonen sei und die Extraladung durch $A - Z$ Elektronen kompensiert würde. Die Entdeckung des Neutrons – mit einer Masse sehr nahe bei der des Wasserstoffatoms – im Jahr 1932 durch James Chadwick (1891–1974) ergab hingegen,[15] dass Atomkerne Z Protonen und ungefähr $A - Z$ Neutronen enthalten.

Die Gleichungen (1.2.9)–(1.2.11) gelten näherungsweise übrigens auch für Elektronen in den äußersten Bahnen in schweren Atomen, bei denen ein Großteil der Kernladung durch innere Elektronen abgeschirmt wird und Z daher als von der Größenordnung 1 angenommen werden kann. Daher sind die schweren Atome nicht sehr viel größer als kleine Atome, und die Frequenz von Licht, das bei Übergängen von Elektronen in diesen äußeren Bahnen schwerer Atome emittiert wird, ist vergleichbar mit den entsprechenden Energien im Wasserstoff und befindet sich daher im sichtbaren Bereich des Spektrums.

Die Bohrsche Theorie galt nur für Kreisbahnen, aber wie im Sonnensystem ist die generische Bahn eines Teilchens in einem Coulombfeld nicht ein Kreis, sondern eine Ellipse. Eine Verallgemeinerung der Bohrschen Quantisierungsbedingung (1.2.4) wurde 1916 von Arnold Sommerfeld (1868–1951) vorgeschlagen.[16] Er verwendete sie, um die Energien von Elektronen in elliptischen Bahnen zu berechnen. Sommerfeld betrachtete ein System, das von einem Hamiltonian $H(q, p)$ mit mehreren Koordinaten q_a und dazu kanonisch konjugierten p_a beschrieben wird, die die Gleichungen $\dot{q}_a = \partial H/\partial p_a$ und $\dot{p}_a = -\partial H/\partial q_a$ erfüllen. Seine Bedingung lautete, dass in einem solchen System für den Fall, dass alle qs und ps periodisch von der Zeit abhängen (wie es bei geschlossenen Bahnen der Fall ist), für jedes a

$$\oint p_a \, dq_a = n_a h \tag{1.2.12}$$

mit ganzzahligem n_a gilt. Das Integral läuft dabei über eine Periode der Bewegung. Für ein Elektron auf einer Kreisbahn können wir beispielsweise für q den Winkel verwenden, der von der Verbindungslinie zwischen Kern und Elektron überstrichen wird, und für p den Drehimpuls $m_e vr$. In diesem Fall ist $\oint p \, dq = 2\pi m_e vr$, und (1.2.12) ist äquivalent zur Bohrschen Bedingung (1.2.4). Wir werden diesen Zugang hier nicht weiterverfolgen, weil er durch das Aufkommen der Wellenmechanik bald obsolet wurde.

Im Jahr 1916 wandte sich Einstein (in seiner Freizeit, während er die allgemeine Relativitätstheorie aufstellte) wieder der Theorie der Schwarzkörperstrahlung zu,[17] dieses Mal, um sie mit Bohrs Idee von quantisierten Zuständen zu verbinden. Einstein führte eine Größe A_m^n als die Rate ein, mit der ein Atom spontan einen Übergang von einem Zustand m zu einem Zustand n niedrigerer Energie ausführt und dabei ein Photon der Energie $E_m - E_n$ emittiert. Er betrachtete auch die Absorption von Photonen aus Strahlung (nicht notwendigerweise Schwarzkörperstrahlung) der Energiedichte $\rho(\nu)d\nu$ bei Frequenzen zwischen ν und $\nu + d\nu$. Die Rate, mit der ein einzelnes Atom in so einem Feld einen Übergang von einem Zustand n in einen Zustand m höherer Energie vollzieht, wird als

15 J. Chadwick, Nature, February 27, 1932).

16 A. Sommerfeld, Ann. d. Physik **51**, 1 (1916)

17 A. Einstein, Phys. Z. **18**, 121 (1917).

$B_n^m \rho(\nu_{nm})$ geschrieben, wobei $\nu_{nm} \equiv (E_m - E_n)/h$ die Frequenz des absorbierten Photons ist. Einstein berücksichtigte auch die Möglichkeit, dass die Strahlung die Emission von Photonen durch Atome stimuliert, die dabei von einem Zustand m zu einem Zustand n niedrigerer Energie übergehen, und zwar mit einer Rate, die er mit $B_m^n \rho(\nu_{nm})$ bezeichnete. Es wird angenommen, dass die Koeffizienten B_m^n und B_n^m wie die Koeffizienten A_m^n nur von den Eigenschaften des Atoms, nicht aber von denen der Strahlung, abhängen.

Nehmen wir nun an, die Strahlung sei Schwarzkörperstrahlung der Temperatur T, mit der sich die Atome im Gleichgewicht befinden. Die Energiedichte der Strahlung ist dann die Funktion $\rho(\nu, T)$ aus Gleichung (1.1.5). Im Gleichgewicht muss die Rate, mit der Atome einen Übergang $m \to n$ von höherer zu niedrigerer Energie ausführen, gleich der Rate sein, mit der Atome den umgekehrten Übergang $n \to m$ ausführen:

$$N_m \left[A_m^n + B_m^n \rho(\nu_{nm}, T)\right] = N_n B_n^m \rho(\nu_{nm}, T) . \tag{1.2.13}$$

Dabei ist N_n die Anzahl der Atome im Zustand n und N_m die Anzahl der Atome im Zustand m. Nach der Boltzmann-Regel der klassischen statistischen Mechanik ist die Anzahl der Atome in einem Zustand der Energie E proportional zu $\exp(-E/k_{\mathcal{B}}T)$, und somit gilt

$$N_m/N_n = \exp\left(-(E_m - E_n)/k_{\mathcal{B}}T\right) = \exp\left(-h\nu_{nm}/k_{\mathcal{B}}T\right) . \tag{1.2.14}$$

(Hier ist es wichtig, für N_n die Anzahl der Atome in einzelnen Zuständen n zu nehmen, von denen einige exakt dieselbe Energie haben können, und nicht die Anzahl der Atome mit Energie E_n.) Verbinden wir diese Resultate, so erhalten wir

$$A_m^n = \frac{8\pi h}{c^3} \frac{\nu_{nm}^3}{\exp(h\nu_{nm}/k_{\mathcal{B}}T) - 1} \left(\exp(h\nu_{nm}/k_{\mathcal{B}}T)\, B_n^m - B_m^n \right) . \tag{1.2.15}$$

Damit dieses Ergebnis mit temperaturunabhängigen Koeffizienten A und B bei allen Temperaturen gelten kann, müssen zwischen diesen Koeffizienten die Beziehungen

$$B_m^n = B_n^m , \qquad A_m^n = \left(\frac{8\pi h \nu_{nm}^3}{c^3} \right) B_m^n \tag{1.2.16}$$

bestehen. Kennen wir also die Rate, mit der eine klassische Lichtwelle mit einer gegebenen Energiedichte von einem Atom absorbiert wird oder die Emission durch ein Atom stimuliert, so können wir die Rate berechnen, mit der das Atom spontan Photonen emittiert.[18] Diese Rechnung werden wir in Abschnitt 6.5 vorstellen.

1.3 Wellenmechanik

Seit Maxwell hatte man Licht als eine Welle aus elektrischen und magnetischen Feldern aufgefasst, aber nach Einstein und Compton wurde klar, dass es sich auch in einem Teilchen, dem Photon, manifestiert. Könnte es nun sein, dass sich ein Teilchen wie

18 Tatsächlich verwendete Einstein dieses Argument zusammen mit einigen thermodynamischen Beziehungen, um eine neue Herleitung der Planckschen Formel für $\rho(\nu, T)$ anzugeben.

ein Elektron auch als eine Art Welle manifestiert? Diesen Vorschlag machte 1923 Louis de Broglie (1892–1987), ein Doktorand in Paris.[19] Jede Welle mit Frequenz ν und Wellenzahl $\mathbf{k}$ hat eine raumzeitliche Gestalt $\exp(i\mathbf{k}\cdot\mathbf{x} - i\omega t)$, wobei $\omega = 2\pi\nu$ ist. Die Forderung der Lorentz-Invarianz legt fest, dass sich $(\mathbf{k}, \omega)$ wie ein Vierervektor transformieren muss, genau wie der Impuls-Vierervektor $(\mathbf{p}, E)$. Nach Einstein ist bei Licht die Energie eines Photons gleich $E = h\nu = \hbar\omega$, und der Impuls des Photons hat den Betrag $|\mathbf{p}| = E/c = h\nu/c = h/\lambda = \hbar|\mathbf{k}|$.. Dies brachte de Broglie auf die Idee, dass ganz allgemein ein Teilchen beliebiger Masse mit einer Welle assoziiert sei, die einen Vierervektor $(\mathbf{k}, \omega)$ hat, der gleich $1/\hbar$ mal dem Vierervektor $(\mathbf{p}, E)$ ist:

$$\mathbf{k} = \mathbf{p}/\hbar\,, \qquad \omega = E/\hbar\,. \tag{1.3.1}$$

Was diese Idee zusätzlich plausibel machte, war die Tatsache, dass eine Welle, die die Gleichung (1.3.1) erfüllt, eine Gruppengeschwindigkeit haben würde, die gleich der gewöhnlichen Geschwindigkeit $c^2\mathbf{p}/E$ eines Teilchens mit Impuls $\mathbf{p}$ und Energie E wäre. Zur Wiederholung der Gruppengeschwindigkeit betrachten wir ein Wellenpaket in einer Dimension:

$$\psi(x,t) = \int dk\, g(k)\, \exp\Big(ikx - i\omega(k)t\Big). \tag{1.3.2}$$

Dabei ist $g(k)$ irgendeine glatte Funktion mit einem Maximum bei einem Argument k_0. Nehmen wir ebenfalls an, dass die Welle $\int dk\ g(k)\exp(ikx)$ zum Zeitpunkt $t = 0$ ihr Maximum bei $x = 0$ hat. Entwickeln wir $\omega(k)$ um k_0, so erhalten wir

$$\psi(x,t) \simeq \exp\Big(-it[\omega(k_0) - k_0\omega'(k_0)]\Big)\int dk\, g(k)\, \exp\Big(ik\Big[x - \omega'(k_0)t\Big]\Big)$$

und somit

$$|\psi(x,t)| \simeq \Big|\psi\Big([x - \omega'(k_0)t], 0\Big)\Big|\,. \tag{1.3.3}$$

Das Wellenpaket, das zum Zeitpunkt $t = 0$ um $x = 0$ herum konzentriert war, ist nun offensichtlich zum Zeitpunkt t um $x = \omega'(k_0)t$ herum konzentriert und bewegt sich somit mit einer Geschwindigkeit

$$v = \frac{d\omega}{dk} = \frac{dE}{dp} = \frac{c^2 p}{E}, \tag{1.3.4}$$

was mit der üblichen Geschwindigkeitsformel aus der speziellen Relativitätstheorie übereinstimmt. Genau wie die Schwingungen einer Violinensaite durch die Bedingung quantisiert sind, dass die Saite ein ganzzahliges Vielfaches von halben Wellenlängen enthalten muss, weil die Saite an beiden Enden fixiert ist, so muss nach de Broglie auch die Welle, die einem Elektron auf einer Kreisbahn zugeordnet wird, eine Wellenlänge haben, die exakt n-mal in den Kreisumfang passt. Dabei ist n eine ganze Zahl. Also gilt $2\pi r = n\lambda$ und daher ist

$$p = \hbar k = \hbar \times 2\pi/\lambda = n\hbar/r\,. \tag{1.3.5}$$

19 L. de Broglie, Comptes Rendus **177**, 507, 548, 630 (1923).

Verwendet man die nichtrelativistische Formel $p = mv$, so entspricht dies gerade der Bohrschen Quantisierungsbedingung (1.2.4). Noch allgemeiner konnte man die Sommerfeldsche Bedingung (1.2.12) als die Forderung ansehen, dass sich die Phase einer Welle nach dem Umlauf eines Teilchens um ein ganzzahliges Vielfaches von 2π ändert. So konnte man den Erfolg der rein spekulativen Ergebnisse von Bohr und Sommerfeld in einem Wellenbild erklären, das allerdings ebenfalls reine Spekulation war.

Es gibt das Gerücht, dass de Broglie in seiner mündlichen Doktorprüfung gefragt worden sei, welche anderen Belege für eine Wellentheorie des Elektrons gefunden werden könnten, worauf er vorgeschlagen habe, dass man vielleicht bei der Streuung von Elektronen an einem Kristall Beugungsphänomene beobachten könnte. Egal ob diese Geschichte stimmt oder nicht, bekannt ist, dass dieses Experiment (auf den Vorschlag von Walter Elsasser (1904–1991) hin) von Clinton Davisson (1881–1958) und Lester Germer (1896–1971) in den Bell Telephone Laboratories durchgeführt wurde. Im Jahr 1927 berichteten die beiden, dass Elektronen, die an einem Nickel-Einkristall gestreut wurden, ein Muster von Beugungsmaxima zeigten, die denen bei der Streuung von Röntgenstrahlen an Kristallen ähnelten.[20]

Natürlich ist eine atomare Umlaufbahn keine Violinensaite. Man brauchte eine Möglichkeit, die Wellenidee von freien Teilchen, die durch Wellen wie in (1.3.2) beschrieben werden, auf Teilchen zu erweitern, die sich in einem Potential bewegen, wie etwa dem Coulomb-Potenzial eines Atoms. Diese Erweiterung wurde 1926 von Erwin Schrödinger (1887–1961) vorgelegt.[21] Schrödinger stellte seine Idee als eine Abwandlung des Hamilton-Jacobi-Formalismus der klassischen Mechanik vor. Seine Arbeit hier zu besprechen, würde uns zu weit von der Quantenmechanik wegführen. Es gibt eine einfachere Möglichkeit, Schrödingers Wellenmechanik als eine natürliche Verallgemeinerung der Vorarbeiten von de Broglie zu verstehen.

Gemäß den Beziehungen $\mathbf{p} = \hbar\mathbf{k}$ und $E = \hbar\omega$ erfüllt die Wellenfunktion $\psi \propto \exp(i\mathbf{k}\cdot\mathbf{x} - i\omega t)$ für ein freies Teilchen mit Impuls $\mathbf{p}$ und Energie E die Differenzialgleichungen

$$-i\hbar\boldsymbol{\nabla}\psi(\mathbf{x},t) = \mathbf{p}\psi(\mathbf{x},t)\ , \quad i\hbar\frac{\partial}{\partial t}\psi(\mathbf{x},t) = E\psi(\mathbf{x},t)\ .$$

Damit haben wir für einen beliebigen Zustand mit Energie E

$$\psi(\mathbf{x},t) = \exp(-iEt/\hbar)\psi(\mathbf{x})\ . \tag{1.3.6}$$

Zugleich gilt für ein freies Teilchen im nichtrelativistischen Fall $E = \mathbf{p}^2/2m$, und somit ist in diesem Fall $\psi(\mathbf{x})$ eine Lösung der Gleichung

$$E\psi(\mathbf{x}) = \frac{-\hbar^2}{2m}\nabla^2\psi(\mathbf{x})\ .$$

20 C. Davisson und L. Germer, Phys. Rev. **30**, 707 (1927).

21 E. Schrödinger, Ann. d. Physik **79**, 361, 409 (1926).

Allgemeiner ist die Energie eines Teilchens in einem Potenzial $V(\mathbf{x})$ durch $E = \mathbf{p}^2/2m + V(\mathbf{x})$ gegeben, was nahelegt, dass für ein solches Teilchen immer noch Gleichung (1.3.6) zutrifft, aber nun

$$E\psi(\mathbf{x}) = \left[\frac{-\hbar^2}{2m}\nabla^2 + V(\mathbf{x})\right]\psi(\mathbf{x}) \tag{1.3.7}$$

gilt. Das ist nichts anderes als die Schrödinger-Gleichung für ein einzelnes Teilchen mit Energie E.

Genau wie die Gleichung für die Frequenzen transversaler Schwingungen einer Violinensaite weist die Gleichung nur für bestimmte feste Werte von E Lösungen auf. Die Randbedingung, die hier die Bedingung ersetzt, dass eine Violinensaite an den fixierten Enden nicht schwingt, ist, dass $\psi(\mathbf{x})$ eindeutig ist (d.h., wieder den gleichen Wert annimmt, wenn $\mathbf{x}$ um eine geschlossene Kurve herumgeführt wird) und verschwindet, wenn $|\mathbf{x}|$ gegen unendlich geht. Schrödinger konnte zum Beispiel zeigen, dass Gleichung (1.3.7) in einem Coulomb-Potenzial $V(\mathbf{x}) = -Ze^2/r$ für jedes $n = 1, 2, \ldots$ n^2 verschiedene eindeutige Lösungen aufweist, die für $r \to \infty$ verschwinden, wobei die Energien durch Bohrs Formel $E_n = -Z^2e^4m_e/2n^2\hbar^2$ gegeben sind; für alle anderen Energien hat sie keine Lösungen. (Wir werden diese Rechnung im nächsten Kapitel ausführen.) In seiner ersten Veröffentlichung zur Wellenmechanik stellte Schrödinger fest: »Als das Wesentliche erscheint mir, dass in der Quantenvorschrift nicht mehr die geheimnisvolle *Ganzzahligkeitsanforderung* auftritt, sondern diese ist sozusagen einen Schritt weiter zurückverfolgt: sie hat ihren Grund in der Endlichkeit und Eindeutigkeit einer gewissen Raumfunktion.«

Darüber hinaus konnte man Schrödingers Gleichung in offensichtlicher Weise auf beliebige Systeme verallgemeinern. Wird ein System durch einen Hamiltonian $H(\mathbf{x}_1, \ldots; \mathbf{p}_1, \ldots)$ beschrieben (wobei die Punkte für die Koordinaten und Impulse weiterer Teilchen stehen), so nimmt die Schrödinger-Gleichung die Form

$$H(\mathbf{x}_1, \ldots; -i\hbar\boldsymbol{\nabla}_1 \ldots)\psi_n(\mathbf{x}_1, \ldots) = E_n\psi_n(\mathbf{x}_1, \ldots) \tag{1.3.8}$$

an. Für N Teilchen mit den Massen m_r, $r = 1, 2, \ldots$, und einem allgemeinen Potenzial $V(\mathbf{x}_1, \ldots, \mathbf{x}_N)$ lautet der Hamiltonian zum Beispiel

$$H = \sum_r \frac{\mathbf{p}_r^2}{2m_r} + V(\mathbf{x}_1, \ldots \mathbf{x_N}), \tag{1.3.9}$$

und die erlaubten Energien E sind genau diejenigen, für die es eine eindeutige Lösung $\psi(\mathbf{x}_1, \ldots, \mathbf{x}_N)$ der Schrödinger-Gleichung

$$E\psi(\mathbf{x}_1, \ldots \mathbf{x_N}) = \left[\sum_{r=1}^{N} \frac{-\hbar^2}{2m_r}\nabla_r^2 + V(\mathbf{x}_1, \ldots \mathbf{x_N})\right]\psi(\mathbf{x}_1, \ldots \mathbf{x_N}) \tag{1.3.10}$$

gibt, die gegen null geht, wenn irgendein $|\mathbf{x}_r|$ gegen unendlich strebt. Somit war es nun zumindest im Prinzip möglich, das Spektrum nicht nur des Wasserstoffatoms, sondern eines beliebigen anderen Atoms zu berechnen, und sogar das eines beliebigen nichtrelativistischen Systems mit bekanntem Potenzial.

1.4 Matrizenmechanik

Einige Jahre, nachdem de Broglie die Idee der Wellenmechanik eingeführt hatte, und kurz bevor Schrödinger seine Version der Theorie entwickelte, entwickelte Werner Heisenberg (1901–1976) einen ziemlich anderen Zugang zur Quantenmechanik. Heisenberg litt an Heuschnupfen, und deshalb entfloh er 1925 der pollenreichen Luft von Göttingen, um auf der graslosen Nordseeinsel Helgoland Urlaub zu machen. Während des Urlaubs rang er mit dem Geheimnis, das die Quantisierungsbedingungen von Bohr und de Broglie umgab. Als er an die Universität Göttingen zurückkehrte, hatte er einen neuen Zugang zu den Quantisierungsbedingungen in der Tasche, den man später Matrizenmechanik nannte.[22]

Heisenberg ging von dem philosophischen Standpunkt aus, dass sich eine physikalische Theorie nicht mit Dingen wie Elektronenbahnen in Atomen befassen sollte, die niemals beobachtet werden können. Das ist eine riskante Annahme, aber in diesem Fall war sie Heisenberg sehr dienlich. Er konzentrierte sich auf die Energien E_n der atomaren Zustände, und die Raten A_m^n, mit denen Atome spontan Strahlungsübergänge von einem Zustand m zu einem anderen Zustand n ausführen, und betrachtete sie als die Observablen (beobachtbaren Größen), auf die man eine physikalische Theorie aufbauen sollte. Gemäß der klassischen Elektrodynamik strahlt ein Teilchen mit Ladung $\pm e$ und Ortsvektor $\mathbf{r}$ bei einer einfachen harmonischen Schwingung mit der Leistung

$$P = \frac{4e^2}{3c^3}|\ddot{\mathbf{x}}|^2 \,. \tag{1.4.1}$$

Heisenberg nahm an, dass diese Formel die Strahlung angibt, die bei einem strahlenden Übergang von einem atomaren Zustand der Energie E_m zu einem Zustand niedrigerer Energie E_n emittiert wird, wobei $\mathbf{x}$ durch

$$\mathbf{x} \mapsto [\mathbf{x}]_{nm} \propto \exp(-i\omega_{nm}t) \tag{1.4.2}$$

zu ersetzen ist. Dabei ist $[\mathbf{x}]_{nm}$ eine komplexe Vektoramplitude, die den Übergang charakterisiert und ω_{nm} ist die Kreisfrequenz (Frequenz mal 2π) der Strahlung, die bei dem Übergang emittiert wird:

$$\omega_{nm} = (E_m - E_n)/\hbar. \tag{1.4.3}$$

Dann wird aus Gleichung (1.4.1) eine Formel für die Strahlungsleistung, die beim Übergang $m \to n$ emittiert wird:

$$P(m \to n) = \frac{4e^2\omega_{nm}^4}{3c^3}\left|[\mathbf{x}]_{nm}\right|^2 \,. \tag{1.4.4}$$

In Einsteins Schreibweise ist damit die Rate der emittierten Photonen, die beim Übergang $m \to n$ eine Energie $\hbar\omega_{nm}$ tragen

$$A_m^n = \frac{P(m \to n)}{\hbar\omega_{nm}} = \frac{4e^2\omega_{nm}^3}{3c^3\hbar}\left|[\mathbf{x}]_{nm}\right|^2 \,, \tag{1.4.5}$$

22 W. Heisenberg, Z. f. Physik **33**, 879 (1925).

und mit den Einsteinschen Beziehungen (1.2.16) ergeben sich daraus die Koeffizienten von $\rho(\nu_{nm})$ in den Raten für die stimulierte Emission und Absorption:

$$B_n^m = B_m^n = \frac{2\pi e^2}{3\hbar^2}\left|[\mathbf{x}]_{nm}\right|^2 . \tag{1.4.6}$$

In den Gleichungen (1.4.5) und (1.4.6) tritt $[\mathbf{x}_{nm}]$ nur für $E_m > E_n$ auf, aber Heisenberg erweiterte die Definition von $[\mathbf{x}_{nm}]$ auf den Fall $E_n > E_m$, indem er die Bedingung

$$[\mathbf{x}]_{nm} = [\mathbf{x}]_{mn}^* \propto \exp(i\omega_{mn}t) \tag{1.4.7}$$

einführte, sodass Gleichung (1.4.6) unabhängig davon gilt, ob $E_m > E_n$ oder $E_n > E_m$ ist.

Heisenberg beschränkte sich in seinen Rechnungen auf das Beispiel eines anharmonischen Oszillators in einer Dimension, für den die Energie klassisch in Abhängigkeit von der Position und ihrer zeitlichen Änderung durch

$$E = \frac{m_e}{2}\dot{x}^2 + \frac{m_e\omega_0^2}{2}x^2 + \frac{m_e\lambda}{3}x^3 \tag{1.4.8}$$

gegeben ist. Um die E_n und $[x]_{nm}$ zu berechnen, verwendete Heisenberg zwei Beziehungen. Die erste ist eine quantenmechanische Interpretation von Gleichung (1.4.8):

$$\frac{m_e}{2}[\dot{x}^2]_{nm} + \frac{m_e\omega_0^2}{2}[x^2]_{nm} + \frac{m_e\lambda}{3}[x^3]_{nm} = \begin{cases} E_n & n = m \\ 0 & n \neq m \end{cases} . \tag{1.4.9}$$

Dabei ist E_n die Energie des Quantenzustands n. Aber welche Bedeutung sollte man $[\dot{x}^2]_{nm}$, $[x^2]_{nm}$ und $[x^3]_{nm}$ zuweisen? Für Heisenberg schien es die »einfachste und natürlichste Annahme«,

$$[x^2]_{nm} = \sum_l [x]_{nl}\,[x]_{lm} \qquad [x^3]_{nm} = \sum_{l,k} [x]_{nl}\,[x]_{lk}\,[x]_{km} \tag{1.4.10}$$

und analog dazu

$$[\dot{x}^2]_{nm} = \sum_k [\dot{x}]_{nk}[\dot{x}]_{km} = \sum_k \omega_{nk}\omega_{mk}[x]_{nk}\,[x]_{km} \tag{1.4.11}$$

zu verwenden. Man beachte, dass wegen der Proportionalität von $[x]_{nm}$ zu $\exp(i(E_m - E_n)t/\hbar)$ für alle n und m jeder Term in Gleichung (1.4.9) für $n = m$ zeitunabhängig ist. Darüber hinaus sind wegen der Bedingung (1.4.7) die beiden ersten Terme für $n = m$ positiv, obgleich es der letzte nicht sein muss.

Die zweite Beziehung ist eine Quantisierungsbedingung. Hier übernahm Heisenberg eine Formel, die kurze Zeit zuvor von W. Kuhn[23] und W. Thomas[24] publiziert worden war. Kuhn hatte sie hergeleitet, indem er ein Elektron in einem gebundenen Zustand als ein Ensemble von Oszillatoren modellierte, die in drei Dimensionen Schwingungen bei Frequenzen ν_{nm} ausführten. Aus der Bedingung, dass die Streuung von Licht an einem solchen Elektron bei sehr hohen Frequenzen genau so sein sollte, wie wenn das Elektron

23 W. Kuhn, Z. Phys. **33**, 408 (1925).
24 W. Thomas, Naturwiss. **13**, 627 (1925).

ein freies Teilchen wäre, leitete Kuhn die rein klassische Aussage ab,[25] dass für einen gegebenen Zustand n

$$\sum_m B_n^m (E_m - E_n) = \frac{\pi e^2}{m_e} \tag{1.4.12}$$

gilt. In Verbindung mit Gleichung (1.4.6) ergibt sich

$$\hbar = \frac{2m_e}{3} \sum_m \left| [\mathbf{x}]_{nm} \right|^2 \omega_{nm} \, . \tag{1.4.13}$$

Da in drei Dimensionen drei Terme zu $|[\mathbf{x}]_{nm}|^2$ beitragen, liefert der Faktor 1/3 den Mittelwert dieser drei Terme, sodass wir in einer Dimension

$$\hbar = 2m_e \sum_m \left| [x]_{nm} \right|^2 \omega_{nm} \tag{1.4.14}$$

erhalten würden. Das ist die von Heisenberg verwendete Quantisierungsbedingung.

Heisenberg gelang es, eine exakte Lösung[26] der Gleichungen (1.4.9) und (1.4.14) für den Fall $\lambda = 0$ herzuleiten: Für jede ganze Zahl $n \geq 0$ ergibt sich

$$E_n = \left(n + \frac{1}{2} \right) \hbar\omega_0, \quad [x]^*_{n+1,n} = [x]_{n,n+1} = e^{-i\omega_0 t} \sqrt{\frac{(n+1)\hbar}{2m_e\omega_0}} \, , \tag{1.4.15}$$

wobei $[x]_{nm}$ außer für $n - m = \pm 1$ verschwindet. Wie man diese Ergebnisse für $\lambda = 0$ herleitet, werden wir in Abschnitt 2.5 sehen. Heisenberg war auch in der Lage, die entsprechenden Ergebnisse für kleines, nicht verschwindendes λ in erster Ordnung in λ zu berechnen.

All das war sehr obskur. Als Heisenberg aus Helgoland zurück kam, zeigte er seine Ergebnisse Max Born (1882–1970). Born erkannte, dass die Formeln in Gleichung (1.4.10) einfach Spezialfälle einer wohlbekannten mathematischen Prozedur waren, nämlich einer **Matrixmultiplikation**. Eine Matrix, die man mit $[A]_{nm}$ oder einfach A bezeichnet, ist eine quadratische Anordnung von (reellen oder komplexen) Zahlen, wobei $[A]_{nm}$ die Zahl in der n-ten Zeile und m-ten Spalte ist. Ganz allgemein ist für zwei beliebige Matrizen $[A]_{nm}$ und $[B]_{nm}$ die Matrix AB die quadratische Anordnung

$$[AB]_{nm} \equiv \sum_l [A]_{nl} [B]_{lm} \, . \tag{1.4.16}$$

25 Tatsächlich gab Kuhn diese Bedingung nur für den Fall an, in dem n der Grundzustand ist, aber das Argument gilt für jeden Zustand. Ist n nicht der Grundzustand, so sind die Terme in der Summe über m positiv, wenn m höhere Energie als n aufweist, aber negativ, wenn m niedrigere Energie hat.

26 In einer etwas inkonsistenten Weise setzte Heisenberg den zeitabhängigen Faktor in $[x]_{nm}$ gleich $\cos(\omega_{nm} t)$ anstatt $\exp(-i\omega_{nm} t)$. Die Resultate hier gelten für den Fall $[x]_{nm} \propto \exp(-i\omega_{nm} t)$; $[x]_{nm}$ ist der Term, der in Heisenbergs Lösung proportional zu $\exp(-i\omega_{nm} t)$ ist.

Für den späteren Gebrauch halten wir noch fest, dass die Summe zweier Matrizen als

$$[A+B]_{nm} \equiv [A]_{nm} + [B]_{nm} \tag{1.4.17}$$

definiert ist. Und für das Produkt einer Matrix und eines numerischen Vorfaktors gilt

$$[\lambda A]_{nm} \equiv \lambda\,[A]_{nm} \,. \tag{1.4.18}$$

Matrixmultiplikationen sind daher assoziativ $[A(BC) = (AB)C]$ und distributiv $[A(\lambda_1 B_1 + \lambda_2 B_2) = \lambda_1 AB_1 + \lambda_2 AB_2$ und $(\lambda_1 B_1 + \lambda_2 B_2)A = \lambda_1 B_1 A + \lambda_2 B_2 A]$, aber im Allgemeinen nicht kommutativ [AB und BA sind nicht zwangsläufig gleich]. Wie in Gleichung (1.4.10) definiert, ist $[x^2]$ das Quadrat der Matrix $[x]$, $[x^3]$ die kubische Potenz der Matrix $[x]$, und so weiter.

Die Quantisierungsbedingung (1.4.14) kann ebenfalls in Form einer Matrixgleichung elegant formuliert werden. Man beachte, dass nach Gleichung (1.4.7) die Matrix für den Impuls

$$[p]_{nm} = m_e[\dot{x}]_{nm} = -im_e\omega_{nm}[x]_{nm}$$

lautet. Somit weisen die Matrixprodukte $[px]$ und $[xp]$ die Diagonaleinträge

$$[px]_{nn} = \sum_m [p]_{nm}[x]_{mn} = -im_e \sum_m \omega_{nm}\Big|[x]_{mn}\Big|^2 ,$$

$$[xp]_{nn} = \sum_m [x]_{nm}[p]_{mn} = -im_e \sum_m \omega_{mn}\Big|[x]_{mn}\Big|^2$$

auf. (In beiden Formeln haben wir die Beziehung (1.4.7) verwendet, die aussagt, dass es sich bei $[x]_{nm}$ um eine sogenannte **hermitesche** Matrix handelt.) Da $\omega_{nm} = -\omega_{mn}$ ist, kann die Quantisierungsbedingung (1.4.14) auf zwei Arten geschrieben werden.

$$i\hbar = -2[px]_{nn} = +2[xp]_{nn} \,. \tag{1.4.19}$$

Offensichtlich kann man die Beziehung dann auch als

$$i\hbar = [xp]_{nn} - [px]_{nn} = [xp - px]_{nn} \tag{1.4.20}$$

schreiben, wobei wir die Definitionen (1.4.17) und (1.4.18) verwendet haben.

Kurz nach der Veröffentlichung von Heisenbergs Aufsatz erschienen zwei Veröffentlichungen, die Gleichung (1.4.20) auf eine allgemeine Formel für alle Elemente der Matrix $xp - px$ erweiterten:

$$xp - px = i\hbar \times 1 \,. \tag{1.4.21}$$

Dabei ist 1 die Einheitsmatrix

$$[1]_{nm} \equiv \delta_{nm} \equiv \begin{cases} 1 & n = m \\ 0 & n \neq m \end{cases} \,. \tag{1.4.22}$$

Das heißt, zusätzlich zur Gleichung (1.4.20) haben wir $[xp - px]_{nm} = 0$ für $n \neq m$. Born und sein Assistent Pascual Jordan[27] (1902–1984) gaben eine mathematisch problematische Herleitung dieser Tatsache, die von den Bewegungsgleichungen des Hamiltonians ausging. In Analogie zu den Poisson-Klammern der klassischen Mechanik setzte Paul Dirac[28] (1902–1984) Gleichung (1.4.21) einfach als Annahme voraus. Abschnitt 9.4 wird auf diese Analogie eingehen.

Die Matrizenmechanik war nun ein allgemeines Schema zur Berechnung des Spektrums eines beliebigen Systems, das klassisch durch einen Hamiltonian $H(q, p)$ beschrieben wird, der als Funktion einer Anzahl von Koordinaten q_r und entsprechenden »Impulsen« p_r gegeben ist. Man sucht nach einer Darstellung der qs und ps als Matrizen, die der Matrixgleichung

$$q_r p_s - p_s q_r = i\hbar\delta_{rs} \times 1 \tag{1.4.23}$$

genügen, und zwar in einer solchen Form, dass die Matrix $H(q, p)$ diagonal ist:

$$[H(q, p)]_{nm} = E_n \delta_{nm} \; . \tag{1.4.24}$$

Die Diagonalelemente E_n sind die Energien des Systems. Die Matrixelemente $[x]_{nm}$ kann man in die Gleichungen (1.4.5) und (1.4.6) einsetzen, um die Raten für die spontane Emission sowie die stimulierte Emission und Absorption zu berechnen.

Leider gibt es nur sehr wenige physikalische Systeme, für die eine derartige Berechnung praktikabel ist. Eines davon ist der harmonische Oszillator, den Heisenberg bereits gelöst hatte. Ein anderes ist das Wasserstoffatom, dessen Spektrum mithilfe der Matrizenmechanik in einer Demonstration mathematischer Brillianz von Wolfgang Pauli[29] (1900–1958) berechnet wurde, der ein Schüler Sommerfelds war. (Paulis Rechnung wird in Abschnitt 4.8 vorgestellt.) Diese beiden Probleme konnten aufgrund spezieller Eigenschaften der Hamiltonians gelöst werden; es sind die gleichen Eigenschaften, die dazu führen, dass die klassischen Teilchenbahnen geschlossene Kurven sind. Es bestand keine Hoffnung, Matrizenmechanik zur Lösung komplizierterer Probleme wie etwa dem Wasserstoffmolekül zu verwenden, weshalb die Wellenmechanik die Matrizenmechanik unter den Methoden der theoretischen Physik weitgehend verdrängte.

Es wäre aber falsch, Wellenmechanik und Matrizenmechanik für unterschiedliche physikalische Theorien zu halten. Im Jahr 1926 zeigte Schrödinger, wie die Prinzipien der Matrizenmechanik aus denen der Wellenmechanik hergeleitet werden können.[30] Um zu verstehen, wie das geht, stellt man zunächst fest, dass es sich beim Hamiltonian um einen sogenannten hermiteschen Operator handelt: Für beliebige Funktionen f und g, die die an Wellenfunktionen gestellten Bedingungen erfüllen, die also eindeutig sind und im Unendlichen verschwinden, gilt

$$\int f^*(Hg) = \int (Hf)^* g. \tag{1.4.25}$$

27 P. Jordan, Z. f. Physik **34**, 858 (1925).
28 P. A. M. Dirac, Proc. Roy. Soc. Lond. A **109**, 642 (1926).
29 W. Pauli, Z. Physik **36**, 336 (1926).
30 E. Schrödinger, Ann. d. Physik **79**, 734 (1926).

Dabei werden die Integrationen über alle Koordinaten ausgeführt. Für den Beitrag V in Gleichung (1.3.7) ist das trivial, und es trifft auch für den Laplace-Operator zu, wie man aus der Integration der Identität

$$(\nabla^2 f)^* g - f^*(\nabla^2 g) = \nabla \cdot [(\nabla f)^* g - f^* \nabla g]$$

ersehen kann. Daraus folgt, dass für Lösungen ψ_n der Schrödinger-Gleichung mit Energie E_n

$$E_n \int \psi_m^* \psi_n = \int \psi_m^* (H\psi_n) = \int (H\psi_m)^* \psi_n = E_m^* \int \psi_m^* \psi_n \tag{1.4.26}$$

gilt. Setzen wir $n = m$, so sehen wir, dass E_n reell ist; setzen wir dann $n \neq m$, so sehen wir, dass $\int \psi_m^* \psi_n = 0$ für $E_n \neq E_m$ ist. Man kann zeigen, dass man für den Fall, dass es mehr als eine Lösung der Schrödinger-Gleichung zur selben Energie gibt, die Lösungen immer so wählen kann, dass $\int \psi_m^* \psi_n = 0$ für $n \neq m$ gilt. (Dies wird in Fußnote 4 von Abschnitt 3.1 für Fälle gezeigt, bei denen die Schrödinger-Gleichung eine endliche Zahl von Lösungen für eine gegebene Energie aufweist.) Multiplizieren wir die ψ_n mit geeigneten Vorfaktoren, so können wir auch erreichen, dass $\int \psi_n^* \psi_n = 1$ ist, sodass die Lösungen ψ_n **orthonormal** sind, also

$$\int \psi_m^* \psi_n = \delta_{nm} \tag{1.4.27}$$

gilt.

Betrachten wir nun beliebige Operatoren A, B, usw., die durch ihre Wirkung auf Wellenfunktionen definiert sind. Für ein einzelnes Teilchen sind zum Beispiel der Impulsoperator $\mathbf{P}$ und der Ortsoperator $\mathbf{X}$ durch

$$[\mathbf{P}\psi](\mathbf{x}) \equiv -i\hbar \nabla \psi(\mathbf{x}), \qquad [\mathbf{X}\psi](\mathbf{x}) \equiv \mathbf{x}\psi(\mathbf{x}) \tag{1.4.28}$$

definiert. Für einen beliebigen Operator definieren wir eine Matrix durch

$$[A]_{nm} \equiv \int \psi_n^* [A\psi_m] \,. \tag{1.4.29}$$

Man beachte, dass durch diese Definition $[A]_{nm}$ aufgrund von Gleichung (1.3.6) die von Heisenberg angenommene Zeitabhängigkeit

$$[A]_{nm} \propto \exp\Big(-i(E_m - E_n)t/\hbar\Big)$$

aufweist. Mit der Definition (1.4.29) können wir zeigen, dass die Matrix zu einem Produkt von Operatoren das Produkt der Matrizen ist:

$$\int \psi_n^* \Big[A[B\psi_m]\Big] = \sum_l [A]_{nl}[B]_{lm} \,. \tag{1.4.30}$$

Um dies zu beweisen, nehmen wir an, dass die Funktion $B\psi_m$ in Form einer Entwicklung nach den Wellenfunktionen mit irgendwelchen Koeffizienten $b_r(m)$ geschrieben werden kann:

$$B\psi_m = \sum_r b_r(m)\psi_r \,.$$

(Damit diese Annahme gilt, muss man das System unter Umständen in einen Kasten stecken, wie er in Abschnitt 1.1 verwendet wurde, damit die Lösungen der Schrödinger-Gleichung einen diskreten Satz bilden, auch wenn sie ungebundenen Zuständen von Elektronen entsprechen.) Wir können die Koeffizienten ermitteln, indem wir beide Seiten der Entwicklung mit ψ_l^* multiplizieren, über alle Koordinaten integrieren, und dabei die Orthonormalitätsbedingung (1.4.27) verwenden:

$$[B]_{lm} = \int \psi_l^* [B\psi_m] = \sum_r b_r(m)\delta_{rl} = b_l(m) .$$

Es folgt, dass

$$B\psi_m = \sum_l [B]_{lm}\psi_l . \tag{1.4.31}$$

Wiederholen wir den Argumentationsgang, so erhalten wir

$$A[B\psi_m] = \sum_{l,s} [B]_{lm}[A]_{sl}\psi_s . \tag{1.4.32}$$

Multiplikation mit ψ_n^n, Integration über alle Koordinaten und abermalige Verwendung der Orthonormalitätsbedingung (1.4.27) führt dann auf Gleichung (1.4.30).

Nun können wir die Heisenbergschen Quantisierungsbedingungen herleiten. Halten wir zunächst fest, dass die Matrix $[H]_{nm}$ einfach durch

$$[H]_{nm} \equiv \int \psi_n^*[H\psi_m] = E_m \int \psi_n^*\psi_m = E_m\delta_{nm} \tag{1.4.33}$$

gegeben ist, was identisch mit Gleichung (1.4.24) ist. Als nächstes können wir die Bedingung (1.4.14) in ihrer verallgemeinerten Form (1.4.21) verifizieren. Man beachte, dass

$$\frac{\partial}{\partial x}(x\psi) = \psi + x\frac{\partial}{\partial x}\psi$$

gilt, sodass die durch (1.4.28) definierten Operatoren P und X die Gleichung

$$\Big[P[X\psi]\Big] = -i\hbar\psi + \Big[X[P\psi]\Big]$$

erfüllen. Wenden wir nun die allgemeine Formel (1.4.30) an, so erhalten wir

$$[xp - px]_{nm} = i\hbar\delta_{nm} , \tag{1.4.34}$$

was gerade (1.4.21) ergibt. Offensichtlich kann man die gleiche Argumentation verwenden, um die allgemeinere Bedingung (1.4.23) zu erhalten.

Der Zugang, den wir verwenden werden, wenn wir in Kapitel 3 zu den allgemeinen Prinzipien der Quantenmechanik kommen, wird weder die Wellenmechanik noch die Matrizenmechanik sein, sondern eine abstraktere Formulierung, die Dirac die **Transformationstheorie** nannte.[31] Aus ihr können sowohl Matrizenmechanik als auch Wellenmechanik abgeleitet werden.

31 P. A. M. Dirac, Proc. Roy. Soc. Lond. A **113**, 621 (1927). Dieser Zugang ist die Grundlage von Diracs Abhandlung *The Principles of Quantum Mechanics*, 4. (überarbeitete) Auflage (Oxford University Press, 1976).

Obwohl wir erst in Kapitel 11 in die Quantenelektrodynamik einsteigen werden, sollte ich hier erwähnen, dass Born, Heisenberg und Jordan[32] im Jahr 1926 die Ideen der Matrizenmechanik auf das elektromagnetische Feld anwendeten. Sie zeigten, dass das freie Feld in einem kubischen Kasten mit Kantenlängen L als eine Summe über Terme geschrieben werden kann, wobei die Wellenzahlen durch (1.1.1) gegeben sind, also $\mathbf{q}_n = 2\pi\mathbf{n}/L$. Dabei ist $\mathbf{n}$ ein Vektor mit ganzzahligen Komponenten. Jeder Term wird durch den Hamiltonian eines harmonischen Oszillators $H_\mathbf{n} = [\dot{\mathbf{a}}_\mathbf{n}^2 + \omega_\mathbf{n}^2 \mathbf{a}_\mathbf{n}^2]/2$ ($\mathbf{a}_\mathbf{n}$ ersetzt dabei $\sqrt{m}\mathbf{x}$) mit $\omega_n = c|\mathbf{q}_\mathbf{n}|$ beschrieben. Die Energie dieses Feldes, bei dem der $\mathbf{n}$-te Oszillator im $\mathcal{N}_\mathbf{n}$-ten angeregten Zustand ist, ist dann die Summe der Energien der harmonischen Oszillatoren (1.4.15)

$$E = \sum_\mathbf{n} \left[\mathcal{N}_\mathbf{n} + \frac{1}{2}\right] \hbar\omega_\mathbf{n} \,. \tag{1.4.35}$$

Ein solcher Zustand wird als ein Zustand interpretiert, der $\mathcal{N}_\mathbf{n}$ Photonen mit Wellenzahl $\mathbf{q}_\mathbf{n} = 2\pi\mathbf{n}/L$ enthält. Das rechtfertigt Einsteins Annahme, dass Licht in Form von Quanten der Energie $h\nu = \hbar\omega$ auftritt. (Die zusätzliche »Nullpunktsenergie« $\sum \hbar\omega_\mathbf{n}/2$ ist die Energie der Quantenfluktuationen im Vakuum, die nur auf das Gravitationsfeld Auswirkungen hat. Das ist einer der Beiträge zur »dunklen Energie«, die augenblicklich Physiker und Astronomen sehr beschäftigt.) Im Jahr 1927 gelang es Dirac,[33] mithilfe dieser Quantentheorie der Strahlung eine vollständig quantenmechanische Herleitung der Formel (1.4.5) für die Rate der spontanen Photonenemission anzugeben, ohne sich auf Analogien zur klassischen Strahlungstheorie verlassen zu müssen. Diese Ableitung wird in Abschnitt 11.7 dargestellt und verallgemeinert.

1.5 Wahrscheinlichkeitsinterpretation

Zunächst dachten Schrödinger und andere, dass Wellenfunktionen ausgedehnte Teilchen darstellen, ähnlich den Dichteschwankungen in einer Flüssigkeit – ein Großteil des Teilchens ist dort, wo die Wellenfunktion groß ist. Diese Deutung wurde nach der Analyse der Streuung in der Quantenmechanik durch Max Born[34] (1882–1970) unhaltbar. Zu diesem Zweck verwendete Born eine Verallgemeinerung der Annahme (1.3.6) von de Broglie für die Zeitabhängigkeit der Wellenfunktion eines freien Teilchens. Für ein beliebiges System, das durch einen Hamiltonian H beschrieben wird, ist die Zeitabhängigkeit einer beliebigen Wellenfunktion, ganz gleich, ob sie zu einem Zustand fester Energie gehört oder nicht, durch

$$i\hbar\frac{\partial}{\partial t}\psi = H\psi \tag{1.5.1}$$

32 M. Born, W. Heisenberg, and P. Jordan, Z. f. Physik **35**, 557 (1926). Sie berücksichtigten die Polarisation des Lichts nicht und behandelten das Problem in einer Dimension, anders als hier, wo wir in drei Dimensionen rechnen.

33 P. A. M. Dirac, Proc. Roy. Soc. Lond. A **114**, 710 (1927).

34 M. Born, Z. f. Physik **37**, 863 (1926); 38, 803 (1926).

gegeben. Zum Beispiel lautet der nichtrelativistische Hamiltonian für ein Teilchen der Masse m, das sich in einem Potenzial $V(\mathbf{x})$ bewegt, in der klassischen Mechanik $H = \mathbf{p}^2/2m + V$, und die Wellengleichung genügt der zeitabhängigen Schrödinger-Gleichung

$$i\hbar\frac{\partial}{\partial t}\psi(\mathbf{x},t) = H[\mathbf{X},\mathbf{P}]\psi(\mathbf{x},t) = \left[-\frac{\hbar^2\nabla^2}{2m} + V(\mathbf{x})\right]\psi(\mathbf{x},t)\ . \tag{1.5.2}$$

Dabei sind die Operatoren $\mathbf{X}$ und $\mathbf{P}$ durch Gleichung (1.4.28) definiert. Indem er die Zeitentwicklung eines in einem kleinen räumlichen Bereich lokalisierten Pakets wie in (1.3.2) verfolgte, fand Born heraus, dass die Wellenfunktion in alle Richtungen strahlt, wenn ein Teilchen auf ein Target wie ein Atom oder einen Atomkern trifft. Dabei nimmt die Amplitude wie $1/r$ ab, wobei r der Abstand vom Target ist. (Das wird in Kapitel 7 gezeigt.) Dies schien der üblichen Beobachtung zu widersprechen, dass ein an einem Target gestreutes Teilchen zwar in der Tat in alle Richtungen gestreut werden kann, aber dabei nicht zerbricht und sich in alle Richtungen ausbreitet.

Born schlug vor, dass die Amplitude der Wellenfunktion $\psi(\mathbf{x},t)$ uns nicht mitteilt, wie viel sich von einem Teilchen zur Zeit t am Ort $\mathbf{x}$ befindet, sondern vielmehr die Wahrscheinlichkeit angibt, mit der das Teilchen zur Zeit t am oder nahe beim Ort $\mathbf{x}$ ist. Um genau zu sein: Born schlug vor, dass für ein System mit einem Teilchen die Wahrscheinlichkeit, dass sich das Teilchen zur Zeit t in einem kleinen Volumen d^3x um den Ort $\mathbf{x}$ herum aufhält, durch

$$dP = \left|\psi(\mathbf{x},t)\right|^2\, d^3x \tag{1.5.3}$$

gegeben ist. Damit sich das Teilchen mit hundertprozentiger Wahrscheinlichkeit irgendwo befindet, muss man die Wellenfunktion normieren, sodass

$$\int \left|\psi(\mathbf{x},t)\right|^2\, d^3x = 1 \tag{1.5.4}$$

gilt, wobei die Integration über den gesamten Raum ausgeführt wird. Die Bedingung, dass das Integral den Wert eins annehmen soll, schränkt die Arten physikalisch erlaubter Wellenfunktionen nicht besonders ein, denn solange das Integral eine endliche Konstante N ist, können wir (1.5.4) immer sicherstellen, indem wir die Wellenfunktion durch $\sqrt{N}$ teilen. Wichtig ist die Endlichkeit des Integrals, was stärker als die von Schrödinger verwendete Bedingung ist, dass die Wellenfunktion im Unendlichen verschwinden muss.

Beachten Sie, dass das Integral (1.5.4) für eine Wellenfunktion, deren Zeitabhängigkeit durch die Schrödinger-Gleichung (1.5.1) beschrieben wird, konstant bleibt. Eine Wellenfunktion, die zu einem bestimmten Zeitpunkt gemäß (1.5.4) normiert ist, wird dies also für alle Zeiten sein. Die zeitliche Änderung dieses Integrals ist gegeben durch

$$\begin{aligned} i\hbar\frac{d}{dt}\int |\psi(\mathbf{x},t)|^2\, d^3x &= i\hbar\int \psi^*(\mathbf{x},t)\frac{\partial}{\partial t}\psi(\mathbf{x})\, d^3x + i\hbar\int\left(\frac{\partial}{\partial t}\psi^*(\mathbf{x},t)\right)\psi(\mathbf{x})\, d^3x \\ &= \int \psi^*(\mathbf{x},t)\,([H\psi](\mathbf{x},t))\, d^3x + \int ([H\psi](\mathbf{x},t))^*\,\psi(\mathbf{x},t)\, d^3x, \end{aligned}$$

und dieser Ausdruck verschwindet, weil H die Bedingung (1.4.25) erfüllt, also ein hermitescher Operator ist.

Aus (1.5.3) folgt unmittelbar, dass der Mittelwert (der »Erwartungswert«) einer beliebigen Funktion $f\mathbf{x})$ durch

$$\langle f\rangle = \int f\mathbf{x})\; |\psi(\mathbf{x},t)|^2\; d^3x \tag{1.5.5}$$

gegeben ist. Mit anderen Worten: Ist $f\mathbf{X})$ der Operator, der eine Wellenfunktion $\psi(\mathbf{x})$ mit $f\mathbf{x})$ multipliziert, so gilt

$$\langle f\rangle = \int \psi^*(\mathbf{x})\,[f\mathbf{X})\psi](\mathbf{x})\; d^3x\,. \tag{1.5.6}$$

Es ist dann naheliegend anzunehmen, dass der Mittelwert einer beliebigen Observablen A

$$\langle A\rangle = \int \psi^*(\mathbf{x})\,[A\psi](\mathbf{x})\; d^3x \tag{1.5.7}$$

ist. Dabei ist $A\psi$ die Wirkung des Operators, der die Observable A repräsentiert, auf die Wellenfunktion ψ. In Systemen mit mehr als einem Teilchen hängt die Wellenfunktion von den Koordinaten aller Teilchen ab, und die Integrationen in den Gleichungen (1.5.4)–(1.5.7) werden über alle diese Koordinaten ausgeführt.

Im Jahr 1927 zeigte Paul Ehrenfest (1880–1933) mithilfe dieser Ergebnisse, wie sich die klassischen Bewegungsgleichungen eines nichtrelativistischen Teilchens in einem Potenzial aus der zeitabhängigen Schrödinger-Gleichung ergeben.[35] Zur Herleitung seiner Resultate verwenden wir Gleichung (1.5.2) und bestimmen die zeitlichen Ableitungen der Erwartungswerte für Ort und Impuls:

$$\frac{d}{dt}\langle\mathbf{X}\rangle = \frac{1}{i\hbar}\int d^3x\,\psi^*(\mathbf{x},t)[XH - HX]\psi(\mathbf{x},t) = \langle\mathbf{P}\rangle/m\,,$$

$$\frac{d}{dt}\langle\mathbf{P}\rangle = \frac{1}{i\hbar}\int d^3x\,\psi^*(\mathbf{x},t)[\mathbf{P}H - H\mathbf{P}]\psi(\mathbf{x},t) = -\langle\boldsymbol{\nabla} V(\mathbf{X})\rangle\,.$$

Das entspricht nicht ganz den klassischen Gleichungen, denn $\langle V(\mathbf{X})\rangle$ ist im Allgemeinen nicht das Gleiche wie $V(\langle\mathbf{X}\rangle)$. Sollte sich aber die Kraft (wie es normalerweise in makroskopischen Systemen der Fall ist) in dem Bereich, in dem die Wellenfunktion größere Werte annimmt, nicht stark ändern, so liegen diese Gleichungen sowohl für $\langle\mathbf{P}\rangle$ als auch für $\langle\mathbf{X}\rangle$ sehr nahe an den klassischen Bewegungsgleichungen. (Diese Aussage wird durch die in Abschnitt 7.10 beschriebene Eikonal-Näherung erheblich präzisiert.)

Wir können nun verstehen, warum es wichtig ist, dass alle Operatoren für beobachtbare Größen, hermitesch sind. Bildet man das Komplex-Konjugierte von Gleichung (1.5.7), so erhält man

$$\langle A\rangle^* = \int [A\psi](\mathbf{x})^*\,\psi(\mathbf{x})\; d^3x = \int \psi(\mathbf{x})^*[A\psi](\mathbf{x})\; d^3x\,.$$

Im letzten Schritt haben wir die Definition (1.4.25) hermitescher Operatoren verwendet. Der letzte Ausdruck ist der Erwartungswert von A; hermitesche Operatoren haben also reelle Erwartungswerte.

---

35 P. Ehrenfest, Zeit. f. Phys. **45**, 455 (1927).

Wir können nun auch die Bedingung herleiten, die eine Wellenfunktion erfüllen muss, damit sie einen Zustand darstellt, der einen bestimmten (festen) reellen Wert a für eine Observable ergibt, die durch einen hermiteschen Operator A repräsentiert wird. Der Erwartungswert von $(A-a)^2$ lautet

$$\begin{aligned}\langle (A-a)^2\rangle &= \int \psi^*(\mathbf{x})\left[(A-a)^2\psi\right](\mathbf{x})\, d^3x \\ &= \int \left(\left[(A-a)\psi\right](\mathbf{x})\right)^* \left[(A-a)\psi\right](\mathbf{x})\, d^3x \\ &= \int \left|\left[(A-a)\psi\right](\mathbf{x})\right|^2 d^3x\,. \end{aligned} \tag{1.5.8}$$

Hat der durch $\psi(\mathbf{x})$ dargestellte Zustand für A einen festen Wert, so muss der Erwartungswert von $(A-a)^2$ verschwinden. Nach (1.5.8) muss dann $(A-a)\psi$ überall verschwinden, und es gilt somit

$$[A\psi](\mathbf{x}) = a\psi(\mathbf{x})\,. \tag{1.5.9}$$

In diesem Fall bezeichnet man $\psi(\mathbf{x})$ als eine **Eigenfunktion** von A zum **Eigenwert** a. Die Schrödinger-Gleichung für die Energien und Wellenfunktionen von Zuständen fester Energie ist lediglich ein Spezialfall dieser Bedingung, wobei A der Hamilton-Operator und a die Energie ist.

Wir können nun leicht einsehen, dass ein beliebiger Zustand unmöglich für *irgendeine* Komponente x des Ortes *und* die zugehörige Komponente p des Impulses zugleich feste Werte haben kann. Gäbe es einen solchen Zustand, würde seine Wellenfunktion sowohl

$$X\psi = x\psi \quad \text{als auch} \quad P\psi = p\psi \tag{1.5.10}$$

erfüllen, wobei x und p die Zahlenwerte für Ort und Impuls sind. Dann wäre aber

$$XP\psi = pX\psi = px\psi, \qquad PX\psi = xP\psi = xp\psi\,,$$

und somit

$$(XP - PX)\psi = 0,$$

was im Widerspruch zur Kommutatorbeziehung (Vertauschungsrelation) $XP - PX = i\hbar$ steht.

Man kann für das Produkt aus den Unbestimmtheiten in Ort und Impuls sogar eine untere Schranke setzen. Wie wir in Kapitel 3 zeigen werden, folgt aus der Kommutatorrelation $XP - PX = i\hbar$ die Ungleichung

$$\Delta x\, \Delta p \geq \hbar/2\,. \tag{1.5.11}$$

Dabei sind Δx und Δp die Unbestimmtheiten in Ort und Impuls, die man als die Standardabweichungen von Ort und Impuls von ihren Erwartungswerten definiert:

$$\Delta x \equiv \left\langle (X - \langle X\rangle)^2\right\rangle^{1/2}, \quad \Delta p \equiv \left\langle (P - \langle P\rangle)^2\right\rangle^{1/2}\,. \tag{1.5.12}$$

Die Beziehung (1.5.11) ist als die Heisenbergsche Unschärferelation (besser: Unbestimmtheitsrelation) bekannt.[36] Heisenberg konnte 1927 eine physikalisch begründete qualitative Erklärung dieser Ungleichung geben. Beobachtet man ein Teilchen mit Licht der Wellenlänge λ, so kann die Unbestimmtheit Δx für den Ort nicht viel kleiner als λ sein. Jedes Photon wird den Impuls $2\pi\hbar/\lambda$ haben, sodass die Unbestimmtheit Δp für den Impuls nach der Beobachtung nicht viel kleiner als $\hbar/\lambda$ sein kann. Somit kann das Produkt der Unbestimmtheiten nicht viel kleiner als $\hbar$ sein.

Allgemeiner kann ein Zustand, der durch eine Wellenfunktion ψ beschrieben wird, nur genau dann feste Werte für jeweils zwei Observablen haben, die durch die Operatoren A und B dargestellt werden, wenn gilt

$$(AB - BA)\psi = 0\ . \tag{1.5.13}$$

Das wird natürlich im Fall $AB = BA$ für alle Wellenfunktionen gelten und für keine Wellenfunktion, falls $AB - BA$ eine endliche Zahl wie $i\hbar$ mal dem Einheitsoperator ist. Die Differenz $AB-BA$ ist als **Kommutator** von A und B bekannt, und man bezeichnet ihn mit

$$[A, B] \equiv AB - BA. \tag{1.5.14}$$

Ein Zustand kann nur dann feste Werte für A und B zugleich haben, wenn die Wellenfunktion $[A, B]\psi = 0$ erfüllt. Verschwindet der Kommutator zweier Operatoren, so sagt man, dass die Operatoren kommutieren.

Born gab auch eine Wahrscheinlichkeitsinterpretation für Wellenfunktionen an, die keine Eigenfunktionen des Hamiltonians sind.[37] Nehmen wir an, eine Wellenfunktion sei durch eine Entwicklung nach Energieeigenfunktionen

$$\psi = \sum_n c_n \psi_n \tag{1.5.15}$$

gegeben mit $H\psi_n = E_n\psi_n$ und den numerischen Koeffizienten c_n. Wie in Abschnitt 1.4 erwähnt, können wir die Energieeigenfunktionen ψ_n so wählen, dass sie die Orthonormierungsbedingung (1.4.27) erfüllen. In diesem Fall muss für eine normierte Wellenfunktion

$$1 = \int |\psi|^2 = \sum_{nm} c_n^* c_m \int \psi_n^* \psi_m = \sum_n |c_n|^2 \tag{1.5.16}$$

gelten. Der Erwartungswert einer beliebigen Funktion $fH)$, die vom Hamiltonian abhängt, ist gegeben durch

$$\begin{aligned} \langle fH)\rangle &= \sum_{nm} c_n^* c_m \int \psi_n^* fH)\psi_m \\ &= \sum_{nm} fE_n) c_n^* c_m \int \psi_n^* \psi_m = \sum_n |c_n|^2 fE_n)\ . \end{aligned} \tag{1.5.17}$$

36 W. Heisenberg, Z. f. Physik **43**, 172 (1927).
37 M. Born, Nature **119**, 354 (1927).

Damit dies für alle Funktionen gilt, müssen wir die Koeffizienten $|c_n|^2$ als die Wahrscheinlichkeit interpretieren, dass sich bei einer Messung der Energie (und im Fall von Entartung auch anderer Observablen, die die Unterscheidung der einzelnen Zustände erlauben) das System in dem Zustand befindet, der durch ψ_n beschrieben wird. Dies ist als die **Bornsche Regel** bekannt. Sie wurde bald über Hamiltonians hinaus auf allgemeine Operatoren verallgemeinert.

Wie wir in Abschnitt 1.4 gesehen haben, können wir die Koeffizienten c_n berechnen, indem wir Gleichung (1.5.15) mit ψ_n^* multiplizieren, über die Koordinaten integrieren und die Orthonormalitätsbeziehung (1.4.27) verwenden, was auf $c_m = \int \psi_m^* \psi$ führt. Gehen wir also von einem System in einem Zustand aus, der durch die Wellenfunktion ψ beschrieben wird. Wir führen eine Messung aus, die das System in irgendeinen Zustand aus einer Menge von Zuständen überführt, die durch orthonormale Wellenfunktionen ψ_n (diese können, müssen aber nicht Energieeigenfunktionen sein) beschrieben werden. Dann ist die Wahrscheinlichkeit, dass wir das System in einem Zustand finden, der durch die Wellenfunktion ψ_m beschrieben wird, durch

$$P(\psi \to \psi_m) = \left| \int \psi_m^* \psi \right|^2 \tag{1.5.18}$$

gegeben. Diese Aussage kann man als das fundamentale Postulat zur Interpretation der Quantenmechanik auffassen.

Die Wahrscheinlichkeitsinterpretation der Quantenmechanik war von Anfang an umstritten. In der einen oder anderen Weise wurde sie von führenden theoretischen Physikern wie Schrödinger oder Einstein abgelehnt. Über Jahre dauerten die Debatten über diesen Aspekt der Quantenmechanik an. Diskutiert wurde vor allem auf den Solvay-Konferenzen in Brüssel ab 1927. Bis heute besteht ein Spannungsverhältnis zwischen der Wahrscheinlichkeitsinterpretation und der deterministischen Entwicklung der Wellenfunktion, die durch (1.5.1) beschrieben wird. Wenn man davon ausgeht, dass sich die physikalischen Zustände, einschließlich der Zustände der Beobachter und ihrer Instrumente, deterministisch in der Zeit entwickeln, woher kommen dann die Wahrscheinlichkeiten? Diesem Problem wird sich Abschnitt 3.7 widmen.

Historische Bibliographie

Die aufgeführten Werke enthalten geeignete Sammlungen von Originalarbeiten (ggf. in Übersetzung) aus der Frühzeit der Quantenmechanik und der Atomphysik:

1 *The Question of the Atom – From the Karlsruhe Congress to the First Solvay Conference, 1860–1911*, Hrsg. M. J. Nye (Tomash Publishers, Los Angeles/San Francisco, 1986).

2 *The Collected Papers of Lord Rutherford of Nelson O.M., FRS*, Hrsg. J. Chadwick (Interscience 1963).

3 *Sources of Quantum Mechanics*, Hrsg. B. L. Van der Waerden (North-Holland, Amsterdam, 1967).

4 E. Schrödinger, *Collected Papers on Wave Mechanics*, Third English Edition (Chelsea Publishing, New York, 1982).

5 G. Bacciagaluppi und A. Valentini, *Quantum Theory at the Crossroads – Reconsidering the 1927 Solvay Conference* (Cambridge University Press, Cambridge, 2009).

Aufgaben zu Kapitel 1

EXTRAS ONLINE Lösungen

1 Betrachten Sie ein nichtrelativistisches Teilchen der Masse M in einer Dimension, das in einem Potenzial eingesperrt ist, das für $-a \leq x \leq a$ verschwindet und bei $x = \pm a$ unendlich wird, sodass die Wellenfunktion bei $x = \pm a$ verschwinden muss.

- Berechnen Sie die Energiewerte von Zuständen fester Energie sowie die dazugehörigen normierten Wellenfunktionen.
- Angenommen, das Teilchen befindet sich in einem Zustand mit einer Wellenfunktion, die zu $a^2 - x^2$ proportional ist. Was ist die Wahrscheinlichkeit dafür, das Teilchen bei einer Messung der Energie im Zustand niedrigster Energie zu finden?

2 Betrachten Sie nun ein nichtrelativistisches Teilchen der Masse M in drei Dimensionen, das durch einen Hamiltonian

$$H = \frac{\mathbf{P}^2}{2M} + \frac{M\omega_0^2}{2}\mathbf{X}^2$$

beschrieben wird.

- Bestimmen Sie die Energiewerte von Zuständen mit fester Energie und die Anzahl der Zustände für jede Energie.
- Bestimmen Sie die Rate, mit der ein Zustand mit der zweitniedrigsten Energie durch Photonenemission in den Zustand niedrigster Energie zerfällt.

Hinweis: Sie können den Hamiltonian als die Summe von drei Hamiltonians für eindimensionale Oszillatoren ausdrücken und die Ergebnisse aus Abschnitt 1.4 für die Energienieveaus und x-Matrixelemente von eindimensionalen Oszillatoren verwenden.

3 Angenommen, das Photon hätte drei anstatt zwei Polarisationszustände. Zu welchem Unterschied würde das in den Beziehungen zwischen den Einsteinschen Koeffizienten A und B führen?

4 Zeigen Sie, dass die Lösung $\psi(\mathbf{x}, t)$ der zeitabhängigen Schrödinger-Gleichung für ein Teilchen in einem reellen Potenzial über die Eigenschaft verfügt, dass $\partial|\psi|^2/\partial t$ die Divergenz eines Dreiervektors ist.

Lernziele

1. Die Schrödinger-Gleichung für ein Zentralpotenzial
   - Hamiltonian für Zentralpotenziale
   - Bahndrehimpulsoperatoren
   - Spektrum von $\mathbf{L}^2$
   - Separation der Wellenfunktion
   - Randbedingungen
2. Kugelflächenfunktionen
   - Spektrum von L_3
   - Assoziierte Legendre-Polynome
   - Konstruktion von Kugelflächenfunktionen
   - Orthonormalität
   - Parität
3. Das Wasserstoffatom
   - Radiale Schrödinger-Gleichung
   - Potenzreihenlösung
   - Laguerre-Polynome
   - Energieniveaus
   - Auswahlregeln
4. Das Zweikörperproblem
   - Reduzierte Masse
   - Relativ- und Schwerpunktskoordinaten
   - Relativ- und Gesamtimpuls
   - Spektren von Wasserstoff und Deuterium
5. Der harmonische Oszillator
   - Separation der Wellenfunktion
   - Aufsteige- und Absteigeoperatoren
   - Spektrum
   - Normierte Wellenfunktionen
   - Strahlungsübergangsmatrixelemente

Teilchenzustände in einem Zentralpotential

2

ÜBERBLICK

» Bevor wir im nächsten Kapitel die allgemeinen Prinzipien der Quantenmechanik darlegen, werden wir zunächst in diesem Kapitel die Bedeutung der Schrödinger-Gleichung illustrieren, indem wir einige wichtige physikalische Probleme mit den Methoden der Wellenmechanik lösen. Wir beginnen mit der Betrachtung eines einzelnen Teilchens, das sich in drei Raumdimensionen unter dem Einfluss eines allgemeinen Zentralpotenzials bewegt. Danach werden wir uns auf den Fall eines Coulomb-Potenzials spezialisieren und das Spektrum des Wasserstoffs berechnen. Am Ende des Kapitels behandeln wir ein weiteres klassisches Problem: den harmonische Oszillator. «

2.1 Die Schrödinger-Gleichung für ein Zentralpotenzial

Wir betrachten ein Teilchen der Masse μ,[1] das sich in einem **Zentralpotenzial** $V(r)$ bewegt, das nur von $r \equiv \sqrt{\mathbf{x}^2}$ abhängt. In diesem Fall lautet der Hamiltonian[2]

$$H = \frac{\mathbf{p}^2}{2\mu} + V(r) = -\frac{\hbar^2}{2\mu}\nabla^2 + V(r) \,, \tag{2.1.1}$$

wobei ∇^2 der Laplace-Operator

$$\nabla^2 \equiv \frac{\partial^2}{\partial x_1^2} + \frac{\partial^2}{\partial x_2^2} + \frac{\partial^2}{\partial x_3^2} \tag{2.1.2}$$

ist. Die Schrödinger-Gleichung für eine Wellenfunktion $\psi(\mathbf{x})$, die einen Zustand zu einer festen Energie E beschreibt, lautet dann

$$E\psi = H\psi = -\frac{\hbar^2}{2\mu}\nabla^2\psi + V(r)\psi \,. \tag{2.1.3}$$

Wie jede Wellenfunktion zu einem Zustand fester Energie E wird auch diese Wellenfunktion $\psi(\mathbf{x})$ eine einfache Zeitabhängigkeit haben, die sich in einem Faktor $\exp(-iEt/\hbar)$ verbirgt, den wir im Allgemeinen nicht explizit angeben werden.

Bei einem solchen Problem überlegt man sich am besten, welche Observablen man neben der Energie verwenden kann, um physikalische Zustände zu charakterisieren. Wie in Abschnitt 1.5 erläutert, sind das Operatoren, die mit dem Hamiltonian kommutieren. Eine solche Observable ist der Drehimpuls $\mathbf{L} = \mathbf{x} \times \mathbf{p}$. Ersetzt man wie üblich $\mathbf{p}$ durch $-i\hbar\boldsymbol{\nabla}$, erscheint es naheliegend, in der Quantenmechanik einen Drehimpulsoperator

$$\mathbf{L} \equiv -i\hbar\,\mathbf{x} \times \boldsymbol{\nabla} \tag{2.1.4}$$

zu definieren. Dabei ist $\mathbf{x}$ (im Kapitel 1 $\mathbf{X}$ genannt) der Operator, der eine Wellenfunktion mit ihrem Argument multipliziert. In kartesischen Koordinaten ist dieser Operator

$$L_i = -i\hbar \sum_{jk} \epsilon_{ijk} x_j \frac{\partial}{\partial x_k} \,, \tag{2.1.5}$$

1 Wir verwenden hier μ für die Masse, um Verwechslungen mit dem Index m zu vermeiden, der gewöhnlich für die Winkelabhängigkeit der Wellenfunktion verwendet wird. Wir werden in Abschnitt 2.4 sehen, dass die gleiche Schrödinger-Gleichung für Probleme mit zwei Teilchen der Massen m_1 und m_2 anwendbar ist, wenn das Potenzial nur vom Teilchenabstand abhängt, indem man für μ die reduzierte Masse $m_1 m_2/(m_1 + m_2)$ verwendet.

2 In diesem und in den meisten folgenden Kapiteln werden wir $\mathbf{x}$ sowohl als Argument der Wellenfunktion (mit $r \equiv |\mathbf{x}|$) als auch als den Operator verwenden, der die Wellenfunktion mit ihrem Argument multipliziert und den wir im vorigen Kapitel mit $\mathbf{X}$ bezeichnet haben. Aus dem Zusammenhang sollte klar sein, was gerade gemeint ist. Ferner ist $\mathbf{p}$ hier der Operator $-i\hbar\boldsymbol{\nabla}$, den wir im vorigen Kapitel $\mathbf{P}$ genannt haben.

wobei die Indizes i, j, k jeweils die drei Raumrichtungen 1, 2, 3 durchlaufen und ϵ ein total antisymmetrischer Koeffizient ist, den man definiert als

$$\epsilon_{ijk} \equiv \begin{cases} +1 & i,\ j,\ k \text{ gerade Permutation von } 1,\ 2,\ 3 \\ -1 & i,\ j,\ k \text{ ungerade Permutation von } 1,\ 2,\ 3 \\ 0 & \text{sonst.} \end{cases} \tag{2.1.6}$$

Um zu zeigen, dass **L** mit dem Hamiltonian kommutiert, betrachten wir zunächst den Kommutator von L_i mit entweder x_j oder $\partial/\partial x_j$. Wir erinnern uns, dass

$$\frac{\partial}{\partial x_k}(x_j\psi) - x_j\frac{\partial}{\partial x_k}\psi = \delta_{jk}\psi$$

ist, somit gilt

$$\left[\frac{\partial}{\partial x_k}\,,\, x_j\right] = \delta_{kj}\,. \tag{2.1.7}$$

Da die Komponenten von **x** untereinander kommutieren, erhalten wir

$$[L_i, x_j] = -i\hbar\sum_m \epsilon_{imj}x_m = +i\hbar\sum_k \epsilon_{ijk}x_k\,. \tag{2.1.8}$$

Um den Kommutator von **L** mit dem Gradientenoperator auszuwerten, müssen wir lediglich Gleichung (2.1.7) in

$$\left[x_m\,,\, \frac{\partial}{\partial x_j}\right] = -\delta_{jm}$$

umschreiben. Da die Komponenten des Gradientenoperators untereinander kommutieren, gilt somit

$$\left[L_i, \frac{\partial}{\partial x_j}\right] = +i\hbar\sum_k \epsilon_{ijk}\frac{\partial}{\partial x_k}\,. \tag{2.1.9}$$

Die beiden Gleichungen (2.1.8) und (2.1.9) kann man in der Form

$$[L_i, v_j] = i\hbar\sum_k \epsilon_{ijk}v_k \tag{2.1.10}$$

schreiben, wobei v_i entweder x_i oder $\partial/\partial x_i$ ist. Man kann zeigen, dass Gleichung (2.1.10) für jeden Vektor gilt, den man aus **x** oder ∇ konstruiert. Insbesondere gilt die Gleichung für **L** selbst:

$$[L_i, L_j] = i\hbar\sum_k \epsilon_{ijk}L_k\,. \tag{2.1.11}$$

Wenn i und j gleich sind, trifft dies offensichtlich zu, denn ϵ_{ijk} verschwindet, wenn zwei beliebige seiner Indizes gleich sind. Um Gleichung (2.1.11) für den Fall zu überprüfen, dass i und j nicht gleich sind, betrachten wir konkret $i = 1$ und $j = 2$. Hier gilt

$$\begin{aligned}
[L_1, L_2] &= -i\hbar\left[L_1, \left(x_3\frac{\partial}{\partial x_1} - x_1\frac{\partial}{\partial x_3}\right)\right] \\
&= -i\hbar\left(-i\hbar x_2\frac{\partial}{\partial x_1} + i\hbar x_1\frac{\partial}{\partial x_2}\right) \\
&= i\hbar L_3 = i\hbar\sum_k \epsilon_{12k}L_k\,,
\end{aligned}$$

und für $[L_2, L_3]$ und $[L_3, L_1]$ verhält es sich analog.

Um zu zeigen, dass die Komponenten L_i mit dem Hamiltonian kommutieren, halten wir zunächst fest, dass

$$[L_i, \mathbf{v}^2] = \sum_j [L_i, v_j]v_j + \sum_j v_j[L_i, v_j] = \sum_{jk} \epsilon_{ijk}(v_k v_j + v_k v_j)$$

gilt, wenn v_i eine beliebige Vektorkomponente ist, die Gleichung (2.1.10) erfüllt. Weil ϵ_{ijk} in j und k antisymmetrisch ist, gilt also

$$[L_i, \mathbf{v}^2] = 0 \,. \tag{2.1.12}$$

(Man beachte, dass diese Argumentation auch dann zutrifft, wenn die Komponenten von $\mathbf{v}$ untereinander nicht kommutieren, wie es für einige Vektoroperatoren der Fall ist, die nicht durch den Orts- bzw. Gradientenvektor gegeben sind.) Insbesondere kommutiert L_i mit $\mathbf{x}^2$, und daher mit jeder beliebigen Funktion von $r \equiv [\mathbf{x}^2]^{1/2}$; L_i kommutiert auch mit dem Laplace-Operator ∇^2 und daher ebenfalls mit dem Hamiltonian (2.1.1). Es ist die Rotationssymmetrie des Hamiltonians, die sicherstellt, dass er mit $\mathbf{L}$ kommutiert; hinge der Hamiltonian von der Richtung von $\mathbf{x}$ oder $\mathbf{p}$ ab und nicht nur von deren Betrag, würde er nicht mit $\mathbf{L}$ kommutieren.

Weil L_j selbst eine Vektorkomponente v_j ist, die Gleichung (2.1.10) erfüllt, folgt auch, dass L_i mit $\mathbf{L}^2$ kommutiert. Ferner kommutiert auch $\mathbf{L}^2$ mit dem Hamiltonian, weil L_i mit ihm kommutiert. Wir können daher die physikalischen Zustände durch die Eigenwerte von H, von $\mathbf{L}^2$ und von einer beliebigen Komponente von $\mathbf{L}$ charakterisieren, die (H, $\mathbf{L}^2$ und L_i) alle untereinander kommutieren. Man beachte, dass wir dies nur für *eine* Komponente von $\mathbf{L}$ machen können, weil nach Gleichung (2.1.11) die drei unterschiedlichen Komponenten untereinander nicht kommutieren. Per Konvention wählt man als Komponente L_3, sodass wir physikalische Wellenfunktionen durch die Eigenwerte von H, $\mathbf{L}^2$ und L_3 charakterisieren werden.

Da jede Komponente L_i mit r kommutiert, darf sie nur auf die Richtung des Arguments $\mathbf{x}$ wirken, nicht hingegen auf seine Länge. Das heißt, dass in durch

$$x_1 = r \sin\theta \, \cos\phi \,, \quad x_2 = r \sin\theta \, \sin\phi \,, \quad x_3 = r\cos\theta \tag{2.1.13}$$

definierten Polarkoordinaten die Operatoren L_i nur auf θ und ϕ wirken. Aus der Definition (2.1.5) dieser Operatoren können wir ihre explizite Form in Polarkoordinaten ableiten:

$$\begin{aligned} L_1 &= i\hbar\left(\sin\phi \frac{\partial}{\partial\theta} + \cot\theta\cos\phi\frac{\partial}{\partial\phi}\right) \\ L_2 &= i\hbar\left(-\cos\phi \frac{\partial}{\partial\theta} + \cot\theta\sin\phi\frac{\partial}{\partial\phi}\right) \\ L_3 &= -i\hbar\frac{\partial}{\partial\phi} \,. \end{aligned} \tag{2.1.14}$$

In Polarkoordinaten gilt ferner

$$\mathbf{L}^2 = -\hbar^2\left[\frac{1}{\sin\theta}\frac{\partial}{\partial\theta}\left(\sin\theta\frac{\partial}{\partial\theta}\right) + \frac{1}{\sin^2\theta}\frac{\partial^2}{\partial^2\phi}\right]. \tag{2.1.15}$$

Als Beispiel dafür, wie man diese Ausdrücke herleitet, berechnen wir die Komponente L_3, die für uns von besonderer Bedeutung sein wird. Man beachte

$$\begin{aligned}\frac{\partial}{\partial\phi} &= \sum_i \frac{\partial x_i}{\partial\phi}\frac{\partial}{\partial x_i}\\ &= -r\sin\theta\,\sin\phi\,\frac{\partial}{\partial x_1} + r\sin\theta\,\cos\phi\,\frac{\partial}{\partial x_2} = -x_2\,\frac{\partial}{\partial x_1} + x_1\,\frac{\partial}{\partial x_2}\\ &= \frac{i}{\hbar}L_3\,,\end{aligned}$$

was den Ausdruck für L_3 in (2.1.14) rechtfertigt.

Wir sollten auch festhalten, dass jede Komponente von $\mathbf{L}$ ein hermitescher Operator ist, weil x_j und p_k hermitesche Operatoren sind und für $j \neq k$ miteinander vertauschen. Das ist ein Spezialfall einer allgemeinen Regel: Falls A und B hermitesch sind und kommutieren, so gilt

$$\int \psi^*(AB\psi) = \int (A\psi)^* B\psi = \int (BA\psi)^*\psi = \int (AB\psi)^*\psi\,,$$

und somit ist AB hermitesch. Da jede Komponente von $\mathbf{L}$ hermitesch ist und mit sich selbst vertauscht, ist ferner ihr Quadrat hermitesch und somit auch die Summe ihrer Quadrate, $\mathbf{L}^2$.

Was hat dies mit der Schrödinger-Gleichung zu tun? Um das zu sehen, berechnen wir den Operator $\mathbf{L}^2$ auf eine andere Weise. Nach Gleichung (2.1.5) ist

$$\mathbf{L}^2 = \sum_i L_i L_i = -\hbar^2 \sum_{ijklm} \epsilon_{ijk}\epsilon_{ilm} x_j \left(\frac{\partial}{\partial x_k}\right) x_l \left(\frac{\partial}{\partial x_m}\right).$$

Die Summe über i ergibt

$$\sum_i \epsilon_{ijk}\epsilon_{ilm} = \delta_{jl}\delta_{km} - \delta_{jm}\delta_{kl}\,.$$

(Das gilt, weil ϵ_{ijk} für jedes i verschwindet, außer wenn j und k die beiden anderen Richtungen sind, und ϵ_{ilm} für jedes i verschwindet, außer wenn l und m die beiden anderen Richtungen sind, und somit das Produkt $\epsilon_{ijk}\epsilon_{ilm}$ verschwindet, außer in den beiden Fällen $j = l$ und $k = m$ beziehungsweise $j = m$ und $k = l$. Im ersten Fall haben wir ein Produkt zweier ϵ mit Indizes in gleicher Reihung, was auf $+1$ führt, und im zweiten Fall haben wir ein Produkt zweier ϵ, das sich vom ersten durch eine Permutation des zweiten und dritten Index unterscheidet und somit auf -1 führt.) Folglich ist

$$\mathbf{L}^2 = -\hbar^2 \sum_{jk}\left[x_j\left(\frac{\partial}{\partial x_k}\right)x_j\left(\frac{\partial}{\partial x_k}\right) - x_j\left(\frac{\partial}{\partial x_k}\right)x_k\left(\frac{\partial}{\partial x_j}\right)\right].$$

(Wie in solchen Operatorbeziehungen üblich, wirken die partiellen Ableitungen auf alles, was rechts von ihnen steht, einschließlich der beliebigen Funktion, auf die $\mathbf{L}^2$ wirkt.)

Verschiebt man das zweite x_j im ersten Term in den eckigen Klammern unter Verwendung der Kommutatorbeziehung (2.1.7) nach links, so erhält man

$$\sum_{jk} x_j \left(\frac{\partial}{\partial x_k}\right) x_j \left(\frac{\partial}{\partial x_k}\right) = r^2\nabla^2 + \sum_j x_j \left(\frac{\partial}{\partial x_j}\right).$$

In gleicher Weise ergibt die Vertauschung von x_j und x_k im zweiten Term unter Verwendung derselben Kommutatorbeziehung

$$\sum_{jk} x_j \left(\frac{\partial}{\partial x_k}\right) x_k \left(\frac{\partial}{\partial x_j}\right) = \sum_{jk} x_k \left(\frac{\partial}{\partial x_k}\right) x_j \left(\frac{\partial}{\partial x_j}\right) + 3\sum_j x_j \left(\frac{\partial}{\partial x_j}\right) - \sum_j x_j \left(\frac{\partial}{\partial x_j}\right).$$

Führen wir diese Ergebnisse zusammen und berücksichtigen dabei, dass $\sum_j x_j\partial/\partial x_j = r\partial/\partial r$ ist, so erhalten wir

$$\mathbf{L}^2 = -\hbar^2 \left[r^2\nabla^2 - r\frac{\partial}{\partial r} r\frac{\partial}{\partial r} - r\frac{\partial}{\partial r}\right] = -\hbar^2 \left[r^2\nabla^2 - \frac{\partial}{\partial r} r^2 \frac{\partial}{\partial r}\right],$$

oder in anderen Worten

$$\nabla^2 = \frac{1}{r^2}\frac{\partial}{\partial r} r^2 \frac{\partial}{\partial r} - \frac{\mathbf{L}^2}{\hbar^2 r^2}. \tag{2.1.16}$$

Die Schrödinger-Gleichung (2.1.3) nimmt dann die Gestalt

$$E\psi(\mathbf{x}) = -\frac{\hbar^2}{2\mu r^2}\frac{\partial}{\partial r}\left(r^2 \frac{\partial \psi(\mathbf{x})}{\partial r}\right) + \frac{1}{2\mu r^2}\mathbf{L}^2\psi(\mathbf{x}) + V(r)\psi(\mathbf{x}) \tag{2.1.17}$$

an.

Betrachten wir nun das Spektrum des Operators $\mathbf{L}^2$. Solange $V(r)$ bei $r = 0$ nicht extrem singulär ist, muss die Wellenfunktion ψ in der Umgebung von $\mathbf{x} = 0$ eine glatte Funktion der kartesischen Koordinaten x_i sein, und zwar in dem Sinne, dass man sie als eine Potenzreihe in diesen Koordinaten darstellen kann. Nehmen wir an, dass für eine bestimmte Wellenfunktion diejenigen Terme in dieser Potenzreihe, die die kleinste Gesamtzahl an Faktoren von x_1, x_2 und x_3 haben, gerade ℓ solche Faktoren aufweisen. Dabei kann ℓ gleich 0, 1, 2, usw. sein. Die Summe dieser Terme bildet ein sogenanntes homogenes Polynom vom Grad ℓ in $\mathbf{x}$. (So ist zum Beispiel ein homogenes Polynom vom Grad null eine Konstante; ein homogenes Polynom vom Grad eins eine Linearkombination von x_1, x_2 und x_3; ein homogenes Polynom vom Grad zwei eine Linearkombination von x_1^2, x_2^2, x_3^2, x_1x_2, x_1x_3 und x_2x_3; und so weiter.) In Polarkoordinaten ist ein homogenes Polynom vom Grad ℓ gleich r^ℓ multipliziert mit einer Funktion von θ und ϕ. Damit nimmt $\psi(\mathbf{x})$ im Limes $r \to 0$ die Gestalt

$$\psi(\mathbf{x}) \to r^\ell\, Y(\theta, \phi) \tag{2.1.18}$$

an, wobei $Y(\theta, \phi)$ ein homogenes Polynom vom Grad ℓ im Einheitsvektor

$$\hat{x} \equiv \mathbf{x}/r = (\sin\theta\,\cos\phi,\ \sin\theta\,\sin\phi,\ \cos\theta) \tag{2.1.19}$$

ist. Gleichung (2.1.17) lässt sich dann als

$$\mathbf{L}^2\psi(\mathbf{x}) = \hbar^2\frac{\partial}{\partial r}\left(r^2\frac{\partial \psi(\mathbf{x})}{\partial r}\right) + 2\mu r^2\left[E - V(r)\right]\psi(\mathbf{x})$$

schreiben. Im Limes $r \to 0$ ist der erste Term auf der rechten Seite $\hbar^2\ell(\ell+1)\psi$, während der zweite Term auf der rechten Seite im Limes $r \to 0$ schneller als ψ verschwindet, sofern das Potential weniger singulär als $1/r^2$ ist. Somit impliziert diese Gleichung, dass ψ im Limes $r \to 0$ die Eigenwertgleichung

$$\mathbf{L}^2\psi \to \hbar^2\ell(\ell+1)\psi \tag{2.1.20}$$

erfüllt. Ist also ψ eine Eigenfunktion von $\mathbf{L}^2$ und H, so kann der Eigenwert von $\mathbf{L}^2$ nur gleich $\hbar^2\ell(\ell+1)$ sein, wobei $\ell \geq 0$ ganzzahlig ist. Wir werden dieses Ergebnis im Abschnitt 4.2 wesentlich allgemeiner herleiten.

Wenn wir festlegen, dass die Wellenfunktionen gemeinsame Eigenfunktionen von $\mathbf{L}^2$ und H sein sollen (was wir tun können), so müssen sie Gleichung (2.1.20) nicht nur für $r \to 0$ erfüllen, sondern für alle r. Da $\mathbf{L}^2$ nur auf die Winkel wirkt, muss eine solche Wellenfunktion proportional zu einer Funktion sein, die ausschließlich von den Winkeln abhängt, während der Proportionalitätsfaktor R nur von r abhängt. Für alle r gilt also

$$\psi(\mathbf{x}) = R(r)\,Y(\theta,\phi)\ , \tag{2.1.21}$$

wobei $R(r)$ eine Funktion von r ist, die

$$R(r) \propto r^\ell \quad \text{für } r \to 0 \tag{2.1.22}$$

erfüllt, und $Y(\theta,\phi)$ eine Funktion von θ und ϕ ist, für die

$$\mathbf{L}^2 Y = \hbar^2\ell(\ell+1)Y \tag{2.1.23}$$

gilt. Wenn ψ zusätzlich auch eine Eigenfunktion von L_3 mit dem Eigenwert $\hbar m$ sein soll, so gilt

$$L_3 Y = \hbar m\,Y\ . \tag{2.1.24}$$

Gleichung (2.1.14) zeigt, dass $Y(\theta,\phi)$ in diesem Fall eine ϕ-Abhängigheit der Gestalt

$$Y(\theta,\phi) = e^{im\phi} \times \text{Funktion von}\,\theta \tag{2.1.25}$$

haben muss. Aufgrund der Bedingung, dass $Y(\theta,\phi)$ für $\phi = 0$ und $\phi = 2\pi$ den gleichen Wert annehmen muss, muss m ganzzahlig sein. Im nächsten Abschnitt werden wir ferner sehen, dass $|m| \leq \ell$ ist.

Setzen wir Gleichung (2.1.21) in Gleichung (2.1.17) ein, so wird aus der Schrödinger-Gleichung eine gewöhnliche Differenzialgleichung[3] für $R(r)$:

$$E R(r) = -\frac{\hbar^2}{2\mu r^2}\frac{d}{dr}\left(r^2\frac{dR(r)}{dr}\right) + \frac{\hbar^2\ell(\ell+1)}{2\mu r^2}R(r) + V(r)R(r)\ . \qquad (2.1.26)$$

Zudem müssen wir verlangen, dass $R(r)$ hinreichend rasch verschwindet, sodass $\int|\psi|^2 d^3x$ konvergiert, und folglich

$$\int_0^\infty |R(r)|^2\, r^2\, dr < \infty \qquad (2.1.27)$$

ist. Für ein Potenzial, das sich dem Wert 0 für $r \to \infty$ hinreichend rasch nähert, wird die allgemeine Lösung von Gleichung (2.1.26) für $E < 0$ eine Linearkombination einer exponentiell wachsenden und einer exponentiell abfallenden Lösung sein. Aufgrund von Gleichung (2.1.27) müssen wir die exponentiell abfallende Lösung wählen.

Man kann durch Definition einer neuen Radialwellenfunktion

$$u(r) \equiv r R(r) \qquad (2.1.28)$$

Gleichung (2.1.26) in eine Gestalt bringen, die noch mehr der Schrödinger-Gleichung in einer Dimension ähnelt. Multipliziert man Gleichung (2.1.26) mit r durch, so nimmt sie die Gestalt

$$-\frac{\hbar^2}{2\mu}\frac{d^2u(r)}{dr^2} + \left[V(r) + \frac{\ell(\ell+1)\hbar^2}{2\mu r^2}\right]u(r) = E\,u(r) \qquad (2.1.29)$$

an, wobei die Normierungsbedingung

$$\int_0^\infty |u(r)|^2\, dr < \infty \qquad (2.1.30)$$

lautet. Das ist fast die eindimensionale Schrödinger-Gleichung. Es gibt jedoch zwei wichtige Unterschiede. Ein Unterschied ist der Extraterm $\ell(\ell+1)\hbar^2/2\mu r^2$, der zum Potenzial addiert wird. Man kann ihn als Auswirkung der Zentrifugalkräfte verstehen. Der andere besteht in der Existenz einer Randbedingung bei $r = 0$, wo sich $u(r)$ wie $r^{\ell+1}$ verhalten muss.

3 Versucht man eine partielle Differenzialgleichung wie die Schrödinger-Gleichung (2.1.3) zu lösen, setzt man oft eine Lösung an, die in Funktionen faktorisiert, die jeweils nur von einer Teilmenge der Koordinaten abhängen, wie in Gleichung (2.1.21). Die hier vorgestellte Behandlung der Schrödinger-Gleichung zeigt, dass der Erfolg dieser Prozedur aus der Rotationssymmetrie der zu lösenden Gleichung folgt. Das ist die allgemeine Regel: Faktorisierbare Lösungen können für partielle Differenzialgleichungen im Allgemeinen dann gefunden werden, wenn die Gleichungen passenden Symmetriebedingungen genügen.

2.2 Kugelflächenfunktionen

Wie schon im letzten Abschnitt angemerkt, verwenden wir sowohl die Eigenwerte von L_3 als auch die Eigenwerte von $\mathbf{L}^2$ und H, um Wellenfunktionen fester Energie zu klassifizieren. Wir werden daher den winkelabhängigen Anteil der Wellenfunktion mit m und ℓ als $Y_\ell^m(\theta, \phi)$ benennen, wobei

$$\mathbf{L}^2 Y_\ell^m = \hbar^2 \ell(\ell+1) Y_\ell^m \tag{2.2.1}$$

und

$$L_3 Y_\ell^m = \hbar m \, Y_\ell^m \tag{2.2.2}$$

ist. Wir werden uns nun überlegen, welche Werte für m bei vorgegebenem ℓ erlaubt sind, und zeigen, wie man die Funktionen Y_ℓ^m berechnet.

Wir können die Eigenwertbedingung (2.2.1) in eine bequemere Form umschreiben, indem wir Ausdruck (2.1.16) für den Laplace-Operator verwenden. Wendet man den Laplace-Operator auf $r^\ell Y_\ell^m$ an, so ist der erste Term auf der rechten Seite von Gleichung (2.1.16) gleich $\ell(\ell+1) r^{\ell-2} Y_\ell^m$, was sich nach Gleichung (2.2.1) mit dem zweiten Term aufhebt. Es gilt also

$$\nabla^2 \left(r^\ell Y_\ell^m \right) = 0 \, . \tag{2.2.3}$$

Zuletzt erinnern wir uns, dass $r^\ell Y_\ell^m(\theta, \phi)$ ein homogenes Polynom vom Grad ℓ in den kartesischen Koordinaten des Koordinatenvektors $\mathbf{x}$ ist. Genauso kann man es als homogenes Polynom vom Grad ℓ als Funktion von

$$x_\pm \equiv x_1 \pm i x_2 = r \sin\theta \, e^{\pm i\phi} \tag{2.2.4}$$

sowie $x_3 = r\cos\theta$ schreiben. Damit sagt uns Gleichung (2.2.2), dass es $\nu_\pm$ Stück Faktoren $x_\pm$ in den Funktionen Y_ℓ^m geben muss, sodass

$$m = \nu_+ - \nu_- \tag{2.2.5}$$

gilt. Da die Gesamtzahl der Faktoren x_+, x_- und x_3 gerade ℓ beträgt, ist der Index m eine positive oder negative ganze Zahl, die einen Maximalwert ℓ annimmt, wenn $\nu_+ = \ell$ und $\nu_- = 0$ ist, und einen Minimalwert $-\ell$ annimmt, wenn $\nu_- = \ell$ und $\nu_+ = 0$ ist. In Abschnitt 4.2 werden wir sehen, wie man mithilfe der Kommutatorbeziehungen (2.1.11) dieses Ergebnis für das Spektrum von L_3 sowie die Gleichung (2.2.1) für das Spektrum von $\mathbf{L}^2$ rein algebraisch herleiten kann.

Wir müssen uns nun fragen, ob die Funktionen Y_ℓ^m durch die Werte von ℓ und m eindeutig festgelegt sind (natürlich nur bis auf einen konstanten Faktor). Für gegebenes ℓ kann der Index m einen beliebigen ganzzahligen Wert zwischen $m = -\ell$ und $m = +\ell$ annehmen, also $2\ell + 1$ verschiedene Werte. Auf der anderen Seite ist ein homogenes Polynom vom Grad ℓ in $x_\pm$ und x_3 eine Linearkombination von Termen, die ν_+ Faktoren x_+ enthalten, wobei $0 \leq \nu_+ \leq \ell$ ist, sowie ν_- Faktoren x_-, wobei $0 \leq \nu_- \leq \ell - \nu_+$ ist, und schließlich

$\ell - \nu_+ - \nu_-$ Faktoren x_3, sodass die Gesamtzahl der unabhängigen homogenen Polynome vom Grad ℓ in diesen drei Koordinaten

$$N_\ell = \sum_{\nu_+=0}^{\ell} \sum_{\nu_-=0}^{\ell-\nu_+} 1 = \sum_{\nu_+=0}^{\ell} (\ell - \nu_+ + 1) = \frac{1}{2}(\ell+1)(\ell+2) \tag{2.2.6}$$

beträgt. Wendet man den Laplace-Operator auf ein homogenes Polynom vom Grad ℓ an, so erhält man ein homogenes Polynom vom Grad $\ell-2$; damit stellt Gleichung (2.2.3) $N_{\ell-2}$ unabhängige Bedingungen an Y. Somit ist die Anzahl unabhängiger Funktionen Y für ein gegebenes ℓ

$$N_\ell - N_{\ell-2} = 2\ell + 1 \; . \tag{2.2.7}$$

Da dies gerade die Anzahl der Werte ist, die m für ein gegebenes ℓ annimmt, können wir schließen, dass es genau ein unabhängiges Polynom für jedes Paar von ℓ und m gibt. Diese Funktionen, die man als $Y_\ell^m(\theta, \phi)$ mit $-\ell \leq m \leq +\ell$ schreibt, sind als **Kugelflächenfunktionen** bekannt. Man kann diese Funktionen in der Form

$$Y_\ell^m(\theta, \phi) \propto P_\ell^{|m|}(\theta) e^{im\phi} \tag{2.2.8}$$

schreiben, wobei die Funktionen $P_\ell^{|m|}$ folgender Differenzialgleichung genügen (siehe Gleichung (2.1.15)):

$$-\frac{1}{\sin\theta}\frac{d}{d\theta}\left(\sin\theta \frac{dP_\ell^{|m|}}{d\theta}\right) + \frac{m^2}{\sin^2\theta} P_\ell^{|m|} = \ell(\ell+1)P_\ell^{|m|} \; . \tag{2.2.9}$$

Die Lösungen dieser Gleichungen nennt man **assoziierte Legendre-Polynome**. Es handelt sich um Polynome in $\cos\theta$ und $\sin\theta$.

Durch einfache Aufzählung aller unabhängigen homogenen Polynome vom Grad 0, 1 und 2 in $\mathbf{x}$ und Ausnutzung der Bedingung $\nabla^2(r^\ell Y) = 0$ kann man leicht sehen, dass die Kugelflächenfunktionen für $\ell \leq 2$ wie folgt lauten:

$$\begin{aligned}
Y_0^0 &= \sqrt{\frac{1}{4\pi}} \\
Y_1^1 &= -\sqrt{\frac{3}{8\pi}}\,(\hat{x}_1 + i\hat{x}_2) = -\sqrt{\frac{3}{8\pi}}\sin\theta e^{i\phi} \\
Y_1^0 &= \sqrt{\frac{3}{4\pi}}\hat{x}_3 = \sqrt{\frac{3}{4\pi}}\cos\theta \\
Y_1^{-1} &= \sqrt{\frac{3}{8\pi}}\,(\hat{x}_1 - i\hat{x}_2) = \sqrt{\frac{3}{8\pi}}\sin\theta e^{-i\phi} \\
Y_2^2 &= \sqrt{\frac{15}{32\pi}}\,(\hat{x}_1 + i\hat{x}_2)^2 = \sqrt{\frac{15}{32\pi}}(\sin\theta)^2\, e^{2i\phi} \\
Y_2^1 &= -\sqrt{\frac{15}{8\pi}}\,(\hat{x}_1 + i\hat{x}_2)\,\hat{x}_3 = -\sqrt{\frac{15}{8\pi}}\sin\theta\,\cos\theta\, e^{i\phi}
\end{aligned}$$

$$Y_2^0 = \sqrt{\frac{5}{16\pi}}\left(2\hat{x}_3^2 - \hat{x}_1^2 - \hat{x}_2^2\right) = \sqrt{\frac{5}{16\pi}}\left(3(\cos\theta)^2 - 1\right)$$
$$Y_2^{-1} = \sqrt{\frac{15}{8\pi}}\left(\hat{x}_1 - i\hat{x}_2\right)\hat{x}_3 = \sqrt{\frac{15}{8\pi}}\sin\theta\,\cos\theta\,e^{-i\phi}$$
$$Y_2^{-2} = \sqrt{\frac{15}{32\pi}}\left(\hat{x}_1 - i\hat{x}_2\right)^2 = \sqrt{\frac{15}{32\pi}}(\sin\theta)^2\,e^{-2i\phi}$$

Zum Beispiel enthalten Y_0^0 und jede Funktion Y_1^m jeweils keinen bzw. einen Faktor $\hat{x}_\pm$ oder $\hat{x}_3$. Daher muss Y_0^0 eine Konstante sein, und die Funktionen Y_1^{+1}, Y_1^0 und Y_1^{-1} müssen jeweils zu $\hat{x}^+$, $\hat{x}_3$ und $\hat{x}_-$ proportional sein, um die richtige Abhängigkeit von ϕ zu haben. Ganz ähnlich enthält jede Funktion Y_2^m genau zwei Faktoren $\hat{x}_\pm$ und/oder $\hat{x}_3$; und für die korrekte Abhängigkeit von ϕ muss daher $Y_2^{\pm 2}$ zu $\hat{x}_\pm^2$ proportional sein und $Y_2^{\pm 1}$ proportional zu $\hat{x}_\pm \hat{x}_3$. Der Fall Y_2^0 ist ein wenig komplizierter, weil sowohl $\hat{x}_+\hat{x}_-$ als auch $\hat{x}_3^2$ die richtige ϕ-Abhängigkeit haben müssen. Nehmen wir an, dass Y_2^0 proportional zu $A\hat{x}_+\hat{x}_- + B\hat{x}_3^2$ sei, dann ist $r^2 Y_2^0$ proportional zu $Ax_+x_- + Bx_3^2 = A(x_1^2 + x_2^2) + Bx_3^2$ und somit gilt $\nabla^2(r^2 Y_2^0) = 4A + 2B$. Wegen Gleichung (2.2.3) muss dann $B = -2A$ gelten. Damit ist Y_2^0 proportional zu $\hat{x}_+\hat{x}_- - 2\hat{x}_3^2 = 1 - 3\cos^2\theta$. Die numerischen Vorfaktoren werden hier so gewählt, dass die Funktionen Y normiert sind:

$$\int d^2\Omega\,\left|Y_\ell^m(\theta,\phi)\right|^2 \equiv \int_0^\pi \sin\theta\,d\theta \int_0^{2\pi} d\phi\,\left|Y_\ell^m(\theta,\phi)\right|^2 = 1\,, \tag{2.2.10}$$

wobei $d^2\Omega$ der differenzielle Raumwinkel $\sin\theta d\theta d\phi$ ist. Damit bleiben lediglich die Phasen frei wählbar. Warum wir uns für die hier gewählten Phasen entschieden haben, wird in Kapitel 4 zur allgemeinen Theorie des Drehimpulses klar werden.

Die Kugelflächenfunktionen für unterschiedliche ℓ und/oder m sind orthogonal, weil sie Eigenfunktionen der hermiteschen Operatoren $\mathbf{L}^2$ und L_3 zu unterschiedlichen Eigenwerten sind. Um die Orthogonalität explizit zu überprüfen, halten wir zunächst fest, dass

$$\int d^2\Omega\; Y_\ell^m(\theta,\phi)^*\,Y_{\ell'}^{m'}(\theta,\phi) \propto \int_0^{2\pi} \exp(i(m'-m)\phi)\,d\phi \propto \delta_{m'm} \tag{2.2.11}$$

gilt. Im Fall $m = m'$ gilt

$$\int d^2\Omega\; Y_\ell^m(\theta,\phi)^*\,Y_{\ell'}^m(\theta,\phi) \propto \int_0^\pi P_{\ell'}^{|m|}(\theta)P_\ell^{|m|}(\theta)\,\sin\theta\,d\theta\,. \tag{2.2.12}$$

Multipliziert man nun Gleichung (2.2.9) mit $P_{\ell'}^{|m|}(\theta)\sin\theta$ und zieht davon den gleichen Ausdruck mit vertauschtem ℓ und ℓ' ab, so ergibt sich

$$\begin{aligned}&[\ell(\ell+1) - \ell'(\ell'+1)]\,P_{\ell'}^{|m|}(\theta)P_\ell^{|m|}(\theta)\,\sin\theta\\ &\quad= \frac{d}{d\theta}\left[-\sin\theta P_\ell^{|m|}(\theta)\frac{d}{d\theta}P_{\ell'}^{|m|}(\theta) + \sin\theta P_{\ell'}^{|m|}(\theta)\frac{d}{d\theta}P_\ell^{|m|}(\theta)\right]\,.\end{aligned} \tag{2.2.13}$$

Der Ausdruck in eckigen Klammern auf der rechten Seite verschwindet bei $\theta = 0$ und $\theta = \pi$, und somit ist

$$[\ell(\ell+1) - \ell'(\ell'+1)] \int_0^\pi P_{\ell'}^{|m|}(\theta) P_\ell^{|m|}(\theta) \sin\theta \, d\theta = 0 \,. \tag{2.2.14}$$

$\ell(\ell+1) = \ell'(\ell'+1)$ ist bei positiven ℓ und ℓ' nur für $\ell = \ell'$ möglich. Daher gilt

$$\int_0^\pi P_{\ell'}^{|m|}(\theta) P_\ell^{|m|}(\theta) \sin\theta \, d\theta = 0 \text{ for } \ell \neq \ell' \,. \tag{2.2.15}$$

Wenn wir nun die Gleichungen (2.2.10), (2.2.11), und (2.2.15) zusammenführen, erhalten wir unsere Orthonormalitätsbeziehung

$$\int d^2\Omega \; Y_\ell^m(\theta,\phi)^* Y_{\ell'}^{m'}(\theta,\phi) = \delta_{\ell\ell'} \delta_{mm'} \,. \tag{2.2.16}$$

Zu guter Letzt sollten wir noch darauf eingehen, dass die Wellenfunktion ein ganz bestimmtes Verhalten unter räumlicher Inversion (sogenannte »Parität«) zeigt. Die Funktionen Y_ℓ^m sind homogene Polynome vom Grad ℓ im Einheitsvektor $\hat{x}$. Daher ändern sich die Kugelflächenfunktionen unter der Transformation $\hat{x} \to -\hat{x}$ nur um einen Vorzeichenfaktor $(-1)^\ell$:

$$Y_\ell^m(\pi - \theta, \pi + \phi) = (-1)^\ell \, Y_\ell^m(\theta,\phi) \,. \tag{2.2.17}$$

2.3 Das Wasserstoffatom

Endlich kommen wir nun zu einem realistischen dreidimensionalen System. Es besteht aus einem einzigen Elektron, das sich in einem Coulomb-Potenzial

$$V(r) = -\frac{Ze^2}{r} \tag{2.3.1}$$

bewegt. Dabei ist $-e$ die Elektronenladung im Gaußschen CGS-System (in dem $e^2/\hbar c \simeq 1/137$ gilt). Wir möchten die Schrödinger-Gleichung für gebundene Zustände lösen, die Energie $E < 0$ haben.

Die radiale Schrödinger-Gleichung (2.1.29) (mit $\psi(\mathbf{x}) \propto u(r) Y_\ell^m(\theta,\phi)/r$) lautet dann

$$-\frac{\hbar^2}{2m_e} \frac{d^2 u(r)}{dr^2} + \left[-\frac{Ze^2}{r} + \frac{\ell(\ell+1)\hbar^2}{2m_e r^2}\right] u(r) = E\, u(r)$$

oder in anderen Worten

$$-\frac{d^2 u(r)}{dr^2} + \left[-\frac{2m_e Z e^2}{r\hbar^2} + \frac{\ell(\ell+1)}{r^2}\right] u(r) = -\kappa^2 \, u(r) \,, \tag{2.3.2}$$

wobei κ als

$$E = -\frac{\hbar^2 \kappa^2}{2m_e} \,, \qquad \kappa > 0 \tag{2.3.3}$$

definiert ist und m_e die Elektronenmasse ist. Wir schreiben dies in dimensionsloser Form, indem wir

$$\rho \equiv \kappa r \tag{2.3.4}$$

einführen. Teilen wir Gleichung (2.3.2) durch κ^2, so erhalten wir

$$-\frac{d^2u}{d\rho^2} + \left[-\frac{\xi}{\rho} + \frac{\ell(\ell+1)}{\rho^2}\right] u = -u \tag{2.3.5}$$

mit

$$\xi \equiv \frac{2m_e Ze^2}{\kappa\hbar^2} \; . \tag{2.3.6}$$

Wir müssen nach einer Lösung suchen, die für $\rho \to 0$ wie $\rho^{\ell+1}$ verschwindet und sich gleichzeitig für $\rho \to \infty$ mehr oder weniger wie die Exponentialfunktion $\exp(-\rho)$ verhält. Wir ersetzen daher u durch eine neue Funktion $F(\rho)$, die als

$$u = \rho^{\ell+1} \exp(-\rho) F(\rho) \tag{2.3.7}$$

definiert ist. Dann ist

$$\frac{du}{d\rho} = \rho^{\ell+1} \exp(-\rho) \left[\left(\frac{\ell+1}{\rho} - 1\right) F + \frac{dF}{d\rho}\right]$$

und

$$\frac{d^2u}{d\rho^2} = \rho^{\ell+1} \exp(-\rho) \left[\left(1 - \frac{2(\ell+1)}{\rho} + \frac{\ell(\ell+1)}{\rho^2}\right) F + \left(-2 + \frac{2(\ell+1)}{\rho}\right) \frac{dF}{d\rho} + \frac{d^2F}{d\rho^2}\right] .$$

Aus der Radialwellengleichung (2.3.5) wird dann

$$\frac{d^2F}{d\rho^2} - 2\left(1 - \frac{\ell+1}{\rho}\right) \frac{dF}{d\rho} + \left(\frac{\xi - 2\ell - 2}{\rho}\right) F = 0 \; . \tag{2.3.8}$$

Versuchen wir es mit einem Potenzreihenansatz

$$F = \sum_{s=0}^{\infty} a_s \rho^s \tag{2.3.9}$$

als Lösung, wobei $a_0 \neq 0$ sein muss, da wir ℓ so definieren, dass $u(r) \propto r^{\ell+1}$ für $r \to 0$ gilt. Dann wird aus Gleichung (2.3.8)

$$\sum_{s=0}^{\infty} a_s \left[s(s-1)\rho^{s-2} - 2s\rho^{s-1} + 2s(\ell+1)\rho^{s-2} + (\xi - 2\ell - 2)\rho^{s-1}\right] = 0 \; . \tag{2.3.10}$$

Um eine Beziehung zwischen den Koeffizienten der Potenzreihenentwicklung abzuleiten, ersetzen wir die Summierungsvariable s in allen Termen, die sich wie ρ^{s-2} anstatt wie ρ^{s-1} verhalten, durch $s+1$. (Der Faktor s im ersten und dritten Term in Gleichung (2.3.10) führt dazu, dass die Summen über diese Terme erst mit $s = 1$ beginnen; somit starten nach der Umdefinition von s als $s+1$ alle Summen mit $s = 0$.) Gleichung (2.3.10) wird dann zu

$$\sum_{s=0}^{\infty} \rho^{s-1} \left[s(s+1)a_{s+1} - 2sa_s + 2(s+1)(\ell+1)a_{s+1} + (\xi - 2\ell - 2)a_s\right] = 0 \; . \tag{2.3.11}$$

Das muss für alle $\rho > 0$ gelten, und daher müssen die Koeffizienten aller Potenzen von ρ verschwinden. Das führt auf eine Rekursionsbeziehung:

$$(s + 2\ell + 2)(s + 1)a_{s+1} = (-\xi + 2s + 2\ell + 2)a_s \,. \tag{2.3.12}$$

Der Ausdruck $(s+2\ell+2)(s+1)$ verschwindet für kein $s \geq 0$; damit ergibt die Rekursionsbeziehung alle Koeffizienten a_s in Abhängigkeit von einer beliebigen Normierungskonstante a_0.

Betrachten wir nun das asymptotische Verhalten dieser Potenzreihe für große ρ. Gleichung (2.3.12) zeigt uns, dass für $s \to \infty$

$$a_{s+1}/a_s \to 2/s \tag{2.3.13}$$

gilt. Da alle a_s für große s das gleiche Vorzeichen haben, wird das asymptotische Verhalten der Potenzreihe von den hohen Potenzen von ρ dominiert. Gleichung (2.3.13) liefert dafür

$$a_s \approx a\, 2^s/(s + b)! \tag{2.3.14}$$

mit unbekannten Konstanten a und b. (Ist b keine ganze Zahl, so ist die Fakultät genauer eine Gamma-Funktion, aber für $s \gg b$ macht das kaum einen Unterschied.) Wir erwarten daher, dass asymptotisch

$$F(\rho) \approx a \sum_{s=0}^{\infty} \frac{(2\rho)^s}{(s + b)!} \to a(2\rho)^{-b} e^{2\rho} \tag{2.3.15}$$

gilt. Von Konstanten und Potenzen von ρ abgesehen, verhält sich die Funktion (2.3.7) dann generisch wie

$$u \approx e^{\rho} \,. \tag{2.3.16}$$

Das überrascht uns nicht, denn die Lösung, die sich für $\rho \to 0$ wie $\rho^{\ell+1}$ verhält, geht für $\rho \to \infty$ gegen eine Linearkombination von Termen, die proportional zu e^{ρ} oder $e^{-\rho}$ sind. Dominiert wird diese Linearkombination im Grenzfall $\rho \to \infty$ durch den Term, der zu e^{ρ} proportional ist. Jedoch widerspricht ein asymptotisches Verhalten wie (2.3.16) ganz klar der Bedingung ((2.1.30) über die Normierbarkeit der Wellenfunktion.

Dies können wir nur vermeiden, indem wir fordern, dass die Potenzreihe abbricht und $F(\rho)$ damit wie eine Potenz von ρ, nicht aber wie $e^{2\rho}$, anwächst. Der Rekursionsbeziehung (2.3.12) entnehmen wir, dass ξ gleich einer positiven geraden ganzen Zahl $2n$ mit $n \geq \ell+1$ sein muss, damit die Reihe abbricht. Dies geschieht in diesem Fall bei der Potenz $\rho^{n-\ell-1}$. Die Funktionen $F(\rho)$ sind dann Polynome vom Grad $n-\ell-1$, die man als **Laguerre-Polynome** kennt und gewöhnlich mit $L_{n-\ell-1}^{2\ell+1}(2\rho)$ bezeichnet. Die ersten paar Exemplare lauten (bis auf Normierungskonstanten)

$$\begin{array}{ll} F = 1 & \text{für } n = \ell + 1 \\ F = 1 - \frac{\rho}{\ell+1} & \text{für } n = \ell + 2 \end{array} \,. \tag{2.3.17}$$

Obwohl die Wellenfunktionen von ℓ und n abhängen, hängen die Energien nur von n ab. Mit $\xi = 2n$ führt Gleichung (2.3.6) auf

$$\kappa_n = \frac{2m_e Ze^2}{\xi\hbar^2} = \frac{1}{na}, \tag{2.3.18}$$

wobei a der *Bohr-Radius* ist:

$$a = \frac{\hbar^2}{m_e Ze^2} = 0{,}529177249(24) \times 10^{-8} Z^{-1}\,\text{cm}\,. \tag{2.3.19}$$

Da die Radialwellenfunktion $R(r) \equiv u(r)/r$ für große Abstände wie $\rho^{n-1}\exp(-\rho) \propto r^{n-1}$ $\exp(-r/na)$ abfällt, ist das Elektron recht gut innerhalb eines Radius' na lokalisiert. Setzt man die Gleichungen (2.3.18) und (2.3.19) in Gleichung (2.3.3) ein, so erhält man zuletzt für die Energien der gebundenen Zustände

$$E_n = -\frac{\hbar^2\kappa_n^2}{2m_e} = -\frac{\hbar^2}{2m_e a^2 n^2} = -\frac{m_e Z^2 e^4}{2\hbar^2 n^2} = -\frac{13{,}6056981(40)\,Z^2\,\text{eV}}{n^2}\,. \tag{2.3.20}$$

Wie wir in Abschnitt 1.2 gesehen haben, ist das die berühmte Formel, die Bohr im Jahr 1913 erraten hatte. Sie ist eine hervorragende Näherung für Atome mit einem einzelnen Elektron (unter Vernachlässigung magnetischer und relativistischer Effekte). Beispiele dafür sind Wasserstoff mit $Z = 1$, einfach ionisiertes Helium mit $Z = 2$, doppelt ionisiertes Lithium mit $Z = 3$, und so weiter. Wie bereits in Abschnitt 1.2 erwähnt, ist die Formel auch eine gute Näherung für die Zustände des äußersten Elektrons in neutralen Alkalimetallatomen wie Lithium, Natrium und Kalium, bei denen die Kernladung Ze durch die $Z-1$ inneren Elektronen teilweise abgeschirmt wird, sodass man Z in der Gleichung (2.3.20) als effektiv von der Größenordnung 1 annehmen kann.

Nebenbei sei auch bemerkt, dass die nötige Energie, um ein Wasserstoffatom vom Zustand $n = 1$ in den Zustand $n = 2$ anzuregen, 10,2 eV beträgt. Man braucht also Temperaturen von mindestens etwa 10 eV$/k_B \simeq 10^5$ K, um ein Wasserstoffatom durch eine atomare Kollision aus dem Grundzustand in irgendeinen energetisch höher liegenden Zustand anzuregen. In der Astrophysik kühlen heiße Gase in der Regel dadurch ab, dass Atome, die zuvor in atomaren Kollisionen angeregt wurden, Strahlung emittieren. Für ein heißes Wasserstoffgas ist es daher sehr schwierig, unter 10^5 K abzukühlen. Andererseits haben die äußeren Elektronen in schweren Atomen aus Gründen, die wir in Abschnitt 4.5 besprechen werden, alle größere Werte von n, sodass es erheblich weniger Energie kostet, diese Atome in den nächsthöheren Zustand anzuregen. Daher verändern auch kleine Mengen an schwereren Elementen die Kühlrate stark.

Zu jedem Wert von n gibt es ℓ-Werte, die von 0 bis $n-1$ laufen, und zu jedem ℓ gibt es $2\ell + 1$ Werte für m. Die Gesamtzahl der Zustände mit der Energie E_n ist also

$$\sum_{\ell=0}^{n-1}(2\ell+1) = 2\frac{n(n-1)}{2} + n = n^2. \tag{2.3.21}$$

Wir werden in Abschnitt 4.5 sehen, dass diese Formel eine entscheidende Rolle bei der Erklärung des Periodensystems spielt. Bei Atomen mit vielen Elektronen sind die Energien dieser Zustände tatsächlich verschieden, weil das effektive elektrostatische Potenzial des Kernes und der anderen Elektronen von einer strikten $1/r$-Abhängigkeit abweicht und außerdem relativistische Effekte und magnetische Felder im Atom auftreten; durch äußere Felder kann es zu einer weiteren Aufspaltung kommen.

Es gibt eine Standardnomenklatur für diese Zustände. Ganz allgemein bezeichnet man atomare Einelektronenzustände mit $\ell = 0, 1, 2, 3$ mit s, p, d, f. (Die Buchstaben stehen für »sharp«, »principal«, »diffuse« usw., was mit dem Aussehen der Spektrallinien zu tun hat.) Beim Wasserstoff oder bei wasserstoffartigen Atomen geht diesem Buchstaben eine Zahl voran, die das Energieniveau angibt. So heißt der niedrigste Zustand des Wasserstoff $1s$, die nächstniedrigen Zustände sind $2s$ und $2p$, dann folgen $3s$, $3p$ und $3d$, und so fort.

Die Rate, mit der ein Zustand mit der Wellenfunktion ψ durch Emission eines einzelnen Photons in einen Zustand mit der Wellenfunktion ψ' fällt, ist proportional zu $|\int d^3x\psi'\mathbf{x}\psi|^2$. Das hatten wir in Abschnitt 1.4 unter der Näherung besprochen, dass die Wellenlänge des bei einem atomaren Übergangs emittierten Lichts viel größer als der Bohr-Radius ist. Gehen wir von der Integrationsvariable $\mathbf{x}$ zu $-\mathbf{x}$ über, so ändern sich wie in Abschnitt 2.2 erwähnt die Wellenfunktionen ψ und ψ' um die Faktoren $(-1)^\ell$ und $(-1)^{\ell'}$, was den Integranden insgesamt um einen Faktor

$$(-1)^{\ell+\ell'+1}$$

ändert. Damit verschwindet die Übergangsrate (in dieser Näherung), außer die Vorzeichen $(-1)^\ell$ und $(-1)^{\ell'}$ sind entgegengesetzt. So kann zum Beispiel der $2p$-Zustand ein Photon emittieren und in den $1s$-Zustand fallen (dies ist als Lyman-α-Strahlung bekannt); der $2s$-Zustand kann das nicht. Diese Auswahlregel befördert die Rekombination von Wasserstoffionen und Elektronen in heißen Gasen sogar, wie es zum Beispiel im frühen Universum bei einer Temperatur von etwa 3000 K der Fall war. Die Emission eines Lyman-α-Photons ist für Wasserstoff nicht gerade ein effektiver Weg, den Zustand niedrigster Energie (den »Grundzustand«) zu erreichen, weil dieses Photon einfach nur ein anderes Wasserstoffatom im $1s$-Zustand wieder in den $2p$-Zustand anregt.[4] Der $2s$-Zustand kann nur durch Emission *zweier* Photonen in den $1s$-Zustand zerfallen, wobei keines der beiden Photonen die nötige Energie hat, um ein anderes Wasserstoffatom aus dem Grundzustand anzuregen.

4 Es gibt aber eine Ausnahme. In der Kosmologie verliert ein Lyman-α-Photon, das hinreichend lange überlebt, Energie durch die kosmologische Expansion bis zu dem Punkt, wo es kein Wasserstoffatom mehr aus dem Grundzustand in irgendeinen höheren Zustand anregen kann. Dies trägt ebenfalls zur Wasserstoffrekombination bei.

2.4 Das Zweikörperproblem

Bisher haben wir die Quantenmechanik eines einzelnen Teilchens in einem festen Potenzial betrachtet. Echte Atome mit einem Elektron bestehen natürlich aus zwei Teilchen, einem Kern und einem Elektron, wobei das Potenzial von der Differenz ihrer Ortsvektoren abhängt. In der klassischen Mechanik ist das eben genannte Zweikörperproblem zu einem Einkörperproblem äquivalent, wobei man die Elektronenmasse durch eine reduzierte Masse ersetzen muss:

$$\mu = \frac{m_e m_N}{m_e + m_N} \,. \qquad (2.4.1)$$

Dabei ist m_N die Kernmasse. Wir werden nun sehen, dass dies auch in der Quantenmechanik gilt.

In der Quantenmechanik und in der klassischen Mechanik ist der Hamiltonian für ein Atom mit einem Elektron

$$H = \frac{\mathbf{p}_e^2}{2m_e} + \frac{\mathbf{p}_N^2}{2m_N} + V(\mathbf{x}_e - \mathbf{x}_N) \,. \qquad (2.4.2)$$

Dabei sind $\mathbf{p}_e$ und $\mathbf{p}_N$ die Impulse des Elektrons und des Kerns. (In guter Näherung hängt das Potenzial nur von $|\mathbf{x}_e - \mathbf{x}_N|$ ab, aber für die Belange dieses Abschnitts können wir genauso leicht den allgemeineren Fall betrachten.) Ebenso führen wir in der Quantenmechanik und in der klassischen Mechanik eine Relativkoordinate $\mathbf{x}$ und eine Schwerpunktskoordinate $\mathbf{X}$ ein:

$$\mathbf{x} \equiv \mathbf{x}_e - \mathbf{x}_N \,, \qquad \mathbf{X} \equiv \frac{m_e \mathbf{x}_e + m_N \mathbf{x}_N}{m_e + m_N} \,, \qquad (2.4.3)$$

ferner definieren wir einen Relativimpuls $\mathbf{p}$ und einen Gesamtimpuls $\mathbf{P}$ durch

$$\mathbf{p} \equiv \mu \left(\frac{\mathbf{p}_e}{m_e} - \frac{\mathbf{p}_N}{m_N} \right) , \quad \mathbf{P} \equiv \mathbf{p}_e + \mathbf{p}_N \,. \qquad (2.4.4)$$

Man sieht dann leicht, dass man den Hamiltonian (2.4.2) zu

$$H = \frac{\mathbf{p}^2}{2\mu} + \frac{\mathbf{P}^2}{2(m_e + m_N)} + V(\mathbf{x}) \qquad (2.4.5)$$

umschreiben kann; auch dies gilt sowohl quantenmechanisch als auch klassisch.

In der Quantenmechanik identifizieren wie die Impulse mit den Operatoren

$$\mathbf{p}_e = -i\hbar \boldsymbol{\nabla}_e \,, \quad \mathbf{p}_N = -i\hbar \boldsymbol{\nabla}_N \,. \qquad (2.4.6)$$

Man kann dann ganz elementar ausrechnen, dass die Impulse in (2.4.4)

$$\mathbf{p} = -i\hbar \boldsymbol{\nabla}_{\mathbf{x}} \,, \quad \mathbf{P} = -i\hbar \boldsymbol{\nabla}_{\mathbf{X}} \qquad (2.4.7)$$

sind. Also genügen die Impulse (2.4.4) und die Ortskoordinaten (2.4.3) den Kommutatorbeziehungen

$$[x_i, p_j] = [X_i, P_j] = i\hbar\delta_{ij} \,, \qquad [x_i, P_j] = [X_i, p_j] = 0 \,. \qquad (2.4.8)$$

Damit vertauscht offensichtlich der Hamiltonian (2.4.2) mit allen Komponenten von **P**, wobei diese wiederum untereinander kommutieren, sodass man die Wellenfunktionen für physikalische Zustände fester (bestimmter) Energie so wählen kann, dass sie ebenfalls einen festen Gesamtimpuls haben.

Eine solche Wellenfunktion wird die Form

$$\psi(\mathbf{x}\,,\mathbf{X}) = e^{i\mathbf{P}\cdot\mathbf{X}/\hbar}\psi(\mathbf{x}) \qquad (2.4.9)$$

haben, wobei **P** nun ein komplexer Eigenwert und $\psi(\mathbf{x})$ eine Wellenfunktion für eine innere Energie $\mathcal{E}$ ist, die die Einteilchen-Schrödinger-Gleichung erfüllt:

$$-\frac{\hbar^2\nabla_x^2\psi(\mathbf{x})}{2\mu} + V(\mathbf{x})\psi(\mathbf{x}) = \mathcal{E}\psi(\mathbf{x}) \,. \qquad (2.4.10)$$

So ist in Atomen mit einem Elektron die innere Energie $\mathcal{E}$ durch Gleichung (2.3.20) gegeben, wobei m_e durch μ ersetzt wird. Die Gesamtenergie ist einfach die innere Energie $\mathcal{E}$ des Atoms zuzüglich der kinetischen Energie der Schwerpunktsbewegung:

$$E = \mathcal{E} + \frac{\mathbf{P}^2}{2(m_e + m_N)} \,. \qquad (2.4.11)$$

Der wichtigste Aspekt bei der Ersetzung der Elektronenmasse durch die reduzierte Masse (2.4.1) ist, dass die inneren Energien dadurch ganz schwach von der Kernmasse abhängen. Es gibt zwei stabile Isotope des Wasserstoffkerns, nämlich das Proton mit Masse 1836 m_e und das Deuteron mit Masse 3670 m_e. Die zugehörigen reduzierten Massen sind

$$\mu_{pe} = 0{,}99945\, m_e \,, \quad \mu_{de} = 0{,}99973\, m_e \,. \qquad (2.4.12)$$

Dieser winzige Unterschied reicht aus, um eine nachweisbare Aufspaltung bei den Frequenzen des Lichts herbeizuführen, das von einer Mischung aus gewöhnlichem Wasserstoff und Deuterium emittiert wird. Die relative Intensität der beobachteten Spektrallinien des Wasserstoffs und des Deuteriums wird von Astronomen genutzt, um die relative Häufigkeit von Wasserstoff und Deuterium im interstellaren Medium zu messen. Dies gibt Auskunft über die Bedingungen im frühen Universum, als ein winziger Teil der Materie als Deuterium vorlag.

2.5 Der harmonische Oszillator

Als letztes Problem gebundener Zustände in drei Dimensionen wollen wir ein Teilchen der Masse M in einem Potenzial

$$V(r) = \frac{1}{2}M\omega^2 r^2 \qquad (2.5.1)$$

betrachten, wobei ω eine Konstante mit der Dimension einer Frequenz ist. Das ist natürlich nicht das Potenzial, das Elektronen in Atomen spüren, aber es ist aus mindestens vier Gründen eine Betrachtung wert. Ein Grund ist die historische Bedeutung dieses Problems. Wie wir in Abschnitt 1.4 gesehen haben, ist es das Problem, das Heisenberg 1925 in seiner bahnbrechenden Arbeit behandelte, in der er die Matrizenmechanik einführte (allerdings in einer Dimension). Ein weiterer Grund ist, dass diese Theorie schön illustriert, wie wir Energieniveaus und Amplituden von Strahlungsübergängen mit algebraischen Methoden (wie sie von Heisenberg verwendet wurden) bestimmen können, ohne Differenzialgleichungen zweiter Ordnung lösen zu müssen. Drittens wird das Potenzial des harmonischen Oszillators in Modellen von Atomkernen verwendet, was, wie wir in Abschnitt 4.5 sehen werden, auf das Konzept der »magischen Zahlen« von Neutronen und Protonen führt, bei denen Atomkerne besonders stabil sind. Zu guter Letzt wird es sich in Abschnitt 10.3 herausstellen, dass die hier für die Lösung des harmonischen Oszillators vorgestellten Methoden ebenfalls für die Behandlung der Energieniveaus von Elektronen in Magnetfeldern nützlich sind; in den Abschnitten 11.5–11.6 werden wir sie für die Berechnung der Eigenschaften von Photonen verwenden.

Die Schrödinger-Gleichung (2.1.3) lautet hier

$$E\psi = -\frac{\hbar^2}{2M}\nabla^2\psi + \frac{1}{2}M\omega^2 r^2\psi \,. \tag{2.5.2}$$

Sowohl der Laplace-Operator als auch $r^2 = \mathbf{x}^2$ können als Summen über die drei Koordinatenrichtungen geschrieben werden, sodass man die Schrödinger-Gleichung wie folgt schreiben kann:

$$\left(\frac{-\hbar^2}{2M}\frac{\partial^2\psi}{\partial x_1^2} + \frac{M\omega^2 x_1^2\psi}{2}\right) + \left(\frac{-\hbar^2}{2M}\frac{\partial^2\psi}{\partial x_2^2} + \frac{M\omega^2 x_2^2\psi}{2}\right) + \left(\frac{-\hbar^2}{2M}\frac{\partial^2\psi}{\partial x_3^2} + \frac{M\omega^2 x_3^2\psi}{2}\right) = E\psi \,. \tag{2.5.3}$$

Diese Gleichung hat Separationslösungen der Gestalt

$$\psi(\mathbf{x}) = \psi_{n_1}(x_1)\,\psi_{n_2}(x_2)\,\psi_{n_3}(x_3) \,, \tag{2.5.4}$$

wobei $\psi_n(x)$ eine Lösung der eindimensionalen Schrödinger-Gleichung

$$\frac{-\hbar^2}{2M}\frac{\partial^2\psi_n(x)}{\partial x^2} + \frac{M\omega^2 x^2\psi_n(x)}{2} = E_n\psi_n(x) \tag{2.5.5}$$

ist. Die Energie ist die Summe der Energien von drei eindimensionalen harmonischen Oszillatoren in den n_1-ten, n_2-ten und n_3-ten Energiezuständen:

$$E = E_{n_1} + E_{n_2} + E_{n_3} \,. \tag{2.5.6}$$

Somit hat sich unser Problem auf das Problem reduziert, das von Heisenberg 1925 untersucht wurde, nämlich den eindimensionalen harmonischen Oszillator.

Um dieses Problem zu lösen, führen wir sogenannte Absteige- und Aufsteigeoperatoren

$$a_i \equiv \frac{1}{\sqrt{2M\hbar\omega}}\left(-i\hbar\frac{\partial}{\partial x_i} - iM\omega x_i\right) \,, \quad a_i^\dagger \equiv \frac{1}{\sqrt{2M\hbar\omega}}\left(-i\hbar\frac{\partial}{\partial x_i} + iM\omega x_i\right) \tag{2.5.7}$$

ein mit $i = 1, 2$ und 3. Diese Operatoren gehorchen den Kommutatorrelationen

$$\left[a_i, a_j^\dagger\right] = \delta_{ij} , \tag{2.5.8}$$

und

$$[a_i, a_j] = \left[a_i^\dagger, a_j^\dagger\right] = 0 . \tag{2.5.9}$$

Ferner ist der eindimensionale Hamiltonian dann

$$H_i \equiv -\frac{\hbar^2}{2M}\nabla_i^2 + \frac{M\omega^2 x_i^2}{2} = \hbar\omega \left[a_i^\dagger a_i + \frac{1}{2}\right] . \tag{2.5.10}$$

(Die Summenkonvention, dass man über wiederholt auftretende Indizes aufsummiert, wird hier nicht angewandt.) Aus den Gleichungen (2.5.8)–(2.5.10) folgt nun

$$[H_i, a_i] = -\hbar\omega a_i , \quad [H_i, a_i^\dagger] = +\hbar\omega a_i^\dagger . \tag{2.5.11}$$

Beschreibt also ψ einen Zustand mit der Energie E, so beschreibt $a_i\psi$ einen Zustand mit der Energie $E - \hbar\omega$ und $a_i^\dagger\psi$ einen Zustand mit der Energie $E + \hbar\omega$, natürlich immer vorausgesetzt, dass $a_i\psi$ und $a_i^\dagger\psi$ jeweils nicht verschwinden. Es gibt eine Wellenfunktion $\psi_0(x_i)$, für die $a_i\psi_0 = 0$ ist; sie hat die Gestalt

$$\psi_0(x_i) \propto \exp(-M\omega x_i^2/2\hbar) \tag{2.5.12}$$

und beschreibt einen Zustand, dessen Energie E_{n_i} gleich $\hbar\omega/2$ ist. Man kann keine Wellenfunktion erzeugen, die einen Zustand mit einer niedrigeren Energie als E_{n_i} beschreibt, indem man a_i auf diese Wellenfunktion anwendet. Andererseits gibt es keine Wellenfunktion $\psi(x_i)$, für die $a_i^\dagger\psi$ verschwindet, denn die Lösung der Differenzialgleichung $a_i^\dagger\psi = 0$ ist $\psi \propto \exp(M\omega x_i^2/2\hbar)$, was nicht normierbar ist. Folglich gibt es keine obere Schranke für die Energien von Zuständen, die durch Wellenfunktionen beschrieben werden, die sich dadurch ergeben, dass man beliebig oft $a_i^\dagger$ auf ψ_0 anwendet. Diese Wellenfunktionen haben die Gestalt

$$\psi_{n_i}(x_i) \propto a_i^{\dagger n_i}\psi_0(x_i) \propto H_{n_i}(x_i) \exp(-M\omega x_i^2/2\hbar) . \tag{2.5.13}$$

Dabei ist $H_n(x)$ ein Polynom vom Grad n in x, verwandt mit einem **Hermite-Polynom**, das der Paritätsbedingung

$$H_n(-x) = (-1)^n H_n(x) \tag{2.5.14}$$

genügt. Zum Beispiel ist $H_0(x) \propto 1$; $H_1(x) \propto x$; $H_2(x) \propto 1 - 2M\omega x^2/\hbar$, und so weiter. Die allgemeine Wellenfunktion für einen Zustand fester Energie ist

$$\psi_{n_1 n_2 n_3}(\mathbf{x}) \propto a_1^{\dagger n_1} a_2^{\dagger n_2} a_3^{\dagger n_3} \psi_0(r) \propto H_{n_1}(x_1) H_{n_2}(x_2) H_{n_3}(x_3) \exp(-M\omega r^2/2\hbar) , \tag{2.5.15}$$

und die Energie des Zustands ist

$$E_{n_1 n_2 n_3} = \hbar\omega \left[N + \frac{3}{2}\right] \tag{2.5.16}$$

mit

$$N = n_1 + n_2 + n_3 . \tag{2.5.17}$$

Abgesehen von den niedrigsten sind alle Energieniveaus hochgradig entartet. Für einen festen Wert von $N = n_1 + n_2 + n_3$ gibt es bei vorgegebenen Werten von n_1 und n_2 nur genau einen Wert für n_3- Die Anzahl der Möglichkeiten, wie man eine positive ganze Zahl als Summe von drei nicht-negativen (0 ist möglich) ganzen Zahlen n_1, n_2 und n_3 schreiben kann, ist daher

$$\mathcal{N}_N = \sum_{n_1=0}^{N} \sum_{n_2=0}^{N-n_1} 1 = \sum_{n_1=0}^{N} (N - n_1 + 1) = (N+1)^2 - \frac{N(N+1)}{2} = \frac{(N+1)(N+2)}{2}. \qquad (2.5.18)$$

Da das Potenzial (2.5.1) sphärisch symmetrisch ist, kann man diese Wellenfunktionen auch als Summen über Kugelflächenfunktionen $Y_\ell^m(\theta, \phi)$ multipliziert mit m-unabhängigen Radialwellenfunktionen $R_{N\ell}(r)$ schreiben. Die numerischen Vorfaktoren können dabei von N, ℓ und m abhängen. Die Wellenfunktion (2.5.15) ist ein Polynom vom Grad $N = n_1 + n_2 + n_3$ in den Variablen x_i multipliziert mit einer Funktion von r. Der Maximalwert von ℓ ist somit N. Ferner ist gemäß Gleichung (2.5.14) die Wellenfunktion (2.5.15) gerade oder ungerade in $\mathbf{x}$, je nachdem, ob N gerade oder ungerade ist. Daher ist diese Wellenfunktion höchstens eine Summe von Termen, die zu $Y_\ell^m(\theta, \phi)$ proportional sind, mit $\ell = N, N-2$, usw. bis $\ell = 1$ oder $\ell = 0$ (je nachdem, ob gerade oder ungerade). Zum Beispiel ist $H_1(x) \propto x$, somit nehmen die drei Wellenfunktionen der Gestalt (2.5.15) mit $N = 1$ die Form $x_1 \exp(-M\omega r^2/2\hbar)$, $x_2 \exp(-M\omega r^2/2\hbar)$ und $x_3 \exp(-M\omega r^2/2\hbar)$ an. Das kann man als Linearkombinationen der $\ell = 1$-Terme $rY_\ell^m(\theta, \phi) \exp(-M\omega r^2/2\hbar)$ mit $m = +1$, $m = 0$, und $m = -1$ schreiben.

Wie sich herausstellt, gibt es für höhere Werte von N unabhängige Wellenfunktionen, die proportional zu $Y_\ell^m(\theta, \phi)$ sind, mit $\ell = N$, $N-2$, usw. bis zu $\ell = 1$ oder $\ell = 0$. Zu jedem ℓ gibt es $2\ell + 1$ unabhängige Wellenfunktionen. Um dies zu überprüfen, stellen wir fest, dass dies gerade auf eine Gesamtentartung

$$\mathcal{N}_N = \sum_{\ell=N,\, N-2,\, \dots} (2\ell + 1) \qquad (2.5.19)$$

führt. Für ein gerades N können wir zum Beispiel $\ell = 2k$ setzen und erhalten dann eine Entartung

$$\mathcal{N}_N = \sum_{k=0}^{N/2} (4k+1) = 4\frac{(N/2)(N/2+1)}{2} + N/2 + 1, = \frac{(N+1)(N+2)}{2}, \qquad (2.5.20)$$

was mit Gleichung (2.5.18) übereinstimmt. Das gleiche Ergebnis gilt für ungerades N.

Die Entartung der Energieeigenzustände, insbesondere die Existenz von Zuständen mit unterschiedlichen Werten von ℓ, aber gleicher Energie, ist eine besondere Eigenschaft des Coulomb-Potenzials und des Potenzials des harmonischen Oszillators, die man für allgemeine Potenziale nicht erwartet. In beiden Fällen ergibt sich diese Entartung aus der Existenz von Operatoren, die mit dem Hamiltonian kommutieren und daher auf eine weitere Wellenfunktion gleicher Energie führen, wenn man sie auf eine Wellenfunktion mit fester Energie anwendet. Einige dieser Operatoren vertauschen nicht mit $\mathbf{L}^2$ und führen bei

Anwendung auf eine Wellenfunktion mit vorgegebenem Bahndrehimpuls auf eine Wellenfunktion mit anderem Bahndrehimpuls, aber gleicher Energie. Wie diese Operatoren für das Coulomb-Potenzial ausschauen, wird in Abschnitt 4.8 erklärt. Für das Potenzial des harmonischen Oszillators sind das die neun Operatoren $a_j^\dagger a_k$, wobei j und k die Koordinatenindizes 1, 2, 3 durchlaufen. Man kann leicht sehen, dass sie mit dem dreidimensionalen Hamiltonian vertauschen, der durch die Summe der eindimensionalen Hamiltonians (2.5.10) gegeben ist:

$$H = \hbar\omega \left[\sum_i a_i^\dagger a_i + \frac{3}{2} \right] .$$

Wie wir in Abschnitt 4.6 sehen werden, hängt die Tatsache, dass diese Operatoren mit dem Hamiltonian kommutieren, mit einer Symmetrie dieses Hamiltonians und den Kommutatorregeln zusammen. Dass sowohl für das Coulomb-Potenzial als auch für das Potenzial des harmonischen Oszillators Operatoren existieren, die mit dem Hamiltonian kommutieren, hängt mit der Besonderheit zusammen, dass gebundene klassische Bahnen in diesen beiden Potenzialen geschlossene Kurven darstellen.

Um Erwartungswerte und Wahrscheinlichkeiten für Strahlungsübergänge zu berechnen, muss man korrekt normierte Wellenfunktionen konstruieren. Das macht man am leichtesten mittels der Auf- und Absteigeoperatoren (2.5.7). Zunächst legen wir die Grundzustandswellenfunktion ψ_0 für eindimensionale Oszillatoren als

$$\psi_0(x) = \left[\frac{M\omega}{\pi\hbar} \right]^{1/4} \exp(-M\omega x^2/2\hbar) \tag{2.5.21}$$

fest, sodass sie normiert ist:

$$\int_{-\infty}^{+\infty} |\psi_0(x)|^2 \, dx = 1 \, . \tag{2.5.22}$$

Wir halten auch fest, dass $a_i^\dagger$ *adjungiert* zum Operator a_i ist, in dem Sinne, dass für beliebige normierbare Funktionen f und g

$$\int_{-\infty}^{+\infty} f^*(x_i)\, a_i\, g(x_i)\, dx_i = \int_{-\infty}^{+\infty} \left(a_i^\dagger f(x_i) \right)^* g(x_i)\, dx_i \tag{2.5.23}$$

gilt. Es folgt, dass

$$\int_{-\infty}^{\infty} |a_i^{\dagger n_i} \psi_0(x_i)|^2 \, dx_i = \int_{-\infty}^{\infty} \left(a_i^{\dagger(n_i-1)} \psi_0(x_i) \right)^* a_i a_i^{\dagger n_i} \psi_0(x_i)\, dx_i$$

gilt. Die Kommutatorrelationen (2.5.8) und (2.5.9) ergeben

$$a_i a_i^{\dagger n_i} = a_i^{\dagger n_i} a_i + n_i a_i^{\dagger(n_i-1)} ,$$

und da der Operator a_i die Funktion $\psi_0(x_i)$ annihiliert, haben wir auch

$$\int_{-\infty}^{\infty} \left| a_i^{\dagger n_i} \psi_0(x_i) \right|^2 dx_i = n_i \int_{-\infty}^{\infty} \left| a_i^{\dagger(n_i-1)} \psi_0(x_i) \right|^2$$

und somit

$$\int_{-\infty}^{\infty} \left| a_i^{\dagger n_i} \psi_0(x_i) \right|^2 dx_i = n_i! \tag{2.5.24}$$

Die korrekt normierten Wellenfunktionen sind damit

$$\psi_{n_1 n_2 n_3}(\mathbf{x}) = \frac{1}{\sqrt{n_1! n_2! n_3!}} \left[\frac{M\omega}{\pi\hbar}\right]^{3/4} a_i^{\dagger n_1} a_2^{\dagger n_2} a_3^{\dagger n_3} \exp(-M\omega r^2/2\hbar) \; . \tag{2.5.25}$$

Um das Matrixelement einer der drei Komponenten von $\mathbf{x}$ zu berechnen, zum Beispiel von x_1, halten wir fest, dass wegen Gleichung (2.5.7)

$$x_1 = \frac{i\sqrt{\hbar}}{\sqrt{2M\omega}} \left(a_1 - a_1^\dagger\right)$$

gilt. Da a_1 und $a_1^\dagger$ den Index n_1 jeweils um eine Einheit erniedrigen oder erhöhen, muss $[x_1]_{nm}$ verschwinden, außer für $n - m = \pm 1$. Somit gilt

$$\begin{aligned} [x_1]_{n+1,n} &\equiv \int \psi_{n+1}^*(x_1) x_1 \psi_n(x_1)\, dx_1 \\ &= \frac{1}{\sqrt{n!}\sqrt{(n+1)!}} \int \left(a^{\dagger(n+1)} \psi_0\right)^* \left(\frac{-i a_1^\dagger \sqrt{\hbar}}{\sqrt{2M\omega}}\right) \left(a_1^{\dagger n} \psi_0\right) dx_1 \\ &= -i\sqrt{\frac{(n+1)\hbar}{2M\omega}} \; . \end{aligned} \tag{2.5.26}$$

Hätten wir die Zeitabhängigkeitsfaktoren $\exp(-iEt/\hbar)$ in den Wellenfunktionen berücksichtigt, wäre dieses Ergebnis das gleiche wie das von Heisenberg (1.4.15), bis auf einen gewöhnlichen konstanten Phasenfaktor, der natürlich keine Auswirkung auf $|\mathbf{x}_{nm}|^2$ hat und damit auch bei den Strahlungsübergangsraten keine Rolle spielt.

EXTRAS ONLINE
Lösungen

Aufgaben zu Kapitel 2

1 Berechnen Sie mithilfe der in Abschnitt 2.2 dargestellten Methode die Kugelflächenfunktionen für $\ell = 3$ (bis auf konstante Vorfaktoren).

2 Leiten Sie eine Formel für die Rate der Einzelphotonenemission aus dem $2p$- in den $1s$-Zustand des Wasserstoffs ab.

3 Berechnen Sie die Erwartungswerte der kinetischen und der potenziellen Energie im $1s$-Zustand des Wasserstoffs.

4 Berechnen Sie die Erwartungswerte der kinetischen und der potenziellen Energie im niederenergetischsten Zustand des dreidimensionalen harmonischen Oszillators. Berechnen Sie dabei die Energieniveaus in diesem System mithilfe der algebraischen Methoden, die in Abschnitt 2.5 verwendet wurden.

5 Leiten Sie die Formel für die Energieniveaus des dreidimensionalen harmonischen Oszillators mithilfe der (geeignet modifizierten) Potenzreihenentwicklung ab, die in Abschnitt 2.3 für das Wasserstoffatom verwendet wurde.

6 Berechnen Sie den Unterschied in den Energien der Lyman-α-Übergänge in Wasserstoff und Deuterium.

7 Berechnen Sie (bis auf die Normierung) die Wellenfunktion des $3s$-Zustands des Wasserstoffatoms.

Hinweis: Vergessen Sie nicht, in den Aufgaben **2** und **3** korrekt normierte Wellenfunktionen zu verwenden.

Lernziele

1 Zustände

- Hilbertraum, Vektorräume, Normen
- Vollständigkeit und Unabhängigkeit, Orthonormierung
- Wahrscheinlichkeiten, Strahlen, Dirac-Schreibweise

2 Kontinuumszustände

- Von diskreten Zuständen zu Kontinuumszuständen
- Normierung, Deltafunktionen, Distributionen

3 Observablen

- Operatoren, Adjungierte, Matrixdarstellung
- Eigenwerte, Vollständigkeit der Eigenvektoren
- Schwarzsche Ungleichung, Unbestimmtheitsprinzip
- Dyaden
- Projektionsoperatoren, Dichtematrix, von Neumann-Entropie

4 Symmetrien

- Unitäre Operatoren, Wigner-Theorem, Antiunitäre Operatoren
- Kontinuierliche Symmetrien
- Kommutatoren

5 Räumliche Translation

- Impulsoperatoren, Vertauschungsregeln, Impulseigenzustände
- Blochwellen, Bandstruktur

6 Zeitliche Translation

- Hamiltonians
- zeitabhängige Schrödinger-Gleichung
- Erhaltungssätze, Zeitumkehr, Galilei-Invarianz
- Boost-Generator

7 Deutungen der Quantenmechanik

- Kopenhagener Deutung, Klassen von Deutungen, Viele-Welten-Deutungen
- Beispiele von Messungen, Dekohärenz
- Berechnung von Wahrscheinlichkeiten
- Aufgabe des Realismus, Deutung durch dekohärente Geschichten

Allgemeine Prinzipien der Quantenmechanik

3

ÜBERBLICK

» Wir haben im letzten Kapitel gesehen, wie nützlich die Wellenmechanik zur Lösung physikalischer Probleme sein kann. Die Wellenmechanik hat jedoch einige Einschränkungen. Sie beschreibt physikalische Zustände durch Wellenfunktionen, die Funktionen der Orte der Teilchen des Systems sind, aber warum sollten wir den Ort als fundamentale physikalische Observable heranziehen? Vielleicht wäre es vorteilhafter, Zustände durch die Wahrscheinlichkeitsamplituden dafür zu beschreiben, dass Teilchen bestimmte Werte für den Impuls oder die Energie annehmen, anstatt durch die Amplituden für bestimmte Orte. Eine grundsätzlichere Beschränkung besteht darin, dass physikalische Systeme Eigenschaften haben, die überhaupt nicht durch die Orte und Impulse einer Menge von Teilchen beschrieben werden können. Eine dieser Eigenschaften ist der Spin, mit dem sich Kapitel 4 beschäftigt. Eine andere ist der Wert eines elektrischen oder magnetischen Feldes an einem bestimmten Raumpunkt; dieses Thema wird in Kapitel 11 behandelt. Das vorliegende Kapitel wird die Prinzipien der Quantenmechanik in einem Formalismus beschreiben, der im Wesentlichen der »Transformationstheorie« von Dirac entspricht, die in Abschnitt 1.4 kurz erwähnt wurde. Dieser Formalismus verallgemeinert sowohl die Wellenmechanik von Schrödinger als auch die Matrizenmechanik von Heisenberg und ist so umfassend, dass er auf beliebige Arten von physikalischen Systemen anwendbar ist. «

3.1 Zustände

Das erste Postulat der Quantenmechanik lautet, dass physikalische Zustände durch Vektoren in einer Art abstraktem Raum namens **Hilbertraum** beschrieben werden können.

Bevor ich mich mit dem Hilbertraum befasse, muss ich etwas über Vektoren im Allgemeinen sagen. Im Kindergarten[1] lernen wir, dass Vektoren Größen sind, die sowohl einen Betrag als auch eine Richtung haben. Beim späteren Studium der analytischen Geometrie lernen wir hingegen, einen Vektor in d Dimensionen als eine Folge von d Zahlen zu beschreiben, den Komponenten des Vektors. Der letztere Zugang eignet sich gut für Berechnungen, aber in mancher Hinsicht ist allerdings die Kindergartenversion besser, weil sie uns erlaubt, Beziehungen zwischen Vektoren zu beschreiben, ohne ein Koordinatensystem festzulegen. So hat zum Beispiel eine Aussage, dass ein Vektor zu einem anderen parallel ist, oder senkrecht auf einem dritten Vektor steht, nichts damit zu tun, wie wir unser Koordinatensystem wählen.

Wir werden hier formulieren, was wir unter Vektorräumen im Allgemeinen und unter Hilberträumen im Besonderen verstehen, und zwar auf eine Weise, die unabhängig von den Koordinaten ist, mit denen wir Richtungen in diesen Räumen beschreiben. Von diesem Standpunkt aus sollte man die Wellenfunktionen, mit denen wir physikalische Zustände in der Wellenmechanik beschrieben haben, als die Menge der **Komponenten** $\psi(\mathbf{x})$ eines abstrakten Vektors Ψ auffassen, den man als **Zustandsvektor** bezeichnet. Er liegt in einem unendlich-dimensionalen Raum, in dem wir Koordinatenachsen wählen, die durch alle Werte gekennzeichnet sind, die vom Ort $\mathbf{x}$ angenommen werden können. Den gleichen Zustandsvektor könnte man stattdessen auch durch eine Wellenfunktion $\tilde{\psi}(\mathbf{p})$ im Impulsraum beschreiben, die als Koeffizient von $\exp\left(i\mathbf{p}\cdot\mathbf{x}/\hbar\right)$ in einem Wellenpaket wie (1.3.2) definiert ist:[2]

$$\psi(\mathbf{x}) = (2\pi\hbar)^{-3/2} \int d^3p \, \exp\left(i\mathbf{p}\cdot\mathbf{x}/\hbar\right)\tilde{\psi}(\mathbf{p}).$$

In diesem Fall betrachtet man $\tilde{\psi}(\mathbf{p})$ als die Komponente des gleichen Zustandsvektors Ψ entlang der Richtung, die einem bestimmten Wert $\mathbf{p}$ des Impulses entspricht. Das ist konzeptionell nicht wesentlich anders, als wenn man von einer Beschreibung eines Ortsvektors durch Länge, Breite und Höhe zu einer Beschreibung durch drei andere Koordinaten wechselt. Genauso könnten wir $\psi(\mathbf{x})$ wie in Gleichung (1.5.15) als eine Entwicklung nach Wellenfunktionen $\psi_n(\mathbf{x})$ mit fester Energie schreiben,

$$\psi(\mathbf{x}) = \sum_n c_n \psi_n(\mathbf{x}),$$

und die Koeffizienten c_n als die Koeffizienten desselben Zustandsvektors entlang der Richtungen auffassen, die durch unterschiedliche Werte für die Energie charakterisiert

1 Kindergarten für zukünftige Nobelpreisträger, A.d.Ü.

2 Diese Definition ist so gewählt, dass die Anwendung des Impulsoperators $-i\hbar\nabla$ auf $\psi(\mathbf{x})$ die Wirkung hat, $\tilde{\psi}(\mathbf{p})$ mit $\mathbf{p}$ zu multiplizieren. Der Faktor $(2\pi\hbar)^{-3/2}$ wird eingeführt, damit für eine Wellenfunktion, die auf $\int |\psi(\mathbf{x})|^2 d^3x = 1$ normiert ist, aufgrund eines Theorems der Fourieranalysis $\int |\tilde{\psi}(\mathbf{p})|^2 d^3p = 1$ gilt.

sind. Das sind alles nur Beispiele; unsere Diskussion des Hilbertraums wird nicht von einer besonderen Koordinatenwahl abhängen.

Der Hilbertraum ist eine bestimmte Art eines **normierten komplexen Vektorraums**. Allgemein besteht jeder Vektorraum aus Größen Ψ, Ψ', und so weiter, mit folgenden Eigenschaften:

- Sind Ψ und Ψ' Vektoren des Vektorraums, so ist auch $\Psi + \Psi'$ ein Vektor des Vektorraums. Die Operation der Addition ist assoziativ und kommutativ:

$$\Psi + (\Psi' + \Psi'') = (\Psi + \Psi') + \Psi'', \tag{3.1.1}$$

$$\Psi + \Psi' = \Psi' + \Psi. \tag{3.1.2}$$

- Ist Ψ ein Vektor des Vektorraums, so ist es auch $\alpha\Psi$, wobei α eine beliebige Zahl ist. In einem **reellen Vektorraum** müssen diese Zahlen reell sein. In einem **komplexen Vektorraum**, wie etwa dem Hilbertraum der Quantenmechanik, können Zahlen wie α komplex sein. Für reelle wie komplexe Vektorräume soll die Multiplikation mit einer Zahl assoziativ und distributiv sein:

$$\alpha(\alpha'\Psi) = (\alpha\alpha')\Psi \tag{3.1.3}$$

$$\alpha(\Psi + \Psi') = \alpha\Psi + \alpha\Psi' \tag{3.1.4}$$

$$(\alpha + \alpha')\Psi = \alpha\Psi + \alpha'\Psi. \tag{3.1.5}$$

- Es gibt einen einzigen Nullvektor[3] $\mathbf{o}$ mit den offensichtlichen Eigenschaften, dass für beliebige Vektoren Ψ und Zahlen α gilt:

$$\mathbf{o} + \Psi = \Psi, \qquad 0\Psi = \mathbf{o}, \qquad \alpha\mathbf{o} = \mathbf{o}. \tag{3.1.6}$$

Ein **normierter Vektorraum** ist ein Vektorraum, in dem es zu zwei beliebigen Vektoren Ψ und Ψ' eine Zahl, das sogenannte Skalarprodukt (Ψ, Ψ'), gibt. Es hat die Eigenschaften

Linearität

$$\left(\Psi'', [\alpha\Psi + \alpha'\Psi']\right) = \alpha\left(\Psi'', \Psi\right) + \alpha'\left(\Psi'', \Psi'\right), \tag{3.1.7}$$

Symmetrie

$$\left(\Psi', \Psi\right)^* = \left(\Psi, \Psi'\right) \tag{3.1.8}$$

und **Positivität**. Sie verlangt, dass das Skalarprodukt eines Vektors mit sich selbst eine reelle Zahl mit

$$(\Psi, \Psi) > 0 \quad \text{für} \quad \Psi \neq \mathbf{o} \tag{3.1.9}$$

ist. (Man beachte, dass $(\Psi, \mathbf{o}) = 0$ für ein beliebiges Ψ gilt, und insbesondere für $\Psi = \mathbf{o}$, denn für jede Zahl α und jeden Vektor Ψ haben wir $\alpha(\Psi, \mathbf{o}) = (\Psi, \alpha\mathbf{o}) = (\Psi, \mathbf{o})$, was nur für $(\Psi, \mathbf{o}) = 0$ möglich ist.) Für reelle Vektorräume sind alle Skalarprodukte (Ψ, Ψ')

3 In späteren Kapiteln werden wir, wenn Verwirrung ausgeschlossen ist, nicht extra das spezielle Symbol $\mathbf{o}$ für den Nullvektor verwenden, sondern einfach die übliche Null 0.

reell, sodass es keine Konsequenzen hat, wenn man in Gleichung (3.1.8) das Komplex-Konjugierte bildet; für komplexe Vektorräume müssen die Skalarprodukte auch komplex sein können. Aus den Gleichungen (3.1.7) und (3.1.8) folgt die Beziehung

$$\Big([\alpha\Psi + \alpha'\Psi'],\, \Psi''\Big) = \alpha^*\Big(\Psi,\, \Psi''\Big) + \alpha'^*\Big(\Psi',\, \Psi''\Big). \tag{3.1.10}$$

Ein Hilbertraum ist nicht nur ein normierter komplexer Vektorraum, sondern er ist zusätzlich entweder endlich-dimensional oder er erfüllt bestimmte technische Stetigkeitsannahmen, aufgrund derer man ihn manchmal so behandeln kann, als wäre er endlich-dimensional. Um das zu erklären, müssen wir erst etwas über Mengen von Vektoren sagen, die unabhängig oder vollständig sind, und darüber, in welcher Weise uns das erlaubt, die Dimension eines Vektorraums zu definieren.

Eine Menge (ein Satz) von Vektoren Ψ_1, Ψ_2, usw. heißt unabhängig, wenn keine nichttriviale Linearkombination dieser Vektoren verschwinden kann. Das heißt: Falls Ψ_1, Ψ_2, usw. unabhängig sind und es für bestimmte Zahlen α_1, α_2, usw. eine Linearkombination $\alpha_1\Psi_1+\alpha_2\Psi_2+\ldots = \mathbf{o}$ gibt, so folgt daraus, dass $\alpha_1 = \alpha_2 = \ldots = 0$ ist. Mit anderen Worten: Kein Vektor aus einer Menge linear unabhängiger Vektoren läßt sich als Linearkombination der anderen ausdrücken. Eine Menge von Vektoren ist insbesondere dann unabhängig, wenn die Vektoren orthogonal sind, d. h. wenn $(\Psi_i, \Psi_j) = 0$ für $i \neq j$ gilt; denn würde eine solche Menge von orthogonalen Vektoren eine Beziehung $\alpha_1\Psi_1 + \alpha_2\Psi_2 + \ldots = \mathbf{o}$ erfüllen, würde man durch Bildung des Skalarprodukts mit einem beliebigen der Ψ $\alpha_i(\Psi_i, \Psi_i) = 0$ erhalten und somit wäre $\alpha_i = 0$ für alle i. Die Umkehrung gilt nicht – die Vektoren einer Menge unabhängiger Vektoren müssen nicht orthogonal sein –, aber für unabhängige Vektoren Ψ_i mit $1 \leq i \leq n$ können wir immer n Linearkombinationen Φ_i dieser Vektoren finden, die nicht nur unabhängig, sondern auch orthogonal sind.[4]

Eine Menge von Vektoren $\Psi_1, \Psi_2, \ldots, \Psi_n$ heißt **vollständig**, wenn jeder beliebige Vektor Ψ als Linearkombination der Ψ_i dargestellt werden kann:

$$\Psi = \alpha_1\Psi_1 + \alpha_2\Psi_2 + \cdots + \alpha_n\Psi_n.$$

Die Vektoren einer vollständigen Menge müssen nicht unabhängig sein; aber wenn sie es nicht sind, können wir immer eine Teilmenge finden, die sowohl vollständig als auch unabhängig ist, indem wir schrittweise alle Vektoren eliminieren, die als Linearkombinationen der anderen geschrieben werden können. Haben wir dann eine vollständige unabhängige Menge von Vektoren Ψ_i, so können wir mit der oben beschriebenen Methode

4 In diesem Fall können wir einen Vektor

$$\Phi_n \equiv \Psi_n - \sum_{i,j=1}^{n} (\omega)^{-1}_{ji}\, \Psi_j(\Psi_i, \Psi_n)$$

konstruieren, der orthogonal zu allen Ψ_i mit $1 \leq i \leq n-1$ ist, wobei $\omega_{ij} \equiv (\Psi_i, \Psi_j)$ gilt. (Wir wissen, dass ω_{ij} invertierbar ist, denn gäbe es einen nichtverschwindenden Vektor v_j, für den $\sum_j \omega_{ij}v_j = 0$ gilt, so hätte der Vektor $\Omega \equiv \sum_i v_i\Psi_i$ die Norm $(\Omega, \Omega) = \sum_j v_i^* \omega_{ij} v_j = 0$, und würde deshalb verschwinden; da die Vektoren Ψ_i unabhängig sind, ist das nur möglich, wenn alle v_i verschwinden.) Wir wissen auch, dass die Vektoren Φ_n nicht verschwinden, weil das der Unabhängigkeit der Vektoren Ψ_i widersprechen würde. In gleicher Weise können wir auch einen nichtverschwindenden Vektor Φ_{n-1} konstruieren, der zu allen Vektoren Ψ_i mit $1 \leq i \leq n-2$ und ebenso zu Φ_n orthogonal ist, und so fort, bis wir einen Satz von n orthogonalen Vektoren Φ_i haben.

eine Menge von Vektoren Φ_i finden, die sowohl unabhängig als auch orthogonal sind. Da nach dieser Konstruktion jedes Ψ_i eine Linearkombination der Φ_i ist, sind die Vektoren Φ_i ebenfalls vollständig. Eine vollständige Menge orthogonaler Vektoren nennt man eine **Basis** des Hilbertraums.

Ein Vektorraum hat eine endliche Dimension d, wenn die größte mögliche Zahl unabhängiger Vektoren d ist. In einem solchen Raum ist eine **beliebige** Menge von d unabhängigen Vektoren Φ_i auch vollständig, denn gäbe es einen Vektor Ψ, den man nicht als $\sum_{i=1}^{d} \alpha_i \Phi_i$ schreiben kann, dann gäbe es $d+1$ unabhängige Vektoren, nämlich der Vektor Ψ und die Vektoren Φ_i. Außerdem könnte keine Menge von weniger als d Vektoren Υ_j vollständig sein: Wäre sie es, so könnte jeder von den d unabhängigen Vektoren Φ_i als $\Phi_i = \sum_{j=1}^{d-1} c_{ij} \Upsilon_j$ geschrieben werden; für jede $(d \times (d-1))$-dimensionale Matrix c_{ij} gibt es aber stets eine d-komponentige Größe u_i, sodass $\sum_{i=1}^{d} u_i c_{ij} = 0$ gilt, was der Annahme widerspricht, die Φ_i seien unabhängig.

Für unsere gegenwärtigen Zwecke können wir einen Hilbertraum als einen normierten komplexen Vektorraum definieren, der entweder endlich-dimensional ist oder in dem es eine unendlich große Menge von unabhängigen orthogonalen Vektoren Φ_i gibt, die in dem Sinne vollständig sind, dass wir für einen beliebigen Vektor Ψ eine Menge von Zahlen α_i finden können, sodass die Summe $\sum_{i=1}^{\infty} \alpha_i \Phi_i$ gegen Ψ konvergiert. (Damit ist $(\Omega_N, \Omega_N) \to 0$ für $N \to \infty$ gemeint, wobei $\Omega_N \equiv \Psi - \sum_{i=1}^{N} \alpha_i \Phi_i$ ist.) Die zweite Bedingung erlaubt es uns, manchmal die gleichen mathematischen Methoden anzuwenden, als sei der Hilbertraum endlich-dimensional.

Die **Komponenten** eines Zustandsvektors Ψ in einer Basis, die durch einen vollständigen orthogonalen Satz von Vektoren Φ_i gegeben ist, sind gerade die Zahlen α_i im Ausdruck $\Psi = \sum_{i=1}^{N} \alpha_i \Phi_i$. Sie sind eindeutig, denn könnten wir den Zustandsvektor Ψ in dieser Form mit zwei unterschiedlichen Mengen α_i schreiben, so würde die Differenz der Summen verschwinden, was der Annahme widerspricht, dass die Vektoren Ψ_i unabhängig sind. Tatsächlich können wir diese Komponenten explizit schreiben, indem wir das Skalarprodukt der Summe $\sum_i \alpha_i \Phi_i$ mit Φ_j bilden:

$$\alpha_j = \frac{(\Phi_j, \Psi)}{(\Phi_j, \Phi_j)}.$$

Somit können wir einen beliebigen Vektor Ψ nach einem vollständigen Satz orthogonaler Vektoren Φ_i wie

$$\Psi = \sum_j \frac{(\Phi_j, \Psi)}{(\Phi_j, \Phi_j)} \Phi_j \tag{3.1.11}$$

entwickeln. Damit können wir auch das Skalarprodukt zweier beliebiger Vektoren Ψ und Ψ' explizit ausführen. Es ergibt sich:

$$(\Psi, \Psi') = \sum_{i,j} \frac{(\Phi_j, \Psi)^*}{(\Phi_j, \Phi_j)} \frac{(\Phi_i, \Psi')}{(\Phi_i, \Phi_i)} (\Phi_j, \Phi_i),$$

oder wegen der Orthogonalität der Φ_i

$$(\Psi, \Psi') = \sum_i \frac{(\Phi_i, \Psi)^* (\Phi_i, \Psi')}{(\Phi_i, \Phi_i)}. \tag{3.1.12}$$

(An dieser Stelle beschränken wir uns auf einen abzählbaren vollständigen Satz von Basisvektoren Φ_i. Den Fall eines Kontinuums von Basisvektoren werden wir im nächsten Abschnitt behandeln.)

Nun können wir endlich etwas mehr ins Detail gehen und die Interpretation von Skalarprodukten durch Wahrscheinlichkeiten betrachten. Das erste Interpretationspostulat der Quantenmechanik besagt, dass eine beliebige vollständige Menge von Zuständen Φ_i in eins-zu-eins-Korrespondenz zu allen möglichen Ergebnissen einer bestimmten Art von Messung steht (um was für eine Art von Messung es sich dabei handelt, werden wir in Abschnitt 3.3 behandeln). Befindet sich ferner das System vor der Messung in einem Zustand Ψ, so wird postuliert, dass die Wahrscheinlichkeit, dass die Messung ein Ergebnis liefert, das dem Zustand Φ_i entspricht, durch

$$P(\Psi \mapsto \Phi_i) = \frac{\left|\left(\Phi_i . \Psi\right)\right|^2}{\left(\Psi, \Psi\right)\left(\Phi_i, \Phi_i\right)} \tag{3.1.13}$$

gegeben ist. Es ist wichtig, festzuhalten, dass die durch diesen Ausdruck beschriebenen Wahrscheinlichkeiten die fundamentalen Eigenschaften haben, die alle Wahrscheinlichkeiten besitzen müssen. Zuerst sind sie offensichtlich alle positiv. Da die Vektoren Φ_i eine vollständige orthogonale Menge bilden, führt Gleichung (3.1.12) ferner auf

$$(\Psi, \Psi) = \sum_i \frac{|(\Phi_i, \Psi)|^2}{(\Phi_i, \Phi_i)},$$

sodass sich die Wahrscheinlichkeiten (3.1.13) zu eins aufaddieren.

Die Wahrscheinlichkeiten (3.1.13) bleiben unverändert, wenn wir Ψ mit einer Konstante α oder die Vektoren Φ_i mit Konstanten β_i multiplizieren. In der Quantenmechanik beschreiben Zustandsvektoren, die sich durch einen konstanten Faktor unterscheiden, den gleichen physikalischen Zustand. (Allerdings beschreiben $\Psi + \Psi'$ und $\alpha\Psi + \Psi'$ im Allgemeinen *nicht* den gleichen Zustand.) Wenn wir wollen, können wir die Zustandsvektoren Ψ und Φ_i mit Konstanten multiplizieren, die so gewählt sind, dass

$$(\Psi, \Psi) = (\Phi_i, \Phi_i) = 1 \tag{3.1.14}$$

gilt. In diesem Fall lauten die Wahrscheinlichkeiten (3.1.13)

$$P(\Psi \mapsto \Phi_i) = \left|\left(\Phi_i, \Psi\right)\right|^2. \tag{3.1.15}$$

Eine Menge von Vektoren Φ_i, die orthogonal und auch so normiert sind, dass $(\Phi_i, \Phi_i) = 1$ gilt, bezeichnet man als **orthonormal**. Für eine vollständige orthonormale Menge von Basisvektoren Φ_i werden die Gleichungen (3.1.11) und (3.1.12) zu

$$\Psi = \sum_j (\Phi_j, \Psi)\, \Phi_j \tag{3.1.16}$$

und

$$(\Psi, \Psi') = \sum_i (\Phi_i, \Psi)^* (\Phi_i, \Psi'). \tag{3.1.17}$$

Auch nachdem wir Ψ und die Vektoren Φ_i so gewählt haben, dass sie Gleichung (3.1.14) erfüllen, können wir die Zustandsvektoren noch mit komplexen Zahlen der Größe 1 (d. h. mit Phasenfaktoren) multiplizieren, ohne dass sich die Gleichungen (3.1.14) oder (3.1.15) ändern. Damit sind physikalische Zustände in der Quantenmechanik in einer eins-zu-eins-Korrespondenz mit **Strahlen** im Hilbertraum, wobei jeder Strahl aus einer Menge von Zustandsvektoren mit Norm 1 besteht, die sich lediglich durch Multiplikation mit Phasenfaktoren unterscheiden.

Dies ist ein gute Gelegenheit, um die sogenannte »bra-ket«-Schreibweise, die auf Dirac zurückgeht, zu erwähnen. In Diracs Schreibweise wird ein Zustandsvektor Ψ mit $|\Psi\rangle$ bezeichnet, und das Skalarprodukt (Φ, Ψ) zweier Zustandsvektoren wird als $\langle\Phi|\Psi\rangle$ geschrieben. Das Symbol $\langle\Phi|$ wird »bra« genannt, und $|\Psi\rangle$ wird »ket« genannt, sodass $\langle\Phi|\Psi\rangle$ ein bra-ket oder bracket (d. h. eine Klammer) ist (diese Klammer darf man nicht mit der gänzlich anderen Dirac-Klammer aus Abschnitt 9.5 verwechseln). In den Spezialfällen, in denen Ψ als Zustand identifiziert werden kann, der für eine Observable A einen festen Wert a aufweist, wird das ket in der Dirac-Schreibweise oft als $|a\rangle$ geschrieben. In Abschnitt 3.3 werde ich erklären, inwiefern die Dirac-Schreibweise für manche Zwecke besonders praktisch und in manchen Fällen unpraktisch ist.

3.2 Kontinuumszustände

Bevor wir uns dem nächsten Interpretationspostulat der Quantenmechanik zuwenden, müssen wir erklären, wie sich die Beschreibung physikalischer Zustände aus dem vorangegangenen Abschnitt ändert, wenn wir ein System betrachten, für das die vollständigen orthogonalen Zustände ein Kontinuum bilden. Stellen wir uns vor, dass sie nicht als Φ_i mit einem diskreten Index i, sondern als Ψ_ξ bezeichnet werden. Dabei ist ξ eine kontinuierliche Variable, wie beispielsweise der Ort. (Die mathematische Bedingung, die einen Zustand mit einem festen Wert für den Ort oder irgendeine andere Observable definiert, wird im nächsten Abschnitt diskutiert.) Wir können die Ergebnisse des vorangegangenen Abschnitts verwerten, indem wir solche Systeme näherungsweise behandeln und ξ eine sehr große Zahl $\rho(\xi)d\xi$ von diskreten Werten ξ in einem beliebigen kleinen Intervall von ξ bis $\xi + d\xi$ annehmen lassen. (Falls ξ zum Beispiel die x-Koordinate eines Teilchens ist, könnten wir die x-Achse durch eine große Zahl diskreter Punkte ersetzen, wobei aufeinanderfolgende Punkte durch einen kleinen Abstand $1/\rho(x)$ getrennt sind.) Es ist in solchen Fällen praktisch, bei der Einführung eines vollständigen orthogonalen Satzes von Basisvektoren Φ_ξ diese so zu normieren, dass

$$(\Phi_{\xi'}, \Phi_\xi) = \rho(\xi)\delta_{\xi',\xi} \tag{3.2.1}$$

gilt. Gemäß Gleichung (3.1.11) kann man einen beliebigen Zustand als Linearkombination von Basiszustanden als

$$\Psi = \sum_\xi \frac{(\Phi_\xi, \Psi)}{\rho(\xi)} \Phi_\xi \tag{3.2.2}$$

schreiben. Im Grenzfall immer dichter liegender Punkte ξ kann man eine beliebige Summe einer glatten Funktion $f(\xi)$ über ξ als Integral ausdrücken:

$$\sum_\xi f(\xi) \mapsto \int f(\xi)\, \rho(\xi)\, d\xi. \tag{3.2.3}$$

(Die Summe über alle Werte von ξ in einem Intervall, das so klein ist, dass in diesem Intervall $f(\xi)$ und $\rho(\xi)$ im Wesentlichen konstant sind, ist gleich der Zahl $\rho(\xi)d\xi$ erlaubter Werte in diesem Intervall, multipliziert mit $f(\xi)$. Summiert man dieses Produkt über alle Intervalle auf, so ergibt sich das Integral.) In diesem Grenzfall kann man daher Gleichung (3.2.2) als

$$\Psi = \int (\Phi_\xi, \Psi)\, \Phi_\xi\, d\xi \tag{3.2.4}$$

schreiben, wobei sich die Faktoren $\rho(\xi)$ hier wegheben. In ähnlicher Weise kann man das Skalarprodukt (3.1.12) zweier solcher Zustände als

$$(\Psi, \Psi') = \sum_\xi \frac{(\Phi_\xi, \Psi)^*(\Phi_\xi, \Psi')}{\rho(\xi)} = \int (\Phi_\xi, \Psi)^*(\Phi_\xi, \Psi')\, d\xi \tag{3.2.5}$$

schreiben. Insbesondere lautet die Bedingung, dass ein Zustand die Norm 1 hat:

$$1 = \int |(\Phi_\xi, \Psi)|^2\, d\xi. \tag{3.2.6}$$

Ein System sei anfangs in einem Zustand, der durch einen Vektor Ψ der Länge 1 beschrieben wird. Nun führen wir ein Experiment durch, dessen mögliche Ergebnisse durch einen vollständigen Satz von Zuständen Φ_ξ gegeben sind. Die differenzielle Wahrscheinlichkeit $dP(\Psi \mapsto \Phi_\xi)$, dass sich das Ergebnis in einem Intervall von ξ bis $\xi + d\xi$ befindet, ist dann gleich der durch (3.1.13) gegebenen Wahrscheinlichkeit, einen einzelnen Zustand mit einer Bezeichnung nahe bei ξ zu finden, multipliziert mit der Zahl der Zustände in diesem Intervall:

$$dP(\Psi \mapsto \Phi_\xi) = \frac{|(\Phi_\xi, \Psi)|^2}{(\Phi_\xi, \Phi_\xi)} \times \rho(\xi)\, d\xi = |(\Phi_\xi, \Psi)|^2\, d\xi. \tag{3.2.7}$$

Gemäß Gleichung (3.2.6) erfüllt dieser Ausdruck die grundlegende Bedingung, dass die Gesamtwahrscheinlichkeit, irgendein Resultat zu erhalten, gleich 1 sein sollte:

$$\int dP(\Psi \mapsto \Phi_\xi) = 1. \tag{3.2.8}$$

Wir könnten zum Beispiel annehmen, dass die Vektoren Φ_x Zustände beschreiben, bei denen ein Teilchen feste Werte x für seinen Ort in einer Dimension hat. Wie zu Beginn dieses Kapitels erwähnt, ist die Wellenfunktion in Schrödingers Wellenmechanik nichts anderes als das Skalarprodukt

$$\psi(x) = (\Phi_x, \Psi). \tag{3.2.9}$$

Gleichung (3.2.5) zeigt, dass das Skalarprodukt zweier Zustandsvektoren Ψ_1 und Ψ_2

$$(\Psi_1, \Psi_2) = \int \psi_1^*(x)\psi_2(x)\, dx \tag{3.2.10}$$

ist. Insbesondere lautet die Bedingung (3.2.6) für einen Zustandsvektor mit Norm 1 nun

$$1 = \int |\psi(x)|^2\, dx, \tag{3.2.11}$$

und für Zustände, die diese Bedingung erfüllen, gibt Gleichung (3.2.7) die Wahrscheinlichkeit an, dass sich das Teilchen zwischen x und $x + dx$ aufhält:

$$dP = |\psi(x)|^2\, dx. \tag{3.2.12}$$

Dies hatte Born 1926 erraten (siehe Abschnitt 1.5).

Wir werden gelegentlich eine »Deltafunktion«-Schreibweise verwenden, die auf Dirac zurückgeht.[5] Wir definieren

$$\delta(\xi - \xi') \equiv \rho(\xi)\delta_{\xi,\xi'}\,, \tag{3.2.13}$$

sodass die Normierungsbedingung (3.2.1) für Kontinuumszustände

$$(\Phi_\xi, \Phi_{\xi'}) = \delta(\xi - \xi') \tag{3.2.14}$$

lautet. Gemäß Gleichung (3.2.3) ist das Integral dieser Funktion multipliziert mit einer beliebigen glatten Funktion $f(\xi)$ über ξ' gleich

$$\int \delta(\xi - \xi') f(\xi')\, d\xi' = \sum_{\xi'} \frac{\delta(\xi - \xi') f(\xi')}{\rho(\xi')} = f(\xi). \tag{3.2.15}$$

Die Funktion (3.2.13) verschwindet also überall, außer bei $\xi' = \xi$. Dort ist sie aber so groß, dass ihr Integral über ξ' gleich 1 ist und sie somit in einem Integral wie (3.2.15) den Wert der Funktion am Ort $\xi' = \xi$ herauspickt.

Manchmal ist es praktisch, die Deltafunktion als eine glatte Funktion darzustellen, die weg vom Argument null vernachlässigbar ist, aber am Nullpunkt eine so ausgeprägte Spitze aufweist, dass ihr Integral 1 ergibt. Wir könnten zum Beispiel

$$\delta(\xi - \xi') \equiv \frac{1}{\epsilon\sqrt{\pi}} \exp\left(-(\xi - \xi')^2/\epsilon^2\right) \tag{3.2.16}$$

definieren, wobei das positive ϵ gegen null gehen darf. Wir könnten auch die Stetigkeit aufgeben und

$$\delta(\xi - \xi') \equiv \begin{cases} 1/2\epsilon & |\xi - \xi'| < \epsilon \\ 0 & |\xi - \xi'| \geq \epsilon \end{cases} \tag{3.2.17}$$

definieren.

5 P. A. M. Dirac, *The Principles of Quantum Mechanics*, 4. (überarbeitete) Auflage (Oxford University Press, 1976).

Eine andere Darstellung legt das Fundamentaltheorem der Fourieranalysis nahe. Diesem Theorem zufolge gilt: Wenn $g(k)$ eine hinreichend glatte Funktion ist, die sich für $k \to \pm\infty$ hinreichend gutmütig verhält, und wir

$$f(x) \equiv \frac{1}{\sqrt{2\pi}} \int_{-\infty}^{\infty} g(k)\, e^{ikx}\, dk \tag{3.2.18}$$

definieren, dann ist

$$g(k) = \frac{1}{\sqrt{2\pi}} \int_{-\infty}^{\infty} f(x)\, e^{-ikx}\, dx. \tag{3.2.19}$$

Setzen wir Gleichung (3.2.19) im Integranden von Gleichung (3.2.18) ein, dann erhalten wir zumindest formal, dass

$$f(x) = \frac{1}{2\pi} \int_{-\infty}^{\infty} dx'\, f(x') \int_{-\infty}^{\infty} dk\, e^{ik(x-x')} \tag{3.2.20}$$

gilt, sodass wir

$$\delta(x-x') = \frac{1}{2\pi} \int_{-\infty}^{\infty} dk\, e^{ik(x-x')} \tag{3.2.21}$$

setzen können. Der geneigte Leser kann nachprüfen, dass Gleichung (3.2.21) mit der Darstellung (3.2.16) identisch wird, wenn wir diesem Integral dadurch Bedeutung geben, dass wir einen Konvergenzfaktor $\exp(-\epsilon^2 k^2/4)$ mit infinitesimalem ϵ in den Integranden einsetzen.

Es gibt einen mathematisch strengen Zugang zur Deltafunktion, der auf den Mathematiker Laurent Schwartz[6] (1915–2002) zurückgeht und der unter dem Namen *Theorie der Distributionen* bekannt ist. Dabei gibt man den Gedanken, die Deltafunktion selbst als eine echte Funktion darzustellen, auf und definiert stattdessen lediglich Integrale, die die Deltafunktion beinhalten, durch Gleichung (3.2.15). Auf gleiche Weise wird die Ableitung der Deltafunktion durch die Gleichung

$$\int \delta'(\xi-\xi') f(\xi')\, d\xi' = -f'(\xi) \tag{3.2.22}$$

definiert, die man formal aus (3.2.15) durch eine partielle Integration erhält.

3.3 Observablen

Nach dem zweiten Postulat der Quantenmechanik werden beobachtbare (observable) physikalische Größen wie Ort, Impuls, Energie, usw. durch hermitesche Operatoren auf Hilberträumen beschrieben. Ein hermitescher Operator ist ein linearer und selbstadjungierter Operator. Bevor wir also erörtern, was dieses Postulat bedeutet, müssen wir erst betrachten, was mit Operatoren im Allgemeinen, mit linearen Operatoren im Speziellen, und mit der Adjungierten eines Operators gemeint ist.

6 L. Schwartz, *Théorie des distributions* (Hermann et Cie, Paris, 1966).

Ein Operator ist eine beliebige Abbildung des Hilbertraums auf sich selbst. Das heißt, ein Operator A bildet einen beliebigen Vektor Ψ im Hilbertraum auf einen anderen Vektor im Hilbertraum ab, den man mit $A\Psi$ bezeichnet. Das führt auf natürliche Definitionen von Produkten von Operatoren miteinander und mit Zahlen sowie von Summen von Operatoren. Das Produkt AB zweier Operatoren ist definiert als der Operator, der auf einen beliebigen Zustandsvektor Ψ zunächst mit B und dann mit A wirkt. Mit anderen Worten:

$$(AB)\Psi \equiv A(B\Psi). \tag{3.3.1}$$

Eine gewöhnliche komplexe Zahl α kann auch als der Operator aufgefasst werden, der einen beliebigen Zustandsvektor mit dieser Zahl multipliziert, und somit ist gemäß Gleichung (3.3.1) das Produkt αA einer Zahl α mit einem Operator A der Operator, der auf einen beliebigen Zustand Ψ zunächst mit A wirkt und dann das Ergebnis mit α multipliziert:

$$(\alpha A)\Psi \equiv \alpha(A\Psi). \tag{3.3.2}$$

Die Summe zweier Operatoren A und B ist als der Operator definiert, der auf einen beliebigen Zustand Ψ angewandt die Summe der Zustandsvektoren ergibt, die dadurch entstehen, dass A und B einzeln auf Ψ wirken:

$$(A+B)\Psi \equiv A\Psi + B\Psi. \tag{3.3.3}$$

Wir können einen Nulloperator $\mathbf{0}$ definieren, der bei Anwendung auf einen beliebigen Zustandsvektor Ψ den Nullzustandsvektor $\mathbf{o}$ ergibt:

$$\mathbf{0}\Psi \equiv \mathbf{o}. \tag{3.3.4}$$

Dann folgt für einen beliebigen Operator A und eine beliebige Zahl α

$$\mathbf{0}A = \mathbf{0}, \quad \mathbf{0} + A = A, \quad \alpha\mathbf{0} = \mathbf{0}\alpha = \mathbf{0}. \tag{3.3.5}$$

Wir definieren ebenfalls einen Einheitsoperator $\mathbf{1}$, der bei Anwendung auf einen beliebigen Zustandsvektor Ψ auf den gleichen Zustandsvektor führt:

$$\mathbf{1}\Psi = \Psi. \tag{3.3.6}$$

Für einen beliebigen Operator A gilt dann

$$\mathbf{1}A = A\mathbf{1} = A. \tag{3.3.7}$$

Ein **linearer Operator** ist ein Operator, für den

$$A(\Psi + \Psi') = A\Psi + A\Psi', \quad A(\alpha\Psi) = \alpha A\Psi \tag{3.3.8}$$

für beliebige Zustandsvektoren Ψ und Ψ' sowie beliebige Zahlen α gilt. Man sieht leicht, dass für lineare Operatoren A und B auch AB und $\alpha A + \beta B$ für beliebige α und β linear sind. Ferner sind auch $\mathbf{0}$ und $\mathbf{1}$ linear.

Die **Adjungierte** $A^\dagger$ eines beliebigen Operators A (ob linear oder nicht) ist als der Operator definiert, für den (sofern er existiert)[7]

$$(\Psi', A^\dagger\Psi) = (A\Psi', \Psi), \tag{3.3.9}$$

oder äquivalent

$$(\Psi', A^\dagger\Psi) = (\Psi, A\Psi')^*$$

für zwei beliebige Zustandsvektoren Ψ und Ψ' gilt. Man kann elementar die folgenden allgemeinen Eigenschaften von Adjungierten beweisen:

$$(AB)^\dagger = B^\dagger A^\dagger, \quad (A^\dagger)^\dagger = A, \quad (\alpha A)^\dagger = \alpha^* A^\dagger, \quad (A+B)^\dagger = A^\dagger + B^\dagger. \tag{3.3.10}$$

Sowohl $\mathbf{0}$ also auch $\mathbf{1}$ sind ihre eigenen Adjungierten.

Wenn wir einen vollständigen orthonormalen Satz von Basisvektoren Φ_i einführen, können wir jeden linearen Operator A durch eine Matrix A_{ij} darstellen, die durch

$$A_{ij} \equiv (\Phi_i, A\Phi_j) \tag{3.3.11}$$

gegeben ist. Mittels Gleichung (3.1.16) sehen wir, dass die Matrix, die ein Operatorprodukt AB beschreibt, das Produkt der Matrizen

$$(AB)_{ij} = (\Phi_i, AB\Phi_j) = \sum_k (\Phi_i, A\Phi_k)(\Phi_k, B\Phi_j) = \sum_k A_{ik}B_{kj} \tag{3.3.12}$$

ist. Wie im vorangegangenen Abschnitt diskutiert, stoßen wir häufig auf vollständige Sätze von Zustandsvektoren Φ_ξ, die durch eine kontinuierliche Variable ξ anstelle eines diskreten Index i gekennzeichnet werden und in dem Sinne orthonormal sind, dass

$$(\Phi_{\xi'}, \Phi_\xi) = \delta(\xi' - \xi) \tag{3.3.13}$$

gilt. In einem solchen Fall definieren wir

$$A_{\xi'\xi} \equiv (\Phi_{\xi'}, A\Phi_\xi), \tag{3.3.14}$$

und anstelle von Gleichung (3.3.12) erhalten wir

$$(AB)_{\xi'\xi} = \int d\xi'' \, A_{\xi'\xi''}B_{\xi''\xi}. \tag{3.3.15}$$

Die Adjungierte eines Operators ist das transponierte Komplex-Konjugierte der Matrix, die den Operator selbst beschreibt:

$$(A^\dagger)_{ij} = A^*_{ji}, \tag{3.3.16}$$

und analog für $(A^\dagger)_{\xi'\xi}$.

Das zweite Postulat der Quantenmechanik besagt, dass ein Zustand für eine Observable, die durch einen linearen hermiteschen Operator A beschrieben wird, genau dann einen

7 Gleichung (3.3.9) lässt sich nicht elegant in Diracs bra-ket-Schreibweise ausdrücken, weil man in $\langle\Psi'|B|\Psi\rangle$ immer annimmt, dass der Operator B nach rechts wirkt. Anstelle von Gleichung (3.3.9) muss man $\langle\Psi'|A^\dagger|\Psi\rangle = \langle\Psi|A|\Psi'\rangle^*$ schreiben.

festen Wert α annimmt, wenn der Zustandsvektor Ψ ein Eigenzustand des Operators A mit Eigenwert a ist, also

$$A\Psi = a\Psi \tag{3.3.17}$$

gilt. Ist auch $A\Psi' = a'\Psi'$, so gilt

$$a(\Psi', \Psi) = (\Psi', A\Psi) = (A\Psi', \Psi) = a'^*(\Psi', \Psi),$$

weil A hermitesch ist. Für $\Psi = \Psi' \neq \mathbf{o}$ und $a' = a$, folgt $a^* = a$, während wir für $a \neq a'$ $(\Psi', \Psi) = 0$ erhalten. Das bedeutet, dass die erlaubten Werte von Observablen reell sind und Zustandsvektoren mit unterschiedlichen Werten für eine beliebige Observable orthogonal sind. Mithilfe der Matrizen (3.3.11) oder (3.3.14), kann man die Bedingung (3.3.17) als

$$\sum_j A_{ij}(\Phi_j, \Psi) = a(\Phi_i, \Psi) \tag{3.3.18}$$

beziehungsweise als

$$\int d\xi\, A_{\xi'\xi}(\Phi_\xi, \Psi) = a(\Psi_{\xi'}, \Psi). \tag{3.3.19}$$

schreiben.

Man nimmt an, dass die hermiteschen Operatoren, die Observable beschreiben, die wichtige Eigenschaft haben, dass ihre Eigenvektoren vollständige Sätze bilden. Das gilt automatisch für hermitesche Operatoren, die auf endlich-dimensionalen Räumen wirken.[8] Es ist schwieriger zu zeigen, dass ein gegebener hermitescher Operator in einem unendlich-dimensionalen Raum diese Eigenschaft hat, insbesondere wenn seine Eigenwerte ein Kontinuum bilden. Und daher werden wir einfach annehmen, dass dies der Fall ist.

Sei Ψ_r ein vollständiger orthonormaler Satz von Zustandsvektoren, die Zustände mit dem Wert a_r für die durch einen Operator A beschriebene Observable sind mit $A\Psi_r = a_r\Psi_r$. Der Erwartungswert dieser Observable in einem Zustand, der durch einen normierten

8 So geht der Beweis: Es folgt aus der Theorie der Determinanten, dass eine Matrix a_{ij} mit einer endlichen Dimension d dann und nur dann einen Eigenwert a hat, wenn die Determinante von $A - a\mathbf{1}$ verschwindet. Diese Determinante ist ein Polynom vom Grad d in a. Es gibt daher nach dem Fundamentaltheorem der Algebra immer mindestens einen Wert für a, an dem das Polynom verschwindet, und damit mindestens einen Eigenvektor u, für den $Au = au$ gilt. Man betrachte den Raum der Vektoren v, die orthogonal zu u sind – d. h. für die $(v, u) = 0$. Ist A hermitesch, so ist dieser Raum unter A invariant, denn wenn $(v, u) = 0$ ist, so gilt $(Av, u) = (v, Au) = a(v, u) = 0$. Gemäß der Argumentation in Fußnote 4 in Abschnitt 3.1 können wir eine vollständige orthonormale Basis von Vektoren v_i in diesem Raum einführen, sodass Av_i eine Linearkombination $\sum_j A_{ij}v_j$ dieser Basisvektoren ist. Weil $A_{ji} = (v_j, Av_i) = (Av_j, v_i) = A^*_{ij}$ ist, bilden die Koeffizienten A_{ij} eine hermitesche Matrix, nun jedoch in $d-1$ Dimensionen. Wir wenden dann wiederum die gleiche Beweisführung an, um zu zeigen, dass es eine Linearkombination $v = \sum_i c_i v_i$ gibt, die zu u orthogonal und ebenfalls ein Eigenvektor von A ist. Betrachten wir dann die Wirkung von A auf den $d-2$-dimensionalen Raum der sowohl zu u als auch zu v orthogonalen Vektoren, können wir einen Eigenvektor von A in diesem Raum finden. Wir können auf diese Weise fortfahren, um d orthogonale Eigenvektoren von A zu konstruieren. Da sie orthogonal sind, sind sie unabhängig, und da es d von ihnen gibt, bilden sie auch einen vollständigen Satz. (Man nennt dies oft auch die Diagonalisierung der Matrix A, weil wir die $i$te Komponente des r-ten orthonormalen Eigenvektors von A als die ir-Komponente einer Matrix U_{ir} auffassen können, wobei U die Eigenschaft $AD = UD$ hat. Die Matrix $D_{rs} = a_r\delta_{rs}$ ist in diesem Falle eine Diagonalmatrix. Aus der Orthonormalität der Eigenvektoren folgt $U^\dagger U = 1$, somit hat U ein Inverses gleich $U^\dagger$ und $U^{-1}AU = D$.)

Vektor Ψ beschrieben wird, ist die Summe über die erlaubten Werte, gewichtet mit der jeweiligen Wahrscheinlichkeit (3.1.15):

$$\langle A\rangle_\Psi = \sum_r a_r |(\Psi_r, \Psi)|^2 = \sum_r (\Psi, A\Psi_r)(\Psi_r, \Psi) = (\Psi, A\Psi). \tag{3.3.20}$$

Leicht sieht man ein: Wenn der durch Ψ dargestellte Zustand für eine durch einen Operator A beschriebene Observable einen festen Wert a hat, so gilt $A^n\Psi = a^n\Psi$. Demzufolge hat der Zustand auch einen festen Wert $P(a)$ für die Observable, die durch eine Potenzreihe $P(A)$ im Operator A beschrieben wird. Wir können noch allgemeiner Funktionen $f(A)$ von hermiteschen Operatoren definieren, indem wir festlegen, dass für eine beliebige Linearkombination $\sum_r c_r\Psi_r$ eines vollständigen unabhängigen Satzes von Eigenvektoren Ψ_r von A mit Eigenwerten a_r

$$f(A)\sum_r c_r\Psi_r \equiv \sum_r c_r f(a_r)\Psi_r$$

gelten soll.

Im Allgemeinen ist der Erwartungswert einer Funktion eines Operators nicht gleich dieser Funktion angewandt auf den Erwartungswert des Operators, generell ist also $\langle f(A)\rangle_\Psi \neq f(\langle A\rangle_\Psi)$. Für hermitesche Operatoren gilt allerdings tatsächlich $\langle A^2\rangle_\Psi \geq \langle A\rangle_\Psi^2$. Um dies einzusehen, stellen wir zunächst fest, dass der Erwartungswert des Quadrats eines hermiteschen Operators B als

$$\langle B^2\rangle_\Psi = (B\Psi, B\Psi)$$

geschrieben werden kann. Somit ist der Erwartungswert immer positiv und verschwindet nur, wenn B den Zustandsvektor Ψ annihiliert. Dann gilt insbesondere

$$0 \leq \left\langle (A - \langle A\rangle_\Psi)^2 \right\rangle_\Psi = \langle A^2\rangle_\Psi - 2\langle A\rangle_\Psi^2 + \langle A\rangle_\Psi^2 = \langle A^2\rangle_\Psi - \langle A\rangle_\Psi^2. \tag{3.3.21}$$

Daher kann $\langle A\rangle_\Psi^2$ bestenfalls so groß wie $\langle A^2\rangle_\Psi$ sein, und die Gleichheit tritt nur ein, wenn Ψ ein Eigenzustand von A ist.

Wir sind nun in der Lage, eine verallgemeinerte Fassung des Heisenbergschen Unbestimmtheitsprinzips zu beweisen. Dazu benötigen wir eine allgemeine Ungleichung, die **Schwarzsche Ungleichung**, die besagt, dass für zwei Zustandsvektoren Ψ und Ψ'

$$|(\Psi', \Psi)|^2 \leq (\Psi', \Psi')(\Psi, \Psi) \tag{3.3.22}$$

gilt. (Das ist eine Verallgemeinerung der vertrauten Tatsache, dass $\cos^2\theta \leq 1$ ist.) Man beweist die Schwarzsche Ungleichung, indem man

$$\Psi'' \equiv \Psi - \Psi'(\Psi', \Psi)/(\Psi', \Psi')$$

einführt und

$$\begin{aligned} 0 \leq (\Psi'', \Psi'')(\Psi', \Psi') &= (\Psi, \Psi)(\Psi', \Psi') - 2(\Psi, \Psi')(\Psi', \Psi) + |(\Psi', \Psi)|^2 \\ &= (\Psi, \Psi)(\Psi', \Psi') - |(\Psi', \Psi)|^2 \end{aligned}$$

berücksichtigt. Um das Unbestimmtheitsprinzip präzise formulieren zu können, definieren wir die Standardabweichung eines hermiteschen Operators A von seinem Erwartungswert für einen Zustand, der durch Ψ beschrieben wird, als

$$\Delta_\Psi A \equiv \sqrt{\left\langle \left(A - \langle A\rangle_\Psi\right)^2 \right\rangle_\Psi}. \tag{3.3.23}$$

Für unsere Zwecke ist es praktisch, dies als

$$\Delta_\Psi A = \sqrt{(\Psi_A, \Psi_A)}$$

umzuschreiben, wobei

$$\Psi_A \equiv (A - \langle A\rangle_\Psi)\, \Psi / \sqrt{(\Psi, \Psi)}$$

ist. Für ein beliebiges Paar hermitescher Operatoren A und B ergibt die Schwarzsche Ungleichung (3.3.22) dann

$$\Delta_\Psi A\, \Delta_\Psi B \geq |(\Psi_A, \Psi_B)|.$$

Das Skalarprodukt auf der rechten Seite kann man wie folgt ausdrücken:

$$(\Psi_A, \Psi_B) = \frac{(\Psi, [A - \langle A\rangle_\Psi][B - \langle B\rangle_\Psi]\Psi)}{(\Psi, \Psi)} = \frac{(\Psi, [AB - \langle A\rangle_\Psi \langle B\rangle_\Psi]\Psi)}{(\Psi, \Psi)}.$$

Weil für hermitesche Operatoren $(\Psi, AB\Psi)^* = (\Psi, BA\Psi)$ gilt, ist insbesondere der Imaginärteil dieses Skalarprodukts gleich

$$\mathrm{Im}(\Psi_A, \Psi_B) = \frac{(\Psi, [A, B]\Psi)}{2i(\Psi, \Psi)} = \langle [A, B]\rangle_\Psi / 2i.$$

Der Absolutwert einer komplexen Zahl ist größer als oder gleich dem Absolutwert des Imaginärteils; somit erhalten wir schließlich

$$\Delta_\Psi A\, \Delta_\Psi B \geq \frac{1}{2} |\langle [A, B]\rangle_\Psi|. \tag{3.3.24}$$

Haben wir zum Beispiel ein Paar von Operatoren X und P mit $[X, P] = i\hbar$, so gilt für einen beliebigen Zustand Ψ

$$\Delta_\Psi X\, \Delta_\Psi P \geq \frac{\hbar}{2}. \tag{3.3.25}$$

Das ist die Heisenbergsche Unbestimmtheitsrelation, die wir in Abschnitt 1.5 diskutiert haben. Es ist nicht möglich, eine bessere allgemeine untere Schranke für $\Delta_\Psi X \Delta_\Psi P$ abzuleiten, weil dieses Produkt für ein Gaußsches Wellenpaket gerade gleich $\hbar/2$ ist.

Für manche Operatoren A können wir eine Zahl definieren, die man die **Spur** nennt und Tr A schreibt. Die Spur wird definiert, indem man einen vollständigen orthonormalen Satz von Basisvektoren Ψ_i einführt und

$$\mathrm{Tr}\, A \equiv \sum_i (\Psi_i, A\Psi_i) \tag{3.3.26}$$

schreibt. Diese Definition ist nützlich, weil die Spur, sofern sie existiert, unabhängig von der Wahl der Basisvektoren ist. Gemäß Gleichung (3.1.16) haben wir für jeden anderen vollständigen orthonormalen Satz von Basisvektoren Φ_i die Beziehung

$$A\Psi_i = \sum_j (\Phi_j, A\Psi_i)\Phi_j,$$

und somit ergeben die Gleichungen (3.3.26) und (3.1.17)

$$\text{Tr}\, A = \sum_{ij} (\Phi_j, A\Psi_i)(\Psi_i, \Phi_j) = \sum_j (\Phi_j, A\Phi_j).$$

Die Spur hat einige offensichtliche Eigenschaften:

$$\text{Tr}\,(\alpha A + \beta B) = \alpha \text{Tr}\, A + \beta \text{Tr} B, \qquad \text{Tr}\, A^\dagger = (\text{Tr}\, A)^*. \tag{3.3.27}$$

Ebenso gilt

$$\begin{aligned}\text{Tr}\,(AB) &= \sum_i (\Psi_i, AB\Psi_i) = \sum_{ij} (\Psi_i A\Psi_j)(\Psi_j, B\Psi_i) = \sum_{ij} (\Psi_j, B\Psi_i)(\Psi_i A\Psi_j) \\ &= \text{Tr}\,(BA).\end{aligned} \tag{3.3.28}$$

Aber nicht alle Operatoren besitzen eine Spur. Die Spur des Einheitsoperators $\mathbf{1}$ ist einfach $\sum_i 1$, was gerade die Dimension des Hilbertraums ist. Folglich ist sie in Hilberträumen unendlicher Dimension nicht definiert. Man beachte besonders, dass in einem Raum endlicher Dimension die Spur der Vertauschungsrelation $[X, P] = i\hbar\mathbf{1}$ auf das widersprüchliche Resultat $0 = i\hbar\text{Tr}\mathbf{1}$ führen würde, sodass diese Vertauschungsrelation nur in Hilberträumen unendlicher Dimension realisiert werden kann, wo die Spuren nicht existieren.

Man kann Operatoren aus Zustandsvektoren konstruieren. Für zwei Zustandsvektoren Ψ und Ω können wir einen linearen Operator $\left[\Psi\Omega^\dagger\right]$ definieren, den man als **Dyade** bezeichnet, indem wir festsetzen, dass dieser Operator bei Anwendung auf einen beliebigen Zustandsvektor Φ

$$\left[\Psi\Omega^\dagger\right]\Phi \equiv \Psi\left(\Omega, \Phi\right) \tag{3.3.29}$$

ergibt.[9] Die Adjungierte dieser Dyade ist $\left[\Psi\Omega^\dagger\right]^\dagger = \left[\Omega\Psi^\dagger\right]$. Das Ergebnis der Anwendung eines Produkts solcher Dyaden auf einen beliebigen Zustandsvektor Φ ist

$$\left[\Psi_1\Omega_1^\dagger\right]\left[\Psi_2\Omega_2^\dagger\right]\Phi = \left(\Omega_2, \Phi\right)\left[\Psi_1\Omega_1^\dagger\right]\Psi_2 = \left(\Omega_2, \Phi\right)\left(\Omega_1, \Psi_2\right)\Psi_1,$$

somit ist das Produkt ein numerischer Faktor multipliziert mit einer anderen Dyade:

$$\left[\Psi_1\Omega_1^\dagger\right]\left[\Psi_2\Omega_2^\dagger\right] = \left(\Omega_1, \Psi_2\right)\left[\Psi_1\Omega_2^\dagger\right]. \tag{3.3.30}$$

9 Hier ist die Diracsche bra-ket-Schreibweise besonders praktisch. Die Dyade $\left[\Psi\Omega^\dagger\right]$ wird in dieser Notation als $|\Psi\rangle\langle\Omega|$ geschrieben, was unmittelbar nahelegt, dass $(|\Psi\rangle\langle\Omega|)|\Phi\rangle = |\Psi\rangle(\langle\Omega|\Phi\rangle)$ gilt, was Gleichung (3.3.29) entspricht.

(Wenn wir wollen, können wir für einen gegebenen Zustandsvektor Ω einen Operator $\Omega^\dagger$ einführen, der bei Anwendung auf einen Zustandsvektor Φ die Zahl (Ω, Φ) ergibt. Allerdings werden wir in diesem Buch keine Gelegenheit haben, das Symbol $\Omega^\dagger$ zu verwenden, außer als Bestandteil in der Darstellung von Dyaden wie $\left[\Psi\Omega^\dagger\right]$.)

Falls Φ ein normierter Zustandsvektor ist, gilt insbesondere, dass die Dyade $\left[\Phi\Phi^\dagger\right]$ ein hermitescher Operator ist, der gleich seinem Quadrat ist:

$$[\Phi\Phi^\dagger]^2 = [\Phi\Phi^\dagger]. \tag{3.3.31}$$

Solche Operatoren nennt man **Projektionsoperatoren**. Aus Gleichung (3.3.31) folgt, dass die Eigenwerte λ von Projektionsoperatoren der Gleichung $\lambda^2 = \lambda$ genügen und damit alle entweder 0 oder 1 sein müssen. Der Projektionsoperator $\left[\Phi\Phi^\dagger\right]$ ist eine Observable, die für den Zustand, der durch Ψ beschrieben wird, den Wert 1 annimmt, und den Wert 0 für Zustände, die durch zu Ψ orthogonale Vektoren beschrieben werden. Für einen vollständigen orthogonalen Satz von Zustandsvektoren Φ_i kann man die Beziehung (3.1.17) als eine Aussage über die Summe der entsprechenden Projektionsoperatoren formulieren:

$$\sum_i \left[\Phi_i\Phi_i^\dagger\right] = \mathbf{1}. \tag{3.3.32}$$

Ein hermitescher Operator A mit Eigenwerten a_i und einem vollständigen Satz orthogonaler Eigenvektoren Φ_i kann als Summe von Projektionsoperatoren geschrieben werden, wobei die Vorfaktoren den Eigenwerten entsprechen:

$$A = \sum_i a_i \left[\Phi_i\Phi_i^\dagger\right]. \tag{3.3.33}$$

(Um dies zu sehen, muss man lediglich überprüfen, dass der Operator $A - \sum_i a_i \left[\Phi_i\Phi_i^\dagger\right]$ alle Eigenvektoren Φ_i annihiliert; da die Eigenvektoren Φ_i einen vollständigen Satz bilden, verschwindet der Operator.)

Aus Gleichung (3.3.33) ersieht man leicht, dass für jede polynomiale Funktion $P(A)$ eines hermiteschen Operators A

$$P(A) = \sum_i P(a_i) \left[\Phi_i\Phi_i^\dagger\right]$$

gilt. Wir erweitern dies auf eine Definition allgemeiner Funktionen von Operatoren: Für eine beliebige Funktion $f(a)$, die bei den Eigenwerten a_i endlich ist, definieren wir

$$f(A) \equiv \sum_i f(a_i) \left[\Phi_i\Phi_i^\dagger\right]. \tag{3.3.34}$$

Wahrscheinlichkeiten können in der Quantenmechanik nicht nur wegen der probabilistischen Natur der Zustandsvektoren auftreten, sondern auch, weil wir (genau wie in der klassischen Mechanik) den Zustand womöglich nicht kennen. Ein System kann mit Wahrscheinlichkeiten P_n, die $\sum_n P_n = 1$ erfüllen, in einem Zustand von einer ganzen Anzahl von Zuständen sein, die durch Zustandsvektoren Ψ_n beschrieben werden, die zwar normiert, aber *nicht zwangsläufig orthogonal* sind. (Zum Beispiel könnte ein atomarer Zustand mit $\ell = 1$ mit 20 % Wahrscheinlichkeit in einem Zustand mit $L_z = \hbar$, mit 30 % Wahrscheinlichkeit in einem Zustand mit $L_x = 0$, und mit 50 % Wahrscheinlichkeit in einem Zustand mit $(L_x + L_y)/\sqrt{2} = \hbar$ sein.) In solchen Fällen ist es oft praktisch, eine **Dichtematrix** (eigentlich ein Operator, nicht eine Matrix) als eine Summe von Projektionsoperatoren zu definieren, wobei die Vorfaktoren den jeweiligen Wahrscheinlichkeiten entsprechen:

$$\rho \equiv \sum_n P_n \left[\Psi_n \Psi_n^\dagger\right]. \tag{3.3.35}$$

Wir sehen, dass der Erwartungswert der Observable, die durch einen beliebigen hermiteschen Operator A beschrieben wird, durch die Summe der Erwartungswerte in den einzelnen Zuständen Ψ_n, gewichtet mit den Wahrscheinlichkeiten dieser Zustände, gegeben ist:

$$\langle A \rangle = \sum_n P_n \Big(\Psi_n, A\Psi_n\Big) = \text{Tr}\,\{A\rho\}. \tag{3.3.36}$$

Somit sind in der Quantenmechanik die physikalischen Eigenschaften eines statistischen Ensembles möglicher Zustände vollständig durch die Dichtematrix des Ensembles charakterisiert. Das ist bemerkenswert, weil die gleiche Dichtematrix auf verschiedene Weisen als (jeweils unterschiedliche) Summe über verschiedene Sätze von Zuständen mit verschiedenen Wahrscheinlichkeiten geschrieben werden kann. Insbesondere verfügt die Dichtematrix ρ, weil sie hermitesch ist, über einen vollständigen Satz orthonormaler Eigenvektoren Φ_i mit Eigenwerten p_i, sodass sie auch als

$$\rho = \sum_i p_i \left[\Phi_i \Phi_i^\dagger\right] \tag{3.3.37}$$

geschrieben werden kann. Weiterhin ist ρ eine positive Matrix, in dem Sinne, dass jeder Erwartungswert eine positive Zahl ist, es gilt also für alle p_i die Ungleichung $p_i \geq 0$. Schließlich entnehmen wir Gleichung (3.1.17), dass der Operator (3.3.35) Spur 1 hat:

$$\text{Tr}\,\rho = \sum_n P_n = 1.$$

Wenden wir dies auf die Darstellung (3.3.37) an, so erhalten wir ferner $\sum_i p_i = 1$. Was die Berechnung von Erwartungswerten betrifft, so können wir in gleicher Weise sagen, dass sich das System in einem der Zustände Ψ_n mit Wahrscheinlichkeit P_n oder in einem der Zustände Φ_i mit Wahrscheinlichkeit p_i befindet. Es ist ein besonderes Merkmal der Quantenmechanik, dass wir unser Wissen über das gleiche System auf verschiedene Weisen ausdrücken können, und zwar durch unterschiedliche Sätze von Wahrscheinlichkeiten dafür, dass das System in unterschiedlichen Sätzen von Zuständen ist.

Manchmal ist es praktisch, zu beschreiben, wie stark der Zustand eines Systems von einem einzigen reinen Zustand abweicht. Dies geschieht durch die **von Neumann-Entropie**:

$$S[\rho] \equiv -k_{\mathcal{B}}\text{Tr}\,\Big(\rho \ln \rho\Big) = -k_{\mathcal{B}} \sum_i p_i \ln p_i, \tag{3.3.38}$$

wobei k_B (oft ausgelassen) die Boltzmann-Konstante ist. Für einen reinen Zustand, bei dem eine Wahrscheinlichkeit $p_i = 1$ ist und alle anderen Wahrscheinlichkeiten gleich null sind, verschwindet die von Neumann-Entropie, während sie in allen anderen Fällen $S > 0$ ist.

3.4 Symmetrien

Historisch gesehen hat die klassische Mechanik die Quantenmechanik mit einer Auswahl von beobachtbaren Größen und ihren Eigenschaften versorgt. Vieles davon kann man jedoch auch aus grundlegenden Symmetrieprinzipien ableiten, ohne auf die klassische Mechanik Bezug zu nehmen.

Ein Symmetrieprinzip ist eine Aussage, dass die Naturgesetze sich nicht ändern, wenn wir unseren Standpunkt auf bestimmte Weise ändern. Zum Beispiel sollte es die im Labor beobachteten Naturgesetze nicht ändern, wenn wir unser Labor verschieben oder rotieren. Solche speziellen Arten, unseren Standpunkt zu ändern, nennt man Symmetrietransformationen. Diese Definition soll nicht heißen, dass eine Symmetrietransformation physikalische Zustände nicht ändert, sondern lediglich, dass man beobachtet, dass die neuen Zustände nach einer Symmetrietransformation die gleichen Naturgesetze befolgen wie die alten Zustände.

Insbesondere dürfen Symmetrietransformationen Übergangswahrscheinlichkeiten nicht ändern. Betrachten wir ein System in einem Zustand, der durch einen normierten Hilbertraumvektor Ψ beschrieben wird, und führen wir eine Messung (etwa von einem Satz von Observablen, die durch kommutierende hermitesche Operatoren beschrieben werden) durch. Damit bringen wir das System in irgendeinen Zustand aus einer Menge von Zuständen, die von orthonormalen Zustandsvektoren Φ_i dargestellt werden. Dabei ist die Wahrscheinlichkeit, das System in einem Zustand zu finden, der von einem bestimmten Vektor Φ_i beschrieben wird, durch Gleichung (3.1.15) gegeben:

$$P(\Psi \mapsto \Phi_i) = \left|\left(\Phi_i, \Psi\right)\right|^2. \tag{3.4.1}$$

Daher müssen Symmetrietransformationen alle $|(\Phi, \Psi)|^2$ unverändert (invariant) lassen. Diese Bedingung können wir beispielsweise durch die Annahme erfüllen, dass eine Symmetrietransformation allgemeine Zustandsvektoren Ψ in andere Zustandsvektoren $U\Psi$ überführt. Dabei ist U ein linearer Operator, der **unitär** ist, für zwei beliebige Zustandsvektoren Φ und Ψ gilt also

$$\left(U\Phi, U\Psi\right) = \left(\Phi, \Psi\right). \tag{3.4.2}$$

Wir erinnern uns, dass die Adjungierte eines Operators U so definiert ist, dass

$$\left(U\Phi, U\Psi\right) = \left(\Phi, U^\dagger U\Psi\right)$$

gilt, und wir können daher die Unitaritätsbedingung auch als Operatorbeziehung ausdrücken:

$$U^\dagger U = \mathbf{1}. \tag{3.4.3}$$

Wir beschränken uns auf Symmetrietransformationen, die wie die Rotationen (Drehungen) und die Translationen (Verschiebungen) Inverse besitzen, die die Wirkung der Transformation rückgängig machen. (Zum Beispiel besitzt die Symmetrietransformation einer Rotation um eine Achse um den Winkel θ eine inverse Symmetrietransformation, bei der man um die selbe Achse um den Winkel $-\theta$ dreht.) Wird eine Symmetrietransformation durch einen linearen unitären Operator beschrieben, der beliebige Zustandsvektoren Ψ in $U\Psi$ überführt, so muss sein Inverses durch einen linksinversen Operator U^{-1} beschrieben werden, der die Zustandsvektoren $U\Psi$ in Ψ überführt, sodass

$$U^{-1}U = \mathbf{1} \tag{3.4.4}$$

gilt. Das Gleiche muss für den Operator U^{-1} selbst gelten; er hat somit einen linksinversen Operator $(U^{-1})^{-1}$, für den $(U^{-1})^{-1}U^{-1} = \mathbf{1}$ gilt. Multiplizieren wir diese Gleichung von rechts mit U und setzen Gleichung (3.4.4) ein, so ergibt sich

$$(U^{-1})^{-1} = U. \tag{3.4.5}$$

Wenden wir nun Gleichung (3.4.4) auf den Operator U^{-1} an, so sehen wir, dass der linksinverse Operator von U auch ein rechtsinverser Operator ist:

$$UU^{-1} = \mathbf{1}. \tag{3.4.6}$$

Lassen wir U^{-1} von rechts auf Gleichung (3.4.3) wirken, so sehen wir, dass der inverse Operator eines unitären Operators sein adjungierter Operator ist:

$$U^\dagger = U^{-1}. \tag{3.4.7}$$

Ist das nun die einzige Weise, in der Symmetrietransformationen auf physikalische Zustände wirken können? Formulieren wir die mathematischen Bedingungen für Symmetrieprinzipien in der Quantenmechanik, so geraten wir sofort in eine Schwierigkeit. Wie in Abschnitt 3.1 diskutiert, wird in der Quantenmechanik ein physikalischer Zustand nicht durch einen einzelnen speziellen normierten Vektor im Hilbertraum beschrieben, sondern durch einen Strahl, also die ganze Klasse normierter Zustandsvektoren, die sich voneinander nur durch Phasenfaktoren – Faktoren mit Betrag eins – unterscheiden. Wir können nicht einfach annehmen, dass eine Symmetrietransformation einen beliebigen Vektor im Hilbertraum auf einen bestimmten anderen Vektor abbildet. Wir können nur verlangen, dass Symmetrietransformationen Strahlen auf Strahlen abbilden – das heißt, eine Symmetrietransformation, die auf normierte Zustandsvektoren wirkt, die sich nur durch Phasenfaktoren voneinander unterscheiden, wird auf eine andere Klasse von normierten Zustandsvektoren führen, die einen anderen physikalischen Zustand beschreiben, sich aber voneinander nur durch Phasenfaktoren unterscheiden. Um eine Symmetrie darzustellen, muss eine solche Transformation von Strahlen die Übergangswahrscheinlichkeiten erhalten – im Einzelnen heißt das: Sind Ψ und Φ Zustandsvektoren, die zu Strahlen gehören, die zwei physikalisch unterschiedliche Zustände beschreiben, und überführt eine Symmetrietransformation diese beiden Strahlen in zwei andere Strahlen, zu denen die Zustandsvektoren Ψ' und Φ' gehören, so muss

$$|(\Phi', \Psi')|^2 = |(\Phi, \Psi)|^2 \tag{3.4.8}$$

gelten. Man beachte, dass dies nur eine Bedingung an die Strahlen ist – wird sie von einer gegebenen Menge von Zustandsvektoren erfüllt, so wird sie auch von einer anderen Menge von Zustandsvektoren erfüllt, die sich von den Zustandsvektoren der ersten Menge nur durch beliebige Phasen unterscheiden.

Es gibt ein grundlegendes Theorem von Eugene Wigner[10] (1902–1995), das besagt, dass es genau zwei Wege gibt, auf denen diese Bedingung für alle Ψ und Φ erfüllt werden kann. Einen Weg haben wir bereits besprochen: Phasen können so gewählt werden, dass die Wirkung einer Symmetrietransformation auf einen beliebigen Zustandsvektor Ψ in einer Transformation $\Psi \to U\Psi$ besteht, bei der U ein linearer unitärer Operator ist, der die Bedingung (3.4.2) erfüllt. Der andere Weg besteht darin, dass der Operator U antilinear und antiunitär ist. Darunter versteht man, dass

$$U(\alpha\Psi + \alpha'\Psi') = \alpha^*\Psi + \alpha'^*\Psi' \tag{3.4.9}$$

und

$$(U\Phi, U\Psi) = (\Phi, \Psi)^* \tag{3.4.10}$$

gilt. (Man beachte, dass ein antiunitärer Operator nicht linear sein kann, denn in diesem Falle hätten wir $\alpha(U\Phi, U\Psi) = (U\Phi, U\alpha\Psi) = (\Phi, \alpha\Psi)^* = \alpha^*(U\Phi, U\Psi)$, was für eine komplexe Konstante α nicht korrekt ist.) Für antiunitäre Operatoren wird aus der Definition der Adjungierten

$$(U^\dagger\Phi, \Psi) = (\Phi, U\Psi)^*,$$

somit gilt Gleichung (3.4.3) für antiunitäre ebenso wie für unitäre Operatoren. Wir werden in Abschnitt 3.6 sehen, dass Symmetrien, die durch antilineare antiunitäre Operatoren dargestellt werden, alle mit einer Änderung in der Richtung des Zeitflusses verbunden sind. Wir werden uns hauptsächlich mit den Symmetrien befassen, die durch lineare unitäre Operatoren dargestellt werden.

Der Operator **1** stellt eine triviale Symmetrie dar, die sich nicht auf die Zustandsvektoren auswirkt. Er ist offensichtlich unitär und linear. Stellen U_1 und U_2 beide Symmetrietransformationen dar, so gilt das auch für $U_1 U_2$. Diese Eigenschaft bedeutet zusammen mit der Existenz von Inversen und einer trivialen Transformation **1**, dass die Menge aller Operatoren, die Symmetrietransformationen darstellen, eine **Gruppe** bildet.

10 E. P. Wigner, Ann. Math. **40**, 149 (1939). Einige fehlende Zwischenschritte finden sich in S. Weinberg, *The Quantum Theory of Fields*, Vol. I (Cambridge University Press, Cambridge, 1995), S. 91–96.

Es gibt eine spezielle Klasse von Symmetrien, die von linearen unitären Operatoren dargestellt werden – diejenigen, für die U beliebig nahe an $\mathbf{1}$ sein kann. Jeder Symmetrieoperator dieser Art kann praktisch als

$$U_\epsilon = \mathbf{1} + i\epsilon T + O(\epsilon^2) \tag{3.4.11}$$

geschrieben werden, wobei ϵ eine beliebige reelle infinitesimale Zahl und T ein ϵ-unabhängiger Operator ist. Die Unitaritätsbedingung lautet

$$\left(\mathbf{1} - i\epsilon T^\dagger + O(\epsilon^2)\right)\left(\mathbf{1} + i\epsilon T + O(\epsilon^2)\right) = \mathbf{1},$$

oder, in erster Ordnung in ϵ,

$$T = T^\dagger. \tag{3.4.12}$$

Somit ergeben sich hermitesche Operatoren ganz natürlich in der Gegenwart infinitesimaler Symmetrien. Setzen wir $\epsilon = \theta/N$, wobei θ ein endlicher, von N unabhängiger Parameter ist, und führen dann die Symmetrietransformation N mal aus, wobei wir N gegen unendlich gehen lassen, so erhalten wir eine Transformation, die durch den Operator

$$[\mathbf{1} + i\theta T/N]^N \to \exp(i\theta T) = U(\theta) \tag{3.4.13}$$

beschrieben wird. (Um zu sehen, dass dies für hermitesche Operatoren T wahr ist, beachte man, dass die Aussage wahr ist, wenn beide Seiten der Gleichung auf einen beliebigen Eigenvektor von T wirken, sodass man T durch den Eigenwert ersetzen kann. Da diese Eigenvektoren einen vollständigen Satz bilden, ist die Aussage auch ganz allgemein wahr.) Den Operator T aus Gleichung (3.4.11) nennt man **Generator** oder **erzeugender Operator** der Symmetrie. Wie wir sehen werden, sind *viele, wenn gar nicht alle Operatoren, die Observablen der Quantenmechanik beschreiben, Generatoren von Symmetrien.*

Bei einer Symmetrietransformation $\Psi \mapsto U\Psi$ unterliegt der Erwartungswert einer beliebigen Observable A der Transformation

$$(\Psi, A\Psi) \mapsto (U\Psi, AU\Psi) = (\Psi, U^{-1}AU\Psi), \tag{3.4.14}$$

sodass wir die Transformationseigenschaften von Erwartungswerten (oder beliebigen anderen Matrixelementen) bestimmen können, indem wir Observable transformieren:

$$A \mapsto U^{-1}AU. \tag{3.4.15}$$

Transformationen dieser Art nennt man **Ähnlichkeitstransformationen** (oder Ähnlichkeitsabbildungen). Man beachte, dass Ähnlichkeitstransformationen algebraische Beziehungen erhalten:

$$U^{-1}AU \times U^{-1}BU = U^{-1}(AB)U, \quad U^{-1}AU + U^{-1}BU = U^{-1}(A+B)U.$$

Ferner ändern sie nicht die Eigenwerte von Operatoren; ist Ψ ein Eigenvektor von A mit Eigenwert a, so ist $U^{-1}\Psi$ ein Eigenvektor von $U^{-1}AU$ mit dem gleichen Eigenwert. Nimmt U die Gestalt (3.4.11) mit infinitesimalem ϵ an, so wird ein beliebiger Operator A nach

$$A \mapsto A - i\epsilon[T, A] + O(\epsilon^2) \tag{3.4.16}$$

transformiert. Die Wirkung infinitesimaler Symmetrietransformationen auf einen Operator wird somit durch die Kommutatorrelationen des Generators der Symmetrie mit eben diesem Operator ausgedrückt. Das trifft insbesondere zu, wenn der Operator A selbst Generator einer Symmetrie ist; wie wir an einigen Beispielen sehen werden, spiegeln in einem solchen Fall die Kommutatorrelationen die Natur der Symmetriegruppe wider.

3.5 Räumliche Translation

Als Beispiel einer Symmetrietransformation von großer physikalischer Bedeutung wollen wir die Symmetrie unter räumlicher Translation (Verschiebung) betrachten: Die Naturgesetze sollten sich nicht ändern, wenn wir den Ursprung unseres räumlichen Koordinatensystems verschieben, Der Erwartungswert eines Teilchenorts $\mathbf{X}_n$ (n bezeichnet die einzelnen Teilchen) wird nach $\mathbf{X}_n + \boldsymbol{a}$ transformiert, wobei $\boldsymbol{a}$ ein beliebiger Dreiervektor ist. Daraus folgt, dass es einen unitären Operator[11] $U(\mathbf{a})$ geben muss, sodass

$$U^{-1}(\mathbf{a})\mathbf{X}_n U(\mathbf{a}) = \mathbf{X}_n + \mathbf{a} \tag{3.5.1}$$

gilt. Insbesondere muss der Operator U für einen infinitesimalen Dreiervektor $\mathbf{a}$ eine Form ähnlich Gleichung (3.4.11) annehmen, die wir im vorliegenden Fall mit einem hermiteschen Operator $-\mathbf{P}/\hbar$ anstelle von T schreiben:

$$U(\mathbf{a}) = 1 - i\mathbf{P} \cdot \mathbf{a}/\hbar + O(\mathbf{a}^2). \tag{3.5.2}$$

Aufgrund von (3.5.1) muss dann für einen beliebigen Dreiervektor $\mathbf{a}$

$$i[\mathbf{P} \cdot \mathbf{a}, \mathbf{X}_n]/\hbar = \mathbf{a}$$

gelten und daher auch

$$[X_{ni}, P_j] = i\hbar\delta_{ij}. \tag{3.5.3}$$

Die Konstante $\hbar$ kommt in dieser bekannten Kommutatorrelation vor, weil wir per Konvention den Generator räumlicher Verschiebungen in Einheiten von Masse mal Geschwindigkeit ausdrücken, anstatt in der natürlichen Einheit einer inversen Länge. Wir können Gleichung (3.5.2) dann einfach als die Definition eines Impuls auffassen. Dabei bleibt es der empirischen Erfahrung überlassen, die Identifizierung dieses Symmetrieoperators mit dem, was man in der klassischen Mechanik Impuls nennt, zu rechtfertigen.

Erwähnenswert ist auch, dass der hier eingeführte Operator $\mathbf{P}$ dieselbe Kommutatorrelation (3.5.3) mit dem Ortsvektor eines beliebigen Teilchens hat, und somit als der **Gesamtimpuls** eines Systems interpretiert werden muss. In einem System, das eine Anzahl verschiedener Teilchen enthält, die wir mit n bezeichnen, hat der Gesamtimpuls normalerweise die Gestalt

$$\mathbf{P} = \sum_n \mathbf{P}_n. \tag{3.5.4}$$

11 Wir werden uns im Allgemeinen nicht damit aufhalten, solche unitäre Operatoren durch die Art der Symmetrie, die sie darstellen, zu bezeichnen, sondern dies durch das Argument des unitären Operators angeben.

Der Operator $\mathbf{P}_n$ wirkt dabei nur auf das n-te Teilchen, und es gilt daher

$$[\mathbf{P}_n, \mathbf{X}_m] = 0 \quad \text{für} \quad n \neq m. \tag{3.5.5}$$

Dann folgt aus Gleichung (3.5.3)

$$[X_{ni}, P_{mj}] = i\hbar\, \delta_{ij}\, \delta_{nm}. \tag{3.5.6}$$

Die einzelnen Impulsoperatoren $\mathbf{P}_n$ sind natürlich nicht die erzeugenden Operatoren irgendeiner Symmetrie der Natur.

Eine Translation um einen Vektor **a**, auf die eine Translation um einen Vektor **b** folgt, führt auf den gleichen Koordinatenwechsel wie eine Translation um einen Vektor **b**, auf die eine Translation um einen Vektor **a** folgt, somit gilt

$$U(\mathbf{b})U(\mathbf{a}) = U(\mathbf{a})U(\mathbf{b}).$$

Die zu $a_i b_j$ proportionalen Ausdrücke in dieser Beziehung zeigen uns, dass die Impulskomponenten miteinander vertauschen:

$$[P_i, P_j] = 0. \tag{3.5.7}$$

Weil die Impulskomponenten kommutieren, können wir einen vollständigen Satz von Eigenvektoren von allen drei Komponenten des Impulses (gleichzeitig) bestimmen. Mit dem gleichen Argument wie bei der Herleitung von Gleichung (3.4.13) gilt für endliche Translationen

$$U(\mathbf{a}) = \exp\Big(-i\mathbf{P}\cdot\mathbf{a}/\hbar\Big). \tag{3.5.8}$$

Das ist ein sehr einfaches Beispiel einer Herleitung von Kommutatorrelationen aus der Struktur einer Transformationsgruppe. Nicht immer ist es so einfach! Die Wirkung zweier Rotationen um unterschiedliche Achsen hängt von der Reihenfolge ab, in der die Rotationen ausgeführt werden, sodass die verschiedenen Komponenten des Generators der Rotationen, des sogenannten Drehimpulsoperators, untereinander nicht vertauschen, wie wir im nächsten Kapitel sehen werden.

Ist Φ_0 ein Einteilchenzustand mit fester Position am Ursprung (das heißt, ein Eigenzustand des Ortsoperators **X** mit Eigenwert null), so können wir gemäß Gleichung (3.5.1) einen Zustand mit festem Ort **x** bilden:

$$\Phi_{\mathbf{x}} \equiv U(\mathbf{x})\Phi_0, \tag{3.5.9}$$

in dem Sinne, dass

$$\mathbf{X}\Phi_{\mathbf{x}} = \mathbf{x}\Phi_{\mathbf{x}} \tag{3.5.10}$$

gilt. Aus Gleichung (3.5.6) können wir dann

$$P_j\Phi_{\mathbf{x}} = i\hbar\frac{\partial}{\partial x_j}\Phi_{\mathbf{x}} \tag{3.5.11}$$

schließen, und das Skalarprodukt dieses Zustands mit einem Zustand $\Psi_{\mathbf{p}}$ zu festem Impuls lautet somit

$$\left(\Psi_{\mathbf{p}}, \Phi_{\mathbf{x}}\right) = \exp\left(-i\mathbf{p}\cdot\mathbf{x}/\hbar\right)\left(\Psi_{\mathbf{p}}, \Phi_0\right).$$

Praktischerweise normiert man diese Zustände wie folgt:

$$\left(\Psi_{\mathbf{p}}, \Phi_{\mathbf{x}}\right) = (2\pi\hbar)^{-3/2}\exp\left(-i\mathbf{p}\cdot\mathbf{x}/\hbar\right).$$

Das Komplex-Konjugierte ergibt die übliche ebene Welle für die Ortsraumwellenfunktion eines Teilchens mit festem Impuls

$$\psi_{\mathbf{p}}(\mathbf{x}) \equiv \left(\Phi_{\mathbf{x}}, \Psi_{\mathbf{p}}\right) = (2\pi\hbar)^{-3/2}\exp\left(i\mathbf{p}\cdot\mathbf{x}/\hbar\right). \tag{3.5.12}$$

Diese Normierung hat den Vorzug, dass, sofern die Zustände $\Phi_{\mathbf{x}}$ die übliche Normierungsbedingung

$$\left(\Phi_{\mathbf{x}'}, \Phi_{\mathbf{x}}\right) = \delta^3(\mathbf{x}-\mathbf{x}')$$

für Kontinuumszustände erfüllen, dies auch für die Zustände $\Psi_{\mathbf{p}}$ gilt. Das Skalarprodukt dieser Zustände lautet also

$$\left(\Psi_{\mathbf{p}'}, \Psi_{\mathbf{p}}\right) = \int d^3x\, \psi^*_{\mathbf{p}'}(\mathbf{x})\psi_{\mathbf{p}}(\mathbf{x}) = \int d^3x\, (2\pi\hbar)^{-3}\exp\left(i(\mathbf{p}-\mathbf{p}')\cdot\mathbf{x}/\hbar\right).$$

Wir stellen fest, dass dieses Integral das Produkt der Darstellungen (3.2.21) der Deltafunktion (mit $k_i = p_i/\hbar$) für jede Koordinatenrichtung ist, sodass

$$\left(\Psi_{\mathbf{p}'}, \Psi_{\mathbf{p}}\right) = \delta^3(\mathbf{p}-\mathbf{p}') \tag{3.5.13}$$

gilt, wie von Gleichung (3.2.14) gefordert.

In manchen Umgebungen ist der Hamiltonian nicht unter allen Translationen invariant, sondern nur unter einer Untergruppe der Translationsgruppe. In einem dreidimensionalen Kristall ist der Hamiltonian unter räumlichen Translationen

$$\mathbf{x} \mapsto \mathbf{x} + \mathbf{L}_r \qquad r = 1,\, 2,\, 3 \tag{3.5.14}$$

invariant, ebenso wie unter allen Kombinationen daraus. Die Vektoren $\mathbf{L}_r$ sind die drei unabhängigen Translationsvektoren, die ein beliebiges Atom auf die Position des benachbarten Atoms mit gleicher Kristallumgebung bringen. (Natürlich sind die Vektoren $\mathbf{L}_r$ unabhängige Vektoren, nicht die drei Komponenten eines einzelnen Vektors.) In einem kubischen Gitter wie dem von Kochsalz (Natriumchlorid) sind die Vektoren drei $\mathbf{L}_r$ beispielsweise orthogonale Vektoren gleicher Länge, im Allgemeinen müssen die Vektoren allerdings weder orthogonal noch von gleicher Länge sein.

Ist $\psi(\mathbf{x})$ eine Lösung der zeitunabhängigen Schrödinger-Gleichung für ein Elektron im Kristall, so ist wegen dieser Symmetrie auch jede der Wellenfunktionen $\psi(\mathbf{x} + \mathbf{L}_r)$ mit

$r = 1, 2, 3$ eine Lösung mit derselben Energie. Nimmt man an, dass keine Entartung vorliegt,[12] so muss $\psi(\mathbf{x} + \mathbf{L}_r)$ dann einfach proportional zu $\psi(\mathbf{x})$ sein, wobei der Proportionalitätsfaktor wegen der Normierung der Wellenfunktion ein Phasenfaktor sein muss:

$$\psi(\mathbf{x} + \mathbf{L}_r) = e^{i\theta_r}\psi(\mathbf{x}), \tag{3.5.15}$$

wobei θ_r drei reelle Winkel sind. In der Sprache der Gruppentheorie liefert die Wellenfunktion eine eindimensionale Darstellung der Translationsgruppe, die aus allen Kombinationen der drei fundamentalen Translationen (3.5.14) besteht. Ohne Beschränkung der Allgemeinheit können wir jeden der drei Winkel θ_r auf

$$0 \leq \theta_r < 2\pi \qquad r = 1, 2, 3. \tag{3.5.16}$$

eingrenzen.

Wir werden einen Wellenvektor $\mathbf{q}$ durch die drei Bedingungen

$$\mathbf{q} \cdot \mathbf{L}_r = \theta_r \qquad r = 1, 2, 3. \tag{3.5.17}$$

definieren. Im Spezialfall eines kubischen Gitters führt dies unmittelbar auf die kartesischen Komponenten von $\mathbf{q}$. Allgemeiner muss man diese drei linearen Gleichungen zu lösen, um die drei Komponenten von $\mathbf{q}$ zu bestimmen. In jedem Fall folgt aus den Gleichungen (3.5.15) und (3.5.17), dass die Funktion $e^{-i\mathbf{q}\cdot\mathbf{x}}\psi(\mathbf{x})$ periodisch ist. Die Faktoren aus der Veränderung im Exponentialausdruck kompensieren dabei die Faktoren $e^{i\theta_r}$ in Gleichung (3.5.15). Daher können wir schreiben:

$$\psi(\mathbf{x}) = e^{i\mathbf{q}\cdot\mathbf{x}}\varphi(\mathbf{x}), \tag{3.5.18}$$

wobei $\varphi(\mathbf{x})$ periodisch ist, es gilt also

$$\varphi(\mathbf{x} + \mathbf{L}_r) = \varphi(\mathbf{x}), \qquad r = 1, 2, 3. \tag{3.5.19}$$

Solche Lösungen der Schrödinger-Gleichung nennt man *Blochwellen*.[13]

Genügt $\psi(\mathbf{x})$ einer Schrödinger-Gleichung der Gestalt

$$H(\boldsymbol{\nabla}, \mathbf{x})\psi(\mathbf{x}) = E\psi(\mathbf{x}), \tag{3.5.20}$$

so erfüllt $\varphi(\mathbf{x})$ eine $\mathbf{q}$-abhängige Gleichung

$$H(\boldsymbol{\nabla} + i\mathbf{q}, \mathbf{x})\varphi(\mathbf{x}) = E\varphi(\mathbf{x}). \tag{3.5.21}$$

12 Die Schlussfolgerung (3.5.15) gilt auch im Falle einer Entartung, die Argumentation wird dann aber etwas länger. Im Falle einer N-fachen Entartung haben wir anstelle der Faktoren $\exp(i\theta_r)$ in Gleichung (3.5.15) drei unitäre $N \times N$-Matrizen. Weil Translationen kommutieren, kommutieren diese drei unitären Matrizen untereinander, sodass wir eine Basis für die N entarteten Wellenfunktionen wählen können, in der die unitären Matrizen diagonal sind: Sie weisen Phasenfaktoren $\exp(i\theta_{r\nu})$ mit $\nu = 1, 2, \ldots, N$ auf der Hauptdiagonale auf und sind ansonsten null. In dieser Basis gilt Gleichung (3.5.15) für die ν-te entartete Wellenfunktion mit einer Phase $\theta_{r\nu}$ anstelle von θ_r.

13 F. Bloch, Zeit. f. Physik **52**, 555 (1928).

Wie im Falle freier Teilchen in einem Kasten mit periodischen Randbedingungen machen die Periodizitätsbedingungen (3.5.19) aus dem Spektrum der Eigenwerte für jedes $\mathbf{q}$ in der Differenzialgleichung (3.5.21) eine diskrete Menge $E_n(\mathbf{q})$. Natürlich ist $\mathbf{q}$ eine kontinuierliche Variable, aber gemäß den Gleichungen (3.5.16) und (3.5.17) variiert sie nur über einen endlichen Bereich, der definiert ist als:[14]

$$|\mathbf{q} \cdot \mathbf{L}_r| < 2\pi, \qquad r = 1, 2, 3. \tag{3.5.22}$$

Somit liegen für jedes n die Energien $E_n(\mathbf{q})$ in einem endlichen Band. Wie wir kurz in Abschnitt 4.5 beschreiben werden, hängen viele der Eigenschaften kristalliner Festkörper von der Besetzung dieser Bänder ab.

3.6 Zeitliche Translation

Eine der fundamentalen Symmetrien der Natur ist die Zeittranslationsinvarianz – die Gesetze der Natur sollten nicht davon abhängen, wie wir unsere Uhren stellen. Daher sollten die Ergebnisse $\Psi(t+\tau)$ einer zeitlichen Translation (Verschiebung) um einen beliebigen Betrag τ physikalisch äquivalent sein, egal welche Zeitabhängigkeit physikalische Zustandsvektoren $\Psi(t)$ haben sollten. Somit muss es einen linearen unitären Operator $U(\tau)$ geben, der den Zustand eines Systems zur Zeit t gemäß

$$U(\tau)\Psi(t) = \Psi(t+\tau) \tag{3.6.1}$$

transformiert. Die Variable τ ist kontinuierlich. Es muss daher möglich sein, $U(\tau)$ in einer Form wie (3.4.13) auszudrücken. Für eine zeitliche Translation führen wir anstelle des allgemeinen hermiteschen Operators T in Gleichung (3.4.13) einen hermiteschen Operator $-H/\hbar$ ein, sodass

$$U(\tau) = \exp\left(-iH\tau/\hbar\right) \tag{3.6.2}$$

gilt. Man kann dies als die Definition des Hamiltonian H verstehen.

Setzt man in Gleichung (3.6.1) $t = 0$ und ersetzt dann τ durch t, so folgt, dass die Zeitabhängigkeit eines beliebigen physikalischen Zustandsvektors durch

$$\Psi(t) = \exp\left(-iHt/\hbar\right)\Psi(0) \tag{3.6.3}$$

gegeben ist. Wie jede Symmetrietransformation, die durch lineare unitäre Operatoren dargestellt wird, lässt sie Skalarprodukte invariant:

$$\left(\Phi(t), \Psi(t)\right) = \left(\Phi(0), \Psi(0)\right). \tag{3.6.4}$$

14 Diesen Bereich nennt man erste Brillouin-Zone, nach L. Brillouin, Compt. Rend. **191**, 292 (1930). Hätten wir für die Winkel θ_r in Gleichung (3.5.15) eine andere Vereinbarung als die von Gleichung (3.5.16) getroffen, so würde sich der Wellenvektor $\mathbf{q}$ in einer von diversen anderen Zonen befinden, die man als zweite, dritte, usw. Brillouin-Zone bezeichnet. Dies entspräche lediglich einer Umdefinition der periodischen Funktion $\varphi(\mathbf{x})$ ohne Änderung in den physikalischen Ergebnissen.

Aus Gleichung (3.6.3) leiten wir einfach eine Differenzialgleichung für die Zeitabhängigkeit des Zustandsvektors her:

$$i\hbar\dot{\Psi}(t) = H\Psi(t). \tag{3.6.5}$$

Das ist die allgemeine Version der zeitabhängigen Schrödinger-Gleichung.

Diesen Formalismus, bei dem wir die Zeitabhängigkeit den physikalischen Zuständen (und damit den Wellenfunktionen) zuschreiben, nennt man **Schrödinger-Bild**. Es gibt einen vollkommen äquivalenten Formalismus, bei dem wir die Zustandsvektoren fest halten, indem wir jeden Zustand durch sein Aussehen zum festen Zeitpunkt $t = 0$ beschreiben und die Zeitabhängigkeit stattdessen den Operatoren für die Observable zuschreiben. Damit die Zeitabhängigkeit von Erwartungswerten in beiden Bildern übereinstimmt, müssen wir Operatoren im **Heisenberg-Bild** durch

$$A_H(t) = \exp\left(+iHt/\hbar\right)A\exp\left(-iHt/\hbar\right) \tag{3.6.6}$$

beschreiben. Da H mit sich selbst kommutiert, gilt

$$\exp\left(+iHt/\hbar\right)H\exp\left(-iHt/\hbar\right) = H,$$

und somit ist der Hamiltonian im Heisenberg-Bild identisch mit dem im Schrödinger-Bild. Die Zeitabhängigkeit eines Operatoren im Heisenberg-Bild ist gegeben durch

$$\dot{A}_H(t) = i[H, A_H(t)]/\hbar. \tag{3.6.7}$$

Dabei setzen wir voraus, dass A nicht explizit von der Zeit abhängt. Der Hamiltonian bestimmt somit die Zeitabhängigkeit der meisten physikalischen Größen. Ein Operator A, der mit dem Hamiltonian vertauscht und nicht explizit von der Zeit abhängt, ist *erhalten*, im Sinne von $\dot{A}_H(t) = 0$, was bedeutet, dass Erwartungswerte dieser Observable zeitunabhängig sind, egal ob wir das Heisenberg-Bild oder das Schrödinger-Bild verwenden.

Symmetrieprinzipien liefern einen natürlichen Grund, warum physikalische Theorien Erhaltungsgrößen aufweisen sollten. Sieht ein Beobachter einen Zustand $\Psi(t)$, der sich gemäß Gleichung (3.6.3) entwickelt, so muss ein anderer Beobachter, für den die Naturgesetze dieselben sind, feststellen, dass sich der Zustand $U\Psi(t)$ gemäß derselben Gleichung

$$U\Psi(t) = \exp\left(-iHt/\hbar\right)U\Psi(0) \tag{3.6.8}$$

entwickelt. Damit dies für alle Zustände mit Gleichung (3.6.3) konsistent ist, muss

$$\exp\left(-iHt/\hbar\right)U = U\exp\left(-iHt/\hbar\right) \tag{3.6.9}$$

gelten und somit, unter der Voraussetzung, dass U ein linearer Operator ist,

$$U^{-1}HU = H. \tag{3.6.10}$$

Der Hamiltonian muss also unter der Symmetrietransformation invariant sein. Für eine infinitesimale Symmetrietransformation, bei der U durch Gleichung (3.4.11) gegeben ist, bedeutet das

$$[H, T] = 0, \tag{3.6.11}$$

somit *vertauschen Observablen, die durch die Generatoren der Symmetrien des Hamiltonians beschrieben werden, mit dem Hamiltonian.* Es ist die Invarianz unter räumlicher und zeitlicher Translation, die für die Erhaltung von Impuls und Energie verantwortlich ist.

Das würde übrigens nicht funktionieren, wenn der Operator U antilinear wäre. In diesem Fall hätten wir wegen des i im Exponenten von Gleichung (3.6.9) anstelle von Gleichung (3.6.10) den Ausdruck $U^{-1}HU = -H$. Demzufolge würde es für jeden Eigenzustand Φ des Hamiltonian mit Energie E einen anderen Eigenzustand $U\Phi$ mit Energie $-E$ geben, was im klaren Widerspruch zur Beobachtung und zur Stabilität der Materie steht. Um diese Schlussfolgerung für Symmetrien, die durch antilineare Operatoren dargestellt werden, zu vermeiden, bleibt uns nur die Annahme, dass solche Symmetrien anstelle von Gleichung (3.6.8) die Richtung der Zeit umkehren:

$$U\Psi(t) = \exp\Big(iHt/\hbar\Big)U\Psi(0). \tag{3.6.12}$$

Anstelle von Gleichung (3.6.9) würde Konsistenz mit Gleichung (3.6.3) fordern, dass

$$\exp\Big(iHt/\hbar\Big)U = U\exp\Big(-iHt/\hbar\Big) \tag{3.6.13}$$

gilt. Für einen antilinearen Operator U ergibt sich aus dieser Gleichung wieder das Ergebnis, dass U mit H kommutiert und somit das Desaster negativer Energien vermieden wird. Wir sehen also, dass Symmetrien denkbar sind, die durch antilineare Operatoren dargestellt werden. Zwangsläufig sind sie aber mit einer Umkehrung der Zeitrichtung verbunden.

Lange dachte man, dass die Natur eine Symmetrie unter der Transformation $t \to -t$ aufweist, wobei alles andere unverändert bleibt. Wie wir in Abschnitt 4.7 besprechen werden, weiß man heute, dass die schwachen Wechselwirkung diese Symmetrie bricht, obwohl sie auch dort in guter Näherung gilt. Es gibt allerdings eine Transformation, die sowohl die Orientierung von Raum und Zeit umkehrt als auch Materie und Antimaterie vertauscht. Von ihr glaubt man, dass sie für alle Wechselwirkungen eine exakte Symmetrie ist. Dies wird in Abschnitt 4.7 genauer diskutiert.

Nicht alle Symmetrien werden von Operatoren dargestellt, die mit dem Hamiltonian vertauschen. Das wichtigste Beispiel einer anderen Art von Symmetrie ist die Invarianz unter den Galilei-Transformationen. Sie überführen die Ortskoordinate $\mathbf{x}$ in $\mathbf{x} + \mathbf{v}t$ (wobei $\mathbf{v}$ eine konstante Geschwindigkeit ist), lassen aber die Zeitkoordinate unverändert. In der Quantenmechanik muss es einen linearen unitären Operator $U(\mathbf{v})$ geben, sodass

$$U^{-1}(\mathbf{v})\mathbf{X}_H(t)U(\mathbf{v}) = \mathbf{X}_H(t) + \mathbf{v}t \tag{3.6.14}$$

gilt. Dabei ist $\mathbf{X}_H(t)$ der Operator für die Ortskoordinate eines Teilchens im Heisenberg-Bild. Bildet man die Zeitableitung von Gleichung (3.6.14), so erhält man mithilfe von Gleichung (3.6.7)

$$iU^{-1}(\mathbf{v})[H, \mathbf{X}_H(t)]U(\mathbf{v}) = i[H, \mathbf{X}_H(t)] + \hbar\mathbf{v}$$

und somit

$$i[U^{-1}(\mathbf{v})HU(\mathbf{v}), U^{-1}(\mathbf{v})\mathbf{X}U(\mathbf{v})] = i[H, \mathbf{X}] + \hbar\mathbf{v}.$$

Für $t = 0$ sagt uns Gleichung (3.6.14), dass $U(\mathbf{v})$ mit dem Operator $\mathbf{X}$ im Schrödinger-Bild vertauscht, somit folgt

$$i\Big[U^{-1}(\mathbf{v})HU(\mathbf{v}), \mathbf{X}\Big] = i[H, \mathbf{X}] + \hbar\mathbf{v}. \tag{3.6.15}$$

Dazu muss

$$U^{-1}(\mathbf{v})HU(\mathbf{v}) = H + \mathbf{P}\cdot\mathbf{v} \tag{3.6.16}$$

gelten. Dabei ist $\mathbf{P}$ ein Operator, der der üblichen Kommutatorrelation $[X_i, P_j] = i\hbar\delta_{ij}$ mit *jeder* Teilchenkoordinate genügt – $\mathbf{P}$ ist also der Vektor des Gesamtimpulses.

Für einen infinitesimalen Vektor $\mathbf{v}$ können wir

$$U(\mathbf{v}) = \mathbf{1} - i\mathbf{v}\cdot\mathbf{K} + O(\mathbf{v}^2) \tag{3.6.17}$$

schreiben, wobei $\mathbf{K}$ ein hermitescher Operator ist, den man als **Boost-Generator** bezeichnet. Da die Transformationen (3.6.14) additiv sind, gilt $U(\mathbf{v})U(\mathbf{v}') = U(\mathbf{v}+\mathbf{v}')$ und somit

$$[K_i, K_j] = 0. \tag{3.6.18}$$

Lässt man $\mathbf{v}$ in Gleichung (3.6.16) infinitesimal werden, so ergibt sich

$$[\mathbf{K}, H] = -i\mathbf{P}. \tag{3.6.19}$$

Weil $\mathbf{K}$ nicht mit dem Hamiltonian kommutiert, verwenden wir seine Eigenwerte nicht zur Klassifizierung physikalischer Zustände mit fester Energie.

Da Gleichung (3.6.14) für den Ort $\mathbf{X}_n$ eines beliebigen Teilchens gilt (wobei wir jetzt einzelne Teilchen mit dem Index n bezeichnen), erhalten wir durch zeitliche Ableitung und Multiplikation mit der Teilchenmasse m_n

$$U^{-1}(\mathbf{v})\mathbf{P}_{nH}(t)U(\mathbf{v}) = \mathbf{P}_{nH}(t) + m_n\mathbf{v}. \tag{3.6.20}$$

Dabei ist $\mathbf{P}_{nH} \equiv m_n\dot{\mathbf{X}}_{nH}$ der Impuls des n-ten Teilchens im Heisenberg-Bild. Für $t = 0$ erhält man im Spezialfall infinitesimaler Galilei-Transformationen (3.6.17)

$$[K_i, P_{nj}] = -im_n\delta_{ij}. \tag{3.6.21}$$

Man beachte, dass dann Gleichung (3.6.19) vom üblichen Hamiltonian für ein Vielteilchensystem

$$H = \sum_n \frac{\mathbf{P}_n^2}{2m_n} + V \tag{3.6.22}$$

erfüllt wird, vorausgesetzt, das Potenzial V hängt nur von der Differenz der Ortsvektoren der Teilchen ab. Sieht man die Symmetrien als fundamental an, so kann man sagen, dass die Galilei-Invarianz der Grund ist, warum Hamiltonians für nichtrelativistische Teilchen gerade diese Gestalt haben.

In Theorien, die nicht Galilei-invariant, sondern Lorentz-invariant sind, gibt es wiederum Symmetrien, die vom Gesamtimpuls **P**, vom Hamiltonian H, und einem Boost-Generator **K** erzeugt werden. Es gelten dann allerdings andere Kommutatorrelationen: Der Kommutator von **K** und **P** ist proportional zu H (nicht zur Gesamtmasse), und die Kommutatoren $[K_i, K_j]$ verschwinden nicht, sondern sind zum Gesamtdrehimpuls proportional.

3.7 Deutungen der Quantenmechanik

Die Diskussion von Wahrscheinlichkeiten in Abschnitt 3.1 beruhte auf der sogenannten Kopenhagener Deutung der Quantenmechanik, die unter der Führung von Niels Bohr[15] formuliert wurde. Bohr sagte:[16] »Das wesentlich neue Merkmal der Analyse von Quantenphänomenen besteht ... in der Einführung einer *fundamentalen Unterscheidung zwischen dem Messapparat und den beobachteten Objekten*. Das ist eine direkte Konsequenz der Notwendigkeit, die Funktionsweise der Messvorrichtung rein klassisch zu beschreiben, was prinzipiell jeden Bezug zum Wirkungsquantum ausschließt.«

Wie Bohr zugab, ändert in der Kopenhagener Deutung eine Messung den Zustand eines Systems in einer Weise, die selbst nicht durch die Quantenmechanik beschrieben werden kann.[17] Das kann man an den Interpretationsregeln der Theorie ersehen. Messen wir eine Observable, die von einem hermiteschen Operator A beschrieben wird, und ist das System anfangs in einer normierten Überlagerung $\sum_n c_n \Psi_n$ aus orthonormierten Eigenvektoren Ψ_n von A mit Eigenwerten a_n, so wird der Zustand während der Messung in einen Zustand kollabieren, in dem die Observable einen bestimmten Wert aus den Werten a_n hat. Die Wahrscheinlichkeit, den Wert a_n zu erhalten, ist durch die Bornsche Regel als $|c_n|^2$ gegeben. Diese Deutung der Quantenmechanik bringt bei der Messung eine Abkehr von den dynamischen Annahmen der Quantenmechanik mit sich. In der Quantenmechanik ist die durch die zeitabhängige Schrödinger-Gleichung beschriebene Entwicklung des Zustandsvektors deterministisch. Würde die zeitabhängige Schrödinger-Gleichung den Messprozess beschreiben, so wäre das Endergebnis unabhängig von allen Details der Messung genau ein bestimmter Zustand, nicht eine Anzahl von Möglichkeiten mit unterschiedlichen Wahrscheinlichkeiten.

Das ist offensichtlich unbefriedigend. Wenn die Quantenmechanik für alles gültig ist, so muss sie auch für den Messapparat eines Physikers und Physiker selbst gelten. Sollte auf der anderen Seite die Quantenmechanik nicht für alles gültig sein, so müssten wir

15 N. Bohr, Nature **121**, 580 (1928), nachgedruckt in: *Quantum Theory and Measurement*, Hrsg. J. A. Wheeler und W. H. Zurek (Princeton University Press, Princeton, NJ, 1983); *Essays 1958–1962 on Atomic Physics and Human Knowledge* (Interscience, New York, 1963).

16 N. Bohr, "Quantum Mechanics and Philosophy – Causality and Complementarity," in: *Philosophy in the Mid-Century*, Hrsg. R. Klibansky (La Nuova Italia Editrice, Florence, 1958), nachgedruckt in: N. Bohr, *Essays 1958–1962 on Atomic Physics and Human Knowledge* (Interscience Publishers, New York, 1963).

17 Es gibt Varianten der Kopenhagener Deutung, die dieses Merkmal teilen; einige davon werden in B. S. DeWitt, Physics Today, September 1970, S. 30 beschrieben.

wissen, wo die Grenzen ihrer Gültigkeit liegen. Gilt sie nur für nicht zu große Systeme? Gilt sie, wenn eine Messung von einem Automaten ausgeführt wird und kein Mensch das Ergebnis abliest?

Dieses Rätsel hat einige Physiker dazu gebracht, Vorschläge zu machen, wie man die Quantenmechanik durch eine befriedigendere Theorie ersetzen könnte. Eine Möglichkeit besteht darin, der Theorie »versteckte Variablen« hinzuzufügen. Die in der Quantenmechanik vorkommenden Wahrscheinlichkeiten würden dann unsere Unkenntnis dieser Variablen widerspiegeln, und nicht irgendeine intrinsische Undeterminiertheit der Natur.[18] In die entgegengesetzte Richtung geht eine zweite Möglichkeit, nämlich nichtlineare und intrinsisch zufällige Terme in die Gleichung für die Entwicklung des Zustandsvektors ohne versteckte Variablen einzuführen. Die Überlagerungen würden dann spontan in einer nicht voraussagbaren Weise in die Art von Zuständen kollabieren, die man aus der klassischen Physik kennt, und zwar zu langsam, um in mikroskopischen Systemen wie Atomen oder Photonen beobachtbar zu sein, aber viel zu schnell für makroskopische Systeme wie etwa Messinstrumente.[19]

In diesem Abschnitt werden wir uns auf Deutungen der Quantenmechanik beschränken, die keine Änderung in den Grundlagen nach sich ziehen. Es gibt also keine versteckten Variablen und keine Modifikationen der zeitabhängigen Schrödinger-Gleichung. In diesem Fall können wir im Wesentlichen zwei Klassen von Deutungen unterscheiden. Wir können den Zustandsvektor als eine vollständige Beschreibung des physikalischen Zustands des Systems ernst nehmen und versuchen zu verstehen, wie sich Wahrscheinlichkeiten aus der deterministischen Entwicklung des Zustandsvektors ergeben. Oder wir geben den Versuch, physikalische Zustände objektiv zu beschreiben, auf und betrachten den Zustandsvektor stattdessen lediglich als Codierung von Voraussagen von Wahrscheinlichkeiten, die nach Regeln gemacht werden, die nur angenommen und nicht hergeleitet sind.

Betrachtet man den Zustandsvektor als eine vollständige Beschreibung eines abgeschlossenen Systems, so scheint dies unausweichlich auf die »Viele-Welten-Deutung« der Quantenmechanik zu führen, die ursprünglich 1957 in Princeton von Hugh Everett (1930–1982) in seiner Doktorarbeit[20] entwickelt wurde. In diesem Zugang kollabiert der Zustandsvektor nicht; er wird weiter von der deterministischen zeitabhängigen Schrödinger-Gleichung bestimmt, aber unterschiedliche Komponenten des Zustandsvektors des betrachteten Systems werden mit unterschiedlichen Komponenten des Zustandsvektors des Messapparats assoziiert, sodass sich die Geschichte der Welt effektiv in unterschiedliche Pfade aufspaltet, wobei jeder durch unterschiedliche Messergebnisse charakterisiert wird.

Den Unterschied zwischen dieser Deutung der Quantenmechanik und der Kopenhagener Deutung kann man sich verdeutlichen, indem man einige klassische Beispiele des

18 Die am besten bekannte derartige Theorie ist die von D. Bohm, Phys. Rev. D **85**, 166, 180 (1952).

19 Die führende derartige Theorie ist die von G. C. Ghirardi, A. Rimini, und T. Weber, Phys. Rev. D **34**, 470 (1986). Für einen Übersichtsartikel siehe A. Bassi und G. C. Ghirardi, Phys. Rept. **379**, 257 (2003).

20 Die publizierte Version ist: H. Everett, Rev. Mod. Phys. **29**, 454 (1957).

Messprozesses betrachtet. Eines davon ist das Stern-Gerlach-Experiment aus dem Jahre 1922, das im Detail (genauer, als wir es jetzt hier brauchen) in Abschnitt 4.2 besprochen wird. Bei diesem Experiment wird ein Strahl von Atomen in ein inhomogenes Magnetfeld geschickt, das die Atome auf unterschiedliche Bahnen führt, entsprechend dem Wert der z-Komponente des Gesamtdrehimpulses des Atoms. Ist das Atom ursprünglich in einem Zustand, der eine Überlagerung von Eigenzuständen von J_z mit unterschiedlichen Eigenwerten beschreibt, dann entwickelt sich der Zustand so, dass er zu einer Überlagerung von Termen wird, in denen die Atome unterschiedlichen Bahnen folgen. Nach der Kopenhagener Deutung kollabiert das System, wenn das Atom mit einem Beobachter wechselwirkt, irgendwie in einen Zustand, in dem das Atom einen bestimmten Wert von J_z hat und nur einer Bahn folgt. Nach der Viele-Welten-Deutung bleibt der Zustandsvektor des Systems, das sowohl das Atom als auch den Beobachter umfasst, in einer Überlagerung: In einem Term sieht der Beobachter das Atom mit einem Wert für J_z und auf einer bestimmten Bahn; in einem anderen Term sieht der Beobachter das Atom mit einem anderen Wert für J_z und auf einer anderen Bahn. Beide Deutungen sind im Einklang mit dem Experiment, aber die Kopenhagener Deutung baut darauf auf, dass während einer Messung etwas passiert, das außerhalb des Rahmens der Quantenmechanik liegt, während die Viele-Welten-Deutung strikt der Quantenmechanik folgt, aber annimmt, dass die Geschichte des Universums sich andauernd in eine unvorstellbar große Zahl von Zweigen aufspaltet.

Ein melodramatischeres Beispiel für eine Messung in der Quantenmechanik wurde 1935 von Schrödinger[21] vorgestellt. Eine Katze wird in eine geschlossene Kammer gebracht. Diese enthält einen radioaktiven Kern, einen Geigerzähler, der den atomaren Zerfall detektieren kann, und eine Giftkapsel, wobei das Gift freigesetzt wird, wenn der Zähler registriert, dass der Zerfall stattgefunden hat. Nach einer Halbwertszeit ist der Zustandsvektor des zusammengesetzten Systems eine Überlagerung von Termen gleicher Größe: In dem einen Term ist der Kern noch nicht zerfallen und die Katze noch am Leben; im anderen Term hat der Zerfall stattgefunden und die Katze ist vom Gift getötet worden. Nach der Kopenhagener Deutung kollabiert der Zustand von Katze, Kern und Beobachter, wenn die Katze beobachtet wird (womöglich von der Katze selbst – das ist nicht klar), entweder in einen Zustand, in dem der Kern noch nicht zerfallen und die Katze noch am Leben ist, oder in einen Zustand, in dem der Zerfall stattgefunden hat und die Katze tot ist, jeder mit seiner eigenen Wahrscheinlichkeit. Im Gegensatz dazu bleibt der Zustand in der Viele-Welten-Deutung eine Überlagerung von Termen, einem mit lebendiger Katze und einem Beobachter, der die lebendige Katze sieht, und einem mit toter Katze und einem Beobachter, der die tote Katze sieht. (Natürlich sind die Aussichten der Katze auch in dem Term des Zustandsvektors düster, in dem sie nach einer einzelnen Halbwertszeit noch am Leben ist.)

Egal, ob wir uns die Viele-Welten-Deutung zu eigen machen oder nicht, ist es interessant, zu sehen, wie weit man damit kommt, den Messprozess im Rahmen der Quantenme-

21 E. Schrödinger, Naturwiss. **48**, 52 (1935).

chanik zu beschreiben, ohne einen Kollaps des Zustandsvektors zu bemühen. Der erste Schritt bei einer Messung ist eine Entwicklung des Zustandsvektors im Schrödinger-Bild, die eine Korrelation zwischen dem betrachteten System (das ich das mikroskopische System nennen werde, obwohl es im Prinzip nicht klein zu sein braucht) und einem makroskopischen Apparat herstellt. Das mikroskopische System kann beispielsweise ein atomarer Drehimpuls oder ein radioaktiver Kern sein und der makroskopische Apparat ein Detektor, der die Bahn des Atoms misst, oder eine Katze. Nehmen wir an, das mikroskopische System könne sich in verschiedenen Zuständen befinden, die wir mit einem Index n kennzeichnen, während sich der Apparat in Zuständen befinden kann, die wir mit einem Index a versehen, sodass die Zustände des Gesamtsystems im Rahmen einer vollständigen Orthonormalbasis von Zustandsvektoren Ψ_{na} ausgedrückt werden können. (Es muss mindestens soviel Apparatzustände a wie Systemzustände n geben, obwohl es viel, viel mehr geben kann.) Der Apparat wird zur Zeit $t = 0$ in einen geeigneten Anfangszustand namens $a = 0$ gebracht, während sich das mikroskopische System in einer allgemeinen Überlagerung von Zuständen befindet, sodass das kombinierte System einen Zustandsvektor

$$\Psi(0) = \sum_n c_n \Psi_{n0}. \tag{3.7.1}$$

hat. Wir schalten dann eine Wechselwirkung zwischen dem mikroskopischen System und dem Messapparat ein, sodass sich das System in einer Zeit t zu $U\Psi(0)$ entwickelt, wobei U der unitäre Operator $U = \exp(-itH/\hbar)$ ist. Wir nehmen an, dass wir den Hamiltonian H ganz nach Gutdünken wählen können, sodass U gerade die benötigte unitäre Transformation ist. Was wir für eine ideale Messung brauchen, ist, dass sich der Zustand $\Psi(0)$, sofern es einer der Basiszustände Ψ_{n0} ist, zu einem Zustand $U\Psi(0) = \Psi_{na_n}$ mit unverändertem n entwickelt,[22] wobei a_n einen bestimmten Zustand des Apparats in eindeutiger Korrespondenz mit dem Zustand des mikroskopischen Systems bezeichnet, sodass $a_n \neq a_{n'}$ gilt, wenn $n \neq n'$ ist. Wir benötigen also

$$U_{n'a',n0} = \delta_{n'n}\delta_{a'a_n}. \tag{3.7.2}$$

(Wir können die anderen Elemente von $U_{n'a',na}$, mit $a \neq 0$, immer so wählen, dass die ganze Matrix unitär wird. Wir können zum Beispiel für $a \neq 0$

$$U_{n'a',na} = \begin{cases} \delta_{n'n}\mathcal{U}^{(n)}_{a'a} & a' \neq a_{n'} \\ 0 & a' = a_{n'} \end{cases} \tag{3.7.3}$$

setzen, wobei die Matrix $\mathcal{U}^{(n)}$ durch die Bedingung eingeschränkt ist, dass für $a \neq 0$ und $\bar{a} \neq 0$

$$\delta_{a\bar{a}} = \sum_{a' \neq a_n} \mathcal{U}^{(n)*}_{a'\bar{a}} \mathcal{U}^{(n)}_{a'a} \tag{3.7.4}$$

gelten soll. Die Matrizen $\mathcal{U}^{(n)}_{a'a}$ sind quadratisch, weil a' über alle Apparatzustände außer $a' = a_n$ und a über alle Apparatzustände außer $a = 0$ läuft. Die Bedingung (3.7.4)

22 Messungen, die in dem Sinnee ideal sind, dass der Zustand des mikroskopischen Systems unverändert bleibt, wurden von Wheeler »zerstörungsfreie Quantenmessungen« genannt. In einigen Fällen sind auch Messungen, die den Zustand des mikroskopischen Systems ändern, nützlich.

ist dann einfach die Bedingung, dass diese Untermatrizen unitär sind. Da sie sonst keinen Einschränkungen unterliegen, können wir zahllose Matrizen finden, die diese Bedingung erfüllen. Wir können zum Beispiel einfach die Matrizen wählen, die den Index $a = 0$ in die Position a_n permutieren. Der Leser kann nachprüfen, dass die Bedingungen (3.7.2)–(3.7.4) die gesamte Matrix $U_{n'a',na}$ unitär machen.) Nachdem zwischen dem mikroskopischen System und dem Messapparat eine Wechselwirkung stattgefunden hat, befindet sich das kombinierte System in einem Zustand $U\Psi(0)$, der nach den Gleichungen (3.7.1) und (3.7.2) eine Überlagerung von Apparatzuständen ist:

$$U\Psi(0) = \sum_n c_n \Psi_{na_n}. \tag{3.7.5}$$

Ein oft zitiertes Beispiel[23] geht auf John von Neumann (1903–1957) zurück. Die Zustände des mikroskopischen Systems und des Apparats werden durch den Ort x eines Teilchens und die Koordinate X eines Zeigers anstelle von diskreten Indizes n und a charakterisiert. Der Hamiltonian wird als $H = -\omega x P$ angenommen, wobei ω eine Konstante und P der Impulsoperator des Zeigers ist; der Impulsoperator genügt der üblichen Vertauschungsrelation $[X, P] = i\hbar$ (X und P kommutieren ferner mit x und dem zugehörigen Impuls p). Ist die Wellenfunktion im Ortsraum zum Zeitpunkt $t = 0$ gleich $\psi(x, X, 0) = f(x-\xi)g(X)$, so wird sie in diesem Fall zu einem späteren Zeitpunkt t gleich

$$\psi(x, X, t) = f(x-\xi)g(X - x\omega t) \tag{3.7.6}$$

sein. Haben sowohl f als auch g scharfe Maxima um null herum, so wird uns eine Beobachtung der Zeigerposition X die Position ξ des Teilchens verraten. Die Unbestimmtheit kann man beliebig klein machen, indem man die Maxima von f und g hinreichend scharf wählt. Wird das Teilchen anfangs jedoch durch ein breites Wellenpaktet f beschrieben, so bleibt auch der Zeiger in einer Überlagerung von Zuständen mit einer großen Breite verschiedener Positionen X, egal wie scharf wir die Funktion g wählen.

Die Korrelation zwischen System und Apparat, die sich in den Gleichungen (3.7.5) und (3.7.6) zeigt, ist an sich keine Messung, denn System und Apparat sind immer noch in einer Überlagerung von Zuständen. Im nächsten Schritt tritt nun der Unterschied zwischen der Kopenhagener Deutung und der Viele-Welten-Deutung in Erscheinung. In der Kopenhagener Deutung ist der Wellenvektor zu dem Zeitpunkt, an dem ein Beobachter die Analyse des Zustands (3.7.5) beendet, in einen der Zustände Ψ_{na_n} kollabiert. In der Viele-Welten-Interpretation verbleibt der Zustandsvektor in einer Überlagerung (3.7.5), aber die Anordnung schließt den Beobachter mit ein, und daher ist jeder Term in der Überlagerung ein Zustand, in dem der Beobachter denkt, dass der Zustand der Anordnung einer von den Zuständen a_n geworden ist.

Es gibt ein weiteres Problem mit beiden Interpretationen. Die Erfahrung zeigt, dass die Anordnung generell nach einer Messung in einer Art von Zustand verbleibt, wie man ihn aus der klassischen Physik kennt. Das Atom in einem Stern-Gerlach-Experiment hat eine

23 J. v. Neumann, *Mathematische Grundlagen der Quantenmechanik* (Springer, Berlin, 1996, 2. Auflage).

bestimmte Bahn und zeigt nicht eine Überlagerung von Bahnen. Schrödingers Katze wird entweder tot oder lebendig aufgefunden, nicht in einem Zustand der Sorte $\Psi_{\text{lebendig}} + \Psi_{\text{tot}}$. Wir werden diese bevorzugten Zustände als **klassische Zustände** beschreiben. (Diese Zustände wurden von Zurek[24] mit dem Namen »Zeigerzustände« versehen.) Die Quantenmechanik selbst sagt über die klassischen Zustände nichts Spezielles aus. Was unsere bisherige Diskussion angeht, hätten wir für die Zustände Ψ_{na} eine beliebige Orthonormalbasis wählen können. Warum also führen Messungen unserer Erfahrung nach zu klassischen Zuständen?

Die Kopenhagener und die Viele-Welten-Deutung der Quantenmechanik geben auf diese Frage sehr unterschiedliche Antworten. Aus Sicht der Kopenhagener Deutung ist es der Kollaps des Zustands, der unausweichlich klassische Zustände als Ergebnis einer Messung auswählt. In dieser Interpretation ist die klassische Physik nicht aus der Quantenphysik emergent, sondern von Anfang an Teil der Grundlagen der Quantenmechanik. Für die Viele-Welten-Deutung hat sich in den letzten Jahren eine ganz andere Antwort ergeben, die im Phänomen der **Dekohärenz** begründet liegt.[25]

Dekohärenz ereignet sich, weil jede makroskopische Anordnung stets winzigen Störungen durch die Umwelt ausgesetzt ist, seien es nur die Schwarzkörper-Photonen, die bei jeder Temperatur über dem absoluten Nullpunkt vorkommen. Diese Störungen können in der Regel einen klassischen Zustand nicht in einen anderen überführen. So wird zum Beispiel ein Teilchen auf einer bestimmten Bahn in einem Stern-Gerlach-Experiment nicht auf eine ganz andere Bahn wechseln, oder aus einer toten Katze keine lebendige werden, nur weil Teilchen und Katze Schwarzkörper-Photonen niedriger Temperatur ausgesetzt sind. Allerdings können diese Störungen die *Phase* klassischer Zustände rasch ändern und sie tun dies auch. Diese raschen und zufälligen Phasenänderungen überführen fast instantan jede Überlagerung klassischer Zustände in eine andere.[26] Eine Katzen-Überlagerung $\Psi_{\text{lebendig}} + \Psi_{\text{tot}}$ wird zu $e^{i\alpha}\Psi_{\text{lebendig}} + e^{i\beta}\Psi_{\text{tot}}$, wobei α und β zufällig fluktuierende Phasen sind. Joos und Zeh[27] haben ein Experiment betrachtet, bei dem Elektronen klassisch einer von zwei Bahnen folgen können, und gezeigt, wie thermische Strahlung bei Raumtemperatur binnen einer Sekunde große zufällige Phasen in den Zustandsvektoren von Bahnen herbeiführt, die nur 1 mm voneinander getrennt sind.

Infolge der Dekohärenz ändert sich der Zustand eines mikroskopischen Systems und der Anordnung, an die es gekoppelt ist, von (3.7.5) zu $\sum_n \exp(i\varphi_n) c_n \Psi_{na_n}$ mit den zufällig fluktuierende Phasen φ_n; wir nehmen an, dass die klassischen Zustände Ψ_{na} von der eben diskutierten Art eine vollständige Orthonormalbasis bilden.[28] Folglich mitteln sich die Interferenzen zwischen verschiedenen Termen in dieser Überlagerung aus, wenn wir

24 W. Zurek, Phys. Rev. D **24**, 1516 (1981).

25 Für einen Übersichtsartikel zur Dekohärenz siehe W. H. Zurek, Rev. Mod. Phys. **75**, 715 (2003).

26 Die Möglichkeit, Dekohärenz so zu unterdrücken, dass Überlagerungen klassischer Zustände beobachtet werden können, wird in A. J. Leggett, Contemp. Phys. **25**, 583 (1984) diskutiert.

27 E. Joos und H. D. Zeh, Zeit. Phys. B: Condensed Matter **59**, 223 (1985).

28 In einfachen Fällen wie einem Stern-Gerlach-Experiment bilden die klassischen Zustände in der Tat eine vollständige orthonormale Menge. Das trifft in komplizierteren Fällen nicht zwangsläufig zu.

Erwartungswerte berechnen, und der beobachtete Erwartungswert eines hermiteschen Operators A (nicht zwangsläufig einer, für den die Zustände Ψ_{na_n} Eigenzustände sind) lautet

$$\overline{\langle A\rangle} = \sum_n |c_n|^2 \Big(\Psi_{na_n}, A\Psi_{na_n}\Big). \tag{3.7.7}$$

Der Querstrich über dem Erwartungswert zeigt an, dass er über die Phasen φ_n gemittelt ist. Man interpretiert dies so, dass das beobachtete System und die Anordnung mit Wahrscheinlichkeit $|c_n|^2$ im Zustand Ψ_{na_n} sind, genau wie in der Kopenhagener Deutung.

Natürlich gibt es keine Dekohärenz, wenn einfach alles in einem abgeschlossenen System beobachtet wird. Die Phasen α_n entstehen nur, weil es einige Aspekte des Systems wie die Schwarzkörper-Photonen gibt, die wir nicht im Detail beobachten. Möglicherweise gibt es zusätzlich zu der Dekohärenz, die aus rein praktischen Gründen in allen realen Experimenten vorkommt, noch eine fundamentale Dekohärenz, die auf die Tatsache zurückzuführen ist, dass es aufgrund der endlichen Lichtgeschwindigkeit immer Teile des Universums gibt, die wir nicht beobachten können.[29]

Weitverbreitet scheint der Eindruck zu sein, dass Dekorärenz alle Probleme für die Klasse von Deutungen der Quantenmechanik löst, die die dynamischen Annahmen der Quantenmechanik auf alles anwenden, einschließlich der Messungen. Das ist eine umstrittene Angelegenheit. Meine eigene Meinung ist, dass diese Deutungen, genau wie die Kopenhagener Deutung, unbefriedigend bleiben.

Das Problem steckt in der Bornschen Regel, die besagt, dass in einem Zustand (3.7.5) die Wahrscheinlichkeit dafür, dass ein Beobachter das System im Zustand Ψ_{na_n} sieht, durch $|c_n|^2$ gegeben ist. In der Kopenhagener Deutung ist das einfach eine Annahme darüber, was während des mysteriösen Kollaps' des Zustands passiert, der ein intrinsisch probabilistischer Prozeß ist. Aber woher kommt die Bornsche Regel in den anderen Deutungen? Die oben vorgelegte »Ableitung« ist offensichtlich ein Zirkelschluss, denn sie beruht auf der Formel für Erwartungswerte als Matrixelemente von Operatoren, die selbst von der Bornschen Regel hergeleitet ist.

Wissenschaftler, Mathematiker und Philosophen haben dem Begriff Wahrscheinlichkeit verschiedene Bedeutungen zugeschrieben. Wenn wir sagen, dass ein Beobachter das kombinierte System mit Wahrscheinlichkeit $|c_n|^2$ im Zustand Ψ_{na_n} findet, so meinen wir in der Physik in der Regel, dass der Bruchteil P_n der Messungen, die den Zustand Ψ_{na_n} ergeben, $|c_n|^2$ beträgt, wenn der Beobachter diese Messung viele Male ausführt und dabei immer vom Zustandsvektor (3.7.1) startet. Gleichermaßen meinen wir mit der Aussage, dass der Erwartungswert einer Observable A im Zustand Ψ gleich $(\Psi, A\Psi)/(\Psi, \Psi)$ ist, dass das mittlere Resultat $(\Psi, A\Psi)/(\Psi, \Psi)$ sein wird, wenn ein Beobachter die Observable viele Male im Zustand Ψ misst. Dies bezeichnet man mitunter als die »frequentistische« Interpretation der Wahrscheinlichkeit.

29 Für eine Diskussion von Dekohärenz, die mit kosmologischen Horizonten zusammenhängt, siehe R. Bousso und L. Susskind, arXiv:1105.3795 (2011).

Derartige Aussagen über Wahrscheinlichkeiten sind Voraussagen darüber, wie sich Zustandsvektoren während der Messungen zeitlich entwickeln. Wird also der Messprozess wirklich durch die Quantenmechanik beschrieben, so sollten wir solche Formeln durch die Anwendung der zeitabhängigen Schrödinger-Gleichung auf den Fall wiederholter Messungen herleiten können. Das ist nicht nur eine Frage intellektueller Hygiene oder des Wunsches, die Postulate der physikalischen Theorie auf das nötige Minimum zu reduzieren. Wenn die Bornsche Regel nicht aus der zeitabhängigen Schrödinger-Gleichung hergeleitet werden kann, dann benötigen wir etwas anderes, was außerhalb des Rahmens der Quantenmechanik liegt, und die Viele-Welten-Deutung teilt dann die Mängel der Kopenhagener Deutung.[30]

Um dem Problem auf den Leib zu rücken, müssen wir die Umstände, unter denen Wahrscheinlichkeiten gemessen werden sollen, genauer festlegen. Da wir Wahrscheinlichkeit hier als eine Frage der Häufigkeit diskutieren, mit der Dinge von Beobachtern gesehen werden, müssen wir präzisieren, wann der Beobachter so stark mit dem System verbunden ist, dass man sagen kann, dass unterschiedliche Terme im Zustandsvektor unterschiedliche Schlussfolgerungen für den Beobachter mit einschließen.

Eine Möglichkeit besteht darin, dass eine Folge von Experimenten durchgeführt wird, wobei man in jedem Fall mit dem gleichen Zustandsvektor (3.7.1) anfängt und dann eine Messung wie oben beschrieben folgt; dabei wird der Beobachter als Teil der Messanordnung behandelt. Bei jeder Messung verzweigt sich die Geschichte der Welt in soviel Zweige, wie es Zustände n gibt, und solange kein c_n verschwindet, gibt es für jede mögliche Folge von Messergebnissen n_1, n_2, etc. eine Geschichte, in der der Beobachter genau diese Ergebnisse sieht. Betrachten wir zum Beispiel ein System, das nur zwei mögliche Zustände hat, die im Zustandsvektor mit den Koeffizienten c_1 und c_2 auftauchen. Solange keiner der Koeffizienten verschwindet, wird der Zustand der Welt nach einer einzigen Messung zwei Zweige haben, einen, in dem der Beobachter findet, dass das System in Zustand 1 ist, und den anderen, in dem der Beobachter das System in Zustand 2 findet. Nach N wiederholten Messungen wird die Geschichte der Welt 2^N Zweige haben, in denen jede mögliche Geschichte der Messergebnisse vorkommt. Egal wie groß oder klein das Verhältnis c_1/c_2 sein mag, solange es nicht null oder unendlich ist, gibt es nichts, was eine Folge von experimentellen Ergebnissen mehr oder weniger wahrscheinlich macht als eine andere. Es gibt nichts in diesem Bild, das der üblichen Annahme der Quantenmechanik entspricht, die einer Geschichte, in der der Beobachter die Ergebnisfolge n_1, n_2, etc. findet, die Wahrscheinlichkeit $|c_{n_1}|^2|c_{n_2}|^2\cdots$ zuschreibt.

In einer anderen Art von Experiment zur Messung von Wahrscheinlichkeiten wird eine große Zahl N von Kopien des gleichen Systems im gleichen Zustand $\sum_n c_n\Psi_n$ präpariert, sodass der Zustandsvektor des zusammengesetzten Gesamtsystems ein direktes Produkt ist:

$$\Psi = \sum_{n_1 n_2 \ldots n_N} c_{n_1} c_{n_2} \cdots c_{n_N} \Psi_{n_1 n_2 \ldots n_N}. \tag{3.7.8}$$

30 Für eine prägnante Formulierung dieser Sichtweise siehe A. Kent, Int. J. Mod. Phys. A **5**, 1745 (1990).

Dabei ist $\Psi_{n_1 n_2 \ldots n_N}$ der Zustand, in dem das System s im Zustand n_s ist. Sind die Zustände Ψ_n geeignete klassische Zustände, von der Art, dass sie Dekohärenz überleben, so wird die Wirkung der Umwelt darin bestehen, jeden Koeffizienten c_{n_s} mit einem Phasenfaktor $\exp(i\varphi_{s,n_s})$ zu multiplizieren, sodass Gleichung (3.7.8) zu

$$\Psi = \sum_{n_1 n_2 \cdots n_N} c_{n_1} c_{n_2} \cdots c_{n_N} \exp\left[i\varphi_{1,n_1} + \cdots + i\varphi_{N,n_N}\right] \Psi_{n_1 n_2 \ldots n_N} \qquad (3.7.9)$$

wird, wobei die Phasen φ_{s,n_s} zufällig und unkorreliert sind. Wir gehen davon aus, dass die Zustände in dieser Basis orthonormal sind, also

$$\left(\Psi_{n'_1 n'_2 \ldots n'_N}, \Psi_{n_1 n_2 \ldots n_N}\right) = \delta_{n'_1 n_1} \delta_{n'_2 n_2} \cdots \delta_{n'_N n_N}$$

gilt. Der Zustand (3.7.9) ist dann normiert, wenn $\sum_n |c_n|^2 = 1$ ist. Erst nachdem das mikroskopische System im Zustand (3.7.8) präpariert worden ist, findet sich in diesem Szenario der Beobachter durch Korrelation des Zustands (3.7.9) mit einer Messanordnung einschließlich des Beobachters in einem Zweig der Weltgeschichte, in dem sich jede der Systemkopien in einem bestimmten Basiszustand befindet, sagen wir in den Zuständen $n_1, n_2, \ldots n_N$. Sagen wir, dass er N_n Kopien in jedem Zustand n findet, natürlich mit $\sum_n N_n = N$. Daraus wird der Beobachter schließen, dass die Wahrscheinlichkeit, dass sich eine Kopie im Zustand n befindet, gleich $P_n = N_n/N$ ist.

Übrigens ist das ziemlich genau so, wie Wahrscheinlichkeiten in der Praxis gemessen werden. Wenn wir zum Beispiel die Wahrscheinlichkeit messen wollen, dass ein Kern in einem vorgegebenen Anfangszustand in einem Zeitraum t radioaktiv zerfällt, sammeln wir eine große Zahl N von diesen Kernen im gleichen Anfangszustand und zählen, wie viele davon nach einer Zeit t zerfallen sind; die Zerfallswahrscheinlichkeit ist dann diese Zahl, geteilt durch N.

Hier sind wiederum alle Ergebnisse möglich. Der Beobachter kann einen beliebigen Satz von Ergebnissen $n_1, n_2, \ldots n_N$ für die Zustände der identischen Teilsysteme finden. Das ist kaum anders als in der klassischen Mechanik. Es kann sein, dass ein Beobachter feststellt, dass bei Münzwürfen immer »Kopf« fällt. In allen Fällen muss man hoffen, dass die Zahl der Wiederholungen N so groß ist, dass die relativen Frequenzen N_n/N eine gute Näherung an die tatsächlichen Wahrscheinlichkeiten P_n sind.

Führt dieses Bild, selbst wenn N sehr groß wird, überhaupt auf die übliche Annahme der Quantenmechanik, dass die Wahrscheinlichkeiten P_n sich $|c_n|^2$ annähern? Natürlich erfahren wir aus den Zustandsvektoren nichts ohne irgendeine Art von Interpretationspostulat. Das eine Postulat, das keine Konsistenzprobleme mit der deterministischen Dynamik der Schrödinger-Gleichung aufzuwerfen scheint, ist das in Abschnitt 3.3 beschriebene »zweite Postulat der Quantenmechanik«: Ist der Zustandsvektor eines Systems ein Eigenzustand des hermiteschen Operators A (der eine Observable beschreibt) zum Eigenwert a, so hat die Observable im System definitiv den Wert a. Interessiert sind wir hier an den Häufigkeitsoperatoren P_n. Per Definition müssen sie linear sein und auf die Basiszustände des zusammengesetzten Systems wie

$$P_n \Psi_{n_1 n_2 \ldots n_N} \equiv (N_n/N) \Psi_{n_1 n_2 \ldots n_N} \tag{3.7.10}$$

wirken. Dabei ist N_n die Zahl der Indizes n_1, n_2, $\ldots n_N$, die gleich n sind. Alle unsere Probleme wären gelöst, wenn wir zeigen könnten, dass der Zustand (3.7.9) ein Eigenzustand von P_n mit Eigenwert $|c_n|^2$ ist, aber das stimmt natürlich nicht (außer in den Spezialfällen, in denen $|c_n|$ gleich null oder eins ist, in denen der Zustand Ψ also entweder keinen Term $\Psi_{n_1 n_2 \ldots n_N}$ beinhaltet, bei dem ein Index gleich n ist, oder einfach proportional zu einem Ausdruck ist, in dem alle Indizes gleich n sind.) Wir können nur zeigen, dass diese Eigenwertbedingung für große N *beinahe* wahr ist. Insbesondere für die Zustände (3.7.9) haben wir[31]

$$\|(P_n - |c_n|^2)\Psi\|^2 = \frac{|c_n|^2(1-|c_n|^2)}{N} \leq \frac{1}{4N}, \tag{3.7.11}$$

wobei die Norm $\|\Phi\|$ für jeden Zustand Φ gleich $(\Phi, \Phi)^{1/2}$ ist.

Hier ist der Beweis. Es ist praktisch, den Indexsatz $n_1 n_2 \ldots n_N$ durch einen Multiindex ν zu ersetzen und $N_{\nu,n}$ gleich der Zahl der Indizes $n_1 n_2 \ldots n_N$ zu setzen, die gleich n sind. Für einen beliebigen Multiindex ν gilt natürlich $\sum_n N_{\nu,n} = N$. In dieser Notation kann man den Zustand (3.7.9) als

$$\Psi = \sum_\nu \left(\prod_n c_n^{N_{\nu,n}} \right) e^{i\varphi_\nu} \Psi_\nu$$

schreiben, und Gleichung (3.7.10) ergibt

$$P_n \Psi = \sum_\nu \left(\prod_m c_m^{N_{\nu,m}} \right) e^{i\varphi_\nu} \left(\frac{N_{\nu,n}}{N} \right) \Psi_\nu .$$

Die Anzahl der Multiindizes ν mit $N_{\nu,n} = N_n$ für einen gegebenen Satz von N_n ist der Binomialkoeffizient $N!/N_1!N_2! \cdots$. Daher haben wir

$$\|(P_n - |c_n|^2)\Psi\|^2 = \sum_{N_1 N_2 \ldots} \left(\prod_m |c_m|^{2N_m} \right) \left(\frac{N_n}{N} - |c_n|^2 \right)^2 \frac{N!}{N_1!N_2! \cdots},$$

wobei die Summe durch $N_1 + N_2 + \cdots = N$ eingeschränkt wird. Nach dem Binomialsatz folgt

$$\sum_{N_1 N_2 \ldots} \left(\prod_m |c_m|^{2N_m} \right) \frac{N!}{N_1!N_2! \cdots} = \left(\sum_m |c_m|^2 \right)^N ,$$

31 Der Beweis, dass $\|(P_n - |c_n|^2)\Psi\|$ für große N verschwindet, wurde in J. B. Hartle, Am. J. Phys. **36**, 704 (1968) vorgelegt. Siehe auch B. S. DeWitt, in *Battelle Rencontres, 1967 Lectures in Mathematics and Physics*, Hrsg. C. DeWitt und J. A. Wheeler (W. A. Benjamin, New York, 1968); N. Graham, in *The Many Worlds Interpretation of Quantum Mechanics*, Hrsg. B. S. DeWitt und N. Graham (Princeton University Press, Princeton, NJ, 1973) [der Gleichung (3.7.11) explizit angibt]; E. Farhi, J. Goldstone und S. Gutmann, Ann. Phys. **192**, 368 (1989); D. Deutsch, Proc. Roy. Soc. Lond. A **455**, 3129 (1999).

somit ist

$$\begin{aligned}\|(P_n - |c_n|^2)\Psi\|^2 &= \left[\frac{1}{N^2}\left(|c_n|^2 \frac{\partial}{\partial|c_n|^2}\right)^2 - \frac{2}{N}\left(|c_n|^4 \frac{\partial}{\partial|c_n|^2}\right) + |c_n|^4\right]\left(\sum_m |c_m|^2\right)^N \\ &= N(N-1)\left(\frac{|c_n|^4}{N^2}\right)\left(\sum_m |c_m|^2\right)^{N-2} + N\left(\frac{|c_n|^2}{N^2}\right)\left(\sum_m |c_m|^2\right)^{N-1} \\ &\quad - 2N\left(\frac{|c_n|^4}{N}\right)\left(\sum_m |c_m|^2\right)^{N-1} + |c_n|^4\left(\sum_m |c_m|^2\right)^N .\end{aligned}$$

Verwenden wir nun die Normierungsbedingung $\sum_m |c_m|^2 = 1$, so erhalten wir Gleichung (3.7.11).

Was sollen wir daraus schließen? Gleichung (3.7.11) zeigt nicht, dass sich die Zustände Ψ_ν für $N \to \infty$ an Eigenzustände des Häufigkeitsoperators P_n annähern, weil diese Zustände sich überhaupt keinem Grenzwert nähern. Die Größe des Hilbertraums, den sie bewohnen, hängt von N ab. Hartle und Farhi, Goldstone, und Gutmann haben in der Referenz in Fußnote 31 dieses Abschnitts gezeigt, wie man einen Hilbertraum für den Fall $N = \infty$ konstruieren kann,[32] und bewiesen, dass die auf diesen Raum wirkenden Operatoren P_n Eigenwerte $|c_n|^2$ haben. Um aber diese Konstruktion anwenden zu können, müssten wir die übliche Interpretationsannahme über Eigenwerte aus den Hilberträumen für eine endliche Zahl von Systemen auf den Hilbertraum für $N = \infty$ ausdehnen, was etwas weit hergeholt ist.

Wir könnten versuchen, eine stärkere Version des Postulats über Eigenzustände und Eigenwerte einzuführen, indem wir annehmen, dass es fast sicher ist, dass der Wert der Observable, die von einem hermiteschen Operator A beschrieben wird, für einen normierten Zustandsvektor Ψ nahe bei a liegt, wenn Ψ fast ein Eigenvektor des Operators A mit Eigenwert a ist. Damit ist gemeint, dass die Norm $\|(A-a)\Psi\|$ klein ist. Das ist nicht wirklich präzise, und da diese Annahme etwas als »fast sicher« bezeichnet, führt sie ohnehin wieder ein Postulat bezüglich einer Wahrscheinlichkeit ein, ohne zu zeigen, wie es aus den dynamischen Annahmen der Quantenmechanik folgt.

Von diesen Problemen abgesehen, die sich - wie schon erwähnt - nicht so stark von denen unterscheiden, die in der klassischen Physik in Diskussionen über Wahrscheinlichkeit auftreten, kommt die weitere Schwierigkeit hinzu, dass die Bornsche Regel genau deshalb aus dieser Argumentation herauskommt, weil wir die quantenmechanische Norm $\|\Psi\| \equiv (\Psi, \Psi)^{1/2}$ als Maß der Abweichung physikalischer Zustände von der Eigenschaft verwenden, Eigenzustände des Häufigkeitsoperators P_n mit Eigenwert $|c_n|^2$ zu sein. Dass $\|(P_n - |c_n|^2)\Psi\|$ für große N klein ist, sagt uns, dass das Skalarprodukt von Ψ mit einem Eigenzustand von P_n, der einen Eigenwert hat, der sich deutlich von $|c_n|^2$ unterscheidet, klein ist. (Genauer gesagt, ist die Summe von $|(\Phi, \Psi)|^2$ über Zustände Φ, für die P_n einen Eigenwert hat, der sich von $|c_n|^2$ um mehr als Terme der Ordnung $1/\sqrt{N}$ unterscheidet,

32 Für Kritik an dieser Konstruktion siehe C. M. Caves und R. Schack, Ann. Phys. **315**, 123 (2005).

maximal von der Ordnung $1/N$.) Wenn wir die Bornsche Regel annehmen, dann bedeutet das, dass die Wahrscheinlichkeit klein ist, dass ein Beobachter solche »falschen« Werte von N_n/N beobachtet, aber es ist natürlich ein Zirkelschluss, dieses Argument zu verwenden, um die Bornsche Regel herzuleiten.

Es gibt noch eine weitere Schwierigkeit, wenn wir den Zustandsvektor als vollständige Beschreibung abgeschlossener Systeme verwenden: Das eröffnet die Möglichkeit instantaner Kommunikation. Wir werden dieses Thema aufgreifen, wenn wir in Abschnitt 12.1 zur Verschränkung kommen.

Wenden wir uns nun der anderen großen Klasse von Deutungen der Quantenmechanik zu, bei denen man die Idee, dass der Zustandsvektor eines abgeschlossenen Systems eine vollständige Beschreibung seines Zustands liefert, aufgibt und ihn stattdessen nur als Lieferanten einer Vorschrift zur Berechnung von Wahrscheinlichkeiten betrachtet. Wir könnten uns diesen Standpunkt als eine Neuinterpretation der Kopenhagener Version der Quantenmechanik zu eigen machen: Anstatt einen mysteriösen Kollaps des Zustands eines Systems während des Meßprozesses heranzuziehen, könnte man einfach annehmen, dass in einem System mit normiertem Zustandsvektor Ψ die Wahrscheinlichkeit, dass das System für eine Größe, die durch einen hermiteschen Operator A beschrieben wird, den Wert a_n (anstelle irgendeines anderen Wertes dieser Größe) hat, durch $p_n = \sum_r |(\Phi_{nr}, \Psi)|^2$ gegeben ist, wobei die Vektoren Φ_{nr} alle orthonormalen Eigenvektoren von A mit Eigenwert a_n sind. Es handelt sich dabei um »objektive« Wahrscheinlichkeiten, da sie nicht von der Anwesenheit eines Beobachters abhängen, aber all dies gilt auch, wenn das System auch eine Messanordnung und einen Beobachter einschließt. Richtet man in diesem Fall eine Messanordnung für irgendeine Größe ein und sei A die Beschreibung der Messgröße, so ist p_n die Wahrscheinlichkeit, dass der Beobachter denken wird, dass die gemessene Größe den Wert a_n hat. Wenn wir dem Zustandsvektor sonst keine Bedeutung zuweisen, dann müssen wir nicht die reale Existenz der großen Zahl von Welten akzeptieren, die die Viele-Welten-Deutung der Quantenmechanik nach sich zieht. (Wir müssen sie aber auch nicht ablehnen.) Wir geben natürlich auch jede Hoffnung auf eine Herleitung der Bornschen Regel für Wahrscheinlichkeiten auf, die hier als ein Postulat der Theorie auftaucht.

Dieser Standpunkt ist im Zugang der »dekohärenten Geschichten« oder »konsistenten Geschichten« weiterentwickelt worden. Ursprünglich geht er auf Griffiths[33] zurück und wurde von Omnès[34] und im Detail von Gell-Mann und Hartle[35] weiterentwickelt. In

33 R. B. Griffiths, J. Stat. Phys. **36**, 219 (1984); siehe auch *Consistent Quantum Theory* (Cambridge University Press, Cambridge, 2002).

34 R. Omnès, Rev. Mod. Phys. **64**, 339 (1992); siehe auch *The Interpretation of Quantum Mechanics* (Princeton University Press, Princeton, NJ, 1994).

35 M. Gell-Mann und J. B. Hartle, in *Complexity, Entropy, and the Physics of Information*, Hrsg. W. Zurek (Addison-Wesley, Reading, MA, 1990); in *Proceedings of the Third International Symposium on the Foundations of Quantum Mechanics in the Light of New Technology*, Hrsg. S. Kobayashi, H. Ezawa, Y. Murayama, und S. Nomura (Physical Society of Japan, 1990); in Proceedings of the 25th International Conference on High Energy Physics, Singapore, August 2–8, 1990, Hrsg. K. K. Phua und Y Yamaguchi (World Scientific, Singapore, 1990); J. B. Hartle, *Directions in Relativity, Vol. I*, Hrsg. B.-L. Hu, M. P. Ryan, und C. V. Vishveshwars (Cambridge University Press, Cambridge, 1993).

diesem Zugang definiert man Geschichten abgeschlossener Systeme (wie des gesamten Universums), denen man Wahrscheinlichkeiten zuweisen kann, die mit den üblichen Eigenschaften von Wahrscheinlichkeit konsistent sind. Eine Geschichte wird durch einen normierten Anfangszustand Ψ charakterisiert, der sich dann von der Anfangszeit t_0 bis zur Zeit t_1 gemäß der zeitabhängigen Schrödinger-Gleichung entwickelt. Zu dieser Zeit wird das System über seine Eigenschaften gemittelt, wobei nur die Werte a_{1n} einiger weniger Observabler A_{1n} festgehalten werden. Es folgt eine Entwicklung bis zur Zeit t_2, zu welcher das System wieder über seine Eigenschaften gemittelt wird, wobei nun nur die Werte a_{2n} einer anderen Menge von Observablen A_{2n} festgehalten werden, und so fort. Damit ist die Geschichte definiert durch Ψ, die Zeiten t_1, t_2, usw. sowie die Werte a_{1n}, a_{2n} usw. der Observablen, die bei jeder Mitteilung festgehalten werden. Das entspricht dem, was bei Beobachtungen zum Beispiel von Teilchenbahnen tatsächlich gemacht wird; es werden nur wenige Eigenschaften eines Systems gemessen und andere Eigenschaften wie zum Beispiel die thermische Strahlung in der Umgebung ignoriert. Dieser Zugang ist aber auch anwendbar, wenn es keine tatsächlichen Beobachter gibt, insbesondere im frühen Universum.

Um unsere Schreibweise zu vereinfachen, unterdrücken wir den Index n, als ob bei jeder Mittelung nur der Wert einer einzigen Observable festgehalten würde. Jeder Geschichte ordnen wir einen Zustandsvektor zu:

$$\begin{aligned}\Psi_{a_1 a_2 \ldots a_{\mathcal{N}}} \equiv & \Lambda_{\mathcal{N}}(a_{\mathcal{N}}) \exp\Big(-iH(t_{\mathcal{N}}-t_{\mathcal{N}-1})/\hbar\Big) \cdots \exp\Big(-iH(t_3-t_2)/\hbar\Big) \\ & \times \Lambda_2(a_2) \exp\Big(-iH(t_2-t_1)/\hbar\Big) \Lambda_1(a_1) \exp\Big(-iH(t_1-t_0)/\hbar\Big)\Psi. \end{aligned} \quad (3.7.12)$$

Dabei sind die $\Lambda_1(a_1)$, $\Lambda_2(a_2)$, usw. Summen von Projektionsoperatoren auf alle Zustände des Systems, die mit den durch a_1, a_2 usw. bezeichneten Einschränkungen verträglich sind. (Würde bei der r-ten Summe beispielsweise nur der Wert a_r einer einzelnen Observable A_r festgehalten, so wäre $\Lambda_r(a_r)$ gleich der Summe $\sum_i^{(a_r)}[\Phi_i \Phi_i^\dagger]$ über einen Satz orthonormaler Zustände Φ_i, der im Unterraum der Eigenzustände von A_r mit Eigenwert a_r vollständig ist. Das wird von Gell-Mann und Hartle in den Referenzen in Fußnote 35 dieses Abschnitts **coarse-graining** (Vergröberung) genannt. Projektionsoperatoren haben wir in Abschnitt 3.3 diskutiert.) Äquivalent dazu haben wir

$$\Psi_{a_1 a_2 \ldots a_{\mathcal{N}}} = e^{-iHt_{\mathcal{N}}/\hbar} \Lambda_{\mathcal{N}}(a_{\mathcal{N}}, t_{\mathcal{N}}) \cdots \Lambda_2(a_2, t_2) \Lambda_1(a_1, t_1) e^{iHt_0/\hbar} \Psi. \quad (3.7.13)$$

Wieder enthält der Ausdruck die gleichen Summen von Projektionsoperatoren $\Lambda_r(a_r, t_r)$, diesmal aber im Heisenberg-Bild:

$$\Lambda_r(a_r, t_r) = e^{iHt_r/\hbar} \Lambda_r(a_r) e^{-iHt_r/\hbar}. \quad (3.7.14)$$

Für jede Geschichte nimmt man eine positive Wahrscheinlichkeit an:

$$P(a_1 a_2 \ldots) \equiv \|\Psi_{a_1 a_2 \ldots}\|^2. \quad (3.7.15)$$

Diese Wahrscheinlichkeiten werden als objektive Wahrscheinlichkeiten für die verschiedenen Geschichten aufgefasst, und sind nicht zwangsläufig auf irgendetwas bezogen, das ein Beobachter sieht.

Wir müssen nun zeigen, dass Gleichung (3.7.15) die üblichen Eigenschaften von Wahrscheinlichkeiten hat, allerdings trifft das nur für eine begrenzte Klasse möglicher Geschichten zu. Insbesondere müssen wir zeigen, dass die Summe dieser Wahrscheinlichkeiten über alle möglichen Werte einer der Observablen, sagen wir a_r, gleich der Wahrscheinlichkeit der Geschichte ist, bei der diese Observable nicht festgehalten wird:

$$\sum_{a_r} P(a_1 a_2 \ldots a_{r-1} a_r a_{r+1} \ldots a_{\mathcal{N}}) = P(a_1 a_2 \ldots a_{r-1} a_{r+1} \ldots a_{\mathcal{N}}). \tag{3.7.16}$$

Das trifft auf Geschichten zu, die der Konsistenzbedingung

$$\left(\Psi_{a'_1 a'_2 \ldots a'_{\mathcal{N}}}, \Psi_{a_1 a_2 \ldots a_{\mathcal{N}}}\right) = 0 \text{ außer } a'_1 = a_1,\ a'_2 = a_2, \ldots . \tag{3.7.17}$$

genügen. Hier ist der Beweis: Nach Gleichung (3.7.15) ist die Summe in Gleichung (3.7.16)

$$\sum_{a_r} P(a_1 a_2 \ldots a_{r-1} a_r a_{r+1} \ldots a_{\mathcal{N}}) = \sum_{a_r} \left(\Psi_{a_1 a_2 \ldots a_{r-1} a_r a_{r+1} \ldots a_{\mathcal{N}}}, \Psi_{a_1 a_2 \ldots a_{r-1} a_r a_{r+1} \ldots a_{\mathcal{N}}}\right).$$

Mittels der Konsistenzbedingung (3.7.17) können wir dies als

$$\sum_{a_r} P(a_1 a_2 \ldots a_{r-1} a_r a_{r+1} \ldots a_{\mathcal{N}}) = \left(\sum_{a'_r} \Psi_{a_1 a_2 \ldots a_{r-1} a'_r a_{r+1} \ldots a_{\mathcal{N}}}, \sum_{a_r} \Psi_{a_1 a_2 \ldots a_{r-1} a_r a_{r+1} \ldots a_{\mathcal{N}}}\right)$$

schreiben. Die Vollständigkeitsrelation (3.3.32) ergibt hingegen

$$\sum_{a_r} \Lambda_r(a_r, t_r) = 1,$$

also gilt

$$\sum_{a_r} \Psi_{a_1 a_2 \ldots a_{r-1} a_r a_{r+1} \ldots a_{\mathcal{N}}} = \Psi_{a_1 a_2 \ldots a_{r-1} a_{r+1} \ldots a_{\mathcal{N}}},$$

woraus Gleichung (3.7.16) unmittelbar folgt. Dieses Theorem hat die wichtige Konsequenz, dass die Summe der Wahrscheinlichkeiten für alle Geschichten eines gegebenen Typs (das heißt, alle Geschichten mit einem vorgegebenen Anfangszustand Ψ, vorgegebenen Zeiten $t_1, \ldots t_{\mathcal{N}}$ und vorgegebenen Observablen A_r, die jeweils zu diesen Zeiten festgehalten werden) gleich 1 ist:

$$\sum_{a_1 a_2 \ldots a_{\mathcal{N}}} P(a_1 a_2 \ldots a_{\mathcal{N}}) = \left(\Psi, \Psi\right) = 1. \tag{3.7.18}$$

Die Geschichten, die der Konsistenzbedingung (3.7.17) genügen, werden durch Überlegungen zur Dekohärenz identifiziert. So ist zum Beispiel die Geschichte der Bewegung eines Planeten um die Sonne durch einen Satz von Projektionsoperatoren charakterisiert, die Bezeichnungen a tragen, die verschiedene Zellen endlichen räumlichen Volumens unterscheiden, in denen der Planet gefunden werden könnte. (Man muss sich mit endlichen räumlichen Volumina befassen, weil eine präzise Messung des Ortes dem Planeten eine unerwünschte Impulsänderung geben würde.) Bei der Auswertung von Gleichung (3.7.12) oder (3.7.13) für eine beliebige gegebene Geschichte mitteln wir über alle anderen Variablen, die Störungen der Planetenbahn charakterisieren, inklusive derer, die die

Sonnenstrahlung, interplanetare Materie usw. beschreiben. Diese Störungen bewegen den Planeten nicht aus einer Zelle in eine andere, aber sie ändern die Phase des Zustandsvektors (3.7.12), und die Mittelung über Störungen zerstört damit die Korrelationen, die die Konsistenzbedingung (3.7.17) ungültig machen würden.

Es gibt beim Zugang über dekohärente Geschichten nichts Absurdes oder Inkonsistentes, ebenso wie bei der allgemeinen Idee, dass der Zustandsvektor nur zur Voraussage von Wahrscheinlichkeiten, nicht aber zur vollständigen Beschreibung eines physikalischen Systems dient. Trotzdem wäre es enttäuschend, wenn wir das »realistische« Ziel aufgeben müssten, vollständige Beschreibungen physikalischer Systeme zu finden und diese Beschreibung zur Herleitung der Bornschen Regel zu verwenden, anstatt sie lediglich anzunehmen. Wir können mit der Idee leben, dass der Zustand eines physikalischen Systems durch einen Vektor im Hilbertraum und nicht durch die numerischen Werte der Orte und Impulse aller Teilchen des Systems beschrieben wird, aber es ist hart, völlig ohne eine Beschreibung physikalischer Zustände und stattdessen nur mit einem Algorithmus zur Berechnung von Wahrscheinlichkeiten zu leben. Meine eigene Schlussfolgerung (die nicht allgemein geteilt wird) ist, dass es heute keine Interpretation der Quantenmechanik gibt, die nicht ernsthafte Mängel aufweist, und wir die Möglichkeit ernst nehmen sollten, eine andere, befriedigendere Theorie zu finden, für die die Quantenmechanik nur eine gute Näherung darstellt.

Aufgaben zu Kapitel 3

EXTRAS ONLINE Lösungen

1 Betrachten Sie ein System mit einem Paar observabler Größen A und B, deren Kommutatoren mit dem Hamiltonian die Gestalt $[H, A] = iwB$, $[H, B] = -iwA$ annehmen, wobei w eine reelle Konstante ist. Die Erwartungswerte von A und B seien zur Zeit $t = 0$ bekannt. Geben Sie Ausdrücke für die Erwartungswerte von A und B als Funktion der Zeit an.

2 Betrachten Sie einen normierten Anfangszustand Ψ zur Zeit $t = 0$ mit einer Breite ΔE in der Energie, die als

$$\Delta E \equiv \sqrt{\left\langle \left(H - \langle H\rangle_\Psi\right)^2 \right\rangle_\Psi}$$

definiert ist. Berechnen Sie die Wahrscheinlichkeit $|(\Psi(\delta t), \Psi)|^2$, dass das System nach einer sehr kurzen Zeitskala noch im Zustand Ψ ist. Drücken Sie das Ergebnis durch ΔE, $\hbar$ und δt in *zweiter* Ordnung in δt aus.

3 Nehmen Sie an, dass der Hamiltonian ein linearer Operator mit

$$H\Psi = g\Phi, \quad H\Phi = g^*\Psi, \quad H\Upsilon_n = 0$$

ist, wobei g eine beliebige Konstante ist, Ψ und Φ ein Paar von normierten, unabhängigen (aber nicht zwangsläufig orthogonalen) Zustandsvektoren ist, und Υ_n über alle

Zustandsvektoren läuft, die sowohl zu Ψ als auch Φ orthogonal sind. Welche Bedingungen müssen Φ und Ψ erfüllen, damit dieser Hamiltonian hermitesch ist? Bestimmen Sie die Zustände zu fester Energie und die entsprechenden Energiewerte, wenn diese Bedingungen erfüllt sind.

4 Nehmen Sie an, dass ein linearer Operator A die Bedingung erfüllt, dass er mit seiner Adjungierten kommutiert, obwohl er nicht hermitesch ist. Was kann man über die Beziehung zwischen den Eigenwerten von A und $A^\dagger$ sagen? Was kann man über das Skalarprodukt zweier Eigenzustände von A mit ungleichen Eigenwerten sagen?

5 Nehmen Sie an, dass die Zustandsvektoren Ψ und Ψ' Eigenvektoren eines unitären Operators mit zugehörigen Eigenwerten λ und λ' sind. Welcher Beziehung müssen λ und λ' genügen, wenn Ψ nicht orthogonal zu Ψ' ist?

6 Zeigen Sie, dass das Produkt der Unbestimmtheiten in Ort und Impuls seinen Minimalwert $\hbar/2$ für ein Gaußsches Wellenpaket aus Wellenfunktionen freier Teilchen annimmt.

Lernziele

1 Rotationen

- Endliche Rotationen, Wirkung auf physikalische Zustände
- Infinitesimale Rotationen
- Kommutatorrelationen, Gesamtdrehimpuls, Spin

2 Multipletts des Drehimpulses

- Aufsteige- und Absteigeoperatoren
- Spektrum von $\mathbf{J}^2$ und J_3, Spinmatrizen, Pauli-Matrizen, J_3-Unabhängigkeit
- Stern-Gerlach-Experiment

3 Addition von Drehimpulsen

- Basiswahl, Clebsch-Gordan-Koeffizienten
- Summenregeln, Zustände des Wasserstoffs, $SU(2)$-Formalismus

4 Das Wigner-Eckart-Theorem

- Transformationseigenschaften von Operatoren
- Theorem für Matrixelemente, parallele Matrixelemente
- Auswahlregeln der Photonenemission

5 Bosonen und Fermionen

- Symmetrische und antisymmetrische Zustände, Verbindung zum Spin
- Hartree-Näherung, Paulis Ausschlussprinzip
- Periodensystem der Elemente, Magische Zahlen für Atomkerne
- Temperatur und chemisches Potenzial, Statistik
- Isolatoren, Leiter, Halbleiter

6 Innere Symmetrien

- Ladungssymmetrie, Isospin-Symmetrie
- Pionen, Δs, Strangeness, $U(1)$-Symmetrien, $SU(3)$-Symmetrie

7 Inversionen

- Räumliche Inversion
- Bahnparität, Intrinsische Parität, Parität von Pionen
- Verletzungen der Paritätserhaltung, **P**, **C** und **T**

8 Algebraische Herleitung des Wasserstoffspektrums

- Runge-Lenz-Vektor, $SO(3) \otimes SO(3)$-Vertauschungsrelationen
- Energieniveaus, Streuzustände

Spin et cetera

4

ÜBERBLICK

» Die Wellenmechanik versagte vollkommen bei der Begründung der Vielzahl der atomaren Energieniveaus. Am auffälligsten war dies im Fall der Alkalimetalle, Lithium, Natrium, Kalium und so weiter. Man wusste, dass man ein Atom irgendeines dieser Elemente als einen mehr oder weniger inerten Kern, bestehend aus dem eigentlichen Atomkern und den $Z-1$ inneren Elektronen, zusammen mit einem einzelnen äußeren Elektron behandlen kann, wobei die Übergänge des einzelnen Elektrons zwischen den Energieniveaus für die Spektrallinien verantwortlich sind. Da das vom äußeren Elektron erfahrene elektrostatische Feld kein Coulomb-Feld ist, hängen seine Energieniveaus von der Drehimpulsquantenzahl ℓ ebenso ab wie von der Radialquantenzahl n, aber aufgrund der sphärischen Symmetrie des Atoms nicht von der z-Komponente des Drehimpulses, $\hbar m$ (siehe Gleichung (2.1.29)). Für jeden Satz von n, ℓ und m sollte es gerade ein Energieniveau geben. Beobachtungen atomarer Spektren zeigten jedoch, dass in Wirklichkeit alle Zustände bis auf die s-Zustände verdoppelt waren. Zum Beispiel zeigt schon ein schwach auflösendes Spektrometer, dass die D-Linie des Natriums, die durch einen Übergang $3p \to 3s$ erzeugt wird, ein Dublett mit Wellenlängen 5896 und 5890 Angström ist. Dies motivierte Pauli vorzuschlagen, dass es für Elektronen in solchen Atomen eine vierte Quantenzahl zusätzlich zu n, ℓ und m gibt, wobei die vierte Quantenzahl in allen Zuständen außer in den s-Zuständen genau zwei Werte annehmen kann. Aber die physikalische Bedeutung dieser vierten Quantenzahl blieb obskur. «

Im Jahr 1925 schlugen dann zwei junge Physiker, der Theoretiker George Uhlenbeck (1900–1988) und der Experimentator Samuel Goudsmit (1902–1978), vor,[1] dass die Verdoppelung der Energieniveaus auf einen intrinsischen Drehimpuls des Elektrons zurückzuführen sei, dessen Komponente in der Richtung von **L** (für $\mathbf{L} \neq 0$) nur zwei Werte annehmen kann und dessen Wechselwirkung mit dem schwachen magnetischen Feld, das von der Bahnbewegung des Elektrons erzeugt wird, alle Zustände außer den s-Zuständen in fast entartete Dublette aufspaltet. Jede Komponente eines Drehimpulses s würde $2s+1$ Werte annehmen, daher müsste die Größe s, die ℓ für den intrinsischen Drehimpuls entspricht, den ungewöhnlichen Wert 1/2 annehmen. Dieser intrinsische Drehimpuls wurde schließlich **Spin** des Elektrons genannt.

Zunächst stieß diese Idee auf großen Unglauben. Wie wir in Abschnitt 2.1 gesehen haben, kann der Bahndrehimpuls nicht den Wert $\ell = 1/2$ annehmen. Ein weiteres Problem war, dass eine Kugel mit der Masse des Elektrons und einem Drehimpuls $\hbar/2$ an ihrer Oberfläche nur dann eine Rotationsgeschwindigkeit unterhalb der Lichtgeschwindigkeit hat, wenn ihr Radius größer als $\hbar/2m_e c \simeq 2 \times 10^{-11}$ cm ist, und man nahm an, dass ein so großer Elektronenradius der Beobachtung nicht entgangen wäre. Der Spin des Elektrons wurde ein wenig später respektabler, als mehrere Autoren[2] zeigten, dass die Kopplung zwischen dem Spin des Elektrons und seiner Bahnbewegung die Feinstruktur des Wasserstoff erklärte – die Aufspaltung der Zustände mit $\ell \neq 0$ in Dublette. (Wir besprechen das in Abschnitt 4.2.)

Die Zweifel an Modellen rotierender Elektronen rührten von dem bleibenden Wunsch, Quantenphänomene in klassischen Begriffen zu verstehen. Wir sollten stattdessen die Existenz sowohl von Bahndrehimpuls als auch von Spin als Konsequenzen eines Symmetrieprinzips auffassen. Wir haben in den Abschnitten 3.4–3.6 gesehen, wie sich aus Symmetrieprinzipien die Existenz von Erhaltungsgrößen wie Energie und Impuls ergibt. Es gibt noch eine andere klassische Symmetrie in nichtrelativistischer und relativistischer Physik, nämlich die Invarianz unter räumlichen Rotationen. In Abschnitt 4.1 werden wir zeigen, wie Rotationsinvarianz in der Quantenmechanik auf die Existenz eines erhaltenen Drehimpuls-Dreiervektors **J** führt. Die Vertauschungsrelationen dieser Operatoren werden in Abschnitt 4.2 verwendet, um das Eigenwertspektrum von $\mathbf{J}^2$ und J_3 herzuleiten und herauszufinden, wie alle drei Komponenten von **J** auf die entsprechenden Eigenzustände wirken. Es stellt sich heraus, dass die Eigenwerte von J_3 ganzzahlige *oder halb-ganzzahlige* Vielfache von $\hbar$ sein können. Im Allgemeinen ist der Drehimpuls **J** eines Teilchens die Summe aus seinem Bahndrehimpuls, den wir bereits in Abschnitt 2.1 diskutiert haben, und einem Spindrehimpuls, der sowohl halb-ganzzahlige als auch ganzzahlige Werte annehmen kann. Außerdem ist in einem Vielteilchensystem der Gesamtdrehimpuls des Systems die Summe der Drehimpulse der einzelnen Teilchen. Aus beiden Gründen werden wir in Abschnitt 4.3 überlegen, wie die Eigenzustände von $\mathbf{J}^2$ und J_3 für die Summe von zwei Drehimpulsen aus den entsprechenden Eigenzuständen für die ein-

1 S. Goudsmit und G. Uhlenbeck, Naturwiss. **13**, 953 (1925); Nature 117, 264 (1926).
2 W. Heisenberg und P. Jordan, Z. f. Physik **37**, 263 (1926); C. G. Darwin, Proc. Roy. Soc. Lond. A**116**, 227 (1927).

zelnen Drehimpulse konstruiert werden können. In Abschnitt 4.4 werden die Regeln für die Drehimpulsaddition verwendet, um eine als Wigner-Eckart-Theorem bekannte Formel für die Matrixelemente von Operatoren zwischen Multipletts von Drehimpulseigenzuständen herzuleiten. Abschnitt 4.5 behandelt die Beziehung zwischen dem Spin eines Teilchens und der Symmetrie oder Antisymmetrie des Zustandsvektors in Vielteilchenzuständen und leitet Konsequenzen für Atom- und Kernphysik ab.

Es stellt sich heraus, dass nicht nur das Elektron, sondern auch das Proton und Neutron Spin 1/2 haben. Manchmal wird gesagt, dass dieser Wert des Spins des Elektrons und anderer Teilchen eine Konsequenz der Relativitätstheorie ist. Das kommt daher, dass Dirac 1928 eine Art von relativistischer Wellenmechanik[3] entwickelte, bei der die Teilchen der Theorie Spin 1/2 haben mussten. Aber Diracs relativistische Wellenmechanik ist nicht der einzige Weg, Relativitätstheorie und Quantenmechanik zu verbinden. In der Tat zeigten Pauli und Victor Weisskopf (1908–2002) im Jahr 1934,[4] wie man eine relativistische Quantenmechanik für Teilchen ohne Spin konstruieren könnte. Heute kennen wir Teilchen wie die Z- und W-Teilchen, die ebenso elementar wie das Elektron zu sein scheinen und Spin $j = 1$ und nicht $j = 1/2$ zeigen. Es gibt nichts beim Spin, für das man die Relativitätstheorie berücksichtigen muss, und nichts in der Relativitätstheorie, dass verlangt, dass Elementarteilchen Spin 1/2 haben müssen.

Obwohl man es zunächst nicht wusste, legt der Spin eines Teilchens fest, ob die Wellenfunktion von mehreren Teilchen des gleichen Typs in den Ortskoordinaten symmetrisch oder antisymmetrisch ist. Wir besprechen dies in Abschnitt 4.5, zusammen mit einigen der Konsequenzen für Atome, Gase und Kristalle.

Unter Verwendung unseres Wissens zum Drehimpuls werden wir in den Abschnitten 4.6 und 4.7 zwei andere Arten von Symmetrie betrachten: innere Symmetrien wie etwa die Isospin-Symmetrie und die Symmetrie unter Rauminversion. Abschnitt 4.8 zeigt, dass es für das Coulomb-Potenzial zwei unterschiedliche Dreiervektoren mit den Eigenschaften eines Drehimpulses gibt, und nutzt die Eigenschaften solcher in Abschnitt 4.2 hergeleiteter Dreiervektoren, um eine algebraische Berechnung des Wasserstoffspektrums durchzuführen.

---

3 P. A. M. Dirac, Proc. Roy. Soc. Lond. A **117**, 610 (1928).

4 W. Pauli und V. F. Weisskopf, Helv. Phys. Acta **7**, 709 (1934).

4.1 Rotationen

Eine Rotation (Drehung) ist eine reelle lineare Transformation $x_i \mapsto \sum_j R_{ij} x_j$ der kartesischen Koordinaten x_i, die das Skalarprodukt $\mathbf{x} \cdot \mathbf{y} = \sum_i x_i y_i$ invariant lässt. Das heißt,

$$\sum_i \Big(\sum_j R_{ij} x_j\Big)\Big(\sum_k R_{ik} y_k\Big) = \sum_i x_i y_i,$$

wobei die Summen über i, j, k, usw. die Werte 1, 2, 3 durchlaufen. Indem wir die Koeffizienten von $x_j y_k$ auf beiden Seiten der Gleichung gleich setzen, erhalten wir die grundlegende Bedingung für eine Rotation:

$$\sum_i R_{ij} R_{ik} = \delta_{jk} \tag{4.1.1}$$

oder in Matrixschreibweise

$$R^T R = 1, \tag{4.1.2}$$

wobei R^T für das Transponierte einer Matrix steht, $[R^T]_{ji} = R_{ij}$; 1 ist hier die Einheitsmatrix, $[1]_{jk} = \delta_{jk}$.

Nicht alle Transformationen $x_i \mapsto \sum_j R_{ij} x_j$, bei denen R_{ij} Gleichung (4.1.2) genügt, sind Rotationen. Berechnet man die Determinante von Gleichung (4.1.2) und nutzt, dass die Determinante des Produkts von Matrizen gleich dem Produkt der Determinanten ist und dass die Determinante der Transponierten einer Matrix gleich der Determinante der Matrix ist, so sieht man, dass $[\mathrm{Det} R]^2 = 1$ ist; somit kann Det$R$ nur $+1$ oder -1 sein. Die Transformationen mit $\mathrm{Det} R = -1$ sind Rauminversionen; ein Beispiel ist die einfache Transformation $\mathbf{x} \mapsto -\mathbf{x}$. Wir werden diese Transformationen in Abschnitt 4.7 betrachten. Die Transformationen mit $\mathrm{Det} R = +1$ sind die Rotationen, die uns hier interessieren. Die Rotationen bilden untereinander eine Gruppe, da jedes Produkt von Matrizen mit Determinanten 1 wieder Determinante 1 hat. Diese Gruppe bezeichnet man als die spezielle orthogonale Gruppe in drei Dimensionen oder $SO(3)$; dabei bedeutet »orthogonal«, dass sie aus reellen (3×3)-Matrizen besteht, die Gleichung (4.1.1) genügen, und »speziell« steht dafür, dass diese Matrizen Determinante 1 haben.

Wie andere Symmetrietransformationen auch, induziert eine Rotation R eine unitäre Transformation im Hilbertraum physikalischer Zustände, in diesem Fall $\Psi \mapsto U(R)\Psi$. Führen wir eine Rotation R_1 und dann eine Rotation R_2 aus, so erfahren die physikalischen Zustände die Transformation $\Psi \mapsto U(R_2)U(R_1)\Psi$, was aber dasselbe sein muss, wie wenn wir eine Rotation $R_2 R_1$ ausgeführt hätten, es gilt also[5]

$$U(R_2)U(R_1) = U(R_2 R_1). \tag{4.1.3}$$

5 Im Allgemeinen könnte ein Phasenfaktor $\exp[i\alpha(R_1, R_2)]$ auf der rechten Seite dieser Beziehung auftauchen. Aber das ist nicht der Fall für Rotationen, die aus Rotationen um sehr kleine Winkel aufgebaut werden können, was der uns hier interessierende Fall ist. Für eine detaillierte Diskussion dieses Punkts siehe S. Weinberg, *The Quantum Theory of Fields*, Vol. I (Cambridge University Press, Cambridge, 1995), S. 52–53 und Abschnitt 2.7.

Wirkt $U(R)$ auf den Operator $\mathbf{V}$, der eine vektorielle Observable darstellt (wie den Ortsvektor $\mathbf{X}$ oder den Impulsvektor $\mathbf{P}$), so induziert es eine Rotation

$$U^{-1}(R)V_iU(R) = \sum_j R_{ij}V_j. \tag{4.1.4}$$

Im Gegensatz zu Inversionen können Rotationen infinitesimal sein. In diesem Fall gilt

$$R_{ij} = \delta_{ij} + \omega_{ij} + O(\omega^2) \tag{4.1.5}$$

mit infinitesimalem ω_{ij}. Die Bedingung (4.1.2) gibt in diesem Fall

$$1 = \left(1 + \omega^T + O(\omega^2)\right)\left(1 + \omega + O(\omega^2\right) = 1 + \omega^T + \omega + O(\omega^2),$$

somit gilt $\omega^T = -\omega$, beziehungsweise

$$\omega_{ji} = -\omega_{ij}. \tag{4.1.6}$$

Für solche infinitesimalen Drehungen muss der unitäre Operator $U(R)$ die Gestalt

$$U(1+\omega) \to \mathbf{1} + \frac{i}{2\hbar}\sum_{ij}\omega_{ij}J_{ij} + O(\omega^2) \tag{4.1.7}$$

annehmen, wobei $J_{ij} = -J_{ji}$ ein Satz hermitescher Operatoren ist. (Der Faktor $1/\hbar$ wird in der Definition (4.1.7) eingeführt, um den Operatoren J_{ij} Einheiten von $\hbar$ zu geben, die denen von Abstand mal Impuls entsprechen.)

Wie bei den Generatoren von Symmetrietransformationen üblich, kann die Transformationseigenschaft anderer Observabler durch Vertauschungsrelationen dieser Observablen mit den Generatoren der Symmetrie ausgedrückt werden. Wenden wir Gleichung (4.1.7) etwa in der Transformationsregel (4.1.4) für einen Vektor $\mathbf{V}$ an, so erhalten wir

$$\frac{i}{\hbar}[V_k, J_{ij}] = \delta_{ik}V_j - \delta_{jk}V_i. \tag{4.1.8}$$

Wir können auch die Transformationsregel der Operatoren J_{ij} und ihre Kommutatorrelationen untereinander herleiten. Als eine Anwendung von Gleichung (4.1.3) erhalten wir

$$U(R'^{-1})U(1+\omega)U(R') = U(R'^{-1}(1+\omega)R') = U(1 + R'^{-1}\omega R')$$

für beliebige $\omega_{ij} = -\omega_{ji}$ und beliebiges R', und zwar unabhängig von ω. In erster Ordnung in ω haben wir dann

$$\sum_{ij}\omega_{ij}U(R'^{-1})J_{ij}U(R') = \sum_{kl}(R'^{-1}\omega R)_{kl}J_{kl} = \sum_{ijkl}R'_{ik}R'_{jl}\omega_{ij}J_{kl},$$

wobei wir Gleichung (4.1.2) verwendet haben, die $R'^{-1} = R'^T$ ergibt. Setzen wir die Koeffizienten von ω_{ij} auf beiden Seiten dieser Gleichung gleich, so erhalten wir die Transformationsregel für den Operator J_{ij}:

$$U(R'^{-1})J_{ij}U(R') = \sum_{kl}R'_{ik}R'_{jl}J_{kl}. \tag{4.1.9}$$

Somit ist J_{ij} ein **Tensor**. Wir können das noch einen Schritt weitertreiben und R' selbst als infinitesimale Rotation der Gestalt $R' \to 1 + \omega'$ annehmen, wobei $\omega'_{ij} = -\omega'_{ji}$ infinitesimal sind. Dann ergibt Gleichung (4.1.9) in erster Ordnung in ω'

$$\frac{i}{2\hbar}\left[J_{ij}, \sum_{kl} \omega'_{kl} J_{kl}\right] = \sum_{kl} \left(\omega'_{ik}\delta_{jl} + \omega'_{jl}\delta_{ik}\right) J_{kl} = \sum_{k} \omega'_{ik} J_{kj} + \sum_{l} \omega'_{jl} J_{il}.$$

Setzen wir die Koeffizienten von ω'_{kl} auf beiden Seiten dieser Gleichung gleich, so bekommen wir die Kommutatorrelation der J:

$$\frac{i}{\hbar}\left[J_{ij}, J_{kl}\right] = -\delta_{il} J_{kj} + \delta_{ik} J_{lj} + \delta_{jk} J_{il} - \delta_{jl} J_{ik}. \tag{4.1.10}$$

Bis jetzt war alles auf rotationsinvariante Theorien in Räumen beliebiger Dimension anwendbar. In drei Dimensionen ist es sehr praktisch, J_{ij} durch einen dreikomponentigen Operator $\mathbf{J}$ auszudrücken, der durch

$$J_1 \equiv J_{23}, \quad J_2 \equiv J_{31}, \quad J_3 \equiv J_{12}$$

definiert ist. Kompakter schreibt man

$$J_k \equiv \frac{1}{2} \sum_{ij} \epsilon_{ijk} J_{ij}, \quad J_{ij} = \sum_{k} \epsilon_{ijk} J_k, \tag{4.1.11}$$

wobei ϵ_{ijk} eine vollständig antisymmetrische Größe ist, deren einzige nicht-verschwindenden Komponenten $\epsilon_{123} = \epsilon_{231} = \epsilon_{312} = +1$ und $\epsilon_{213} = \epsilon_{321} = \epsilon_{132} = -1$ sind. Der unitäre Operator für infinitesimale Drehungen (4.1.7) nimmt dann die Gestalt

$$U(1 + \omega) \to \mathbf{1} + \frac{i}{\hbar} \boldsymbol{\omega} \cdot \mathbf{J} + \mathbf{O}(\omega^2) \tag{4.1.12}$$

an mit $\omega_k \equiv \frac{1}{2} \sum_{ij} \epsilon_{ijk} \omega_{ij}$. Hier wird um einen infinitesimalen Winkel $|\boldsymbol{\omega}|$ um eine Achse entlang der Richtung von $\boldsymbol{\omega}$ gedreht.

Durch $\mathbf{J}$ ausgedrückt, bekommt die charakteristische Eigenschaft (4.1.8) eines Dreiervektors $\mathbf{V}$ die Gestalt

$$[J_i, V_j] = i\hbar \sum_{k} \epsilon_{ijk} V_k. \tag{4.1.13}$$

(Gleichung (4.1.8) ergibt zum Beispiel $[J_1, V_2] = [J_{23}, V_2] = i\hbar V_3$.) Ferner wird die Vertauschungsrelation (4.1.10) zu

$$[J_i, J_j] = i\hbar \sum_{k} \epsilon_{ijk} J_k. \tag{4.1.14}$$

(Gleichung (4.1.10) ergibt zum Beispiel $[J_1, J_2] = [J_{23}, J_{31}] = -i\hbar J_{21} = i\hbar J_3$.) Somit ist $\mathbf{J}$ selbst ein Dreiervektor. Man mag sich erinnern, dass Gleichung (4.1.14) der gleiche Kommutator wie (2.1.11) ist, der vom Bahndrehimpulsoperator $\mathbf{L}$ erfüllt wird, hier aber aus der Annahme der Rotationsinvarianz ohne Annahmen über Orte oder Impulse hergeleitet wurde. Diese Kommutatorrelation wird die Grundlage unserer Behandlung des Drehimpulses in den folgenden Abschnitten sein.

Es sei am Rande bemerkt, dass es keine Überraschung sein sollte, dass die durch Gleichung (4.1.11) definierte Größe **J** ein Vektor ist: Obwohl die Komponenten von ϵ_{ijk} in allen Koordinatensystemen identisch sind, handelt es sich um einen Tensor, das heißt

$$\epsilon_{ijk} = \sum_{i'j'k'} R_{ii'} R_{jj'} R_{kk'} \epsilon_{i'j'k'} \,. \tag{4.1.15}$$

Das kommt daher, dass die rechte Seite vollständig antisymmetrisch in i, j, und k ist und somit proportional zu ϵ_{ijk} sein muss. Aufgrund der Definition von Determinanten ist der Proportionalitätsfaktor gerade $\operatorname{Det} R$, was für Rotationen $+1$ ist. Weiß man, dass ϵ_{ijk} und J_{ij} Tensoren sind, so wird aus Gleichung (4.1.11) klar, dass J_i ein Dreiervektor ist.

Kehren wir nun zu dem Punkt zurück, den wir in der Einführung zu diesem Kapitel aufgebracht haben, nämlich dass sich der Gesamtdrehimpuls **J** eines Teilchens von seinem Bahndrehimpuls **L** unterscheiden kann. Wenn **J** der wahre Generator der Drehungen ist, so besteht die Kommutatorbeziehung (4.1.13) zu *jedem* Vektor mit **J**, nicht mit **L**. Wie wir in Abschnitt 2.1 gesehen haben, zeigt eine direkte Berechnung, dass für ein Teilchen in einem Zentralpotenzial der Operator $\mathbf{L} \equiv \mathbf{X} \times \mathbf{P}$ die gleiche Vertauschungsrelation (4.1.14) wie **J** erfüllt:

$$[L_i, L_j] = i\hbar \sum_k \epsilon_{ijk} L_k, \tag{4.1.16}$$

und da **L** ein Vektor ist, muss

$$[J_i, L_j] = i\hbar \sum_k \epsilon_{ijk} L_k \tag{4.1.17}$$

gelten. Wenn wir also einen Operator $\mathbf{S} \equiv \mathbf{J} - \mathbf{L}$ definieren, sodass

$$\mathbf{J} = \mathbf{L} + \mathbf{S}, \tag{4.1.18}$$

dann erhalten wir durch Subtraktion von Gleichung (4.1.16) von Gleichung (4.1.17), dass

$$[S_i, L_j] = 0 \tag{4.1.19}$$

gilt. Aus den Gleichungen (4.1.19), (4.1.18), (4.1.16) und (4.1.14) bekommen wir

$$[S_i, S_j] = i\hbar \sum_k \epsilon_{ijk} S_k. \tag{4.1.20}$$

Somit wirkt **S** wie eine neue Art von Drehimpuls und kann als eine intrinsische Eigenschaft eines Teilchens aufgefasst werden, die man **Spin** nennt. In Abschnitt 2.1 haben wir letztlich angenommen, dass das behandelte Teilchen $\mathbf{S} = 0$ hat, was aber für das Elektron und verschiedene andere Teilchen nicht zutrifft.

Der Spinoperator wird nicht aus den Orts- und Impulsoperatoren des Teilchens gebildet. Er kommutiert vielmehr mit ihnen. Eine direkte Rechnung ergibt

$$[L_i, X_j] = i\hbar \sum_k \epsilon_{ijk} X_k, \quad [L_i, P_j] = i\hbar \sum_k \epsilon_{ijk} P_k, \tag{4.1.21}$$

während als Spezialfall von Gleichung (4.1.13)

$$[J_i, X_j] = i\hbar \sum_k \epsilon_{ijk} X_k, \quad [J_i, P_j] = i\hbar \sum_k \epsilon_{ijk} P_k \tag{4.1.22}$$

gilt. Die Differenz der Gleichungen (4.1.21) und (4.1.22) ergibt dann

$$[S_i, X_j] = [S_i, P_j] = 0. \tag{4.1.23}$$

Ein System, das mehrere Teilchen enthält, hat einen Gesamtdrehimpuls, der durch die Summe der Bahndrehimpulse $\mathbf{L}_n$ und Spins $\mathbf{S}_n$ der einzelnen Teilchen (hier mit Indizes n, n' bezeichnet) gegeben ist:

$$\mathbf{J} = \sum_n \mathbf{L}_n + \sum_n \mathbf{S}_n. \tag{4.1.24}$$

Weil sie auf verschiedene Teilchen wirken, nehmen die Kommutatorrelationen für die Beiträge zu $\mathbf{J}$ die allgemeine Gestalt

$$[L_{ni}, L_{n'j}] = i\hbar\delta_{nn'} \sum_k \epsilon_{ijk} L_{nk}, \tag{4.1.25}$$

$$[L_{ni}, S_{n'j}] = 0, \tag{4.1.26}$$

$$[S_{ni}, S_{n'j}] = i\hbar\delta_{nn'} \sum_k \epsilon_{ijk} S_{nk} \tag{4.1.27}$$

an, sodass $\mathbf{J}$ Gleichung (4.1.14) genügt. Ferner wirkt $\mathbf{L}_n$ nur auf die Koordinaten des n-ten Teilchens, somit gilt

$$[L_{ni}, X_{n'j}] = i\hbar\delta_{nn'} \sum_k \epsilon_{ijk} X_{nk}, \quad [L_{ni}, P_{n'j}] = i\hbar\delta_{nn'} \sum_k \epsilon_{ijk} P_{nk}, \tag{4.1.28}$$

während

$$[S_{ni}, X_{n'j}] = [S_{ni}, P_{n'j}] = 0 \tag{4.1.29}$$

gilt.

Da wir keinen expliziten Ausdruck für $\mathbf{S}$ oder $\mathbf{J}$ haben, ist es wichtig, nur mithilfe der Vertauschungsrelationen berechnen zu können, wie Drehimpulsoperatoren auf physikalische Zustände im Allgemeinen wirken. Wir werden dies im nächsten Abschnitt für $\mathbf{J}$ berechnen, aber das gleiche Vorgehen gilt auch für $\mathbf{S}$ und $\mathbf{L}$ sowie den Gesamtdrehimpuls, den Spin oder den Bahndrehimpuls einzelner Teilchen.

4.2 Multipletts des Drehimpulses

Wir werden nun die Eigenwerte von $\mathbf{J}^2$ und J_3 berechnen, sowie die Wirkung von $\mathbf{J}$ auf ein Multiplett von Eigenvektoren dieser Operatoren, wobei $\mathbf{J}$ ein beliebiger hermitescher Operator ist, der den Vertauschungsrelationen (4.1.14) genügt.

Zunächst halten wir fest, dass

$$[J_3, \left(J_1 \pm iJ_2\right)] = i\hbar J_2 \pm i\,(-i\hbar J_1) = \pm\,\hbar\left(J_1 \pm iJ_2\right) \tag{4.2.1}$$

gilt. Somit wirken $J_1 \pm iJ_2$ als **Aufsteige- und Absteigeoperatoren**: Für einen Zustandsvektor Ψ^m, der die Eigenwertbedingung $J_3\Psi^m = \hbar m\Psi^m$ (für beliebiges m) erfüllt, haben wir

$$J_3\left(J_1 \pm iJ_2\right)\Psi^m = (m \pm 1)\hbar\left(J_1 \pm iJ_2\right)\Psi^m,$$

somit ist der Zustand $(J_1 \pm iJ_2)\Psi^m$, sofern er nicht verschwindet, ein Eigenzustand von J_3 mit Eigenwert $\hbar(m \pm 1)$. Da $\mathbf{J}^2$ mit J_3 vertauscht, können wir Ψ^m als Eigenvektor von $\mathbf{J}^2$ und J_3 zugleich wählen. Da $\mathbf{J}^2$ mit $(J_1 \pm iJ_2)$ vertauscht, haben alle Zustandsvektoren, die untereinander mit Absteige- und/oder Aufsteigeoperatoren verbunden sind, den gleichen Eigenwert für $\mathbf{J}^2$.

Es muss nun ein Maximum und ein Minimum für die Eigenwerte von J_3 geben, die auf diese Weise erreicht werden können, denn das Quadrat eines beliebigen Eigenwerts von J_3 ist zwangsläufig *kleiner* als der Eigenwert von $\mathbf{J}^2$. Das ist so, weil in einem normierten Zustand Ψ, der einen Eigenwert a für J_3 und einen Eigenwert b für $\mathbf{J}^2$ hat, die Ungleichung

$$b - a^2 = \left(\Psi, (\mathbf{J}^2 - J_3^2)\Psi\right) = \left(\Psi, (J_1^2 + J_2^2)\Psi\right) \geq 0$$

gilt. Es ist üblich, eine Größe j als den Maximalwert der Eigenwerte von $J_3/\hbar$ für eine bestimmte Menge von Zustandsvektoren einzuführen, die untereinander durch Auf- und Absteigeoperatoren verbunden sind. Wir werden auch zwischenzeitlich j' als den minimalen Eigenwert von $J_3/\hbar$ für diese Zustandsvektoren definieren. Der Zustandsvektor Ψ^j, für den J_3 seinen maximalen Eigenwert $\hbar j$ annimmt, muss

$$\left(J_1 + iJ_2\right)\Psi^j = 0 \tag{4.2.2}$$

erfüllen, denn sonst wäre $(J_1 + iJ_2)\Psi^j$ ein Zustandsvektor mit einem größeren Eigenwert für J_3. In gleicher Weise erhält man durch Anwendung von $(J_1 - iJ_2)$ auf den Zustandsvektor Ψ^j einen Eigenzustand von J_3 mit Eigenwert $\hbar(j-1)$, natürlich vorausgesetzt, dass dieser Zustandsvektor nicht verschwindet. Machen wir auf diese Weise weiter, so gelangen wir schließlich zu einem Zustandsvektor $\Psi^{j'}$ mit dem minimalen Eigenwert $\hbar j'$ von J_3, der

$$\left(J_1 - iJ_2\right)\Psi^{j'} = 0 \tag{4.2.3}$$

genügt, denn sonst wäre $(J_1 - iJ_2)\Psi^{j'}$ ein Zustandsvektor mit einem noch kleineren Eigenwert von J_3. Wir kommen zu $\Psi^{j'}$ von Ψ^j ausgehend, indem wir den Absteigeoperator $(J_1 - iJ_2)$ mehrfach anwenden, somit muss $j - j'$ eine ganze Zahl sein.

Um noch weiter zu kommen, verwenden wir die Kommutatorrelationen von J_1 und J_2, um zu zeigen, dass

$$\left(J_1 - iJ_2\right)\left(J_1 + iJ_2\right) = J_1^2 + J_2^2 + i[J_1, J_2] = \mathbf{J}^2 - J_3^2 - \hbar J_3, \tag{4.2.4}$$

$$\left(J_1 + iJ_2\right)\left(J_1 - iJ_2\right) = J_1^2 + J_2^2 - i[J_1, J_2] = \mathbf{J}^2 - J_3^2 + \hbar J_3 \tag{4.2.5}$$

gilt. Gemäß Gleichung (4.2.2) ergibt der Operator (4.2.4) bei der Anwendung auf Ψ^j null, somit gilt

$$\mathbf{J}^2 \Psi^j = \hbar^2 j\,(j+1)\,\Psi^j. \tag{4.2.6}$$

Andererseits ergibt der Operator (4.2.5) wegen Gleichung (4.2.3) null, wenn er auf $\Psi^{j'}$ wirkt, somit gilt

$$\mathbf{J}^2 \Psi^{j'} = \hbar^2 j'\,(j'-1)\,\Psi^{j'}. \tag{4.2.7}$$

Alle diese Zustandsvektoren sind aber Eigenzustände von $\mathbf{J}^2$ mit dem gleichen Eigenwert, somit gilt $j'(j'{-}1) = j(j{+}1)$. Diese quadratische Gleichung in j' hat zwei Lösungen, $j' = j{+}1$ und $j' = -j$. Die erste Lösung ist unmöglich, weil j' der Minimaleigenwert von $J_3/\hbar$ ist und somit nicht größer als der Maximaleigenwert j sein kann. Damit verbleibt uns die andere Lösung

$$j' = -j. \tag{4.2.8}$$

Weil nun $j - j'$ ganzzahlig sein muss, so muss *j ganzzahlig oder halb-ganzzahlig sein.* Die Eigenwerte von J_3 durchlaufen $2j+1$ Werte von $\hbar m$, wobei m in Einerschritten von $-j$ nach $+j$ läuft. Wir nennen die zugehörigen Eigenzustände Ψ_j^m, sodass

$$J_3 \Psi_j^m = \hbar\, m\, \Psi_j^m, \qquad m = -j, -j+1, \ldots +j \tag{4.2.9}$$

$$\mathbf{J}^2\, \Psi_j^m = \hbar^2\, j(j+1)\, \Psi_j^m \tag{4.2.10}$$

gilt. Das sind dieselben Eigenwerte, die wir zuvor im Fall des Bahndrehimpulses gefunden haben, mit dem einen großen Unterschied, dass j und m (auch) halb-ganzzahlig anstatt (nur) ganzzahlig sein können.

Die Zustandsvektoren Ψ_j^m für verschiedene Werte von m sind orthogonal, weil sie Eigenvektoren des hermiteschen Operators J_3 zu unterschiedlichen Eigenwerten sind. Sie können durch Multiplikation mit geeigneten Konstanten normiert werden, sodass

$$\left(\Psi_j^{m'}, \Psi_j^m\right) = \delta_{m'm} \tag{4.2.11}$$

gilt. Wir haben auch festgestellt, dass $(J_1 \pm iJ_2)\Psi_j^m$ den Eigenwert $\hbar(m\pm1)$ für J_3 hat, somit muss der Zustandsvektor zu $\Psi_j^{m\pm1}$ proportional sein:

$$\left(J_1 \pm iJ_2\right)\Psi_j^m = \alpha^{\pm}(j,m)\Psi_j^{m\pm1}. \tag{4.2.12}$$

Es folgt dann aus Gleichung (4.2.4)

$$\alpha^{-}(j,m+1)\alpha^{+}(j,m) = \hbar^2[j(j+1) - m^2 - m]. \tag{4.2.13}$$

Um die Normierungsbedingung (4.2.11) zu erfüllen, muss

$$|\alpha^{\pm}(j,m)|^2 = \Big((J_1 \pm iJ_2)\Psi_j^m, (J_1 \pm iJ_2)\Psi_j^m\Big) = \Big(\Psi_j^m, (J_1 \mp iJ_2)(J_1 \pm iJ_2)\Psi_j^m\Big)$$

gelten und somit gemäß den Gleichungen (4.2.4) und (4.2.5)

$$|\alpha^{\pm}(j,m)|^2 = \hbar^2 \left[j(j+1) - m^2 \mp m\right]. \tag{4.2.14}$$

Wir können die Phasen der Koeffizienten $\alpha^-(j,m)$ frei wählen, indem wir die Zustandsvektoren Ψ_j^m mit Phasenfaktoren (komplexen Zahlen mit Betrag 1) multiplizieren, die die Gleichung (4.2.11) nicht berühren. (Um die Phase von $\alpha^-(j,j)$ festzulegen, multipliziert man Ψ_j^{j-1} mit einem passenden Phasenfaktor; um dann die Phase von $\alpha^-(j,j-1)$ festzulegen, multipliziert man Ψ_j^{j-2} mit einem passenden Phasenfaktor, und so weiter.) Es ist üblich, diese Phasen so festzulegen, dass alle Koeffizienten $\alpha^-(j,m)$ reell und positiv sind. In diesem Fall müssen wegen Gleichung (4.2.13) auch alle Koeffizienten $\alpha^+(j,m)$ reell und positiv sein. Gleichung (4.2.14) ergibt dann für diese Faktoren

$$\alpha^{\pm}(j,m) = \hbar\sqrt{j(j+1) - m^2 \mp m}, \tag{4.2.15}$$

sodass

$$\Big(J_1 \pm iJ_2\Big)\Psi_j^m = \hbar\sqrt{j(j+1) - m^2 \mp m}\;\Psi_j^{m\pm 1} \tag{4.2.16}$$

gilt. Wir können nun enthüllen, dass die Phasen der Kugelflächenfunktionen Y_ℓ^m in Abschnitt 2.2 gerade so gewählt wurden, dass für sie die gleichen Beziehungen gelten, wobei L_i und ℓ an die Stelle von J_i und j treten. Die Gleichungen (4.2.9) und (4.2.16) machen eine vollständige Aussage darüber, wie die quantenmechanischen Operatoren J_i auf die Zustandsvektoren Ψ_j^m wirken. In der Gruppentheorie sagt man, dass die Beziehungen (4.2.9) und (4.2.16) eine **Darstellung** der Kommutatorrelationen (4.1.14) liefern. (Die Zustandsvektoren Ψ_j^m können natürlich noch von einer beliebigen Zahl anderer dynamischer Variablen abhängen, die unter der Wirkung der Generatoren der Symmetrie J_i invariant sind.)

Als ein Beispiel betrachten wir $j = 1/2$. Aus Gleichung (4.2.16) ergibt sich in diesem Fall

$$(J_1 \pm iJ_2)\Psi_{1/2}^{\mp 1/2} = \hbar\Psi_{1/2}^{\pm 1/2}, \qquad (J_1 \pm iJ_2)\Psi_{1/2}^{\pm 1/2} = 0$$

und natürlich

$$J_3\Psi_{1/2}^{\pm 1/2} = \pm\frac{\hbar}{2}\Psi_{1/2}^{\pm 1/2}.$$

Diese Ergebnisse kann man in der Feststellung

$$\Big(\Psi_{1/2}^{m'}, \mathbf{J}\Psi_{1/2}^{m}\Big) = \frac{\hbar}{2}\boldsymbol{\sigma}_{m'm} \tag{4.2.17}$$

zusammenfassen; die σ_i sind dabei (2×2)-Matrizen, die man **Pauli-Matrizen** nennt:

$$\sigma_1 = \begin{pmatrix} 0 & 1 \\ 1 & 0 \end{pmatrix}, \quad \sigma_2 = \begin{pmatrix} 0 & -i \\ i & 0 \end{pmatrix}, \quad \sigma_3 = \begin{pmatrix} 1 & 0 \\ 0 & -1 \end{pmatrix}. \tag{4.2.18}$$

Es gibt eine einfache Anwendung von Gleichung (4.2.16), die in vielen physikalischen Berechnungen nützlich ist. Angenommen, wir wissen, dass sich ein System in einem Zustand mit normiertem Zustandsvektor Ψ_j^m befindet, und wir wollen die Wahrscheinlichkeit dafür wissen, dass eine bestimmte Messung das System in einen Zustand mit normiertem Zustandsvektor Φ_j^m (und nicht in irgendeinen anderen aus einem vollständigen orthonormalen Satz) bringt, wobei die verschiedenen Zustandsvektoren Ψ_j^m ein durch Gleichung (4.2.16) miteinander verbundenes Multiplett bilden; das Gleiche soll für die Zustandsvektoren Φ_j^m gelten. Nach den allgemeinen Prinzipien der Quantenmechanik ist diese Wahrscheinlichkeit der quadrierte Absolutbetrag des Matrixelements (Φ_j^m, Ψ_j^m).[6] Mithilfe von Gleichung (4.2.16) können wir zeigen, dass dieses Matrixelement und damit die Wahrscheinlichkeit von m *unabhängig* sind. Um das zu sehen, berechnen wir mithilfe von Gleichung (4.2.16)

$$\begin{aligned}
&\hbar\sqrt{j(j+1)-m^2 \mp m}\,\left(\Phi_j^{m\pm1}, \Psi_j^{m\pm1}\right) = \left(\Phi_j^{m\pm1}, (J_1 \pm iJ_2)\,\Psi_j^m\right) \\
&= \left((J_1 \mp iJ_2)\Phi_j^{m\pm1}, \Psi_j^m\right) = \hbar\sqrt{j(j+1)-(m\pm1)^2 \pm (m\pm1)}\left(\Phi_j^m, \Psi_j^m\right) \\
&= \hbar\sqrt{j(j+1)-m^2 \mp m}\,\left(\Phi_j^m, \Psi_j^m\right).
\end{aligned}$$

Damit gilt aber

$$\left(\Phi_j^{m\pm1}, \Psi_j^{m\pm1}\right) = \left(\Phi_j^m, \Psi_j^m\right). \tag{4.2.19}$$

Diese Rechnung kann man wiederholen. Man gelangt zu der Schlussfolgerung, dass das Matrixelement (Φ_j^m, Ψ_j^m) von m unabhängig ist, was zu beweisen war. Dieses kleine Theorem werden wir in Abschnitt 4.4 verwenden, um die m-Abhängigkeit der Matrixelemente von Operatoren mit verschiedenen Transformationseigenschaften bei Rotationen zu berechnen.

* * *

Wie wir gesehen haben, legt der Drehimpuls der Energienivaus gebundener Zustände den Grad der Vielfachheit dieser Niveaus fest. Die Komponenten des Drehimpulses können auch direkt gemessen werden. Das klassische Beispiel einer solchen Messung ist das von Walter Gerlach (1889–1979) und Otto Stern (1888–1969) im Jahr 1922 durchgeführte Experiment,[7] das bereits kurz in Abschnitt 3.7 im Zusammenhang mit der Interpretation der Quantenmechanik erwähnt wurde. Im Stern-Gerlach-Experiment wird ein Strahl aus neutralen Atomen[8] in ein schwach veränderliches Magnetfeld geschickt. Das Magnetfeld ist von der Gestalt

$$\mathbf{B}(\mathbf{x}) = \mathbf{B}_0 + \mathbf{B}_1(\mathbf{x}), \tag{4.2.20}$$

6 Wir betrachten nur die Matrixelemente, bei denen beide Zustandsvektoren gleiche Werte von j und m haben, da beide Zustandsvektoren Eigenzustände der hermiteschen Operatoren $\mathbf{J}^2$ und J_3 sind, sodass das Matrixelement verschwinden würde, wenn sie nicht beide die gleichen Eigenwerte hätten.

7 W. Gerlach und O. Stern, Zeit. f. Physik **9**, 353 (1922).

8 Man verwendet neutrale Atome, um einerseits Coulomb-Kräfte aufgrund elektrischer Streufelder und andererseits die Lorentz-Kraft, die durch die Bewegung eines geladenen Teilchens in einem Magnetfeld erzeugt wird, zu vermeiden.

wobei $\mathbf{B}_0$ eine Konstante ist; der variable Anteil $\mathbf{B}_1(\mathbf{x})$ ist viel kleiner als $\mathbf{B}_0$. Wie wir sehen werden, legt die Richtung von $\mathbf{B}_0$ fest, was genau in diesem Experiment gemessen wird. Wir werden die dritte Achse in diese Richtung legen. Die genaue Form von $\mathbf{B}_1(\mathbf{x})$ ist nicht sehr wichtig, obwohl sie natürlich den feldfreien Maxwell-Gleichungen

$$\nabla \cdot \mathbf{B}_1 = 0, \quad \nabla \times \mathbf{B}_1 = 0 \tag{4.2.21}$$

genügen muss. Wir könnten zum Beispiel $B_{1i} = \sum_j D_{ij} x_j$ haben, wobei die konstante Matrix D_{ij} sowohl symmetrisch als auch spurfrei ist. Das Atom soll einen Gesamtdrehimpuls $\mathbf{J}$ haben. Der Hamiltonian des Atoms lautet dann

$$H = \frac{\mathbf{p}^2}{2m} - \left(\frac{\mu}{\hbar j}\right)\left(J_3|\mathbf{B}_0| + \mathbf{J}\cdot\mathbf{B}_1(\mathbf{x})\right), \tag{4.2.22}$$

wobei $\mathbf{J}^2 = \hbar^2 j(j+1)$ gilt. Die Konstante μ ist eine Eigenschaft des Atoms, sein magnetisches Moment. Im ursprünglichen Stern-Gerlach-Experiment wurden Silberatome verwendet. Ihr Drehimpuls $j = 1/2$ kommt vom Spin eines einzelnen Elektrons (das war jedoch zu der Zeit nicht bekannt), aber man kann sich genauso leicht den allgemeinen Fall mit beliebigem Drehimpuls j anschauen. Gemäß der Argumentation von Ehrenfest, die in Abschnitt 1.5 vorgestellt wurde, werden die Erwartungswerte des Ortes und des Impulses den folgenden Bewegungsgleichungen

$$\frac{d}{dt}\langle\mathbf{x}\rangle = \langle\mathbf{p}\rangle/m, \quad \frac{d}{dt}\langle\mathbf{p}\rangle = \left(\frac{\mu}{\hbar j}\right)\left\langle\nabla\left(\mathbf{J}\cdot\mathbf{B}_1(\mathbf{x})\right)\right\rangle \tag{4.2.23}$$

genügen. Für hinreichend großes $\mathbf{B}_0$ wird die Zeitabhängigkeit der Komponente eines Zustandsvektors, die für J_3 den Eigenwert $\hbar\sigma \neq 0$ hat, von einem rasch oszillierenden Faktor $\exp(i\sigma\mu|\mathbf{B}_0|t/\hbar j)$ dominiert. Wir haben gesehen, dass die Eigenwerte von J_3 gleich $\hbar\sigma$ sind mit $\sigma = -j, -j+1, \cdots + j$. Gleichung (4.2.16) zeigt ferner, dass J_1 und J_2 Matrixelemente nur zwischen Eigenzuständen von J_3 haben, die sich um $\pm\hbar$ unterscheiden; somit sind diese Matrixelemente proportional zu $\exp(\pm i\mu\,|\,\mathbf{B}_0\,|\,t/j)$ und verschwinden daher bei Mittelung auch über kurze Zeitintervalle. Damit werden die Bewegungsgleichungen (4.2.23) für ein Teilchen mit $J_z = \hbar\sigma$ effektiv zu

$$\frac{d}{dt}\langle\mathbf{x}\rangle = \langle\mathbf{p}\rangle/m, \quad \frac{d}{dt}\langle\mathbf{p}\rangle = \left(\frac{\mu\sigma}{j}\right)\langle\nabla B_{13}(\mathbf{x})\rangle\,. \tag{4.2.24}$$

Zum Beispiel können im oben diskutierten Fall, in dem $B_{1i} = \sum_j D_{ij} x_j$ ist, diese beiden Gleichungen zu einer einzigen Differenzialgleichung zweiter Ordnung für $\langle\mathbf{x}\rangle$ kombiniert werden:

$$m\frac{d^2}{dt^2}\langle x_i\rangle = \left(\frac{\mu\sigma}{j}\right) D_{3i}.$$

Es gibt $2j+1$ mögliche Bahnen, welche genaue Gestalt $\mathbf{B}_1$ auch immer hat, und aus der Beobachtung der tatsächlichen Bahn des Teilchens erhalten wir den Wert von σ.

4.3 Addition von Drehimpulsen

Es kommt oft vor, dass ein physikalisches System Drehimpulse von zwei oder mehr Arten enthält. Zum Beispiel gibt es im Grundzustand des Heliumatoms zwei Elektronen, die jeweils ihren Spin haben, aber keinen Bahndrehimpuls. In den angeregten Zuständen des Wasserstoffatoms mit $\ell > 0$ gibt es sowohl einen Bahndrehimpuls als auch einen Drehimpuls aufgrund des Spins. Die Anwesenheit von Wechselwirkungen zwischen den einzelnen Drehimpulsen hat in der Regel zur Folge, dass sie nicht einzeln erhalten sind — das heißt, die einzelnen Drehimpulse vertauschen nicht mit dem Hamiltonian. In solchen Fällen ist es nützlich, einen **Gesamtdrehimpulsoperator** einzuführen, der durch die Summe der einzelnen Drehimpulsoperatoren gegeben ist und mit dem Hamiltonian *vertauscht*. Das Problem besteht nun darin, wie man die Zustände, die durch Werte des Gesamtdrehimpulses bezeichnet werden, mit den Zuständen verknüpft, die durch die einzelnen Drehimpulse beschrieben werden.

Angenommen, wir haben zwei Drehimpulsoperatoren $\mathbf{J}'$ und $\mathbf{J}''$, die Spins, Bahndrehimpulse oder Summen von Spins und/oder Bahndrehimpulsen sein können und jeweils den Vertauschungsrelationen (4.1.14) gehorchen:

$$[J_1', J_2'] = i\hbar J_3', \qquad [J_2', J_3'] = i\hbar J_1', \qquad [J_3', J_1'] = i\hbar J_2', \tag{4.3.1}$$

$$[J_1'', J_2''] = i\hbar J_3'', \qquad [J_2'', J_3''] = i\hbar J_1'', \qquad [J_3'', J_1''] = i\hbar J_2'', \tag{4.3.2}$$

aber untereinander vertauschen:

$$[J_i', J_k''] = 0. \tag{4.3.3}$$

Wir betrachten einen Satz von Zuständen, die zwei unabhängige Drehimpulse j' und j'' haben, wobei J_3' und J_3'' jeweils Werte $\hbar m'$ und $\hbar m''$ annehmen,[9] wobei m' und m'' jeweils in Einerschritten von $-j'$ bis j' und von $-j''$ bis j'' laufen. Die normierten Zustandsvektoren $\Psi_{j'j''}^{m'm''}$ dieser Zustände erfüllen

$$\mathbf{J}'^2\, \Psi_{j'j''}^{m'm''} = \hbar^2 j'(j'+1)\, \Psi_{j'j''}^{m'm''}, \tag{4.3.4}$$

$$J_3' \Psi_{j'j''}^{m'm''} = \hbar m'\, \Psi_{j'j''}^{m'm''}, \tag{4.3.5}$$

$$\left(J_1' \pm i J_2'\right) \Psi_{j'j''}^{m'm''} = \hbar \sqrt{j'(j'+1) - m'^2 \mp m'}\; \Psi_{j'j''}^{m'\pm 1,\, m''}, \tag{4.3.6}$$

$$\mathbf{J}''^2\, \Psi_{j'j''}^{m'm''} = \hbar^2 j''(j''+1)\, \Psi_{j'j''}^{m'm''}, \tag{4.3.7}$$

$$J_3'' \Psi_{j'j''}^{m'm''} = \hbar m''\, \Psi_{j'j''}^{m'm''}, \tag{4.3.8}$$

$$\left(J_1'' \pm i J_2''\right) \Psi_{j'j''}^{m'm''} = \hbar \sqrt{j''(j''+1) - m''^2 \mp m''}\; \Psi_{j'j''}^{m',\, m''\pm 1}. \tag{4.3.9}$$

9 Natürlich gibt es keinen Zusammenhang zwischen den hier verwendeten j' und denen, die im letzten Abschnitt zwischenzeitlich eingeführt wurden.

Wir können nun einen Gesamtdrehimpuls

$$\mathbf{J} = \mathbf{J}' + \mathbf{J}'' \tag{4.3.10}$$

einführen, der ebenfalls den Kommutatorrelationen (4.1.14) genügt:

$$[J_1, J_2] = i\hbar J_3, \qquad [J_2, J_3] = i\hbar J_1, \qquad [J_3, J_1] = i\hbar J_2. \tag{4.3.11}$$

Sowohl $\mathbf{J}'^2$ als auch $\mathbf{J}''^2$ vertauschen mit allen Komponenten von $\mathbf{J}'$ und $\mathbf{J}''$. Auf der anderen Seite wird der Hamiltonian im Allgemeinen Wechselwirkungsterme enthalten, die weder mit $\mathbf{J}'$ noch mit $\mathbf{J}''$ vertauschen, wie zum Beispiel einen möglichen Term, der proportional zu $\mathbf{J}' \cdot \mathbf{J}''$ ist. Wir müssen dann nach anderen Operatoren suchen, die mit solchen Wechselwirkungstermen vertauschen.

Diese beinhalten meistens (aber nicht immer!) $\mathbf{J}'^2$ und $\mathbf{J}''^2$, weil sie beide sowohl mit $\mathbf{J}'$ als auch mit $\mathbf{J}''$ vertauschen. Ferner vertauscht, wie wir in Abschnitt 4.1 gesehen haben, der **Gesamtdrehimpuls** $\mathbf{J}$ mit allen rotationsinvarianten Operatoren. Zum Beispiel haben wir

$$\mathbf{J}' \cdot \mathbf{J}'' = \frac{1}{2}\left[\mathbf{J}^2 - \mathbf{J}'^2 - \mathbf{J}''^2\right],$$

und jeder Term auf der rechten Seite kommutiert mit $\mathbf{J}$. Anstatt dass Zustände fester Energie durch die Werte $\hbar^2 j'(j'+1)$, $\hbar m'$, $\hbar^2 j''(j''+1)$ und $\hbar m''$ von $\mathbf{J}'^2$, J'_3, $\mathbf{J}''^2$ und J''_3 charakterisiert werden, werden sie durch die Werte $\hbar^2 j'(j'+1)$, $\hbar^2 j''(j''+1)$, $\hbar^2 j(j+1)$ und $\hbar m$ von $\mathbf{J}'^2$, $\mathbf{J}''^2$, $\mathbf{J}^2$, und J_3 beschrieben. Unsere Probleme sind, welche Werte für j bei gegebenem j' und j'' vorkommen, wie viele Zustände für gegebene j', j'', j, und m aus den Zuständen mit Zustandsvektoren $\Psi^{m'm''}_{j'j''}$ konstruiert werden können, und wie wir die Zustandsvektoren dieser Zustände durch die $\Psi^{m'm''}_{j'j''}$ ausdrücken können.

Die allgemeine Regel ist, dass es exakt einen Zustand für jedes j und m in den Bereichen

$$j = |j' - j''|,\ |j' - j''| + 1, \ldots, j' + j'', \qquad m = j, j-1, \ldots, -j \tag{4.3.12}$$

gibt. Die normierten Zustandsvektoren $\Psi^m_{j'j''j}$ dieser Zustände sind dann (bis auf einen gemeinsamen Phasenfaktor) eindeutig definiert als

$$\mathbf{J}'^2\, \Psi^m_{j'j''j} = \hbar^2 j'(j'+1)\, \Psi^m_{j'j''j}, \tag{4.3.13}$$

$$\mathbf{J}''^2\, \Psi^m_{j'j''j} = \hbar^2 j''(j''+1)\, \Psi^m_{j'j''j}, \tag{4.3.14}$$

$$\mathbf{J}^2\, \Psi^m_{j'j''j} = \hbar^2 j(j+1)\, \Psi^m_{j'j''j}, \tag{4.3.15}$$

$$J_3 \Psi^m_{j'j''j} = \hbar m \Psi^m_{j'j''j}, \tag{4.3.16}$$

$$\left(J_1 \pm iJ_2\right) \Psi^m_{j'j''j} = \hbar\sqrt{j(j+1) - m^2 \mp m}\, \Psi^{m\pm1}_{j'j''j}. \tag{4.3.17}$$

Diese Zustandsvektoren können als Linearkombinationen

$$\Psi^m_{j'j''j} = \sum_{m'm''} C_{j'j''}(j\,m;\, m'\, m'')\Psi^{m'm''}_{j'j''}, \tag{4.3.18}$$

ausgedrückt werden, wobei die Koeffizienten $C_{j'j''}(j\,m\,;\;m'\,m'')$ ein Satz von Konstanten sind, die man **Clebsch-Gordan-Koeffizienten** nennt. Wegen $J_3 = J_3' + J_3''$, sind natürlich die einzigen nicht-verschwindenden Clebsch-Gordan-Koeffizienten jene, für die

$$m = m' + m'' \tag{4.3.19}$$

gilt.

Um zu überprüfen, dass die Werte von j, für die die Clebsch-Gordan-Koeffizienten nicht verschwinden, durch Gleichung (4.3.12) eingeschränkt sind, stellen wir zunächst fest, dass die Werte von $m = m' + m''$ nur zwischen $j' + j''$ und $-j' - j''$ liegen können; somit ist der maximal mögliche Wert für j gleich $j' + j''$. Andererseits gilt für einen Zustandsvektor mit $m' = j'$ und $m'' = j''$ die Ungleichung $j \geq |m| = j' + j''$, somit kann nur $j = j' + j''$ gelten. Ferner besteht die einzige Möglichkeit für $m = j' + j''$ darin, dass $m' = j'$ und $m'' = j''$. Somit gibt es exakt einen Zustand mit $j = j' + j''$ und $m = j' + j''$, und somit nur einen Zustand mit $j = j' + j''$ und einem beliebigen m zwischen $j' + j''$ and $-j' - j''$. Nach geeigneter Wahl der Phase lautet der Zustandsvektor für diesen Zustand einfach

$$\Psi^{j'+j''}_{j'j''\,j'+j''} = \Psi^{j'j''}_{j'j''}. \tag{4.3.20}$$

Es gilt also

$$C_{j'j''}(j\,m\,;\;j'\,j'') = \delta_{j,\,j'+j''}\delta_{m,\,j'+j''}. \tag{4.3.21}$$

Betrachten wir nun die Zustandsvektoren $\Psi^{m'm''}_{j'j''}$ mit $m = m' + m'' = j' + j'' - 1$. Es gibt im Allgemeinen zwei solche Zustandsvektoren, einen mit $m' = j'$ und $m'' = j'' - 1$ und den anderen mit $m' = j' - 1$ und $m'' = j''$. Ausnahmen treten nur auf, wenn $j' - 1 < -j'$ oder mit anderen Worten $j' = 0$ ist; in diesem Fall kann m' nicht gleich $j' - 1$ sein; oder wenn $j'' - 1 < -j''$ oder mit anderen Worten $j'' = 0$ ist; in diesem Fall kann m'' nicht gleich $j'' - 1$ sein. Eine bestimmte Linearkombination dieser beiden Zustandsvektoren ist ein Zustandsvektor mit $j = j' + j''$. Man erhält sie, indem man mit dem Absteigeoperator $J_1 - iJ_2$ auf den Zustandsvektor (4.3.20) wirkt. Der Faktor (4.2.15) ist hier

$$\sqrt{j(j+1) - j^2 + j} = \sqrt{2j} = \sqrt{2(j' + j'')},$$

sodass

$$\begin{aligned}
\Psi^{j'+j''-1}_{j'j''\,j'+j''} &= (2(j' + j''))^{-1/2}\left(J_1 - iJ_2\right)\Psi^{j'+j''}_{j'j''\,j'+j''} \\
&= (2(j' + j''))^{-1/2}\left(J_1' - iJ_2{}' + J_1'' - iJ_2''\right)\Psi^{j'j''}_{j'j''} \\
&= (j' + j'')^{-1/2}\left(\sqrt{j'}\,\Psi^{j'-1,\,j''}_{j'j''} + \sqrt{j''}\,\Psi^{j',\,j''-1}_{j'j''}\right)
\end{aligned} \tag{4.3.22}$$

gilt. Es gibt keinen anderen Zustandsvektor mit $j = j' + j''$ und $m = j' + j'' - 1$, denn wenn es einen gäbe, so müsste es auch zwei Zustandsvektoren mit $j = j' + j''$ und $m = j' + j''$ geben, und wir haben gesehen, dass es nur einen gibt. Deswegen muss der eine andere Zustandsvektor mit $m = j' + j'' - 1$ den einen anderen Wert für j haben, der für einen solchen Zustandsvektor möglich ist, nämlich $j = j' + j'' - 1$. Der Zustandsvektor mit diesem Wert für j muss orthogonal zum Zustandsvektor (4.3.22) sein, denn es handelt sich um einen Zustandsvektor mit einem anderen Wert von $\mathbf{J}^2$, somit kann er, korrekt normiert (bis auf die beliebige Wahl eines Phasenfaktors), nur der folgende Zustandsvektor sein:

$$\Psi^{j'+j''-1}_{j'j''\, j'+j''-1} = (j' + j'')^{-1/2} \left(\sqrt{j''}\, \Psi^{j'-1,\, j''}_{j'j''} - \sqrt{j'}\, \Psi^{j',\, j''-1}_{j'j''} \right). \tag{4.3.23}$$

Es gilt also

$$C_{j'j''}(j\, m\, ;\, j' - 1\, j'') = \delta_{m,\, j'+j''-1} \left[\sqrt{\frac{j'}{j' + j''}} \delta_{j,\, j'+j''} + \sqrt{\frac{j''}{j' + j''}} \delta_{j,\, j'+j''-1} \right] \tag{4.3.24}$$

und

$$C_{j'j''}(j\, m\, ;\, j'\, j'' - 1) = \delta_{m,\, j'+j''-1} \left[\sqrt{\frac{j''}{j' + j''}} \delta_{j,\, j'+j''} - \sqrt{\frac{j'}{j' + j''}} \delta_{j,\, j'+j''-1} \right]. \tag{4.3.25}$$

Machen wir auf diese Weise weiter, so stellen wir fest, dass es zunächst für jeden Schritt nach unten bei m gerade einen neuen Zustandsvektor $\Psi^m_{j'j''j}$ gibt, der orthogonal zu allen Zustandsvektoren dieses Typs ist, die man erhält, wenn man den Absteigeoperator auf die Zustandsvektoren anwendet, die man bereits konstruiert hat (die $j = m+1, m+2, \ldots, j' + j''$ haben), und der daher nur $j = m$ haben kann.

Diese Prozedur kommt schließlich zu einem Ende, weil m' auf den Bereich von $-j'$ bis $+j'$ und m'' auf den Bereich von $-j''$ bis $+j''$ beschränkt ist. Daraus folgt, dass für einen gegebenen Wert m der Wert von $m' = m - m''$ von dem größeren der beiden Werte $-j'$ und $m - j''$ zu dem kleineren der beiden Werte $+j'$ und $m + j''$ läuft. Für $m = j' + j''$ ist der größere der Werte $-j'$ und $m - j''$ gleich $m - j'' = j'$ und der kleinere der Werte $+j'$ und $m + j''$ gleich j', und somit ist natürlich der Wert von m' eindeutig, nämlich $m' = j'$. Solange der größere der beiden Werte von $-j'$ und $m - j''$ gleich $m - j''$ ist und der kleinere der beiden Werte von $+j'$ und $m + j''$ gleich j', vergrößert jeder Einerschritt nach unten in m den Bereich von m' um eins, was bei jedem Schritt auf einen neuen Wert von j führt, der um eine Einheit kleiner ist. Dies lässt sich allerdings nur so lange fortsetzen, bis entweder $m - j'' = -j'$ oder $m + j'' = j'$ ist – in anderen Worten, bis m gleich dem größeren der beiden Werte $j'' - j'$ und $j' - j''$ ist; das ist gerade $|j' - j''|$. Danach bekommen wir keine neuen Werte von j, sodass j daher auf den Bereich (4.3.12) beschränkt ist.

Um das zu überprüfen, wollen wir die Gesamtzahl aller dieser Zustandsvektoren zählen. Nehmen wir an, dass $j' \geq j''$ ist, sodass Gleichung (4.3.12) Werte von j zulässt, die von $j' - j''$ bis $j' + j''$ laufen, jeder davon mit $2j + 1$ Werten für m. Die Gesamtzahl der Zustandsvektoren $\Psi^m_{j'j''j}$ ist also

$$\begin{aligned}\sum_{j=j'-j''}^{j'+j''} (2j + 1) &= 2\frac{(j' + j'')(j' + j'' + 1)}{2} - 2\frac{(j' - j'' - 1)(j' - j'')}{2} + 2j'' + 1 \\ &= (2j' + 1)(2j'' + 1),\end{aligned} \tag{4.3.26}$$

was gerade der Anzahl von Zustandsvektoren $\Psi^{m'm''}_{j'j''}$ entspricht, wobei m' und m'' jeweils $2j'+1$ bzw. $2j''+1$ Werte annehmen. Da das Resultat in j' und j'' symmetrisch ist, gilt das gleiche Ergebnis auch für $j'' \geq j'$.

Mit den hier getroffenen Konventionen für die Phase sind alle Clebsch-Gordan-Koeffizienten reell. Sie haben noch eine andere wichtige Eigenschaft, die aus ihrer Rolle als Transformationskoeffizienten zwischen zwei vollständigen Sätzen von orthonormalen Zustandsvektoren folgt. Um das ganz allgemein zu sehen, nehmen wir an, wir hätten zwei Sätze von Zustandsvektoren, und zwar Φ_n und Φ'_a, die die Orthonormalitätsbedingungen

$$\left(\Phi_n,\, \Phi_m\right) = \delta_{nm}, \qquad \left(\Phi'_a,\, \Phi'_b\right) = \delta_{ab}$$

erfüllen und durch einen Satz von Koeffizienten C_{na} wie

$$\Phi_n = \sum_a C_{na}\, \Phi'_a \tag{4.3.27}$$

verknüpft sind. Die Orthonormalitätsbedingungen verlangen, dass

$$\delta_{nm} = \left(\Phi_n, \Phi_m\right) = \sum_{ab} C^*_{na} C_{mb} \left(\Phi'_a, \Phi'_b\right) = \sum_a C^*_{na} C_{ma} \tag{4.3.28}$$

gilt. Es gibt ein allgemeines Theorem der Matrixalgebra,[10] das besagt: Wenn eine endliche quadratische Anordnung komplexer Zahlen C_{na} diese Beziehung erfüllt, so gilt auch

$$\sum_n C^*_{na} C_{nb} = \delta_{ab} \tag{4.3.29}$$

Folglich ist

$$\Phi'_a = \sum_n C^*_{na} \Phi_n. \tag{4.3.30}$$

Für die reellen Clebsch-Gordan-Koeffizienten lauten die Beziehungen (4.3.28) and (4.3.29)

$$\sum_{jm} C_{j'j''}(jm\,;\, m'\, m'') C_{j'j''}(jm\,;\, \tilde{m}'\, \tilde{m}'') = \delta_{m'\tilde{m}'} \delta_{m''\tilde{m}''} \tag{4.3.31}$$

und

$$\sum_{m'm''} C_{j'j''}(jm\,;\, m'\, m'') C_{j'j''}(\tilde{j}\tilde{m}\,;\, m'\, m'') = \delta_{j\tilde{j}} \delta_{m\tilde{m}}. \tag{4.3.32}$$

Ferner kann man Beziehung (4.3.18) invertieren und erhält

$$\Psi^{m'm''}_{j'j''} = \sum_{jm} C_{j'j''}(jm\,;\, m'\, m'') \Psi^m_{j'j''j}. \tag{4.3.33}$$

Werte für einige Clebsch-Gordan-Koeffizienten sind in Tabelle 4.1 angegeben.

10 In Matrixschreibweise wird die Beziehung $\sum_a C^*_{na} C_{ma} = \delta_{nm}$ als $CC^\dagger = 1$ geschrieben, wobei das Produkt AB zweier Matrizen A und B als eine Matrix mit Komponenten $(AB)_{mn} \equiv \sum_a A_{ma} B_{an}$ definiert ist, und $C^\dagger$ die Matrix mit $C^\dagger_{an} = (C_{na})^*$ ist. Ferner steht die 1 hier für die Einheitsmatrix mit $1_{mn} = \delta_{nm}$. Die Determinante eines Produkts von Matrizen ist das Produkt der Determinanten, und die Determinante von $C^\dagger$ ist das Komplex-Konjugierte der Determinante von C, somit gilt hier $|\text{Det}\, C|^2 = 1$. Da $\text{Det}\, C \neq 0$ ist, hat die Matrix C eine Inverse, die in diesem Fall $C^\dagger$ ist, somit gilt hier auch $C^\dagger C = 1$. Die ab-Komponente dieser Gleichung besagt $\sum_n C^*_{na} C_{nb} = \delta_{ab}$.

j'	j''	j	m	m'	m''	$C_{j'j''}(j\,m\,;\,m'\,m'')$
$\frac{1}{2}$	$\frac{1}{2}$	1	+1	$+\frac{1}{2}$	$+\frac{1}{2}$	1
$\frac{1}{2}$	$\frac{1}{2}$	1	0	$\pm\frac{1}{2}$	$\mp\frac{1}{2}$	$1/\sqrt{2}$
$\frac{1}{2}$	$\frac{1}{2}$	1	−1	$-\frac{1}{2}$	$-\frac{1}{2}$	1
$\frac{1}{2}$	$\frac{1}{2}$	0	0	$\pm\frac{1}{2}$	$\mp\frac{1}{2}$	$\pm 1\sqrt{2}$
1	$\frac{1}{2}$	$\frac{3}{2}$	$\pm\frac{3}{2}$	± 1	$\pm\frac{1}{2}$	1
1	$\frac{1}{2}$	$\frac{3}{2}$	$\pm\frac{1}{2}$	± 1	$\mp\frac{1}{2}$	$\sqrt{1/3}$
1	$\frac{1}{2}$	$\frac{3}{2}$	$\pm\frac{1}{2}$	0	$\pm\frac{1}{2}$	$\sqrt{2/3}$
1	$\frac{1}{2}$	$\frac{1}{2}$	$\pm\frac{1}{2}$	± 1	$\mp\frac{1}{2}$	$\pm\sqrt{2/3}$
1	$\frac{1}{2}$	$\frac{1}{2}$	$\pm\frac{1}{2}$	0	$\pm\frac{1}{2}$	$\mp\sqrt{1/3}$
1	1	2	± 2	± 1	± 1	1
1	1	2	± 1	± 1	0	$1/\sqrt{2}$
1	1	2	± 1	0	± 1	$1/\sqrt{2}$
1	1	1	± 1	± 1	0	$\pm 1/\sqrt{2}$
1	1	1	± 1	0	± 1	$\mp 1/\sqrt{2}$
1	1	0	0	± 1	∓ 1	$1/\sqrt{3}$
1	1	0	0	0	0	$-1/\sqrt{3}$

Tabelle 4.1 Die nicht-verschwindenden Clebsch-Gordan-Koeffizienten für die Addition von Drehimpulsen j' und j'' mit 3-Komponenten m' und m'' für Gesamtdrehimpuls j mit 3-Komponente m für einige niedrige Werte von j' und j''.

Um ein physikalisches Beispiel zu nehmen, betrachten wir die Zustandsvektoren des Wasserstoffatoms, berücksichtigen jetzt aber den Spin 1/2 des Elektrons. Für $\ell = 0$ ist der einzig mögliche Wert von j natürlich $j = 1/2$, während es für $\ell > 0$ zwei Werte von j gibt, nämlich $j = \ell + 1/2$ und $j = \ell - 1/2$. Standardmäßig schreibt man die Zustände des Wasserstoffs als $n\,\ell_j$, wobei die Bahndrehimpulse $\ell = 0, 1, 2, 3, 4, \ldots$ durch die Buchstaben s, p, d, f, g und von da an alphabetisch bezeichnet werden. Wir wir wissen, gilt außerdem $\ell \leq n - 1$. Wir haben gesehen, dass der Grundzustand mit $n = 1$ den Bahndrehimpuls $\ell = 0$ hat, somit hat dieser Zustand einen einzigen Wert für j, nämlich $j = 1/2$. Er wird mit $1s_{1/2}$ bezeichnet. Das erste angeregte Energieniveau mit $n = 2$ hat die Bahndrehimpulse $\ell = 0$ und $\ell = 1$. Der $n = 2$-Zustand mit $\ell = 0$ hat $j = 1/2$ und wird als $2s_{1/2}$ bezeichnet.

Den $n = 2$-Zustand mit $\ell = 1$ kann man in Zustände mit $j = 1/2$ und $j = 3/2$ zerlegen, man bezeichnet sie als $2p_{1/2}$ und $2p_{3/2}$. Die Zustände des Wasserstoffs sind somit $1s_{1/2}$, $2p_{3/2}$, $2p_{1/2}$, $2s_{1/2}$, $3d_{5/2}$, $3d_{3/2}$, $3p_{3/2}$, $3p_{1/2}$, $3s_{1/2}$, usw.

Messen wir beispielsweise die Werte S_3 und L_3 der 3-Komponente des Spins und des Bahndrehimpulses des Elektrons[11] im $2p_{3/2}$-Zustand mit $m = 1/2$, so erhalten wir entweder die Werte 1/2 und 0, oder $-1/2$ und $+1$. Die Wahrscheinlichkeiten sind gleich den Quadraten der entsprechenden Clebsch-Gordan-Koeffizienten, die nach Tabelle 4.1 die Werte 2/3 bzw. 1/3 haben.

Die Spin-Bahn-Kopplung, die zu $\mathbf{L} \cdot \mathbf{S}$ proportional ist, spaltet die Zustände mit dem gleichen n und ℓ, aber unterschiedlichem j in die sogenannte **Feinstruktur** des Wasserstoffatoms auf. Der Energieunterschied zwischen den Zuständen $2p_{1/2}$ und $2p_{3/2}$ beträgt zum Beispiel $4{,}5283 \times 10^{-5}$ eV. Dieser Effekt würde Zustände mit dem gleichen j und n, aber unterschiedlichem ℓ bei der gleichen Energie belassen, sie werden allerdings durch eine kleinere Energiedifferenz namens **Lamb-Verschiebung** aufgespalten, die hauptsächlich auf eine kontinuierliche Emission und Reabsorption von Photonen durch das Elektron zurückgeht. Diese Aufspaltung der Zustände $2p_{1/2}$ und $2s_{1/2}$ beträgt $4{,}35152 \times 10^{-6}$ eV.

Die obige Diskussion des Wasserstoffspektrums berücksichtigte die Wirkung des magnetischen Moments des Protons nicht. Es ist sehr klein, weil die große Masse des Protons ihm ein viel kleineres magnetisches Moment als dem Elektron gibt. Die Wirkung des magnetischen Feldes des Kerns eines beliebigen Atoms auf die Energieniveaus des Atoms nennt man **Hyperfeinaufspaltung**. Es gibt zum Beispiel zwei $1s$-Zustände des Wasserstoffs, wobei der Gesamtspin von Proton und Elektron gleich 1 oder 0 ist. Die Energiedifferenz dieser beiden Zustände ist $5{,}87 \times 10^{-6}$ eV, was mit der Lamb-Verschiebung bei $n = 2$-Zuständen vergleichbar ist. Der Strahlungsübergang zwischen den Zuständen mit Gesamtspin 1 und 0 ist die berühmte 21 cm-Linie im Radiospektrum des Wasserstoffs.

* * *

Es gibt eine alternative Beschreibung von Drehimpulsmultipletts, die manchmal nützlich ist und auf andere Symmetriegruppen von physikalischer Bedeutung ausgedehnt werden kann. Nach den Gleichungen (4.2.17) und (4.1.12) ist die Wirkung einer infinitesimalen Rotation $1 + \omega$ auf einen Zustandsvektor Ψ_m mit Spin 1/2 (und mit $m = \pm 1/2$) gleich

$$\Psi_m \to \sum_{m'=\pm 1/2} \left(1 + \frac{i}{2}\boldsymbol{\omega} \cdot \boldsymbol{\sigma}\right)_{mm'} \Psi_{m'} . \tag{4.3.34}$$

11 Das kann man zum Beispiel mittels eines Stern-Gerlach-Experiments mit einem starken Magnetfeld in der 3-Richtung machen. Wie wir in Abschnitt 5.2 sehen werden, tragen $\mathbf{L}$ und $\mathbf{S}$ unterschiedlich zum magnetischen Moment des Atoms bei, somit wird die Wechselwirkungsenergie des Atoms mit dem Magnetfeld für unterschiedliche Werte von m_ℓ und m_s unterschiedlich sein, sogar für Zustände mit dem gleichen Wert für $m = m_\ell + m_s$. Ist die Wechselwirkungsenergie groß im Vergleich zur Wechselwirkung zwischen dem Spin und Bahndrehimpuls des Atoms, so werden die Matrixelemente für die 1- und 2-Komponenten des magnetischen Moments, die Zustände mit unterschiedlichen Werten für m_ℓ und/oder m_S verknüpfen, rasch oszillieren und nicht zur Wechselwirkungsenergie beitragen. Hat also das Magnetfeld einen schwachen inhomogenen Anteil mit einer nicht-verschwindenden 3-Komponente, so wird das Atom für unterschiedliche Werte von m_ℓ und/oder m_s unterschiedliche Bahnen durchlaufen.

Nun gilt für allgemeines reelles $\boldsymbol{\omega}$

$$\boldsymbol{\omega} \cdot \boldsymbol{\sigma} = \begin{pmatrix} \omega_3 & \omega_1 - i\omega_2 \\ \omega_1 + i\omega & -\omega_3 \end{pmatrix}$$

was die allgemeinste spurlose hermitesche (2×2)-Matrix ist. Somit ist (4.3.34) die allgemeinste infinitesimale unitäre (2×2)-Transformation mit Determinante 1. (Man erinnere sich, dass für eine infinitesimale Matrix M die Beziehung $\text{Det}\,(1+M) = 1+\text{Tr}\,M$ gilt.) Wirkt man also auf die Indizes eines Spin 1/2, so ist die dreidimensionale Rotationsgruppe die gleiche Gruppe wie die Gruppe $SU(2)$. Das ist die Gruppe der unitären (2×2) Matrizen, die in dem Sinne »speziell« sind, dass sie Determinante 1 haben. Wir sehen also, dass zumindest für Rotationen, die aus infinitesimalen Rotationen aufgebaut werden können, die dreidimensionale Rotationsgruppe $SO(3)$ das Gleiche ist wie die zweidimensionale unitäre unimodulare Gruppe $SU(2)$. (Ähnliche Beziehungen gibt es in einigen höheren Dimensionen, wie zum Beispiel eine ähnliche Beziehung zwischen $SO(6)$ und $SU(4)$. In Räumen allgemeiner Dimension gibt es aber nichts Vergleichbares.)

Allgemeiner transformiert sich ein Zustandsvektor $\Psi_{m_1 \ldots m_N}$, der N Spin-1/2-Drehimpulse mit m_i gleich $\pm 1/2$ kombiniert, unter $SU(2)$ wie ein Tensor:

$$\Psi_{m_1 \ldots m_N} \to \sum_{m'_1 \ldots m'_N} U_{m_1 m'_1} \cdots U_{m_N m'_N} \Psi_{m'_1 \ldots m'_N} \,. \tag{4.3.35}$$

Dabei ist U eine unitäre (2×2)-Matrix mit Determinante 1. Aus einem solchen Tensor kann man im Allgemeinen Tensoren mit weniger Indizes ableiten. Man beachte, dass die Bedingung »U Determinante 1« bedeutet:

$$\sum_{m'_1 m'_2} U_{m'_1 m_1} U_{m'_2 m_2} \epsilon_{m'_1 m'_2} = \epsilon_{m_1 m_2} \tag{4.3.36}$$

mit

$$\epsilon_{\frac{1}{2},-\frac{1}{2}} = -\epsilon_{-\frac{1}{2},\frac{1}{2}} = 1, \quad \epsilon_{\frac{1}{2},\frac{1}{2}} = \epsilon_{-\frac{1}{2},-\frac{1}{2}} = 0. \tag{4.3.37}$$

Demzufolge erhält man einen Tensor mit zwei Indizes weniger, indem man einen allgemeinen Tensor $\Psi_{m_1 \ldots m_N}$ mit $\epsilon_{m_r m_s}$ multipliziert (wobei r und s zwei verschiedene ganze Zahlen zwischen 1 und N sind) und über m_r und m_s aufsummiert. Die einzige Art von Tensoren, die in dem Sinne irreduzibel sind, dass man aus ihnen auf diesem Wege keine nichttrivialen Tensoren mit weniger Indizes bilden kann, sind diejenigen, die vollständig symmetrisch sind. Bei ihnen verschwinden die Summen über m_r und m_s.

Um dies in die Sprache des Drehimpulses zu übersetzen, stellen wir fest, dass nach den Regeln der Drehimpulsaddition ein Zustandsvektor $\Psi_{m_1 \ldots m_N}$ als eine Summe von Zustandsvektoren mit verschiedenen Gesamtdrehimpulsen ausgedrückt werden kann, von denen nur einer den Drehimpuls $N/2$ haben wird. Aus der vierten Zeile von Tabelle 4.1 ersehen wir, dass der Tensor (4.3.37) im Wesentlichen der Clebsch-Gordan-Koeffizient für die Kombination zweier Drehimpulse 1/2 zu einem Drehimpuls null ist:

$$\epsilon_{m_1 m_2} = \sqrt{2}\, C_{\frac{1}{2},\frac{1}{2}}(0,0; m_1 m_2) \,. \tag{4.3.38}$$

Wir erhalten also einen Zustandsvektor, der N–2 Spin-1/2-Drehimpulse kombiniert, wenn wir $\Psi_{m_1 \ldots m_N}$ mit $\epsilon_{m_r m_s}$ multiplizieren und über m_r und m_s aufsummieren. Er kann als eine Summe dieser Zustandsvektoren mit verschiedenen Gesamtdrehimpulsen aufgefasst werden, die alle kleiner als $N/2$ sind. Daher muss man den Zustandsvektor in den Indizes $m_1 \ldots m_{2j}$ symmetrisieren, um den Teil des Zustandsvektors $\Psi_{m_1 \ldots m_{2j}}$ zu isolieren, der nur den Drehimpuls j enthält. Die unabhängigen Komponenten dieses symmetrisierten Zustandsvektors werden vollständig durch die Anzahlen n und $2j - n$ von Indizes mit $m = +1/2$ und $m = -1/2$ charakterisiert, sodass die Anzahl der unabhängigen Komponenten einfach die Anzahl der Werte von n zwischen null und $2j$ ist. Sie ist gerade $2j + 1$. Somit kann der Zustandsvektor für einen Spin j einfach als eine symmetrisierte Kombination von $2j$ Spin 1/2 geschrieben werden. Zum Beispiel besteht ein Multiplett mit Gesamtdrehimpuls 1 aus den drei Zuständen

$$\Psi_{\frac{1}{2},\frac{1}{2}}, \quad \Psi_{\frac{1}{2},-\frac{1}{2}} + \Psi_{-\frac{1}{2},\frac{1}{2}}, \quad \Psi_{-\frac{1}{2},-\frac{1}{2}},$$

was – abgesehen von der Normierung – mit den ersten drei Zeilen aus Tabelle 4.1 übereinstimmt.

Wir können diesen alternativen Formalismus verwenden, um die Regeln der Drehimpulsaddition auszuarbeiten. Kombinieren wir Spins j_1 und j_2, so nimmt der Zustandsvektor in diesem Formalismus die Gestalt $\Psi_{m_1 \ldots m_{2j_1}; m'_1 \ldots m'_{2j_2}}$ an. Er ist symmetrisch in den m und symmetrisch in den m', zwischen den m und m' gibt es aber keine besondere Symmetrie. Daraus können wir durch Multiplikation mit M Faktoren $\epsilon_{m_r m'_s}$ und Summierung über die Indizes einen Tensor bilden, der M Indizes m und M Indizes m' weniger hat. Symmetrisieren wir in Bezug auf die verbleibenden Indizes, so erhalten wir einen Tensor, der nur den Drehimpuls $2j_1 + 2j_2 - 2M$ beschreibt. Hier kann M irgendeinen Wert von null bis zum kleineren der Werte $2j_1$ und $2j_2$ annehmen. Somit können wir durch die Kombination von Drehimpulsen j_1 aund j_2 einen beliebigen Drehimpuls $j = j_1 + j_2 - M$ bilden, mit $0 \leq M \leq \min\{2j_1, 2j_2\}$, oder anders ausgedrückt mit $|j_1 - j_2| \leq j \leq j_1 + j_2$, wie wir es schon früher durch Verwendung von Auf- und Absteigeoperatoren gefunden haben.

4.4 Das Wigner-Eckart-Theorem

Einer der Vorteile des algebraischen Zugangs zum Drehimpuls besteht darin, dass wir die Gestalt der Matrixelemente verschiedener Operatoren ableiten können, wenn wir ihre Kommutatorrelationen mit den Generatoren der Rotation kennen, die aus den Transformationseigenschaften der entsprechenden Observablen unter einer Rotation folgen. Man sagt, dass ein Satz von $2j + 1$ Operatoren O_j^m mit $m = j, j-1, -j$ den Spin j hat, wenn die Kommutatoren der Generatoren der Rotation mit diesen Operatoren die gleiche Gestalt wie die Formeln (4.2.9) und (4.2.16) für deren Wirkung auf Zustandsvektoren Ψ_j^m mit Drehimpuls j haben:

$$\left[J_3, O_j^m\right] = \hbar m \, O_j^m, \tag{4.4.1}$$

$$\left[J_1 \pm iJ_2, O_j^m\right] = \hbar\sqrt{j(j+1) - m^2 \mp m}\, O_j^{m\pm1}. \tag{4.4.2}$$

Diese Beziehungen kann man zu folgender Aussage zusammenfassen:

$$[\mathbf{J}, O_j^m] = \hbar \sum_{m'} \mathbf{J}_{m'm}^{(j)} O_j^{m'}, \tag{4.4.3}$$

wobei $\mathbf{J}_{m'm}^{(j)}$ die Spin-j-Darstellung der Drehimpulsoperatoren ist:

$$[J_3^{(j)}]_{m'm} \equiv m\delta_{m'm},$$
$$[J_1^{(j)}]_{m'm} \pm i[J_2^{(j)}]_{m'm} \equiv \sqrt{j(j+1) - m^2 \mp m}\, \delta_{m',m\pm1}. \tag{4.4.4}$$

So ist zum Beispiel ein skalarer Operator S ein Operator, der mit allen Komponenten von $\mathbf{J}$ vertauscht, was trivial mit den Gleichungen (4.4.1) und (4.4.2) oder äquivalent mit (4.4.3) übereinstimmt, wenn wir dem Operator $j = m = 0$ zuordnen, in welchem Falle $\mathbf{J}_{m'm}^{(0)} = 0$ ist. Ebenso ist gemäß Gleichung (4.1.13) ein Vektoroperator $\mathbf{V}$ ein Operator, der die Kommutatorrelationen

$$[J_i, V_j] = i\hbar \sum_k \epsilon_{ijk} V_k \tag{4.4.5}$$

erfüllt. Wir können **sphärische Komponenten** dieses Vektors durch die Größen

$$V^{+1} \equiv -\frac{V_1 + iV_2}{\sqrt{2}}, \quad V^{-1} \equiv \frac{V_1 - iV_2}{\sqrt{2}}, \quad V^0 \equiv V_3 \tag{4.4.6}$$

einführen. Dann können wir mit den Kommutatorrelationen (4.4.5) zeigen, dass

$$[J_3, V^m] = \hbar m V^m \tag{4.4.7}$$

und

$$[J_1 \pm iJ_2, V^m] = \hbar\sqrt{2 - m^2 \mp m}\, V^{m\pm1} \tag{4.4.8}$$

gilt, sodass die sphärischen Komponenten V^m einen Operator V_1^m mit $j = 1$ bilden. Ein Spezialfall eines solchen Operators V_1^m ist durch die Kugelflächenfunktion $Y_1^m(\hat{x})$ gegeben, wenn man $\hat{x}$ als Operator behandelt. Tatsächlich sind für einen Vektoroperator $\mathbf{V}$ die Polynome $|\mathbf{V}|^\ell Y_\ell^m(\hat{V})$ vom Grad ℓ Operatoren des Typs O_j^m mit $j = \ell$.

Wir beweisen nun ein grundlegendes allgemeines Resultat, das auf Eugene Wigner[12] und Carl Eckart[13] (1902–1973) zurückgeht und **Wigner-Eckart-Theorem** genannt wird. Es besagt, dass

$$\left(\Phi_{j''}^{m''}, O_j^m \Psi_{j'}^{m'}\right) = C_{jj'}(j''m''; mm')\left(\Phi\|O\|\Psi\right) \tag{4.4.9}$$

gilt. Dabei ist $C_{jj'}(j''m''; mm')$ der in Abschnitt 4.3 eingeführte Clebsch-Gordan-Koeffizient und $(\Phi\|O\|\Psi)$ ist ein Koeffizient, den man **reduziertes Matrixelement** nennt und der von allem außer den 3-Komponenten m, m', und m'' abhängen kann.

12 E. P. Wigner, *Gruppentheorie* (Vieweg u. Sohn, Braunschweig, 1931).
13 C. Eckart, Rev. Mod. Phys. **2**, 305 (1930).

Um dieses Ergebnis zu beweisen, betrachten wir einen allgemeinen Operator O_j^m mit dem Spin j. Bei einer Multiplikation mit den Generatoren des Drehimpulses wird der Zustandsvektor $\Omega_{jj'}^{mm'} \equiv O_j^m \Psi_{j'}^{m'}$ zu

$$\begin{aligned} J_i \Omega_{jj'}^{mm'} &= [J_i, O_j^m]\Psi_{j'}^{m'} + O_j^m J_i \Psi_{j'}^{m'} \\ &= \hbar \sum_{m''} [J_i^{(j)}]_{m''m} \Omega_{jj'}^{m''m'} + \hbar \sum_{m''} [J_i^{(j')}]_{m''m'} \Omega_{jj'}^{mm''} . \end{aligned} \tag{4.4.10}$$

Mit anderen Worten wirkt J_i auf $\Omega_{jj'}^{mm'}$ genau so, als wenn $\Omega_{jj'}^{mm'}$ ein Zustandsvektor für ein System aus zwei Teilchen mit Spin j und j' und 3-Komponenten m und m' wäre. Daher gilt

$$O_j^m \Psi_{j'}^{m'} = \sum_{j''m''} C_{jj'}(j''m''; mm')\, \Omega_{jj'j''}^{m''} . \tag{4.4.11}$$

Dabei ist $\Omega_{jj'j''}^{m''}$ ein Zustandsvektor mit Drehimpuls j'' und 3-Komponente m''. Wendet man Gleichung (4.2.19) auf die Zustandsvektoren Φ und Ω an, so erhält man das gewünschte Ergebnis, nämlich Gleichung (4.4.9).

Es gibt eine unmittelbare Anwendung dieses Ergebnisses auf Vektoroperatoren: *Die Matrixelemente aller Vektoroperatoren für Zustandsvektoren mit festem Drehimpuls sind parallel.* Das bedeutet, dass für jedes Vektorpaar $\mathbf{V}$ und $\mathbf{W}$

$$\left(\Phi_{j''}^{m''}, V_1^m \Psi_{j'}^{m'}\right) = \left(\frac{(\Phi\|V\|\Psi)}{(\Phi\|W\|\Psi)}\right) \left(\Phi_{j''}^{m''}, W_1^m \Psi_{j'}^{m'}\right) \tag{4.4.12}$$

gilt, solange $(\Phi\|W\|\Psi)$ nicht verschwindet. Da dies für die sphärischen Komponenten der Vektoren gilt, trifft es auch für die kartesischen Komponenten zu:

$$\left(\Phi_{j''}^{m''}, V_i \Psi_{j'}^{m'}\right) = \left(\frac{(\Phi\|V\|\Psi)}{(\Phi\|W\|\Psi)}\right) \left(\Phi_{j''}^{m''}, W_i \Psi_{j'}^{m'}\right). \tag{4.4.13}$$

Insbesondere haben wir, da $\mathbf{J}$ selbst ein Vektor ist,

$$\left(\Phi_{j'}^{m''}, V_i \Psi_{j'}^{m'}\right) \propto \left(\Phi_{j'}^{m''}, J_i \Psi_{j'}^{m'}\right). \tag{4.4.14}$$

Wir haben dieses letzte Ergebnis nur für den Fall $j'' = j'$ aufgeschrieben, weil das reduzierte Matrixelement $(\Phi\|J\|\Psi)$ verschwinden würde, wenn Φ und Ψ unterschiedliche Drehimpulse hätten, da $\mathbf{J}$ mit $\mathbf{J}^2$ vertauscht. Man sollte aber nicht meinen, dass Vektoroperatoren generell verschwindende Matrixelemente zwischen Zuständen zu verschiedenem Gesamtdrehimpuls hätten; dies ist nur für den Drehimpulsoperator selbst eine allgemeine Regel.

Wir werden Gleichung (4.4.14) verwenden, wenn wir in Abschnitt 5.2 den Zeeman-Effekt behandeln. Bei seiner »physikalischen« Erklärung argumentiert man oft, dass die Komponenten eines Vektors, die senkrecht zum Drehimpulsvektor sind, durch die Rotation eines Systems um $\mathbf{J}$ weggemittelt werden. Ohne das Wigner-Eckart-Theorem könnte man allerdings meinen, dass diese im Wesentlichen klassische Erklärung die Möglichkeit von Quantenkorrekturen offen lässt.

Als eine weitere Anwendung des Wigner-Eckart-Theorems werden wie die Auswahlregeln herleiten, die bei der häufigsten Art von Übergang durch Photonenemission gelten. Wie wir in Abschnitt 1.4 gesehen haben, machte Heisenberg von der klassischen Formel für die Strahlung einer oszillierenden Ladung Gebrauch, um einen Ausdruck für die Übergangsrate von einem atomaren Zustand zu einem anderen zu erraten. Das ist Gleichung (1.4.5). Auf eine beliebige Zahl geladener Teilchen mit Ortsoperatoren $\mathbf{X}_n$ (relativ zum Schwerpunkt) und Ladungen e_n verallgemeinert, gibt diese Formel die Übergangsrate vom anfänglichen atomaren Zustand a zum endgültigen atomaren Zustand b als

$$\Gamma(a \to b) = \frac{4(E_a - E_b)^3}{c^3\hbar^4} \left|\left(b|\mathbf{D}|a\right)\right|^2 \tag{4.4.15}$$

an, wobei $\mathbf{D}$ der Dipoloperator

$$\mathbf{D} = \sum_n e_n \mathbf{X}_n \tag{4.4.16}$$

ist. Wir werden in Abschnitt 11.7 eine quantenmechanische Herleitung dieser Formel angeben. Wie wir dort sehen werden, ist Gleichung (4.4.15) die Strahlungsübergangsrate in der Näherung, dass die Wellenlänge $hc/(E_a - E_b)$ des emittierten Photons viel größer als die Abmessung des Atoms ist, vorausgesetzt, das Matrixelement $(b|\mathbf{D}|a)$ verschwindet nicht. Dabei ist $(b|\mathbf{X}_n|a)$ als das Matrixelement der n-ten Teilchenkoordinate relativ zum Schwerpunkt definiert, wobei die Deltafunktion zur Impulserhaltung weggelassen wird. Was uns hier interessiert, sind die Bedingungen, unter denen das Matrixelement nicht verschwindet.

Der Operator $\mathbf{D}$ ist ein Dreiervektor, und somit können seine Komponenten wie in Gleichung (4.4.6) als Linearkombinationen eines $j = 1$ Multipletts von Operatoren D^m geschrieben werden:

$$D_1 = \frac{1}{\sqrt{2}}\left(-D^{+1} + D^{-1}\right), \quad D_2 = \frac{i}{\sqrt{2}}\left(D^{+1} + D^{-1}\right), \quad D_3 = D^0. \tag{4.4.17}$$

Die Abhängigkeit der Matrixelemente der Operatoren D^m von m und von den Drehimpulsquantenzahlen j_a, m_a, und j_b, m_b der Anfangs- und Endzustände ist durch einen Clebsch-Gordan-Koeffizient gegeben:

$$\left(b|D^m|a\right) \propto C_{j_a 1}(j_b m_b; m_a m) \tag{4.4.18}$$

mit einer von m, m_a, und m_b unabhängigen Proportionalitätskonstante. Die Übergangsrate (4.4.15) verschwindet daher, außer die Drehimpulsquantenzahlen genügen der Ungleichung

$$|j_a - j_b| \le 1, \quad j_a + j_b \ge 1, \quad |m_a - m_b| \le 1. \tag{4.4.19}$$

Es gibt eine weitere Paritätsauswahlregel, die in Abschnitt 4.7 angegeben wird.

Sind diese Auswahlregeln erfüllt und ist die Übergangsrate in guter Näherung durch Gleichung (4.4.15) gegeben, so nennt man dies einen elektrischen Dipolübergang oder

E1-Übergang. Natürlich erfüllen nicht alle möglichen atomaren Übergänge diese Auswahlregeln. Wo diese Auswahlregeln nicht erfüllt sind, sind Photonübergänge immer noch möglich, aber ihre Raten sind um zusätzliche Faktoren von der Größe des Atoms dividiert durch die Wellenlänge des Lichts unterdrückt. Solche Übergänge werden in Abschnitt 11.7 besprochen.

4.5 Bosonen und Fermionen

Soweit wir wissen, ist jedes Elektron im Universum mit jedem anderen Elektron identisch, nur die Werte, die ihre Orte (oder Impulse) und 3-Komponenten des Spins annehmen, unterscheiden sich. Das Gleiche gilt für die anderen bekannten Elementarteilchen: Photonen, Quarks, usw. Für solche ununterscheidbaren Teilchen kann es keinen Unterschied machen, in welcher Reihenfolge wir die Orts- und Spinbezeichnungen auf einen physikalischen Zustand verteilen: Wir können sagen, dass es in einem Zustand mit Zustandsvektor $\Phi_{\mathbf{x}_1,m_1;\mathbf{x}_2,m_2;\ldots}$ ein Elektron mit Ort $\mathbf{x}_1$ und 3-Komponente des Spins $\hbar m_1$ gibt, ein weiteres Elektron mit Ort $\mathbf{x}_2$ und 3-Komponente des Spins $\hbar m_2$, und so weiter, aber *nicht*, dass das erste Elektron Ort $\mathbf{x}_1$ und 3-Komponente des Spins $\hbar m_1$ hat, dass das zweite Elektron Ort $\mathbf{x}_2$ und 3-Komponente des Spins $\hbar m_2$ hat, und so weiter. So muss zum Beispiel der Zustandsvektor $\Phi_{\mathbf{x}_2,m_2;\mathbf{x}_1,m_1;\ldots}$ den gleichen physikalischen Zustand wie der Zustandsvektor $\Phi_{\mathbf{x}_1,m_1;\mathbf{x}_2,m_2;\ldots}$ beschreiben. Das bedeutet nicht, dass diese Zustandsvektoren gleich sind. Sie sind es nur bis auf einen konstanten Faktor,[14] den wir α nennen:

$$\Phi_{\mathbf{x}_2,m_2;\mathbf{x}_1,m_1;\ldots} = \alpha\Phi_{\mathbf{x}_1,m_1;\mathbf{x}_2,m_2;\ldots}. \tag{4.5.1}$$

Weil α nicht von Impuls oder Spin abhängt, haben wir auch

$$\Phi_{\mathbf{x}_1,m_1;\mathbf{x}_2,m_2;\ldots} = \alpha\Phi_{\mathbf{x}_2,m_2;\mathbf{x}_1,m_1;\ldots}. \tag{4.5.2}$$

Setzen wir Gleichung (4.5.1) auf der rechten Seite von Gleichung (4.5.2) ein, so erhalten wir

$$\Phi_{\mathbf{x}_1,m_1;\mathbf{x}_2,m_2;\ldots} = \alpha^2\Phi_{\mathbf{x}_1,m_1;\mathbf{x}_2,m_2\ldots}$$

und somit

$$\alpha^2 = 1. \tag{4.5.3}$$

Dieser Gedankengang gilt für beliebige Teilchen, egal ob sie elementar sind oder nicht. Teilchen mit $\alpha = +1$ und $\alpha = -1$ nennt man **Bosonen** beziehungsweise **Fermionen**, nach Satyendra Nath Bose (1894–1974) und Enrico Fermi (1901–1954).

14 Bei der Herleitung von Gleichung (4.5.3) ist es wichtig, dass α nur von der Teilchensorte, nicht aber dem Impuls oder Spin des Teilchens abhängt. Das folgt aus Betrachtungen zur Raumzeit-Symmetrie; würde α vom Impuls oder Spin abhängen, widerspräche dies der Invarianz unter Rotationen des Koordinatensystems oder Transformationen zu bewegten Koordinatensystemen. In zwei Dimensionen gibt es eine exotische Möglichkeit, dass α von den Pfaden abhängen könnte, auf denen die Teilchen zu ihren Orten oder Impulsen gebracht werden, aber dies ist in drei oder mehr Dimensionen nicht möglich.

Eine der wichtigsten Konsequenzen der speziellen Relativitätstheorie für die Quantenmechanik ist, dass alle Teilchen mit halb-ganzzahligem Spin Fermionen sind und alle Teilchen mit ganzzahligem Spin Bosonen.[15] Damit sind Elektronen und Quarks, die Spin 1/2 haben, Fermionen. Die schweren *W*- und *Z*-Teilchen, die eine entscheidende Rolle beim radioaktiven Betazerfall spielen, haben Spin 1 und sind daher Bosonen. (Die Definition des Spins für ein masseloses Teilchen wie das Photon verlangt gewisse Sorgfalt. Für unsere Zwecke halten wir lediglich fest, dass die Komponente des Spindrehimpulses, die in Richtung der Bewegung des Photons verläuft, nur die Werte $\pm\hbar$ annehmen kann, was links- und rechtszirkulär polarisierten elektromagnetischen Wellen entspricht, und dass Photonen Bosonen sind.)

Wenn wir ein Paar von identischen zusammengesetzten Teilchen austauschen, tauschen wir alle ihre Bestandteile aus, sodass wir einen Vorzeichenfaktor erhalten, der durch das Produkt aller Vorzeichenfaktoren der individuellen Bestandteile gegeben ist. Daraus folgt, dass *ein zusammengesetztes Teilchen, das aus einer geraden Zahl von Fermionen und einer beliebigen Zahl von Bosonen besteht, ein Boson ist, und ein zusammengesetztes Teilchen, das aus einer ungeraden Zahl von Fermionen und einer beliebigen Zahl von Bosonen besteht, ein Fermion ist.* Daher sind das Proton und das Neutron, die jeweils aus drei Quarks bestehen, Fermionen. Das Wasserstoffatom, das aus einen Proton und einem Elektron besteht, ist ein Boson. Man beachte, dass diese Regel konsistent ist mit der Eigenschaft der Drehimpulsaddition: Die Addition einer ungeraden Zahl von halb-ganzzahligen Drehimpulsen und einer beliebigen Zahl von ganzzahligen Drehimpulsen ergibt einen halb-ganzzahligen Drehimpuls und die Addition einer geraden Zahl von halb-ganzzahligen Drehimpulsen und einer beliebigen Zahl von ganzzahligen Drehimpulsen ergibt einen ganzzahligen Drehimpuls. Es wäre auch unmöglich, dass alle Teilchen mit ganzzahligem Spin Fermionen sind, weil ein zusammengesetztes Teilchen aus einer geraden Zahl von Teilchen mit ganzzahligem Spin ebenfalls ganzzahligen Spin hätte, aber ein Boson wäre.

Die Unterscheidung zwischen Bosonen und Fermionen ist besonders wichtig in Systemen, in denen der Hamiltonian in guter Näherung auf alle Teilchen separat wirkt, also die Form

$$H\Phi_{\xi_1\xi_2\ldots} = \int d\xi_1' \, H_{\xi_1',\xi_1}\Phi_{\xi_1'\xi_2\ldots} + \int d\xi_2' \, H_{\xi_2',\xi_2}\Phi_{\xi_1\xi_2'\ldots} + \cdots \tag{4.5.4}$$

annimmt. Dabei ist $H_{\xi',\xi}$ das Matrixelement eines effektiven Einteilchenhamiltonians zwischen Einteilchenzuständen:

$$H_{\xi',\xi} \equiv \left(\Phi_{\xi'}, H^{\text{eff}}\Phi_{\xi}\right). \tag{4.5.5}$$

(Den Impuls und die *z*-Komponente des Spins bezeichnen wir nun mit ξ, und ein Integral über ξ soll ein Integral über den Impulsvektor und eine Summe über die *z*-Komponente

15 Dieses Ergebnis wurde zuerst in störungstheoretischem Kontext von M. Fierz, Helv. Phys. Acta **12**, 3 (1939); W. Pauli, Phys. Rev. **58**, 716 (1940) angegeben. Nicht störungstheoretische Beweise wurden in der axiomatischen Feldtheorie von G. Lüders und B. Zumino, Phys. Rev. **110**, 1450 (1958) sowie N. Burgoyne, Nuovo Cimento **8**, 807 (1958) geführt. Siehe auch R. F. Streater und A. S. Wightman, *PCT, Spin & Statistics, and All That* (Benjamin, New York, 1968).

des Spins sein.) In der Atomphysik nennt man das **Hartree-Näherung**.[16] Sie ist oft eine gute Näherung in Vielteilchensystemen, bei denen man annehmen kann, dass ein Teilchen auf das Potenzial, das von den anderen Teilchen erzeugt wird, reagiert, während hingegen seine Antwort auf dieses Potenzial vernachlässigbare Rückwirkung auf dieses Potenzial hat. Nimmt der Hamiltonian die Gestalt (4.5.4) an, so wird der Zustand Ψ ein Eigenzustand des Hamiltonians sein, wenn seine Wellenfunktion ein Produkt der Einteilchenwellenfunktionen ist:

$$\left(\Phi_{\xi_1,\xi_2,\ldots},\Psi\right)=\psi_1(\xi_1)\psi_2(\xi_2)\cdots. \tag{4.5.6}$$

Dabei sind die ψ_a Eigenfunktionen des Einteilchenhamiltonians

$$\int d\xi'\, H_{\xi,\xi'}\psi_a(\xi')=E_a\psi_a(\xi). \tag{4.5.7}$$

In diesem Fall haben wir

$$\left(\Phi_{\xi_1,\xi_2,\ldots},H\Psi\right)=\int d\xi'_1\, H^*_{\xi'_1,\xi_1}\psi_1(\xi'_1)\psi_2(\xi_2)\cdots+\int d\xi'_2\, H^*_{\xi'_2,\xi_2}\psi_1(\xi_1)\psi_2(\xi'_2)\cdots+\cdots.$$

Verwenden wir die Hermitezität des Einteilchenhamiltonians, so erhalten wir $H^*_{\xi',\xi}=H_{\xi,\xi'}$, und mit Gleichung (4.5.7) ergibt sich

$$\left(\Phi_{\xi_1,\xi_2,\ldots},H\Psi\right)=(E_1+E_2+\ldots)\left(\Phi_{\xi_1,\xi_2,\ldots}\Psi\right).$$

Daher ist Ψ ein Eigenvektor von H mit Energie $E_1+E_2+\cdots$:

$$H\Psi=(E_1+E_2+\cdots)\Psi. \tag{4.5.8}$$

Für identische Teilchen steht Gleichung (4.5.6) jedoch in Konflikt zu der Forderung, dass $\Phi_{\xi_1,\xi_2,\ldots}$ in den Variablen ξ für Bosonen oder Fermionen symmetrisch oder antisymmetrisch sein muss. In diesem Fall müssen wir, anstatt (4.5.6) zu verwenden, die Wellenfunktion symmetrisieren oder antisymmetrisieren:

$$\left(\Phi_{\xi_1,\xi_2,\ldots},\Psi\right)=\sum_P \delta_P\psi_1(\xi_{P1})\psi_2(\xi_{P2})\cdots. \tag{4.5.9}$$

Die Summe läuft dabei über alle Permutationen $1,2,\ldots\mapsto P1,P2,\ldots$, und δ_P ist für Fermionen gleich $+1$ oder -1 für gerade bzw. ungerade Permutationen, während bei Bosonen $\delta_P=1$ für alle Permutationen gilt. Das oben gegebene Argument für die Energie der Wellenfunktion (4.5.6) gilt für jeden Term in dieser Summe, somit ist mit dem gleichen Beweisgang Ψ wieder ein Eigenvektor von H mit Eigenwert $E_1+E_2+\cdots$.

Zum Beispiel gibt es für einen Zwei-Teilchen-Zustand genau zwei Permutationen, die Identität $1,2\mapsto 1,2$ und die ungerade Permutation $1,2\mapsto 2,1$, und somit ist

$$\left(\Phi_{\xi_1,\xi_2},\Psi\right)=\psi_1(\xi_1)\psi_2(\xi_2)\pm\psi_1(\xi_2)\psi_2(\xi_1),$$

16 D. R. Hartree, Proc. Camb. Phil. Soc. **24**, 111 (1928).

wobei das Vorzeichen plus für Bosonen und das Vorzeichen minus für Fermionen gilt. Bei Fermionen ist die Wellenfunktion im Allgemeinen eine Determinante, die sogenannte **Slater-Determinante**:[17]

$$\left(\Phi_{\xi_1,\xi_2,\ldots},\Psi\right) = \begin{vmatrix} \psi_1(\xi_1) & \psi_1(\xi_2) & \psi_1(\xi_3) & \ldots \\ \psi_2(\xi_1) & \psi_2(\xi_2) & \psi_2(\xi_3) & \ldots \\ \psi_3(\xi_1) & \psi_3(\xi_2) & \psi_3(\xi_3) & \ldots \\ \ldots & \ldots & \ldots & \ldots \end{vmatrix} . \tag{4.5.10}$$

Für Bosonen erhalten wir ebenso eine Determinante, dort sind allerdings alle Minuszeichen durch Pluszeichen ersetzt.

Man kann für Fermionen keinen Zustandsvektor der Gestalt (4.5.10) bilden, bei dem irgendwelche Komponenten ψ_a identisch sind, denn dann wären zwei Reihen der Determinante identisch und der Zustandsvektor würde verschwinden. Das ist als das **Paulische Ausschlussprinzip**[18] bekannt. Im Gegensatz dazu kann es bei Bosonen sogar einen Zustand geben, bei dem eine makroskopische Zahl der Komponenten ψ_a gleich sind. Das nennt man **Bose-Einstein-Kondensation**.[19] Die besonderen Eigenschaften von flüssigem ^{4}He können als Konsequenz einer Bose-Einstein-Kondensation gedeutet werden. Allerdings kann man in diesem Fall die Wellenfunktion nicht näherungsweise als symmetrisierte Summe von Produkten aus Ein-Teilchen-Wellenfunktionen ausdrücken. Erst in den letzten Jahren ist eine Bose-Einstein-Kondensation für ein **Gas** von Atomen beobachtet worden, wo diese Näherung angemessen ist.[20]

Die erste große Anwendung dieser Überlegungen war die Erklärung des Periodensystems der Elemente. Wie schon erwähnt, kann man davon ausgehen, dass sich jedes Elektron in einem Vielelektronenatom näherungsweise in einem Potenzial $V(r)$ bewegt, das vom Kern und den anderen Elektronen gebildet wird. Dieses Potenzial kommt einem Zentralpotenzial sehr nahe, das nur vom Abstand r vom Kern abhängt, aber es ist kein einfaches Coulomb-Potenzial, das proportional zu $1/r$ ist. Es verhält sich stattdessen wie $-Ze^2/r$ nahe am Kern (dessen Ladung gleich $+Ze$ ist), und wie $-e^2/r$ außerhalb des Atoms, wo die Kernladung durch die negative Ladung von $Z-1$ Elektronen abgeschirmt wird. Weil das Potenzial ein Zentralpotenzial ist, können wir die Wellenfunktionen $\psi_a(\xi)$ der einzelnen Atome weiterhin mit einer Bahndrehimpulszahl ℓ und einer Hauptquantenzahl n versehen, wobei es $2(2\ell+1)$ von diesen Zuständen für jedes n und ℓ gibt (der Extrafaktor 2 kommt vom Elektronenspin). Die ganze Zahl n kann man definieren als $\ell+1$ plus die Anzahl der Knoten der Radialwellenfunktion, genau wie bei einem Coulomb-Potenzial. Weil aber das Potenzial kein Coulomb-Potenzial ist, sind die Energien für Zustände mit unterschiedlichem ℓ, aber gleichem n nicht mehr exakt identisch. Stattdessen nimmt die Ener-

17 J. C. Slater, Phys. Rev. **34**, 1293 (1929).

18 W. Pauli, Zeit. f. Physik **31**, 763 (1925).

19 In einem Brief an Einstein beschrieb Bose die Theorie von Bosonen wie den Photonen, bei denen die Anzahl der Teilchen nicht fest ist. Einstein selbst übersetzte den Brief aus dem Englischen ins Deutsche und ließ ihn als S. N. Bose, Zeit. f. Physik **26**, 178 (1924) veröffentlichen. Einstein arbeitete dann die Theorie von Bosonengasen mit einer festen Teilchenzahl aus, publiziert in A. Einstein, Sitz. Preuss. Akad. Wiss. (1925), S. 3.

20 M. H. Anderson, J. R. Ensher, M. R. Matthews, C. E. Wieman, and E. A. Cornell, Science **269**, 198 (1995).

gie mit ℓ tendenziell zu, weil die Wellenfunktion sich nahe am Ursprung wie r^ℓ verhält, sodass Elektronen mit großem Bahndrehimpuls ℓ wenig Zeit nahe am Kern verbringen, wo $|rV(r)|$ am größten ist. Bei Atomen mit einer großen Zahl Z von Elektronen kommt es manchmal sogar vor, dass ein Einelektronenzustand mit großem Bahndrehimpuls ℓ eine höhere Energie aufweist als ein Zustand mit größerem n und kleinerem Bahndrehimpuls ℓ.

Das Paulische Ausschlussprinzip besagt, dass keine zwei Elektronen die gleiche Wellenfunktion $\psi_a(\xi)$ aufweisen können, sodass die Elektronen in Einelektronenzustände immer höherer Energie E_a gesetzt werden müssen, wenn wir Atome mit mehr und mehr Elektronen betrachten. Natürlich ändert sich das Potenzial $V(r)$ mit wachsender Elektronenzahl, somit ändern sich die Werte der Energien E_a und sogar ihre Anordnung. Genaue Rechnungen zeigen, dass die Einelektronzustände (mit sporadischen Ausnahmen) in folgender Reihenfolge besetzt werden (wobei die Energien nach unten hin zunehmen):

$$\begin{aligned} &1s, \\ &2s,\ 2p, \\ &3s,\ 3p, \\ &4s,\ 3d,\ 4p, \\ &5s,\ 4d,\ 5p, \\ &6s,\ 4f,\ 5d,\ 6p, \\ &7s,\ 5f,\ 7p,\ \ldots \end{aligned} \tag{4.5.11}$$

Dabei sind s, p, d, und f die etablierten Symbole für $\ell = 0$, $\ell = 1$, $\ell = 2$, und $\ell = 3$. Die Einelektronenzustände, die in der gleichen Zeile aufgeführt werden, haben näherungsweise die gleiche Energie.

Berücksichtigt man den Spin, so ist die Gesamtzahl der Zustände für die in jeder Zeile von Gleichung (4.5.11) aufgeführten Energieniveaus gleich 2, $2 + 6 = 8$, $2 + 6 = 8$, $2 + 10 + 6 = 18$, $2 + 10 + 6 = 18$, $2 + 14 + 10 + 6 = 32$, und so weiter. Die ersten beiden Elemente Wasserstoff und Helium mit $Z = 1$ und $Z = 2$ haben Elektronen nur in den ersten (tiefsten) Energieniveaus von (4.5.11); die nächsten 8 Elemente von Lithium bis Neon haben Elektronen auch im zweiten dieser Energieniveaus; die 8 Elemente von Natrium bis Argon haben Elektronen im dritten wie auch im ersten und zweiten dieser Energieniveaus, und so weiter.

Nun werden die chemischen Eigenschaften eines Elements im Allgemeinen durch die Anzahl seiner Elektronen in seinem höchsten Energieniveau bestimmt; diese sind am wenigsten fest gebunden. (Eine wichtige Ausnahme wird im Folgenden besprochen.) Ein Element, dessen Atome keine Elektronen außerhalb von gefüllten Energieniveaus haben, ist chemisch besonders stabil. Solche Elemente nennt man **Edelgase**; darunter sind Helium mit $Z = 2$, Neon mit $Z = 2 + 8 = 10$, Argon mit $Z = 2 + 8 + 8 = 18$, Krypton mit $Z = 2 + 8 + 8 + 18 = 36$, Xenon mit $Z = 2 + 8 + 8 + 18 + 18 = 54$, und Radon mit

$Z = 2 + 8 + 8 + 18 + 18 + 32 = 86$. Bei Elementen, die eine kleine Anzahl von Elektronen mehr oder weniger als ein Edelgas haben, werden die chemischen Eigenschaften weitgehend von dieser Anzahl bestimmt, die man **Valenz** nennt – positiv für zusätzliche Elektronen und negativ für fehlende Elektronen. Stabile Verbindungen werden in der Regel aus Elementen gebildet, deren Valenzen sich zu null aufaddieren. Wenn es nur ein einzelnes Elektron im höchsten Energieniveau gibt, so wird es leicht verloren, und das Element verhält sich wie ein chemisch gut reagierendes Metall mit Valenz +1. (Metalle sind durch ihre Eigenschaft charakterisiert, dass sie Festkörper bilden, indem Elektronen sich von einzelnen Atomen trennen und sich frei durch den Festkörper bewegen. Dies verleiht Metallen ihre hohe thermische und elektrische Leitfähigkeit.) Solche Elemente nennt man **Alkalimetalle**; darunter sind Lithium mit $Z = 2 + 1 = 3$, Natrium mit $Z = 2+8+1 = 11$, Kalium mit $Z = 2+8+8+1 = 19$, und so weiter. Ebenso hat ein Atom eine starke Tendenz, ein weiteres Elektron anzuziehen, wenn ihm genau ein Elektron im höchsten Energieniveau *fehlt*. Elemente mit solchen Elektronen sind chemisch stark reaktive Nicht-Metalle, mit Valenz –1, die besonders stabile Verbindungen mit den Alkalimetallen eingehen. Man nennt diese Elemente **Halogene**; zu ihnen gehören Fluor mit $Z = 2+8-1 = 9$, Chlor mit $Z = 2+8+8-1 = 17$, Brom mit $Z = 2+8+8+18-1 = 35$, und so weiter. Elemente mit zwei Elektronen mehr als ein Edelgas sind ebenfalls chemisch reaktiv, aber nicht so stark wie die Alkalimetalle; man bezeichnet sie als **Erdalkalimetalle**, sie haben Valenz +2 und umfassen Beryllium mit $Z = 2 + 2 = 4$, Magnesium mit $Z = 8 + 2 + 2 = 12$, Kalzium mit $Z = 18 + 2 = 20$, und so weiter. Ganz ähnlich sind Elemente mit zwei Elektronen weniger als ein Edelgas (mit Valenz –2) chemisch reaktiv, aber nicht so sehr wie die Halogene. Zu ihnen gehören Sauerstoff mit $Z = 10 - 2 = 8$, Schwefel mit $Z = 18 - 2 = 16$, und so weiter.

Die Zugehörigkeit von $4f$-Zuständen zum sechsten Energieniveau und $5f$-Zuständen zum siebten Energieniveau führt auf ein besonderes Merkmal des Periodensystems der Elemente. Genauere Rechnungen zeigen, dass der mittlere Radius der $4f$-Bahnen kleiner ist als der der $6s$-Bahnen und dass der mittlere Radius der $5f$-Bahnen kleiner ist als der der $7s$-Bahnen. Die Anzahl der $4f$- oder $5f$-Elektronen hat somit nur einen geringen Einfluss auf die chemischen Eigenschaften, obwohl sie die Elektronen mit der höchsten Energie im Atom sind. Daher sind die $2(2\cdot 3+1) = 14$ Elemente, bei denen die Elektronen mit höchster Energie in $4f$-Zuständen sind, chemisch recht ähnlich, und das Gleiche gilt für die 14 Elemente, bei denen die Elektronen höchster Energie in den $5f$-Zuständen sind. Die erste Gruppe von Elementen nennt man die **Seltenen Erden** oder **Lanthaniden**; bei ihnen läuft Z von $2+8+8+18+18+2+1 = 57$ (Lanthan)[21] bis $2+8+8+18+18+2+14 = 70$ (Ytterbium). Die zweite Gruppe sind die **Actiniden**; bei ihnen läuft Z von $2+8+8+18+18+32+2+1 = 89$ (Actinium) bis $2+8+8+18+18+32+2+14 = 102$ (Nobelium). Geht man deutlich über das Nobelium hinaus, wird die Frage nach dem chemischen Verhalten belanglos, weil die Coulomb-Abstoßung der Protonen den Kern für so große Werte von Z so instabil macht,

21 Lanthan ist ebenfalls eine der sporadischen Ausnahmen von der Regel zum Auffüllen der Energieniveaus in der Reihenfolge von Gleichung (4.5.11). Das 57-te Elektron befindet sich in einem $5d$-, nicht in einem $4f$-Zustand. Aber bei der nächsten Seltenen Erde (Cer) gibt es zwei Elektronen im $4f$-Zustand und keines im $4d$-Zustand, und dieses Muster setzt sich für alle anderen Seltenen Erden fort. Ähnliche Ausnahmen gibt es bei den Actiniden.

dass die Atome nicht lang genug leben, um an chemischen Reaktionen teilnehmen zu können.

Eine analoge Schalenstruktur findet man in Atomkernen.[22] Es gibt bestimmte »magische Zahlen« von Protonen oder Neutronen, die abgeschlossene Schalen bilden. Das erkennt man an der Tatsache, dass der Kern mit einem zusätzlichen Proton oder Neutron eine ungewöhnlich kleine Bindungsenergie hat. Die auf diese Weise beobachteten magischen Zahlen sind

$$2,\ 8,\ 20,\ 28,\ 50,\ 82,\ 126. \tag{4.5.12}$$

Zum Beispiel ist ^{4}He doppelt magisch, weil es zwei Protonen und zwei Neutronen hat, und deswegen gibt es keinen stabilen Kern mit einem weiteren Proton oder Neutron. Das ist einer der Gründe, warum Kernreaktionen im frühen Universum kaum komplexe Kerne schwerer als ^{4}He produzierten. Andere doppelt magische Kerne wie etwa ^{16}O und ^{40}Ca erlauben die Bindung eines weiteren Protons oder Neutrons, das aber mit wesentlich geringerer Bindungsenergie als benachbarte Kerne. Aus diesem Grund werden diese Isotope von Sauerstoff und Kalzium in Sternen in größerer Menge produziert als benachbarte Kerne.

Die magischen Zahlen in Kernen erklärt man ähnlich wie bei den Kernladungszahlen $Z = 2,\ 10,\ 18,$ usw. der Edelgase. Nur das Potenzial ist natürlich ganz anders. Insoweit man annehmen kann, dass sich Nukleonen in Kernen in einem gemeinsamen Potenzial $V(r)$ bewegen, muss das Potenzial im Dreiervektor $\mathbf{x}$ am Ursprung analytisch sein, denn anders als bei Atomen ist bei Kernen am Ursprung nichts besonders. Daher muss sich das Potenzial für $r \to 0$ wie eine Konstante plus ein Term der Ordnung r^2 verhalten. Ein einfaches Potenzial, das diese Bedingung erfüllt, ist das Potenzial des harmonischen Oszillators $V(r) \propto V_0 + m_N\omega^2 r^2/2$, wobei ω eine konstante Frequenz ist. Wie wir in Abschnitt 2.5 gesehen haben, sind die ersten Energieniveaus (wobei die Energien relativ zur Nullpunktsenergie $V_0 + 3\hbar/2$ angegeben werden) für ein Teilchen in diesem Potenzial und die dazugehörigen Entartungen wie folgt:

Energie	Zustände	Entartungsgrad
0	s	2
$\hbar\omega$	p	6
$2\hbar\omega$	s & d	12
$3\hbar\omega$	p & f	20
...	...	...

(4.5.13)

Wir haben einen Zusatzfaktor 2 bei den Entartungen eingeführt, um die zwei Spinzustände des Nukleons zu berücksichtigen. Protonen sind Fermionen und alle identisch, somit beträgt die Anzahl der Protonen in einem Kern, bei dem das niedrigste Energieniveau gefüllt ist, gerade 2; sind alle Niveaus bis $\hbar\omega$ gefüllt, beträgt sie $2 + 6 = 8$; sind alle Niveaus bis zu $2\hbar\omega$ gefüllt, beträgt sie $2 + 6 + 12 = 20$, und so weiter. Natürlich gilt das Gleiche auch für Neutronen.

22 M. Goeppert-Mayer und J. H. D. Jensen, *Elementary Theory of Nuclear Shell Structure* (Wiley, New York, 1955).

Das erklärt die ersten drei magischen Zahlen, würde aber nahelegen, dass die nächste magische Zahl $2+6+12+20 = 40$ sein sollte, was definitiv nicht der Fall ist. Mit Ausnahme der allerleichtesten Kerne muss man nicht nur unvermeidliche Abweichungen vom einfachen harmonischen Potenzial, sondern auch die Spin-Bahn-Kopplung berücksichtigen, die, wie in Abschnitt 4.3 besprochen, die $2(2\ell + 1)$ Zustände mit bestimmtem Bahndrehimpuls ℓ in $2\ell + 2$ Zustände mit Einteilchengesamtimpuls $j = \ell + 1/2$ und 2ℓ Zustände mit $j = \ell - 1/2$ aufspaltet. Es stellt sich heraus, dass die Spin-Bahn-Kopplung die Energie des f-Zustands mit $j = 7/2$ unter die anderen Zustände im $3\hbar\omega$-Niveau absenkt. Die Entartung des $f_{7/2}$-Zustands beträgt 8, somit ist die nächste magische Zahl nach der 20 gleich $20 + 8 = 28$. Ähnliche Überlegungen erklären die höheren magischen Zahlen.

Der Unterschied zwischen Bosonen und Fermionen wirkt sich grundlegend darauf aus, wie wir physikalische Zustände in der statistischen Mechanik zählen. Nach den allgemeinen Prinzipien der statistischen Mechanik ist die Wahrscheinlichkeit für einen Zustand im thermischen Gleichgewicht proportional zu einer Exponentialfunktion von linear erhaltenen Größen – das sind Größen, deren Summe über Untersysteme erhalten bleibt, wenn die Untersysteme wechselwirken. Zu diesen erhaltenen Größen gehören die Gesamtenergie[23] E und die Anzahl N der Teilchen (genauer gesagt, die Anzahl bestimmter Teilchen, wie Quarks oder Elektronen, abzüglich der Anzahl ihrer Antiteilchen). Diese exponentielle Wahrscheinlichkeitsverteilung ist das **großkanonische Ensemble**. Als System werden wir hier ein Gas betrachten, bei dem die Gesamtenergie die Summe der Energien E_n mal der Anzahl N_n der Teilchen im n-ten Zustand ist, aufsummiert über alle Einteilchenzustände n. Die Wahrscheinlichkeit eines beliebigen Satzes von N_n ist dann im thermischen Gleichgewicht gleich

$$P(N_1, N_2, \dots) \propto \exp\left(-\frac{E}{k_B T} + \frac{\mu N}{k_B T}\right) = \exp\left(-\sum_n N_n(E_n - \mu)/k_B T\right). \tag{4.5.14}$$

Dabei ist $N = \sum_n N_n$ die Gesamtteilchenzahl und $E = \sum_n N_n E_n$ die Gesamtenergie, k_B ist die Boltzmann-Konstante, und T sowie μ sind Parameter, die den Zustand des Systems beschreiben. Man bezeichnet sie als **Temperatur** und **chemisches Potenzial**.

Bisher gibt es bei der Berechnung keinen Unterschied zwischen unterscheidbaren und ununterscheidbaren Teilchen, bzw. im Fall von ununterscheidbaren Teilchen zwischen Bosonen und Fermionen. Der Unterschied kommt zum Tragen, wenn wir bei der Berechnung thermodynamischer Mittelwerte über Zustände summieren. Bei unterscheidbaren Teilchen summieren wir über die möglichen Zustände jedes Teilchens. Bei ununterscheidbaren Teilchen summieren wir stattdessen über die Anzahl der Teilchen in jedem Einteilchenzustand. Bei Bosonen ist die mittlere Teilchenzahl im n-ten Zustand dann

$$\overline{N}_n = \frac{\sum_{N_n=0}^{\infty} N_n \exp\left(-N_n(E_n - \mu)/k_B T\right)}{\sum_{N_n=0}^{\infty} \exp\left(-N_n(E_n - \mu)/k_B T\right)} = \frac{1}{\exp\left((E_n - \mu)/k_B T\right) - 1}. \tag{4.5.15}$$

23 Wir nehmen den Gesamtimpuls normalerweise nicht hinzu, obwohl er linear erhalten ist, weil wir immer ein Bezugssystem wählen können, in dem der Gesamtimpuls verschwindet.

(Die Summen über die Teilchenzahlen N_m in den Zuständen $m \neq n$, also nicht n, kürzen sich in Zähler und Nenner heraus.) Das ist der Fall der **Bose-Einstein-Statistik**.

Zum Beispiel ist die Anzahl der Photonen bei Strahlungsprozessen nicht erhalten; wir müssen daher für Photonen $\mu = 0$ setzen. Wie wir in Abschnitt 1.1 gesehen haben, gibt es $8\pi\nu^2\, d\nu/c^3$ Einphotonzustände zwischen den Frequenzen ν und $\nu + d\nu$, jeder davon hat eine Energie $h\nu$. Somit ist die Energie pro Volumen zwischen den Frequenzen ν und $\nu + d\nu$ gleich $8\pi h\nu^3 \overline{N}\, d\nu/c^3$, was unmittelbar auf die Plancksche Schwarzkörperformel (1.1.5) führt.

Bei Fermionen berechnet man $\overline{N}_n$ exakt wie bei den Bosonen, außer dass in Übereinstimmung mit dem Paulischen Ausschlussprinzip die Summe über jedes N_n nur über die Werte null und eins läuft. Daher gilt

$$\overline{N}_n = \frac{\exp\left(-(E_n - \mu)/k_B T\right)}{1 + \exp\left(-(E_n - \mu)/k_B T\right)} = \frac{1}{\exp\left((E_n - \mu)/k_B T\right) + 1}. \tag{4.5.16}$$

Man beachte, dass $\overline{N}_n \leq 1$ gilt, wie es wegen des Pauli-Prinzips natürlich sein muss. Das ist der Fall der **Fermi-Dirac-Statistik**.

Für hinreichend kleine Temperaturen wird die mittlere Besetzungszahl (4.5.16) gut durch

$$\overline{N}_n = \begin{cases} 1 & E_n < \mu \\ 0 & E_n > \mu \end{cases} \tag{4.5.17}$$

angenähert. Die Fläche $E_n = \mu$ im Impulsraum bildet den Rand des Raums der besetzten Zustände. Sie wird **Fermifläche** genannt. Die Existenz einer Fermifläche spielt für Elektronen in weißen Zwergen und für Neutronen in Neutronensternen eine wichtige Rolle.

Das Pauli-Prinzip hat auch wichtige Konsequenzen für die Dynamik von Elektronen in Kristallen. Wie wir in Abschnitt 3.5 gesehen haben, fallen in einem Kristall die erlaubten Elektronenenergien in mehrere getrennte Bänder. Ein Kristall, bei dem in jedem Band entweder alle Zustände durch Elektronen besetzt sind oder alle Zustände leer sind, ist ein Isolator; die Elektronenzustände können nicht auf ein elektrisches Feld reagieren, weil diese Zustände durch das Pauli-Prinzip »eingefroren« sind. Ein Kristall, bei dem ein Band eine stattliche Anzahl sowohl von besetzten als auch von unbesetzten Zuständen enthält, ist ein Metall, mit guter elektrischer und thermischer Leitfähigkeit, weil in diesem Fall das Pauli-Prinzip die Änderung von Elektronenzuständen in andere Zustände im elektrischen Feld nicht verbietet und weil es viele Elektronen gibt, die reagieren können. Ein Kristall, bei dem ein Band fast voll oder fast leer ist, während alle anderen Bänder vollständig gefüllt oder ganz leer sind, ist ein Halbleiter. Bei Temperatur null ist ein reiner Halbleiter ein Isolator. Man kann allerdings aus ihm einen Leiter machen, indem man ihn mit Verunreinigungen dotiert, die entweder Elektronen in das fast leere Band abgeben oder Elektronen aus dem fast vollen Band abziehen.

Der Unterschied zwischen Gleichung (4.5.15) für Bosonen und Gleichung (4.5.16) für Fermionen verschwindet offensichtlich, wenn der Exponentialausdruck $\exp\left((E_n - \mu)/k_B T\right)$

viel größer ist als eins. In diesem Fall erhalten wir einfach

$$\overline{N}_n = \exp\left(-(E_n - \mu)/k_B T\right), \qquad (4.5.18)$$

was die bekannte Maxwell-Boltzmann-Statistik ist.

4.6 Innere Symmetrien

Bisher haben wir nur Symmetrietransformationen behandelt, die auf Raumzeit-Koordinaten wirken. Es gibt aber auch wichtige Symmetrietransformationen, die stattdessen auf die Eigenschaften der Teilchen wirken und ihre Raumzeit-Koordinaten unverändert lassen. Das ist ein sehr weites Feld, in das hier nur eine kurze Einführung gegeben werden kann.

Ein frühes Beispiel erwuchs sich aus der Entdeckung des Neutrons im Jahr 1932. Von Anfang an fiel auf, das die Neutronenmasse fast gleich der Protonenmasse ist – die Massen betragen jeweils 939,565 MeV und 938,272 MeV. Das ließ vermuten, dass es eine »Ladungssymmetrie« gibt, also eine Symmetrie unter einer Transformation, die bei Anwendung auf einen Zustand Neutronen in Protonen und Protonen in Neutronen verwandelt. Offensichtlich würde es sich dabei nicht um eine exakte Symmetrie handeln, denn Neutronen und Protonen haben nicht exakt dieselben Massen. Es wäre auf jeden Fall keine Symmetrie der elektromagnetischen Wechselwirkungen, denn Protonen sind geladen, Neutronen nicht. Aber es war zumindest plausibel, dass es sich um eine Symmetrie der wie auch immer gearteten starken Kernkräfte handeln würde, die die Neutronen und Protonen in den Atomkernen zusammenhalten und die vermutlich auch einen großen Einfluss auf die Neutronen- und die Protonenmasse haben.

Diese Ladungssymmetrie hat wichtige Konsequenzen für komplexe Kerne. Bei leichten Kernen, bei denen die Coulomb-Kräfte nicht dominieren, sollte jedem Energieniveau eines Kerns mit Z Protonen und N Neutronen ein Energieniveau eines Kerns mit N Protonen und Z Neutronen mit gleicher Energie und gleichem Spin entsprechen. Das findet im Experiment gute Bestätigung. Zum Beispiel ist der Spin-1/2-Grundzustand des ^{3}H energetisch so nahe bei dem Spin-1/2-Grundzustand des ^{3}He, dass die Energiedifferenz gerade ausreicht, dass ^{3}H in ^{3}He unter Emission eines Elektrons und eines beinahe masselosen Neutrinos zerfallen kann. Ebenso entspricht der Spin-1-Grundzustand von ^{12}B dem Spin-1-Grundzustand von ^{12}N.

Für die Ladungssymmetrie muss die starke Kernkraft zwischen zwei Neutronen die gleiche wie die zwischen zwei Protonen sein, aber über die Kraft zwischen einem Proton und einem Neutron wird nichts ausgesagt. Zunächst konnte man nur die Neutron-Proton-Kraft messen, und zwar sowohl direkt durch die Streuung von Neutronen an Wasserstofftargets als auch indirekt durch die Messung der Eigenschaften des Deuterons. Die Neutron-Neutron-Kraft konnte man aus offensichtlichen Gründen nicht direkt messen:

Es gibt keine Neutronentargets und keine gebundenen Zustände von zwei Neutronen. Die Proton-Proton-Kraft konnte man messen. Bei niedrigen Energien hindert die Coulomb-Abstoßung zwischen Protonen allerdings diese daran, sich nahe zu kommen, sodass die Kraft fast ausschließlich elektromagnetisch ist. Um 1936 war es möglich geworden, Protonen auf hinreichend hohe Energien zu beschleunigen, um Effekte der Kernkraft messen zu können. Dabei stellte sich heraus, dass diese Kraft der Proton-Neutron-Kraft ähnlich war. Genauer: Die Energie der Protonen in diesem Experiment war immer noch so klein, dass der Streuzustand den Bahndrehimpuls $\ell = 0$ hatte (der Zusammenhang zwischen niedriger Energie und niedrigem Bahndrehimpuls ℓ wird in Abschnitt 7.6 erklärt), sodass sich die Protonen, weil sie Fermionen sind, in einem antisymmetrischen Zustand mit Gesamtspin null befinden mussten. Die Kraft zwischen Protonen und Neutronen im Zustand mit Bahndrehimpuls $\ell = 0$ und Gesamtspin null konnte man aus Neutron-Proton-Streuexperimenten errechnen, indem man die Kraft im Zustand $\ell = 0$ und Gesamtspin eins abzog, die man aus den Eigenschaften des Deuterons herausmessen konnte. Es stellte sich so heraus, dass die Kernkräfte in den Neutron-Proton- und Proton-Proton-Zuständen mit $\ell = 0$ und Gesamtspin null ähnlich in Stärke und Reichweite waren.[24]

Dies verlangte klar nach einer Symmetrie zwischen Protonen und Neutronen, die über die Ladungssymmetrie hinausgeht. Die korrekten Symmetrietransformationen[25] wurden als

$$\begin{pmatrix} p \\ n \end{pmatrix} \mapsto u \begin{pmatrix} p \\ n \end{pmatrix} \tag{4.6.1}$$

identifiziert, wobei u eine allgemeine unitäre (2×2)-Matrix mit Determinante eins ist. Wie wir am Ende von Abschnitt 4.3 gesehen haben, ist dies das Gleiche wie die Gruppe der Rotationen in drei Dimensionen, wobei die Transformationen auf die Bezeichnungen p und n wirken anstatt von Koordinaten, Impulsen oder gewöhnlichen Spinindizes. Das Dublett (p, n) transformiert sich dabei in gleicher Weise wie ein Spin 1/2-Dublett von Zuständen unter gewöhnlichen Rotationen. Diese speziellen Symmetrietransformationen nennt man **Isospin**-Transformationen.

Damit diese Transformationen Symmetrien einer quantenmechanischen Theorie sein können, muss es einen unitären Operator $U(u)$ für jede unitäre (2×2)-Matrix u mit Determinante eins geben. Diese Transformationen werden von hermiteschen Operatoren T_a (mit $a = 1, 2, 3$) erzeugt. Damit ist gemeint, dass für eine Isospin-Transformation mit u nahe dem Einsoperator und der allgemeinen Gestalt

$$u = 1 + \frac{i}{2} \begin{pmatrix} \epsilon_3 & \epsilon_1 - i\epsilon_2 \\ \epsilon_1 + i\epsilon_2 & -\epsilon_3 \end{pmatrix}$$

(mit ϵ_a reell und infinitesimal) der Operator $U(u)$ die Gestalt

$$U \to \mathbf{1} + i \sum_a \epsilon_a T_a \tag{4.6.2}$$

24 M. A. Tuve, N. Heydenberg, und L. R. Hafstad, Phys. Rev. **50**, 806 (1936).

25 B. Cassen und E. U. Condon, Phys. Rev. **50**, 846 (1936); G. Breit und E. Feenberg, Phys. Rev. **50**, 850 (1936).

hat. Weil die Struktur der Isospin-Gruppe die gleiche ist wie die der Rotationsgruppe, erfüllen die Generatoren die gleichen Kommutatorrelationen (4.1.14) (ohne den Faktor $\hbar$) wie ein gewöhnlicher Drehimpuls

$$[T_a, T_b] = i \sum_c \epsilon_{abc} T_c. \tag{4.6.3}$$

Man kann die Wirkung dieser Generatoren auf Neutronen- und Protonenzustände in gleicher Weise herleiten wie Gleichung (4.2.17):

$$\begin{aligned} &(T_1 + iT_2)\Psi_p = 0, \quad (T_1 - iT_2)\Psi_p = \Psi_n, \quad T_3\Psi_p = \frac{1}{2}\Psi_p \\ &(T_1 + iT_2)\Psi_n = \Psi_p, \quad (T_1 - iT_2)\Psi_n = 0, \quad T_3\Psi_n = -\frac{1}{2}\Psi_n. \end{aligned} \tag{4.6.4}$$

Wir stellen fest, dass die Zustände einzelner Nukleonen die elektrische Ladung $(1/2+T_3)e$ haben. Zustände aus A Nukleonen haben damit elektrische Ladung

$$Q = \left(\frac{A}{2} + T_3\right) e, \tag{4.6.5}$$

was deutlich zeigt, dass elektromagnetische Wechselwirkungen die Isospin-Invarianz verletzen.

Die Isospin-Invarianz wirkt sich auf die Kernstruktur weitaus stärker aus als die Ladungssymmetrie. Jedes Energieniveau in einem leichten Kern muss Teil eines Multipletts von Energieniveaus in $2t+1$ Kernen sein (wobei t analog zu j ganzzahlig oder halb-ganzzahlig ist), die das gleiche Atomgewicht A haben. Dabei läuft T_3 in Einerschritten von $-t$ bis $+t$, und die Kernladungszahlen Z laufen somit von $A/2-t$ bis $A/2+t$. Alle diese Kernzustände haben den gleichen Spin und ungefähr die gleiche Energie. So haben zum Beispiel nicht nur die Grundzustände von ^{12}B und ^{12}N den gleichen Spin ($j = 1$) und ungefähr die gleiche Energie – es gibt auch einen angeregten Zustand von ^{12}C mit dem gleichen Spin und der gleichen Energie, was andeutet, dass diese drei Niveaus der Kernenergie ein Isospin-Multiplett mit $t = 1$ bilden. (Der Zustand $t = 1$ ist im ^{12}C nicht der Grundzustand, der 15 MeV unter dem angeregten $t = 1$ Zustand liegt und Spin $j = 0$ anstatt $j = 1$ hat.)

Die Isospin-Invarianz verlangt, dass nicht nur Kerne, sondern alle Teilchen, die der starken Kernkraft unterliegen, Isospin-Multipletts bilden. So wurde zum Beispiel 1947 ein Paar instabiler geladener Teilchen $\pi^\pm$ mit Ladung $+e$ und $-e$ in Reaktionen wie $N + N \to N + N + \pi$ entdeckt (wobei N entweder ein Neutron oder Proton sein kann). Diese »Pionen« haben Nukleonenzahl $A = 0$, somit müssen gemäß Gleichung (4.6.5) die Teilchen π^+ und π^- die Quantenzahlen $T_3 = +1$ und $T_3 = -1$ haben. Aufgrund der Isospin-Invarianz müssen die Pionen Teil eines Multipletts von $2t + 1$ Teilchen ungefähr gleicher Masse mit $t \geq 1$ sein. Insbesondere sollte es ein neutrales Teilchen π^0 mit $T_3 = 0$ geben, und in der Tat wurde ein solches neutrales Pion bald entdeckt. Es wurden aber keine doppelt geladenen Pionen gefunden, die Pionen bilden also ein Triplett mit $t = 1$.

Die Zerfälle dieser Teilchen sind recht unterschiedlich: Die Teilchen $\pi^\pm$ zerfallen durch schwache Wechselwirkungen (ähnlich zu denen im nuklearen Betazerfall) in die schweren Gegenstücke zum Positron und Elektron, die Teilchen $\mu^\pm$, sowie ein Neutrino oder

Antineutrino. Das neutrale Teilchen π^0 zerfällt durch elektromagnetische Wechselwirkungen in zwei Photonen. Aber bei allen Prozessen, die von den starken Kernkräften dominiert werden, bleibt die Isospin-Invarianz gewahrt. Es gibt zum Beispiel ein Multiplett aus vier instabilen Zuständen Δ^{++}, Δ^{+}, Δ^0 und Δ^- aus einem Nukleon und einem Pion, wobei alle Teilchen Δ den Spin 3/2 und Massen von etwa 1240 MeV haben. Diese Zustände zeigen eine große Energieunschärfe von etwa 120 MeV. Nach dem Unbestimmtheitsprinzip müssen sie somit sehr rasch zerfallen, was andeutet, dass der Zerfall nicht auf schwache oder elektromagnetische Wechselwirkungen zurückzuführen ist, sondern auf die starke Kernkraft, die der Isospin-Symmetrie gehorcht. Da die Teilchen Δ in einen Zustand mit einem Nukleon zerfallen, haben sie die Nukleonenzahl $A = 1$, und somit ist gemäß Gleichung (4.6.5) ihr T_3 jeweils gleich 3/2, 1/2, –1/2 und –3/2. Das ist offensichtlich ein Isospin-Multiplett mit $t = 3/2$. Die Amplitude M für den Zerfall eines Teilchens Δ mit $T_3 = m$ in ein Teilchen π mit $T_3 = m'$ und ein Nukleon mit $T_3 = m''$ durch die starke Wechselwirkung weist dann eine Ladungsabhängigkeit auf, die proportional zu einem Clebsch-Gordan-Koeffizienten ist:

$$M(m, m', m'') = M_0\, C_{1\frac{1}{2}}\left(\frac{3}{2}m; m'm''\right),$$

wobei M_0 nicht von den Ladungen abhängt. Die Zerfallsraten sind natürlich proportional zu den Quadraten dieser Amplituden. Verwendet man die fünfte, sechste und siebte Zeile aus Tabelle 4.1, so erhält man für die Zerfallsraten die Verhältnisse

$$\Gamma(\Delta^{++} \to \pi^+ + p) = \Gamma(\Delta^- \to \pi^- + n) \equiv \Gamma_0,$$
$$\Gamma(\Delta^{+} \to \pi^+ + n) = \Gamma(\Delta^0 \to \pi^- + p) = \frac{1}{3}\Gamma_0,$$
$$\Gamma(\Delta^{+} \to \pi^0 + p) = \Gamma(\Delta^0 \to \pi^0 + n) = \frac{2}{3}\Gamma_0,$$

was mit der Beobachtung gut übereinstimmt.[20]

Aufgrund der Entdeckung neuer Teilchen im Jahr 1947 musste die Beziehung (4.6.5) zwischen elektrischer Ladung und Isospin deutlich geändert werden. Zum Beispiel fand man, dass bei Kollisionen zwischen Nukleonen eine Reihe von Spin-1/2-Teilchen entstanden, die man heute Hyperonen nennt. Es handelt sich dabei um ein neutrales Teilchen Λ^0 mit der Masse 1115 MeV und ein Triplett von Teilchen Σ^+, Σ^0 und Σ^- mit den Massen 1189 MeV, 1192 MeV und 1197 MeV. Diese Hyperonen entstanden immer zusammen mit einem Dublett von Spin-null-Teilchen K^+ und K^0 mit den Massen 494 MeV und 498 MeV. (Die hochgestellten Indizes geben die elektrische Ladung in Einheiten von e an.) Ursprünglich hatte man erwartet, dass die Anzahl A der Nukleonen abzüglich der Antinukleonen in der Natur exakt erhalten sei. Tatsächlich beobachtete man aber, dass die Hyperonen in ein Nukleon und ein Pion zerfallen; somit wurde es notwendig, diesen Erhaltungssatz auf eine Größe B auszuweiten, die man die Baryonenzahl nennt: Das ist die Anzahl der Nukleonen und Hyperonen abzüglich der Anzahl der Antinukleonen.

26 H. L. Anderson, E. Fermi, R. Martin und D. E. Nagle, Phys. Rev. **91**, 151 (1953); J. Orear, C. H. Tsao, J. J. Lord und A. B. Weaver, Phys. Rev. **95**, 624A (1954).

Dazu reicht es aber nicht aus, in Gleichung (4.6.5) einfach A durch B zu ersetzen. Da das Teilchen Λ^0 nicht zu einem Isospin-Multipletts mit anderen Teilchen gehört, muss es $t = 0$ und somit $T_3 = 0$ haben. Würden wir aber in Gleichung (4.6.5) A durch die Baryonenzahl $B = 1$ ersetzen, so würde das dem Teilchen Λ^0 gemäß der Gleichung die Ladung $e/2$ geben und nicht null. Ähnliche Probleme würden sich mit den Teilchen Σ und K ergeben. Daher wurde vorgeschlagen,[27] Gleichung (4.6.5) durch

$$Q = \left(\frac{B+S}{2} + T_3\right) e \tag{4.6.6}$$

zu ersetzen, wobei S eine Größe ist, die man **Strangeness** (von seltsam, A. d. Ü.) nennt. Für gewöhnliche Teilchen wie Nukleonen und Pionen ist sie null, aber gleich –1 für die Teilchen Λ und Σ, und gleich $+1$ für die Teilchen K. Diese Zuordnungen legen die Ladungen korrekt fest: Für die Teilchen Λ und Σ gilt $B + S = 0$, somit ist $Q = T_3 e$, während für die Teilchen K die Beziehung $B + S = 1$ gilt, somit $Q = T_3 + 1/2$. Die Erhaltung der Strangeness bei der starken Wechselwirkung erfordert, dass bei Nukleon-Nukleon-Kollisionen genau diese Hyperonen zusammen mit K-Teilchen erzeugt werden müssen, um die Gesamtstrangeness bei null zu halten.

Andere seltsame Teilchen wurden entdeckt: Und zwar ein Dublett Ξ^0 und Ξ^- mit den Massen 1315 MeV und 1322 MeV, sowie die Antiteilchen $\overline{K}^-$ und $\overline{K}^0$ zu den Teilchen K^+ und K^0. Um ihre Ladungen richtig zu erhalten, muss man den Teilchen Ξ die Strangeness –2 zuordnen und den Antiteilchen von K die Strangeness –1. Bei dem Zerfall von Hyperonen, den Teilchen K und $\overline{K}$ in Nukleonen und Pionen bleibt die Strangeness nicht erhalten, aber diese Zerfälle laufen aufgrund einer Klasse von Wechselwirkungen ab, die viel schwächer sind als die starken Kernkräfte. (Seltsame Teilchen haben typischerweise Lebenszeiten um die 10^{-8} bis 10^{-10} Sekunden, was verglichen mit der typischen Zeitskala von starken Wechselwirkungen von $\hbar/(1\ \text{GeV}) = 6{,}6 \times 10^{-25}$ Sekunden extrem lang ist.) Somit wird die Strangeness von der schwachen Wechselwirkung, die für den Zerfall seltsamer Teilchen verantwortlich ist, nicht erhalten, jedoch von der starken (und der elektromagnetischen) Wechselwirkung.

All diese näherungsweisen oder exakten Erhaltungssätze für Ladung, Baryonenzahl und Strangeness können wir auch als Symmetrieprinzipien formulieren. Wir können zum Beispiel einen unitären Operator

$$U(\alpha) \equiv \exp(i\alpha Q) \tag{4.6.7}$$

konstruieren, bei dem Q ein hermitescher Operator ist, der bei Wirkung auf einen Zustand einen Faktor gleich der elektrischen Gesamtladung q der Teilchen in dem Zustand gibt; α ist eine beliebige reelle Zahl. Wendet man den Operator $U(\alpha)$ auf einen Zustand der Ladung q an, so erhält man einen Phasenfaktor $\exp(i\alpha q)$. Übergangsamplituden sind unter dieser Symmetrie dann und nur dann invariant, wenn die Ladung erhalten ist, das heißt, dann und nur dann, wenn der Hamiltonian H der Gleichung

$$U^{-1}(\alpha)\, H\, U(\alpha) = H \tag{4.6.8}$$

27 M. Gell-Mann, Phys. Rev. **92**, 833 (1953); T. Nakano und K. Nishijima, Prog. Theor. Phys. (Kyoto) **10**, 582 (1953).

genügt. Die Symmetriegruppe ist hier $U(1)$, also die Gruppe der Multiplikationen mit unitären (1×1)-Matrizen, die natürlich nur Phasenfaktoren sind. In gleicher Weise konnte die Erhaltung der Baryonenzahl und der Strangeness als Invarianz unter einer anderen $U(1)$-Symmetrie ausgedrückt werden.

Diese $U(1)$-Symmetrien waren völlig von der $SU(2)$-Symmetrie des Isospins losgelöst: Ihre Generatoren kommutierten mit den Generatoren T_a des Isospin. So kam natürlicherweise die Frage auf, ob man einige dieser Symmetrien in einer Symmetrie kombinieren könnte, die einige dieser Isospin-Multipletts vereinigte. Der Gewinner war $SU(3)$, die Gruppe aller unitären (3×3)-Matrizen mit Determinante eins.[28] Die $SU(2)$-Transformationen der Isospin-Invarianz bilden eine Untergruppe, wobei die Generatoren des Isospins T_a durch hermitesche (3×3)-Matrizen der Gestalt

$$\begin{pmatrix} t_a & 0 \\ 0 & 0 \end{pmatrix}$$

dargestellt werden. Die Matrizen t_a sind dabei die hermiteschen spurlosen (2×2)-Matrizen, die die $SU(2)$-Generatoren darstellen. Es gibt auch eine $U(1)$-Untergruppe mit einem Generator, den man die **Hyperladung** nennt:

$$Y \equiv B + S.$$

Er wird von der hermiteschen spurlosen Matrix

$$y = \begin{pmatrix} 1/3 & 0 & 0 \\ 0 & 1/3 & 0 \\ 0 & 0 & -2/3 \end{pmatrix}$$

beschrieben. Mithilfe des Tensorformalismus, der im Zusammenhang gewöhnlicher Rotationen am Ende von Abschnitt 4.3 besprochen wurde, können wir die Teilchenmultipletts finden. Es gibt hier aber einen Unterschied. Im Allgemeinen bilden die Teilchenmultipletts bei einer Gruppe von unitären Matrizen in N Dimensionen Tensoren $\Psi^{n_1 n_2 \ldots}_{m_1 m_2 \ldots}$ (wobei die Indizes m und n von 1 bis N laufen), mit der Transformationseigenschaft

$$\Psi^{n_1 n_2 \ldots}_{m_1 m_2 \ldots} \mapsto \sum_{m'_1 m'_2 \ldots} \sum_{n'_1 n'_2 \ldots} u_{m_1 m'_1} u_{m_2 m'_2} \cdots u^*_{n_1 n'_1} u^*_{n_2 n'_2} \cdots \Psi^{n'_1 n'_2 \ldots}_{m'_1 m'_2 \ldots}.$$

In zwei, aber auch nur in zwei Dimensionen gibt es einen konstanten Tensor (4.3.37) mit zwei Indizes, der, wenn man ihn mit einem oberen Index kontrahiert, diesen in einen unteren Index verwandelt, sodass man nicht zwischen oberen und unteren Indizes zu unterscheiden braucht. Für $N = 3$ müssen wir obere und untere Indizes unterscheiden. Immer noch können wir uns aber auf irreduzible Tensoren beschränken, die in beiden Arten von Indizes vollständig symmetrisch sind, weil es einen konstanten antisymmetrischen Tensor $\epsilon_{m_1 m_2 m_3}$ gibt, mit dem wir ansonsten zwei obere Indizes in einen unteren

28 M. Gell-Mann, Cal. Tech. Synchrotron Laboratory Report CTSL–20 (1961), unveröffentlicht. Y. Ne'eman, Nucl. Phys. **26**, 222 (1961). [Diese Arbeiten sind zusammen mit anderen Arbeiten zur $SU(3)$-Symmetrie in M. Gell-Mann und Y. Ne'eman, *The Eightfold Way* (Benjamin, New York, 1964) abgedruckt.]

Index oder zwei untere Indizes in einen oberen Index verwandeln könnten. Bei irreduziblen Tensoren müssen wir außerdem die Bedingung der Spurlosigkeit stellen:

$$\Psi^{rn_2\cdots}_{rm_2\cdots} = 0,$$

denn sonst könnten wir einen Tensor $\Psi^{rn_2\cdots}_{rm_2\cdots}$ mit einem oberen und einem unteren Index weniger abtrennen. Zum Beispiel können wir die Nukleonen sowie die Teilchen Λ, Σ und Ξ in ein Oktett mit $j = 1/2$ vereinigen, dessen Zustände einen spurlosen Tensor Ψ^n_m mit acht unabhängigen Komponenten bilden. Gleichermaßen bilden die Teilchen π, K, $\overline{K}$ und ein achtes Spin-null-Teilchen, das Teilchen η, ein weiteres Oktett, diesmal aber mit $j = 0$. Es gibt auch ein Multiplett mit 10 Mitgliedern, Spin-3/2-Teilchen, die die oben besprochenen Teilchen Δ enthalten und dem symmetrischen Tensor $\Psi_{m_1 m_2 m_3}$ entsprechen.

* * *

Die Gruppe $SU(3)$ hat noch eine weitere Anwendung, nicht als eine innere Symmetrie, sondern als eine dynamische Symmetrie des Hamiltonians für einen harmonischen Oszillator in drei Dimensionen. Wie in Abschnitt 2.5 beschrieben, ist dieser Hamiltonian

$$H = \hbar\omega \left[\sum_{i=1}^{3} a_i^\dagger a_i + \frac{3}{2} \right] \tag{4.6.9}$$

mit den Absteige- und Aufsteigeoperatoren a_i und $a_i^\dagger$, die den Kommutatorrelationen

$$[a_i, a_j^\dagger] = \delta_{ij} \qquad [a_i, a_j] = [a_i^\dagger, a_j^\dagger] = 0 \tag{4.6.10}$$

genügen. Der Hamiltonian und die Kommutatorrelationen sind offensichtlich invariant unter den Transformationen

$$a_i \mapsto \sum_j u_{ij} a_j, \qquad a_i^\dagger \mapsto \sum_j u_{ij}^* a_j^\dagger, \tag{4.6.11}$$

wobei u_{ij} eine unitäre Matrix mit $\sum_j u_{ij} u_{kj}^* = \delta_{ik}$ ist. Diese Gruppe ist die Gruppe $U(3)$, die Gruppe der unitären (3×3)-Matrizen. Die entarteten Zustände der Energie $(N + 3/2)\hbar\omega$ sind von der Gestalt

$$a_{i_1}^\dagger a_{i_2}^\dagger \cdots a_{i_N}^\dagger \Psi_0,$$

wobei Ψ_0 der Grundzustand mit der Energie $3\hbar\omega/2$ ist; unter der Transformation (4.6.11) transformieren sich diese Zustände wie ein symmetrischer Tensor:

$$a_{i_1}^\dagger a_{i_2}^\dagger \cdots a_{i_N}^\dagger \Psi_0 \mapsto \sum_{j_1 j_2 \cdots j_N} u_{i_1 j_1}^* u_{i_2 j_2}^* \cdots u_{i_N j_N}^* a_{j_1}^\dagger a_{j_2}^\dagger \cdots a_{j_N}^\dagger \Psi_0. \tag{4.6.12}$$

Die Anzahl $(N+1)(N+2)/2$ unabhängiger Zustände der Energie $(N+3/2)\hbar\omega$ ist die Anzahl unabhängiger Komponenten eines symmetrischen Tensors vom Rang N in drei Dimensionen.

Im Spezialfall $u_{ij} = \delta_{ij} e^{-i\varphi}$ mit reellem φ sind die Transformationen (4.6.11) die gleichen wie

$$a_i \mapsto \exp(iH\varphi/\hbar\omega) a_i \exp(-iH\varphi/\hbar\omega), \quad a_i^\dagger \mapsto \exp(iH\varphi/\hbar\omega) a_i^\dagger \exp(-iH\varphi/\hbar\omega), \tag{4.6.13}$$

Die Symmetrie ist also in diesem Fall nichts Neues, nur die Invarianz unter Zeittranslation. Die neuen Symmetrien, die eine Besonderheit des dreidimensionalen harmonischen Oszillators darstellen, sind diejenigen, für die $\mathrm{Det}u = 1$ ist. Sie bilden die Gruppe $SU(3)$.

Für infinitesimale Transformationen erhalten wir

$$u_{ij} = \delta_{ij} + \epsilon_{ij}. \tag{4.6.14}$$

Hier sind die ϵ_{ij} infinitesimale antihermitesche Matrizen mit $\epsilon^*_{ij} = -\epsilon_{ji}$. Im Fall der Gruppe $SU(3)$ sind diese Matrizen auch spurfrei. Diese infinitesimalen Transformationen müssen entsprechende unitäre Transformationen auf dem Hilbertraum der Zustände des harmonischen Oszillators induzieren:

$$U(1+\epsilon) = \mathbf{1} + \sum_{ij} \epsilon_{ij} X_{ij}. \tag{4.6.15}$$

Dabei sind $X^\dagger_{ij} = X_{ji}$ Symmetriegeneratoren, die mit dem Hamiltonian kommutieren. Diese Symmetriegeneratoren sind proportional zu den Operatoren $a_i a^\dagger_j$, die in Abschnitt 2.5 erwähnt wurden.

4.7 Inversionen

Wir haben in Abschnitt 4.1 gesehen, dass die räumliche Inversion $\mathbf{X}_n \mapsto -\mathbf{X}_n$ der Ortsoperatoren von Teilchen (namens n) keine Rotation, sondern eine andere Art von Symmetrietransformation ist. Sie kann daher Auswirkungen haben, die über die hinausgehen, die man allein aus der Rotationsinvarianz ableiten kann.

Wir erwarten, dass es in einer Quantentheorie, die unter räumlicher Inversion invariant ist, einen unitären »Paritäts«-Operator P mit der Eigenschaft

$$\mathsf{P}^{-1}\mathbf{X}_n\mathsf{P} = -\mathbf{X}_n \tag{4.7.1}$$

gibt. Für viele Theorien kann man den Impulsoperator $\mathbf{P}_n$ als $\mathbf{P}_n = (im_n/\hbar)[H, \mathbf{X}_n]$ ausdrücken. Falls der Hamiltonian H mit P kommutiert, gilt somit auch

$$\mathsf{P}^{-1}\mathbf{P}_n\mathsf{P} = -\mathbf{P}_n. \tag{4.7.2}$$

Der Operator P vertauscht dann mit dem Drehimpuls $\mathbf{L} = \sum_n \mathbf{X}_n \times \mathbf{P}_n$. Konsistenz mit den Vertauschungsrelationen des Drehimpulses verlangt zusätzlich, dass der Impulsoperator auch mit den Operatoren $\mathbf{J}$ und $\mathbf{S}$ vertauscht. Diese Transformation lässt die von uns betrachtete Art von Hamiltonians

$$H = \sum_n \frac{\mathbf{P}_n^2}{2m_n} + V$$

invariant, bei denen V nur von den Abständen $|\mathbf{X}_n - \mathbf{X}_m|$ abhängt.

Bei einem System wie dem Wasserstoffatom mit einem einzigen Teilchen in einem Zentralpotenzial folgt aus Gleichung (4.7.1), dass $\mathsf{P}\Phi_{\mathbf{x}}$ ein Eigenzustand von $\mathbf{X}$ mit Eigenwert $-\mathbf{x}$ ist, wenn $\Phi_{\mathbf{x}}$ ein Eigenzustand von $\mathbf{X}$ mit Eigenwert $\mathbf{x}$ ist. (Da P mit S_3 vertauscht, ist dieser Zustand zugleich ein Eigenzustand von S_3 mit dem gleichen Eigenwert wie der Zustand $\Phi_{\mathbf{x}}$, somit müssen wir im Augenblick die Spinindizes nicht explizit angeben.) Bis auf mögliche Phasen (dazu später mehr) gilt daher

$$\mathsf{P}\Phi_{\mathbf{x}} = \Phi_{-\mathbf{x}}. \tag{4.7.3}$$

Ein Zustand Ψ_ℓ^m mit Bahndrehimpuls $\hbar\ell$ und 3-Komponente $\hbar m$ hat mit $\Phi_{\mathbf{x}}$ (d. h. einer Wellenfunktion im Ortsraum) ein Skalarprodukt, das proportional zu einer Kugelflächenfunktion ist:

$$\left(\Phi_{\mathbf{x}}, \Psi_\ell^m\right) = R(|\mathbf{x}|)\, Y_\ell^m(\hat{x}). \tag{4.7.4}$$

Aus der Inversionseigenschaft $Y_\ell^m(-\hat{x}) = (-1)^\ell Y_\ell^m(\hat{x})$ ergibt sich damit

$$\left(\Phi_{-\mathbf{x}}, \Psi_\ell^m\right) = (-1)^\ell \left(\Phi_{\mathbf{x}}, \Psi_\ell^m\right).$$

Setzt man den Operator $\mathsf{P}^{-1}\mathsf{P} = \mathbf{1}$ in das Skalarprodukt auf der linken Seite ein und verwendet man Gleichung (4.7.3) sowie die Unitarität von P, so erhält man

$$\left(\Phi_{\mathbf{x}}, \mathsf{P}\Psi_\ell^m\right) = (-1)^\ell \left(\Phi_{\mathbf{x}}, \Psi_\ell^m\right)$$

und somit

$$\mathsf{P}\Psi_\ell^m = (-1)^\ell \Psi_\ell^m. \tag{4.7.5}$$

Damit können wir verstehen, warum die Zustände des Wasserstoffs mit festem j auch feste Werte von ℓ haben und nicht Mischungen von Zuständen mit $\ell = j \pm 1/2$ sind, auch wenn man subtile Effekte wie die Lamb-Verschiebung und die Spin-Bahn-Kopplung berücksichtigt. Können wir unter Berücksichtigung all dieser Effekte zum Beispiel immer noch von den $n = 2$ Zuständen des Wasserstoffs mit $j = 1/2$ als reine $2s_{1/2}$- und $2p_{1/2}$-Zustände sprechen? Der Hamiltonian des Wasserstoffatoms (unter Berücksichtigung von Spineffekten und relativistischen Korrekturen) ist unter räumlicher Inversion invariant. Somit ergibt die räumliche Inversion eines Einteilchenzustandsvektors fester Energie einen anderen Zustandsvektor gleicher Energie. Nimmt man so viele Störungen hinzu, dass alle Entartungen von Zuständen mit gegebenem j und n gebrochen werden, muss die räumliche Inversion des Zustandsvektors eines Zustands fester Energie ein Resultat ergeben, das zu diesem Zustandsvektor proportional ist. Das würde nicht zutreffen, wenn die Zustände fester Energie Mischungen von Zuständen mit geraden und ungeraden Werten von ℓ wären, wie zum Beispiel von Zuständen mit $\ell = j + 1/2$ und $\ell = j - 1/2$.

Die Symmetrie der Atomphysik unter räumlicher Inversion findet bei den Auswahlregeln für die häufigsten Strahlungsübergänge in Atomen eine unmittelbare Anwendung. Wie am Ende von Abschnitt 4.4 festgestellt, ist unter der Näherung, dass die Wellenlänge des emittierten Photons viel größer ist als der Atomdurchmesser, die Übergangsrate proportional zum Quadrat des Matrixelements eines Operators $\mathbf{D} = \sum_n e_n \mathbf{X}_n$ zwischen dem atomaren Anfangs- und Endzustand. Aus Gleichung (4.7.1) folgt unmittelbar, dass $\mathbf{P}^{-1}\mathbf{D}\mathbf{P} = -\mathbf{D}$. Sind der Anfangszustand Ψ_a und der Endzustand Ψ_b Eigenzustände des Paritätsoperators mit Eigenwerten π_a und π_b, so ist

$$\pi_a\pi_b\Big(\Psi_b, \mathbf{D}\Psi_a\Big) = -\Big(\Psi_b, \mathbf{D}\Psi_a\Big).$$

Matrixelement und Übergangsrate verschwinden also, außer für

$$\pi_a\pi_b = -1. \tag{4.7.6}$$

Im früher erwähnten Fall, bei dem am Übergang nur ein einziges Elektron beteiligt ist, haben wir $\pi_a = (-1)^{\ell_a}$ und $\pi_b = (-1)^{\ell_b}$, wobei ℓ_a und ℓ_b die Bahndrehimpulse des Elektrons im Anfangs- und Endzustand sind. Somit bedeutet die Paritätsauswahlregel in diesem Fall nur, dass sich ℓ von gerade zu ungerade oder von ungerade zu gerade ändern muss. Gleichung (4.7.6) gilt aber auch für Übergänge zwischen Zuständen mit einer beliebigen Anzahl geladener Teilchen.

Kommen wir nun auf die Frage nach möglichen zusätzlichen Phasenfaktoren in Transformationsregeln wie (4.7.3) und (4.7.5) zurück. Würde derselbe zusätzliche Phasenfaktor bei der Transformation aller Zustände auftauchen, so hätte er keine Auswirkungen, denn man könnte ihn durch eine Umdefinition der Phase des unitären Operators **P** eliminieren. Weniger trivial ist jedoch die Möglichkeit einer Phase, die von der Natur der Teilchen in dem Zustand abhängt. Dies hätte wichtige Konsequenzen für die Übergänge, bei denen neue Teilchen erzeugt oder vernichtet werden. Wir würden erwarten, dass der Operator **P** auf alle Teilchen getrennt wirkt, wenn die Teilchen weit voneinander getrennt sind, und wenn der Operator **P** mit dem Hamiltonian kommutiert, würde er auch dann weiterhin auf jedes Teilchen einzeln wirken, wenn sie sich einander nähern. Somit wäre die Phase bei der Transformation eines Vielteilchenzustands das Produkt der Phasen η_n für die einzelnen Teilchen

$$\mathbf{P}\Phi_{\mathbf{x}_1,\sigma_1;\mathbf{x}_2,\sigma_2;\ldots} = \eta_1\eta_2\cdots\Phi_{-\mathbf{x}_1,\sigma_1;-\mathbf{x}_2,\sigma_2;\ldots}, \tag{4.7.7}$$

wobei die Indizes σ die 3-Komponenten des Spins sind und der Phasenfaktor η_n nur von der Art des Teilchens n abhängt. Diese Faktoren nennt man die **intrinsischen Paritäten** der diversen Teilchenarten. Der Operator $\mathbf{P}^2$ kommutiert mit allen Orten, Impulsen und Spins. Es könnte sich um irgendeine Art innerer Symmetrie handeln. Würde es sich aber um einen $U(1)$-Operator handeln, der wie (4.6.7) von der Gestalt $\exp(i\alpha A)$ ist, wobei A ein erhaltener hermitescher Operator ist, so wäre $\exp(-i\alpha A/2)$ ebenfalls eine innere Symmetrie, und wir könnten einen neuen Operator der räumlichen Inversion durch $\mathbf{P}' \equiv \mathbf{P}\exp(-i\alpha A/2)$ definieren, für den $\mathbf{P}'^2 = 1$ gilt. Wir lassen den Strich fallen und vermuten, dass der Operator **P** so gewählt ist, dass $\mathbf{P}^2 = 1$ gilt. In diesem Fall sind alle intrinsischen Paritäten η_n in Gleichung (4.7.7) entweder $+1$ oder -1.

Ein klassisches Beispiel für die Anwendung einer solchen Transformationsregel ist der Zerfall des $1s$-Zustands eines Atoms, das aus einem Deuterium-Kern und einem negativ geladenen Spin-null-Teilchen, dem π^-, anstelle eines Elektrons besteht. Man beobachtet, dass das Teilchen π^- rasch vom Deuterium-Kern absorbiert wird und ein Paar von Neutronen erzeugt.[29] Weil die Neutronen Fermionen sind, muss der Zwei-Neutronen-Zustand antisymmetrisch sein, wenn man Spin und Ort gleichzeitig austauscht, somit hat er entweder Spin eins (ist symmetrisch in den Spins) und ungeraden Bahndrehimpuls oder Spin null (ist unsymmetrisch in den Spins) und geraden Bahndrehimpuls. Bekanntermaßen hat der Deuterium-Kern Spin eins, somit hat der 1*s*-Zustand des d-π^--Atoms den Gesamtdrehimpuls eins, während ein Zwei-Neutronen-Zustand mit Gesamtspin null und geradem Bahndrehimpuls nicht Gesamtdrehimpuls eins haben kann. Wir können damit schließen, dass der hier erhaltene Zwei-Neutronen-Endzustand einen ungeraden Bahndrehimpuls und damit Parität $-\eta_n^2$ hat. Demzufolge ist dann $\eta_d \eta_{\pi^-} = -\eta_n^2$. Der Deuterium-Kern ist bekanntlich eine Mischung aus *s*- und *d*-Zuständen eines Protons und eines Neutrons, somit gilt $\eta_d = \eta_p \eta_n$ und daher $\eta_p \eta_\pi = -\eta_n$. Wir würden nicht erwarten, dass der räumliche Inversionsoperator **P** Teil eines Isospin-Multipletts von unabhängigen Inversionsoperatoren ist, somit erwarten wir, dass **P** mit den Isospin-Symmetrien vertauscht, die wir im vorangegangenen Abschnitt diskutiert haben.[30] In diesem Fall ist $\eta_p = \eta_n$, und daher hat das Teilchen π^- intrinsische Parität –1. Aufgrund der Isospin-Invarianz müssen dann auch sein Antiteilchen, das Teilchen π^+, und sein neutrales Gegenstück, das Teilchen π^0, ebenso negative intrinsische Parität haben.

Man nahm es als gegeben hin, dass die Natur unter räumlicher Inversion invariant ist. In den fünfziger Jahren des letzten Jahrhunderts führte die Verwendung dieses Symmetrieprinzips auf ein ernstes Problem. In kosmischen Strahlen fand man zwei geladene Teilchen ähnlicher Masse, ein Teilchen θ^+, das in $\pi^+ + \pi^0$ zerfällt, und ein Teilchen τ^+, das in $\pi^+ + \pi^+ + \pi^-$ (und auch in $\pi^+ + \pi^0 + \pi^0$) zerfällt. Bei der Untersuchung der Winkelverteilungen der Teilchen π in diesen Endzuständen fand man, dass diese Teilchen π keinen Bahndrehimpuls haben. Da die Teilchen π negative Parität haben, sollte die Parität der Teilchen θ^+ gerade und die der Teilchen τ^+ ungerade sein. Aber als die Messungen besser wurden, stellte sich heraus, dass man sowohl die Massen als auch die mittleren Lebensdauern der Teilchen θ^+ und τ^+ nicht unterscheiden konnte. Man könnte sich vorstellen, dass es eine Art von Symmetrie gibt, die ihre Massen gleich macht, aber wie konnten ihre Lebenszeiten trotz unterschiedlicher Zerfallswege gleich sein? Im Jahr 1956 schlugen dann Tsung-Dao Lee und Chen-Ning Yang[31] vor, dass es sich bei den Teilchen θ^+ und τ^+ in Wirklichkeit um dasselbe Teilchen handelt (das man heute K^+ nennt) und dass, obwohl die elektromagnetischen und starken Kernkräfte unter räumlicher Inversion invariant sind, dies für die viel schwächeren Wechselwirkungen nicht gilt, die zu diesen Zerfällen führen. (Die Schwäche dieser Wechselwirkungen zeigt sich an der langen Lebenszeit des K^+-Teilchens; sie beträgt $1{,}238 \times 10^{-8}$ Sekunden, was viel länger ist als die charakteristische Zeitskala von $\hbar/m_K c^2 = 1{,}3 \times 10^{-24}$ Sekunden.) Lee und Yang

29 W. Chinowsky und J. Steinberger, Phys. Rev. **95**, 1561 (1954).

30 Ganz abgesehen von der Isospin-Erhaltung, können wir den Operator **P** immer so definieren, dass $\eta_p = \eta_n = 1$ ist, notfalls, indem wir in den Operator **P** einen Faktor (–1) mit einer Potenz einschließen, die durch eine geeignete Linearkombination der Erhaltungsgrößen elektrische Ladung und Baryonenzahl gegeben ist.

31 T. D. Lee und C. N. Yang, Phys. Rev. **104**, 254 (1956).

schlugen ferner vor, dass die Invarianz unter räumlicher Inversion bei allen schwachen Wechselwirkungen von Elementarteilchen stark verletzt wird, was den nuklearen Betazerfall einschließt. Außerdem schlugen sie Experimente vor, die bald zeigten, dass sie recht hatten.[32]

Es gibt zwei andere Inversions-Symmetrietransformationen, die mit den Hamiltonians der starken und elektromagnetischen Wechselwirkung vertauschen. Eine davon ist die Ladungskonjugation: Ein erhaltener Operator **C** verwandelt bei Anwendung auf einen Zustand jedes Teilchen in sein Antiteilchen. Dabei kann ein Vorzeichenfaktor auftreten, der von der Art der Teilchen abhängt. Die andere Transformation ist die Zeitumkehr: Ein erhaltener Operator **T** kehrt die Richtung der Zeit in der zeitabhängigen Schrödinger-Gleichung um. Wie wir in Abschnitt 3.6 gesehen haben, muss der Operator **T** antiunitär und antilinear sein. Die gleichen Experimente, die zeigten, dass der Operator **P** von den schwachen Wechselwirkungen nicht beachtet wird, zeigten auch, dass diese Wechselwirkungen die Invarianz unter **PT** nicht beachten. Spätere Experimente enthüllten auch eine Verletzung der **CP**-Invarianz.[33] Allerdings beachtet jede Quantenfeldtheorie zwangsläufig die Symmetrie unter **CPT**,[34] und soweit wir wissen, ist **CPT** exakt erhalten. Aus der Verletzung der Invarianz unter **PT** und **CP** folgt somit unmittelbar auch eine Verletzung der Invarianz unter **C** und **T**. Die Transformation **CPT** scheint also die einzige Inversion zu sein, unter der die Naturgesetze strikt invariant sind.

32 C. S. Wu *et al.*, *Phys. Rev.* **105**, 1413 (1957); R. Garwin, L. Lederman, und M. Weinrich, *Phys. Rev.* **105**, 1415 (1957); J. I. Friedman und V. L. Telegdi, *Phys. Rev.* **105**, 1681 (1957).

33 J. H. Christensen, J. W. Cronin, V. L. Fitch, und R. Turlay, Phys. Rev. Lett. **13**, 138 (1964).

34 G. Lüders, Kong. Danske Vid. Selskab Mat.-Fys. Medd. **28**, 5 (1954); Ann. Phys. **2**, 1 (1957); W. Pauli, Nuovo Cimento **6**, 204 (1957).

4.8 Algebraische Herleitung des Wasserstoffspektrums

Wie in Abschnitt 1.4 erwähnt, verwendete Pauli[35] im Jahr 1926 Heisenbergs Matrizenmechanik, um die erste Herleitung der Energieniveaus des Wasserstoffs und ihrer Entartung anzugeben. Diese Herleitung ist ein herausragendes Beispiel für die Verwendung einer **dynamischen Symmetrie**: Die Symmetrieoperatoren vertauschen nicht nur mit dem Hamiltonian, sondern haben untereinander Kommutatoren, die vom Hamiltonian abhängen, und zwar auf eine Weise, die es uns erlaubt, die Energieniveaus rein algebraisch zu berechnen.

Die Herleitung von Pauli beruht auf einer aus der Himmelsmechanik wohl bekannten Größe, dem **Runge-Lenz-Vektor**.[36] In einem Potenzial $V(r) = -Ze^2/r$ ist dieser Vektor (genauer gesagt, der ursprüngliche Runge-Lenz-Vektor multipliziert mit der Teilchenmasse m) gleich

$$\mathbf{R} = -\frac{Ze^2\mathbf{x}}{r} + \frac{1}{2m}\Big(\mathbf{p} \times \mathbf{L} - \mathbf{L} \times \mathbf{p}\Big), \tag{4.8.1}$$

wobei $\mathbf{L}$ wie üblich der Bahndrehimpuls $\mathbf{L} \equiv \mathbf{x} \times \mathbf{p}$ ist. Klassisch gibt es keinen Unterschied zwischen $\mathbf{p} \times \mathbf{L}$ und $-\mathbf{L} \times \mathbf{p}$; es ist der Mittelwert dieser Operatoren, der in der quantenmechanischen Herleitung Gleichung (4.8.1) auftaucht, weil dieser Mittelwert hermitesch ist, und das gilt daher auch für den Operator $\mathbf{R}$:

$$\mathbf{R}^\dagger = \mathbf{R}. \tag{4.8.2}$$

Klassisch ist $\mathbf{R}$ erhalten, was zur Folge hat (und nur für das Coulomb-Potenzial und das des harmonischen Oszillators gilt), dass die klassischen Bahnen geschlossene Kurven sind. Das quantenmechanische Gegenstück zu diesem klassischen Resultat ist natürlich, dass $\mathbf{R}$ mit dem Hamiltonian kommutiert:

$$[H, \mathbf{R}] = 0, \tag{4.8.3}$$

wobei H der Coulomb-Hamiltonian ist:

$$H = \frac{\mathbf{p}^2}{2m} - \frac{Ze^2}{r}. \tag{4.8.4}$$

Es ist praktisch, die Kommutatorrelation $[L_i, p_j] = i\hbar \sum_k \epsilon_{ijk} p_k$ zu verwenden, um Gleichung (4.8.1) zu

$$\mathbf{R} = -\frac{Ze^2\mathbf{x}}{r} + \frac{1}{m}\mathbf{p} \times \mathbf{L} - \frac{i\hbar}{m}\mathbf{p} \tag{4.8.5}$$

umzuschreiben. Der Drehimpulsoperator ist zu jedem der drei Terme in Gleichung (4.8.5) orthogonal, somit gilt

$$\mathbf{L} \cdot \mathbf{R} = \mathbf{R} \cdot \mathbf{L} = 0. \tag{4.8.6}$$

35 W. Pauli, Z. Physik **36**, 336 (1926).

36 Für seine Anwendung auf die Bewegung in einem Gravitationsfeld siehe zum Beispiel S. Weinberg, *Gravitation and Cosmology* (Wiley, New York, 1972), Abschnitt 9.5.

Um das Quadrat von $\mathbf{R}$ zu berechnen, benötigen wir Formeln, die man leicht aus den Kommutatoren zwischen $\mathbf{x}$, $\mathbf{p}$, und $\mathbf{L}$ herleiten kann:

$$\mathbf{x} \cdot (\mathbf{p} \times \mathbf{L}) = \mathbf{L}^2, \quad (\mathbf{p} \times \mathbf{L}) \cdot \mathbf{x} = \mathbf{L}^2 + 2i\hbar \mathbf{p} \cdot \mathbf{x}, \quad (\mathbf{p} \times \mathbf{L})^2 = \mathbf{p}^2 \mathbf{L}^2,$$

$$\mathbf{p} \cdot (\mathbf{p} \times \mathbf{L}) = 0, \qquad (\mathbf{p} \times \mathbf{L}) \cdot \mathbf{p} = 2i\hbar \mathbf{p}^2.$$

Eine einfache Rechnung ergibt dann

$$\mathbf{R}^2 = Z^2 e^4 + \left(\frac{2H}{m}\right)\left(\mathbf{L}^2 + \hbar^2\right). \tag{4.8.7}$$

Wir können also die Energieniveaus bestimmen, wenn wir die Eigenwerte von $\mathbf{R}^2$ berechnen können.

Dazu müssen wir die Kommutatoren der Komponenten von $\mathbf{R}$ untereinander ausrechnen. Eine weitere einfache, aber längliche Rechnung ergibt

$$[R_i, R_j] = -\frac{2i}{m}\hbar \sum_k \epsilon_{ijk} H L_k. \tag{4.8.8}$$

Die Tatsache, dass $\mathbf{R}$ ein Vektor ist, hat unmittelbar

$$[L_i, R_j] = i\hbar \sum_k \epsilon_{ijk} R_k \tag{4.8.9}$$

zur Folge. Die Operatoren $\mathbf{L}$ und $\mathbf{R}/\sqrt{-H}$ bilden somit eine geschlossene Algebra. Wir können die Natur dieser Algebra erkennen, indem wir Linearkombinationen

$$\mathbf{A}_\pm \equiv \frac{1}{2}\left[\mathbf{L} \pm \sqrt{\frac{m}{-2H}}\mathbf{R}\right] \tag{4.8.10}$$

einführen. Dann ergeben die Kommutatoren (4.8.8) und (4.8.9) und die üblichen Vertauschungsrelationen von $\mathbf{L}$

$$[\mathbf{A}_{\pm i}, \mathbf{A}_{\pm j}] = i\hbar \sum_k \epsilon_{ijk} \mathbf{A}_{\pm k}, \quad [\mathbf{A}_{\pm i}, \mathbf{A}_{\mp j}] = 0. \tag{4.8.11}$$

Damit sehen wir, dass die Symmetrie hier aus zwei unabhängigen dreidimensionalen Rotationsgruppen besteht. Dies nennt man die Gruppe $SO(3) \otimes SO(3)$.

Nun wissen wir aus unserer Betrachtung der gewöhnlichen Drehgruppe, dass (unter der Annahme, dass die Operatoren $\mathbf{A}_\pm$ hermitesch sind) die erlaubten Werte von $\mathbf{A}_\pm^2$ die Gestalt $\hbar^2 a_\pm(a_\pm + 1)$ annehmen, wobei die $a_\pm$ im Allgemeinen unabhängige positive ganze Zahlen (einschließlich der Null) oder halb-ganzzahlig sind; das heißt, $0, 1/2, 1, 3/2, \ldots$. Hier haben wir aber noch eine spezielle Bedingung, nämlich (4.8.6), die in Verbindung mit Gleichung (4.8.10)

$$\mathbf{A}_\pm^2 = \frac{1}{4}\left[\mathbf{L}^2 + \left(\frac{m}{-2H}\right)\mathbf{R}^2\right] \tag{4.8.12}$$

besagt. In diesem Fall gilt somit $a_+ = a_-$. Diesen gemeinsamen Wert bezeichnen wir mit a. Den zugehörigen Eigenwert des Operators H nennen wir E. Dann erhalten wir unter Verwendung von Gleichung (4.8.7)

$$\begin{aligned}\hbar^2 a(a+1) &= \frac{1}{4}\left[\mathbf{L}^2 + \left(\frac{m}{-2E}\right)\mathbf{R}^2\right] \\ &= \frac{1}{4}\left[\mathbf{L}^2 + \left(\frac{m}{-2E}\right)Z^2e^4 - (\mathbf{L}^2 + \hbar^2)\right] \\ &= \left(\frac{m}{-8E}\right)Z^2e^4 - \frac{\hbar^2}{4}\end{aligned}$$

und somit

$$\left(\frac{m}{-8E}\right)Z^2e^4 = \hbar^2\left(a(a+1) + \frac{1}{4}\right) = \frac{\hbar^2}{4}(2a+1)^2. \tag{4.8.13}$$

Wir können eine Hauptquantenzahl

$$n = 2a + 1 = 1, 2, 3, \ldots \tag{4.8.14}$$

einführen und schreiben Gleichung (4.8.13) als eine Formel für die Energie

$$E = -\frac{Z^2e^4m}{2\hbar^2n^2}, \tag{4.8.15}$$

die wir natürlich als die Energieniveaus des Wasserstoffes erkennen, deren Berechnung durch Bohr im Jahr 1913 in Abschnitt 1.2 beschrieben und deren Berechnung unter Verwendung der Schrödinger-Gleichung in Abschnitt 2.3 angegeben wurde.

Wir haben übrigens nur negative Energien gefunden – das heißt, gebundene Zustände. Es gibt natürlich auch ungebundene Zustände mit $E > 0$, bei denen ein Elektron vom Kern gestreut wird. Diese Zustände sind in unserer Herleitung nicht in Erscheinung getreten, weil die Operatoren $\mathbf{A}_\pm$ aus Gleichung (4.8.10) nicht mehr hermitesch sind, wenn sie auf Zustände wirken, für die der Operator H einen positiven Eigenwert hat. Das macht die Herleitung in Abschnitt 4.2 ungültig, die besagte, dass die erlaubten Werte von $\mathbf{A}_\pm^2$ nur die Form $\hbar^2 a_\pm(a_\pm + 1)$ mit $a_\pm$ positiv ganzzahlig oder halb-ganzzahlig annehmen können. (Mathematisch würde man sagen, dass die Algebra, die von den Kommutatoren der Operatoren **L** and **R** erzeugt wird, nicht *kompakt* ist; das heißt, sie sind die Generatoren einer Symmetriegruppe, deren Parameter keinen kompakten Raum bilden. Es ist eine bekannte Eigenschaft solcher nicht-kompakter Algebren, dass die Zustände, die durch ihre Generatoren verknüpft werden, ein Kontinuum bilden, was der Grund dafür ist, dass die erlaubten positiven Werte von E hier ein Kontinuum bilden.)

Mithilfe dieser algebraischen Resultate können wir nicht nur die erlaubten Energiewerte, sondern auch die Entartung jedes Energieniveaus ausrechnen. Genau wie im Fall des gewöhnlichen Drehimpulses können die Eigenwerte der Operatoren $A_{\pm 3}$ nur die $2a + 1$ Werte $-a, -a+1, \ldots, a$ annehmen. Da ihre Eigenwerte unabhängig sind, gibt es $(2a+1)^2 = n^2$ Zustände zu einem gegebenen n. Das ist die gleiche Entartung wie in Abschnitt 2.3.

Diese Entartung hat eine schöne geometrische Interpretation. Wir haben festgestellt, dass die Operatoren $\mathbf{A}_\pm$ die Generatoren zweier unabhängiger dreidimensionaler Rotationsgruppen sind – nämlich von $SO(3) \otimes SO(3)$. Man kann sie auch als die Generatoren der

Rotationsgruppe in *vier* Dimensionen auffassen, weil das die gleichen Symmetriegruppen sind. Wie wir in Gleichung (4.1.10) gesehen haben, sind die Generatoren der Rotationsgruppe in einer beliebigen Dimension Operatoren $J_{\alpha\beta} = -J_{\beta\alpha}$, wobei α und β die Ortsindizes durchlaufen, die die Kommutatorrelationen

$$\frac{i}{\hbar}\left[J_{\alpha\beta}, J_{\gamma\delta}\right] = -\delta_{\alpha\delta}J_{\gamma\beta} + \delta_{\alpha\gamma}J_{\delta\beta} + \delta_{\beta\gamma}J_{\alpha\delta} - \delta_{\beta\delta}J_{\alpha\gamma} \tag{4.8.16}$$

erfüllen. In vier Dimensionen laufen α, β, usw. von 1 bis 4. Lassen wir wie zuvor i, j, usw. nur von 1 bis 3 laufen, und setzen wir wie in Gleichung (4.1.11) $J_{ij} \equiv \sum_k \epsilon_{ijk}L_k$, so nehmen die Vertauschungsrelationen mit $\delta = \beta = 4$ die Gestalt

$$[J_{i4}, J_{j4}] = -i\hbar J_{ji} = i\hbar\sum_k \epsilon_{ijk}L_k \tag{4.8.17}$$

an. Das ist dasselbe wie Gleichung (4.8.8), wenn wir

$$R_i = \sqrt{\frac{-2H}{m}}J_{i4} \tag{4.8.18}$$

setzen. Die anderen Vertauschungsrelationen (4.8.16) ergeben den Kommutator (4.8.9) zwischen L_i und R_j sowie den üblichen Kommutator zwischen L_i und L_j. Ausgedrückt durch die Operatoren (4.8.10) haben wir

$$J_{ij} = \sum_k \epsilon_{ijk}\Big(\mathbf{A}_{+\,k} + \mathbf{A}_{-\,k}\Big), \quad J_{k4} = \mathbf{A}_{+\,k} - \mathbf{A}_{-\,k}. \tag{4.8.19}$$

Die Zustände des Wasserstoffatoms mit einer gegebenen Energie kann man also nach ihren Transformationseigenschaften unter der vierdimensionalen Rotationsgruppe klassifizieren.

Die Bedingung $a_+ = a_-$ schränkt diese Zustände auf solche ein, die sich wie vierdimensionale symmetrische spurfreie Tensoren transformieren. Die Anzahl der unabhängigen Komponenten eines symmetrischen Tensors von Rang r in vier Dimensionen ist $(3+r)!/3!r!$. Die Bedingung der Spurfreiheit für $r \geq 2$ verlangt hingegen, dass ein symmetrischer Tensor mit r–2 Indizes und daher mit $(1+r)!/3!(r–2)!$ unabhängigen Komponenten verschwindet, sodass die Anzahl der unabhängigen Komponenten eines symmetrischen spurfreien Tensors in vier Dimensionen gleich

$$\frac{(3+r)!}{3!r!} - \frac{(1+r)!}{3!(r-2)!} = (r+1)^2$$

ist. Dies ist die oben gefundene Entartung, wenn wir die Zustände mit Hauptquantenzahl n als diejenigen identifizieren, die sich wie ein vierdimensionaler symmetrischer spurfreier Tensor mit Rang $r = n-1$ transformieren. Der $n = 1$-Zustand transformiert sich zum Beispiel wie ein vierdimensionaler Skalar; die $n = 2$-Zustände transformieren sich wie die Komponenten eines vierdimensionalen Vektors v_α, bei dem die Komponenten v_i die drei p-Zustände sind und v_4 der s-Zustand; und die $n = 3$-Zustände transformieren sich wie die Komponenten eines symmetrischen spurfreien Tensors $t_{\alpha\beta}$, bei dem der spurfreie Teil von t_{ij} die fünf d-Zustände sind, die Komponenten $t_{i4} = t_{4i}$ die drei p-Zustände sind, und $\sum_i t_{ii} = -t_{44}$ der einzelne s-Zustand ist. Die Beziehungen unter den Matrixelementen von Operatoren zwischen Zuständen gegebener Energie, aber mit unterschiedlichen Werten von ℓ kann man bestimmen, indem man die Invarianz unter vierdimensionalen Drehungen ausnutzt, wenn die Transformationseigenschaften der Operatoren unter solchen Drehungen bekannt sind.

EXTRAS ONLINE

Aufgaben zu Kapitel 4

Lösungen

1 Angenommen, ein Elektron befindet sich in einem Zustand mit dem Bahndrehimpuls $\ell = 2$. Zeigen Sie, wie man die Zustandsvektoren mit Gesamtdrehimpuls $j = 5/2$ und den zugehörigen 3-Komponenten $m = 5/2$ und $m = 3/2$ als Linearkombinationen von Zustandsvektoren mit festen Werten von S_3 und L_3 konstruiert. Bestimmen Sie dann den Zustandsvektor mit $j = 3/2$ und $m = 3/2$. (Alle Zustandsvektoren sollten korrekt normiert sein.) Fassen Sie Ihre Ergebnisse zusammen, indem Sie die Werte der Clebsch-Gordan-Koeffizienten $C_{\frac{1}{2}2}(jm; m_s m_\ell)$ für $(j, m) = (5/2, 5/2)$, $(5/2, 3/2)$, und $(3/2, 3/2)$ angeben.

2 Nehmen Sie an, dass **A** und **B** Vektoroperatoren sind, in dem Sinne, dass

$$[J_i, A_j] = i\hbar \sum_k \epsilon_{ijk} A_k, \qquad [J_i, B_j] = i\hbar \sum_k \epsilon_{ijk} B_k$$

gilt. Zeigen Sie, dass das Kreuzprodukt $\mathbf{A} \times \mathbf{B}$ ein Vektor im gleichen Sinne ist.

3 Welchen Minimalwert für den Gesamtdrehimpuls $\mathbf{J}^2$ muss ein Zustand haben, damit es einen nicht-verschwindenden Erwartungswert für einen Operator $\mathcal{O}_j^m$ mit Spin j gibt?

4 Der Hamiltonian eines freienTeilchens der Masse M mit Spin **S** in einem Magnetfeld **B** in der 3-Richtung lautet

$$H = \frac{\mathbf{p}^2}{2M} - g|\mathbf{B}|S_3,$$

wobei g eine Konstante proportional zum magnetischen Moment des Teilchens ist. Geben Sie die Gleichungen an, die die Zeitabhängigkeit der Erwartungswerte aller drei Komponenten von **S** beschreiben.

5 Ein Teilchen mit Spin 3/2 zerfällt in ein Nukleon und ein Pion. Zeigen Sie, wie man aus der Winkelverteilung im Endzustand (bei nicht gemessenen Spins) die Parität des zerfallenen Teilchens bestimmen kann.

6 Ein Teilchen X mit Isospin 1 und Ladung 0 zerfällt in zwei Teilchen K und $\overline{K}$. Was ist das Verhältnis der Raten der Prozesse $X^0 \to K^+ + \overline{K}^-$ und $X^0 \to K^0 + \overline{K}^0$?

7 Stellen Sie sich vor, das Elektron hätte nicht den Spin 1/2, sondern den Spin 3/2. Nehmen Sie dabei aber an, dass die Einteilchenzustände mit festen Werten von n und ℓ in den Atomen bei zunehmender Kernladungszahl in der gleichen Weise aufgefüllt werden wie in der realen Welt. Welche Elemente mit Kernladungszahlen im Bereich von 1 bis 21 würden ähnliche chemische Eigenschaften aufweisen wie die Edelgase, Alkalimetalle, Halogene und Erdalkalimetalle in der realen Welt?

8 Was ist der Kommutator des Drehimpulsoperators $\mathbf{J}$ mit dem Generator $\mathbf{K}$ der Galilei-Transformationen?

9 Betrachten Sie ein Elektron in einem Zustand mit dem Bahndrehimpuls null in einem Atom, dessen Kern einen Spin (d. h. inneres Drehmoment) 3/2 hat. Beschreiben Sie die Zustände des Atoms mit einer z-Komponente des Gesamtdrehimpuls (von Elektron plus Kern) von $m = 1$ und jedem möglichen festen Wert des Gesamtdrehimpulses als Linearkombinationen von Zuständen mit festen Werten der z-Komponenten der Kern- und Elektronenspins.

Lernziele

1 Störungstheorie in erster Ordnung
- Energieverschiebung, Behandlung von Entartungen
- Störung des Zustandsvektors, eine klassische Analogie

2 Der Zeeman-Effekt
- Gyromagnetisches Verhältnis, Landés g-Faktor
- *D*-Linien des Natriums
- Normaler und anormaler Zeeman-Effekt, Paschen-Back-Effekt

3 Der Stark-Effekt erster Ordnung
- Mischung von $2s_{1/2}$- und $2p_{1/2}$-Zuständen
- Energieverschiebung für schwache Felder
- Energieverschiebung für starke Felder

4 Störungstheorie zweiter Ordnung
- Energieverschiebung, Ultraviolette und infrarote Divergenzen
- Näherung der Vollständigkeit, Stark-Effekt zweiter Ordnung

5 Die Variationsmethode
- Obere Schranke für die Grundzustandsenergie
- Näherung von Zustandsvektoren
- Virialtheorem, Andere Zustände

6 Die Born-Oppenheimer-Näherung
- Reduzierter Hamiltonian
- Hellmann-Feynman-Theorem, Abschätzung der Korrekturen
- Elektronische Moden, Vibrationsmoden und Rotationsmoden
- Effektive Theorien

7 Die WKB-Näherung
- Näherungslösungen, Gültigkeitsbedingungen
- Umkehrpunkte
- Energieeigenwerte – eine Dimension – drei Dimensionen

8 Gebrochene Symmetrie
- Näherungslösungen für breite Barrieren, Energieaufspaltung
- Dekohärenz, Oszillationen, Chirale Moleküle

Näherungen für Energieeigenwerte

5

ÜBERBLICK

» Vorlesungen über Quantenmechanik beginnen zumeist mit den gleichen altehrwürdigen Beispielen: Dies sind das freie Teilchen, das Coulomb-Potenzial und das Potenzial des harmonischen Oszillators, die hier in Kapitel 2 behandelt wurden. Der Grund dafür ist, dass dies fast die einzigen Fälle sind, bei denen man exakte Lösungen der Schrödinger-Gleichung für Zustände fester Energie kennt. In der realen Welt sind die Probleme komplexer, und wir müssen uns auf Näherungsverfahren verlassen. Auch wenn wir exakte Lösungen für komplizierte Probleme bestimmen könnten, wären die Lösungen selbst zwangsläufig kompliziert und wir müßten Näherungen machen, um die physikalischen Konsequenzen der Lösungen zu verstehen. «

5.1 Störungstheorie in erster Ordnung

Der allgemein nützlichste Zugang, um Näherungslösungen für komplizierte Probleme zu bestimmen, ist die Störungstheorie. Bei dieser Methode beginnt man mit einem einfacheren Problem, das exakt gelöst werden kann, und behandelt dann die Korrekturen am Hamiltonian als kleine Störungen.

Betrachten wir einen ungestörten Hamiltonian H_0, wie etwa den des Wasserstoffatoms, der in Abschnitt 2.3 behandelt wurde. Er ist so einfach, dass wir seine Energiewerte E_a und die zugehörigen orthonormalen Zustandsvektoren Ψ_a bestimmen können:

$$H_0 \Psi_a = E_a \Psi_a, \tag{5.1.1}$$

$$\Big(\Psi_a, \Psi_b\Big) = \delta_{ab}. \tag{5.1.2}$$

Angenommen, wir fügen nun einen kleinen Term δH zum Hamiltonian hinzu, der zu einem kleinen Parameter ϵ proportional ist. (Im Beispiel des Wasserstoffatoms war H_0 der Operator der kinetischen Energie plus ein Potenzial proportional zu $1/r$. Wir könnten $\delta H = \epsilon U(\mathbf{X})$ setzen, wobei $U(\mathbf{X})$ eine beliebige, von ϵ unabhängige Funktion des Ortsoperators $\mathbf{X}$ ist, der etwa eine Abweichung vom $1/r$-Coulomb-Potenzial aufgrund der endlichen Größe des Protons beschreiben könnte.) Die Energiewerte sind dann $E_a + \delta E_a$ mit dazugehörigen Zustandsvektoren $\Psi_a + \delta\Psi_a$. Dabei nimmt man an, dass δE_a und $\delta\Psi_a$ als Potenzreihen in ϵ gegeben sind:

$$\delta E_a = \delta_1 E_a + \delta_2 E_a + \cdots, \qquad \delta\Psi_a = \delta_1 \Psi_a + \delta_2 \Psi_a + \cdots, \tag{5.1.3}$$

wobei $\delta_N E_a$ und $\delta_N \Psi_a$ proportional zu ϵ^N sind. Die Schrödinger-Gleichung wird dann zu

$$\Big(H_0 + \delta H\Big)\Big(\Psi_a + \delta\Psi_a\Big) = \Big(E_a + \delta E_a\Big)\Big(\Psi_a + \delta\Psi_a\Big). \tag{5.1.4}$$

Wenn wir nur die Terme erster Ordnung in ϵ sammeln wollen, können wir die Terme $\delta H\, \delta\Psi_a$ und $\delta E_a\, \delta\Psi_a$ in Gleichung (5.1.3) fallen lassen; ihre Potenzreihen starten mit Termen der Ordnung ϵ^2. Wir erhalten dann

$$\delta H \Psi_a + H_0\, \delta_1 \Psi_a = \delta_1 E_a\, \Psi_a + E_a\, \delta_1 \Psi_a. \tag{5.1.5}$$

Um $\delta_1 E_a$ zu berechnen, bilden wir das Skalarprodukt von Gleichung (5.1.5) mit Ψ_a. Weil H_0 hermitesch ist, erhalten wir

$$\Big(\Psi_a, H_0\, \delta_1 \Psi_a\Big) = E_a \Big(\Psi_a, \delta_1 \Psi_a\Big),$$

somit heben sich diese Beiträge im Skalarprodukt weg, und es verbleibt

$$\delta_1 E_a = \Big(\Psi_a, \delta H \Psi_a\Big). \tag{5.1.6}$$

Das ist das erste größere Resultat der Störungstheorie: *In erster Ordnung ist die Verschiebung der Energie eines gebundenen Zustands der Erwartungswert der Störung δH im ungestörten Zustand.*

Dieser Gedankengang funktioniert aber nicht immer, selbst wenn δH sehr klein ist. Um zu sehen, was schief gehen kann, berechnen wir die von der Störung verursachte Änderung im Zustandsvektor. Diesmal bilden wir das Skalarprodukt von Gleichung (5.1.5) mit einem beliebigen Energieeigenvektor Ψ_b des ungestörten Systems. Aufgrund der Hermitezität von H_0 erhalten wir wiederum

$$\left(\Psi_b, \delta H \Psi_a\right) = \delta_1 E_a \, \delta_{ab} + \left(E_a - E_b\right) \left(\Psi_b, \delta_1 \Psi_a\right). \tag{5.1.7}$$

Für $a = b$ stimmt das mit Gleichung (5.1.6) überein. Die neue Information ist also

$$\left(\Psi_b, \delta H \Psi_a\right) = (E_a - E_b) \left(\Psi_b, \delta_1 \Psi_a\right), \qquad \text{für} \quad a \neq b. \tag{5.1.8}$$

Bei einer Entartung tritt ein Problem auf. Angenommen, es gibt zwei Zustände $\Psi_b \neq \Psi_a$ mit $E_b = E_a$. Dann ist Gleichung (5.1.8) inkonsistent, außer $(\Psi_b, \delta H \Psi_a)$verschwindet, was nicht unbedingt der Fall sein muss. Allerdings können wir dieses Problem immer durch eine kluge Wahl der ungestörten entarteten Zustände vermeiden. Angenommen, es gibt eine Anzahl von Zuständen Ψ_{a1}, Ψ_{a2}, usw., die alle die gleiche Energie E_a haben. Die Größen $(\Psi_{ar}, \delta H \Psi_{as})$ bilden dann eine hermitesche Matrix. Nach einem allgemeinen Theorem der Matrixalgebra wird somit der Vektorraum, auf den diese Matrix wirkt, von einem Satz orthonormaler Eigenvektoren u_{rn} dieser Matrix aufgespannt, sodass

$$\sum_r \left(\Psi_{as}, \delta H \Psi_{ar}\right) u_{rn} = \Delta_n \, u_{sn} \tag{5.1.9}$$

gilt. (Siehe Fußnote 8 in Abschnitt 3.3.) Wir können Eigenzustände von H_0 mit derselben Energie E_a definieren:

$$\Phi_{an} \equiv \sum_r u_{rn} \Psi_{ar}, \tag{5.1.10}$$

für die

$$\left(\Phi_{am}, \delta H \Phi_{an}\right) = \sum_{rs} u^*_{sm} u_{rn} \left(\Psi_{as}, \delta H \Psi_{ar}\right) = \sum_s u^*_{sm} u_{sn} \Delta_n = \delta_{nm} \Delta_n \tag{5.1.11}$$

gilt. Dabei haben wir die Orthonormalitätsbeziehung $\sum_s u^*_{sm} u_{sn} = \delta_{nm}$ verwendet. Für diese Zustände verschwinden die nicht-diagonalen Matrixelemente der Störung allesamt. Das Problem der Inkonsistenz mit Gleichung (5.1.8) lässt sich also vermeiden, wenn wir nicht mit den Zuständen Ψ, sondern mit den Eigenzuständen Φ starten.

Wenn wir stur darauf beharren, einen der Zustände Ψ_{ar} als unseren ungestörten Zustand zu verwenden, für den einige der Größen $(\Psi_{as}, \delta H \Psi_{ar})$ für $s \neq r$ nicht verschwinden, so funktioniert Störungstheorie nicht; auch schon eine kleine Störung bewirkt eine große Änderung im Zustandsvektor. Sei zum Beispiel H_0 rotationsinvariant; wir fügen eine Störung $\delta H = \boldsymbol{\epsilon} \cdot \mathbf{v}$ hinzu, wobei $\mathbf{v}$ ein Vektoroperator ist. Wie wir im letzten Kapitel gesehen haben, gibt es aufgrund der Rotationsinvarianz von H_0 genau $2j + 1$ Zustände mit derselben ungestörten Energie und demselben Eigenwert $\hbar^2 j(j+1)$ zu $\mathbf{J}^2$. Ist unser ungestörter Zustand ein Eigenzustand von J_3, aber weist $\boldsymbol{\epsilon}$ nicht in die 3-Richtung, so wird es eine große Korrektur am Zustandsvektor geben, egal wie klein $\boldsymbol{\epsilon}$ ist. Die Störung zwingt den Zustand in einen Eigenzustand von $\mathbf{J}\cdot\boldsymbol{\epsilon}$. Wenn wir dagegen von Anfang an die Eigenzustände von $\mathbf{J}\cdot\boldsymbol{\epsilon}$ als ungestörte Zustände verwenden, so ist die Änderung im Zustandsvektor von der Ordnung $\boldsymbol{\epsilon}$, da δH mit $\mathbf{J}\cdot\boldsymbol{\epsilon}$ kommutiert.

Die Bedingung, dass $(\Psi_a, \delta H \Psi_b)$ für alle Zustände mit $E_a = E_b$ und $a \neq b$ verschwindet, legt die ungestörten Zustände Ψ_a in dem Fall eindeutig fest, dass alle der zugehörigen Störungen erster Ordnung in der Energie $\delta_1 E_a = (\Psi_a, \delta H \Psi_a)$ ungleich sind. Wenn es aber einige unterschiedliche ungestörte Zustände gibt, die alle die gleichen Energien in nullter Ordnung *und* in erster Ordnung haben, so werden beliebige Linearkombinationen dieser Zustände die gleichen Eigenschaften haben und können somit als ungestörte Zustände verwendet werden. (Dieser Fall tritt typischerweise auf, wenn eine Symmetrie verlangt, dass alle Matrixelemente von δH zwischen Zuständen einer gegebenen ungestörten Energie verschwinden.) Wir werden in Abschnitt 5.4 sehen, dass diese verbleibende Freiheit bei den ungestörten Zustandsvektoren typischerweise durch die Auferlegung der Bedingung beseitigt wird, dass Störungen *zweiter* Ordnung keine große Änderung in den Energieeigenvektoren auslösen.

Berechnen wir nun die Störungen an den Zustandsvektoren. Wir werden zunächst den Fall ohne Entartung betrachten; die Zustände, deren Energien und Wellenfunktionen wir berechnen wollen, haben also nicht die gleichen ungestörten Energien wie irgendein anderer Zustand. Gleichung (5.1.8) ergibt dann unmittelbar

$$\left(\Psi_b, \delta_1 \Psi_a\right) = \frac{\left(\Psi_b, \delta H \Psi_a\right)}{E_a - E_b}, \qquad \text{für} \quad a \neq b. \tag{5.1.12}$$

Um die Komponente von $\delta_1 \Psi_a$ entlang von Ψ_a zu bestimmen, müssen wir die Bedingung stellen, dass $\Psi_a + \delta\Psi_a$ korrekt normiert ist. Demzufolge gilt

$$1 = \left(\Psi_a + \delta\Psi_a, \Psi_a + \delta\Psi_a\right) = 1 + \left(\Psi_a, \delta_1\Psi_a\right) + \left(\delta_1\Psi_a, \Psi_a\right) + O(\epsilon^2),$$

und somit gilt in Ordnung von ϵ

$$0 = \mathrm{Re}\left(\Psi_a, \delta_1 \Psi_a\right). \tag{5.1.13}$$

Wir haben die Freiheit, den Imaginärteil von $(\Psi_a, \delta_1\Psi_a)$ beliebig zu wählen, denn dies ist lediglich eine Phasenwahl für den gesamten Zustandsvektor. Die Multiplikation des Zustandsvektors Ψ_a mit einem Phasenfaktor $\exp(i\delta\varphi_a)$, wobei $\delta\varphi_a$ eine beliebige reelle Konstante der Größenordnung ϵ ist, erzeugt also eine Änderung in $\delta_1\Psi_a$, die gleich $i\delta\varphi_a\Psi_a$ ist, was $(\Psi_a, \delta_1\Psi_a)$ um $i\delta\varphi_a$ ändert. Insbesondere können wir $(\Psi_a, \delta_1\Psi_a)$ reell wählen; dann wird die Normierungsbedingung (5.1.13) zu

$$0 = (\Psi_a, \delta_1 \Psi_a). \tag{5.1.14}$$

Zusammen mit Gleichung (5.1.12) ergibt sich aus der Vollständigkeit der Zustandsvektoren zu allen festen Werten von H_0

$$\delta_1 \Psi_a = \sum_b \left(\Psi_b, \delta_1\Psi_a\right)\Psi_b = \sum_{b\neq a} \Psi_b \frac{\left(\Psi_b, \delta H \Psi_a\right)}{E_a - E_b}. \tag{5.1.15}$$

Nun betrachten wir den komplizierteren entarteten Fall, bei dem die Zustände, für die wir uns interessieren, die gleichen ungestörten Energien haben wie einige andere Zustände. Gleichung (5.1.8) sagt nun überhaupt nichts über die Komponenten von $\delta_1 \Psi_a$ entlang ungestörter Zustandsvektoren Ψ_b mit $E_b = E_a$ aus, und Gleichung (5.1.12) gilt nur für $E_a \neq E_b$. Daher gilt anstelle von Gleichung (5.1.15) lediglich

$$\delta_1 \Psi_a = \sum_{c:E_c \neq E_a} \Psi_c \frac{\left(\Psi_c, \delta H \Psi_a\right)}{E_a - E_c} + \sum_{b:E_b = E_a} \Psi_b \left(\Psi_b, \delta_1 \Psi_a\right). \tag{5.1.16}$$

Wie steht es mit der Normierung? Wir können von den gestörten entarteten Zuständen verlangen, dass sie orthonormal sind:

$$\left(\Psi_b + \delta_1 \Psi_b + O(\epsilon^2), \Psi_a + \delta_1 \Psi_a + O(\epsilon^2)\right) = \delta_{ab} \qquad \text{für } E_a = E_b.$$

Die Terme nullter Ordnung in ϵ auf beiden Seiten der Gleichung sind gleich, sodass die Terme erster Ordnung in ϵ auf der linken Seite dann verschwinden müssen:

$$\left(\Psi_b, \delta_1 \Psi_a\right) + \left(\delta_1 \Psi_b, \Psi_a\right) = 0 \qquad \text{für } E_a = E_b. \tag{5.1.17}$$

Das heißt, der hermitesche Teil der Matrix $(\Psi_b, \delta_1 \Psi_a)$ muss verschwinden, sodass wir für $E_a = E_b$

$$\left(\Psi_b, \delta_1 \Psi_a\right) = A_{ba} \tag{5.1.18}$$

erhalten, wobei A_{ba} antihermitesch ist: $A_{ba} = -A^*_{ab}$. Weder die Schrödinger-Gleichung erster Ordnung (5.1.5) noch die Orthonormierungsbedingung (5.1.16) teilen uns Weiteres über die Matrix A_{ab} mit.

Die unbestimmte antihermitesche Matrix A_{ab} im entarteten Fall ähnelt ein wenig dem unbestimmten Phasenfaktor $\exp(i\phi_a)$ im Zustand $\Psi_a + \delta_1 \Psi_a$ im nichtentarteten Fall. Es gibt allerdings einen großen Unterschied. Der Phasenfaktor im nichtentarteten Fall kann völlig frei gewählt werden, und insbesondere so, dass er das bequeme Ergebnis (5.1.14) liefert. Wie wir in Abschnitt 5.4 sehen werden, müssen wir uns im Gegensatz dazu im entarteten Fall unsere Freiheit erhalten, A_{ab} so zu wählen, dass nicht Störungen *zweiter* Ordnung große Änderungen in den Zustandsvektoren *erster* Ordnung einführen. Das heißt, genauso wie wir die entarteten ungestörten Zustandsvektoren Ψ_a so wählen mussten, dass $(\Psi_b, \delta_1 H \Psi_a)$ für $E_b = E_a$ und $b \neq a$ verschwindet, um einen glatten Übergang zu den gestörten Zustandsvektoren in erster Ordnung zu ermöglichen, werden wir in Abschnitt 5.4 eine spezielle Wahl von A_{ab} und damit der gestörten Zustandsvektoren erster Ordnung treffen müssen, damit wir einen glatten Übergang zu den gestörten Zustandsvektoren zweiter Ordnung ermöglichen.

Vielleicht ist es etwas überraschend, dass uns eine kleine Störung am Hamiltonian vorgibt, was wir als ungestörte Eigenzustände verwenden müssen. In der klassischen Physik gibt es allerdings ein ähnliches Phänomen. Man betrachte ein Teilchen, das sich in zwei oder mehr Dimensionen unter dem Einfluss eines Potenzials $V(\mathbf{x})$ bewegt, wobei die Reibung hinreichend stark ist, dass das Teilchen in einem lokalen Minimum des Potenzials zur Ruhe kommt. Angenommen, das Potenzial bestehe aus einem ungestörten Term $V_0(\mathbf{x})$ plus Störung $\epsilon U(\mathbf{x})$. Liegen die lokalen Minima von $V_0(\mathbf{x})$ bei isolierten Punkten $\mathbf{x}_n$, so würden wir erwarten, dass die lokalen Minima des vollständigen Potenzials an Punkten $\mathbf{x}_n + \delta\mathbf{x}_n$ liegen, wobei $\delta\mathbf{x}_n$ von der Ordnung ϵ ist. Die Bedingung, dass es sich um lokale Minima des gestörten Potenzials handelt, lautet

$$0 = \left.\frac{\partial[V_0(\mathbf{x}) + \epsilon U(\mathbf{x})]}{\partial x_i}\right|_{\mathbf{x}=\mathbf{x}_n+\delta\mathbf{x}_n} ;$$

in erster Ordnung von ϵ heißt das

$$0 = \left.\frac{\partial V_0(\mathbf{x})}{\partial x_i}\right|_{\mathbf{x}=\mathbf{x}_n} + \epsilon \left.\frac{\partial U(\mathbf{x})}{\partial x_i}\right|_{\mathbf{x}=\mathbf{x}_n} + \sum_j \left.\frac{\partial^2 V_0(\mathbf{x})}{\partial x_i \partial x_j}\right|_{\mathbf{x}=\mathbf{x}_n} (\delta\mathbf{x}_n)_j .$$

Der erste Term verschwindet, weil die Punkte $\mathbf{x}_n$ lokale Minima des ungestörten Potenzials sind, somit erhalten wir eine Bedingung an $\delta\mathbf{x}$ der Form

$$\sum_j \left.\frac{\partial^2 V_0(\mathbf{x})}{\partial x_i \partial x_j}\right|_{\mathbf{x}=\mathbf{x}_n} (\delta\mathbf{x}_n)_j = -\epsilon \left.\frac{\partial U(\mathbf{x})}{\partial x_i}\right|_{\mathbf{x}=\mathbf{x}_n} .$$

Aber nehmen wir nun an, dass die lokalen Minima des ungestörten Potenzials nicht an isolierten Punkten, sondern auf einer Kurve $\mathbf{x} = \mathbf{x}(s)$ liegen, sodass für alle s

$$0 = \left.\frac{\partial V_0(\mathbf{x})}{\partial x_i}\right|_{\mathbf{x}=\mathbf{x}(s)}$$

gilt. Leiten wir dies nach s ab, so erhalten wir

$$0 = \sum_j \left.\frac{\partial^2 V_0(\mathbf{x})}{\partial x_i \partial x_j}\right|_{\mathbf{x}=\mathbf{x}(s)} \frac{dx_j(s)}{ds} .$$

Folgt man dem gleichen Gedankengang wie zuvor, wird die Verschiebung $\delta\mathbf{x}(s)$ der Position des lokalen Minimums nun von der Gleichung

$$\sum_j \left.\frac{\partial^2 V_0(\mathbf{x})}{\partial x_i \partial x_j}\right|_{\mathbf{x}=\mathbf{x}(s)} \delta\mathbf{x}_j(s) = -\epsilon \left.\frac{\partial U(\mathbf{x})}{\partial x_i}\right|_{\mathbf{x}=\mathbf{x}(s)}$$

bestimmt. Weil $\partial^2 V(\mathbf{x})/\partial x_i \partial x_j$ symmetrisch in i und j ist, verschwindet die linke Seite dieser Gleichung, wenn man sie mit $dx_i(s)/ds$ multipliziert und über i summiert; somit kann diese Gleichung nicht gelöst werden, außer es gilt

$$0 = \sum_i \frac{dx_i(s)}{ds} \left.\frac{\partial U(\mathbf{x})}{\partial x_i}\right|_{\mathbf{x}=\mathbf{x}(s)} = \frac{dU(\mathbf{x}(s))}{ds} .$$

Das heißt: Damit die Störung $\epsilon U(\mathbf{x})$ nur zu einer kleinen Änderung in der Gleichgewichtslage des Teilchens führt, muss das Teilchen anfangs nicht nur auf der Kurve $\mathbf{x} = \mathbf{x}(s)$ sein, wo das ungestörte Potenzial ein lokales Minimum hat, sondern muss auch an dem Punkt der Kurve sein, wo der Wert der *Störung* auf der Kurve ein lokales Minimum hat.

5.2 Der Zeeman-Effekt

Die Verschiebung der atomaren Energien in Gegenwart eines äußeren Magnetfeldes ist ein wichtiges Beispiel für die Störungstheorie erster Ordnung. Man bezeichnet das als **Zeeman-Effekt.** Der Effekt wurde zum ersten Mal in den 1890ern vom Spektroskopiker Pieter Zeeman[1] (1865–1943) als eine Aufspaltung der D-Linien des Natriums in einem Magnetfeld beobachtet; bereits zu Beginn von Kapitel 4 haben wir diese Aufspaltung erwähnt (dieselben Spektrallinien geben dem Licht von Natriumdampflampen die orange Farbe). Bis zur Entwicklung der Quantenmechanik konnte man die Aufspaltung nicht korrekt berechnen.

Wir betrachten die Auswirkungen eines Magnetfelds auf das Spektrum eines Atoms vom Typ der Alkalimetalle, etwa Natrium. In solchen Atomen können wir uns auf das einzelne Atom außerhalb der abgeschlossenen Schalen konzentrieren; es spürt ein effektives Zentralpotenzial aufgrund der anderen Elektronen und des Kerns. Gemäß der klassischen Elektrodynamik verleiht die Wechselwirkung eines äußeren Magnetfelds $\mathbf{B}$ mit einem Elektron, das sich auf einer Bahn mit Bahndrehimpuls $\mathbf{L}$ bewegt, dem Elektron eine Extraenergie $(e/2m_ec)\mathbf{B}\cdot\mathbf{L}$. In der Quantenmechanik führen wir im Hamiltonian dafür einen Term der Form $(e/2m_ec)\mathbf{B}\cdot\mathbf{L}$ ein. Wir können erraten, dass die Wechselwirkung des Magnetfelds mit dem Spindrehimpuls $\mathbf{S}$ einen zusätzlichen Term der Form $(eg_e/2m_ec)\mathbf{B}\cdot\mathbf{S}$ im Hamiltonian erzeugt. Den konstanten Faktor g_e nennt man das **gyromagnetische Verhältnis** des Elektrons. Es gibt aber keinen Grund zu der Annahme, dass $g_e = 1$ ist. Tatsächlich liefert die Quantenelektrodynamik in niedrigster Ordnung in der Feinstrukturkonstante $e^2/\hbar c \simeq 1/137$ den Wert $g_e = 2$ (ein Ergebnis, das zuerst Dirac mittels seiner relativistischen Wellengleichung erhielt). Korrekturen aufgrund der Emission und Absorption von Photonen verschieben den vorausgesagten Wert zu $g_e = 2{,}002322\ldots$ was gut mit dem Experiment übereinstimmt. Wir nehmen daher als Störung am Hamiltonian den Ausdruck

$$\delta H = \frac{e}{2m_ec}\mathbf{B}\cdot\left[\mathbf{L} + g_e\,\mathbf{S}\right] \tag{5.2.1}$$

an.

Um zu berechnen, wie sich die Energien der Zustände des Atoms verschieben, benötigen wir die Matrixelemente $(\Psi^{m'}_{n\ell j}, \delta H \Psi^m_{n\ell j})$ der Störung δH zwischen Zustandsvektoren der gleichen Energie $E_{n\ell j}$, wobei

$$H_0\Psi^m_{n\ell j} = E_{n\ell j}\Psi^m_{n\ell j} \tag{5.2.2}$$

gilt. Hier ist H_0 der effektive Einteilchenhamiltonian des Elektrons in Abwesenheit des Magnetfelds. Aber welche Terme müssen wir im Hamiltonian berücksichtigen? Die allgemeine Regel ist, dass wir nur Terme vernachlässigen können, die Energieverschiebungen bewirken, die klein sind im Vergleich zu der Verschiebung aufgrund der betrachteten Störung. Das bedeutet bei typischen Magnetfeldstärken, dass wir in H_0 nicht nur das effektive elektrostatische Potenzial des Kerns und der anderen Elektronen berücksichtigen

1 P. Zeeman, Nature **55**, 347 (1897).

müssen, sondern auch die Wechselwirkung zwischen dem Spin des Elektrons und dem Bahndrehimpuls, der für die Feinstruktur verantwortlich ist, also die Abhängigkeit der Energieniveaus von j bei gegebenen n und ℓ. Hingegen können wir die kleinere Wechselwirkung zwischen den Spins des Elektrons und des Kerns vernachlässigen, die eine Aufspaltung der Spektrallinien bewirkt, die man als Hyperfeinstruktur bezeichnet.

Bei der Berechnung dieser Erwartungswerte erinnern wir uns an Gleichung (4.4.14). Sie besagt, dass das Matrixelement $(\Psi^{m'}_{n\ell j}\mathbf{V}\Psi^{m}_{n\ell j})$ für einen Vektoroperator $\mathbf{V}$ in die gleiche Richtung zeigt wie das Matrixelement, bei dem man $\mathbf{V}$ durch $\mathbf{J}$ ersetzt, und die gleiche Abhängigkeit von m und m' hat. Das trifft insbesondere auf den Vektor $\mathbf{L} + g_e\mathbf{S}$ zu, und somit gilt

$$\left(\Psi^{m'}_{n\ell j}, [\mathbf{L} + g_e\mathbf{S}]\Psi^{m}_{n\ell j}\right) = g_{nj\ell}\left(\Psi^{m'}_{n\ell j}\mathbf{J}\,\Psi^{m}_{n\ell j}\right), \tag{5.2.3}$$

wobei $g_{nj\ell}$ eine von m und m' unabhängige Konstante ist, die man den **Landé-Faktor** g oder g-Faktor nennt. Wie in Abschnitt 4.4 erwähnt, wird dieses Resultat in Lehrbüchern zur Quantenmechanik oft als Konsequenz der raschen Präzession der Vektoren $\mathbf{S}$ und $\mathbf{L}$ um den Gesamtdrehimplus $\mathbf{J}$ erklärt, aber diese merkwürdige Mischung aus klassischem und quantenmechanischem Argument ist ziemlich unnötig; Gleichung (5.2.3) ist eine einfache Folge aus den Kommutatorrelationen der Drehimpulsoperatoren mit Vektoroperatoren.

Um den g-Faktor zu berechnen, beachten wir, dass der Zustandsvektor $\mathbf{J}\Psi^{m}_{n\ell j}$ selbst einfach eine Linearkombination der gleichen Zustandsvektoren $\Psi^{m''}_{n\ell j}$ zu verschiedenen Werten von m' ist, weil $\mathbf{J}$ mit $\mathbf{J}^2$ kommutiert. Wir haben somit

$$\sum_i \left(\Psi^{m'}_{n\ell j}, [L_i + g_e S_i]J_i\Psi^{m}_{n\ell j}\right) = g_{nj\ell}\sum_i \left(\Psi^{m'}_{n\ell j}, J_iJ_i\Psi^{m}_{n\ell j}\right). \tag{5.2.4}$$

Die Matrixelemente auf beiden Seiten sind leicht zu berechnen. Auf der rechten Seite verwenden wir

$$\sum_i J_iJ_i\Psi^{m}_{n\ell j} = \hbar^2 j(j+1)\Psi^{m}_{n\ell j},$$

während auf der linken Seite mit $\mathbf{S} = \mathbf{J} - \mathbf{L}$

$$\sum_i L_iJ_i\Psi^{m}_{n\ell j} = \frac{1}{2}\left[-\mathbf{S}^2 + \mathbf{L}^2 + \mathbf{J}^2\right]\Psi^{m}_{n\ell j} = \frac{\hbar^2}{2}\left[-\frac{3}{4} + \ell(\ell+1) + j(j+1)\right]\Psi^{m}_{n\ell j}$$

gilt, und mit $\mathbf{L} = \mathbf{J} - \mathbf{S}$

$$\sum_i S_iJ_i\Psi^{m}_{n\ell j} = \frac{1}{2}\left[-\mathbf{L}^2 + \mathbf{S}^2 + \mathbf{J}^2\right]\Psi^{m}_{n\ell j} = \frac{\hbar^2}{2}\left[-\ell(\ell+1) + \frac{3}{4} + j(j+1)\right]\Psi^{m}_{n\ell j}.$$

(Man beachte, dass wir für einen Vektor $\mathbf{V}$ $\mathbf{V}\cdot\mathbf{J} = \mathbf{J}\cdot\mathbf{V}$ haben, weil $[J_i, V_j] = i\hbar\sum_k \epsilon_{ijk}V_k$ für $i = j$ verschwindet.) Damit ergibt Gleichung (5.2.4)

$$\frac{1}{2}\left[-\frac{3}{4} + \ell(\ell+1) + j(j+1)\right] + g_e\frac{1}{2}\left[-\ell(\ell+1) + \frac{3}{4} + j(j+1)\right] = j(j+1)g_{nj\ell},$$

sodass $g_{nj\ell}$ gar nicht von n abhängt und durch

$$g_{j\ell} = 1 + (g_e - 1)\left(\frac{j(j+1) - \ell(\ell+1) + 3/4}{2j(j+1)}\right) \tag{5.2.5}$$

gegeben ist.

Kehren wir nun zum Problem der Berechnung der gestörten Energien zurück. Nach den Gleichungen (5.2.1) und (5.2.3) sind die von uns gesuchten Matrixelemente

$$\left(\Psi^{m'}_{n\ell j}, \delta H \Psi^{m}_{n\ell j}\right) = \frac{eg_{j\ell}}{2m_e c}\left(\Psi^{m'}_{n\ell j}, \mathbf{B}\cdot\mathbf{J}\Psi^{m}_{n\ell j}\right). \tag{5.2.6}$$

Für ein **B** in beliebiger Richtung ist hier die im letzten Abschnitt gefundene Bedingung für die Anwendbarkeit der Störungstheorie erster Ordnung, dass das Matrixelement der Störung zwischen verschiedenen Zustandsvektoren der gleichen Energie verschwinden muss, nicht erfüllt. Dieses Problem können wir vermeiden, indem wir die ungestörten Zustandsvektoren als Eigenzustände von $\mathbf{B}\cdot\mathbf{J}$ anstelle von J_3 wählen. Wir können das Problem aber auch vermeiden, ohne neue Zustandsvektoren anstelle der $\Psi^{m}_{n\ell j}$ einzuführen. Dazu verwenden wir einfach ein Koordinatensystem, bei dem die 3-Achse in Richtung von **B** weist. In einem solchen Koordinatensystem werden die Matrixelemente (5.2.6) zu

$$\left(\Psi^{m'}_{n\ell j}, \delta H \Psi^{m}_{n\ell j}\right) = \left(\frac{e\hbar g_{j\ell}B}{2m_e c}\right) m\,\delta_{m'm}. \tag{5.2.7}$$

Wir können daher die Energieverschiebungen nun mithilfe der Störungstheorie erster Ordnung berechnen. Es ergibt sich

$$\delta E_{nj\ell m} = \left(\frac{e\hbar g_{j\ell}B}{2m_e c}\right) m. \tag{5.2.8}$$

Zum Beispiel gibt es bei den D-Linien des Natriums, die von Zeeman untersucht wurden, in Wirklichkeit ohne Magnetfeld zwei Spektrallinien, eine D_1-Linie, die zum $3p_{1/2} \to 3s_{1/2}$-Übergang des äußeren »Valenz« elektrons gehört, und eine D_2-Linie, die zum Übergang $3p_{3/2} \to 3s_{1/2}$ gehört. (Erinnern wir uns, dass es keine Entartung zwischen Zuständen mit verschiedenen Werten von ℓ gibt, weil das vom äußeren Elektron erfahrene Potenzial nicht einfach zu $1/r$ proportional ist. Ferner bewirkt die Spin-Bahn-Kopplung bei den Energien eine Abhängigkeit von $j = \ell \pm 1/2$, das durch einen tiefgestellten Index angezeigt wird, wie auch von ℓ und einer Hauptquantenzahl, die in diesem Fall den Wert $n = 3$ hat.) Für die auftretenden Zustände liefert Gleichung (5.2.5) als g-Faktoren (in der Näherung $g_e = 2$):

$$g_{\frac{3}{2}1} = \frac{4}{3}, \quad g_{\frac{1}{2}1} = \frac{2}{3}, \quad g_{\frac{1}{2}0} = 2. \tag{5.2.9}$$

Die D_1- und D_2-Linien werden dann in Komponenten aufgespalten, deren Photonenenergien wie folgt verschoben sind:

$$\Delta E_1(m \to m') = E_B\left(\frac{2m}{3} - 2m'\right), \tag{5.2.10}$$

$$\Delta E_2(m \to m') = E_B\left(\frac{4m}{3} - 2m'\right). \tag{5.2.11}$$

Dabei ist $E_B \equiv e\hbar B/2m_e c$. Da beide Übergänge D_1 und D_2 zwischen Zuständen entgegengesetzter Parität stattfinden und sich j um 0 oder 1 unterscheidet,sind D_1 und D_2 elektrische Dipolübergänge. Wie in Abschnitt 4.4 gezeigt, erlauben sie in m nur Änderungen um null oder ± 1. Die D_1-Linie spaltet sich dann in vier Komponenten auf, bei denen die Photonenergien um

$$\Delta E_1(\pm 1/2 \to \pm 1/2) = \mp 2E_B/3, \qquad (5.2.12)$$

$$\Delta E_1(\pm 1/2 \to \mp 1/2) = \pm 4E_B/3, \qquad (5.2.13)$$

verschoben sind, während sich die D_2-Linie in sechs Komponenten aufspaltet. Hier sind die Verschiebungen in den Photonenenergien:

$$\Delta E_2(\pm 3/2 \to \pm 1/2) = \pm E_B, \qquad (5.2.14)$$

$$\Delta E_2(\pm 1/2 \to \pm 1/2) = \mp E_B/3, \qquad (5.2.15)$$

$$\Delta E_2(\pm 1/2 \to \mp 1/2) = \pm 5E_B/3. \qquad (5.2.16)$$

Wäre g_e gleich eins, wie man es klassisch erwarten würde, so würde Gleichung (5.2.5) einen g-Faktor $g_{j\ell} = 1$ für alle Energieniveaus liefern. Gleichung (5.2.8) wäre daher eine Formel für die Energieverschiebung , die von keiner Eigenschaft des Energieniveaus außer der Magnetquantenzahl m abhängt:

$$\delta E_{nj\ell m} = \left(\frac{e\hbar B}{2m_e c}\right) m.$$

Sowohl die D_1- als auch die D_2-Linie würde sich in drei Komponenten aufspalten, wobei die Photonenenergien um Beträge verschoben wären, die nur von der Änderung der Magnetquantenzahl abhängen:

$$\Delta E_1(\Delta m = \pm 1) = \Delta E_2(\Delta m = \pm 1) = \pm E_B,$$

$$\Delta E_1(\Delta m = 0) = \Delta E_2(\Delta m = 0) = 0.$$

Die Frequenzverschiebung $E_B/h = eB/4\pi m_e c$ wurde aus klassischen Annahmen von Hendrik Antoon Lorentz[2] (1853–1928) hergeleitet und wird **normaler Zeeman-Effekt** genannt. Vergleiche zwischen der Formel von Lorentz und frühen Daten von Zeeman deuteten an, dass, egal welches geladene Teilchen im Atom für die Strahlungsemission verantwortlich war, es ein Ladungs-Masse-Verhältnis haben musste, das etwa tausend Mal größer war als das Ladungs-Masse-Verhältnis der Wasserstoffionen, die bei der Elektrolyse beteiligt sind. Das war noch bevor Thomson das Elektron entdeckte, und es war das erste Anzeichen dafür, dass Ladungen in Atomen von Teilchen getragen werden, die viel leichter als Atome sind. Korrekt sind aber die Aufspaltungen, die durch die Gleichungen (5.2.12)–(5.2.16) gegeben sind. Man bezeichnet das als den **anormalen Zeeman-Effekt**, weil er nicht das Ergebnis liefert, das man für $g_e = 1$ erwarten würde.

2 H. A. Lorentz, Phil. Mag. **43**, 232 (1897); Ann. d. Physik **43**, 278 (1897).

Die hier für den anormalen Zeeman-Effekt hergeleiteten Resultate gelten nur für Magnetfelder, die so klein sind, dass die Energieverschiebung (5.2.8) viel kleiner ist als die Feinstrukturaufspaltung zwischen Zuständen mit dem gleichen n und ℓ, aber unterschiedlichem j. Im entgegengesetzten Grenzfall, in dem die Energieverschiebung (5.2.8) viel größer ist als die Feinstrukturaufspaltung (jedoch immer noch viel kleiner als die Aufspaltungen zwischen Zuständen mit unterschiedlichem n oder ℓ), haben wir einen größeren Satz von weitgehend entarteten ungestörten Zuständen: Das sind alle die Zustände mit den Zustandsvektoren $\Psi_{n\ell m_\ell m_s}$ und den Eigenwerten $\hbar m_\ell$ für L_3 und den Eigenwerten $\hbar m_s$ für S_3. Legt man das Magnetfeld wieder in die 3-Richtung, so sind die Matrixelemente der Störung gleich

$$\left(\Psi_{n\ell m'_\ell m'_s}, \delta H \Psi_{n\ell m_\ell m_s}\right) = \left(\frac{e\hbar B}{2m_e c}\right)\left[m_\ell + g_e m_s\right]\delta_{m'_\ell m_\ell}\delta_{m'_s m_s}. \tag{5.2.17}$$

Für verschiedene Zustandsvektoren derselben ungestörten Energie (mit den gleichen Werten von n und ℓ) verschwinden diese Matrixelemente, sodass wir für die Energieverschiebung wieder die Störungstheorie erster Ordnung verwenden können und

$$\delta E_{n\ell m_\ell m_s} = \left(\frac{e\hbar B}{2m_e c}\right)\left[m_\ell + g_e m_s\right] \tag{5.2.18}$$

erhalten. Der Übergang von Energien, die durch Gleichung (5.2.8) gegeben sind, zu Energien wie in Gleichung (5.2.18) wird **Paschen-Back-Effekt** genannt.

5.3 Der Stark-Effekt erster Ordnung

Wir wenden uns nun der Verschiebung der atomaren Energieniveaus in Gegenwart eines äußeren elektrischen Felds zu. Dieser Effekt wurde 1914 entdeckt und **Stark-Effekt** genannt.[3] Wir werden uns hier auf den Stark-Effekt im Wasserstoff konzentrieren, wo die ℓ-Unabhängigkeit der Energien für Zustände mit einem gegebenen n und j eine entscheidende Rolle spielt. Wie wir sehen werden, ist der Stark-Effekt im Wasserstoff ein Beispiel, bei dem das Problem der Entartung in Störungstheorie erster Ordnung in einer weniger trivialen Weise gelöst werden muss als beim Zeeman-Effekt. Der Stark-Effekt in anderen Atomen als dem Wasserstoff (und in einigen Wasserstoffzuständen) muss in Störungstheorie zweiter Ordnung berechnet werden. Diesem Thema werden wir uns im nächsten Abschnitt widmen.

Die Wechselwirkung mit einem äußeren elektrostatischen Potenzial $\varphi(\mathbf{x})$ verleiht einem Elektron eine zusätzliche Energie $-e\varphi(\mathbf{x})$. Da Atome im Vergleich zu der Skala, auf der sich $\varphi(\mathbf{x})$ ändert, sehr klein sind, können wir das Potenzial $\varphi(\mathbf{x})$ durch die ersten beiden Terme in seiner Taylor-Entwicklung ersetzen. Wenn wir den (frei wählbaren) Wert von $\varphi(\mathbf{x})$ am Ort $\mathbf{x} = 0$ des Atomkerns gleich null setzen, so ergibt sich $\varphi(\mathbf{x}) = -\mathbf{E} \cdot \mathbf{x}$. Dabei ist

3 J. Stark, Verh. deutsch. phys. Ges. **16**, 327 (1914).

$\mathbf{E} \equiv -\nabla\varphi(0)$ das elektrische Feld am Kernort, sodass man die Änderung im Hamiltonian gleich

$$\delta H = e\mathbf{E} \cdot \mathbf{X} \qquad (5.3.1)$$

setzen kann, wobei $\mathbf{X}$ wie immer der Ortsoperator ist.

Wiederum verwenden wir als ungestörten Hamiltonian H_0 den Hamiltonian des Wasserstoffatoms in Abwesenheit des elektrischen Felds, und zwar unter Berücksichtigung der Feinstrukturaufspaltung, aber unter Vernachlässigung der Lamb-Verschiebung und der Hyperfeinaufspaltung. Die entarteten ungestörten Zustände sind dann alle Zustandsvektoren $\Psi^m_{n\ell j}$ für ein festes n und j. Wir müssen die Matrixelemente der Störung zwischen diesen Zustandsvektoren berechnen:

$$\left(\Psi^{m'}_{n\ell' j}, \delta H \Psi^m_{n\ell j}\right) = e\mathbf{E} \cdot \left(\Psi^{m'}_{n\ell' j}, \mathbf{X}\Psi^m_{n\ell j}\right). \qquad (5.3.2)$$

Wie im Fall des Zeeman-Effekts legen wir die 3-Achse in Richtung des elektrischen Felds, um nicht-verschwindende Matrixelemente für $m' \neq m$ zu vermeiden. Der obige Ausdruck wird dann zu

$$\left(\Psi^{m'}_{n\ell' j}, \delta H \Psi^m_{n\ell j}\right) = eE\delta_{m'm}\left(\Psi^{m}_{n\ell' j}, X_3\Psi^m_{n\ell j}\right). \qquad (5.3.3)$$

Auch dieser Ausdruck eignet sich noch nicht für die Störungstheorie erster Ordnung, weil die Matrixelemente (5.3.3) für $\ell' \neq \ell$ nicht verschwinden. Da $\mathbf{X}$ unter räumlicher Inversion ungerade ist, und die räumliche Inversion die Faktoren $(-1)^{\ell'}$ und $(-1)^{\ell}$ liefert, wenn sie auf die Zustandsvektoren $\Psi^m_{n\ell' j}$ und $\Psi^m_{n\ell j}$ wirkt, verschwindet das Matrixelement (5.3.3) tatsächlich außer für den Fall $(-1)^{\ell'}(-1)^{\ell} = -1$. Die *einzigen* nicht-verschwindenden Matrixelemente sind also diejenigen mit $\ell' \neq \ell$.

Zum Beispiel gibt es bei den Energieniveaus des Wasserstoffs mit $n = 1$ und $j = 1/2$ bzw. $n = 2$ und $j = 3/2$ keinen Stark-Effekt erster Ordnung, weil wir in diesen Energieniveaus jeweils nur $\ell = 0$ bzw. $\ell = 1$ haben. Andererseits gibt es im $n = 2$, $j = 1/2$-Energieniveau des Wasserstoffs für jedes $m = \pm 1/2$ einen $2s_{1/2}$- und einen $2p_{1/2}$-Zustand. Folglich gibt es für $n = 2$ und $j = 1/2$ die nicht-verschwindenden Matrixelemente $(\Psi^{\pm 1/2}_{2\,1\,1/2}, X_3\Psi^{\pm 1/2}_{2\,0\,1/2})$ und $(\Psi^{\pm 1/2}_{2\,0\,1/2}, X_3\Psi^{\pm 1/2}_{2\,1\,1/2})$ (wobei wir wie üblich die Zustandsvektoren mit $\Psi^m_{n\ell j}$ bezeichnen und wie immer $s = 1/2$ annehmen). Der Operator X_3 wirkt auf die Indizes des Bahndrehimpulses, aber nicht auf die Spin-Indizes. Zur Berechnung seiner Matrixelemente zwischen Zustandsvektoren brauchen wir also die Clebsch-Gordan-Koeffizienten, um hier die Zustandsvektoren durch Zustandsvektoren $\Psi^{m_\ell m_s}_{n\ell}$ mit $S_3 = \hbar m_s$ und $L_3 = \hbar m_\ell$ auszudrücken:

$$\Psi^m_{n\ell j} = \sum_{m_\ell m_s} C_{\ell\,\frac{1}{2}}(jm; m_\ell m_s)\Psi^{m_\ell m_s}_{n\ell}. \qquad (5.3.4)$$

Da X_3 den Spin nicht berührt, sind die Matrixelemente von X_3 zwischen Zustandsvektoren mit festen Eigenwerten für L_3 und S_3

$$\left(\Psi^{m_\ell m_s}_{n\ell}, X_3\Psi^{m'_\ell m'_s}_{n'\ell'}\right) = \delta_{m_s\,m'_s}\int d^3x\, R_{n\ell}(r)Y^{m_\ell *}_{\ell}(\theta,\phi) r\cos\theta\, R_{n'\ell'}(r)Y^{m'_\ell}_{\ell'}(\theta,\phi). \qquad (5.3.5)$$

(Bedenken Sie, dass die Radialwellenfunktionen $R_{n\ell}(r)$ reell sind.) Der Operator X_3 kommutiert sowohl mit L_3 als auch mit S_3, und da der Zustandsvektor zur s-Welle $\Psi^{\pm 1/2}_{2\,0\,1/2}$ nur $m_\ell = 0$ haben kann, bekommen die Integrale für x_3 zwischen diesem Zustandsvektor und dem p-Wellen-Zustandsvektor $\Psi^{\pm 1/2}_{2\,1\,1/2}$ nur Beiträge von den $m_\ell = 0$-Komponenten beider Wellenfunktionen. Die nicht-verschwindenden Matrixelemente sind daher

$$\left(\Psi^{\pm 1/2}_{2\,1\,1/2}, X_3\,\Psi^{\pm 1/2}_{2\,0\,1/2}\right) = \left(\Psi^{\pm 1/2}_{2\,0\,1/2}, X_3\,\Psi^{\pm 1/2}_{2\,1\,1/2}\right)$$
$$= C_{1\frac{1}{2}}\left(\frac{1}{2}\pm\frac{1}{2};0\pm\frac{1}{2}\right)C_{0\frac{1}{2}}\left(\frac{1}{2}\pm\frac{1}{2};0\pm\frac{1}{2}\right)\mathcal{I}, \qquad (5.3.6)$$

mit

$$\mathcal{I} \equiv \int d^3x\; r\cos\theta\, R_{2\,1}(r)Y_1^0(\theta)R_{2\,0}(r)Y_0^0. \qquad (5.3.7)$$

Die Clebsch-Gordan-Koeffizienten in Gleichung (5.3.6) sind

$$C_{1\frac{1}{2}}\left(\frac{1}{2}\pm\frac{1}{2};0\pm\frac{1}{2}\right) = \mp\frac{1}{\sqrt{3}}, \qquad C_{0\frac{1}{2}}\left(\frac{1}{2}\pm\frac{1}{2};0\pm\frac{1}{2}\right) = 1, \qquad (5.3.8)$$

somit sind die nicht-verschwindenden Matrixelemente (5.3.3)[4]

$$\left(\Psi^{\pm 1/2}_{2\,1\,1/2}, \delta H\Psi^{\pm 1/2}_{2\,0\,1/2}\right) = \left(\Psi^{\pm 1/2}_{2\,0\,1/2}, \delta H\Psi^{\pm 1/2}_{2\,1\,1/2}\right) = \mp\frac{e\mathcal{E}\mathcal{I}}{\sqrt{3}}. \qquad (5.3.9)$$

Da es nicht-verschwindende Matrixelemente von δH zwischen den entarteten Zustandsvektoren $\Psi^{\pm 1/2}_{2\,1\,1/2}$ und $\Psi^{\pm 1/2}_{2\,0\,1/2}$ gibt, eignen sich auch diese Zustandsvektoren nicht für eine störungstheoretische Berechnung der Energieverschiebungen. Wir müssen stattdessen die orthonormalen Zustandsvektoren

$$\Psi^m_A \equiv \frac{1}{\sqrt{2}}\left[\Psi^m_{2\,1\,1/2} + \Psi^m_{2\,0\,1/2}\right], \qquad \Psi^m_B \equiv \frac{1}{\sqrt{2}}\left[\Psi^m_{2\,1\,1/2} - \Psi^m_{2\,0\,1/2}\right] \qquad (5.3.10)$$

betrachten. Die nicht-verschwindenden Matrixelemente von δH zwischen diesen Zustandsvektoren sind

$$\left(\Psi^{\pm 1/2}_A, \delta H\Psi^{\pm 1/2}_A\right) = -\left(\Psi^{\pm 1/2}_B, \delta H\Psi^{\pm 1/2}_B\right) = \mp\frac{e\mathcal{E}\mathcal{I}}{\sqrt{3}}, \qquad (5.3.11)$$

während

$$\left(\Psi^{\pm 1/2}_A, \delta H\Psi^{\pm 1/2}_B\right) = \left(\Psi^{\pm 1/2}_B, \delta H\Psi^{\pm 1/2}_A\right) = 0 \qquad (5.3.12)$$

gilt. Damit liefert die Störungsrechnung erster Ordnung für die Energieverschiebungen in *diesen* Zuständen

$$\delta E^{\pm 1/2}_A = \mp\frac{e\mathcal{E}\mathcal{I}}{\sqrt{3}}, \qquad \delta E^{\pm 1/2}_B = \pm\frac{e\mathcal{E}\mathcal{I}}{\sqrt{3}}. \qquad (5.3.13)$$

4 Die Tatsache, dass die Matrixelemente von δH zwischen $j = 1/2$-Zustandsvektoren vom Wert $m = \pm 1/2$ über einen Vorzeichenfaktor $\pm$ abhängen, kann man auch unmittelbarer als eine Konsequenz des Wigner-Eckart-Theorems verstehen. δH ist hier proportional zu X_3, was die sphärische Komponente x^μ eines Vektors $\mathbf{X}$ mit $\mu = 0$ ist. Gemäß Gleichung (4.4.9) gilt somit

$$\left(\Psi^m_{2\,1\,1/2}, \delta H\Psi^m_{2\,0\,1/2}\right) \propto C_{1\frac{1}{2}}\left(\frac{1}{2}\,m;0\,m\right),$$

und nach Tabelle 4.1 hat dieser Clebsch-Gordan-Koeffizient den Wert $-2m/\sqrt{3}$.

Nun müssen wir noch das Integral $\mathcal{I}$ berechnen. Die Gleichungen (2.1.28) und (2.3.7) liefern die Radialwellenfunktionen

$$R_{n\ell}(r) \propto r^{\ell} \exp(-r/na) F_{n\ell}(r/na).$$

Dabei ist a der Bohrradius des Wasserstoffs, der durch Gleichung (2.3.19) zu $a = \hbar^2/m_e e^2$ gegeben ist. Gleichung (2.3.17) liefert

$$F_{2\,1}(\rho) \propto 1, \qquad F_{2\,0}(\rho) \propto 1 - \rho.$$

Normieren wir diese Zustandsvektoren korrekt, so erhalten wir

$$\begin{aligned} R_{2\,0}(r) Y_0^0 &= \frac{1}{\sqrt{4\pi}} (2a)^{-3/2} \left(2 - \frac{r}{a}\right) \exp(-r/2a), \\ R_{2\,1}(r) Y_1^0(\theta) &= \frac{\cos\theta}{\sqrt{4\pi}} (2a)^{-3/2} \left(\frac{r}{a}\right) \exp(-r/2a). \end{aligned} \tag{5.3.14}$$

Dann ergibt Gleichung (5.3.7)

$$\mathcal{I} = 2\pi \int_0^\infty r^2 dr \int_0^\pi \sin\theta \, d\theta \, \frac{1}{4\pi} (2a)^{-3} r \cos^2\theta \left(\frac{r}{a}\right) \left(2 - \frac{r}{a}\right) \exp(-r/a) = -3\,a. \tag{5.3.15}$$

In dieser Rechnung haben wir stillschweigend angenommen, dass das elektrische Feld so schwach ist, dass die Energieverschiebung aufgrund des Stark-Effekts viel kleiner ist als die Feinstrukturaufspaltung (jedoch größer als die Lamb-Verschiebung und die Hyperfeinaufspaltungen). Im entgegengesetzten Grenzfall, in dem die Energieverschiebung durch den Stark-Effekt viel größer ist als die Feinstrukturaufspaltung, sind alle Zustandsvektoren $\Psi_{n\ell}^{m_\ell m_s}$ für einen gegebenen Wert von n entartet. Da X_3 nicht auf die Spinindizes wirkt, ist der Spin hier irrelevant. Für $n = 2$ erhalten wir die nicht-verschwindenden Matrixelemente

$$\left(\Psi_{2\,1}^{0\,m_s}, \delta H \Psi_{2\,0}^{0\,m_s}\right) = \left(\Psi_{2\,0}^{0\,m_s}, \delta H \Psi_{2\,1}^{0\,m_s}\right) = eE\mathcal{I}. \tag{5.3.16}$$

Die Zustandsvektoren, die sich für Berechnungen in der Störungstheorie erster Ordnung eignen, sind dann

$$\Psi_A^{m_s} = \frac{1}{\sqrt{2}} \left[\Psi_{2\,1}^{0\,m_s} + \Psi_{2\,0}^{0\,m_s}\right], \qquad \Psi_B^{m_s} = \frac{1}{\sqrt{2}} \left[\Psi_{2\,1}^{0\,m_s} - \Psi_{2\,0}^{0\,m_s}\right], \tag{5.3.17}$$

und die Energieverschiebungen sind

$$\delta E_A^{m_s} = eE\mathcal{I}, \qquad \delta E_B^{m_s} = -eE\mathcal{I}. \tag{5.3.18}$$

Das ist das Analogon zum Paschen-Back-Effekt. Und es ist dieses Ergebnis, das normalerweise in Lehrbüchern zur Quantenmechanik angegeben wird.

Diese Rechnungen zeigen, dass sogar ein sehr schwaches elektrisches Feld die $2s$- und $2p$-Zustände gründlich durchmischt. (Dazu muss lediglich die Energieverschiebung durch den Stark-Effekt groß sein im Vergleich zur Lamb-Verschiebung zwischen den $2s_{1/2}$- und $2p_{1/2}$-Zuständen.) Das hat die dramatische Konsequenz, dass der $2s$-Zustand, der in Abwesenheit eines elektrischen Felds metastabil ist, durch Emission eines einzelnen Photons rasch in den $1s$-Zustand zerfallen kann, weil er sogar in einem schwachen elektrischen Feld mit dem $2p$-Zustand mischt.

5.4 Störungstheorie zweiter Ordnung

Wir betrachten nun die Energieänderungen aufgrund einer Störung δH in zweiter Ordnung in dem wie auch immer gearteten kleinen Parameter ϵ, der als Faktor in δH auftaucht. Das ist natürlich von besonderem Interesse, wenn die Störung in erster Ordnung verschwindet, was für die Stark-Verschiebung der atomaren Energieniveaus in einem elektrischen Feld für die Wasserstoff-Zustände $1s_{1/2}$, $2p_{3/2}$ usw. sowie für fast alle Zustände anderer Atome der Fall ist.

Es ist von einigem Interesse (und bedeutet wenig zusätzlichen Aufwand), nun einen möglichen Term $\delta_2 H$ in den Hamiltonian aufzunehmen, der selbst von zweiter Ordnung in ϵ ist, sodass $H = H_0 + \delta_1 H + \delta_2 H$, mit $\delta_N H$ von der Ordnung ϵ^N ist. Wir kehren zur Schrödinger-Gleichung (5.1.4) zurück und setzen die Terme zweiter Ordnung in ϵ auf beiden Seiten gleich:

$$H_0\, \delta_2 \Psi_a + \delta_1 H \delta_1 \Psi_a + \delta_2 H \Psi_a = E_a\, \delta_2 \Psi_a + \delta_1 E_a\, \delta_1 \Psi_a + \delta_2 E_a\, \Psi_a. \tag{5.4.1}$$

Betrachten wir zunächst wiederum den nicht-entarteten Fall, in dem keine der Zustände, die uns interessieren, die gleichen ungestörten Energien haben. Aus Abschnitt 5.1 kennen wir in diesem Fall die Störungen erster Ordnung in der Energie und dem Zustandsvektor bereits:

$$\delta_1 E_a = \Big(\Psi_a, \delta H \Psi_a\Big), \tag{5.4.2}$$

$$\delta_1 \Psi_a = \sum_{b \neq a} \frac{\Big(\Psi_b, \delta H \Psi_a\Big)}{E_a - E_b} \Psi_b. \tag{5.4.3}$$

Um die Energieverschiebung zweiter Ordnung zu bestimmen, bilden wir das Skalarprodukt von Gleichung (5.4.1) mit dem Zustandsvektor Ψ_a. Der Operator H_0 ist hermitesch. Der Term $(\Psi_a, H_0 \delta_2 \Psi_a)$ im Skalarprodukt von Ψ_a mit der linken Seite von Gleichung (5.4.1) ist daher gleich $E_a(\Psi_a, \delta_2 \Psi_a)$ und hebt diesen Term im Matrixelement von Ψ_a mit der rechten Seite weg. Somit erhalten wir

$$\Big(\Psi_a, \delta H_1\, \delta_1 \Psi_a\Big) + \Big(\Psi_a, \delta_2 H \Psi_a\Big) = \delta_2 E_a + \delta_1 E_a \Big(\Psi_a,\, \delta_1 \Psi_a\Big). \tag{5.4.4}$$

Wir lassen den Term proportional zu $\delta_1 E_a$ fallen, weil wir, wie in Abschnitt 5.1 erklärt, die Phase und die Normierung des gestörten Zustandsvektors so wählen, dass $\Big(\Psi_a, \delta_1 \Psi_a\Big) = 0$ ist. Einsetzen von Gleichung (5.4.3) in Gleichung (5.4.4) liefert

$$\delta_2 E_a = \sum_{b \neq a} \frac{\left|\Big(\Psi_b, \delta_1 H \Psi_a\Big)\right|^2}{E_a - E_b} + \Big(\Psi_a, \delta_2 H \Psi_a\Big). \tag{5.4.5}$$

Man sagt manchmal, dass eine Energieverschiebung durch die Emission und die Reabsorption eines virtuellen Teilchens zustande kommt, so wie zum Beispiel die Lamb-Verschiebung durch die Emission und Reabsorption eines Photons durch das Elektron im

Wasserstoffatom zustande kommt. Damit ist gemeint, dass $\delta_2 E_a$ (oder Korrekturen höherer Ordnung) einen wichtigen Beitrag von einem Zustand b erfahren, der dieses Teilchen enthält.

Wenn Ψ_a der Zustand niedrigster Energie in einem System ist, so folgt aus Gleichung (5.4.5) unmittelbar, dass die Energieverschiebung zweiter Ordnung (in Abwesenheit von $\delta_2 H$) immer negativ ist, weil alle anderen Zustände $E_b > E_a$ haben.

Als ein Beispiel für die Anwendung von Gleichung (5.4.5) betrachten wir ein Zweizustandssystem mit ungestörten Energien $E_a \neq E_b$. Gemäß den Gleichungen (5.4.2) und (5.4.5) sind die Störungen in diesen Energien in zweiter Ordnung

$$\delta E_a = \left(\Psi_a, \delta H \Psi_a\right) + \frac{\left|\left(\Psi_b, \delta H \Psi_a\right)\right|^2}{E_a - E_b}, \quad \delta E_b = \left(\Psi_b, \delta H \Psi_b\right) - \frac{\left|\left(\Psi_b, \delta H \Psi_a\right)\right|^2}{E_a - E_b},$$

sodass die Korrekturen zweiter Ordnung die höhere Energie um den gleichen Betrag erhöhen, um den sie die niedrigere Energie verringern.

Wir können auch die Störung zweiter Ordnung in den Zustandsvektoren berechnen. Dazu bilden wir das Skalarprodukt von Gleichung (5.4.1) mit Ψ_b und verwenden Gleichung (5.4.3). Für $b \neq a$ erhält man so

$$\left(\Psi_b, \delta_2 \Psi_a\right) = \frac{1}{E_a - E_b}\left[\sum_{c \neq a} \frac{\left(\Psi_b, \delta_1 H \Psi_c\right)\left(\Psi_c, \delta_1 H \Psi_a\right)}{E_a - E_c} + \left(\Psi_b, \delta_2 H \Psi_a\right)\right]. \tag{5.4.6}$$

Die Komponente von $\delta_2 \Psi_a$ entlang Ψ_a können wir bestimmen, indem wir die Bedingung stellen, dass $\Psi_a + \delta_1 \Psi_a + \delta_2 \Psi_a + \ldots$ die Norm eins hat. Die Terme in dieser Bedingung, die von zweiter Ordnung in ϵ ist, sagen uns, dass

$$2\mathrm{Re}\left(\Psi_a, \delta_2 \Psi_a\right) = -\left(\delta_1 \Psi_a, \delta_1 \Psi_a\right) = -\sum_{b \neq a} \left|\frac{\left(\Psi_b, \delta_1 H \Psi_a\right)}{E_a - E_b}\right|^2 \tag{5.4.7}$$

ist. Wir können die Phase von $\Psi_a + \delta_1 \Psi_a + \delta_2 \Psi_a$ so wählen, dass das Matrixelement $(\Psi_a, \delta_2 \Psi_a)$ reell ist; dann gibt Gleichung (5.4.7) die benötigte Formel für dieses Matrixelement. Die vollständige Störung zweiter Ordnung im Zustandsvektor im nicht-entarteten Fall lautet dann

$$\delta_2\Psi_a = \sum_{b\neq a}\frac{\Psi_b}{E_a - E_b}\left[\sum_{c\neq a}\frac{\left(\Psi_b, \delta_1 H\Psi_c\right)\left(\Psi_c, \delta_1 H\Psi_a\right)}{E_a - E_c} + \left(\Psi_b, \delta_2 H\Psi_a\right)\right]$$
$$-\frac{1}{2}\Psi_a\sum_{b\neq a}\left|\frac{\left(\Psi_b, \delta_1 H\Psi_a\right)}{E_a - E_b}\right|^2 . \tag{5.4.8}$$

Betrachten wir nun den komplizierteren entarteten Fall, in dem einige der Zustände, an denen wir interessiert sind, die gleichen ungestörten Energien haben. Zunächst halten wir fest, dass die Berechnung der Störung zweiter Ordnung der Energie mehr oder weniger wie im nicht-entarteten Fall läuft. Bilden wir das Skalarprodukt von Gleichung (5.4.1) mit Ψ_a, so erhalten wir wieder Gleichung (5.4.4). Die Orthonormierungsbedingung, die wir in Abschnitt 5.1 gefunden haben, dass man nämlich $(\Psi_b, \delta_1\Psi_a)$ antihermitesch wählen muss, sagt uns, dass das innere Produkt $(\Psi_a, \delta_1\Psi_a)$ imaginär ist. Somit können wir es wiederum durch eine geeignete Phasenwahl für $\Psi_a + \delta_1\Psi_a$ zum Verschwinden bringen. Wir können Gleichung (5.1.16) für $\delta_1\Psi_a$ im ersten Term $(\Psi_a, \delta_1 H\delta_1\Psi_a)$ auf der linken Seite von Gleichung (5.4.4) verwenden. Da $(\Psi_b, \delta_1 H\Psi_a)$ für $E_b = E_a$, aber $b \neq a$, verschwindet und wir die Phase von $\Psi_a + \delta_1\Psi_a$ so gewählt haben, dass $(\Psi_a, \delta_1\Psi_a)$ auch verschwindet, trägt der zweite Term in Gleichung (5.1.16), der unbekannte Matrixelemente enthält, zum ersten Term in Gleichung (5.4.4) nicht bei. Wir schlussfolgern somit

$$\delta_2 E_a = \sum_{c:E_c\neq E_a}\frac{\left|\left(\Psi_a, \delta_1 H\Psi_c\right)\right|^2}{E_a - E_c} + \left(\Psi_a, \delta_2 H\Psi_a\right). \tag{5.4.9}$$

Das ist das gleiche Ergebnis wie im nicht-entarteten Fall, außer dass wir hier für die Zwischenzustände Ψ_c nicht nur $c \neq a$ festlegen müssen, sondern auch $E_c \neq E_a$.

Nun kehren wir zur Berechnung der Korrekturen erster Ordnung in den Zustandsvektoren zurück. Bilden wir das Skalarprodukt von Gleichung (5.4.1) mit einem Zustand Ψ_b mit $E_b = E_a$, aber $b \neq a$, so erhalten wir

$$\left(\Psi_b, \delta_2 H\Psi_a\right) + \left(\Psi_b, \delta_1 H\delta_1\Psi_a\right) = \delta_1 E_a\left(\Psi_b, \delta_1\Psi_a\right).$$

Im zweiten Term auf der linken Seite können wir eine Summe über einen vollständigen Satz von Zwischenzuständen Ψ_c zwischen $\delta_1 H$ und $\delta_1\Psi_a$ einführen. Verwenden wir die Ergebnisse der Störungstheorie erster Ordnung, nämlich dass $(\Psi_b, \delta_1 H\Psi_a) = \delta_{ab}\delta_1 E_a$ für $E_b = E_a$ ist und dass $(\Psi_c, \delta_1\Psi_a)$ für $E_c \neq E_a$ durch Gleichung (5.1.16) gegeben ist, so erhalten wir für $E_b = E_a$, aber $b \neq a$:

$$\left(\Psi_b, \delta_2 H\Psi_a\right) + \delta_1 E_b\left(\Psi_b, \delta_1\Psi_a\right) + \sum_{c:E_c\neq E_a}\frac{\left(\Psi_b, \delta_1 H\Psi_c\right)\left(\Psi_c, \delta_1 H\Psi_a\right)}{E_a - E_c} = \delta_1 E_a\left(\Psi_b, \delta_1\Psi_a\right). \tag{5.4.10}$$

Nehmen wir nun an, dass die Entartung in nullter Ordnung in der ersten Ordnung aufgehoben wird – das heißt, dass für $b \neq a$, aber $E_b = E_a$ dann $\delta_1 E_a \neq \delta_1 E_b$ gilt. Dann liefert Gleichung (5.4.9) eine Formel für die Komponenten $(\Psi_b, \delta_1 \Psi_a)$ mit $E_b = E_a$, aber $b \neq a$:

$$\left(\Psi_b, \delta_1 \Psi_a\right) = \frac{1}{\delta_1 E_a - \delta_1 E_b} \left[\left(\Psi_b, \delta_2 H \Psi_a\right) + \sum_{c: E_c \neq E_a} \frac{\left(\Psi_b, \delta_1 H \Psi_c\right)\left(\Psi_c, \delta_1 H \Psi_a\right)}{E_a - E_c}\right]. \tag{5.4.11}$$

Eine genauere Betrachtung zeigt, dass die rechte Seite eine antihermitesche Matrix ist (die Matrix in eckigen Klammern ist hermitesch, aber der Energienenner, der davor steht, ist antisymmetrisch). Somit ist diese Bedingung durch die Freiheit in $(\Psi_b, \delta_1 \Psi_a)$ für $E_b = E_a$ erlaubt, die uns in Abschnitt 5.1 verblieb, nachdem wir die Schrödinger-Gleichung und die Orthonormalitätsbedingung verwendet hatten. Damit bleibt das innere Produkt $(\Psi_a, \delta_1 \Psi_a)$ noch unbestimmt, außer dass es imaginär sein muss, damit $(\Psi_b, \delta_1 \Psi_a)$ antihermitesch ist. Wie im nicht-entarteten Fall können wir aber dieses Matrixelement durch eine geeignete Phasenwahl für $\Psi_a + \delta_1 \Psi_a$ zum Verschwinden bringen. Somit haben wir einen vollständigen Ausdruck für die Korrektur erster Ordnung im Zustandsvektor im entarteten Fall:

$$\begin{aligned}\delta_1 \Psi_a = & \sum_{c: E_c \neq E_a} \frac{\left(\Psi_c, \delta_1 H \Psi_a\right)}{E_a - E_c} \Psi_c \\ & + \sum_{b \neq a, E_b = E_a} \frac{\Psi_b}{\delta_1 E_a - \delta_1 E_b} \left[\left(\Psi_b, \delta_2 H \Psi_a\right) + \sum_{c: E_c \neq E_a} \frac{\left(\Psi_b, \delta_1 H \Psi_c\right)\left(\Psi_c, \delta_1 H \Psi_a\right)}{E_a - E_c}\right].\end{aligned} \tag{5.4.12}$$

Das gilt nur, wenn die Entartung nullter Ordnung in der ersten Ordnung aufgehoben wird. Wenn irgendeine der Störungen erster Ordnung $\delta_1 E_b$ an den Energien, für die $E_b = E_a$ gilt, gleich $\delta_1 E_a$ ist, dann sagt uns Gleichung (5.4.9) nichts über $(\Psi_b, \delta_1 \Psi_a)$ und keine der Gleichungen (5.4.10)–(5.4.12) gilt. In diesem Fall müssen wir uns mit höheren Ordnungen der Störungstheorie befassen, um die Entartung aufzuheben.

Die Summe über die Zustände in den Gleichungen (5.4.5) oder (5.4.12) auszuführen, ist im Allgemeinen nicht leicht. In einigen Fällen kann die Summe divergieren; es gibt **Ultraviolettdivergenzen**, die auftreten, wenn die Matrixelemente $|(\Psi_b, \delta H \Psi_a)|$ für Zustände hoher Energie Ψ_b nicht rasch genug abfallen, um die Summe zur Konvergenz zu bringen, und es gibt **Infrarotdivergenzen**, die auftreten, wenn es ein Kontinuum von Zuständen Ψ_b gibt, deren Energien E_b sich bis zu E_a herunter erstrecken. Die Behandlung dieser Unendlichkeiten hat theoretische Physiker seit den 1930er-Jahren stark beschäftigt.

Es gibt zwei Fälle, in denen man $\delta_2 E_a$ leichter berechnen kann. Im ersten Fall ballen sich die Energien E_b aller Zustände Ψ_b, für die $(\Psi_b, \delta H \Psi_a)$ für einen gegebenen Zustand Ψ_a nicht vernachlässigbar ist, um einen Wert $E_b \simeq E_a + \Delta_a$ mit $\Delta_a \neq 0$. Aufgrund der Vollständigkeit der orthonormalen Zustandsvektoren Ψ_b können wir

$$\sum_b \left|\left(\Psi_b, \delta_1 H \Psi_a\right)\right|^2 = \left(\Psi_a, \delta_1 H \sum_b \Psi_b \left(\Psi_b, \delta_1 H \Psi_a\right)\right) = \left(\Psi_a, (\delta_1 H)^2 \Psi_a\right) \tag{5.4.13}$$

schreiben, sodass in diesem Fall $\delta_2 E_a$ durch eine **Näherung der Vollständigkeit** gegeben ist:

$$\delta_2 E_a \simeq \frac{1}{-\Delta_a} \sum_b \left| \left(\Psi_b, \delta H \Psi_a \right) \right|^2 + \left(\Psi_a, \delta_2 H \Psi_a \right) = -\frac{\left(\Psi_a, (\delta H)^2 \Psi_a \right)}{\Delta_a} + \left(\Psi_a, \delta_2 H \Psi_a \right). \tag{5.4.14}$$

Der zweite Fall tritt auf, wenn es eine kleine Menge von Zuständen gibt, für die $(\Psi_b, \delta H \Psi_a)$ nicht vernachlässigbar ist, und E_b sehr nahe bei E_a liegt, aber nicht gleich E_a ist. In diesem Fall kann man die Summe in Gleichung (5.4.5) auf diese Zustände einschränken. Man kann zum Beispiel die Stark-Verschiebung zweiter Ordnung im $2p_{3/2}$-Zustand des Wasserstoffs abschätzen, indem man in Gleichung (5.4.5) nur den $2s_{1/2}$-Zustand behält, mit dem er fast entartet ist.

5.5 Die Variationsmethode

Manche Probleme kann man nicht durch Störungstheorie lösen, weil der Hamiltonian nicht nahe bei einem Hamiltonian liegt, dessen Eigenwerte und Eigenzustände bekannt sind. Ein klassisches Beispiel findet man in der Chemie: Es gibt keinen kleinen Parameter, nach dem wir die Energien und Zustandsvektoren von Elektronen in einem Molekül mit mehreren Kernen entwickeln können. In solchen Fällen kann man oft eine gute Abschätzung zumindest der Grundzustandsenergie mithilfe der sogenannten **Variationsmethode** erhalten. Sie beruht auf einem allgemeinen Theorem, demzufolge *die wahre Grundzustandsenergie kleiner oder gleich dem Erwartungswert des Hamiltonians in einem beliebigen Zustand ist.*

Um dieses Ergebnis zu beweisen, erinnern wir uns an den Ausdruck (3.1.16) für die Entwicklung eines Zustandsvektors Ψ in eine Reihe von orthonormalen Zustandsvektoren Ψ_n:

$$\Psi = \sum_n \Psi_n \left(\Psi_n, \Psi \right) \quad \text{mit} \quad \left(\Psi_n, \Psi_m \right) = \delta_{nm}. \tag{5.5.1}$$

Wir können die Zustandsvektoren Ψ_n als exakte Eigenvektoren des Hamiltonians annehmen:

$$H\Psi_n = E_n \Psi_n. \tag{5.5.2}$$

Damit erhalten wir für den Erwartungswert des Hamiltonian im Zustand Ψ

$$\langle H \rangle_\Psi \equiv \frac{\left(\Psi, H\Psi \right)}{\left(\Psi, \Psi \right)} = \frac{\sum_n E_n \left| \left(\Psi_n, \Psi \right) \right|^2}{\sum_n \left| \left(\Psi_n, \Psi \right) \right|^2}. \tag{5.5.3}$$

Ist E_{Grund} die wahre Grundzustandsenergie, so gilt $E_n \geq E_{\text{Grund}}$ für alle n, und somit

$$\langle H \rangle_\Psi \geq E_{\text{Grund}}, \tag{5.5.4}$$

was zu beweisen war.

Wir können überprüfen, ob dieses Ergebnis auch für unsere bisherigen störungstheoretischen Näherungen gilt. Dazu erinnern wir uns, dass in erster Ordnung in einer kleinen Störung δH die Energie eines physikalischen Zustands mit ungestörtem Zustandsvektor $\Psi_n^{(0)}$ und ungestörter Energie $E_n^{(0)}$ durch den Erwartungswert des Gesamthamiltonians

$$E_n^{(0)} + \delta E_n = E_n^{(0)} + \left(\Psi_n^{(0)}, \delta H \Psi_n^{(0)}\right) = \left(\Psi_n^{(0)}, (H + \delta H)\, \Psi_n^{(0)}\right)$$

gegeben ist (vorausgesetzt, die ungestörten Zustandsvektoren wurden so gewählt, dass $(\Psi_n^{(0)}, \delta H \Psi_m^{(0)}) = 0$ für $E_m^{(0)} = E_n^{(0)}$, aber $m \neq n$ gilt). Weiterhin haben wir gesehen, dass die Energie in Störungstheorie zweiter Ordnung *kleiner* als dieser Erwartungswert ist. Wie wir jetzt gesehen haben, ist dieser Erwartungswert nicht nur eine Näherung an die wahre Energie in Störungstheorie erster Ordnung und eine obere Schranke für die Grundzustandsenergie in Störungstheorie zweiter Ordnung – er ist eine exakte obere Schranke für die Grundzustandsenergie, welchen Zustandsvektor wir auch immer für $\Psi_n^{(0)}$ wählen.

Nicht nur das: $\langle H \rangle_\Psi$ gibt auch im Allgemeinen eine gute Näherung für die Grundzustandsenergie, vorausgesetzt, wir wählen Ψ als eine »Versuchswellenfunktion«, die von mehreren Parametern λ_i abhängt, und passen diese Parameter so an, dass dieser Erwartungswert minimiert wird. Die Änderung im Erwartungswert bei Änderungen $\delta\lambda_i$ in den Parametern λ_i beträgt

$$\delta \langle H \rangle_\Psi = 2 \frac{\mathrm{Re}\left(\delta\Psi, H\Psi\right)}{\left(\Psi, \Psi\right)} - 2 \frac{\left(\Psi, H\Psi\right) \mathrm{Re}\left(\delta\Psi, \Psi\right)}{\left(\Psi, \Psi\right)^2} = \frac{2\mathrm{Re}\left(\delta\Psi, (H - \langle H \rangle_\Psi)\Psi\right)}{\left(\Psi, \Psi\right)},$$

wobei $\delta\Psi$ die Änderung in Ψ ist, die von diesen Änderungen in den Parametern λ_i verursacht wird:

$$\delta\Psi \equiv \sum_i \frac{\partial \Psi}{\partial \lambda_i} \delta\lambda_i.$$

Ist λ bei einem Minimum (oder irgendeinem anderen stationären Punkt) des Erwartungswerts unter Variationen der λ_i, so gilt

$$\mathrm{Re}\left(\delta\Psi, (H - \langle H \rangle_\Psi)\Psi\right) = 0,$$

und da dies für alle komplexen $\delta\lambda_i$ gelten muss, muss auch

$$\left(\partial\Psi/\partial\lambda_i,\ (H - \langle H \rangle_\Psi)\Psi\right) = 0 \tag{5.5.5}$$

für alle i gelten. Da der Zustandsvektor $(H - \langle H \rangle_\Psi)\Psi$ somit orthogonal zu all den Zustandsvektoren $\partial\Psi/\partial\lambda_i$ ist, können wir annehmen, dass für hinreichend viele unabhängige Parameter λ_i der Ausdruck $H\Psi - \langle H \rangle_\Psi \Psi$ klein sein sollte, sodass Ψ nahe bei einem Eigenvektor des vollständigen Hamiltonians mit Energie $\langle H \rangle_\Psi$ liegt. Je mehr unabhängige Parameter λ_i wir einführen, desto näher an $\langle H \rangle_\Psi \Psi$ wird der Zustandsvektor $H\Psi$ liegen.

Eine schöne Eigenschaft des Variationsprinzips ist, dass sich objektiv entscheiden läßt, welcher von zwei Versuchszustandsvektoren der bessere ist, auch wenn die Wahl eines Versuchszustandsvektors Einschätzungssache ist. Da die wahre Grundzustandsenergie kleiner ist als der Erwartungswert des Hamiltonians für irgendeinen Versuchszustandsvektor, ist der Versuchszustandsvektor mit dem kleineren Erwartungswert besser.

Für ein System, das aus einem einzelnen Teilchen der Masse μ besteht, das sich in drei Dimensionen in einem allgemeinen Potenzial $V(\mathbf{X})$ bewegt, ist der Hamiltonian

$$H = \frac{\mathbf{P}^2}{2M} + V(\mathbf{X}), \tag{5.5.6}$$

somit gilt, da $\mathbf{P}$ hermitesch ist,

$$\langle H \rangle_\Psi = \frac{\sum_i \left(P_i\Psi, P_i\Psi\right)/2M + \left(\Psi, V\Psi\right)}{\left(\Psi, \Psi\right)} \tag{5.5.7}$$

$$= \langle T \rangle_\Psi + \langle V \rangle_\Psi \tag{5.5.8}$$

mit

$$\langle T \rangle_\Psi = \frac{\int d^3x \, \frac{\hbar^2}{2M} \sum_i \left|\frac{\partial\psi(\mathbf{x})}{\partial x^i}\right|^2}{\int d^3x \, \left|\psi(\mathbf{x})\right|^2}, \quad \langle V \rangle_\Psi = \frac{\int d^3x \, V(\mathbf{x}) \left|\psi(\mathbf{x})\right|^2}{\int d^3x \, \left|\psi(\mathbf{x})\right|^2}. \tag{5.5.9}$$

Dabei ist $\psi(\mathbf{x})$ die Wellenfunktion im Ortsraum $(\Phi_\mathbf{x}, \Psi)$. Die mittlere kinetische Energie $\langle T \rangle_\Psi$ wird von einer Wellenfunktion $\psi(\mathbf{x})$ minimiert, die so flach wie möglich ist, während für ein anziehendes Potenzial wie dem Coulomb-Potenzial das mittlere Potenzial t$\langle V \rangle_\Psi$ durch eine Wellenfunktion $\psi(\mathbf{x})$ minimiert wird, die um den Ursprung herum konzentriert ist. Die Wellenfunktion, die $\langle H \rangle_\psi$ minimiert, ist daher ein Kompromiss – ein wenig um den Ursprung konzentriert, aber mit einer gewissen Breite.

Für ein Coulomb-Potenzial gibt es eine einfache Beziehung zwischen den Termen der kinetischen und der potenziellen Energie in Gleichung (5.5.8) am Minimum von $\langle H \rangle_\Psi$; man nennt sie das **Virialtheorem**. Normieren wir die Versuchswellenfunktion $\psi(\mathbf{x})$, sodass $\int d^3x \, \left|\psi(\mathbf{x})\right|^2 = 1$ gilt, so hat ψ die Dimension [Länge]$^{-3/2}$ und muss somit von der Gestalt $\psi(\mathbf{x}) = a^{-3/2} f(\mathbf{x}/a)$ sein. Dabei ist $f(\mathbf{z})$ eine dimensionslose Funktion eines dimensionslosen Arguments, und a ist eine Länge, die man frei ändern kann, wenn man die Wellenfunktion variiert. Durch Wechsel der Integrationsvariablen in Gleichung (5.5.9) von $\mathbf{x}$ zu $\mathbf{x}/a$ sieht man leicht, dass sich bei einer Variation von a die mittlere kinetische Energie $\langle T \rangle_\Psi$ wie a^{-2} verhält, während sich für ein Coulomb-Potenzial $\langle V \rangle_\Psi$ wie a^{-1} verhält. Da die Ableitung $a\, d/da$ von der Summe am Minimum verschwinden muss, erhalten wir

$$-2\langle T \rangle_\Psi - \langle V \rangle_\Psi = 0 \tag{5.5.10}$$

und somit $\langle H \rangle_\Psi = -\langle T \rangle_\Psi$. (Man sollte vielleicht erwähnen, dass sich diese Beziehung nur anwenden lässt, nachdem man einen stationären Punkt von $\langle H \rangle_\Psi$ gefunden hat. Sonst könnte man $\langle H \rangle_\Psi$ minimieren, indem man $\langle T \rangle_\Psi$ maximiert, was sicherlich nicht zutrifft.) Ähnliche Resultate gelten für Atome mit vielen Elektronen, oder sogar für Moleküle, vorausgesetzt, dass Coulomb-Kräfte die einzigen Kräfte sind.

Oft läßt sich das Variationsprinzip verallgemeinern, um die Energien einiger anderer Zustände außer dem Grundzustand abzuschätzen. Nehmen wir an, es gäbe einen hermiteschen Operator A (etwa $\mathbf{L}^2$), der mit dem Hamiltonian kommutiert. Ist dann eine Versuchswellenfunktion Ψ ein Eigenzustand von A, so gibt der Erwartungswert des Hamiltonians für diesen Zustandsvektor eine obere Schranke für die Energien aller Eigenzustände von H mit dem gleichen Eigenwert von A. Geben wir zum Beispiel der Versuchswellenfunktion $\psi(\mathbf{x})$ in Gleichung (5.5.8) die Form $R(r)Y_\ell^m(\hat{x})$, gibt dieser Erwartungswert eine obere Schranke für die Energien aller Zustände mit Drehimpuls ℓ.

5.6 Die Born-Oppenheimer-Näherung

Es gibt Theorien, bei denen ein Teil des Hamiltonians durch einen kleinen Parameter unterdrückt wird und wir dennoch keine Störungstheorie verwenden können, die auf der Entwicklung der Energien und Eigenwerte in erster oder zweiter Ordnung in diesem Parameter beruht. Die Molekülphysik liefert ein gutes Beispiel; dabei wird die kinetische Energie der Kerne um das Inverse der Kernmassen unterdrückt. Anstelle gewöhnlicher Störungsrechnung können wir hier stattdessen eine Näherung verwenden, die 1927 von Born und J. Robert Oppenheimer (1904–1967) eingeführt wurde.[5]

Man kann den Hamiltonian für ein Molekül wie folgt schreiben:[6]

$$H = T_{\text{elek}}(p) + T_{\text{nukl}}(P) + V(x, X), \tag{5.6.1}$$

wobei T_{elek} und T_{nukl} die kinetischen Energien der Elektronen (mit Bezeichnung n) und Kerne (mit Bezeichnung N) sind:

$$T_{\text{elek}}(p) = \sum_n \frac{\mathbf{p}_n^2}{2m_e} \qquad T_{\text{nukl}}(P) = \sum_N \frac{\mathbf{P}_N^2}{2M_N}, \tag{5.6.2}$$

und V ist die potenzielle Energie

$$V(x, X) = \frac{1}{2}\sum_{n \neq m} \frac{e^2}{|\mathbf{x}_n - \mathbf{x}_m|} + \frac{1}{2}\sum_{N \neq M} \frac{Z_N Z_M e^2}{|\mathbf{X}_N - \mathbf{X}_M|} - \sum_{nN} \frac{Z_N e^2}{|\mathbf{x}_n - \mathbf{X}_N|}, \tag{5.6.3}$$

wobei $Z_N e$ die Ladung des Kerns N ist. Natürlich gilt $[x_{ni}, p_{mj}] = i\hbar\delta_{nm}\delta_{ij}$, $[X_{Ni}, P_{Mj}] = i\hbar\delta_{NM}\delta_{ij}$, und alle anderen Kommutatoren der Orte und/oder Impulse verschwinden. Wir verwenden Groß- und Kleinbuchstaben jeweils für die dynamischen Variablen der Kerne und Elektronen. Fettdruck steht wie immer für Dreiervektoren, und wenn Fettdruck (und Vektorindizes) fehlen, soll das so zu verstehen sein, dass x, p und X, P jeweils für den ganzen Satz dynamischer Variablen für Elektronen bzw. Kerne stehen. Wir haben die

5 M. Born und J. R. Oppenheimer, Ann. Phys. **84**, 457 (1927).

6 In diesem Abschnitt geben wir unsere übliche Praxis auf, Großbuchstaben für Operatoren und Kleinbuchstaben für ihre Eigenwerte zu verwenden. Stattdessen beziehen sich Groß- und Kleinbuchstaben für Orte und Impulse hier jeweils auf Kerne und Elektronen. Wir überlassen es dem Zusammenhang, klarzustellen, ob die Symbole für Orte und Impulse dann die Operatoren oder ihre Eigenwerte meinen.

Spinvariablen in den Gleichungen (5.6.1)–(5.6.3) ignoriert, aber wenn nötig, kann man die 3-Komponenten der Spins von Elektronen und Kernen unter die Variablen namens x, p und X, P einreihen.

Wir suchen Lösungen der folgenden Schrödinger-Gleichung:

$$\left[T_{\text{elek}}(p) + T_{\text{nukl}}(P) + V(x, X)\right]\Psi = E\Psi. \tag{5.6.4}$$

Die Born-Oppenheimer-Näherung nützt die Unterdrückung des kinetischen Energieterms der Kerne durch die großen Kernmassen M_N aus. Somit betrachten wir zunächst das Eigenwertproblem für den reduzierten Hamiltonian unter Auslassung von T_{nukl}. Die Kernkoordinaten X_{Ni} kommutieren mit diesem reduzierten Hamiltonian, sodass wir gemeinsame Eigenvektoren des reduzierten Hamiltonians und von X finden können:

$$\left[T_{\text{elek}}(p) + V(x, X)\right]\Phi_{a,X} = \mathcal{E}_a(X)\Phi_{a,X}, \tag{5.6.5}$$

wobei der tiefgestellte Index X hier den Eigenwert der Operatoren der Kernorte anzeigt (diese hießen X in Gleichung (5.6.4)). Man kann dann die Kernkoordinaten $\mathbf{X}_N$ in Gleichung (5.6.5) als komplexe Parameter betrachten, von denen der reduzierte Hamiltonian und somit auch seine Eigenwerte und Eigenfunktionen abhängen. Der reduzierte Hamiltonian ist hermitesch, somit kann man diese Zustände orthonormal wählen, in dem Sinne, dass gilt:

$$\left(\Phi_{b,X'}, \Phi_{a,X}\right) = \delta_{ab}\prod_{Ni}\delta\left(X'_{Ni} - X_{Ni}\right). \tag{5.6.6}$$

Den Zustand $\Phi_{a,X}$ kann man als eine Überlagerung von Zuständen $\Phi_{x,X}$ mit festen Werten für die Orts- wie auch die Kernkoordinaten wählen, nämlich

$$\Phi_{a,X} = \int dx\ \psi_a(x; X)\Phi_{x,X}. \tag{5.6.7}$$

Gibt man den Zuständen $\Phi_{x,X}$ die übliche Kontinuumsnormierung

$$\left(\Phi_{x',X'}, \Phi_{x,X}\right) = \prod_{ni}\delta(x_{ni} - x'_{ni})\prod_{Nj}\delta(X_{Nj} - X'_{Nj}), \tag{5.6.8}$$

folgt aus der Normierungsbedingung (5.6.6) für jedes X:

$$\int dx\ \psi^*_a(x; X)\psi_b(x; X) = \delta_{ab}. \tag{5.6.9}$$

Setzt man Gleichung (5.6.7) in (5.6.5) ein, so ergibt das

$$\left[T_{\text{elek}}(-i\hbar\partial/\partial x) + V(x, X)\right]\psi_a(x; X) = \mathcal{E}_a(X)\psi_a(x; X). \tag{5.6.10}$$

Man kann das als eine gewöhnliche Schrödinger-Gleichung in einem reduzierten Hilbertraum auffassen, der aus quadratintegrablen Funktionen von x besteht.

Unglücklicherweise können wir nicht einfach Störungstheorie erster Ordnung mit T_{nukl} als Störung und mit den Zustandsvektoren $\Phi_{a,X}$ als ungestörte Energieeigenzustände verwenden. Das kommt daher, weil wir nach diskreten Eigenwerten des vollen Hamiltonians suchen, für die die Eigenzustände Ψ normierbar und damit (Ψ, Ψ) endlich wäre, während Gleichung (5.6.6) zeigt, dass $(\Phi_{a,X}, \Phi_{a,X})$ unendlich ist. Wir können nicht nach Potenzen einer Störung entwickeln, die einen Zustandsvektor mit Kontinuumsnormierung in einen verwandelt, der als diskreter Zustand normierbar ist.

Da die Zustandsvektoren $\Phi_{a,X}$ einen vollständigen Satz bilden, kann man die Lösung Ψ der vollen Schrödinger-Gleichung (5.6.4) wie folgt schreiben:

$$\Psi = \sum_a \int dX\, f_a(X)\, \Phi_{a,X}. \tag{5.6.11}$$

Die Normierungsbedingung $(\Psi, \Psi) = 1$ lautet hier

$$\sum_a \int dX\, |f_a(X)|^2 = 1. \tag{5.6.12}$$

Setzt man die Entwicklung (5.6.11) in die Schrödinger-Gleichung (5.6.4) ein und verwendet man die reduzierte Schrödinger-Gleichung (5.6.5), so erhält man

$$0 = \sum_a \int dX\, f_a(X) \left[T_{\text{nukl}}(P) + \mathcal{E}_a(X) - E\right] \Phi_{a,X}. \tag{5.6.13}$$

Bis hierher ist alles exakt, aber dadurch kompliziert, dass der Operator T_{nukl} nicht nur auf den X-Index der Zustandsvektoren $\Phi_{a,X}$ wirkt. Genauer gesagt, ergibt eine einzelne Komponente des Kernimpulses bei Anwendung[7] auf die Basiszustände $\Phi_{x,X}$

$$P_{Ni}\Phi_{x,X} = i\hbar \frac{\partial}{\partial X_{Ni}} \Phi_{x,X}, \tag{5.6.14}$$

sodass sich mithilfe von Gleichung (5.6.7) und nach partieller Integration ergibt:

$$\int dX\, f_a(X)\, P_{N,i}\Phi_{a,X} = \\ -i\hbar \int dx \int dX \left[\psi_a(x;X) \frac{\partial}{\partial X_{Ni}} f_a(X) + f_a(X) \frac{\partial}{\partial X_{Ni}} \psi_a(x;X)\right] \Phi_{x,X}. \tag{5.6.15}$$

Die Born-Oppenheimer-Näherung besteht darin, die Ableitung von $\psi_a(x;X)$ nach X in Gleichung (5.6.15) zu vernachlässigen, sodass, wieder mit Gleichung (5.6.7),

$$\int dX\, f_a(X) T_{\text{nukl}}(P)\Phi_{a,X} \simeq \int dX\, \Phi_{a,X} \sum_N \left(\frac{-\hbar^2}{2M_N}\right) \nabla_N^2 f_a(X) \tag{5.6.16}$$

gilt. Wir werden diese Näherung machen und sehen, wohin sie uns führt. Danach werden wir darauf zurückkommen, ob die Lösungen, die wir so bestimmen, mit dieser Näherung konsistent sind.

7 Zur Erinnerung: Nach Gleichung (3.5.11) wirkt ein Impulsoperator P auf Basiszustände Φ_X wie $i\hbar\partial/\partial X$, sodass

$$P \int dX\, \psi(X)\Phi_X = \int [-i\hbar\partial\psi(X)/\partial X]\Phi_X.$$

Mit der Näherung (5.6.16) wird die Schrödinger-Gleichung (5.6.13) zu

$$0 = \sum_a \int dX \, \Phi_{a,X} \left[\sum_N \left(\frac{-\hbar^2}{2M_N} \right) \nabla_N^2 + \mathcal{E}_a(X) - E \right] f_a(X). \tag{5.6.17}$$

Da die Eigenvektoren $\Phi_{a,X}$ des reduzierten Hamiltonians unabhängig sind, muss jeder Term in der Summe verschwinden. Somit gilt für alle a

$$\left[\sum_N \left(\frac{-\hbar^2}{2M_N} \right) \nabla_N^2 + \mathcal{E}_a(X) \right] f_a(X) = E f_a(X). \tag{5.6.18}$$

Damit genügt $f_a(X)$ einer Schrödinger-Gleichung, in der die dynamischen Variablen des Elektrons nicht mehr auftauchen, außer dass die Energie $\mathcal{E}_a(X)$ des elektronischen Zustands mit festen Kernkoordinaten X als Potenzial für die Kerne wirkt. Aus diesem Grund müssen wir für die Elektronen lediglich die Energie $\mathcal{E}_a(X)$, nicht aber den Eigenvektor $\Phi_{a,X}$ berechnen. Das ist immer noch nicht einfach, aber zumindest können (und werden) wir die niedrigste von den Energien $\mathcal{E}_a(X)$ bestimmen, indem wir das Variationsprinzip auf den reduzierten Hamiltonian $T_{\text{elek}} + V$ bei festgehaltenen Kernkoordinaten anwenden.

Die unterschiedlichen Elektronenkonfigurationen haben sich voneinander abgekoppelt, sodass wir Lösungen für jedes a haben, bei denen alle anderen Wellenfunktionen f_b verschwinden. Von nun an werden wir den Index a fallen lassen und unsere Aufmerksamkeit auf eine einzige Elektronenkonfiguration richten, wobei man oft den Grundzustand betrachtet, bei dem die Elektronenenergie $\mathcal{E}(X)$ die niedrigste von den Energien $\mathcal{E}_a(X)$ ist.

Für Moleküle aus vielen Atomen ist die Funktion $\mathcal{E}(X)$ ziemlich kompliziert. Man kann erwarten, dass sie mehrere lokale Minima aufweist, die verschiedenen stabilen oder megastabilen Molekülkonfigurationen entsprechen. Es wird Lösungen von Gleichung (5.6.18) geben, bei denen die Wellenfunktion $f(X)$ um eines dieser Minima herum konzentriert ist, was verschiedenen Vibrationsmoden (Schwingungsmoden) des Moleküls in dieser Konfiguration entspricht. Nimmt man $\mathbf{X}_N = 0$ als die Koordinaten eines lokalen Minimums, so kann man Gleichung (5.6.18) für jede solche Wellenfunktion durch[8]

$$\left[\sum_N \left(\frac{-\hbar^2}{2M_N} \right) \nabla_N^2 + \frac{1}{2} \sum_{NN'ij} K_{Ni,N'j} X_{Ni} X_{Nj} \right] f(X) = E f(X), \tag{5.6.19}$$

approximieren, mit

$$K_{Ni,N'j} \equiv \left[\frac{\partial^2 \mathcal{E}(X)}{\partial X_{Ni} X_{N'j}} \right]_{X=0}. \tag{5.6.20}$$

8 Es ist zwar für unsere Zwecke nicht nötig, aber man kann dies als die Schrödinger-Gleichung für einen Satz unabhängiger harmonischer Oszillatoren umschreiben, indem man neue Koordinaten einführt, die als Linearkombinationen der Koordinaten X_{Ni} definiert sind. Die Wellenfunktion f ist dann ein Produkt von Wellenfunktionen harmonischer Oszillatoren, eine für jede neue Koordinate, und die Energie E ist die Summe der entsprechenden Energien von harmonischen Oszillatoren.

Nebenbei halten wir fest, dass diese Vorgehensweise durch ein Theorem namens **Hellmann-Feynman-Theorem**[9] vereinfacht wird. Es konstatiert

$$\frac{\partial \mathcal{E}(X)}{\partial X_{Ni}} = \int dx\, |\psi(x;X)|^2 \frac{\partial V(x.X)}{\partial X_{Ni}}. \tag{5.6.21}$$

Mit anderen Worten: Um die ersten Ableitungen von $\mathcal{E}(X)$ zu berechnen, was wir für die Bestimmung der lokalen Minima tun müssen, brauchen wir keine Ableitungen der Elektronenwellenfunktion $\psi(x;X)$ nach den Kernkoordinaten zu berechnen. Um das zu beweisen, entnehmen wir Gleichung (5.6.10) unter Weglassung des tiefgestellten Index' a, dass

$$\mathcal{E}(X) = \int dx\, \psi^*(x;X)\Big[T_{\text{elek}}(-i\hbar\partial/\partial x) + V(x;X)\Big]\psi(x;X)$$

gilt, und somit

$$\begin{aligned}\frac{\partial \mathcal{E}(X)}{\partial X_{Ni}} =& \int dx \left[\frac{\partial}{\partial X_{Ni}}\psi(x;X)\right]^* \Big[T_{\text{elek}}(-i\hbar\partial/\partial x) + V(x,X)\Big]\psi(x;X)\\ &+ \int dx\, \psi^*(x;X)\Big[T_{\text{elek}}(-i\hbar\partial/\partial x) + V(x,X)\Big]\left[\frac{\partial}{\partial X_{Ni}}\psi(x;X)\right]\\ &+ \int dx\, |\psi(x;X)|^2 \frac{\partial V(x.X)}{\partial X_{Ni}}\\ =&\mathcal{E}(X)\left\{\int \left[\frac{\partial}{\partial X_{Ni}}\psi(x;X)\right]^* \psi(x;X) + \int dx\, \psi^*(x;X)\left[\frac{\partial}{\partial X_{Ni}}\psi(x;X)\right]\right\}\\ &+ \int dx\, |\psi(x;X)|^2 \frac{\partial V(x.X)}{\partial X_{Ni}}.\end{aligned}$$

Aber die Normierungsbedingung (5.6.9) ist für alle X erfüllt, somit gilt

$$\int \left[\frac{\partial}{\partial X_{Ni}}\psi(x;X)\right]^* \psi(x;X) + \int dx\, \psi^*(x;X)\left[\frac{\partial}{\partial X_{Ni}}\psi(x;X)\right] = 0,$$

was das gewünschte Resultat (5.6.21) ergibt.

Wir können nun die Gültigkeit der Born-Oppenheimer-Näherung überprüfen, bei der wir die Ableitung von $\psi_a(x;X)$ nach X in Gleichung (5.6.15) vernachlässigt haben. Die Eigenwertgleichung (5.6.5) beinhaltet nur elektronische Variable; somit sind die einzigen dimensionsbehafteten Parameter in dieser Gleichung m_e, e und $\hbar$. Die Längenskala, über die wir X variieren müssen, um eine sichtbare Änderung in $\psi_a(x;X)$ zu bewirken, ist daher der Bohr-Radius

$$a \approx \hbar^2/m_e e^2,$$

weil dies die einzige Größe mit der Einheit einer Länge ist, die man aus m_e, e, und $\hbar$ bilden kann. Andererseits kommen in der Schrödinger-Gleichung (5.6.19) für die Schwingungswellenfunktion $f(\mathbf{x})$ des Moleküls nur die Parameter $\hbar^2/M$ (wobei M eine typische Kernmasse in diesem Molekül ist) und K vor. Gleichung (5.6.20) zeigt, dass die Einheit von K gleich [Energie]/[Länge]^2 ist. Somit kann K, weil es aus der Elektronenenergie kommt,

9 F. Hellmann, *Einführung in die Quantenchemie* (Franz Deutcke, Leipzig and Vienna, 1937); R. P. Feynman, Phys. Rev. **56**, 540 (1939).

nur von der Größenordnung der atomaren Bindungsenergien sein, also ungefähr $e^4 m_e/\hbar^2$ dividiert durch a^2, und es gilt damit

$$K \approx \frac{e^4 m_e}{\hbar^2 a^2} = \frac{e^8 m_e^3}{\hbar^6}.$$

Die einzige Größe mit der Dimension einer Länge, die man aus $\hbar^2/M$ und K bilden kann, ist

$$b = \left(\frac{\hbar^2}{MK}\right)^{1/4} \approx \frac{\hbar^2}{e^2 M^{1/4} m_e^{3/4}}.$$

Somit ist dies die Längenskala, auf der man X variieren muss, um eine nennenswerte Änderung in $f_a(X)$ zu bewirken. Das Verhältnis vom zweiten zum ersten Term in den eckigen Klammern von Gleichung (5.6.15) ist dann von der Ordnung

$$\frac{\text{zweiter Term}}{\text{erster Term}} \approx \frac{1/a}{1/b} \approx \left(\frac{m_e}{M}\right)^{1/4}.$$

Diese Größe variiert von 0,15 für Wasserstoff bis 0,04 für Uran. Die Korrekturen zur Born-Oppenheimer-Näherung sind um eine oder mehrere Potenzen dieser Größe unterdrückt. Das zeigt ein klares Versagen der Störungstheorie erster Ordnung; die Korrekturen an der führenden Näherung sind hier nicht proportional zu $1/M_N$, sondern proportional zu $1/M_N^{1/4}$.

Es gibt noch einen anderen, vielleicht physikalischeren Weg, die Born-Oppenheimer-Näherung zu verstehen. Die Energien angeregter Elektronenzustände in Molekülen sind ähnlich zu denen in Atomen und von der Größenordnung $e^4 m_e/\hbar^2$. Im Gegensatz dazu sind die Energien der angeregten molekularen Schwingungszustände von der Ordnung

$$\sqrt{K\hbar^2/M} \approx \frac{e^4 m_e^{3/2}}{\hbar^2 M^{1/2}}.$$

Damit sind die Energien von angeregten Schwingungszuständen um einen Faktor der Ordnung $\sqrt{m_e/M}$ kleiner als elektronische Anregungszustände. (Daher liegen Molekülspektren im Allgemeinen im Infraroten, während Atomspektren im Sichtbaren oder Ultravioletten liegen.) Die Born-Oppenheimer-Näherung funktioniert, weil die Bewegung der Kerne in einem Molekül keine Energien beinhaltet, die ausreichen würden, um höhere Elektronenzustände anzuregen.

Wir können das weiter treiben. Man beachte, dass die Anregungsenergien der Rotationszustände des Gesamtmoleküls von der Ordnung des quadrierten Drehimpulses, geteilt durch das Trägheitsmoment, sind. Der Drehimpuls ist von der Ordnung $\hbar$, und das Trägheitsmoment ist von der Ordnung Ma^2, somit sind diese Rotationsenergien von der Ordnung $\hbar^2/Ma^2 = m_e^2 e^4/M\hbar^2$, was noch um einen zusätzlichen Faktor $\sqrt{m_e/M}$ kleiner ist als die Schwingungsenergien. Daher haben wir eine Hierarchie von Energien:

$$\begin{array}{ll} \text{elektronisch}: & e^4 m_e/\hbar^2 \\ \text{Vibration}: & (m_e/M)^{1/2} \times e^4 m_e/\hbar^2 \\ \text{Rotation}: & (m_e/M) \times e^4 m_e/\hbar^2 \end{array}$$

In der Sprache der modernen Elementarteilchenphysik werden bei der Born-Oppenheimer-Näherung die elektronischen Zustände »ausintegriert«, was zu einem »effektiven Hamiltonian« für die Kernbewegungen führt. Genauso brauchen wir in erster Näherung die elektronischen Zustände und Schwingungszustände der Moleküle bei der Berechnung der Rotationsspektren nicht zu berücksichtigen.

In ganz ähnlicher Weise haben Theoretiker seit den Anfängen der Atom- und Molekülphysik effektive Hamiltonians verwendet, bei denen innere Anregungen der Atomkerne implizit ignoriert wurden. Born und Oppenheimer waren lediglich die ersten, die diese Art von Vorgehen explizit gemacht haben, obwohl in ihrem Fall Elektronenanregungen, nicht Kernanregungen vernachlässigt wurden. Heute untersuchen wir in der Regel (obwohl nicht immer) die interne Struktur von Kernen unter Verwendung eines effektiven Hamiltonians, in dem Neutronen und Protonen als Punktteilchen aufgefasst werden. Damit wird die Struktur des Protons und des Neutrons als aus Quarks zusammengesetztes Teilchen ignoriert, weil die Energien, die man benötigt, um angeregte Zustände des Neutrons und Protons herzustellen, größer sind als die, denen man in gewöhnlichen Phänomenen der Kernphysik begegnet. In ähnlicher Weise verwenden wir das Standardmodell der Elementarteilchenphysik, ohne wissen zu müssen, was bei den sehr hohen Energien passiert, bei denen die Gravitation eine starke Wechselwirkung wird.

5.7 Die WKB-Näherung

Ein Teilchen mit hinreichend großem Impuls hat eine Wellenfunktion, die sich sehr rasch mit dem Ort ändert, und zwar viel rascher als das Potenzial. Die Schrödinger-Gleichung kann für ein konstantes Potenzial leicht exakt gelöst werden, somit kann sie näherungsweise für ein Potenzial gelöst werden, das sich viel langsamer als die Wellenfunktion ändert. Das ist die Grundlage einer Näherung, die unabhängig von Gregor Wentzel[10] (1898–1978), Hendrik Kramers[11] (1894–1952) und Leon Brillouin[12] (1889-1969) eingeführt wurde und als WKB-Näherung bezeichnet wird.

Wir betrachten eine Schrödinger-Gleichung der Gestalt

$$\frac{d^2u(x)}{dx^2} + k^2(x)\, u(x) = 0, \tag{5.7.1}$$

mit

$$k(x) \equiv \sqrt{\frac{2\mu}{\hbar^2}\Big(E - U(x)\Big)}. \tag{5.7.2}$$

Das ist die Gestalt der Schrödinger-Gleichung für ein Teilchen der Masse μ in einer Dimension, wobei $u(x)$ die Wellenfunktion für einen Zustand der Energie E ist und $U(x)$ das Potenzial; es ist ebenso die Gestalt der Schrödinger-Gleichung für ein Teilchen der

10 G. Wentzel, Zeit. f. Phys. **38**, 518 (1926).
11 H. A. Kramers, Zeit. f. Phys. **39**, 828 (1926).
12 L. Brillouin, Compt. Rendu Acad. Sci. **183**, 24 (1926).

Masse μ (oder für zwei Teilchen mit reduzierter Masse μ) in drei Dimensionen. Dann ist x die Radialkoordinate, $u(x)$ gleich x mal der Wellenfunktion $\psi(x)$ zur Energie E und

$$U(x) \equiv V(x) + \frac{\hbar^2}{2\mu} \frac{\ell(\ell+1)}{x^2},$$

wobei $V(x)$ ein Zentralpotenzial ist. Für den Augenblick nehmen wir an, dass die Ungleichung $U(x) \leq E$ gilt; später werden wir den Fall $U(x) \geq E$ betrachten.

Wäre $k(x)$ konstant, so hätte Gleichung (5.7.1) eine Lösung $u(x) \propto \exp(\pm ikx)$. Somit erwarten wir für eine sich langsam ändernde Funktion $k(x)$ eine Lösung der Gestalt

$$u(x) \propto A(x) \exp\left[\pm i \int k(x)\, dx\right], \tag{5.7.3}$$

wobei $A(x)$ eine sich nur langsam ändernde Amplitude ist. Dieser Ansatz erfüllt Gleichung (5.7.1) exakt für

$$A'' \pm 2ikA' \pm ik'A = 0. \tag{5.7.4}$$

Natürlich ist das nicht leichter zu lösen als Gleichung (5.7.1), aber wenn sich die Amplitude $A(t)$ hinreichend langsam ändert, können wir eine Näherungslösung bestimmen, indem wir den Term A'' fallen lassen. Wir werden eine solche Lösung bestimmen und dann prüfen, unter welchen Voraussetzungen sie eine gute Näherung ist.

Vernachlässigt man A'', so wird Gleichung (5.7.4) exakt lösbar mit $A(x) \propto k^{-1/2}(x)$, sodass wir ein Paar von Näherungslösungen für Gleichung (5.7.1) erhalten:

$$u(x) \propto \frac{1}{\sqrt{k(x)}} \exp\left[\pm i \int k(x)\, dx\right]. \tag{5.7.5}$$

Diese Lösungen sind gültig, wenn der Term A'' in Gleichung (5.7.4) tatsächlich viel kleiner als $k'A$ ist. Für $A = Ck^{-1/2}$ mit konstantem C erhalten wir

$$A'' = C\left[-\frac{k''}{2k^{3/2}} + \frac{3k'^2}{4k^{5/2}}\right],$$

und somit ist auch $|A''| \ll |k'A|$, wenn $|k''/k^{3/2}| \ll |k'/\sqrt{k}|$ und $|k'^2/k^{5/2}| \ll |k'/k^{1/2}|$ ist; anders ausgedrückt, wenn

$$\left|\frac{k''}{k'}\right| \ll k, \quad \left|\frac{k'}{k}\right| \ll k \tag{5.7.6}$$

ist. Diese Bedingungen verlangen einfach, dass die Größe der relativen Änderungen in k' und k auf einer Distanz von $1/k$ viel kleiner als 1 ist.

In der klassisch verbotenen Region, in der $U > E$ ist, nimmt die Schrödinger-Gleichung die Gestalt

$$\frac{d^2u(x)}{dx^2} - \kappa^2(x)\, u(x) = 0 \tag{5.7.7}$$

an mit

$$\kappa(x) \equiv \sqrt{\frac{2\mu}{\hbar^2}\Big(U(x) - E\Big)}. \tag{5.7.8}$$

Auf dieselbe Weise wie im Fall $U < E$ können wir Lösungen

$$u(x) \propto \frac{1}{\sqrt{\kappa(x)}} \exp\left[\pm \int \kappa(x)\, dx\right], \tag{5.7.9}$$

bestimmen, die für

$$\left|\frac{\kappa''}{\kappa'}\right| \ll \kappa, \quad \left|\frac{\kappa'}{\kappa}\right| \ll \kappa \tag{5.7.10}$$

gute Näherungen sind.

An dieser Stelle muss unsere Diskussion nun Probleme in einer bzw. drei Dimensionen getrennt betrachten.

Eine Dimension

In einem typischen Problem mit gebundenen Zuständen in einer Dimension haben wir $U < E$ in einem endlichen Intervall $a_E < x < b_E$ und $U > E$ außerhalb dieses Intervalls, wo die Wellenfunktion für $x \to \pm\infty$ exponentiell abfallen muss. In der Nähe der »Umkehrpunkte« a_E und b_E, wo $U = E$ ist, sind die Bedingungen (5.7.6) und (5.7.10) offensichtlich nicht erfüllt. Wenn die Bedingungen (5.7.10) für alle x erfüllt werden, die hinreichend größer sind als b_E, so muss in diesem Bereich

$$u(x) \propto \frac{1}{\sqrt{\kappa(x)}} \exp\left[- \int \kappa(x)\, dx\right] \tag{5.7.11}$$

gelten, um eine normierbare Lösung zu erhalten. Andererseits ist die Lösung für x im Intervall $a_E < x < b_E$ hinreichend weit von den Umkehrpunkten entfernt eine Linearkombination der zwei Lösungen (5.7.5). Um diese Lösung zu bestimmen, müssen wir uns fragen, welche Linearkombination für x hinreichend kleiner als b_E glatt an die Lösung (5.7.11) für x hinreichend größer als b_E anschließt. (Wir werden später auf die Lösung für x kleiner als a_E zurückkommen.)

Außer für den Fall, dass E irgendeinen speziellen Wert annimmt, erwarten wir für x nahe bei b_E näherungsweise $U(x) - E \propto x - b_E$, sodass für x ein klein wenig größer als b_E

$$\kappa(x) \simeq \beta_E \sqrt{x - b_E} \tag{5.7.12}$$

gilt mit $\beta_E \equiv \sqrt{2\mu U'(b_E)}/\hbar$. Um genauer zu sein: Gleichung (5.7.12) ist eine gute Näherung für $b_E \leq x \ll b_E + \delta_E$ mit $\delta_E \equiv 2U'(b_E)/|\,|\,U''(b_E)|$. In diesem Bereich von x ersetzt man x praktischerweise durch eine Variable

$$\phi \equiv \int_{b_E}^{x} \kappa(x')\, dx' = \frac{2\beta_E}{3}\,(x - b_E)^{3/2}\,. \tag{5.7.13}$$

In diesem Fall nimmt die Wellengleichung (5.7.7) folgende Gestalt an:

$$\frac{d^2u}{d\phi^2} + \frac{1}{3\phi}\frac{du}{d\phi} - u = 0. \tag{5.7.14}$$

Diese Gleichung hat zwei unabhängige Lösungen

$$u \propto \phi^{1/3} I_{\pm 1/3}(\phi), \tag{5.7.15}$$

wobei $I_\nu(\phi)$ die Bessel-Funktion der Ordnung ν mit imaginärem Argument ist:[13]

$$I_\nu(\phi) = e^{-i\pi\nu/2} J_\nu\left(e^{i\pi/2}\phi\right).$$

Darin ist $J_\nu(z)$ die übliche Bessel-Funktion der Ordnung ν.

Solange Gleichung (5.7.12) eine gute Näherung ist, wird

$$\frac{\kappa'}{\kappa^2} = \frac{1}{3\phi}, \qquad \frac{\kappa''}{\kappa\kappa'} = -\frac{1}{3\phi}$$

gelten; somit sind die Bedingungen (5.7.10) für die WKB-Näherung für $\phi \gg 1$ erfüllt. Es wird einen gewissen Überlapp zwischen den Bereichen von x geben, in denen die Näherung (5.7.12) und die WKB-Näherung gerechtfertigt sind, vorausgesetzt, es gilt $\phi(b_E + \delta_E) \gg 1$, oder in anderen Worten, für

$$\frac{2\beta_E}{3}\left(\frac{2U'(b_E)}{|U''(b_e)|}\right)^{3/2} = \kappa_E L_E \gg 1, \tag{5.7.16}$$

mit $\kappa_E \equiv \sqrt{2\mu|E|}/\hbar$. Dabei ist L_E eine Länge, die die Skala der Änderung des Potenzials charakterisiert:

$$L_E \equiv \frac{2^{5/2} U'^2(b_E)}{3|U''(b_E)|^{3/2}|U(b_E)|^{1/2}}. \tag{5.7.17}$$

Von nun an werden wir annehmen, dass $\kappa_E L_E \gg 1$ gilt, sodass es einen Bereich gibt, in dem die WKB-Näherung *und* die Näherung (5.7.12) gültig sind. Wie wir gesehen haben, muss in diesem Bereich $\phi \gg 1$ sein. In diesem Fall können wir die asymptotischen Formen der Funktionen (5.7.15) verwenden:

$$\phi^{1/3} I_{\pm 1/3}(\phi) \to (2\pi)^{-1/2}\phi^{-1/6}\left[\exp(\phi)\left(1 + O(1/\phi)\right) + \exp(-\phi - i\pi/2 \mp i\pi/3)\left(1 + O(1/\phi)\right)\right]. \tag{5.7.18}$$

Man beachte, dass wenn Gleichung (5.7.12) erfüllt ist, $\phi^{-1/6} \propto \kappa^{-1/2}$ gilt, sodass die Lösungen (5.7.18) in der Tat der Form (5.7.9) für die WKB-Lösungen entsprechen. Damit ist nun klar, dass wir die Lösung nahe am Umkehrpunkt als die Linearkombination

$$u \propto \phi^{1/3}\left[I_{+1/3}(\phi) - I_{-1/3}(\phi)\right] \tag{5.7.19}$$

wählen müssen, damit die Lösung von (5.7.14) sich dort glatt an die abfallende WKB-Lösung (5.7.11) anschließt, wo beide gelten.

Auf ähnliche Weise können wir auf der anderen Seite des Umkehrpunkts, wo x im Intervall $b_E - \delta_E \ll x \leq b_E$ liegt,

$$k(x) \simeq \beta_E\sqrt{b_E - x} \tag{5.7.20}$$

13 Siehe z. B. G. N. Watson, *A Treatise on the Theory of Bessel Functions*, 2. Auflage (Cambridge University Press, Cambridge, 1944), Abschnitt 3.7.

schreiben. Es ist praktisch, eine Variable $\tilde{\phi}$ einzuführen:

$$\tilde{\phi} \equiv \int_x^{b_E} k(x')\,dx' = \frac{2\beta_E}{3}(b_E - x)^{3/2}. \tag{5.7.21}$$

Die Schrödinger-Gleichung (5.7.1) wird dann zu

$$\frac{d^2u}{d\tilde{\phi}^2} + \frac{1}{3\tilde{\phi}}\frac{du}{d\tilde{\phi}} + u = 0. \tag{5.7.22}$$

Diese Gleichung hat zwei unabhängige Lösungen

$$u \propto \tilde{\phi}^{1/3} J_{\pm 1/3}(\tilde{\phi}), \tag{5.7.23}$$

wobei wiederum $J_\nu(z)$ die übliche Bessel-Funktion der Ordnung ν ist. Um herauszufinden, welche Linearkombination dieser Lösungen zur Linearkombination (5.7.19) passt, müssen wir uns überlegen, wie sich beide für $x \to b_E$ verhalten.

Für $\phi \to 0$ haben die Lösungen $\phi^{1/3} I_{\pm 1/3}(\phi)$ das asymptotische Verhalten

$$\phi^{1/3} I_{+1/3}(\phi) \to \frac{\phi^{2/3}}{2^{1/3}\Gamma(4/3)} = \frac{(2\beta_E/3)^{2/3}}{2^{1/3}\Gamma(4/3)}(x - b_E), \tag{5.7.24}$$

$$\phi^{1/3} I_{-1/3}(\phi) \to \frac{2^{1/3}}{\Gamma(2/3)}. \tag{5.7.25}$$

Andererseits verhalten sich die Lösungen $\tilde{\phi}^{1/3} J_{\pm 1/3}(\tilde{\phi})$ für $\tilde{\phi} \to 0$ wie

$$\tilde{\phi}^{1/3} J_{+1/3}(\tilde{\phi}) \to \frac{\tilde{\phi}^{2/3}}{2^{1/3}\Gamma(4/3)} = \frac{(2\beta_e/3)^{2/3}}{2^{1/3}\Gamma(4/3)}(b_E - x), \tag{5.7.26}$$

$$\tilde{\phi}^{1/3} J_{-1/3}(\tilde{\phi}) \to \frac{2^{1/3}}{\Gamma(2/3)}, \tag{5.7.27}$$

Wir sehen, dass $\phi^{1/3} I_{+1/3}(\phi)$ sich glatt an $-\tilde{\phi}^{1/3} J_{+1/3}(\tilde{\phi})$ fügt, während sich $\phi^{1/3} I_{-1/3}(\phi)$ glatt an $+\tilde{\phi}^{1/3} J_{-1/3}(\tilde{\phi})$ fügt, somit passt die Lösung (5.7.19) glatt zu

$$u \propto \tilde{\phi}^{1/3}\left[J_{+1/3}(\tilde{\phi}) + J_{-1/3}(\tilde{\phi})\right]. \tag{5.7.28}$$

Solange die Ungleichung (5.7.16) erfüllt ist, wird es Werte von x geben, für die $\tilde{\phi} \gg 1$ gilt, sodass die Ungleichungen (5.7.6) erfüllt sind, und für die auch die Näherung (5.7.20) gilt. In diesem Fall können wir den asymptotischen Grenzfall von Gleichung (5.7.28) für $\tilde{\phi} \gg 1$ verwenden:

$$\tilde{\phi}^{1/3}\left[J_{+1/3}(\tilde{\phi}) + J_{-1/3}(\tilde{\phi})\right] \to \sqrt{\frac{2}{\pi}}\,\tilde{\phi}^{-1/6}\left[\cos\left(\tilde{\phi} - \frac{\pi}{6} - \frac{\pi}{4}\right) + \cos\left(\tilde{\phi} + \frac{\pi}{6} - \frac{\pi}{4}\right)\right]$$

und damit

$$u \propto \tilde{\phi}^{-1/6}\cos\left(\tilde{\phi} - \frac{\pi}{4}\right) \propto k^{-1/2}(x)\cos\left(\int_x^{b_E} k(x')\,dx' - \frac{\pi}{4}\right).$$

Überall dort, wo zwischen den Umkehrpunkten die Bedingungen (5.7.6) erfüllt sind, muss die Wellenfunktion eine feste Linearkombination der zwei unabhängigen Lösungen (5.7.5) sein, und somit können wir für alle diese x schließen:

$$u \propto k^{-1/2}(x) \cos\left(\int_x^{b_E} k(x')\, dx' - \frac{\pi}{4}\right). \tag{5.7.29}$$

Die gleichen Argumente gelten auch für den anderen Umkehrpunkt bei $x = a_E$, außer dass $U(x)$ nun mit *abnehmendem* x zunimmt. Wir können also mit dem gleichen Gedankengang schließen, dass überall dort, wo zwischen den Umkehrpunkten die Bedingungen (5.7.6) erfüllt sind, die Wellenfunktion die Gestalt

$$u \propto k^{-1/2}(x) \cos\left(\int_{a_E}^{x} k(x')\, dx' - \frac{\pi}{4}\right) \tag{5.7.30}$$

haben muss. Damit beide Gleichungen (5.7.29) und (5.7.30) zutreffen, muss für alle diese x

$$\cos\left(\int_x^{b_E} k(x')\, dx' - \frac{\pi}{4}\right) \propto \cos\left(\int_{a_E}^{x} k(x')\, dx' - \frac{\pi}{4}\right),$$

gelten. Ferner kann der Proportionalitätsfaktor nur $+1$ oder -1 sein, da beide Kosinusfunktionen zwischen $+1$ und -1 oszillieren. Damit verbleiben uns nur zwei Möglichkeiten für die Argumente der Kosinusfunktionen:

$$\int_x^{b_E} k(x')\, dx' - \frac{\pi}{4} = \int_{a_E}^{x} k(x')\, dx' - \frac{\pi}{4} + n\pi$$

oder stattdessen

$$\int_x^{b_E} k(x')\, dx' - \frac{\pi}{4} = -\left[\int_{a_E}^{x} k(x')\, dx' - \frac{\pi}{4}\right] + n\pi,$$

wobei n eine nicht zwangsläufig positive ganze Zahl ist. Die erste dieser beiden Möglichkeiten scheidet aus, weil die linke Seite mit x abnimmt, während die rechte Seite mit x zunimmt; somit verbleibt uns die zweite Möglichkeit, die man als

$$\int_{a_E}^{b_E} k(x')\, dx' = \left(n + \frac{1}{2}\right)\pi \tag{5.7.31}$$

schreiben kann. Die linke Seite ist positiv, sodass die ganze Zahl n nur null oder positivdefinit sein kann.

Gleichung (5.7.31) stimmt fast mit der Verallgemeinerung (1.2.12) der Bohrschen Quantisierungsbedingung überein, die später von Sommerfeld eingeführt wurde. In einer ganzen Schwingungsperiode läuft ein Teilchen von b_E zu a_E und wieder zurück, somit ergibt die WKB-Näherung für das Integral in der Sommerfeldschen Quantisierungbedingung

$$\oint p\, dq = 2\hbar \int_{a_E}^{b_E} k(x')\, dx' = 2\pi\hbar\left(n + \frac{1}{2}\right) = h\left(n + \frac{1}{2}\right).$$

Damit unterscheidet sich Gleichung (5.7.31) von der Sommerfeldschen Quantisierungsbedingung lediglich durch die Anwesenheit des Terms 1/2, der n begleitet. Die hier vorgestellte Herleitung legt nahe, dass Gleichung (5.7.31) nur für große n gut funktionieren sollte, weil dann der Term 1/2 unbedeutsam ist, aber tatsächlich funktioniert sie mit diesem Term bei vielen Potenzialen überraschend gut für alle n. Insbesondere gilt beim harmonischen Oszillator $U(x) = \mu\omega^2 x^2/2$, somit $E = \mu\omega^2 b_E^2/2$ und $a_E = -b_E$. Das Integral in Gleichung (5.7.31) wird dann zu

$$\int_{a_e}^{b_e} k\,dx = \frac{\mu\omega b_E^2}{\hbar}\int_{-1}^{+1}\sqrt{1-y^2}\,dy = \frac{\mu\omega b_E^2}{\hbar}\frac{\pi}{2} = \frac{E\pi}{\hbar\omega}\,,$$

und Gleichung (5.7.31) ergibt daher $E = \hbar\omega(n + 1/2)$, was das korrekte Resultat für das Potenzial eines harmonischen Oszillators ist.

Drei Dimensionen mit sphärischer Symmetrie

Im dreidimensionalen Fall ist die Radialkoordinate r (wir verwenden nun r anstelle von x für die Koordinate) natürlich auf $r > 0$ beschränkt, sodass wir keine Randbedingung für $r \to -\infty$ haben. Wie wir in Abschnitt 2.1 gesehen haben, gehorcht die reduzierte Wellenfunktion $u(r) \equiv r\psi(r)$ stattdessen der Randbedingung $u(r) \propto r^{\ell+1}$ für $r \to 0$, sofern das Potenzial für $r \to 0$ nicht so schnell wie $1/r^2$ wächst. Im Allgemeinen wird es einen äußeren Umkehrpunkt mit $r = b_E$ geben mit $U(b_E) = E$; ferner muss die Wellenfunktion für $r \gg b_E$ exponentiell abfallen, sodass zumindest in einem Bereich von r kleiner als b_E die Wellenfunktion von der Gestalt (5.7.29) sein wird:

$$u(r) \propto k^{-1/2}(r)\cos\left(\int_r^{b_E} k(r')\,dr' - \frac{\pi}{4}\right). \tag{5.7.32}$$

Im Fall $\ell \neq 0$ wird es immer auch einen inneren Umkehrpunkt bei $r = a_E < b_E$ geben mit $U(a_E) = E$. Die Wellenfunktion (5.7.32) unterliegt dann der Bedingung, dass sie glatt zu einer Lösung für $r < a_E$ passt, die sich wie $r^{\ell+1}$ (anstelle von $r^{-\ell}$) für $r \to 0$ verhält. Das kann kompliziert sein, insbesondere weil für $\ell \neq 0$ die WKB-Näherung für $r \to 0$ nicht gilt, wo $\kappa \propto 1/r$ ist. Im Fall $\ell = 0$ ist die Sache einfacher. Dann gibt es keine Zentrifugalbarriere und womöglich überhaupt keinen inneren Umkehrpunkt. Gibt es keinen inneren Umkehrpunkt, so wird die Lösung (5.7.32) für ein hinreichend glattes Potenzial bis hinab zu $r = 0$ weiter gültig sein. In diesem Fall erfordert die Bedingung $u(r) \propto r$ für $r \to 0$, dass das Argument der Kosinusfunktion in Gleichung (5.7.32) den Wert $n\pi + \pi/2$ für $r = 0$ hat, wobei n eine ganze Zahl ist. Die Bedingung für einen gebundenen Zustand lautet somit

$$\int_0^{b_E} k(r')\,dr' = \left(n + \frac{3}{4}\right)\pi. \tag{5.7.33}$$

Für die $\ell = 0$-Zustände des Coulomb-Potenzials ist zum Beispiel $U(r) = -Ze^2/r$, und somit gilt

$$k(r) = \sqrt{\frac{2m_e}{\hbar^2}\left(E + Ze^2/r\right)}.$$

Für $E < 0$ gibt es einen Umkehrpunkt bei $b_E = -Ze^2/E$, und wir haben

$$\int_0^{b_E} k(r)\,dr = \sqrt{\frac{-2m_e E}{\hbar^2}} \int_0^{b_E} dr \sqrt{\frac{b_E}{r} - 1} = \frac{\pi}{2}\sqrt{-\frac{2m_e}{\hbar^2 E}} Ze^2 .$$

Die Bedingung (5.7.33) führt dann auf

$$E = -\frac{Z^2 e^4 m_e}{2\hbar^2 (n + 3/4)^2} .$$

Das stimmt mit der Bohrschen Formel (1.2.11) für das n-te Energieniveau überein (die eine korrekte Konsequenz der Quantenmechanik ist, wie in Kapitel 2 gezeigt), außer dass n hier durch $n + 3/4$ ersetzt ist. Somit funktioniert die WKB-Näherung sehr gut für die hohen Energieniveaus, für die $n \gg 3/4$ ist. Das hätten wir auch erwartet, weil die Wellenfunktion für diese Energieniveaus viele Male oszilliert. Aber für mittlere n funktioniert die WKB-Quantisierungsbedingung (5.7.33) im Fall des Coulomb-Potenzials nicht so gut wie die Sommerfeldsche Quantisierungsbedingung (1.2.12).

5.8 Gebrochene Symmetrie

Es kommt vor, dass ein Hamiltonian eine Symmetrie hat, die seine Eigenzustände teilen, während die physikalischen Zustände, die in der Natur tatsächlich vorkommen, stattdessen nahezu exakte Lösungen der Schrödinger-Gleichung sind, bei der die Symmetrie gebrochen wird. Man kann in der nichtrelativistischen Quantenmechanik Beispiele dafür finden, die von großer Bedeutung für die Chemie und die Molekülphysik sind.

Betrachten wir zum Beispiel ein Teilchen der Masse m, das sich in einer Dimension in einem Potenzial $V(x)$ mit der Symmetrie $V(-x) = V(x)$ bewegt. Ist die Wellenfunktion $\psi(x)$ eine Lösung der Schrödinger-Gleichung zu einer gegebenen Energie, so gilt das auch für $\psi(-x)$, somit muss bei fehlender Entartung $\psi(-x) = \alpha\psi(x)$ gelten, wobei α eine Konstante ist. Daraus folgt dann wiederum $\psi(x) = \alpha\psi(-x) = \alpha^2\psi(x)$. Somit kann α nur gleich $+1$ oder -1 sein, und die Energieeigenfunktionen sind entweder gerade oder ungerade in x. Die Zustände niedrigster Energie mit gerader oder ungerader Wellenfunktion werden im Allgemeinen recht unterschiedliche Energien aufweisen.

Aber nehmen wir nun an, dass das Potenzial zwei Minima aufweist, die symmetrisch um den Ursprung verteilt sind und von einer hohen breiten Barriere getrennt sind, die bei $x = 0$ zentriert ist. Das ist zum Beispiel für das Ammoniakmolekül NH_3 der Fall. Dabei ist x die Position des Stickstoffkerns entlang einer Linie, die transversal zu der Ebene verläuft, die von den drei Wasserstoffkernen gebildet wird; die Barriere geht auf die starke Abstoßung zwischen den positiven Ladungen des Stickstoffkerns und der Wasserstoffkerne zurück. Wäre die Barriere unendlich hoch und breit, gäbe es zwei entartete Energieeigenzustände mit Energien E_0. Ein Zustand hätte die Wellenfunktion $\psi_0(x)$, die nur für $x > 0$ von null verschieden ist, der andere hätte eine Wellenfunktion $\psi_0(-x)$, die nur für $x < 0$ von null verschieden ist. Jede dieser Lösungen bricht die Symmetrie unter $x \leftrightarrow -x$. Aus ihnen könnten wir gerade und ungerade Lösungen $[\psi_0(x) \pm \psi_0(-x)]/\sqrt{2}$ bilden, die auch bei einer Energie E_0 entartet wären. Ist die Barriere zwar hoch und breit, aber endlich, sind diese geraden und ungeraden Lösungen nicht entartet, sondern nur fast entartet.

Um die Größenordnung der Energieaufspaltung abzuschätzen, können wir die WKB-Methode aus dem letzten Abschnitt verwenden. In der Barriere nehmen die geraden und ungeraden Wellenfunktionen die Gestalt

$$\psi_\pm(x) \propto \frac{1}{\sqrt{\kappa(x)}} \left[\exp\left(\int_0^x \kappa(x')\,dx'\right) \pm \exp\left(\int_0^{-x} \kappa(x')\,dx'\right)\right] \tag{5.8.1}$$

an, wobei für ein Teilchen der Masse m und Energie E in einem Potenzial $V(x)$

$$\kappa(x) = \sqrt{\frac{2m}{\hbar^2}\Big(V(x) - E\Big)} \tag{5.8.2}$$

gesetzt wird. Die logarithmischen Ableitungen dieser Wellenfunktionen sind

$$\frac{\psi'_\pm(x)}{\psi_\pm(x)} \simeq -\frac{\kappa'(x)}{2\kappa(x)} + \kappa(x)\left[\frac{\exp\left(\int_0^x \kappa(x')\,dx'\right) \mp \exp\left(\int_0^{-x} \kappa(x')\,dx'\right)}{\exp\left(\int_0^x \kappa(x')\,dx'\right) \pm \exp\left(\int_0^{-x} \kappa(x')\,dx'\right)}\right]. \tag{5.8.3}$$

(Damit die WKB-Näherung gilt, muss $|\kappa'|/\kappa \ll \kappa$ sein, sodass der erste Term in Gleichung (5.8.3) im Allgemeinen viel kleiner als der zweite ist, aber wir lassen ihn stehen, weil er bei unserer Diskussion keine Schwierigkeiten aufwirft.) Bei einer breiten Barriere, die sich von $-a$ bis $+a$ mit

$$\int_0^a \kappa\,dx = \int_{-a}^0 \kappa\,dx \gg 1$$

erstreckt, sind die logarithmischen Ableitungen an den Rändern der Barriere

$$\frac{\psi'_\pm(a)}{\psi_\pm(a)} = -\frac{\psi'_\pm(-a)}{\psi_\pm(-a)} \simeq -\frac{\kappa'(a)}{2\kappa(a)} + \kappa(a)\left[1 \mp 2\exp\left(-\int_{-a}^a \kappa(x')\,dx'\right)\right]. \tag{5.8.4}$$

Die Energie wird durch die Bedingung bestimmt, dass diese logarithmischen Ableitungen der logarithmischen Ableitung der Wellenfunktion gerade außerhalb der Barriere entsprechen müssen. Gleichung (5.8.4) zeigt, dass diese Bedingung bei einer breiten Barriere für die gerade und die ungerade Lösung nahezu identisch ist, wobei die Differenz ein Term proportional zu $\exp\left(-\int_{-a}^a \kappa(x')\,dx'\right)$ ist. Damit haben die geraden und ungeraden Wellenfunktionen Energien $E_\pm \simeq E_1 \pm \delta E$, wobei E_1 ungefähr den Energien der geraden und ungeraden Zustände im Grenzfall einer unendlich breiten Barriere entspricht und δE um einen Faktor $\exp\left(-\int_{-a}^a \kappa(x')\,dx'\right)$ unterdrückt wird.

Weil δE für eine breite Barriere sehr klein ist, sind die Zustände mit gebrochener Symmetrie, bei denen die Wellenfunktion auf der einen oder anderen Seite der Barriere konzentriert ist, beinahe Energieeigenzustände. Aber warum sollten diese Zustände mit gebrochener Symmetrie gerade diejenigen sein, die in der Natur realisiert werden, und nicht die wahren Energieeigenzustände, die unter der Symmetrie gerade oder ungerade sind? Die Antwort hat mit dem Phänomen der Dekohärenz zu tun, das wir in Abschnitt 3.7 besprochen haben. Unvermeidlich ist die Wellenfunktion äußeren Störungen ausgesetzt, die für eine breite Barriere zu Fluktuationen in der Phase der Wellenfunktion führen, wobei es keine Korrelation zwischen den Phasenänderungen auf den beiden Seiten der Barriere gibt. Diese Fluktuationen können aus einer Wellenfunktion mit gebrochener Symmetrie, die auf einer der Seiten der Barriere konzentriert ist, keine Lösung machen, die ganz oder teilweise auf der anderen Seite konzentriert ist, aber sie können rasch eine gerade oder ungerade Wellenfunktion so modifizieren, dass sie eine inkohärente Mischung aus geraden und ungeraden Wellenfunktionen ist. Die in der realen Welt realisierten Zustände sind diejenigen, die bis auf eine Phase unter diesen Fluktuationen stabil sind, und das sind die Zustände gebrochener Symmetrie.

Allerdings sind die Zustände mit gebrochener Symmetrie nicht wirklich stabil, auch wenn sie gegenüber externen Störungen nicht sensitiv sind. Es ist lehrreich, sich die Zeitabhängigkeit einer Wellenfunktion $\psi(x, t)$ anzuschauen, die bei $t = 0$ die Gestalt $\psi_0(x)$ annimmt, und nur für $x > 0$ von null verschieden ist. Wir können diese Ausgangswellenfunktion als

$$\psi(x, 0) = \frac{1}{2}\left[\psi_0(x) + \psi_0(-x)\right] + \frac{1}{2}\left[\psi_0(x) - \psi_0(-x)\right],$$

schreiben. Zu einer späteren Zeit t ist die Wellenfunktion somit

$$\begin{aligned}\psi(x, t) &\simeq \frac{1}{2}\left[\psi_0(x) + \psi_0(-x)\right]\exp\Big(-i(E_1 + \delta E)t/\hbar\Big)\\ &\quad + \frac{1}{2}\left[\psi_0(x) - \psi_0(-x)\right]\exp\Big(-i(E_1 - \delta E)t/\hbar\Big)\\ &= \exp\Big(-iE_1 t/\hbar\Big)\Big[\psi_0(x)\cos\Big(\delta E\, t/\hbar\Big) - i\psi_0(-x)\sin\Big(\delta E\, t/\hbar\Big)\Big]. \qquad (5.8.5)\end{aligned}$$

Wir sehen, dass ein Teilchen mit der Wellenfunktion mit gebrochener Symmetrie $\psi_0(x)$ zunächst durch die Barriere in den Bereich $x < 0$ hineinlaufen wird. Dabei nimmt die Amplitude für die andere Wellenfunktion $\psi_0(-x)$ mit einer Rate $\Gamma = \delta E/\hbar$ zu. Schließlich baut sich die Amplitude für $x < 0$ auf, bis das Teilchen anfängt, wieder in den Bereich $x > 0$ »zurückzulaufen«. Wenn aber die Barriere sehr hoch und breit ist, kann die Wellenfunktion mit gebrochener Symmetrie $\psi_0(x)$ eine exponentiell lange Zeit überleben. In der Tat gibt es Moleküle wie Zucker oder Proteine, die in »chiralen« Konfigurationen existieren können. Das sind Konfigurationen, die eine bestimmte Linkshändigkeit oder Rechtshändigkeit aufweisen und durch Barrieren getrennt sind, die viel breiter als die von Ammoniak sind. Bei solchen Molekülen dauert der Übergang von einem Zustand mit gebrochener Symmetrie in einen anderen so lange, dass er nicht beobachtet werden kann. Darum finden wir in der Natur linksdrehende und rechtsdrehende Zucker und Proteine.

Diese Überlegungen verweisen auf eine allgemeine Eigenschaft der spontanen Symmetriebrechung: Sie hat immer etwas mit Systemen zu tun, die in einem bestimmten Sinne sehr groß sind. Es ist nur die sehr große Barriere in Molekülen wie Proteinen und Zuckern, die es diesen Molekülen erlaubt, eine bestimmte Händigkeit zu haben. In der Quantenfeldtheorie ist es das unendliche Volumen des Vakuumzustands, das eine spontane Brechung anderer Symmetrien zulässt.[14]

14 Für eine Diskussion dieses Punkts siehe S. Weinberg, *The Quantum Theory of Fields*, Vol. II (Cambridge University Press, Cambridge, 1996), Abschnitt 19.1.

Aufgaben zu Kapitel 5

EXTRAS ONLINE
Lösungen

1 Nehmen Sie an, dass die Wechselwirkung des Elektrons mit dem Proton im Wasserstoffatom zu einer Änderung in der potenziellen Energie des Elektrons von der Form

$$\Delta V(r) = V_0 \exp(-r/R)$$

führt, wobei R viel kleiner als der Bohr-Radius a ist. Berechnen Sie die Energieverschiebung in den Energien der $2s$- und $2p$-Zustände des Wasserstoffs in erster Ordnung in V_0.

2 Man nimmt manchmal an, dass das elektrostatische Potenzial, das ein Elektron in einem Vielelektronenatom verspürt, durch ein abgeschirmtes Coulomb-Potenzial der From

$$V(r) = -\frac{Ze^2}{r} \exp(-r/R)$$

genähert werden kann, wobei R der geschätzte Atomradius ist. Bestimmen Sie mithilfe der Variationsmethode eine Näherungsformel für die Energie eines Elektrons im Zustand niedrigster Energie in diesem Potenzial. Verwenden Sie dabei als Versuchswellenfunktion

$$\psi(\mathbf{x}) \propto \exp\Big(-r/\rho\Big)$$

mit ρ als freiem Parameter.

3 Berechnen Sie die Energieverschiebung des $2p_{3/2}$-Zustands von Wasserstoff in einem sehr schwachen statischen elektrischen Feld E in zweiter Ordnung in E, unter der Annahme, dass E so klein ist, dass diese Verschiebung viel kleiner als die Feinstrukturaufspaltung zwischen den $2p_{1/2}$- und $2p_{3/2}$-Zuständen ist. Bei der Verwendung von Störungstheorie zweiter Ordnung können Sie hier lediglich den Zwischenzustand betrachten, bei dem der Energienenner am kleinsten ist.

4 Die Spin-Bahn-Kopplung des Elektrons im Wasserstoff erzeugt im Hamiltonian einen Term der Gestalt

$$\Delta H = \xi(r)\mathbf{L} \cdot \mathbf{S},$$

wobei $\xi(r)$ eine kleine Funktion von r ist. Geben Sie eine Formel für den Beitrag von ΔV zur Feinstrukturaufspaltung zwischen dem $2p_{1/2}$- und dem $2p_{3/2}$-Zustand im Wasserstoff in erster Ordnung in $\xi(r)$ an.

5 Leiten Sie unter Anwendung der WKB-Näherung eine Formel für die Energien der gebundenen s-Zustände eines Teilchens der Masse m in einem Potenzial $V(r) = -V_0\, e^{-r/R}$ her, wobei V_0 und R beide positiv sind.

Lernziele

1. Störungstheorie erster Ordnung
   - Differenzialgleichung für Amplituden
   - Näherungslösung
2. Monochromatische Störungen
   - Übergangsrate
   - Fermis Goldene Regel
   - Endzustände im Kontinuum
3. Ionisierung durch eine elektromagnetische Welle
   - Natur der Störung
   - Bedingungen an die Frequenz
   - Ionisierungsrate des Wasserstoff-Grundzustands
4. Fluktuierende Störungen
   - Stationäre Fluktuationen
   - Korrelationsfunktion
   - Übergangsrate
5. Absorption und stimulierte Emission von Strahlung
   - Dipolnäherung
   - Übergangsraten
   - Energiedichte der Strahlung
   - B-Koeffizienten
   - Spontane Übergangsrate
6. Die adiabatische Näherung
   - Langsam veränderliche Hamiltonians
   - Dynamische Phase, Nicht-dynamische Phase
   - Entartungsfall
7. Die Berry-Phase
   - Geometrische Natur der nicht-dynamischen Phase
   - Geschlossene Kurven im Parameterraum
   - Allgemeine Formel für die Berry-Phase
   - Spin in einem langsam veränderlichen Magnetfeld

Näherungen für zeitabhängige Probleme

6

ÜBERBLICK

» Der Hamiltonian eines isolierten Systems ist zeitunabhängig. Oft haben wir es aber mit quantenmechanischen Systemen zu tun, die nicht isoliert sind, sondern von zeitabhängigen externen Feldern beeinflusst werden. In diesem Fall hängt der Teil des Hamiltonians, der die Wechselwirkung mit diesen Feldern beschreibt, von der Zeit ab. Wir sind hier nicht daran interessiert, Störungen an den Energien der gebundenen Zustände zu berechnen, weil physikalische Zustände nicht mehr durch feste Energien charakterisiert werden. Stattdessen besteht unser Interesse darin, die Raten zu berechnen, mit denen sich das quantenmechanische System auf die eine oder andere Weise ändert. Solche Rechnungen können nur in den einfachsten Fällen exakt ausgeführt werden, sodass wir wiederum Näherungsverfahren betrachten müssen; Störungstheorie ist die einfachste und flexibelste davon. «

6.1 Störungstheorie erster Ordnung

Wir betrachten einen Hamiltonian

$$H(t) = H_0 + H'(t), \tag{6.1.1}$$

bei dem H_0 der zeitunabhängige Hamiltonian des Systems in Abwesenheit externer Felder ist und $H'(t)$ eine kleine zeitabhängige Störung. Der Zustandsvektor Ψ des Systems genügt der zeitabhängigen Schrödinger-Gleichung

$$i\hbar \frac{d\Psi(t)}{dt} = H(t)\Psi(t). \tag{6.1.2}$$

Wir können einen vollständigen orthonormalen Satz zeitunabhängiger ungestörter Zustandsvektoren mit

$$H_0\Psi_n = E_n\Psi_n, \qquad \left(\Psi_n, \Psi_m\right) = \delta_{nm} \tag{6.1.3}$$

bestimmen und $\Psi(t)$ nach den Zustandsvektoren Ψ_n entwickeln:

$$\Psi(t) = \sum_n c_n(t) \exp(-iE_n t/\hbar)\, \Psi_n. \tag{6.1.4}$$

Dabei haben wir aus den zeitabhängigen Koeffizienten $c_n(t)$ einen Faktor $\exp(-iE_n t/\hbar)$ herausgezogen, was später nützlich sein wird. Die Störung $H'(t)$, die auf die Zustandsvektoren Ψ_n wirkt, kann selbst nach den Zustandsvektoren Ψ_m entwickelt werden:

$$H'(t)\Psi_n = \sum_m \Psi_m \left(\Psi_m, H'(t)\Psi_n\right).$$

Die zeitabhängige Schrödinger-Gleichung lautet also (6.1.2)

$$\sum_n \left[i\hbar \frac{dc_n(t)}{dt} + E_n c_n(t)\right] \exp(-iE_n t/\hbar)\, \Psi_n = \sum_n c_n(t) \left[E_n\Psi_n + \sum_m H'_{mn}(t)\Psi_m\right] \exp(-iE_n t/\hbar)$$

mit

$$H'_{mn}(t) = \left(\Psi_m, H'(t)\Psi_n\right).$$

Die Terme proportional zu E_n heben sich weg. Tauscht man dann die Indizes m und n auf der rechten Seite und setzt die Koeffizienten von Ψ_n auf beiden Seiten gleich, so erhält man eine Differenzialgleichung für $c_n(t)$:

$$i\hbar \frac{dc_n(t)}{dt} = \sum_m H'_{nm}(t) c_m(t) \exp\left(i(E_n - E_m)t/\hbar\right). \tag{6.1.5}$$

Bisher war alles exakt. Da die Änderungsrate (6.1.5) von $c_n(t)$ proportional zur Störung ist, können wir auf der rechten Seite $c_m(t)$ in erster Ordnung in der Störung durch eine Konstante ersetzen, die gleich dem Wert von $c_m(t)$ zu irgendeiner festen Zeit ist, zum Beispiel zur Zeit $t = 0$. In diesem Fall ist die Lösung

$$c_n(t) \simeq c_n(0) - \frac{i}{\hbar} \sum_m c_m(0) \int_0^t dt'\, H'_{nm}(t') \exp\left(i(E_n - E_m)t'/\hbar\right). \tag{6.1.6}$$

Näherungen höherer Ordnung kann man erhalten, indem man diese Prozedur iteriert.

Im Folgenden werden wir sehen, dass die Art und Weise der Anwendung der Störungstheorie und die erhaltenen Resultate kritisch davon abhängen, welche Art der Zeitabhängigkeit wir für $H'(t)$ annehmen. Wir werden zwei Fälle betrachten: monochromatische Störungen, bei denen $H'(t)$ mit einer einzigen Frequenz oszilliert, und zufällige Fluktuationen, bei denen $H'(t)$ eine stochastische Variable ist, deren statistische Eigenschaften sich zeitlich nicht ändern.

6.2 Monochromatische Störungen

Spezialisieren wir uns nun auf den Fall einer schwachen Störung, die mit einer einzigen Frequenz $\omega/2\pi$ oszilliert:

$$H'(t) = -U\exp(-i\omega t) - U^\dagger \exp(i\omega t). \tag{6.2.1}$$

Die Frequenz ω sei hier positiv. Das Integral in Gleichung (6.1.6) ist dann trivial und ergibt die Lösung erster Ordnung für die Koeffizienten $c_n(t)$ in Gleichung (6.1.4):

$$\begin{aligned} c_n(t) =& c_n(0) + \sum_m U_{nm} c_m(0) \left[\frac{\exp\Big(i(E_n - E_m - \hbar\omega)t/\hbar\Big) - 1}{E_n - E_m - \hbar\omega} \right] \\ &+ \sum_m U^*_{mn} c_m(0) \left[\frac{\exp\Big(i(E_n - E_m + \hbar\omega)t/\hbar\Big) - 1}{E_n - E_m + \hbar\omega} \right]. \end{aligned} \tag{6.2.2}$$

Falls insbesondere alle $c_n(t)$ bei $t = 0$ mit Ausnahme von $c_1(0) = 1$ verschwinden, so sind die Amplituden $c_n(t)$ für $n \neq 1$ wie folgt gegeben:

$$c_n(t) = U_{n1} \left[\frac{\exp\Big(i(E_n - E_1 - \hbar\omega)t/\hbar\Big) - 1}{E_n - E_1 - \hbar\omega} \right] + U^*_{1n} \left[\frac{\exp\Big(i(E_n - E_1 + \hbar\omega)t/\hbar\Big) - 1}{E_n - E_1 + \hbar\omega} \right]. \tag{6.2.3}$$

Beide Terme in Gleichung (6.2.3) verschwinden bei $t = 0$, und wachsen dann für eine gewisse Zeit proportional zu t an. Der erste Term hört auf zu wachsen, wenn t von der Größenordnung $|(E_n - E_1)/\hbar - \omega|^{-1}$ ist, der zweite Term für t von der Größenordnung $|(E_n - E_1)/\hbar + \omega|^{-1}$; danach oszilliert der jeweilige Term, wächst aber nicht mehr. Der interessante Fall liegt vor, wenn die Energie des Endzustands nahe bei $E_1 + \hbar\omega$ oder nahe bei $E_1 - \hbar\omega$ liegt, sodass einer der beiden Terme in Gleichung (6.2.3) für eine lange Zeit weiterwachsen kann. Im Fall der Absorption von Energie, in dem $E_n \simeq E_1 + \hbar\omega$ ist, hört der zweite Term lange vor dem ersten Term auf zu wachsen, und wird dementsprechend zu späteren Zeiten relativ vernachlässigbar, es gilt also

$$c_n(t) \to U_{n1} \left[\frac{\exp\Big(i(E_n - E_1 - \hbar\omega)t/\hbar\Big) - 1}{E_n - E_1 - \hbar\omega} \right].$$

Die Wahrscheinlichkeit, das System nach einer hinreichend langen Zeit t im Zustand $n \neq 1$ zu finden, ist dann

$$\left|\left(\Psi_n, \Psi\right)\right|^2 = |c_n(t)|^2 \simeq 4|U_{n1}|^2 \frac{\sin^2\left((E_n - E_1 - \hbar\omega)t/2\hbar\right)}{(E_n - E_1 - \hbar\omega)^2}. \tag{6.2.4}$$

Für große Zeiten t können wir nun die Näherung

$$\frac{2\hbar \sin^2(Wt/2\hbar)}{\pi t W^2} \to \delta(W) \tag{6.2.5}$$

vornehmen, weil diese Funktion für $t \to \infty$ wie $1/t$ verschwindet, sofern $W \neq 0$ ist, während sie für $W = 0$ so groß ist, dass gilt:

$$\int_{-\infty}^{\infty} \frac{2\hbar \sin^2(Wt/2\hbar)}{\pi t W^2} dW = \frac{1}{\pi} \int_{-\infty}^{\infty} \frac{\sin^2 u}{u^2} du = 1.$$

Damit ergibt Gleichung (6.2.4) für große Zeiten

$$|c_n(t)|^2 = 4|U_{n1}|^2 \left(\frac{\pi t}{2\hbar}\right) \delta(E_1 + \hbar\omega - E_n),$$

und die Übergangsrate zum Zustand n ist somit

$$\Gamma(1 \to n) \equiv |c_n(t)|^2/t = \frac{2\pi}{\hbar}|U_{n1}|^2 \delta(E_1 + \hbar\omega - E_n). \tag{6.2.6}$$

Diese Formel wird oft als **Fermis Goldene Regel** bezeichnet. Im Fall der stimulierten Emission von Energie, in dem $\hbar\omega$ nahe bei $E_1 - E_n$ liegt, gilt stattdessen

$$\Gamma(1 \to n) = \frac{2\pi}{\hbar}|U_{1n}|^2 \delta(E_n + \hbar\omega - E_1).$$

Wir haben die Endzustände n so behandelt, als wären sie diskret. Um diese Formel auch in Fällen zu verwenden, in denen die Zustände n Teil eines Kontinuums sind (wie bei einem freien Elektron, das durch Ionisation eines Atoms erzeugt wurde), können wir uns vorstellen, dass sich das gesamte System in einem großen Kasten befindet. Um Scheineffekte durch die Kastenwände zu vermeiden, ist es praktisch, **periodische Randbedingungen** zu verwenden. Sie verlangen, dass sich die Wellenfunktion durch eine Translation irgendeiner der drei kartesischen Koordinaten $x_i \to x_i + L_i$ nicht ändert, wobei die L_i große Längen sind, die man schließlich gegen unendlich schickt. Die normierte Wellenfunktion eines freien Teilchens hat dann die Gestalt

$$\frac{\exp(i\mathbf{p} \cdot \mathbf{x}/\hbar)}{\sqrt{L_1 L_2 L_3}}, \tag{6.2.7}$$

wobei die Komponenten von $\mathbf{p}$ durch

$$p_i = \frac{2\pi\hbar n_i}{L_i} \tag{6.2.8}$$

eingeschränkt werden. Darin sind n_1, n_2 und n_3 beliebige positive oder negative ganze Zahlen. Wenn wir die Rate (6.2.6) über die Zustände n freier Teilchen aufsummieren, so summieren wir in Wirklichkeit über n_1, n_2 und n_3. Gemäß Gleichung (6.2.8) ist die Anzahl der n_i-Werte in einem Intervall $\Delta p_i \gg \hbar/L_i$ gleich $L_i\Delta p_i/2\pi\hbar$, somit beträgt die Gesamtzahl der Zustände in einem Impulsraumvolumen $d^3p = \Delta p_1\,\Delta p_2\,\Delta p_3$ gerade $d^3pL_1L_2L_3/(2\pi\hbar)^3$. Damit können wir die Rate (6.2.6) über Zustände im Kontinuum aufsummieren, indem wir über Impulse integrieren und in der Rate einen Extrafaktor $L_1L_2L_3/(2\pi\hbar)^3$ für jedes freie Teilchen im Zustand hinzunehmen. Wir können gleichermaßen einen Extrafaktor $\sqrt{L_1L_2L_3}/(2\pi\hbar)^{3/2}$ im Matrixelement U_{n1} für jedes freie Teilchen im Zustand n hinzunehmen. Aber auch das Matrixelement U_{n1} wird einen Faktor $1/\sqrt{L_1L_2L_3}$ aus der Wellenfunktion (6.2.7) für jedes freie Teilchen im Zustand n enthalten, sodass sich die Volumenfaktoren wegheben, und es verbleibt uns ein Faktor $(2\pi\hbar)^{-3/2}$ für jedes freie Teilchen. Daher sollte die Rate (6.2.6) über die Impulse der freien Teilchen in den Endzuständen integriert und nicht aufsummiert werden. Als Wellenfunktionen verwenden wir dabei

$$\frac{\exp(i\mathbf{p}\cdot\mathbf{x}/\hbar)}{(2\pi\hbar)^{3/2}}, \tag{6.2.9}$$

anstelle von Gleichung (6.2.7). Das ist die Wellenfunktion eines freien Teilchens (3.5.12), mit einem Normierungsfaktor, der so gewählt ist, dass sich das Skalarprodukt (3.5.13) ergibt. (Alternativ können wir über Wellenzahlen anstatt Impulse integrieren, müssen dann aber den Faktor $\hbar$ in Gleichung (6.2.9) fallen lassen.)

Die Deltafunktion in Gleichung (6.2.6) legt die Summe der Energien der freien Teilchen fest, es bleibt nur ein endliches Integral über Winkel und Energieverhältnisse übrig. Ein Beispiel wird im nächsten Abschnitt gegeben.

6.3 Ionisierung durch eine elektromagnetische Welle

Als ein Beispiel der Anwendung zeitabhängiger Störungstheorie im Fall einer monochromatischen Störung betrachten wir ein Wasserstoffatom im Grundzustand, das in eine Lichtwelle gesetzt wird. Wie in Abschnitt 5.3 hängt der Störungshamiltonian nur vom elektrischen Feld am Ort des Atoms ab, wenn die Wellenlänge des Lichts viel größer ist als der Bohr-Radius a. Das elektrische Feld nimmt für ebene Polarisation die Gestalt

$$\mathbf{E} = \boldsymbol{\mathcal{E}}\exp(-i\omega t) + \boldsymbol{\mathcal{E}}^*\exp(i\omega t) \tag{6.3.1}$$

an, wobei $\boldsymbol{\mathcal{E}}$ konstant ist. (Wir betrachten nur das elektrische Feld, weil die magnetischen Kräfte auf ein geladenes nichtrelativistisches Teilchen in einer elektromagnetischen Welle um einen Faktor von der Größenordnung des Verhältnisses der Teilchengeschwindigkeit zur Lichtgeschwindigkeit kleiner sind als die elektrischen Kräfte.) Die Störung im Hamiltonian lautet dann

$$H'(t) = e\boldsymbol{\mathcal{E}}\cdot\mathbf{X}\exp(-i\omega t) + e\boldsymbol{\mathcal{E}}^*\cdot\mathbf{X}\exp(i\omega t), \tag{6.3.2}$$

wobei $\mathbf{X}$ der Operator für den Ort des Elektrons ist. Legen wir $\boldsymbol{\mathcal{E}}$ mit dem Betrag $\mathcal{E}$ in die 3-Richtung, so ist der Operator U in Gleichung (6.2.1)

$$U = e\mathcal{E}X_3. \tag{6.3.3}$$

Wir müssen das Matrixelement dieser Störung zwischen der normierten Wellenfunktion des Grundzustands

$$\psi_{1s}(\mathbf{x}) = \frac{\exp(-r/a)}{\sqrt{\pi a^3}} \tag{6.3.4}$$

(mit dem durch Gleichung (2.3.19) zu $a = \hbar^2/m_e e^2 = 0{,}529 \times 10^{-8}$ cm gegebenen Bohr-Radius a) und der Wellenfunktion eines freien Elektrons mit Impuls $\hbar\mathbf{k}_e$ berechnen. Letztere ist wie im vorigen Abschnitt beschrieben normiert:

$$\psi_e(\mathbf{x}) = (2\pi\hbar)^{-3/2} \exp(i\mathbf{k_e} \cdot \mathbf{x}). \tag{6.3.5}$$

Wir dürfen das emittierte Elektron nur dann als freies Teilchen behandeln, wenn seine Energie viel größer ist als die Bindungsenergie des Wasserstoffs. Ansonsten sollten wir anstelle von Gleichung (6.3.5) die Wellenfunktion eines ungebundenen Elektrons im Coulomb-Feld des Protons verwenden. Unter Vernachlässigung der Bindungsenergie des Wasserstoffatoms und der Rückstoßenergie des Wasserstoffkerns ist die Energie des emittierten Elektrons für eine Lichtwellenzahl k_γ gleich der Photonenenergie $\hbar c k_\gamma$. Die Bindungsenergie des Wasserstoffs (2.3.20) ist hingegen $e^2/2a$, sodass wir mit der Verwendung von Gleichung (6.3.5) annehmen, dass

$$k_\gamma a \gg e^2/2\hbar c \simeq 1/274 \tag{6.3.6}$$

gilt. Man beachte, dass das nicht inkonsistent ist mit unserer Annahme, dass die Wellenlänge des Lichts viel größer ist als die Größe des Atoms, die lediglich $k_\gamma a \ll 1$ erfordert.

Das Matrixelement der Störung (6.3.3) zwischen den Wellenfunktionen (6.3.4) und (6.3.5) ist

$$U_{e,1s} = \frac{e\mathcal{E}}{(2\pi\hbar)^{3/2}\sqrt{\pi a^3}} \int d^3x\, e^{-i\mathbf{k}_e \cdot \mathbf{x}} x_3 \exp(-r/a). \tag{6.3.7}$$

Hier kann man das Winkelintegral ausführen, wenn man sich daran erinnert, dass im Allgemeinen

$$\int d^3x\, e^{-i\mathbf{k}\cdot\mathbf{x}} f(r) = \frac{1}{k} \int_0^\infty 4\pi r f(r) \sin kr\, dr$$

gilt. Leitet man diesen Ausdruck nach k_3 ab, so erhält man

$$-i \int d^3x\, e^{-i\mathbf{k}\cdot\mathbf{x}} f(r) x_3 = \frac{k_3}{k^3} \int_0^\infty 4\pi r f(r) \Big[-\sin kr + kr \cos kr \Big]\, dr.$$

Wendet man dies in Gleichung (6.3.7) an, so folgt

$$U_{e,1s} = \frac{-4\pi i e\mathcal{E} k_{e3}}{k_e^3 (2\pi\hbar)^{3/2}\sqrt{\pi a^3}} \int_0^\infty \exp(-r/a) \Big[\sin k_e r - k_e r \cos k_e r \Big]\, r\, dr. \tag{6.3.8}$$

Das Integral lautet hier:

$$\int_0^\infty \exp(-r/a)\left[\sin k_e r - k_e r \cos k_e r\right] r\,dr = \frac{8k_e^3 a^5}{(1+k_e^2 a^2)^3}.$$

Da die Endenergie des Elektrons $\hbar^2 k_e^2/2m_e$ gleich der Photonenenergie $\hbar c k_\gamma$ ist, gilt

$$k_e^2 a^2 \simeq \frac{2m_e c k_\gamma a^2}{\hbar} = 2k_\gamma a \cdot \frac{\hbar c}{e^2},$$

was nach Gleichung (6.3.6) viel größer als eins ist, somit ergibt Gleichung (6.3.8)

$$U_{e,1s} = \frac{-8\sqrt{2} i e \mathcal{E} \cos\theta}{\pi\,\hbar^{3/2} k_e^5 a^{5/2}}, \tag{6.3.9}$$

wobei θ der Winkel zwischen $\mathbf{k}_e$ und der Polarisationsrichtung der elektromagnetischen Welle ist, die hier in der 3-Richtung liegt.

Nach Gleichung (6.2.6) ist die differenzielle Ionisierungsrate

$$d\Gamma(1s \to \mathbf{k}_e) = \frac{2\pi}{\hbar}\left|U_{e,\,1s}\right|^2 \delta\left(\hbar c k_\gamma - E_e\right)\,\hbar^3 k_e^2\, dk_e\, d\Omega \tag{6.3.10}$$

mit $E_e = \hbar^2 \mathbf{k}_e^2/2m_e$. Dabei ist $d\Omega = \sin\theta\, d\theta\, d\phi$ das differenzielle Raumwinkelelement in der Endrichtung des Elektrons, sodass $\hbar^3 k_e^2\, dk_e\, d\Omega$ das Volumenelement im Impulsraum des Elektrons am Ende ist. (Entsprechend unserer Annahme (6.3.6) vernachlässigen wir in der Deltafunktion die Bindungsenergie des Wasserstoffs sowie die im Vergleich zu E_e sehr kleine Rückstoßenergie des Wasserstoffkerns.) Nun gilt $dk_e = m_e dE_e/\hbar^2 k_e$, und der Faktor $dE_e\,\delta\left(\hbar\omega - E_e\right)$ in einem Integral über k_e bewirkt lediglich, dass der Wert von k_e gleich dem Wert

$$\hbar k_e = \sqrt{2m_e \hbar c k_\gamma} \tag{6.3.11}$$

gesetzt wird, den die Energieerhaltung festlegt. Die differenzielle Ionisierungsrate ist somit

$$\frac{d\Gamma(1s \to \mathbf{k}_e)}{d\Omega} = 2\pi m_e k_e \left|U_{e,1s}\right|^2, \tag{6.3.12}$$

wobei k_e durch Gleichung (6.3.11) gegeben ist. Setzen wir Gleichung (6.3.9) in Gleichung (6.3.12) ein, so erhalten wir unser abschließendes Ergebnis für die differenzielle Ionisierungsrate

$$\frac{d\Gamma(1s \to \mathbf{k}_e)}{d\Omega} = \frac{256 e^2 \mathcal{E}^2 m_e \cos^2\theta}{\pi \hbar^3 k_e^9 a^5}, \tag{6.3.13}$$

die im Bereich von Lichtwellenzahlen

$$\frac{1}{274} \ll k_\gamma a \ll 1 \tag{6.3.14}$$

gültig ist.

6.4 Fluktuierende Störungen

Die in Abschnitt 6.2 besprochenen monochromatischen Störungen können zu einer endlichen Übergangsrate von einem diskreten Zustand ins Kontinuum führen, wie zum Beispiel in dem in Abschnitt 6.3 behandelten Ionisierungsprozess. Dagegen können monochromatische Störungen nicht zu Übergängen zwischen diskreten Zuständen führen, ohne dass die Störungsfrequenz feinjustiert wird. (Für eine Störung, die zeitlich kurz ist im Vergleich zu der Zeit t, in der sich das System zeitlich entwickeln kann, wird die Breite der Frequenzverteilung groß im Vergleich zu $1/t$ sein, und man braucht keine Feineinstellung. Natürlich wird aber in diesem Fall die Übergangswahrscheinlichkeit, die wir in Abschnitt 6.1 mit $|c_n(t)|^2$ bezeichnet haben, nicht mit der Zeit anwachsen, sobald die Störung beendet ist, und man kann nicht von einer Übergangsrate sprechen.) Es gibt jedoch eine Art von Störung, die einen weiten Frequenzbereich abdeckt, sodass keine Feineinstellung nötig ist, um Übergänge zwischen diskreten Zuständen auszulösen. Gleichzeitig führt sie zu einer Übergangsrate, die proportional zur verstrichenen Zeit ist, sodass man auch von einer endlichen Übergangsrate sprechen kann. Es handelt sich dabei um eine zufällig fluktuierende Störung, deren statistische Eigenschaften sich zeitlich nicht ändern.

Um genauer zu sein, nehmen wir an, dass die Korrelation zwischen den Störungen zu zwei verschiedenen Zeiten nur von der Zeitdifferenz, nicht aber den Zeiten selbst abhängen soll:

$$\overline{H'_{nm}(t_1)H'^*_{nm}(t_2)} = f_{nm}(t_1 - t_2). \tag{6.4.1}$$

Der Strich über einer Größe steht für einen über die Fluktuationen genommenen Mittelwert. Solche Fluktuationen nennt man **stationär**.

Im Fall $c_n(0) = \delta_{n1}$ gibt Gleichung (6.1.6) die Übergangswahrscheinlichkeit in einen Zustand $n \neq 1$ an, nämlich

$$|c_n(t)|^2 = \frac{1}{\hbar^2}\int_0^t dt_1 \int_0^t dt_2\; H'_{n1}(t_1)H'^*_{n1}(t_2)\exp\Big(i(E_n - E_1)(t_1 - t_2)/\hbar\Big). \tag{6.4.2}$$

Somit ist die durchschnittliche Übergangswahrscheinlichkeit

$$\overline{|c_n(t)|^2} = \frac{1}{\hbar^2}\int_0^t dt_1 \int_0^t dt_2\; f_{n1}(t_1 - t_2)\exp\Big(i(E_n - E_1)(t_1 - t_2)/\hbar\Big). \tag{6.4.3}$$

Wir können die Korrelationsfunktion f_{nm} als eine Fourier-Transformierte

$$f_{nm}(t) = \int_{-\infty}^{\infty} d\omega\; F_{nm}(\omega)\exp(-i\omega t) \tag{6.4.4}$$

schreiben, sodass Gleichung (6.4.3) die Gestalt

$$\overline{|c_n(t)|^2} = \frac{1}{\hbar^2}\int_{-\infty}^{\infty} d\omega\, F_{n1}(\omega)\left|\int_0^t dt_1\, \exp\left[i\Big((E_n - E_1)/\hbar - \omega\Big)t_1\right]\right|^2$$
$$= 4\int_{-\infty}^{\infty} d\omega\, F_{n1}(\omega)\frac{\sin^2\left[\Big(E_n - E_1 - \hbar\omega\Big)t/2\hbar\right]}{\Big(E_n - E_1 - \hbar\omega\Big)^2} \tag{6.4.5}$$

annimmt. Genau wie in Gleichung (6.2.5) gilt für große Zeiten die Näherung

$$\frac{2\hbar\sin^2(Wt/2\hbar)}{\pi t W^2} \to \delta(W) = \frac{1}{\hbar}\delta(W/\hbar), \tag{6.4.6}$$

sodass Gleichung (6.4.5) eine Übergangsrate

$$\Gamma(1 \to n) \equiv \frac{\overline{|c_n(t)|^2}}{t} = \frac{2\pi}{\hbar^2}F_{n1}\Big((E_n - E_1)/\hbar\Big) \tag{6.4.7}$$

liefert. Dieses Ergebnis werden wir im nächsten Abschnitt verwenden.

6.5 Absorption und stimulierte Emission von Strahlung

Zur Illustration der allgemeinen Ergebnisse des letzten Abschnitts betrachten wir ein Atom in einem fluktuierenden elektrischen Feld, wie man es in einem Photonengas findet. Die Frequenz $\omega/2\pi$ der Fluktuationen, die zu einem Übergang zwischen atomaren Zuständen $1 \to n$ führen, ist gleich $(E_n - E_1)/h$. Die Skala, auf der sich das elektrische Feld im Raum ändert, ist also von der Ordnung $c/|\omega| = hc/|E_n - E_1|$. Typischerweise sind das einige Tausend Angström, was die typische Atomgröße von einigen Angström weit übersteigt. Daher ist es auch hier eine gute Näherung, wie in Gleichung (5.3.1) für die Störung

$$H'_{nm}(t) = e\sum_N [\mathbf{x}_N]_{nm} \cdot \mathbf{E}(t) \tag{6.5.1}$$

anzunehmen. Dabei ist $\mathbf{E}$ das elektrische Feld am Ort des Atoms. Die Summe läuft über die Elektronen im Atom, und wir haben

$$[\mathbf{x}_N]_{nm} = \Big(\Psi_n, \mathbf{X}_N\Psi_m\Big) = \int \psi_n^*(x)\mathbf{x}_N\psi_m(x)\prod_M d^3x_M. \tag{6.5.2}$$

Wir nehmen an, dass die Fluktuationen des elektrischen Feldes eine Korrelationsfunktion der Form

$$\overline{E_i(t_1)E_j(t_2)} = \delta_{ij}\int_{-\infty}^{\infty} d\omega\, \mathcal{P}(\omega)\exp\Big(-i\omega(t_1 - t_2)\Big) \tag{6.5.3}$$

haben. (Die Proportionalität zu δ_{ij} bedeutet, dass das elektrische Feld keine bevorzugte Richtung hat; δ_{ij} ist der allgemeinste Tensor, der nicht von der Orientierung des Koordinatensystems abhängt.) Da die linke Seite reell und unter dem Tausch von t_1 und i mit t_2 und j symmetrisch ist, gilt

$$\mathcal{P}(\omega) = \mathcal{P}(-\omega) = \mathcal{P}^*(\omega). \tag{6.5.4}$$

Die Korrelationsfunktion der Störung ist nun durch

$$\overline{H'_{nm}(t_1)H'^*_{nm}(t_2)} = e^2 \left|\sum_N [\mathbf{x}_N]_{nm}\right|^2 \int_{-\infty}^{\infty} d\omega\, \mathcal{P}(\omega) \exp\Big(-i\omega(t_1 - t_2)\Big) \tag{6.5.5}$$

gegeben. Für die in den Gleichungen (6.4.1) und (6.4.4) eingeführte Funktion $F_{nm}(\omega)$ heisst das:

$$F_{nm}(\omega) = e^2 \left|\sum_N [\mathbf{x}_N]_{nm}\right|^2 \mathcal{P}(\omega). \tag{6.5.6}$$

Die Gleichung (6.4.7) gibt dann die Rate an, mit der ein Atom aus einem Anfangszustand $m = 1$ in einen Zustand n höherer oder niedrigerer Energie übergeht:

$$\Gamma(1 \to n) = \frac{2\pi e^2}{\hbar^2} \left|\sum_N [\mathbf{x}_N]_{n1}\right|^2 \mathcal{P}(\omega_{n1}) \tag{6.5.7}$$

mit $\omega_{nm} = (E_n - E_m)/\hbar$.

Man kann die Funktion $\mathcal{P}(\omega)$ mit der Frequenzverteilung der Energie im fluktuierenden Feld in Beziehung bringen. Bei Strahlung hat das magnetische Feld $\mathbf{B}$ denselben Betrag wie das elektrische Feld, somit ist die Energiedichte (in Gaußschen CGS-Einheiten) $[\mathbf{E}^2 + \mathbf{B}^2]/8\pi = \mathbf{E}^2/4\pi$. Setzt man in Gleichung (6.5.3) $t_1 = t_2$ und summiert man über $i = j$, so erhält man die mittlere Energiedichte der Strahlung:

$$\rho = \frac{1}{4\pi}\overline{\mathbf{E}^2(t)} = \frac{3}{4\pi}\int_{-\infty}^{\infty} d\omega\, \mathcal{P}(\omega) = \frac{3}{2\pi}\int_0^{\infty} d\omega\, \mathcal{P}(\omega). \tag{6.5.8}$$

Die Energiedichte zwischen den Kreisfrequenzen der Größe $|\omega|$ und $|\omega| + d|\omega|$ ist somit $(3/2\pi)\mathcal{P}(|\omega|)\, d|\omega|$. Um dies mit den in Kapitel 1 angegebenen Ergebnissen zu vergleichen, können wir dies in eine Energieverteilung für Frequenzen $\nu = |\omega|/2\pi$ umwandeln: Die Energiedichte zwischen den Frequenzen ν und $\nu + d\nu$ ist

$$\rho(\nu)d\nu = (3/2\pi)\mathcal{P}(|\omega|)\, d|\omega| = 3\,\mathcal{P}(2\pi\nu)d\nu\,, \tag{6.5.9}$$

somit können wir Gleichung (6.5.7) als

$$\Gamma(1 \to n) = \frac{2\pi e^2}{3\hbar^2} \left|\sum_N [\mathbf{x}_N]_{n1}\right|^2 \rho(\nu_{n1}) \tag{6.5.10}$$

schreiben mit $\nu_{nm} = |\omega_{nm}|/2\pi = |E_n - E_m|/h$. Wie wir in Abschnitt 1.2 gesehen haben, führte Einstein als Koeffizient von $\rho(\nu_{n1})$ bei der Absorptionsrate (falls $E_n > E_1$) oder der stimulierten Emission (falls $E_1 > E_n$) eine Konstante B_1^n ein, sodass in beiden Fällen

$$B_1^n = \frac{2\pi e^2}{3\hbar^2} \left|\sum_N [\mathbf{x}_N]_{n1}\right|^2 \tag{6.5.11}$$

ist. Für Wasserstoff oder ein Alkalimetall, wo im Wesentlichen ein einzelnes Elektron mit der Strahlung wechselwirkt, nimmt dies die bekannte Form

$$B_1^n = \frac{2\pi e^2}{3\hbar^2} \left|[\mathbf{x}]_{n1}\right|^2 \tag{6.5.12}$$

an. Das stimmt mit dem Ergebnis (1.4.6) überein, das historisch aus der klassischen Formel (1.4.1) für die Strahlung eines geladenen Oszillators und aus der Beziehung (1.2.16) hergeleitet wurde. Letztere ergab sich aus Überlegungen zum Gleichgewicht eines solchen Oszillators mit der Schwarzkörperstrahlung. Die historische Herleitung können wir nun umkehren und mithilfe der Gleichungen (6.5.11) und (1.2.16) auf die Formel (1.4.5) für die Rate der spontanen Emission in einem Übergang $1 \to n$ schließen, nämlich

$$A_1^n = \frac{4e^2|\omega_{n1}|^3}{3c^3\hbar} \left|[\mathbf{x}]_{n1}\right|^2, \tag{6.5.13}$$

ohne uns auf eine Analogie zur klassischen Elektrodynamik zu beziehen. Dieses Resultat wurde ursprünglich im Jahr 1926 von Dirac angegeben.[1] Das gleiche Resultat werden wir in Abschnitt 11.7 durch eine direkte Rechnung erhalten, bei der wir die Wechselwirkung eines Atoms mit dem quantisierten elektromagnetischen Feld betrachten.

6.6 Die adiabatische Näherung

In manchen Fällen ist der Hamiltonian eine Funktion $H[s]$ von einem oder mehreren Parametern, kollektiv mit s bezeichnet, die langsam veränderliche Funktionen $s(t)$ der Zeit sind.[2] Nehmen wir beispielsweise einen Spin in einem langsam veränderlichen Magnetfeld; in diesem Fall besteht $s(t)$ aus den drei Feldkomponenten. In solchen Fällen können wir die Lösung der zeitabhängigen Schrödinger-Gleichung durch Anwendung der sogenannten **adiabatischen Näherung** bestimmen.[3]

Für jedes s können wir einen vollständigen orthonormalen Satz von Eigenzuständen $\Phi_n[s]$ von $H[s]$ mit Eigenwerten $E_n(s)$ bestimmen:

$$H[s]\Phi_n[s] = E_n[s]\Phi_n[s], \qquad \Big(\Phi_n[s], \Phi_m[s]\Big) = \delta_{nm}. \tag{6.6.1}$$

Da die Eigenzustände $\Phi_n[s]$ und $\Phi_n[s']$ für jedes Parameterpaar s und s' beide vollständige orthonormale Sätze bilden, sind sie durch eine unitäre Transformation verknüpft. Bezeichnen wir den Anfangswert von $s(t)$ bei $t = 0$ mit $s(0) = s_0$, so gibt es insbesondere

1 P. A. M. Dirac, Proc. Roy. Soc. Lond. **A112**, 661 (1926).

2 In diesem Abschnitt verwenden wir eckige Klammern, um die Abhängigkeit verschiedener Größen von s anzudeuten, und runde Klammern, um die Abhängigkeit von der Zeit anzudeuten.

3 Diese Näherung wurde in der modernen Quantenmechanik von M. Born und V. Fock, Zeit. f. Physik **51**, 165 (1928) eingeführt. Für eine zugänglichere Quelle siehe Albert Messiah, *Quantum Mechanics* (North-Holland Publishing Co., 1962), Band II, Kapitel XVII, Abschnitte 10–14.

einen unitären Operator $U[s]$, für den

$$\Phi_n[s] = U[s]\Phi_n[s_0], \qquad U[s]^{-1} = U[s]^\dagger, \qquad U[s_0] = 1 \tag{6.6.2}$$

gilt mit

$$U[s] = \sum_n \Phi_n[s]\Phi_n^\dagger[s_0]. \tag{6.6.3}$$

Wir können den Hamiltonian so transformieren,

$$\tilde{H}[s] \equiv U[s]^\dagger H[s] U[s], \tag{6.6.4}$$

dass seine Eigenzustände nicht von s abhängen, obwohl die Eigenwerte von s abhängen:

$$\tilde{H}[s]\Phi_n[s_0] = E_n[s]\Phi_n[s_0]. \tag{6.6.5}$$

Wenn wir also einen Operator O in der Form

$$O_{nm} \equiv \Big(\Phi_n[s_0], O\,\Phi_m[s_0]\Big) \tag{6.6.6}$$

definieren, so ist der transformierte Hamiltonian in dieser Basis

$$\tilde{H}_{nm}[s] = E_n[s]\delta_{nm}. \tag{6.6.7}$$

Die zeitabhängige Schrödinger-Gleichung

$$i\hbar\frac{d}{dt}\Psi(t) = H[s(t)]\Psi(t), \tag{6.6.8}$$

können wir nun in die Gestalt

$$i\hbar\frac{d}{dt}\tilde{\Psi}(t) = \Big\{\tilde{H}[s(t)] + \Delta(t)\Big\}\tilde{\Psi}(t) \tag{6.6.9}$$

bringen mit

$$\tilde{\Psi}(t) \equiv U[s(t)]^\dagger \Psi(t) \tag{6.6.10}$$

und

$$\Delta(t) \equiv i\hbar\left[\frac{d}{dt}U[s(t)]\right]^\dagger U[s(t)]. \tag{6.6.11}$$

Da U unitär ist, gilt $\dot{U}^\dagger U + U^\dagger \dot{U} = 0$, und somit ist Δ hermitesch.

An dieser Stelle ist es verlockend, den Operator $\Delta(t)$ gegenüber dem Operator $\tilde{H}[s(t)]$ zu vernachlässigen, weil $\Delta(t)$ im Gegensatz zu $\tilde{H}[s(t)]$ die Änderungsrate der Eigenvektoren von $H[s(t)]$ beinhaltet. Das ist aber nicht gerechtfertigt, weil wir – egal wir langsam sich die Parameter des Hamiltonian $s(t)$ entwickeln – die Differenzialgleichung (6.6.9) bis zu Zeiten integrieren wollen, die so lang sind, dass sich $s(t)$ bis dahin um einen nicht vernachlässigbaren Betrag geändert hat. Die Länge dieses Zeitintervalls kann die geringe Größe des Operators $\Delta(t)$ ausgleichen; wir können ihn im Allgemeinen also nicht vernachlässigen.

Um dieses Problem zu lösen, führen wir eine weitere unitäre Transformation aus. Wir definieren den unitären Operator $V(t)$ durch die Differenzialgleichung

$$i\hbar \frac{d}{dt} V(t) = \tilde{H}[s(t)] V(t) \tag{6.6.12}$$

und die Anfangsbedingung $V(0) = 1$. Die Lösung ist in der Basis (6.6.6) trivial:

$$V_{nm}(t) = \delta_{nm} \exp\Big(i\phi_n(t)\Big), \tag{6.6.13}$$

wobei $\phi_n(t)$ eine sogenannte **dynamische Phase** ist:

$$\phi_n(t) = -\frac{1}{\hbar} \int_0^t E_n[s(\tau)]\, d\tau. \tag{6.6.14}$$

Mithilfe von Gleichung (6.6.12) können wir Gleichung (6.6.9) in der Form

$$i\hbar \frac{d}{dt} \tilde{\tilde{\Psi}}(t) = \tilde{\Delta}(t) \tilde{\tilde{\Psi}}(t) \tag{6.6.15}$$

schreiben mit

$$\tilde{\tilde{\Psi}}(t) \equiv V(t)^\dagger \tilde{\Psi}(t) = V(t)^\dagger U(t)^\dagger \Psi(t) \tag{6.6.16}$$

und

$$\tilde{\Delta}(t) \equiv V(t)^\dagger \Delta(t) V(t). \tag{6.6.17}$$

In der Darstellung (6.6.6) ergibt Gleichung (6.6.13)

$$\begin{aligned} \tilde{\Delta}_{nm}(t) &= \Delta_{nm}(t) \exp\Big[i\phi_m(t) - i\phi_n(t)\Big] \\ &= \Delta_{nm}(t) \exp\left[\frac{i}{\hbar}\int_0^t \Big[E_n[s(t)] - E_m[s(t)]\Big]\, dt\right]. \end{aligned} \tag{6.6.18}$$

Ist nun die relative Änderung von $s(t)$ für alle $n \neq m$ sehr klein im Vergleich zu $(E_n[s] - E_m[s])/\hbar$ (was nur bei fehlender Entartung möglich ist), so wird der Phasenfaktor in Gleichung (6.6.18) in einem Zeitraum, der so lang ist, dass sich $s(t)$ merklich ändert, viele Male oszillieren. Das verhindert das Anwachsen der nichtdiagonalen Komponenten von $\tilde{\Delta}$. Daher können trotz ihres geringen Betrags nur die diagonalen Komponenten des Operators $\tilde{\Delta}$ zur Langzeitentwicklung des Zustandsvektors beitragen, sodass wir effektiv die Ersetzung

$$\tilde{\Delta}_{nm}(t) \to \delta_{nm}\rho_n(t) \tag{6.6.19}$$

vornehmen können, wobei $\rho_n(t)$ die reelle Größe

$$\begin{aligned} \rho_n(t) \equiv \tilde{\Delta}_{nn}(t) = \Delta_{nn}(t) &= i\hbar \left(\left[\frac{d}{dt} U[s(t)]\right]^\dagger U[s(t)]\right)_{nn} \\ &= i\hbar \left(\frac{d}{dt}\Phi_n[s(t)], \Phi_n[s(t)]\right) \end{aligned} \tag{6.6.20}$$

ist. Die Lösung von Gleichung (6.6.15) ist dann

$$\begin{aligned}\tilde{\tilde{\Psi}}(t) &= \sum_n \Phi_n[s_0]\exp[i\gamma_n(t)]\Big(\Phi_n[s_0], \tilde{\tilde{\Psi}}(0)\Big)\\ &= \sum_n \Phi_n[s_0]\exp[i\gamma_n(t)]\Big(\Phi_n[s_0], \Psi(0)\Big),\end{aligned} \tag{6.6.21}$$

mit der Phase

$$\gamma_n(t) = -\frac{1}{\hbar}\int_0^t \rho_n(\tau)\,d\tau. \tag{6.6.22}$$

Zusammen mit den Gleichungen (6.6.16), (6.6.2) und (6.6.13) ergibt sich als Lösung der zeitabhängigen Schrödinger-Gleichung (6.6.8)

$$\begin{aligned}\Psi(t) = U(t)V(t)\tilde{\tilde{\Psi}}(t) &= \sum_n U(t)\Phi_n[s_0]\,\Big(\Phi_n[s_0],\; V(t)\tilde{\tilde{\Psi}}(t)\Big)\\ &= \sum_n \exp[i\phi_n(t)]\exp[i\gamma_n(t)]\Phi_n[s(t)]\Big(\Phi_n[s_0], \Psi(0)\Big).\end{aligned} \tag{6.6.23}$$

Abgesehen von den Phasen $\phi_n(t)$ und $\gamma_n(t)$ liefert die adiabatische Näherung also die Vorschrift, dass wir die Zeitabhängigkeit des Zustandsvektors dadurch bestimmen, dass wir ihn in Eigenzustände von $H[s(t)]$ zerlegen und jeder Komponente gerade eine solche Zeitabhängigkeit geben, dass sie ein Eigenzustand von $H[s(t)]$ bleibt.

Wie bereits erwähnt, gilt dies nur, wenn keine Entartung vorliegt. Wenn eine Entartung vorliegt, können wir n durch einen Multiindex $N\nu$ ersetzen: Die Energie wird mit N, M usw. gekennzeichnet, sodass $E_N \neq E_M$ für $N \neq M$ gilt, während ν, μ usw. die Zustände mit einer gegebenen Energie bezeichnen. In diesem Fall wird der Operator $\tilde{\Delta}$ in Gleichung (6.6.15) durch

$$\tilde{\Delta}_{N\nu,M\mu}(t) \to \delta_{NM}R^{(N)}_{\nu\mu}(t) \tag{6.6.24}$$

ersetzt, wobei $R^{(N)}$ ein hermitescher Operator im Raum der Zustände mit Energie E_N ist:

$$\begin{aligned}R^{(N)}_{\nu\mu}(t) \equiv& \tilde{\Delta}_{N\mu,N\nu}(t) = \Delta_{N\mu,N\nu}(t) = i\hbar\left(\left[\frac{d}{dt}U[s(t)]\right]^{\dagger} U[s(t)]\right)_{N\mu,N\nu}\\ =& i\hbar\left(\frac{d}{dt}\Phi_{N\mu}[s(t)], \Phi_{N\nu}[s(t)]\right).\end{aligned} \tag{6.6.25}$$

Mit den gleichen Überlegungen, die auf Gleichung (6.6.23) geführt haben, erhalten wir für die Lösung der zeitabhängigen Schrödinger-Gleichung (6.6.8) hier

$$\Psi(t) = \sum_N \exp[i\phi_N(t)]\sum_{\mu\nu}\Gamma^{(N)}_{\mu\nu}(t)\Phi_{N\mu}[s(t)]\Big(\Phi_{N\nu}[s_0], \Psi(0)\Big)\,, \tag{6.6.26}$$

wobei die dynamische Phase $\phi_N(t)$ durch Gleichung (6.6.14) mit N anstelle von n gegeben ist; $\Gamma^{(N)}(t)$ ist eine unitäre Matrix, die als Lösung der Gleichung

$$i\hbar\frac{d}{dt}\Gamma^{(N)}(t) = R^{(N)}(t)\Gamma^{(N)}(t) \tag{6.6.27}$$

mit der Anfangsbedingung $\Gamma^{(N)}(0) = 1$ definiert ist. Im entarteten Fall tritt diese unitäre Matrix an die Stelle des Phasenfaktors $e^{i\gamma_n(t)}$.[4]

4 F. Wilczek und A. Zee, Phys. Rev. Lett. **52**, 2111 (1984).

6.7 Die Berry-Phase

Die nicht-dynamische Phase $\gamma_n(t)$, die in der adiabatischen Lösung (6.6.23) der zeitabhängigen Schrödinger-Gleichung auftaucht, hat interessante Eigenschaften und physikalische Anwendungen, die erstmals von Michael Berry erkannt wurden.[5] Zuerst sollte man bedenken, dass $\gamma_n(t)$ **geometrisch** ist – das heißt, die Phase hängt vom Pfad des Hamiltonians durch den Parameterraum von $s(0)$ nach $s(t)$ ab, aber nicht von der Zeitabhängigkeit der Reise entlang dieses Pfades. Davon kann man sich überzeugen, indem man die Gleichungen (6.6.20) und (6.6.22) kombiniert und das Ergebnis als

$$\gamma_n(t) = -i \int_{C(t)} \sum_i ds_i \left(\frac{\partial}{\partial s_i} \Phi_n[s], \Phi_n[s] \right) \tag{6.7.1}$$

schreibt, wobei $C(t)$ besagt, dass das Integral entlang des Pfades durch den Parameterraum des Hamiltonians genommen werden soll, der durch $s(\tau)$ von $\tau = 0$ bis $\tau = t$ festgelegt wird.

Es ist ebenso wichtig, festzustellen, dass $\gamma_n(t)$ an sich nicht physikalisch signifikant ist, denn man kann die Energieeigenzustände $\Phi_n[s]$ immer um beliebige s-abhängige Phasen

$$\Phi_n[s] \to e^{i\alpha_n[s]} \Phi_n[s] \tag{6.7.2}$$

ändern. Das bewirkt in der Phase $\gamma_n(t)$ die Verschiebung

$$\gamma_n(t) \to \gamma_n(t) + \alpha_n[s(0)] - \alpha_n[s(t)], \tag{6.7.3}$$

wovon der Zustandsvektor (6.6.23) natürlich unberührt bleibt. Von physikalischer Bedeutung sind die **Klassen** von Phasen γ_n, die in dem Sinne äquivalent sind, dass sie miteinander durch die Transformation (6.7.3) verknüpft werden können.

Wie Berry beobachtete, sind diese Klassen im Allgemeinen nicht trivial – das heißt, dass es im Allgemeinen nicht möglich ist, die Phase $\gamma_n(t)$ durch einen Wechsel (6.7.2) der Basiszustände zu eliminieren. Um solche Fälle zu identifizieren, muss man lediglich die Phase $\gamma_n(t)$ betrachten, die zu einem Pfad $C(t)$ gehört, der bei $t = 0$ beginnt und zu einer späteren Zeit t am selben Punkt endet. Diese Phase ist offensichtlich unabhängig davon, wie wir die Phasen der Energieeigenzustände $\Phi_n[s]$ für s bei dazwischenliegenden Punkten auf dieser Kurve wählen. Kann also $\gamma_n(t)$ durch eine Transformation wie (6.7.2) eliminiert werden, so muss die Phase $\gamma_n(t)$ für eine geschlossene Kurve verschwinden, egal was für Phasen wir für $\Phi_n[s]$ wählen. Umgekehrt muss, wenn die Phasen (6.7.1) für alle geschlossenen Kurven verschwinden, die Phase, die zu einem bestimmten Pfad von $s(0)$ nach $s(t)$ gehört, die gleiche wie für jeden anderen Pfad sein, denn die Differenz dieser Phasen ist die Phase, die zu einer geschlossenen Kurve gehört, die zunächst von $s(0)$ zu $s(t)$ entlang des ersten Pfades und dann zurück zu $s(0)$ entlang des zweiten Pfades verläuft. Das würde bedeuten, dass $\gamma_n(t)$ eine Funktion nur von $s(t)$ ist, und daher durch

5 M. V. Berry, Proc. Roy. Soc. Lond. A **392**, 45 (1984).

eine Transformation der Form (6.7.3) eliminiert werden kann. Wir werden von nun an die Phase γ_n, die zu einer geschlossenen Kurve C gehört, mit $\gamma_n[C]$ bezeichnen; sie wird oft **Berry-Phase** genannt.

Man kann die Berry-Phase in eine Form bringen, die für Rechnungen praktisch ist und ihre Unabhängigkeit von der Phasenkonvention für die Basiszustände $\Phi_n[s]$ manifestiert. Mithilfe einer verallgemeinerten Version des Stokesschen Satzes kann man das Linienintegral (6.7.1) als ein Integral über eine beliebige Oberfläche $A[C]$ ausdrücken, die die geschlossene Kurve C als Rand hat:

$$\gamma_n[C] = -i \iint_{A[C]} \sum_{ij} dA_{ij} \frac{\partial}{\partial s_i} \left(\frac{\partial}{\partial s_j} \Phi_n[s], \Phi_n[s] \right), \tag{6.7.4}$$

wobei $dA_{ij} = -dA_{ji}$ das Tensorelement der Oberfläche ist.[6] Wenn der Hamiltonian beispielsweise nur von drei unabhängigen Parametern s_i abhängt, gilt $dA_{ij} = \sum_k \epsilon_{ijk} e_k dA$, wobei ϵ_{ijk} wie üblich der vollständig antisymmetrische Tensor mit $\epsilon_{123} = +1$ ist; dA ist das übliche Flächenelement der Oberfläche; und $\mathbf{e}$ ist der Einheitsnormalenvektor der Oberfläche. (Wir verwenden $\mathbf{e}$ statt des üblichen $\mathbf{n}$ für den Einheitsnormalenvektor, um Verwechslungen mit dem Index n des Zustandsvektors zu vermeiden.) In diesem Fall ist Gleichung (6.7.4) das Ergebnis des üblichen Stokesschen Satzes:

$$\gamma_n[C] = -i \iint_{A[C]} dA\, \mathbf{e}[s] \cdot \Big(\boldsymbol{\nabla} \times (\boldsymbol{\nabla} \Phi_n[\mathbf{s}], \Phi_n[\mathbf{s}]) \Big), \tag{6.7.5}$$

wobei die Gradienten hier bezüglich der drei s_i gebildet werden.

Kehren wir nun zum allgemeinen Fall zurück, so stellen wir fest, dass Gleichung (6.7.4) aufgrund der Antisymmetrie von dA_{ij} in i und j als

$$\begin{aligned} \gamma_n[C] &= i \iint_{A[C]} \sum_{ij} dA_{ij} \left(\frac{\partial}{\partial s_i} \Phi_n[s], \frac{\partial}{\partial s_j} \Phi_n[s] \right) \\ &= i \iint_{A[C]} \sum_{ij} dA_{ij} \sum_m \left(\frac{\partial}{\partial s_i} \Phi_n[s], \Phi_m[s] \right) \left(\Phi_m[s], \frac{\partial}{\partial s_j} \Phi_n[s] \right) \end{aligned} \tag{6.7.6}$$

geschrieben werden kann. Leiten wir $(\Phi_n[s], \Phi_n[s]) = 1$ ab, so erhalten wir

$$\left(\frac{\partial}{\partial s_i} \Phi_n[s], \Phi_n[s] \right) = -\left(\Phi_n[s], \frac{\partial}{\partial s_i} \Phi_n[s] \right),$$

und somit ist der Beitrag des Terms mit $m = n$ in Gleichung (6.7.6)

$$-i \iint_{A[C]} \sum_{ij} dA_{ij} \left(\frac{\partial}{\partial s_i} \Phi_n[s], \Phi_n[s] \right) \left(\frac{\partial}{\partial s_j} \Phi_n[s], \Phi_n[s] \right),$$

6 Für eine ebene Kurve C in der kl-Ebene in einer beliebigen Dimension ist das Integral $\sum_{ij} \int_{A[C]} dA_{ij}\, T_{ij}$ eines Tensors T_{ij} gleich dem gewöhnlichen Integral von $T_{kl} - T_{lk}$ über die von C eingeschlossene Fläche $A[C]$. Den Fall einer Kurve, die nicht eben ist, kann man behandeln, indem man die eingeschlossene Fläche in kleine ebene Flächen aufteilt; das Integral ist dann die Summe der Integrale über diese kleinen Flächen.

und dieser verschwindet, weil dA_{ij} antisymmetrisch ist. Andererseits kann man die Ausdrücke mit $m \neq n$ in eine Gestalt bringen, in der keine Ableitungen der Energieeigenzustände vorkommen. Leiten wir die Schrödinger-Gleichung (6.6.1) nach s_j ab und bilden dann das Skalarprodukt mit $\Phi_m[s]$ für $m \neq n$, so erhalten wir

$$\left(E_n[s] - E_m[s]\right)\left(\Phi_m[s], \frac{\partial}{\partial s_j}\Phi_n[s]\right) = \left(\Phi_m[s], \left[\frac{\partial H[s]}{\partial s_j}\right]\Phi_n[s]\right), \tag{6.7.7}$$

sodass Gleichung (6.7.6) in der Form

$$\gamma_n[C] = i\iint_{A[C]} \sum_{ij} dA_{ij} \times \sum_{m\neq n}\left(\Phi_n[s], \left[\frac{\partial H[s]}{\partial s_i}\right]\Phi_m[s]\right)^*\left(\Phi_n[s], \left[\frac{\partial H[s]}{\partial s_j}\right]\Phi_m[s]\right) \\ \times \left(E_m[s] - E_n[s]\right)^{-2} \tag{6.7.8}$$

geschrieben werden kann. Diese Schreibweise macht deutlich, dass die Berry-Phase nicht von der für die Energieeigenzustände gewählten Konvention abhängt. Anders als die dynamische Phase hängt die Berry-Phase auch nicht von der Skala des Hamiltonians ab: Multipliziert man $H[s]$ mit einer Konstante λ, so hat das den Effekt, dass sowohl $\partial H[s]/\partial s_i$ als auch $E_m[s] - E_n[s]$ mit λ multipliziert werden, sodass sich die Faktoren λ in Gleichung (6.7.8) wegheben. Ein weiterer Vorteil von Gleichung (6.7.8) besteht darin, dass es im Allgemeinen einfacher ist, die Ableitung des Hamiltonians nach den Parametern s_i zu berechnen als die Ableitung der Energieeigenzustände. Dieser Ausdruck für die Berry-Phase ist reell, weil das Flächenelement dA_{ij} antisymmetrisch ist.

Im speziellen Fall, dass i und j drei Werte durchlaufen, erhält Gleichung (6.7.8) die Gestalt

$$\gamma_n[C] = \iint_{A[C]} dA\, \mathbf{e}[s] \cdot \mathbf{V}_n[s], \tag{6.7.9}$$

wobei $\mathbf{e}[s]$ der Einheitsvektor senkrecht zur Fläche $A[C]$ am Punkt s und $\mathbf{V}_n[s]$ ein Dreiervektor im Parameterraum ist:

$$\mathbf{V}_n[s] \equiv i\sum_{m\neq n}\left\{\left(\Phi_n[s], \left[\nabla H[s]\right]\Phi_m[s]\right)^* \times \left(\Phi_n[s], \left[\nabla H[s]\right]\Phi_m[s]\right)\right\} \times \left(E_m[s] - E_n[s]\right)^{-2}. \tag{6.7.10}$$

Dieser Formalismus hat eine natürliche Anwendung auf den Fall eines Teilchens oder eines anderen Systems mit nicht-verschwindendem Drehimpuls $\mathbf{J}$ in einem langsam veränderlichen Magnetfeld. Wie schon erwähnt, sind die Parameter s_i hier die Komponenten des Magnetfelds $\mathbf{B}$. Als Hamiltonian verwenden wir

$$H[\mathbf{B}] = \kappa\mathbf{B} \cdot \mathbf{J} + H_0, \tag{6.7.11}$$

wobei κ eine mit dem magnetischen Moment verwandte Konstante ist und H_0 nicht vom Magnetfeld oder irgendeinem anderen externen Feld abhängt und daher mit $\mathbf{J}$ kommutiert. Die Energieeigenzustände sind Eigenzustände der Komponente von $\mathbf{J}$ entlang $\mathbf{B}$, sowie Eigenzustände von $\mathbf{J}^2$ und H_0,

$$\hat{B} \cdot \mathbf{J}\Phi_n[\mathbf{B}] = \hbar n \Phi_n[\mathbf{B}], \quad \mathbf{J}^2\Phi_n[\mathbf{B}] = \hbar^2 j(j+1)\Phi_n[\mathbf{B}], \quad H_0\Phi_n[\mathbf{B}] = E_0\Phi_n[\mathbf{B}], \tag{6.7.12}$$

mit Energien

$$E_n[\mathbf{B}] = \kappa|\mathbf{B}|\hbar n + E_0, \tag{6.7.13}$$

wobei n ganzzahlig oder halb-ganzzahlig ist und von $-j$ bis $+j$ in Einerschritten läuft. Im Sinne der adiabatischen Näherung konzentrieren wir uns auf einen Wert von n und einen Wert von E_0, während sich das Magnetfeld ändert. Wie versprochen, heben sich die Faktoren κ im Dreiervektor (6.7.10) weg, der hier die Gestalt

$$\mathbf{V}_n[\mathbf{B}] \equiv \frac{i}{\hbar^2|\mathbf{B}|^2} \sum_{m \neq n} \left\{ (\Phi_n[\mathbf{B}], \mathbf{J}\Phi_m[\mathbf{B}])^* \times (\Phi_n[\mathbf{B}], \mathbf{J}\Phi_m[\mathbf{B}]) \right\} \times (m-n)^{-2} \tag{6.7.14}$$

annimmt.

Wir werden zunächst diesen Dreiervektor für einen speziellen Wert von $\mathbf{B}$ im Bereich $A[C]$ im Feldraum berechnen. Zu diesem Zweck ist es praktisch, die 3-Achse entlang der Richtung von $\mathbf{B}$ zu wählen. Da Φ_m und Φ_n dann Eigenzustände von J_3 sind, hat das Matrixelement $(\Phi_n[\mathbf{B}], \mathbf{J}\Phi_m[\mathbf{B}])$ mit $n \neq m$ nur Komponenten in der 1-2-Ebene, und somit weist (6.7.14) in die 3-Richtung. Ferner ist für die einzigen Zustände Φ_m, für die entweder $(\Phi_n[\mathbf{B}], J_1\Phi_m[\mathbf{B}])$ oder $(\Phi_n[\mathbf{B}], J_2\Phi_m[\mathbf{B}])$ nicht verschwinden, $m = n \pm 1$, und für diese Zustände gilt also $(m-n)^2 = 1$. Damit verschwindet nur die 3-Komponente des Vektors (6.7.14) nicht:

$$\begin{aligned} V_{n3}[\mathbf{B}] = \frac{i}{\hbar^2|\mathbf{B}|^2} \sum_{\pm} \Bigg[& \Big(\Phi_n[\mathbf{B}], J_1\Phi_{n\pm1}[\mathbf{B}]\Big)^* \Big(\Phi_n[\mathbf{B}], J_2\Phi_{n\pm1}[\mathbf{B}]\Big) \\ & - \Big(\Phi_n[\mathbf{B}], J_2\Phi_{n\pm1}[\mathbf{B}]\Big)^* \Big(\Phi_n[\mathbf{B}], J_1\Phi_{n\pm1}[\mathbf{B}]\Big)\Bigg] \\ = \frac{1}{2\hbar^2|\mathbf{B}|^2} \sum_{\pm} \Bigg\{ & \Big|\Big(\Phi_n[\mathbf{B}], (J_1 + iJ_2)\Phi_{n\pm1}[\mathbf{B}]\Big)\Big|^2 - \Big|\Big(\Phi_n[\mathbf{B}], (J_1 - iJ_2)\Phi_{n\pm1}[\mathbf{B}]\Big)\Big|^2 \Bigg\}. \end{aligned}$$

Nach den Ergebnissen aus Abschnitt 4.2 sind die nicht-verschwindenden Matrixelemente hier

$$\Big(\Phi_n[\mathbf{B}], (J_1 + iJ_2)\Phi_{n-1}[\mathbf{B}]\Big) = \hbar\sqrt{(j-n+1)(j+n)}$$

und

$$\Big(\Phi_n[\mathbf{B}], (J_1 - iJ_2)\Phi_{n+1}[\mathbf{B}]\Big) = \hbar\sqrt{(j-n)(j+n+1)},$$

und somit gilt

$$V_{n3}[\mathbf{B}] = \frac{n}{|\mathbf{B}|^2}, \quad V_{n1}[\mathbf{B}] = V_{n2}[\mathbf{B}] = 0.$$

Dies können wir in eine Form bringen, die nicht von unserer Wahl abhängt, die 3-Achse entlang von **B** zu legen:

$$\mathbf{V}_n[\mathbf{B}] = \frac{n\mathbf{B}}{|\mathbf{B}|^3}, \tag{6.7.15}$$

was in dieser Form überall gilt. Die Berry-Phase (6.7.9) ist daher

$$\gamma_n[C] = n \iint_{A[C]} dA\, \frac{\mathbf{B} \cdot \mathbf{e}[\mathbf{B}]}{|\mathbf{B}|^3}, \tag{6.7.16}$$

wobei das Integral über eine beliebige, von der Kurve C umschlossene Fläche im Raum des magnetischen Feldvektors genommen wird. Dieses Integral können wir mit dem Gaußschen Satz auswerten. Wir zeichnen einen Kegel (keinen kreisförmigen Kegel, außer C ist ein Kreis) mit Grundfläche $A[C]$ und Seitenflächen, die vom Ursprung im Feldraum zur Kurve C verlaufen. Dann können wir das Integral (6.7.16) als ein Integral über die ganze Kegeloberfläche schreiben, da die Normale **e** auf den Seiten dieses Kegels senkrecht zu **B** steht und diese Seiten somit nichts zum Flächenintegral beitragen. Der Gaußsche Satz besagt dann, dass das Integral der Normalkomponente des Vektors $\mathbf{B}/|\mathbf{B}|^3$ über $A[C]$ gleich dem Integral der Divergenz dieses Vektors über das Kegelvolumen $V[C]$ ist:

$$\gamma_n[C] = n \int_{V[C]} d^3B\, \boldsymbol{\nabla} \cdot \frac{\mathbf{B}}{|\mathbf{B}|^3}. \tag{6.7.17}$$

Die Divergenz von $\mathbf{B}/|\mathbf{B}|^3$ verschwindet überall, mit Ausnahme einer Singularität $4\pi\delta^3(\mathbf{B})$ am Ursprung. Diese Singularität ist kugelsymmetrisch, somit ist das Integral über **B** in Gleichung (6.7.17) gerade gleich 4π mal dem Bruchteil der ganzen Kugel, der vom Kegel eingenommen wird. Dieser Bruchteil ist der von C aufgespannte Raumwinkel $\Omega[C]$ gesehen vom Ursprung des Feldraums, geteilt durch 4π. Somit ist das Integral einfach $\Omega[C]$, und die Berry-Phase ist

$$\gamma_n[C] = n\,\Omega[C]. \tag{6.7.18}$$

Ändert sich zum Beispiel das Magnetfeld nur in seiner Richtung bei festgehaltener 3-Komponente, so ist C ein Kreis mit festem B_3 und $|\mathbf{B}|$, und die Berry-Phase ist

$$\gamma_n[C] = n \int_0^{\arccos(B_3/|\mathbf{B}|)} 2\pi \sin\theta\, d\theta = 2\pi n(1 - B_3/|\mathbf{B}|).$$

Es gibt viele andere Stellen in der Physik, wo eine Berry-Phase oder eine zu ihr analoge Phase auftauchen.[7] Einer werden wir in Abschnitt 10.4 über den Aharonov-Bohm-Effekt begegnen.

7 Aspekte solcher Phasen werden behandelt in: *Geometric Phases in Physics*, Hrsg. A. Shapere und F. Wilczek (World Scientific Publishers Co., Singapore, 1989).

Aufgaben zu Kapitel 6

EXTRAS ONLINE
Lösungen

1 Betrachten Sie einen zeitabhängigen Hamiltonian $H = H_0 + H'(t)$ mit

$$H'(t) = U \exp(-t/T),$$

wobei H_0 und U zeitunabhängige Operatoren sind; T ist eine Konstante. Was ist in niedrigster Ordnung in U die Wahrscheinlichkeit dafür, dass die Störung einen Übergang von einem Eigenzustand n von H_0 zu einem anderen Eigenzustand m von H_0 in einem Zeitintervall von $t = 0$ bis zu einer Zeit $t \gg T$ auslösen wird?

2 Berechnen Sie die Ionisationsrate für ein Wasserstoffatom im $2p$-Zustand in einem monochromatischen externen elektrischen Feld, gemittelt über die Drehimpulskomponente in der Richtung des Feldes. (Ignorieren Sie den Spin.)

3 Betrachten Sie einen Hamiltonian $H[s]$, der von einer Anzahl langsam veränderlicher Parameter abhängt, die kollektiv $s(t)$ genannt werden. Was ist die Wirkung auf die Berry-Phase $\gamma_n[C]$ für eine gegebene geschlossene Kurve C, wenn $H[s]$ durch $f[s]H[s]$ ersetzt wird, wobei $f[s]$ eine beliebige reelle numerische Funktion der Parameter s ist?

Lernziele

1 In-Zustände
- Wellenpakete, Lippmann-Schwinger-Gleichung
- Wellenpakete zu frühen Zeiten, Ausbreitung des Wellenpakets

2 Streuamplituden
- Greensche Funktion für die Streuung, Definition der Streuamplitude
- Wellenpaket zu späten Zeiten, Differenzieller Wirkungsquerschnitt

3 Das optische Theorem
- Ableitung des Theorems, Wahrscheinlichkeitserhaltung, Beugungsspitze

4 Die Bornsche Näherung
- Streuamplitude erster Ordnung
- Streuung durch ein abgeschirmtes Coulomb-Potenzial

5 Streuphasen
- Partialwellenentwicklung einer ebenen Welle
- Partialwellenentwicklung einer einlaufenden Wellenfunktion
- Partialwellenentwicklung der Streuamplitude
- Streuquerschnitt, Streulänge und effektive Reichweite

6 Resonanzen
- Dicke Barrieren, Breit-Wigner-Formel
- Zerfallsrate, Alphazerfall, Ramsauer-Townsend-Effekt

7 Zeitliche Verzögerung
- Wigner-Formel, Kausalität

8 Das Theorem von Levinson
- Erhaltung diskreter Zustände, Zunahme der Streuphase

9 Coulomb-Streuung
- Separation der Wellenfunktion
- Kummersche Funktionen, Streuamplitude

10 Die Eikonalnäherung
- WKB-Näherung in drei Dimensionen, Anfangsoberfläche, Strahlengänge
- Berechnung der Phase, Berechnung der Amplitude
- Anwendung auf die Potenzialstreuung

Potenzialstreuung

7

ÜBERBLICK

» Wir beobachten nicht die Bahnen von Teilchen in Molekülen, Atomen oder Atomkernen. Stattdessen müssen wir Information über diese Systeme, die nicht aus den Energien ihrer diskreten Zustände kommt, hauptsächlich aus Streuexperimenten entnehmen. Wie wir in Abschnitt 1.2 gesehen haben, kam ganz zu Beginn der modernen Atomphysik im Jahre 1911 unsere Einsicht, dass die positive Ladung der Atome in einem kleinen schweren Kern konzentriert ist, in der Tat aus einem Streuexperiment, das in Rutherfords Labor ausgeführt wurde. Dabei wurden von Radiumkernen emittierte Alphateilchen von Goldatomen gestreut. Heute erforscht man die Eigenschaften von Elementarteilchen hauptsächlich durch die Untersuchung der Streuung von Elementarteilchen, die aus Hochenergiebeschleunigern kommen.

In diesem Kapitel werden wir die Streutheorie in einem einfachen, aber wichtigen Fall behandeln, nämlich der elastischen Streuung eines nichtrelativistischen Teilchens an einem lokalen Potenzial. Mit modernen Techniken kann man die Vorgehensweise leicht auf allgemeinere Probleme übertragen. Der allgemeine Formalismus der Streutheorie wird im nächsten Kapitel behandelt. «

7.1 In-Zustände

Wir betrachten ein nichtrelativistisches Teilchen der Masse μ in einem Potenzial $V(\mathbf{x})$. Der Hamiltonian lautet

$$H = H_0 + V(\mathbf{X}), \tag{7.1.1}$$

wobei $H_0 = \mathbf{P}^2/2\mu$ der Operator der kinetischen Energie und $\mathbf{X}$ der Ortsoperator ist. Später werden wir uns auf den Fall eines Zentralpotenzials $V(r)$ spezialisieren, das nur von $r \equiv |\mathbf{x}|$ abhängt, aber für den Augenblick ist es genauso leicht, diesen allgemeineren Fall zu betrachten. Wir nehmen $V(\mathbf{x}) \to 0$ für $r \to \infty$ an. Wir werden uns hier nicht mit einem Teilchen in einem gebundenen Zustand befassen, das negative Energie haben würde, sondern mit einem Teilchen positiver Energie, das auf das Potenzial aus einer großen Entfernung mit Impuls $\hbar\mathbf{k}$ kommend trifft und gestreut wird, wonach es sich wieder unendlich weit entfernt, im Allgemeinen aber entlang einer anderen Richtung.

Im Heisenberg-Bild wird dieses Szenario durch einen zeitunabhängigen Zustandsvektor $\Psi^{\text{in}}_{\mathbf{k}}$ beschrieben. Der hochgestellte Index »in« besagt, dass dieser Zustand so ausschaut, als bestünde er aus einem Teilchen mit Impuls $\hbar\mathbf{k}$ fern vom Streuzentrum, würde man Messungen zu sehr frühen Zeiten ausführen. Wir müssen genau überlegen, was mit dieser Formulierung gemeint ist. Zu sehr frühen Zeiten befindet sich das Teilchen an einem Ort, an dem das Potenzial vernachlässigbar ist. Somit hat es eine Energie $\hbar^2\mathbf{k}^2/2\mu$, und sein Zustandsvektor ist daher ein Eigenzustand des Hamiltonians mit

$$H\Psi^{\text{in}}_{\mathbf{k}} = \frac{\hbar^2\mathbf{k}^2}{2\mu}\Psi^{\text{in}}_{\mathbf{k}}. \tag{7.1.2}$$

Folglich ist der zeitabhängige Zustand $\exp(-itH/\hbar)\Psi^{\text{in}}_{\mathbf{k}}$ im Schrödinger-Bild lediglich $\Psi^{\text{in}}_{\mathbf{k}}$ mal einem scheinbar trivialen Phasenfaktor $\exp(-i\hbar t\mathbf{k}^2/2\mu)$. Zur Interpretation der oben gegebenen Definition von $\Psi^{\text{in}}_{\mathbf{k}}$ müssen wir die Zeitabhängigkeit einer **Überlagerung** von Zuständen mit einer Energieverteilung betrachten:

$$\Psi_g(t) = \int d^3k\, g(\mathbf{k})\, \exp(-i\hbar t\mathbf{k}^2/2\mu)\Psi^{\text{in}}_{\mathbf{k}}, \tag{7.1.3}$$

wobei $g(\mathbf{k})$ eine glatte Funktion ist, die bei einer Wellenzahl $\mathbf{k}_0$ eine Spitze hat. Man kann den Zustand $\Psi^{\text{in}}_{\mathbf{k}}$ als die spezielle Lösung der Eigenwertgleichung (7.1.2) mit der zusätzlichen Randbedingung auffassen, dass im Grenzfall $t \to -\infty$ für jede hinreichend glatte Funktion $g(\mathbf{k})$

$$\Psi_g(t) \to \int d^3k\, g(\mathbf{k})\, \exp(-i\hbar t\mathbf{k}^2/2\mu)\Phi_{\mathbf{k}} \tag{7.1.4}$$

gilt. Dabei sind die $\Phi_{\mathbf{k}}$ orthonormale Eigenvektoren des Impulsoperators $\mathbf{P}$ mit Eigenwert $\hbar\mathbf{k}$, also

$$\mathbf{P}\Phi_{\mathbf{k}} = \hbar\mathbf{k}\Phi_{\mathbf{k}}, \qquad \left(\Phi_{\mathbf{k}}, \Phi_{\mathbf{k}'}\right) = \delta^3(\hbar\mathbf{k} - \hbar\mathbf{k}'), \tag{7.1.5}$$

und somit auch Eigenvektoren von H_0 (nicht H!) mit Eigenwert $E(|\mathbf{k}|) = \hbar^2\mathbf{k}^2/2\mu$. (Obwohl man diese Zustände mit ihrer Wellenzahl bezeichnet, erweist es sich als praktisch, sie so zu normieren, dass ihr Skalarprodukt eine Deltafunktion des Impulses und nicht der Wellenzahl ist.) Die Normierungsbedingung $(\Psi_g, \Psi_g) = 1$ entspricht dann der Bedingung

$$\hbar^{-3} \int d^3k \, |g(\mathbf{k})|^2 = 1. \tag{7.1.6}$$

Man kann die Bedingung (7.1.4) ausdrücken, indem man die Schrödinger-Gleichung als eine Integralgleichung umschreibt. Wir können Gleichung (7.1.2) als

$$(E(|\mathbf{k}|) - H_0)\Psi_{\mathbf{k}}^{\text{in}} = V\Psi_{\mathbf{k}}^{\text{in}}$$

schreiben. Diese Gleichung hat eine formale Lösung

$$\Psi_{\mathbf{k}}^{\text{in}} = \Phi_{\mathbf{k}} + \Big(E(|\mathbf{k}|) - H_0 + i\epsilon\Big)^{-1} V\Psi_{\mathbf{k}}^{\text{in}}, \tag{7.1.7}$$

wobei ϵ eine positive infinitesimale Größe ist, die man einsetzt, um dem Operator $(E(|\mathbf{k}|) - H_0 + i\epsilon)^{-1}$ eine Bedeutung zu geben, wenn wir über die Eigenwerte von H_0 integrieren. Man nennt Gleichung (7.1.7) die **Lippmann-Schwinger-Gleichung**.[1] (Es handelt sich lediglich um eine »formale« Lösung, weil der Zustand $\Psi_{\mathbf{k}}^{\text{in}}$ sowohl auf der rechten als auch der linken Seite auftaucht.)

Natürlich hätten wir eine ähnliche formale Lösung der Schrödinger-Gleichung mit einem Nenner $E(|\mathbf{k}|) - H_0 - i\epsilon$ anstelle von $E(|\mathbf{k}|) - H_0 + i\epsilon$ bestimmen können. Wir hätten auch jeden Mittelwert zwischen $E(|\mathbf{k}|) - H_0 - i\epsilon$ und $E(|\mathbf{k}|) - H_0 + i\epsilon$ wählen oder den ersten Term in Gleichung (7.1.7) fallen lassen können. Die spezielle Eigenschaft der besonderen »Lösung« (7.1.7) ist, dass sie auch die Anfangsbedingung (7.1.4) erfüllt.

Um das zu sehen, können wir den Term $V\Psi_{\mathbf{k}}^{\text{in}}$ nach den orthonormalen Zuständen eines freien Teilchens, $\Phi_{\mathbf{q}}$, entwickeln:

$$V\Psi_{\mathbf{k}}^{\text{in}} = \hbar^3 \int d^3q \, \Phi_{\mathbf{q}} \left(\Phi_{\mathbf{q}}, V\Psi_{\mathbf{k}}^{\text{in}}\right). \tag{7.1.8}$$

Dann wird aus Gleichung (7.1.7)

$$\Psi_{\mathbf{k}}^{\text{in}} = \Phi_{\mathbf{k}} + \hbar^3 \int d^3q \left(E(|\mathbf{k}|) - E(|\mathbf{q}\,|) + i\epsilon\right)^{-1} \Phi_{\mathbf{q}} \left(\Phi_{\mathbf{q}}, V\Psi_{\mathbf{k}}^{\text{in}}\right). \tag{7.1.9}$$

Bei der Berechnung des Integrals über $\mathbf{k}$ in Gleichung (7.1.3) stellen wir fest, dass

$$\int d^3k \, g(\mathbf{k}) \, \frac{\exp(-i\hbar t\mathbf{k}^2/2\mu)}{E(|\mathbf{k}|) - E(q) + i\epsilon} = \int d\Omega \int_0^\infty k^2 \, g(\mathbf{k}) \, dk \, \frac{\exp(-i\hbar tk^2/2\mu)}{E(k) - E(q) + i\epsilon}$$

gilt, wobei $d\Omega = \sin\theta \, d\theta \, d\phi$ ist. Wir können das Integral über k in ein Integral über die Energie verwandeln, indem wir $dk = \mu \, dE/k\hbar^2$ verwenden. Für $t \to -\infty$ oszilliert der Exponentialausdruck sehr rasch, sodass nur die Werte von E beitragen, die sehr nahe bei $E(q)$ sind, wo sich der Nenner ebenfalls sehr rasch ändert. Damit können wir für $t \to -\infty$

1 B. Lippmann und J. Schwinger, Phys. Rev. **79**, 469 (1950).

überall $k = q$ setzen, außer in dem rasch veränderlichen Exponentialausdruck und dem Nenner, was auf ein Ergebnis proportional zu

$$\int_{-\infty}^{\infty} \frac{\exp(-iEt/\hbar)}{E - E(q) + i\epsilon} dE$$

führt. (Den Integrationsbereich haben wir auf die ganze reelle Achse ausgedehnt, was erlaubt ist, weil das Integral ohnehin keine nennenswerte Beiträge aus dem Bereich $|E - E(q)| \gg \hbar/|t|$ erhält.) Für $t \to -\infty$ können wir den Integrationsweg mit einem sehr großen Halbkreis in der oberen Hälfte der komplexen Ebene schließen, auf dem der Integrand vernachlässigbar ist, weil der Zähler $\exp(-iEt/\hbar)$ für $\text{Im}E > 0$ und $t \to -\infty$ exponentiell klein ist. Aber die einzige Singularität des Integranden ist ein Pol bei $E = E(q) - i\epsilon$ in der unteren Halbebene; somit verschwindet das Integral für $t \to -\infty$. Damit bleibt nur der Beitrag des ersten Terms in Gleichung (7.1.9) übrig, was Gleichung (7.1.4) für $t \to -\infty$ ergibt.

Um die Bedeutung der Bedingung (7.1.4) klarer zu machen, betrachten wir ihr Skalarprodukt mit einem Zustand $\Phi_{\mathbf{x}}$ mit festem Ort. Dabei verwenden wir die übliche ebene Welle als Wellenfunktion von Zuständen zu festem Impuls. Sie hat, wie wir in Gleichung (3.5.12) gesehen, die folgende Gestalt:

$$\left(\Phi_{\mathbf{x}}, \Phi_{\mathbf{k}}\right) = (2\pi\hbar)^{-3/2} e^{i\mathbf{k}\cdot\mathbf{x}}. \tag{7.1.10}$$

Das Skalarprodukt gibt für $t \to -\infty$

$$\left(\Phi_{\mathbf{x}}, \Psi_g(t)\right) \to (2\pi\hbar)^{-3/2} \int d^3k\, g(\mathbf{k}) \exp\left(i\mathbf{k}\cdot\mathbf{x} - i\hbar t\mathbf{k}^2/2\mu\right). \tag{7.1.11}$$

Wir werden annehmen, dass das Teilchen aus einer großen Entfernung entlang der negativen 3-Achse hereinkommt. Wir interessieren uns also für den Grenzfall sehr großer negativer Werte für t und x_3, wobei aber der Quotient x_3/t endlich sein soll. Wir werden jedoch auch annehmen, dass die Teilchengeschwindigkeit hinreichend eng auf die 3-Richtung beschränkt ist, sodass dort, wo die Funktion $g(\mathbf{k})$ nicht vernachlässigbar ist,

$$\hbar|t|\mathbf{k}_\perp^2/2\mu \ll 1 \tag{7.1.12}$$

gilt. Dabei ist $\mathbf{k}_\perp$ der 2-Vektor (k_1, k_2). Gleichung (7.1.11) können wir dann wie folgt schreiben:

$$\begin{aligned}\left(\Phi_{\mathbf{x}}, \Psi_g(t)\right) \to &(2\pi\hbar)^{-3/2} \int d^2k_\perp \int_{-\infty}^{\infty} dk_3\, g(\mathbf{k}_\perp, k_3) \exp\left(i\mathbf{k}_\perp \cdot \mathbf{x}_\perp\right) \\ &\times \exp\left(ix_3^2\mu/2\hbar t\right) \exp\left(-i\hbar t(k_3 - \mu x_3/\hbar t)^2/2\mu\right).\end{aligned} \tag{7.1.13}$$

Aufgrund der raschen Oszillationen des letzten Faktors als Funktion von k_3 wird dieses Integral für $t \to -\infty$ vernachlässigbar. Beiträge gibt es nur an den Stellen, an denen k_3 nahe bei seinem stationären Punkt $k_3 = \mu x_3/\hbar t$ ist. Somit wird das Integral im Grenzfall

$t \to -\infty$ mit festgehaltenem x_3/t zu

$$
\begin{aligned}
\left(\Phi_{\mathbf{x}}, \Psi_g(t)\right) \to & (2\pi\hbar)^{-3/2} \int d^2k_\perp \; g(\mathbf{k}_\perp, \mu x_3/\hbar t) \exp\left(i\mathbf{k}_\perp \cdot \mathbf{x}_\perp\right) \\
& \times \exp\left(i x_3^2 \mu/2\hbar t\right) \int_{-\infty}^{\infty} dk_3 \exp\left(-i\hbar t (k_3 - \mu x_3/\hbar t)^2/2\mu\right) \\
= & (2\pi\hbar)^{-3/2} \exp\left(i x_3^2 \mu/2\hbar t\right) \sqrt{\frac{2\mu\pi}{i\hbar t}} \\
& \times \int d^2k_\perp \; g(\mathbf{k}_\perp, \mu x_3/\hbar t) \exp\left(i\mathbf{k}_\perp \cdot \mathbf{x}_\perp\right). \qquad (7.1.14)
\end{aligned}
$$

Wir nehmen an, dass die Funktion $g(\mathbf{k}_\perp, k_3)$ zwar glatt ist, aber eine ausgeprägte Spitze bei $k_3 = k_0$ und $\mathbf{k}_\perp = 0$ aufweist. Somit hat der Ausdruck (7.1.14) eine Spitze bei $x_3 = \hbar k_0 t/\mu$, was einem Teilchen entspricht, das sich mit Geschwindigkeit $\hbar k_0/\mu$ entlang der x_3-Achse bewegt.

Insbesondere lautet die räumliche Wahrscheinlichkeitsverteilung

$$
\left|\left(\Phi_{\mathbf{x}}, \Psi_g(t)\right)\right|^2 \to \frac{\mu}{4\pi^2\hbar^4 t} \left|\int d^2k_\perp \; g(\mathbf{k}_\perp, \mu x_3/\hbar t) \exp\left(i\mathbf{k}_\perp \cdot \mathbf{x}_\perp\right)\right|^2 ; \qquad (7.1.15)
$$

sie erfüllt die Wahrscheinlichkeitserhaltung:

$$
\begin{aligned}
\int d^3x \left|\left(\Phi_{\mathbf{x}}, \Psi_g(t)\right)\right|^2 & \to \frac{\mu}{\hbar^4 t} \int d^2k_\perp \int_{-\infty}^{\infty} dx_3 \; \left|g(\mathbf{k}_\perp, \mu x_3/\hbar t)\right|^2 \\
& = \hbar^{-3} \int d^2k_\perp \int_{-\infty}^{\infty} dk_3 \; \left|g(\mathbf{k}_\perp, k_3)\right|^2 = 1. \qquad (7.1.16)
\end{aligned}
$$

* * *

Wie das in einem größeren Detail funktioniert, können wir anhand eines einfachen Beispiels für die Funktion $g(\mathbf{k})$ sehen:

$$
g(\mathbf{k}) \propto \exp\left(-\frac{\Delta_0^2}{2}(\mathbf{k} - \mathbf{k}_0)^2 - i\frac{\hbar\mathbf{k} \cdot \mathbf{k}_0 t_0}{\mu} + \frac{i\hbar t_0 \mathbf{k}^2}{2\mu}\right).
$$

Dabei ist t_0 eine große negative Anfangszeit, $\mathbf{k}_0$ weist in die 3-Richtung und Δ_0 ist eine Konstante. (Wie wir sehen werden, sind die Terme im Exponenten proportional zu t_0 so gewählt, dass Δ_0 die Breite der Wellenfunktion im Ortsraum zur Zeit $t = 0$ ist. Diese Terme sind stationär in $\mathbf{k}$ für $\mathbf{k} = \mathbf{k}_0$, sodass ihre Anwesenheit den Beweisgang, der zu Gleichung (7.1.14) führt, nicht ungültig macht.) Eine unmittelbare Rechnung unter Verwendung von Gleichung (7.1.11) ergibt eine räumliche Wahrscheinlichkeitsverteilung

$$
\left|\left(\Phi_{\mathbf{x}}, \Psi_g(t)\right)\right|^2 \propto \Delta^{-3} \exp\left(-\frac{1}{\Delta^2}\left(\mathbf{x} - (\hbar\mathbf{k}_0/\mu)t\right)^2\right)
$$

mit

$$
\Delta \equiv \left(\Delta_0^2 + \frac{\hbar^2(t - t_0)^2}{\mu^2\Delta_0^2}\right)^{1/2}.
$$

Die Wahrscheinlichkeitsverteilung ist somit um einen Punkt zentriert, der sich mit einer Geschwindigkeit gleich dem mittleren Impuls $\hbar\mathbf{k}_0$ geteilt durch die Masse μ bewegt und das Streuzentrum $\mathbf{x} = 0$ zum Zeitpunkt $t = 0$ erreicht.

Zur Zeit $t = t_0$ ist die Breite dieser Verteilung Δ_0, für $t - t_0 > \mu\Delta_0^2/\hbar$ beginnt sie sich aber zu vergrößern. Dafür gibt es eine einfache kinematische Begründung. Die Wellenfunktion hat in der Geschwindigkeit eine Breite Δv gleich $\hbar/\mu$ mal der Breite in der Wellenzahl, sie ist also von der Ordnung $\hbar/\mu\Delta_0$. Nach einem Zeitintervall $t - t_0$ liefert dies einen Betrag $\Delta v(t - t_0) \approx \hbar(t - t_0)/\mu\Delta_0$ zur Breite im Ort bei. Dieser Beitrag übersteigt für $t - t_0 > \mu\Delta_0^2/\hbar$ die ursprüngliche Breite Δ_0.

Diese Verbreiterung im Wellenpaket wird in typischen Fällen nicht signifikant. Damit sich das Wellenpaket im Zeitraum von $t = t_0$ bis $t = 0$ nicht merklich verbreitert, muss $\Delta_0^2 > \hbar|t_0|/\mu$ gelten. Aber es muss auch $\Delta_0 \ll \hbar k_0|t_0|/\mu$ gelten, damit sich das Wellenpaket zum Zeitpunkt $t = t_0$ nicht bis zum Streuzentrum erstreckt. Diese zwei Bedingungen sind nur für $\hbar k_0^2|t_0|/\mu \gg 1$ kompatibel, was einfach bedeutet, dass die Wellenfunktion Zeit haben soll, viele Oszillationszyklen zu durchlaufen, bevor das Teilchen auf das Streuzentrum trifft. Diese Forderung können wir als Teil dessen auffassen, was wir unter einem Streuprozess verstehen.

7.2 Streuamplituden

Im letzten Abschnitt haben wir einen Zustand definiert, der zu frühen Zeiten wie ein Teilchen ausschaut, das sich auf Kollisionskurs mit einem Streuzentrum befindet. Nun müssen wir uns überlegen, wie dieser Zustand nach der Kollision ausschaut.

Zu diesem Zweck betrachten wir die Ortsraumwellenfunktion des Zustands $\Psi_{\mathbf{k}}^{\text{in}}$. Wir kehren zu Gleichung (7.1.7) zurück und schreiben

$$V\Psi_{\mathbf{k}}^{\text{in}} = \int d^3x\, \Phi_{\mathbf{x}}\left(\Phi_{\mathbf{x}}, V\Psi_{\mathbf{k}}^{\text{in}}\right) = \int d^3x\, \Phi_{\mathbf{x}}\, V(\mathbf{x})\, \psi_{\mathbf{k}}(\mathbf{x}), \tag{7.2.1}$$

wobei $\psi_{\mathbf{k}}(\mathbf{x})$ die Ortsraumwellenfunktion des einlaufenden Zustands

$$\psi_{\mathbf{k}}(\mathbf{x}) \equiv \left(\Phi_{\mathbf{x}}, \Psi_{\mathbf{k}}^{\text{in}}\right) \tag{7.2.2}$$

ist. Indem wir das Skalarprodukt von Gleichung (7.1.7) mit einem Zustand $\Phi_{\mathbf{x}}$ mit festem Ort bilden und Gleichung (7.1.10) verwenden, erhalten wir

$$\psi_{\mathbf{k}}(\mathbf{x}) = (2\pi\hbar)^{-3/2} e^{i\mathbf{k}\cdot\mathbf{x}} + \int d^3y\, G_k(\mathbf{x} - \mathbf{y}) V(\mathbf{y}) \psi_{\mathbf{k}}(\mathbf{y}), \tag{7.2.3}$$

wobei G_k die Greensche Funktion ist:

$$\begin{aligned} G_k(\mathbf{x}-\mathbf{y}) &= \Big(\Phi_{\mathbf{x}}, [E(k)-H_0+i\epsilon]^{-1}\Phi_{\mathbf{y}}\Big) \\ &= \int \frac{d^3q}{(2\pi)^3}\frac{e^{i\mathbf{q}\cdot(\mathbf{x}-\mathbf{y})}}{E(k)-E(q)+i\epsilon} \\ &= \frac{4\pi}{(2\pi)^3}\int_0^\infty q^2\,dq\,\frac{\sin(q|\mathbf{x}-\mathbf{y}|)}{q|\mathbf{x}-\mathbf{y}|}\frac{2\mu/\hbar^2}{k^2-q^2+i\epsilon} \\ &= -i\frac{2\mu}{\hbar^2}\frac{1}{4\pi^2|\mathbf{x}-\mathbf{y}|}\int_{-\infty}^{\infty}\frac{e^{iq|\mathbf{x}-\mathbf{y}|}\,q\,dq}{k^2-q^2+i\epsilon} \\ &= -\frac{2\mu}{\hbar^2}\frac{1}{4\pi|\mathbf{x}-\mathbf{y}|}e^{ik|\mathbf{x}-\mathbf{y}|}. \end{aligned} \tag{7.2.4}$$

(Wir erhalten den letzten Ausdruck, indem wir den Integrationsweg mit einem großen Halbkreis in der oberen Halbebene schließen und den Beitrag vom Pol bei $q = k + i\epsilon$ mitnehmen.) Für ein Potenzial $V(\mathbf{y})$, das für $|\mathbf{y}| \to \infty$ hinreichend rasch verschwindet, ergibt Gleichung (7.2.3) für $|\mathbf{x}| \to \infty$

$$\psi_{\mathbf{k}}(\mathbf{x}) \to (2\pi\hbar)^{-3/2}\Big[e^{i\mathbf{k}\cdot\mathbf{x}} + f_{\mathbf{k}}(\hat{x})e^{ikr}/r\Big] \tag{7.2.5}$$

mit $r \equiv |\mathbf{x}|$; $f_{\mathbf{k}}(\hat{x})$ ist die **Streuamplitude**,

$$f_{\mathbf{k}}(\hat{x}) = -\frac{\mu}{2\pi\hbar^2}(2\pi\hbar)^{3/2}\int d^3y\, e^{-ik\hat{x}\cdot\mathbf{y}}V(\mathbf{y})\psi_{\mathbf{k}}(\mathbf{y}). \tag{7.2.6}$$

Nun überlegen wir uns, wie sich die Überlagerung (7.1.3) für große Zeiten verhält. Wir betrachten die Wellenfunktion

$$\psi_g(\mathbf{x},t) \equiv \Big(\Phi_{\mathbf{x}}, \Psi_g^{\text{in}}(t)\Big) = \int d^3k\, g(\mathbf{k})\psi_{\mathbf{k}}(\mathbf{x})\exp\Big(-i\hbar t\mathbf{k}^2/2\mu\Big) \tag{7.2.7}$$

im Grenzfall $t \to +\infty$ bei festgehaltenem Quotienten r/t, wobei $\mathbf{x}$ nicht auf der 3-Achse liegt. Mithilfe von Gleichung (7.2.5) ergibt Gleichung (7.2.7) in diesem Grenzfall

$$\psi_g(\mathbf{x},t) \to \frac{(2\pi\hbar)^{-3/2}}{r}\int d^2k_\perp \int_{-\infty}^{\infty} dk_3\, g(\mathbf{k}_\perp, k_3)\times\exp\Big(ik_3r - i\hbar tk_3^2/2\mu\Big)f_{\mathbf{k}_0}(\hat{x}). \tag{7.2.8}$$

Wir haben als tiefgestellten Index der Streuamplitude $\mathbf{k}_0$ gewählt, weil die Funktion g eine scharfe Spitze bei diesem Wert von $\mathbf{k}$ hat und wir $k \equiv \sqrt{k_3^2 + \mathbf{k}_\perp^2}$ als $k \simeq k_3$ in den Exponenten genähert haben, weil wir annehmen, dass $g(\mathbf{k}_\perp, k_3)$ außer für $|\mathbf{k}_\perp| \ll k_3$ vernachlässigbar ist. Wie im letzten Abschnitt können wir k_3 in $g(\mathbf{k}_\perp, k_3)$ für große r und t gleich dem Wert $k_3 = \mu r/\hbar t$ setzen, bei dem das Argument des Exponentialausdrucks stationär ist, sodass

$$\begin{aligned} \psi_g(\mathbf{x},t) &\to \frac{(2\pi\hbar)^{-3/2}}{r}f_{\mathbf{k}_0}(\hat{x})\int d^2k_\perp\, g(\mathbf{k}_\perp, \mu r/\hbar t)\times\int_{-\infty}^{\infty}dk_3\exp\Big(ik_3r - i\hbar tk_3^2/2\mu\Big) \\ &= \frac{(2\pi\hbar)^{-3/2}}{r}f_{\mathbf{k}_0}(\hat{x})\int d^2k_\perp\, g(\mathbf{k}_\perp, \mu r/\hbar t)\exp\Big(i\mu r^2/2\hbar t\Big)\sqrt{\frac{2\mu\pi}{i\hbar t}} \end{aligned} \tag{7.2.9}$$

gilt. Die Wahrscheinlichkeit $dP(\hat{x})$, dass sich das Teilchen zu großen Zeiten irgendwo im Kegel des infinitesimalen Raumwinkels $d\Omega$ um die Richtung $\hat{x}$ herum befindet, ist dann das Integral von $|\psi_g(\mathbf{x},t)|^2$ über diesen Kegel:

$$\begin{aligned} dP(\hat{x},\mathbf{k}_0) &= d\Omega \int_0^\infty r^2\,dr\,\left|\psi_g(r\hat{x},t)\right|^2 \\ &\to \frac{d\Omega}{(2\pi)^2}\frac{\mu}{\hbar^4 t}|f_{\mathbf{k}_0}(\hat{x})|^2 \int_0^\infty dr\,\left|\int d^2k_\perp\; g(\mathbf{k}_\perp,\mu r/\hbar t)\right|^2, \end{aligned} \tag{7.2.10}$$

oder, wenn wir bei der Integration von r zu $k_3 \equiv \mu r/\hbar t$ übergehen,

$$\frac{dP(\hat{x},\mathbf{k}_0)}{d\Omega} = \frac{1}{(2\pi)^2\hbar^3}|f_{\mathbf{k}_0}(\hat{x})|^2 \int_0^\infty dk_3\,\left|\int d^2k_\perp\; g(\mathbf{k}_\perp,k_3)\right|^2. \tag{7.2.11}$$

Der Koeffizient von $|f_{\mathbf{k}_0}(\hat{x})|^2$ in Gleichung (7.2.11) hat nun die Dimension einer inversen Fläche. Tatsächlich ist er genau die Wahrscheinlichkeit pro Fläche, dass sich das Teilchen in einer kleinen um die 3-Achse zentrierten, zu ihr senkrechten Fläche befindet:

$$\rho_\perp \equiv \int_{-\infty}^\infty dx_3\,\left|\psi_g(0,x_3,t)\right|^2 \tag{7.2.12}$$

für $t \to -\infty$. Um das zu sehen, stellen wir fest, dass gemäß Gleichung (7.1.15) mit $\mathbf{x}_\perp = 0$ die Größe (7.2.12) gleich

$$\begin{aligned} \rho_\perp &= \frac{\mu}{4\pi^2\hbar^4 t}\int_{-\infty}^\infty dx_3\left|\int d^2k_\perp\; g(\mathbf{k}_\perp,\mu x_3/\hbar t)\right|^2 \\ &= \frac{1}{4\pi^2\hbar^3}\int_{-\infty}^\infty dk_3\left|\int d^2k_\perp\; g(\mathbf{k}_\perp,k_3)\right|^2 \end{aligned} \tag{7.2.13}$$

ist, was der in Gleichung (7.2.11) auftauchende Koeffizient ist. Somit können wir Gleichung (7.2.11) schreiben als

$$\frac{dP(\hat{x},\mathbf{k}_0)}{d\Omega} = \rho_\perp|f_{\mathbf{k}_0}(\hat{x})|^2. \tag{7.2.14}$$

Wir definieren den **differenziellen Streuquerschnitt** als das Verhältnis

$$\frac{d\sigma(\hat{x},\mathbf{k}_0)}{d\Omega} \equiv \frac{1}{\rho_\perp}\frac{dP(\hat{x}),\mathbf{k}_0)}{d\Omega}, \tag{7.2.15}$$

also

$$\frac{d\sigma(\hat{x},\mathbf{k}_0)}{d\Omega} = |f_{\mathbf{k}_0}(\hat{x})|^2. \tag{7.2.16}$$

Wir können uns $d\sigma(\hat{x},\mathbf{k}_0)$ als eine kleine Fläche senkrecht zur 3-Achse vorstellen, die das Teilchen treffen muss, um in einen Raumwinkel $d\Omega$ um die Richtung $\hat{x}$ herum gestreut zu werden. Gleichung (7.2.15) besagt dann, dass die Wahrscheinlichkeit, diese Fläche zu treffen, gleich dem Verhältnis von $d\sigma$ zu der effektiven Querschnittsfläche $1/\rho_\perp$ des Strahls ist.

Wir werden von nun an den Index 0 bei k_0 fallen lassen. Ferner werden wir die Streuamplitude allgemein nicht mehr als eine Funktion von $\mathbf{k}$ und $\hat{x}$ schreiben, sondern als

Funktion von den Polarwinkeln θ und ϕ von $\mathbf{x}$ bezüglich der Richtung von $\mathbf{k}$, sodass Gleichung (7.2.16) nun

$$d\sigma(\theta, \phi, k) = |f_k(\theta, \phi)|^2 \sin\theta \, d\theta \, d\phi \tag{7.2.17}$$

lautet. Das ist unsere allgemeine Formel für den differenziellen Wirkungsquerschnitt als Funktion der Streuamplitude.

Natürlich schicken Experimentatoren zur Messung von $d\sigma/d\Omega$ in Wirklichkeit kein einzelnes oder mehrere Teilchen in Richtung eines einzelnen Targets. Vielmehr richten sie einen Teilchenstrahl auf eine dünne Schicht, die eine große Zahl N_T von Targets enthält. (Es muss wirklich eine dünne Schicht sein, um die Möglichkeit auszuschließen, dass Teilchen des Strahls Vielfachstreuung an mehr als einem Target erfahren. Genau aus diesem Grund wurde bei der in Abschnitt 1.2 besprochenen Entdeckung des Atomkerns ein dünnes Goldblatt als Ziel gewählt.) Wenn Streuung in einem bestimmten Winkelbereich nur vorkommen kann, wenn ein Teilchen des Strahls ein winziges Gebiet $d\sigma$ um eines dieser Targets trifft, so ist die Anzahl der Teilchen, die in diesen Winkelbereich gestreut wird, gleich der Anzahl $\mathcal{N}_B$ von Strahlteilchen pro transversaler Einheitsfläche mal der Gesamtfläche $N_T \, d\sigma$, die sie treffen müssen.

7.3 Das optische Theorem

Es mag etwas merkwürdig erscheinen, dass sich der Beitrag der ebenen Welle in Gleichung (7.2.5) nicht durch die Streuung der einfallenden Welle reduziert. Eigentlich gibt es in der Vorwärtsrichtung eine Interferenz zwischen den beiden Termen in Gleichung (7.2.5), die tatsächlich die Amplitude der ebenen Welle hinter dem Streuzentrum verringert, wie es die Wahrscheinlichkeitserhaltung verlangt. Damit dies der Fall ist, muss es eine Beziehung zwischen der Amplitude der Vorwärtsstreuung und dem totalen Wirkungsquerschnitt der Streuung geben. Diese Beziehung bezeichnet man als **optisches Theorem**.[2]

Zur Herleitung des Theorems verwenden wir die Bedingung der Wahrscheinlichkeitserhaltung in drei Dimensionen. Im Ortsraum lautet die Schrödinger-Gleichung hier

$$-\frac{\hbar^2}{2M}\nabla^2\psi_{\mathbf{k}} + V(\mathbf{x})\psi_{\mathbf{k}} = \frac{\hbar^2\mathbf{k}^2}{2M}\psi_{\mathbf{k}}. \tag{7.3.1}$$

Wir multiplizieren sie mit der Komplex-Konjugierten $\psi_{\mathbf{k}}^*$ und subtrahieren dann das Komplex-Konjugierte des Produkts. Für ein reelles Potenzial führt das auf

$$0 = \psi_{\mathbf{k}}^*\nabla^2\psi_{\mathbf{k}} - \psi_{\mathbf{k}}\nabla^2\psi_{\mathbf{k}}^* = \boldsymbol{\nabla}\cdot\left(\psi_{\mathbf{k}}^*\boldsymbol{\nabla}\psi_{\mathbf{k}} - \psi_{\mathbf{k}}\boldsymbol{\nabla}\psi_{\mathbf{k}}^*\right). \tag{7.3.2}$$

2 Das Theorem trägt diesen Namen, weil es erstmals in der klassischen Elektrodynamik als eine Beziehung zwischen der Absorption des Lichts und dem Imaginärteil des Brechungsindex auftauchte, die auf Lord Rayleigh zurückgeht. Sie wurde für die Streuamplitude in der Quantenmechanik erstmals von E. Feenberg, Phys. Rev. **40**, 40 (1932), hergeleitet. Für einen historischen Überblick siehe R. G. Newton, Amer. J. Phys. **44**, 639 (1976).

Aus dem Gaußschen Satz folgt für eine Kugel mit beliebigem Radius r

$$0 = r^2 \int_0^\pi \sin\theta\, d\theta \int_0^{2\pi} d\phi \, \left(\psi_{\mathbf{k}}^* \frac{\partial \psi_{\mathbf{k}}}{\partial r} - \psi_{\mathbf{k}} \frac{\partial \psi_{\mathbf{k}}^*}{\partial r} \right). \tag{7.3.3}$$

Insbesondere können wir r so groß wählen, dass wir die asymptotische Formel (7.2.5) anwenden können. In diesem Grenzfall gilt mit $\mathbf{k}$ in der 3-Richtung und unter Berücksichtigung von $x_3 = r\cos\theta$

$$\begin{aligned}(2\pi\hbar)^3 \psi_{\mathbf{k}}^* \frac{\partial \psi_{\mathbf{k}}}{\partial r} \to ik\cos\theta + \frac{ikf_{\mathbf{k}} e^{ikr(1-\cos\theta)}}{r} - \frac{f_{\mathbf{k}} e^{ikr(1-\cos\theta)}}{r^2} \\ + \frac{ikf_{\mathbf{k}}^* \cos\theta \, e^{-ikr(1-\cos\theta)}}{r} + \frac{ik|f_{\mathbf{k}}|^2}{r^2} - \frac{|f_{\mathbf{k}}|^2}{r^3},\end{aligned}$$

sodass gilt

$$\begin{aligned}(2\pi\hbar)^3 \left[\psi_{\mathbf{k}}^* \frac{\partial \psi_{\mathbf{k}}}{\partial r} - \psi_{\mathbf{k}} \frac{\partial \psi_{\mathbf{k}}^*}{\partial r} \right] \to 2ik\cos\theta + \frac{ik(1+\cos\theta) e^{ikr(1-\cos\theta)} f_{\mathbf{k}}}{r} \\ + \frac{ik(1+\cos\theta) e^{-ikr(1-\cos\theta)} f_{\mathbf{k}}^*}{r} - \frac{e^{ikr(1-\cos\theta)} f_{\mathbf{k}}}{r^2} + \frac{e^{-ikr(1-\cos\theta)} f_{\mathbf{k}}^*}{r^2} + \frac{2ik|f_{\mathbf{k}}|^2}{r^2}.\end{aligned} \tag{7.3.4}$$

Für $kr \gg 1$ oszillieren die Exponentialausdrücke $e^{\pm ikr(1-\cos\theta)}$ rasch, außer im Fall $\cos\theta = 1$, sodass zum Integral über θ in Gleichung (7.3.3) fast ausschließlich Winkel nahe $\theta = 0$ beitragen. Für jede glatte Funktion $g(\theta, \phi)$ von θ und ϕ können wir daher die Näherung

$$\int_0^\pi \sin\theta\, d\theta \int_0^{2\pi} d\phi \; e^{ikr(1-\cos\theta)} g(\theta,\phi) \to 2\pi g(0) \int_0^\pi \sin\theta\, d\theta \, e^{ikr(1-\cos\theta)} \tag{7.3.5}$$

vornehmen, wobei $g(0)$ der ϕ-unabhängige Wert von $g(\theta, \phi)$ bei $\theta = 0$ ist. Führen wir die Variable $\nu \equiv 1 - \cos\theta$ ein, und ersetzen wir die Grenze $\nu = 2$ durch $\nu = \infty$ (da die Oszillation des Integranden den Beitrag für ν zwischen 2 und unendlich für große kr exponentiell klein macht), so ergibt sich

$$\int_0^\pi \sin\theta\, d\theta \int_0^{2\pi} d\phi \; e^{ikr(1-\cos\theta)} g(\theta,\phi) \to 2\pi g(0) \int_0^\infty d\nu \, e^{ikr\nu} = 2\pi i g(0)/kr. \tag{7.3.6}$$

(Um das Integral über ν auszuwerten, verwenden wir den üblichen Trick, einen Faktor $e^{-\epsilon\nu}$ mit $\epsilon > 0$ im Integranden einzusetzen und dann ϵ nach Auswertung des Integrals gegen null gehen zu lassen.) Wenden wir dies auf das Raumwinkelintegral von Gleichung (7.3.4) an, so erhalten wir

$$\begin{aligned}(2\pi\hbar)^3 \int_0^\pi \sin\theta\, d\theta \int_0^{2\pi} d\phi \, \left(\psi_{\mathbf{k}}^* \frac{\partial \psi}{\partial r} - \psi_{\mathbf{k}} \frac{\partial \psi_{\mathbf{k}}^*}{\partial r} \right) \to \left(\frac{ik}{r}\right) \left(\frac{2\pi i}{kr}\right) 2f_{\mathbf{k}}(0) \\ + \left(\frac{ik}{r}\right) \left(\frac{-2\pi i}{kr}\right) 2f_{\mathbf{k}}^*(0) + \frac{2ik}{r^2} \int_0^\pi \sin\theta\, d\theta \int_0^{2\pi} |f_{\mathbf{k}}(\theta,\phi)|^2 d\phi + O\left(\frac{1}{r^3}\right) \\ \to -\frac{8\pi i}{r^2} \mathrm{Im} f_{\mathbf{k}}(0) + \frac{2ik}{r^2} \int_0^\pi \sin\theta\, d\theta \int_0^{2\pi} d\phi \, |f_{\mathbf{k}}(\theta,\phi)|^2,\end{aligned} \tag{7.3.7}$$

und somit ergibt Gleichung (7.3.3) für große r

$$\sigma_{\text{streu}} \equiv \int_0^{\pi} \sin\theta\, d\theta \int_0^{2\pi} d\phi\, |f_{\mathbf{k}}(\theta,\phi)|^2 = \frac{4\pi}{k}\, \text{Im}\, f_{\mathbf{k}}(0). \tag{7.3.8}$$

Das ist ein Spezialfall des optischen Theorems, der hier unter der Bedingung elastischer Streuung an einem reellen Potenzial hergeleitet wurde. In diesem Fall ist der totale Wirkungsquerschnitt σ_{tot} (so definiert, dass die Gesamtwahrscheinlichkeit der Streuung oder einer anderen Reaktion gleich σ_{tot}/A ist, wenn das Teilchen ursprünglich auf eine transversale Fläche A beschränkt ist) identisch mit dem elastischen Wirkungsquerschnitt (elastischen Streuquerschnitt) σ_{streu}, sodass wir Gleichung (7.3.8) genauso gut als

$$\sigma_{\text{tot}} = \frac{4\pi}{k}\, \text{Im}\, f_{\mathbf{k}}(0) \tag{7.3.9}$$

schreiben können. Das ist das optische Theorem in seiner allgemeinsten Form, die wir für allgemeine Streuprozesse in Abschnitt 8.3 beweisen werden.

Um zu sehen, dass Gleichung (7.3.9) eine Konsequenz der Wahrscheinlichkeitserhaltung ist, betrachten wir eine ebene Welle, die sich in der 3-Richtung ausbreitet und auf eine dünne Folie von Streuern trifft (so dünn, dass Mehrfachstreuung vernachlässigbar ist), die in der $x-y$-Ebene liegt, und berechnen die Wellenfunktion bei einem Abstand $z \gg 1/k$ hinter der Folie. Zu diesem Zweck müssen wir die Beiträge der einzelnen Streuer aufaddieren, indem wir die Streuamplitude mit der Zahl $\mathcal{N}$ der Streuer pro Einheitsfläche der Folie multiplizieren und über die Fläche der Folie integrieren. Das gibt eine auslaufende Wellenfunktion für $x = y = 0$:

$$\begin{aligned}
\psi_{\mathbf{k}} =& (2\pi\hbar)^{-3/2} \\
&\times \left[e^{ikz} + \mathcal{N} \int_0^{\infty} \frac{b\, db}{(z^2+b^2)^{1/2}} \int_0^{2\pi} d\phi f_{\mathbf{k}}(\arctan(b/z),\phi)\, e^{ik(z^2+b^2)^{1/2}} \right] \\
=& (2\pi\hbar)^{-3/2} e^{ikz} \\
&\times \left[1 + \mathcal{N} \int_0^{\infty} \frac{b\, db}{(z^2+b^2)^{1/2}} \int_0^{2\pi} d\phi f_{\mathbf{k}}(\arctan(b/z),\phi)\, e^{ik[(z^2+b^2)^{1/2}-z]} \right].
\end{aligned}$$

Entwickeln wir die Wurzel im Exponenten, so sehen wir, dass der Integrand für $kb^2/z \gg 1$ rasch oszilliert, sodass die Werte von b, die merklich zum Integral beitragen, durch eine obere Schranke der Ordnung $\sqrt{z/k}$ beschränkt sind. Aufgrund unserer Annahme $kz \gg 1$ bedeutet dies, dass das Integral hauptsächlich von Werten von b stammt, die viel kleiner als z sind, und es sich damit zu

$$\psi_{\mathbf{k}} = (2\pi\hbar)^{-3/2} e^{ikz} \left[1 + \pi f_{\mathbf{k}}(0) \mathcal{N} z^{-1} \int_0^{\infty} db^2\, e^{ik\, b^2/2z} \right] \tag{7.3.10}$$

vereinfacht. Wie üblich, interpretieren wir $\int_0^{\infty} e^{iax} dx$, indem wir einen Konvergenzfaktor $e^{-\epsilon x}$ einsetzen, das Integral zu $1/(\epsilon - ia)$ berechnen und schließlich $\epsilon = 0$ setzen, sodass Gleichung (7.3.10) nun

$$\psi_{\mathbf{k}} = (2\pi\hbar)^{-3/2} e^{ikz} \left[1 + 2i\pi f_{\mathbf{k}}(0) \mathcal{N} k^{-1} \right] \tag{7.3.11}$$

ergibt. In erster Ordnung[3] in $\mathcal{N}$ wird die Wahrscheinlichkeitsdichte in der ebenen Welle daher um einen Faktor

$$(2\pi\hbar)^3|\psi_{\mathbf{k}}|^2 = 1 - \frac{4\pi \operatorname{Im} f_{\mathbf{k}}(0)\mathcal{N}}{k} \tag{7.3.12}$$

reduziert. Das sollte gleich $1 - P$ sein, wobei P die Wahrscheinlichkeit ist, dass das Teilchen gestreut wird oder in einer anderen Weise aus dem Strahl verschwindet. Diese Wahrscheinlichkeit ist durch σ_{tot}/A mal der Anzahl $\mathcal{N}A$ von Streuern in der effektiven Fläche $A \equiv 1/\rho_T$ des ursprünglichen Wellenpakets gegeben, sodass $P = \sigma_{\text{tot}}\mathcal{N}$ ist. Setzen wir die Größe (7.3.12) gleich $1-P$, so ergibt sich das optische Theorem in seiner allgemeinen Form (7.3.9). In dieser Form gilt es für jede Reaktion, die von einem Teilchen initiiert wird, egal ob es relativistisch oder nicht-relativistisch ist.

Es gibt eine unmittelbare Konsequenz des optischen Theorems, die wichtige Information über Streuung bei hohen Energien liefert. Wenn die Streuamplitude $f_{\mathbf{k}}(\theta, \phi)$ eine glatte Funktion der Winkel ist, so muss es einen Raumwinkel $\Delta\Omega$ geben, innerhalb dessen der differenzielle Wirkungsquerschnitt $|f_{\mathbf{k}}(\theta, \phi)|^2$ nicht viel kleiner als in der Vorwärtsrichtung ist – um genauer zu sein, sagen wir nicht kleiner als $|f_{\mathbf{k}}(0)|^2/2$. Dann ist

$$\sigma_{\text{tot}}(k) \geq \frac{1}{2}|f_{\mathbf{k}}(0)|^2\Delta\Omega \geq \frac{1}{2}|\operatorname{Im} f_{\mathbf{k}}(0)|^2\Delta\Omega = \frac{k^2\sigma_{\text{tot}}^2(k)\Delta\Omega}{32\pi^2}$$

und somit

$$\Delta\Omega \leq \frac{32\pi^2}{k^2\sigma_{\text{tot}}(k)}. \tag{7.3.13}$$

Wie in Abschnitt 8.4 besprochen, wird der totale Wirkungsquerschnitt bei Kollisionen stark wechselwirkender Teilchen wie Protonen bei hohen Energien konstant oder wächst nur langsam an, sodass der Raumwinkel $\Delta\Omega$, innerhalb dessen der differenzielle Wirkungsquerschnitt nicht kleiner als die Hälfte des Werts in der Vorwärtsrichtung ist, mehr oder weniger wie $1/k^2$ verschwinden muss. Diese scharfe Spitze der Streuwahrscheinlichkeit in der Vorwärtsrichtung nennt man die **Beugungsspitze**.

7.4 Die Bornsche Näherung

Einer der Vorteile unseres Zugangs besteht darin, dass er unmittelbar zu einer sehr nützlichen Näherung führt, die man die **Bornsche Näherung** nennt.[4] Diese Näherung gilt allgemein für schwache Potenziale, oder genauer, wenn die wichtigen Matrixelemente des Potenzials V viel kleiner sind als die typischen Matrixelemente der kinetischen Energie H_0. In diesem Fall können wir Gleichung (7.2.6) für die Streuamplitude auswerten, indem wir als einlaufende Wellenfunktion $\psi_{\mathbf{k}}$ die Wellenfunktion des freien Teilchens

3 Terme höherer Ordnung in $\mathcal{N}$ sind von der gleichen Ordnung wie die Terme, die von Vielfachstreuung in der Folie stammen, und die wir hier vernachlässigen.

4 M. Born, Z. f. Physik **38**, 803 (1926).

$(2\pi\hbar)^{-3/2}\exp(i\mathbf{k}\cdot\mathbf{x})$ verwenden, weil die Gleichung bereits einen expliziten Faktor für das Potenzial enthält. Somit ist

$$f_{\mathbf{k}}(\hat{x}) = -\frac{\mu}{2\pi\hbar^2}\int d^3y\, V(\mathbf{y})\exp\Big(i(\mathbf{k}-k\hat{x})\cdot\mathbf{y}\Big). \tag{7.4.1}$$

Für ein Zentralpotenzial ergibt das insbesondere

$$f_k(\theta,\phi) = -\frac{2\mu}{\hbar^2}\int_0^\infty r^2\,dr\,V(r)\frac{\sin\big(qr\big)}{qr}, \tag{7.4.2}$$

wobei $\hbar q$ der Impulstransfer ist;

$$q \equiv |\mathbf{k}-k\hat{x}| = 2k\sin(\theta/2); \tag{7.4.3}$$

darin ist θ der Winkel zwischen der Einfallsrichtung $\hat{k}$ und der Richtung $\hat{x}$ der Streuung. Das Ergebnis, dass die Amplitude unabhängig vom Azimutwinkel ϕ ist, ergibt sich unmittelbar aus der Symmetrie des Problems für Zentralpotenziale unter Rotationen um die 3-Achse und hängt nicht mit der Bornschen Näherung zusammen. Andererseits hängt das Ergebnis, dass die Streuamplitude von k und θ nur in der Kombination q abhängt, nicht nur damit zusammen, dass das Potenzial nur eine Funktion von r ist, sondern auch mit der Verwendung der Bornschen Näherung.

Betrachten wir als Beispiel die Streuung an einem abgeschirmten Coulomb-Potenzial:

$$V(r) = \frac{Z_1Z_2e^2}{r}e^{-\kappa r}. \tag{7.4.4}$$

Das ist eine grobe Näherung für das Potential, das ein Kern mit Ladung Z_1e spürt, der an einem Atom mit Kernladungszahl Z_2 gestreut wird; für kleines r spürt der ankommende Kern das volle Coulomb-Feld des Atomkerns, während diese Ladung für große r durch die Elektronen des Atoms abgeschirmt wird. (Ein Potenzial dieser Form wird auch als Yukawa-Potenzial bezeichnet, weil Hideki Yukawa (1907–1981) 1935 zeigte, dass ein Potenzial dieser Form vom Austausch eines virtuellen spinlosen Bosons der Masse $\hbar\kappa/c$ zwischen Nukleonen erzeugt wird.[5]) Verwendet man dieses Potenzial in Gleichung (7.4.2), so ergibt sich

$$f_k(\theta,\phi) = -\frac{2\mu Z_1Z_2e^2}{q\hbar^2}\int_0^\infty dr\,e^{-\kappa r}\sin\big(qr\big) = -\frac{2\mu Z_1Z_2e^2}{\hbar^2}\frac{1}{q^2+\kappa^2}. \tag{7.4.5}$$

Insbesondere erhält man die Streuamplitude für ein reines Coulomb-Potenzial in der Bornschen Näherung, indem man in Gleichung (7.4.5) $\kappa = 0$ setzt. Das ergibt einen Wirkungsquerschnitt, der mit dem übereinstimmt, der von Rutherford in seiner Analyse der Streuung von Alphateilchen durch Goldatome hergeleitet wurde, was, wie in Abschnitt 1.2 erörtert, im Jahr 1911 zur Entdeckung des Atomkerns führte. Rutherford hatte

5 H. Yukawa, Proc. Phys.-Math. Soc. (Japan) (3) **17**, 48 (1935).

Glück; seine Herleitung war rein klassisch und hätte für kein anderes als das Coulomb-Potenzial das gleiche Ergebnis wie eine quantenmechanische Rechnung ergeben. Wir werden in Abschnitt 7.9 sehen, dass die Streuamplitude signifikante Korrekturen durch Effekte höherer Ordnung im Potenzial erfährt, jedoch im Spezialfall des Coulomb-Potenzials diese Korrekturen nur die Phase der Streuamplitude ändern und damit aber nicht den Wirkungsquerschnitt der Coulomb-Streuung.

7.5 Streuphasen

Es gibt eine nützliche Darstellung der Streuamplitude, die für sphärisch-symmetrische Potenziale besonders praktisch ist. Da die einfallende Welle $\exp(ikx_3)$ invariant unter Rotationen um die 3-Achse ist, und der Laplace-Operator und das Potenzial unter allen Rotationen invariant sind, muss die volle Wellenfunktion ebenfalls invariant unter Drehungen um die 3-Achse sein und hängt damit nicht vom Azimutwinkel ϕ ab. Entwickeln wir sie nach Kugelflächenfunktionen, bekommen wir daher nur Terme mit $m = 0$. Die Kugelflächenfunktionen für $m = 0$ schreibt man üblicherweise mithilfe von **Legendre-Polynomen** $P_\ell(\cos\theta)$ als

$$Y_\ell^0(\theta) = \sqrt{\frac{2\ell+1}{4\pi}}P_\ell(\cos\theta). \tag{7.5.1}$$

(Um zu sehen, dass $Y_\ell^0(\theta)$ ein Polynom in $\cos\theta$ ist, erinnern wir uns, dass es ein Polynom in den Komponenten des Einheitsvektors $\hat{x}$ ist; und da es invariant unter Rotationen um die 3-Achse ist, muss es ein Polynom in $\hat{x}_3 = \cos\theta$ und $\hat{x}_+\hat{x}_- = \sin^2\theta = 1 - \cos^2\theta$ sein. Der numerische Faktor in Gleichung (7.5.1) wird so gewählt, dass $P_\ell(1) = 1$ ist.) Wir schreiben daher die vollständige Wellenfunktion als

$$\psi(r,\theta) = \sum_{\ell=0}^{\infty} R_\ell(r)P_\ell(\cos\theta). \tag{7.5.2}$$

Ferner hat die ebene Welle in Gleichung (7.2.5) eine bekannte Entwicklung:

$$\exp(ikr\cos\theta) = \sum_{\ell=0}^{\infty} i^\ell(2\ell+1)j_\ell(kr)\,P_\ell(\cos\theta), \tag{7.5.3}$$

wobei $j_\ell(kr)$ die **sphärische Bessel-Funktion** ist:

$$j_\ell(z) \equiv \sqrt{\frac{\pi}{2z}}J_{\ell+1/2}(z) = (-1)^\ell z^\ell \frac{d^\ell}{(z\,dz)^\ell}\left(\frac{\sin z}{z}\right). \tag{7.5.4}$$

Wir können Gleichung (7.5.3) herleiten, indem wir feststellen, dass $e^{ikr\cos\theta} = e^{ikx_3}$ der Wellengleichung $(\nabla^2 + k^2)e^{ikr\cos\theta} = 0$ genügt. Schreiben wir die Partialwellenentwicklung von $e^{ikr\cos\theta}$ als

$$e^{ikr\cos\theta} = \sum_{\ell=0}^{\infty} f_\ell(kr)P_\ell(\cos\theta),$$

so muss nach den Gleichungen (2.1.16) und (2.2.1) der Koeffizient $f_\ell(kr)$ der Wellengleichung

$$\left[\frac{1}{r^2}\frac{d}{dr}r^2\frac{d}{dr} - \frac{\ell(\ell+1)}{r^2} + k^2\right] f_\ell(kr) = 0$$

genügen. Daraus folgt dann, dass $\sqrt{r} f_\ell(kr)$ die Besselsche Differenzialgleichung der Ordnung $\ell + 1/2$ erfüllt. Zusammen mit der Bedingung, dass $f_\ell(kr)$ bei $r = 0$ regulär ist, besagt dies, dass $f_\ell(kr)$ proportional zu $j_\ell(kr)$ ist, wie in Gleichung (7.5.4) definiert. Den Proportionalitätsfaktor können wir bestimmen, indem wir $\int_{-1}^{1} \exp(ikr\mu) P_\ell(\mu) d\mu$ berechnen und die Orthonormalitätseigenschaft $\int_{-1}^{1} P_{\ell'}(\mu) P_\ell(\mu)\, d\mu = 2\delta_{\ell'\ell}/(2\ell+1)$ verwenden. Im Gegensatz zu den gewöhnlichen Bessel-Funktionen können wir die sphärischen Bessel-Funktionen durch elementare Funktionen ausdrücken, zum Beispiel gilt

$$j_0(x) = \frac{\sin x}{x}, \quad j_1(x) = \frac{\sin x}{x^2} - \frac{\cos x}{x}, \tag{7.5.5}$$

und so weiter. Die anderen Lösungen derselben Wellengleichung sind die sphärischen Neumann-Funktionen

$$n_0(x) = -\frac{\cos x}{x}, \quad n_1(x) = -\frac{\cos x}{x^2} - \frac{\sin x}{x},$$

und so weiter. Sie sind am Ursprung nicht regulär.

Um die Streuamplitude zu bestimmen, müssen wir nun die Differenz der Wellenfunktion (7.5.2) und der ebenen Welle (7.5.3) für $r \to \infty$ betrachten. Verschwindet das Potenzial hinreichend rasch für große r, so muss die reduzierte Radialwellenfunktion $rR_\ell(r)$ für große r proportional zu einer Linearkombination von $\cos(kr)$ und $\sin(kr)$ werden, die wir ohne Beschränkung der Allgemeinheit als

$$R_\ell(r) \to \frac{c_\ell(k) \sin\left(kr - \ell\pi/2 + \delta_\ell(k)\right)}{kr} \tag{7.5.6}$$

schreiben können. Dabei sind c_ℓ und δ_ℓ Größen, die von k, aber nicht von r abhängen können. Man sieht leicht, dass die Radialwellenfunktion $R_\ell(r)$ bis auf einen globalen Faktor reell ist. (Bei einem Potenzial, das für $r \to 0$ nicht so schnell wie $1/r^2$ anwächst, nimmt die Schrödinger-Gleichung (2.1.26), multipliziert mit $2\mu r^2/\hbar^2 R_\ell(r)$, folgende Gestalt für $r \to 0$ an:

$$\frac{1}{R_\ell(r)}\frac{d}{dr}\left(r^2\frac{d}{dr}\right) R_\ell(r) \to \ell(\ell+1),$$

sodass für $r \to 0$ sich die Radialwellenfunktion $R_\ell(r)$ wie eine Linearkombination von r^ℓ und $r^{-\ell-1}$ verhält. Die Normierungsbedingung verlangt, dass $R_\ell(r)$ für $r \to 0$ nur wie r^ℓ geht. Bei einem reellen Potenzial erfüllt $R_\ell^*(r)$ die gleiche homogene Differenzialgleichung zweiter Ordnung und die gleiche Anfangsbedingung für die logarithmische Ableitung wie $R_\ell(r)$, sodass $R_\ell^*(r)$ bis auf einen konstanten Faktor gleich $R_\ell(r)$ sein muss; daraus folgt, dass $R_\ell(r)$ bis auf einen konstanten komplexen Faktor reell ist.) Daher kann c_ℓ komplex sein, aber δ_ℓ muss reell sein.

Andererseits haben die sphärischen Bessel-Funktionen, die in der ebenen Welle vorkommen, für große Argumente das asymptotische Verhalten

$$j_\ell(kr) \to \frac{\sin\left(kr - \ell\pi/2\right)}{kr}. \tag{7.5.7}$$

Ohne Wechselwirkungen käme nur den Term der ebenen Welle in der Wellenfunktion vor, und somit müsste $R_\ell(r)$ proportional zu $j_\ell(kr)$ sein. Ein Vergleich der Gleichungen (7.5.6) und (7.5.7) zeigt, dass in diesem Falle alle Koeffizienten δ_ℓ verschwinden würden. Aus diesem Grund bezeichnet man die Koeffizienten δ_ℓ als **Streuphasen**.

Um die Koeffizienten c_ℓ zu bestimmen, stellen wir die Bedingung, dass die gestreute Welle $\psi(r,\theta) - \exp(ikr\cos\theta)$ für $r \to \infty$ nur Terme mit einer r-Abhängigkeit proportional zur auslaufenden Welle $\exp(ikr)/kr$, aber nicht zur einlaufenden Welle $\exp(-ikr)/kr$ enthalten kann. Subtrahieren wir Gleichung (7.5.3) von Gleichung (7.5.2) und verwenden wir die Gleichungen (7.5.6) und (7.5.7), so sehen wir, dass in der gestreuten Welle der Koeffizient von $P_\ell(\cos\theta)\exp(-ikr)/2ikr$ in der gestreuten Welle gleich

$$c_\ell i^\ell e^{-i\delta_\ell} - i^{2\ell}(2\ell+1)$$

ist, und somit

$$c_\ell = i^\ell(2\ell+1)e^{i\delta_\ell} \tag{7.5.8}$$

gilt. Die gestreute Welle hat dann das asymptotische Verhalten

$$\psi(r,\theta) - \exp(ikr\cos\theta) \to \frac{e^{ikr}}{2ikr}\sum_{\ell=0}^{\infty}(2\ell+1)P_\ell(\cos\theta)\left(e^{2i\delta_\ell}-1\right), \tag{7.5.9}$$

und für die Streuamplitude erhalten wir

$$f(\theta) = \frac{1}{2ik}\sum_{\ell=0}^{\infty}(2\ell+1)P_\ell(\cos\theta)\left(e^{2i\delta_\ell}-1\right). \tag{7.5.10}$$

Wir können nun das optische Theorem verifizieren. Aus Gleichung (7.5.10) erhalten wir unmittelbar

$$\operatorname{Im} f(0) = \frac{1}{2k}\sum_{\ell=0}^{\infty}(2\ell+1)\left(1-\cos 2\delta_\ell\right) = \frac{1}{k}\sum_{\ell=0}^{\infty}(2\ell+1)\sin^2\delta_\ell. \tag{7.5.11}$$

Aus der Orthonormalität der Kugelflächenfunktionen ergibt sich

$$\delta_{\ell\ell'} = 2\pi\int_0^\pi Y_\ell^0(\theta)Y_{\ell'}^0(\theta)\,\sin\theta\,d\theta = \frac{2\ell+1}{2}\int_0^\pi P_\ell(\cos\theta)P_{\ell'}(\cos\theta)\,\sin\theta\,d\theta, \tag{7.5.12}$$

sodass der elastische Wirkungsquerschnitt (elastische Streuquerschnitt)

$$\sigma_{\text{streu}} = \frac{4\pi}{k^2}\sum_{\ell=0}^{\infty}(2\ell+1)\sin^2\delta_\ell \tag{7.5.13}$$

ist. Der Vergleich der Gleichungen (7.5.11) und (7.5.13) liefert das optische Theorem (7.3.8).

Eine der Fragestellungen, für die sich der Streuphasenformalismus eignet, ist die Analyse des Verhaltens der Streuamplitude bei niedrigen Energien. Zu diesem Zweck werden wir zunächst eine Formel für die Streuphasen herleiten, die bei jeder Energie gilt, und sie dann auf den Fall niedriger Energie spezialisieren.

Wir nehmen an, dass das Potenzial außerhalb eines Radius' a vernachlässigbar ist. (Wir nehmen an, dass das Potenzial für $r \to \infty$ rasch verschwindet, sodass unsere Ergebnisse qualitativ verlässlich sein werden, auch wenn das Potenzial für kein endliches r strikt null ist.) Für $r > a$ ist die Radialwellenfunktion $R_\ell(r)$ zu gegebenem ℓ eine Lösung der Wellengleichung des freien Teilchens; diese ist im Allgemeinen eine Linearkombination der sphärischen Bessel-Funktionen $j_\ell(kr)$, die für $r \to 0$ regulär sind, und Funktionen $n_\ell(kr)$, die am Ursprung unendlich werden. Diese Funktionen haben für großes Argument das asymptotische Verhalten

$$j_\ell(\rho) \to \frac{\sin\left(\rho - \frac{\ell\pi}{2}\right)}{\rho}, \qquad n_\ell(\rho) \to -\frac{\cos\left(\rho - \frac{\ell\pi}{2}\right)}{\rho}. \tag{7.5.14}$$

Daher ist die Linearkombination, die das von den Gleichungen (7.5.6) und (7.5.8) gegebene asymptotische Verhalten hat,

$$R_\ell(r) = i^\ell(2\ell+1)e^{i\delta_\ell}\left[j_\ell(kr)\cos\delta_\ell - n_\ell(kr)\sin\delta_\ell\right] \quad \text{für} \quad r > a. \tag{7.5.15}$$

Der Wert von $R'_\ell(r)/R_\ell(r)$ bei $r = a$ (wo die asymptotischen Formeln (7.5.14) nicht gelten) wird durch die Bedingung festgelegt, dass die Wellenfunktion sich glatt an die Lösung der Schrödinger-Gleichung für $r < a$ anschließen muss, die sich für $r \to 0$ korrekt ($R_\ell \propto r^\ell$) verhält und natürlich von den Details des Potenzials abhängt. Diese Bedingung kann man schreiben als

$$R'_\ell(a)/R_\ell(a) = \Delta_\ell(k), \tag{7.5.16}$$

wobei $\Delta_\ell(k)$ nur von der Wellenfunktion für $r < a$ abhängt. Die Gleichungen (7.5.15) und (7.5.16) ergeben dann zusammen

$$\tan\delta_\ell(k) = \frac{kj'_\ell(ka) - \Delta_\ell(k)j_\ell(ka)}{kn'_\ell(ka) - \Delta_\ell(k)n_\ell(ka)}. \tag{7.5.17}$$

Nun hat der Term $k^2 R_\ell$ in der Schrödinger-Gleichung der Radialwellenfunktion für hinreichend kleines k wenig Auswirkung, sodass $\Delta_\ell(k)$ für niedrige Energien im Wesentlichen nicht mehr von k abhängt. Ferner lauten die sphärischen Bessel-Funktionen für kleine Argumente

$$j_\ell(\rho) \to \frac{\rho^\ell}{(2\ell+1)!!}, \qquad n_\ell(\rho) \to -(2\ell-1)!!\rho^{-\ell-1}, \tag{7.5.18}$$

wobei für jede ungerade ganze Zahl n

$$n!! \equiv n\,(n-2)\,(n-4)\cdots 1 \tag{7.5.19}$$

mit $(-1)!! \equiv 1$ gilt. Daher ergibt Gleichung (7.5.17) für $ka \ll 1$

$$\tan\delta_\ell \to \left(\frac{\ell - a\Delta_\ell}{a\Delta_\ell + \ell + 1}\right)\frac{(ka)^{2\ell+1}}{(2\ell+1)!!(2\ell-1)!!}. \tag{7.5.20}$$

Das zeigt, dass $\tan\delta_\ell$ für $k \to 0$ wie $k^{2\ell+1}$ verschwindet; somit verschwindet $\delta_\ell(k)$ oder nähert sich an ein ganzzahliges Vielfaches von π an. Wir können fortfahren und auch über höhere Terme in k etwas aussagen. Wir stellen fest, dass Δ_ℓ von k nur durch einen Term $k^2 R_\ell$ in der Schrödinger-Gleichung abhängt; somit ist Δ_ℓ eine Potenzreihe in k^2. Ebenso sind $k^{-\ell} j_\ell(ka)$, $k^{1-\ell} j'_\ell(ka)$, $k^{\ell+1} n_\ell(ka)$ und $k^{\ell+2} n'_\ell(ka)$ alles Potenzreihen in k^2. Damit können wir aus Gleichung (7.5.17) ersehen, dass auch $k^{-2\ell-1}\tan\delta_\ell$ eine Potenzreihe in k^2 ist.

Offensichtlich ist δ_0 die dominante Streuphase für $k \to 0$, wenn es keine Auswahlregel gibt, die s-Wellen-Streuung unterdrückt. Es ist üblich, nicht das Inverse $k^{-1}\tan\delta_\ell$, sondern $k\cot\delta_0$ als Potenzreihe in k^2 auszudrücken:

$$k\cot\delta_0 \to -\frac{1}{a_s} + \frac{r_{\text{eff}}}{2}k^2 + \cdots, \tag{7.5.21}$$

wobei a_s und r_{eff} Konstanten mit der Dimension einer Länge sind, die man die **Streulänge** bzw. die **effektive Reichweite** nennt. Nach Gleichung (7.5.13) nähert sich der Wirkungsquerschnitt für $k \to 0$ einer Konstante an:

$$\sigma_{\text{streu}} \to 4\pi a_s^2. \tag{7.5.22}$$

Wir werden in Abschnitt 8.8 sehen, dass es in Anwesenheit eines flachen gebundenen s-Wellen-Zustands möglich ist, eine Formel für a_s als Funktion der Energie des gebundenen Zustands herzuleiten, ohne dass man irgendetwas über die Details des Potenzials wissen muss.

Ich sollte erwähnen, dass es zu diesen Ergebnissen eine Ausnahme gibt, und zwar in dem Fall, in dem ein gebundener s-Wellen-Zustand exakt bei Energie null sitzt. Im Allgemeinen erfüllt bei $k = 0$ die Radialwellenfunktion R_0 zum Drehimpuls $\ell = 0$ außerhalb der Reichweite des Potenzials die Schrödinger-Gleichung $d/dr\,(r^2 dR_0/dr) = 0$, sodass R_0 eine Linearkombination von Termen ist, die sich wie $1/r$ und eine Konstante verhalten. Bei einem gebundenen Zustand bei Energie null darf es keinen konstanten Term geben, sodass $R_0 \propto 1/r$ bei $r = a$ gilt und daher $\Delta_0(0) = -1/a$ ist. In diesem Fall verschwindet der Nenner $a\Delta_0 + 1$ in Gleichung (7.5.20), was den Schluss $\tan\delta_0 \to 0$ für $k \to 0$ ungültig macht. In Abschnitt 8.8 werden wir mit sehr allgemeinen Argumenten zeigen, dass in Gegenwart eines gebundenen s-Wellen-Zustands mit Energie null der Term $\tan\delta_0$ bei Energie null nicht null, sondern unendlich ist.

7.6 Resonanzen

Es gibt andere Situationen, in denen eine Streuphase eine charakteristische Abhängigkeit von der Energie aufweist, unabhängig von der detaillierten Form des Potenzials. Wir betrachten ein Potenzial, das in einer dicken Schale um den Ursprung einen hohen Wert annimmt; die Schale umgibt eine innere Region, in der das Potenzial viel kleiner ist. In einem solchen Fall ist die allgemeine Lösung der Schrödinger-Gleichung innerhalb der Barriere eine Linearkombination von zwei Lösungen, einer Lösung $R_+(r, E, \ell)$, die mit zunehmendem r exponentiell anwächst, und einer anderen Lösung $R_-(r, E, \ell)$, die exponentiell abfällt. Um das einzusehen, stellen wir fest, dass die Schrödinger-Gleichung (2.1.29) für die reduzierte Radialwellenfunktion $u(r, E, \ell) \equiv rR(r, E, \ell)$ innerhalb der Barriere für jede Energie E, die kleiner als die Höhe der Barriere ist, in die Form

$$\frac{d^2u}{dr^2} = \kappa^2 u \tag{7.6.1}$$

gebracht werden kann mit

$$\kappa^2(r, E, \ell) \equiv \frac{2\mu}{\hbar^2}\Big[V(r) - E\Big] + \frac{\ell(\ell+1)}{r^2} > 0. \tag{7.6.2}$$

Wenn wir annehmen, dass die Barriere hoch und breit ist, meinen wir speziell, dass sich κ und $\kappa' \equiv \partial\kappa/\partial r$ auf einer Strecke $1/\kappa$ kaum ändern; das heißt,

$$\left|\frac{\kappa'}{\kappa}\right| \ll \kappa, \quad \left|\frac{\kappa''}{\kappa'}\right| \ll \kappa, \tag{7.6.3}$$

wobei wir für κ von nun an die positive Wurzel der Größe (7.6.2) verwenden. Unter diesen Umständen können wir mithilfe der in Abschnitt 5.7 diskutierten WKB-Näherung Näherungslösungen von Gleichung (7.6.1) der Gestalt

$$u_\pm(r, E, \ell) \equiv rR_\pm(r, E, \ell) = A_\pm(r, E, \ell) \exp\left(\pm \int^r \kappa(r', E, \ell)\, dr'\right) \tag{7.6.4}$$

bestimmen, wobei sich $A_\pm$ viel langsamer ändert als das Argument des Exponentialausdrucks. (Gleichung (5.7.9) zeigt, dass in guter Näherung $A_\pm \propto 1/\sqrt{\kappa}$ ist.) Somit muss insbesondere die Lösung der Schrödinger-Gleichung, die sich für $r \to 0$ wie r^ℓ und nicht wie $r^{-\ell-1}$ verhält, die Gestalt

$$R(r, E, \ell) = c_+(E, \ell)R_+(r, E, \ell) + c_-(E, \ell)R_-(r, E, \ell) \tag{7.6.5}$$

haben. Außerhalb der Barriere muss

$$\frac{R_-(r, E, \ell)}{R_+(r, E, \ell)} = O\left(\exp\left[-2\int_{\text{Barriere}} \kappa(r', E, \ell)\, dr'\right]\right) \ll 1 \tag{7.6.6}$$

gelten, wobei das Integral über das gesamte Gebiet genommen wird, in dem $V(r') > E$ ist.

Nun erinnern wir uns an Gleichung (7.5.17) für die Streuphase:

$$\tan\delta_\ell(k) = \frac{kj'_\ell(ka) - \Delta_\ell(k)j_\ell(ka)}{kn'_\ell(ka) - \Delta_\ell(k)n_\ell(ka)}, \tag{7.6.7}$$

wobei $\Delta_\ell(k)$ die logarithmische Ableitung $\Delta_\ell(k) \equiv R'(a,E,\ell)/R(a,E,\ell)$ bei einem Radius a gerade außerhalb der Barriere ist. Für allgemeine Energien unterhalb der Barrierehöhe werden die Koeffizienten $c_\pm(E,\ell)$ von vergleichbarer Größe sein, sodass die Wellenfunktion von R_+ dominiert wird und $\Delta_\ell(k)$ gleich $R'_+(a,E,\ell)/R_+(a,E,\ell)$ sein wird. Für die meisten Energien gibt das für $\tan\delta_\ell(E)$ einen sich graduell ändernden Wert, den wir $\tan\overline{\delta}_\ell(E)$ nennen.

Nehmen wir nun aber an, dass es im Grenzfall einer unendlich breiten Barriere eine gebundene Lösung der Schrödinger-Gleichung bei einer Energie E_0 und einem Bahndrehimpuls ℓ_0 gäbe. Bei dieser Energie muss die Lösung der Schrödinger-Gleichung, die für $r \to 0$ wie r^{ℓ_0} geht, im Inneren der Barriere abfallen und somit $c_+(E_0,\ell_0) = 0$ sein. Solange E hinreichend nah bei E_0 ist, sodass $c_+(E,\ell_0)/c_-(E,\ell_0)$ kleiner als von der Ordnung (7.6.6) ist, wird sich die logarithmische Ableitung $\Delta_{\ell_0}(k)$ merklich von $R'_+(a,E,\ell_0)/R_+(a,E,\ell_0)$ unterscheiden und einen Wert $R'_-(a,E,\ell_0)/R_-(a,E,\ell_0)$ bei $E = E_0$ annehmen, wo c_+ verschwindet. Wir schließen daraus, dass sich die Größe $\tan\delta_{\ell_0}(E)$ rasch ändert, wenn die Energie über E_0 hinaus wächst, nahe bei $E = E_0$ plötzlich deutlich verschieden vom Wert $\tan\overline{\delta}_{\ell_0}(E)$ wird, und dann zum sich graduell ändernden Wert $\tan\overline{\delta}_{\ell_0}(E)$ zurückkehrt. Der Bereich, in dem sich $\tan\delta_{\ell_0}(E)$ deutlich von $\tan\overline{\delta}_{\ell_0}(E)$ unterscheidet, ist proportional zu (7.6.6).

Wir werden im nächsten Abschnitt ein Argument dafür anführen, dass eine rasche Abnahme der Streuphase die Kausalität verletzen würde. Da sich $\tan\delta_{\ell_0}(E)$ rasch ändert, aber zum mehr oder weniger gleichen Wert zurückkehrt, wenn E die Energie E_0 durchläuft, muss die Streuphase in einem engen Energiebereich um E_0 herum um 180° (oder möglicherweise ein ganzzahliges Vielfaches[6] von 180°) anwachsen und daher bei einer Energie E_R irgendwo in diesem Bereich gleich 90° werden. Man kann daher annehmen, dass die Streuphase die Gestalt

$$\delta_{\ell_0}(E) = \overline{\delta}_{\ell_0}(E) + \delta_{\ell_0}^{(R)}(E), \tag{7.6.8}$$

$$\tan\delta_{\ell_0}^{(R)}(E) = -\frac{1}{2}\frac{\Gamma}{E-E_R} \tag{7.6.9}$$

hat. Dabei ist Γ eine Konstante mit der Dimension einer Energie proportional zu (7.6.6) und E_R eine Energie, die sich von E_0 höchstens um einen Betrag von der Ordnung Γ unterscheidet. (Der Proportionalitätsfaktor wird aus Gründen späterer Bequemlichkeit als $-\Gamma/2$ geschrieben. Damit Gleichung (7.6.9) eine zunehmende Streuphase ergibt, muss $\Gamma > 0$ sein.) Das schnelle Anwachsen der Streuphase bei einer Energie E_R entspricht der starken resonanten Antwort eines klassischen Systems auf oszillierende Störungen, deren Frequenz einer der natürlichen Frequenzen des Systems entspricht; aus diesem Grund nennt man die Divergenz von $\tan\delta_{\ell_0}(E)$ bei einer Energie E_R die **Resonanz**; E_R ist die Resonanzenergie.

6 Im Fall, dass die Streuphase $\delta_\ell(E)$ um 360°, 540°, usw. nach oben springt, muss sie auch 270°, 540°, usw. durchlaufen, und der Streuquerschnitt wird mehrere Spitzen bei fast derselben Energie aufweisen. Dieser Fall mehrerer Resonanzen, die aus irgendeinem Grund bei der gleichen Energie liegen, wird hier nicht behandelt.

Die nichtresonante Streuphase $\overline{\delta}_{\ell_0}(E)$ ist typischerweise viel kleiner als $90°$. In diesem Fall können wir den Term $\overline{\delta}_{\ell_0}(E)$ in Gleichung (7.6.8) vernachlässigen, was dann

$$\sin^2\delta_{\ell_0}(E) = \frac{\tan^2\delta_{\ell_0}(E)}{1+\tan^2\delta_{\ell_0}(E)} = \frac{\Gamma^2/4}{(E-E_R)^2+\Gamma^2/4}$$

ergibt, sodass Gleichung (7.5.13) für den totalen Streuquerschnitt

$$\sigma_{\text{streu}} \simeq \frac{\pi(2\ell_0+1)}{k^2}\,\frac{\Gamma^2}{(E-E_R)^2+\Gamma^2/4} \tag{7.6.10}$$

liefert. Gleichung (7.6.10) nennt man die **Breit-Wigner-Formel.**[7] Wir sehen, dass Γ die volle Breite der Spitze im Streuquerschnitt bei der Hälfte der maximalen Höhe ist. Der Streuquerschnitt wird am Maximum den Wert $4\pi(2\ell_0+1)/k_r^2$ annehmen, das ist in etwa das Quadrat der Wellenlänge, unabhängig von den Details des Potenzials. Eine Verallgemeinerung dieser Formel auf eine viel größere Vielfalt von Problemen wird in Abschnitt 8.5 angegeben.

Die Resonanzbreite Γ hat eine wichtige Verbindung zur Lebensdauer des resonanten Zustands. Mithilfe der Gleichungen (7.6.8) und (7.6.9) sowie etwas elementarer Trigonometrie sehen wir leicht, dass sich die Größe $\exp(2i\delta_{\ell_0})$ in der Streuamplitude (7.5.10) nahe der Resonanz wie

$$\exp\left(2i\delta_{\ell_0}(E)\right) = \exp\left(2i\overline{\delta}_{\ell_0}(E)\right)\left[1-\frac{i\Gamma}{E-E_R+i\Gamma/2}\right] \tag{7.6.11}$$

verhält. Bringen wir das System bei $t=0$ in den fast stabilen Zustand mit Drehimpuls ℓ_0 und Radialwellenfunktion $\int g(E)R(r,\ell_0,E)\,dE$, wobei $g(E)$ eine glatte Funktion ist, die sich für E nahe bei E_R langsam ändert, wird der resonante Beitrag zur zeitabhängigen Wellenfunktion $\int g(E)\,R(r,\ell_0,E)\exp(-iEt/\hbar)\,dE$ einen Term mit einer Zeitabhängigkeit haben, die zu späten Zeiten proportional zum Integral

$$\int_{-\infty}^{+\infty}\frac{\exp(-iEt/\hbar)\,dE}{E-E_R+i\Gamma/2} = -2\pi i\,\exp\left(-iE_Rt/\hbar-\Gamma\,t/2\hbar\right) \tag{7.6.12}$$

ist. (Dieses Integral läßt sich für $t>0$ am leichtesten ausführen, indem man den Integrationsweg durch einen großen Halbkreis in der unteren Hälfte der komplexen Ebene schließt.) Der Faktor $\exp(-iE_Rt/\hbar)$ stützt die Interpretation, dass die Streuung unter Bildung eines beinahe stabilen Zustands mit einer Energie nahe bei E_R stattfindet, und der Faktor $\exp(-\Gamma\,t/2\hbar)$ in der Streuamplitude, der auf einen Faktor $\exp(-\Gamma\,t/\hbar)$ in der Streuwahrscheinlichkeit führt, zeigt an, dass dieser Zustand mit einer Rate $\Gamma/\hbar$ zerfällt.

Es gibt in der Kernphysik Fälle von Zuständen, bei denen die Barriere so breit ist, dass ihre Zerfallsrate Γ sehr klein ist, und zwar so klein, dass man Kerne in diesen Zuständen in der Natur finden kann anstatt als Resonanzen in Streuprozessen. Das klassische Beispiel sind Kerne, die instabil bezüglich der Emission von Alphateilchen sind; dieses Beispiel wurde zum ersten Mal quantenmechanisch von George Gamow[8] (1904–1968)

7 G. Breit und E. P. Wigner, Phys. Rev. **49**, 519 (1936).

8 G. Gamow, Z. Phys. **52**, 510 (1928); siehe auch E. U. Condon und R. W. Gurney, Phys. Rev. **33**, 127 (1929).

behandelt. Bei Übergängen, bei denen das Alphateilchen in einer s-Welle emittiert wird, wie etwa $U^{238} \to Th^{234} + \alpha$ und $Ra^{226} \to Rn^{222} + \alpha$, kommt die Barriere alleine vom Coulomb-Potenzial, das beim Alphazerfall gleich $V(r) = 2Ze^2/r$ ist, wobei Z die Kernladungszahl des resultierenden Kerns ist. Die Barriere erstreckt sich von einem effektiven Kernradius R bis zu einem Wendepunkt, wo $V(r)$ gleich der finalen kinetischen Energie E_α des Alphateilchens ist. Das Integral der Barrieredurchdringung in Gleichung (7.6.6) ist dann

$$2\int_{\text{Barriere}} \kappa\, dr = 2\int_R^{2Ze^2/E_\alpha} dr \sqrt{\frac{2m_\alpha}{\hbar^2}\left(\frac{2Ze^2}{r} - E_\alpha\right)}. \tag{7.6.13}$$

In vielen Fällen ist dieser Exponent ziemlich groß und ergibt extrem große Lebensdauern für Kerne, die Alphabetischen emittieren. Die Lebenszeit von U^{238} beträgt $4{,}47 \times 10^9$ Jahre, was so lang ist, dass eine beträchtliche Menge an Uran aus der Zeit vor der Bildung des Sonnensystems auf der Erde überlebt hat. Sogar Ra^{226} hat eines Lebenszeit von 1600 Jahren, was hinreichend lang ist, um Radium, das aus einer Kette von radioaktiven Zerfällen mit dem Anfangselement U^{238} stammt, in Verbindung mit Uranerzen finden zu können. (Es ist unnötig, darauf hinzuweisen, dass die Zerfallsrate Γ für Ra^{226} und U^{238} viel zu klein ist, um diese Zustände jemals als Resonanzen bei der Streuung von Alphateilchen an Th^{234} oder Rn^{226} beobachten zu können.) Die Exponentialfunktion des Ausdrucks (7.6.13) ist eine äußerst empfindliche Funktion von E_α und Z, die man natürlich genau kennt, sowie auch des Kernradius R, den man nicht so gut kennt. Deshalb verwendete man früher diese Formel zusammen mit den beobachteten Alphazerfallsraten, um den Kernradius R zu bestimmen.

Schließlich erinnern wir uns, dass die Breit-Wigner-Formel (7.6.10) hier für den Fall einer vernachlässigbaren nichtresonanten Streuphase $\overline{\delta}_{\ell_0}(E)$ hergeleitet wurde. Dennoch gibt es Fälle, in denen die Streuphase $\overline{\delta}_{\ell_0}(E)$ selbst nahe bei 90° ist; in solchen Fällen wächst die Streuphase bei einer Resonanz von 90° auf 270° an. Dort, wo sie 180° durchläuft, beobachtet man im totalen Streuquerschnitt anstelle einer Spitze einen scharfen Abfall. Dieser Effekt wurde erstmals in den Jahren 1921 und 1922 unabhängig von Ramsauer und Townsend[9] bei der Streuung von Elektronen an Edelgasatomen beobachtet.

7.7 Zeitliche Verzögerung

Der Beweis aus dem letzten Abschnitt, dass eine Resonanz der Breite Γ einen Zustand beschreibt, der mit einer Rate $\Gamma/\hbar$ zerfällt, befasste sich mit der Zeitabhängigkeit einer Überlagerung von Streuwellenfunktionen an einem einzigen Ort. Um zu sehen, was während der Streuung passiert, müssen wir uns stattdessen die Zeitabhängigkeit einer solchen Überlagerung für große Zeiten und bei großen Abständen ansehen. Dies haben wir in Abschnitt 7.2 getan, wo wir das Verhalten (7.2.9) der Wellenfunktion für große Zeiten und bei

9 C. Ramsauer, Ann. d. Physik **4**, No. 64, 513 (1921); V. A. Bailey und J. S. Townsend, Phil. Mag. **S.6**, No. 43, 1127 (1922).

großen Abständen aus den Gleichungen (7.2.5) und (7.2.7) hergeleitet haben. Dort haben wir aber angenommen, dass die Streuamplitude $f_{\mathbf{k}}$ wesentlich weniger stark von der Wellenzahl k abhängt als das Wellenpaket $g(\mathbf{k})$ oder die Faktoren e^{ikr} bzw. $\exp(-i\hbar t k^2/2\mu)$. Nun wollen wir die Möglichkeit betrachten, dass sich die Streuphase $\delta_\ell(E)$ für einen speziellen Drehimpuls ℓ rasch mit der Energie ändern kann.

Gemäß Gleichung (7.5.10) enthält die Wellenfunktion (7.2.7) einen Term, der sich für große r wie

$$\frac{(2\pi\hbar)^{-3/2}}{2ikr}\int d^3k\, g(\mathbf{k}) \exp\Big(ikr - i\hbar t k^2/2\mu + 2i\delta_\ell(E)\Big)\,(2\ell+1)\,P_\ell(\cos\theta) \tag{7.7.1}$$

verhält, wobei das Argument der Streuphase $E = \hbar^2 k^2/2\mu$ ist. Für große Zeiten wird das Integral von dem Wert von k dominiert, bei dem das Argument des Exponentialausdrucks stationär ist, wo also

$$r - \hbar t k/\mu + 2\delta'_\ell(E)\hbar^2 k/\mu = 0$$

gilt oder in anderen Worten

$$r = \frac{\hbar k}{\mu}\Big(t - \Delta t\Big) \tag{7.7.2}$$

mit[10]

$$\Delta t = 2\hbar\delta'_\ell(E). \tag{7.7.3}$$

(Das gilt natürlich nur, wenn t groß und positiv ist; für große und negative Zeiten t hätte Gleichung (7.7.2) keine Lösung mit $r > 0$, und dieser Term würde in der asymptotischen Form der Wellenfunktion fehlen.) Gleichung (7.7.2) zeigt, dass Δt die zeitliche Verzögerung ist, die ein einlaufendes Teilchen zwischen dem Eindringen in das Potenzial und dem Verlassen des Potenzials erfährt.

Das Ergebnis (7.7.3) rechtfertigt die Bemerkung aus dem letzten Abschnitt, dass Streuphasen im Allgemeinen mit zunehmender Energie stark zunehmen, aber nicht stark abnehmen können. Der Zeitpunkt, zu dem ein Wellenpaket an einem Streuzentrum ankommt, ist um einen Betrag von der Ordnung $\mathcal{R}/v$ unbestimmt, wobei R die Reichweite des Potenzials und v die Geschwindigkeit des Wellenpakets ist. Somit kann die zeitliche Verzögerung Δt negativ sein, solange ihr Betrag kleiner als $\mathcal{R}/v$ ist, aber eine negative zeitliche Verzögerung Δt mit einem viel größeren Betrag würde die Kausalität verletzen – das Wellenpaket würde aus dem Potenzial austreten, bevor es eingedrungen ist. Zusammen mit Gleichung (7.7.3) setzt dies eine grobe obere Schranke für die Rate, mit der eine Streuphase mit der Energie abnehmen kann: $-\delta'_\ell(E) \leq \mathcal{R}/2\hbar v$.

Eine natürliche Anwendung findet Gleichung (7.7.3) im Fall einer Resonanz. Vernachlässigt man die Änderungsrate des nicht-resonanten Beitrags $\overline{\delta}_{\ell_0}(E)$ mit der Energie (wobei ℓ_0 der Drehimpuls des beinahe stabilen Zustands ist), so liefert Gleichung (7.6.9) die zeitliche Verzögerung (7.7.3) nahe einer Resonanz als die positive Größe

$$\Delta t = \frac{2\hbar}{1+\tan^2\delta_{\ell_0}^{(R)}(E)}\,\frac{d}{dE}\tan\delta_{\ell_0}^{R)}(E) = \frac{\hbar\Gamma}{(E-E_R)^2+\Gamma^2/4}. \tag{7.7.4}$$

10 E. P. Wigner, Phys. Rev. **98**, 145 (1955).

Insbesondere ist die zeitliche Verzögerung an der Resonanzspitze gleich $4\hbar/\Gamma$. Den Faktor 4 können wir verstehen, indem wir uns vergegenwärtigen, dass gemäß Gleichung (7.6.12) die mittlere Zeit für das Austreten eines Wellenpakets (nicht der Wahrscheinlichkeitsdichte) aus der Potenzialbarriere gleich $2\hbar/\Gamma$ ist; es ist plausibel, dass dies auch die Zeit ist, die das einlaufende Wellenpaket braucht, um in die Potenzialbarriere einzudringen, was eine zeitliche Gesamtverzögerung von $4\hbar/\Gamma$ ergibt.

7.8 Das Theorem von Levinson

Es gibt ein bemerkenswertes Theorem,[11] das auf den Mathematiker Norman Levinson (1912–1975) zurückgeht. Es setzt das Verhalten der Streuphase für $E > 0$ in Beziehung zur Anzahl der gebundenen Zustände mit $E < 0$. Am leichtesten läßt es sich unter der Annahme beweisen, dass das System in einer großen Kugel mit Radius R eingeschlossen ist, auf der die Teilchenwellenfunktion verschwinden muss. Wir erinnern uns, dass nach Gleichung (7.5.6) die Radialwellenfunktion für Bahndrehimpuls ℓ und positive Energie $E = \hbar^2 k^2/2\mu$ proportional zu $\sin(kr - \ell\pi/2 + \delta_\ell(E))$ ist, sodass die Randbedingung verlangt, dass diese Zustände ein k gleich einem der diskreten Werte k_n haben müssen, für die

$$k_n R - \ell\pi/2 + \delta_\ell(E_n) = n\pi \tag{7.8.1}$$

gilt. Dabei ist n eine beliebige ganze Zahl, für die der Ausdruck einen positiven Wert für k_n ergibt. Die Anzahl $N_\ell(E)$ der Zustände mit Bahndrehimpuls ℓ und Energien zwischen 0 und E ist gleich der Anzahl der Werte von n, für die Gleichung (7.8.1) mit $0 \leq E_n \leq E$ erfüllt ist, also

$$N_\ell(E) = \frac{1}{\pi}\Big(kR + \delta_\ell(E) - \delta_\ell(0)\Big). \tag{7.8.2}$$

Ohne die Wechselwirkung V verschwindet die Streuphase, und die entsprechende Anzahl von Zuständen ist gerade kR/π, sodass die **Änderung** in der Anzahl der Streuzustände mit einer Energie zwischen 0 und E aufgrund der Wechselwirkung

$$\Delta N_\ell(E) = \frac{1}{\pi}\Big(\delta_\ell(E) - \delta_\ell(0)\Big) \tag{7.8.3}$$

beträgt. Fahren wir nun die Wechselwirkung allmählich hoch, so können physikalische Zustände weder erzeugt noch zerstört werden, jedoch können aus Zuständen, die für $V = 0$ Streuzustände mit Energie $E > 0$ waren, durch die Wechselwirkung gebundene Zustände mit $E < 0$ werden. Weil Zustände weder erzeugt noch vernichtet werden, muss die gesamte Änderung $\Delta N_\ell(\infty)$ in der Anzahl aller Streuzustände positiver Energie mit Bahndrehimpuls ℓ aufgrund der Wechselwirkung plus der Gesamtzahl der gebundenen Zustände mit diesem Bahndrehimpuls verschwinden, sodass die Anzahl der gebundenen Zustände gleich

$$N_\ell = \frac{1}{\pi}\Big(\delta_\ell(0) - \delta_\ell(\infty)\Big). \tag{7.8.4}$$

11 N. Levinson, Kgl. Dansk. Viden. Selskab, Mat. fys. Medd. **25**, 9 (1949). Levinsons Beweis benutzte exakte Methoden, die über dieses Buch hinausgehen. Levinsons Arbeit zeigt, dass das hier hergeleitete Resultat nicht gilt, wenn es einen gebundenen Zustand mit Bindungsenergie null gibt.

ist. Das ist zwangsläufig positiv, somit darf sich die Streuphase entweder insgesamt nicht ändern oder muss insgesamt abnehmen, wenn die Energie von null gegen unendlich geht. Das widerspricht nicht dem Ergebnis des letzten Abschnitts, demzufolge nur eine *rasche* Abnahme der Streuphase verboten ist. Da die Streuphase bei jeder Resonanz rasch um 180° wächst, muss sie auch abseits der Resonanzen allmählich abnehmen, und zwar um 180° mal der Gesamtzahl von Resonanzen und gebundenen Zuständen.

Dieses Resultat ist bemerkenswert, aber nicht besonders nützlich. Es gilt nur für die elastische Streuung an einem nichtrelativistischen Potenzial, aber es bezieht sich auf die Streuphase bei unendlicher Energie, wo inelastische Streukanäle zur Verfügung stehen und relativistische Effekte wichtig sind. Es hat viele Versuche gegeben, dieses Theorem auf Modelle zu verallgemeinern, die bei allen Energien realistisch sind, aber bis jetzt ohne Erfolg.

7.9 Coulomb-Streuung

Bisher haben wir in diesem Kapitel nur Potenziale betrachtet, die für $r \to \infty$ schneller als $1/r$ verschwinden. Das wichtigste Beispiel einer Potenzialstreuung ist allerdings die Coulomb-Streuung eines Teilchens mit Ladung $Z_1 e$ an einem Streuzentrum mit Ladung $Z_2 e$, dabei ist $V(r) = Z_1 Z_2 e^2/r$. Glücklicherweise kann man in diesem Fall den differenziellen Wirkungsquerschnitt exakt ausrechnen, ohne dass man auf die Bornsche Näherung oder auch nur die Partialwellenentwicklung zurückgreifen muss.

Die Schrödinger-Gleichung für das Coulomb-Potenzial und eine positive Energie $E = \hbar^2 k^2/2\mu$ hat die Form

$$-\frac{\hbar^2}{2\mu}\nabla^2\psi + \frac{Z_1 Z_2 e^2}{r}\psi = \frac{\hbar^2 k^2}{2\mu}\psi. \tag{7.9.1}$$

Es stellt sich heraus, dass man eine Lösung dieser Gleichung bestimmen kann, die sich für $r \to 0$ wohl verhält und für $r \to \infty$ wie eine ebene Welle plus einer auslaufenden Welle ist und die Gestalt

$$\psi(\mathbf{x}) = e^{ikz}\mathcal{F}(r-z) \tag{7.9.2}$$

hat. Eine einfache Rechnung zeigt, dass die Anwendung des Laplace-Operators auf eine solche Wellenfunktion auf

$$\nabla^2\psi = e^{ikz}\left[-k^2\mathcal{F}(\rho) + \frac{2}{r}\Big[(1-ik\rho)\,\mathcal{F}'(\rho) + \rho\mathcal{F}''(\rho)\Big]\right] \tag{7.9.3}$$

führt mit $\rho \equiv r - z$. Die Schrödinger-Gleichung (7.9.1) nimmt daher die Gestalt einer gewöhnlichen Differenzialgleichung

$$\rho\mathcal{F}''(\rho) + (1-ik\rho)\,\mathcal{F}'(\rho) - k\xi\mathcal{F}(\rho) = 0 \tag{7.9.4}$$

an, wobei ξ die dimensionslose Größe

$$\xi = \frac{Z_1 Z_2 e^2 \mu}{\hbar^2 k} \tag{7.9.5}$$

ist. Dies kann man in die Form einer wohl bekannten Differenzialgleichung bringen, indem man eine neue unabhängige Variable

$$s \equiv ik\rho = ik(r-z) \tag{7.9.6}$$

einführt. Dann kann man Gleichung (7.9.4) als

$$s\frac{d^2}{ds^2}\mathcal{F} + (1-s)\frac{d}{ds}\mathcal{F} + i\xi\mathcal{F} = 0 \tag{7.9.7}$$

schreiben. Das ist ein Spezialfall der sogenannten konfluenten hypergeometrischen Gleichung oder Kummerschen Gleichung:

$$s\frac{d^2}{ds^2}\mathcal{F} + (c-s)\frac{d}{ds}\mathcal{F} - a\mathcal{F} = 0, \tag{7.9.8}$$

in unserem Fall mit

$$c = 1, \qquad a = -i\xi. \tag{7.9.9}$$

Die bei $r = 0$ reguläre Lösung von Gleichung (7.9.8) nennt man die Kummersche Funktion;[12] man kann sie als Potenzreihe ausdrücken:

$${}_1F_1(a;c;s) = 1 + \frac{a}{c}\frac{s}{1!} + \frac{a(a+1)}{c(c+1)}\frac{s^2}{2!} + \cdots . \tag{7.9.10}$$

Mit noch unbestimmter Normierung lautet die Wellenfunktion

$$\psi(\mathbf{x}) = N e^{ikz}\,{}_1F_1(-i\xi; 1; ik[r-z]). \tag{7.9.11}$$

Die Konstante N wird später bestimmt. Die Kummersche Funktion hat für große komplexe Argumente das asymptotische Verhalten

$${}_1F_1(a;c;s) \to \frac{\Gamma(c)}{\Gamma(c-a)}(-s)^{-a}\left[1+O(1/s)\right] + \frac{\Gamma(c)}{\Gamma(a)}e^s s^{a-c}\left[1+O(1/s)\right], \tag{7.9.12}$$

wobei $\Gamma(z)$ die bekannte Gammafunktion ist, die für $\mathrm{Re}\,z > 0$ durch

$$\Gamma(z) = \int_0^\infty dx\, x^{z-1} e^{-x}$$

definiert ist und für andere Werte von z durch analytische Fortsetzung. Damit hat die Wellenfunktion für große r bei festem $\cos\theta = z/r$ das asymptotische Verhalten:[13]

$$\begin{aligned}\psi \to Ne^{\xi\pi/2}&\left[\frac{[k(r-z)]^{i\xi}}{\Gamma(1+i\xi)}e^{ikz} + \frac{[k(r-z)]^{-i\xi-1}}{i\Gamma(-i\xi)}e^{ikr}\right]\\ &= \frac{Ne^{\xi\pi/2}}{\Gamma(1+i\xi)}\left[e^{ikz+i\xi\ln(kr(1-\cos\theta))} + f_k(\theta)\frac{e^{ikr-i\xi\ln(kr(1-\cos\theta))}}{r}\right]\end{aligned} \tag{7.9.13}$$

12 Siehe z.B. W. Magnus und F. Oberhettinger, *Formulas and Theorems for the Functions of Mathematical Physics*, Übers. J. Webber (Chelsea Publishing Co., New York, 1949): Kapitel VI, Abschnitt 1.

13 Bei der Herleitung der ersten Zeile von Gleichung (7.9.13) ist es wichtig zu beachten, dass für $s = ik[r-z]$ die Phase von $-s$ im ersten Term von Gleichung (7.9.12) gleich $-\pi/2$ gesetzt werden muss; die Phase von s im zweiten Term von Gleichung (7.9.12) muss als $\pi/2$ gewählt werden.

mit

$$f_k(\theta) = \frac{\Gamma(1+i\xi)}{\Gamma(-i\xi)} \frac{1}{ik(1-\cos\theta)} = -\frac{\Gamma(1+i\xi)}{\Gamma(1-i\xi)} \frac{\xi}{k(1-\cos\theta)} = -\frac{\Gamma(1+i\xi)}{\Gamma(1-i\xi)} \frac{2Z_1Z_2e^2\mu}{\hbar^2q^2} . \quad (7.9.14)$$

Hier verwenden wir die allgemeine Formel $\Gamma(1 + z) = z\Gamma(z)$ und definieren dann $q^2 \equiv 2k^2(1-\cos\theta) = 4k^2\sin^2(\theta/2)$. Der Beitrag der logarithmischen Terme zu den Phasen der zwei Terme in der zweiten Zeile von Gleichung (7.9.13) wird für makroskopisch große Werte von r vernachlässigbar; somit ist unser Ergebnis effektiv dasselbe wie die Standardformel (7.2.5) für die asymptotische Wellenfunktion mit

$$N = \Gamma(1+i\xi)e^{-\xi\pi/2}(2\pi\hbar)^{-3/2} \quad (7.9.15)$$

und der Streuamplitude $f_k(\theta)$.

Wir halten fest, dass für $|\xi| \ll 1$, wo der Faktor $\Gamma(1 + i\xi)/\Gamma(1 - i\xi)$ gleich eins ist, Gleichung (7.9.14) die gleiche Streuamplitude ergibt wie das Ergebnis der Bornschen Näherung (7.4.5) für unendlichen Abschirmungsradius $1/\kappa$. Für alle ξ beeinflusst der Faktor $\Gamma(1 + i\xi)/\Gamma(1 - i\xi)$ lediglich die Phase der Streuamplitude; somit liefert die Bornsche Näherung den korrekten differenziellen Wirkungsquerschnitt in beliebiger Ordnung. Der totale elastische Wirkungsquerschnitt ist unendlich, was bedeutet, dass jedes Teilchen im einfallenden Strahl um einen gewissen Betrag gestreut wird, obwohl es in der Praxis immer eine gewisse Abschirmung der Coulomb-Potenziale gibt und der totale Wirkungsquerschnitt niemals wirklich unendlich ist.

7.10 Die Eikonalnäherung

Die Eikonalnäherung[14] ist eine Erweiterung der WKB-Näherung für Probleme in drei Dimensionen, bei denen keine sphärische Symmetrie vorhanden ist, um die Rechnungen zu vereinfachen. Diese Näherung kann bei Streuproblemen verwendet werden, und wir werden sie verwenden, wenn wir zum Aharonov-Bohm-Effekt in Abschnitt 10.4 kommen.

Wir betrachten das allgemeine Energieeigenwertproblem für ein einzelnes spinloses[15] Teilchen mit dem Ort $\mathbf{x}$:

$$H(-i\hbar\nabla, \mathbf{x})\psi(\mathbf{x}) = E\psi(\mathbf{x}). \quad (7.10.1)$$

Wir interessieren uns für Lösungen, bei denen sich die Wellenfunktion $\psi(\mathbf{x})$ viel schneller mit $\mathbf{x}$ ändert als der Hamiltonian H selbst. Unsere Erfahrung mit der WKB-Näherung legt nahe, dass wir nach einer Lösung der Gestalt

$$\psi(\mathbf{x}) = N(\mathbf{x}) \exp\left(iS(\mathbf{x})/\hbar\right) \quad (7.10.2)$$

14 Für die Eikonalnäherung in der Optik siehe M. Born und E. Wolf, *Principles of Optics* (Pergamon Press, New York, 1959).

15 Bei einem Teilchen mit Spin, das spinabhängigen Kräften unterliegt, muss man die hier gegebene Behandlung auf einen Satz gekoppelter Gleichungen für die verschiedenen Spinkomponenten erweitern. Die allgemeine Behandlung der Ausbreitung von vielkomponentigen Wellen in anisotropen Medien findet sich in S. Weinberg, Phys. Rev. **126**, 1899 (1962).

suchen sollten, bei der sich die Phase $S(\mathbf{x})$ viel schneller ändert als die Amplitude $N(\mathbf{x})$. In führender Ordnung sollte die Phase dann der Gleichung

$$H\Big(\boldsymbol{\nabla} S(\mathbf{x}), \mathbf{x}\Big) = E \tag{7.10.3}$$

genügen. Das Problem, dem wir uns in einer Dimension nicht gegenüber sahen, besteht nun darin, dass wir nur eine einzige Gleichung für die drei Komponenten von $\boldsymbol{\nabla} S$ haben. Taucht der Gradient im Hamiltonian zum Beispiel in Gestalt des Laplace-Operators ∇^2 auf, so liefert uns Gleichung (7.10.3) den Betrag von $\boldsymbol{\nabla} S$, aber keine Information über die Richtung. Was uns zur Berechnung von S noch fehlt, ist die Information, dass der Dreiervektor $\boldsymbol{\nabla} S$ ein Gradient ist. Die folgende Vorschrift erlaubt es uns, eine Funktion $S(\mathbf{x})$ zu berechnen, deren Gradient der Gleichung (7.10.3) genügt.

Zunächst benötigen wir eine geeignete Anfangsbedingung. Diese wird durch die Bedingung geliefert, dass $S(\mathbf{x})$ einen konstanten Wert S_0 auf einer »Anfangsoberfläche« annehmen soll. Das impliziert, dass $\boldsymbol{\nabla} S(\mathbf{x})$ an allen Punkten der Oberfläche senkrecht zur Anfangsoberfläche ist.

Als Nächstes definieren wir eine Familie von »Strahlpfaden«, die an der Anfangsoberfläche beginnen. Diese Kurven werden durch ein Gleichungspaar ähnlich zu den Bewegungsgleichungen in klassischer Hamiltonscher Dynamik definiert:

$$\frac{dq_i}{d\tau} = \frac{\partial H(\mathbf{p}, \mathbf{q})}{\partial p_i}, \quad \frac{dp_i}{d\tau} = -\frac{\partial H(\mathbf{p}, \mathbf{q})}{\partial q_i}, \tag{7.10.4}$$

wobei τ hier die Kurven parametrisiert. Die Anfangsbedingung für diese Differenzialgleichung ist, dass jede Bahn bei $\tau = 0$ mit $\mathbf{q}(0)$ auf der Anfangsoberfläche startet, wobei $\mathbf{p}(0)$ an diesem Punkt senkrecht zur Oberfläche ist und der Betrag von $\mathbf{p}(0)$ durch die Bedingung gegeben ist, dass an diesem Punkt

$$H(\mathbf{p}(0), \mathbf{q}(0)) = E \tag{7.10.5}$$

gilt. Obwohl es sich um ein zeitunabhängiges Problem handelt, können wir offensichtlich τ als die Zeit auffassen, die ein klassisches Teilchen benötigt, um sich von der Anfangsoberfläche zum Punkt $\mathbf{q}(\tau)$ zu bewegen.

Wir nehmen an, dass diese Strahlpfade ohne sich zu schneiden zumindest ein endliches Volumen des Raumes nahe der Anfangsoberfläche ausfüllen, sodass es zu jedem Punkt $\mathbf{x}$ in diesem Volumen ein eindeutiges $\tau_{\mathbf{x}}$ gibt, sodass

$$\mathbf{q}\Big(\tau_{\mathbf{x}}\Big) = \mathbf{x} \tag{7.10.6}$$

gilt. Die Phase S ist dann durch

$$S(\mathbf{x}) = \int_0^{\tau_{\mathbf{x}}} \mathbf{p}(\tau) \cdot \frac{d\mathbf{q}(\tau)}{d\tau} \, d\tau + S_0 \tag{7.10.7}$$

gegeben.

Überprüfen wir, dass dies eine Lösung unseres Problems ist. Man sieht leicht, dass für alle diese τ

$$H(\mathbf{p}(\tau), \mathbf{q}(\tau)) = E \tag{7.10.8}$$

gilt. Dies gilt, weil sich aus den Differenzialgleichungen (7.10.4)

$$\frac{d}{d\tau} H(\mathbf{p}(\tau), \mathbf{q}(\tau)) = \sum_i \frac{\partial H\Big(\mathbf{p}(\tau), \mathbf{q}(\tau)\Big)}{\partial p_i(\tau)} \frac{dp_i(\tau)}{d\tau} + \sum_i \frac{\partial H\Big(\mathbf{p}(\tau), \mathbf{q}(\tau)\Big)}{\partial q_i(\tau)} \frac{dq_i(\tau)}{d\tau} = 0 \tag{7.10.9}$$

ergibt, und somit ist Gleichung (7.10.8) für alle τ (zumindest in einem endlichen Intervall) erfüllt, weil sie bei $\tau = 0$ erfüllt ist.

Es verbleibt lediglich zu zeigen, dass $\mathbf{p} = \boldsymbol{\nabla} S$ erfüllt ist. Zu diesem Zweck stellen wir fest, dass eine infinitesimale Änderung $\delta\mathbf{x}$ in $\mathbf{x}$ nicht nur $\tau_{\mathbf{x}}$ in $\tau_{\mathbf{x}} + \Delta\tau_{\mathbf{x}}$ ändern wird, sondern auch den Strahlpfad, der die Anfangsoberfläche mit dem Punkt $\mathbf{x}$ verbindet, zu einem neuen Pfad verschiebt, wobei $\mathbf{q}(\tau)$ und $\mathbf{p}(\tau)$ durch $\mathbf{q}(\tau) + \Delta\mathbf{q}(\tau)$ und $\mathbf{p}(\tau) + \Delta\mathbf{p}(\tau)$ mit infinitesimalem $\Delta\mathbf{q}$ und $\Delta\mathbf{p}$ ersetzt werden, und

$$\delta\mathbf{x} = \left[\frac{d\mathbf{q}(\tau)}{d\tau} \Delta\tau_{\mathbf{x}} + \Delta\mathbf{q}(\tau)\right]_{\tau=\tau_{\mathbf{x}}} \tag{7.10.10}$$

ist. Die Änderung in $\mathbf{x}$ ergibt eine Änderung in den Phasen $S(\mathbf{x})$, die durch Gleichung (7.10.7) gegeben sind:

$$\delta S(\mathbf{x}) = \Delta\tau_{\mathbf{x}}\, \mathbf{p}(\tau_{\mathbf{x}}) \cdot \left.\frac{d\mathbf{q}(\tau)}{d\tau}\right|_{\tau=\tau_{\mathbf{x}}} + \int_0^{\tau_{\mathbf{x}}} \left[\mathbf{p}(\tau) \cdot \frac{d\Delta\mathbf{q}(\tau)}{d\tau} + \Delta\mathbf{p}(\tau) \cdot \frac{d\mathbf{q}(\tau)}{d\tau}\right] d\tau.$$

Wir können diese Gleichung folgendermaßen umordnen:

$$\begin{aligned}\delta S(\mathbf{x}) =& \Delta\tau_{\mathbf{x}}\, \mathbf{p}(\tau_{\mathbf{x}}) \cdot \left.\frac{d\mathbf{q}(\tau)}{d\tau}\right|_{\tau=\tau_{\mathbf{x}}} + \int_0^{\tau_{\mathbf{x}}} \frac{d}{d\tau}\Big[\mathbf{p}(\tau) \cdot \Delta\mathbf{q}(\tau)\Big]\, d\tau \\ &+ \int_0^{\tau_{\mathbf{x}}} \left[\Delta\mathbf{p}(\tau) \cdot \frac{d\mathbf{q}(\tau)}{d\tau} - \frac{d\mathbf{p}(\tau)}{d\tau} \cdot \Delta\mathbf{q}(\tau)\right] d\tau.\end{aligned}$$

Das erste Integral ist durch den Wert des Integranden am oberen Endpunkt $\tau = \tau_{\mathbf{x}}$ gegeben:

$$\int_0^{\tau_{\mathbf{x}}} \frac{d}{d\tau} [\mathbf{p}(\tau) \cdot \Delta\mathbf{q}(\tau)]\, d\tau = \mathbf{p}(\tau_{\mathbf{x}}) \cdot \Delta\mathbf{q}(\tau_{\mathbf{x}}).$$

Der Beitrag des unteren Endpunkts $\tau = 0$ verschwindet, weil $\mathbf{p}$ auf der Anfangsoberfläche senkrecht zur Fläche ist, während $\Delta\mathbf{q}$ tangential zur Fläche verläuft, sodass $\mathbf{p}(0) \cdot \Delta\mathbf{q}(0) = 0$ ist. Nach den Strahlpfadgleichungen (7.10.4) ist der Integrand des zweiten Integrals

$$\begin{aligned}\Delta\mathbf{p}(\tau) \cdot \frac{d\mathbf{q}(\tau)}{d\tau} - \frac{d\mathbf{p}(\tau)}{d\tau} \cdot \Delta\mathbf{q}(\tau) &= \sum_i \Delta p_i(\tau) \frac{\partial H\Big(\mathbf{q}(\tau), \mathbf{p}(\tau)\Big)}{\partial p_i} + \sum_i \Delta q_i(\tau) \frac{\partial H\Big(\mathbf{q}(\tau), \mathbf{p}(\tau)\Big)}{\partial q_i} \\ &= \Delta H\Big(\mathbf{q}(\tau), \mathbf{p}(\tau)\Big),\end{aligned}$$

und das verschwindet, weil H, wie wir gesehen haben, auf allen Strahlpfaden denselben Wert $H = E$ hat. Übrig bleibt

$$\delta S(\mathbf{x}) = \Delta\tau_{\mathbf{x}}\, \mathbf{p}(\tau_{\mathbf{x}}) \cdot \left.\frac{d\mathbf{q}(\tau)}{d\tau}\right|_{\tau=\tau_{\mathbf{x}}} + \mathbf{p}(\tau_{\mathbf{x}}) \cdot \Delta\mathbf{q}(\tau_{\mathbf{x}}) = \mathbf{p}(\tau_{\mathbf{x}}) \cdot \delta\mathbf{x}. \qquad (7.10.11)$$

Somit gilt

$$\mathbf{p}(\tau_{\mathbf{x}}) = \boldsymbol{\nabla} S(\mathbf{x}), \qquad (7.10.12)$$

wie zu zeigen war.

Wir können etwas über die Amplitude $N(\mathbf{x})$ erfahren, indem wir zur nächsthöheren Ordnung in den Gradienten übergehen. Mithilfe von Gleichung (7.10.2) können wir die Schrödinger-Gleichung (7.10.1) exakt als[16]

$$H\Big(\boldsymbol{\nabla} S(\mathbf{x}) - i\hbar\boldsymbol{\nabla},\ \mathbf{x}\Big) N(\mathbf{x}) = EN(\mathbf{x}) \qquad (7.10.13)$$

ausdrücken. Ist Gleichung (7.10.3) erfüllt, so heben sich die Terme nullter Ordnung in den Gradienten von $N(\mathbf{x})$ und $\boldsymbol{\nabla} S(\mathbf{x})$ weg. In erster Ordnung in diesen Gradienten lautet die Schrödinger-Gleichung dann

$$\mathbf{A}(\mathbf{x}) \cdot \boldsymbol{\nabla} N(\mathbf{x}) + B(\mathbf{x}) N(\mathbf{x}) = 0 \qquad (7.10.14)$$

mit

$$A_i(\mathbf{x}) \equiv \left[\frac{\partial H(\mathbf{x}, \mathbf{p})}{\partial p_i}\right]_{\mathbf{p}=\boldsymbol{\nabla} S(\mathbf{x})}, \quad B(\mathbf{x}) \equiv \frac{1}{2} \sum_{ij} \left[\frac{\partial^2 H(\mathbf{x}, \mathbf{p})}{\partial p_i \partial p_j}\right]_{\mathbf{p}=\boldsymbol{\nabla} S(\mathbf{x})} \frac{\partial^2 S(\mathbf{x})}{\partial x_i \partial x_j}. \qquad (7.10.15)$$

Mithilfe von Gleichung (7.10.4) folgt aus Gleichung (7.10.14)

$$\frac{d}{d\tau} \ln N\Big(\mathbf{q}(\tau)\Big) = -B\Big(\mathbf{q}(\tau)\Big),$$

und somit

$$N(\mathbf{x}) = N(\mathbf{x}_0) \exp\left(-\int_0^{\tau_{\mathbf{x}}} B\Big(\mathbf{q}(\tau)\Big)\, d\tau\right), \qquad (7.10.16)$$

wobei $\mathbf{x}_0$ der Punkt auf der Anfangsoberfläche ist, der durch einen Strahlpfad mit $\mathbf{x}$ verbunden ist. Es kommt darauf an, dass $N(\mathbf{x})$ von keinem Wert an irgendeinem anderen Punkt auf der Anfangsoberfläche außer $\mathbf{x}_0$ abhängt, sodass wir sagen können, dass die Wellenfunktion von der Anfangsoberfläche aus entlang der Strahlpfade propagiert wird.

Bei der Potenzialstreuung haben wir

$$H(\mathbf{q}, \mathbf{p}) = \frac{\mathbf{p}^2}{2m} + V(\mathbf{q}),$$

also ist

$$\mathbf{A}(\mathbf{x}) = \frac{1}{m} \boldsymbol{\nabla} S(\mathbf{x}), \quad B(\mathbf{x}) = \frac{1}{2m} \nabla^2 S(\mathbf{x}).$$

16 Die Funktion $H(\boldsymbol{\nabla} S(\mathbf{x}) - i\hbar\boldsymbol{\nabla},\ \mathbf{x})$ ist durch ihre Potenzreihe definiert. In dieser Entwicklung soll der Operator $-i\hbar\boldsymbol{\nabla}$ auf alles zu seiner Rechten wirken, was nicht nur N, sondern auch die Ableitungen von S einschließt.

Daher ist Gleichung (7.10.14) hier nur die Gleichung der Wahrscheinlichkeitserhaltung in erster Ordnung in den Gradienten von $N(\mathbf{x})$ und $\boldsymbol{\nabla} S(\mathbf{x})$:

$$\begin{aligned} 0 &= \boldsymbol{\nabla} \cdot \left(\psi^* \boldsymbol{\nabla} \psi - \psi \boldsymbol{\nabla} \psi^*\right) = i\boldsymbol{\nabla} \cdot \left(N^2 \boldsymbol{\nabla} S\right) = 2iN \left[\boldsymbol{\nabla} S \cdot \boldsymbol{\nabla} N + \frac{N}{2} \nabla^2 S\right] \\ &= 2iNm\left[\mathbf{A} \cdot \boldsymbol{\nabla} N + BN\right]. \end{aligned} \quad (7.10.17)$$

Daraus folgt, dass die Wahrscheinlichkeitsverteilung für die Streuung unter verschiedenen Winkeln in der Eikonalnäherung durch klassische Streutheorie gegeben ist. Der Einfachheit halber betrachten wir den Fall eines Zentralpotenzials und nehmen an, dass wir durch Lösen der klassischen Bewegungsgleichungen herausfinden, dass ein Teilchen, das sich einem Streuzentrum im Ursprung mit Impuls entlang der z-Richtung und mit Stoßparameter (dem Abstand von der z-Achse) b nähert, um einen Winkel $\theta(b)$ gestreut wird. Jedes Teilchen, das in den Raumwinkel $2\pi \sin\theta d\theta$ zwischen den Winkeln θ und $\theta + d\theta$ gestreut wird, muss sich dem Streuzentrum in dem Ring zwischen den Stoßparametern b und $b + db$ nähern, somit gilt

$$\frac{d\sigma}{d\Omega} \times 2\pi \sin\theta d\theta = 2\pi b\, db,$$

in anderen Worten, der differenzielle Wirkungsquerschnitt ist klassisch

$$\frac{d\sigma}{d\Omega} = \frac{b}{\sin\theta} \left|\frac{db}{d\theta}\right|. \quad (7.10.18)$$

(Zum Beispiel ergeben die klassischen Bewegungsgleichungen für ein Teilchen der Masse μ mit Anfangsgeschwindigkeit v_0, das von einem Coulomb-Potenzial $Z_1Z_2e^2/r$ gestreut wird, $b = Z_1Z_2e^2/\mu v_0^2 \tan(\theta/2)$. Setzen wir das in Gleichung (7.10.18) ein, so erhalten wir einen differenziellen Streuquerschnitt $d\sigma/d\Omega = Z_1^2Z_2^2e^4/4\mu^2v_0^4 \sin^4(\theta/2)$. Auf diese Weise berechnete Rutherford 1911 den Streuquerschnitt der Coulomb-Streuung. Das ist – für Rutherford zum Glück – dasselbe wie das quantenmechanische Ergebnis, das durch das Quadrat des Betrags von Gleichung (7.9.14) gegeben ist, wenn wir den Impuls μv_0 gleich $\hbar k$ setzen.) Gemäß Gleichung (7.10.17) besagt das Ergebnis (7.10.13) der Eikonalnäherung, dass $\boldsymbol{\nabla} \cdot (N^2 \boldsymbol{\nabla} S) = 0$ ist. Integriert man das über die Schale der Strahlpfade, die vom Ring zwischen den Stoßparametern b und $b + db$ ausgehen und in den Raumwinkel zwischen den Winkeln θ und $\theta + d\theta$ laufen, und verwendet man den Gaußschen Satz, so erhält man die klassische Formel (7.10.18). Die Eikonalnäherung geht allerdings über die klassische Streutheorie hinaus, indem sie eine Formel für die Phase der Streuamplitude und nicht nur ihren Betrag angibt.

EXTRAS ONLINE Lösungen

Aufgaben zu Kapitel 7

1 Verwenden Sie die Bornsche Näherung, um eine Formel für die s-Wellen-Streulänge a_s bei der Streuung eines Teilchens der Masse μ und Wellenzahl k durch ein beliebiges Zentralpotenzial $V(r)$ mit endlicher Reichweite R im Grenzfall $kR \ll 1$ anzugeben. Berechnen Sie mithilfe dieses Resultats und des optischen Theorems den Imaginärteil der Vorwärtsstreuamplitude in *zweiter* Ordnung im Potenzial.

2 Nehmen Sie an, dass bei der Streuung eines spinlosen nichtrelativistischen Teilchens der Masse μ an einem unbekannten Potenzial eine Resonanz bei der Energie E_R beobachtet wird, und der elastische Wirkungsquerschnitt an der Spitze der Resonanz σ_{max} beträgt. Zeigen Sie, wie man diese Daten verwendet, um einen Wert für den Bahndrehimpuls des resonanten Zustands anzugeben.

3 Geben Sie eine Formel für den Tangens der $\ell = 0$-Streuphase bei der Streuung an einem Potenzial

$$V(r) = \begin{cases} -V_0 & r < R \\ 0 & r \geq R \end{cases}$$

für alle $E > 0$ und in allen Ordnungen von $V_0 > 0$ an.

4 Nehmen Sie an, dass die Eigenzustände eines ungestörten Hamiltonians nicht nur Kontinuumszustände eines freien Teilchens mit Impuls $\mathbf{p}$ und ungestörter Energie $E = \mathbf{p}^2/2\mu$ beinhalten, sondern auch einen diskreten Zustand mit Drehimpuls ℓ und negativer ungestörter Energie. Nehmen Sie nun an, dass die Kontinuumszustände beim Anschalten der Wechselwirkung ein lokales Potenzial spüren, aber im Kontinuum verbleiben, während sich der diskrete Zustand ebenso zu positiver Energie bewegt und dadurch instabil wird. Wie groß ist die Veränderung der Streuphase $\delta_\ell(k)$, wenn sich die Wellenzahl von $k = 0$ auf $k = \infty$ erhöht?

5 Bestimmen Sie eine obere Schranke für den elastischen Streuquerschnitt in dem Fall, in dem die Streuamplitude f von den Winkeln θ und ϕ unabhängig ist.

6 Berechnen Sie mithilfe der Eikonalnäherung die Phase der Streuamplitude für die Streuung eines geladenen nichtrelativistischen Teilchens durch ein Coulomb-Potenzial.

Lernziele

1 Die S-Matrix

- »in«- und »out«-Zustände
- Wellenpakete zu frühen und späten Zeiten
- Definition der S-Matrix, Unitarität der S-Matrix
- Normierung der »in«- und »out«-Zustände

2 Raten

- Übergangswahrscheinlichkeiten in einer Raumzeitbox
- Zerfallsraten, Querschnitte, Relative Geschwindigkeit
- Verbindung mit Streuamplituden, Endzustände

3 Das allgemeine optische Theorem

- Optisches Theorem für Vielteilchenzustände, Zweiteilchenfall

4 Die Partialwellenentwicklung

- Diskrete Basis für Zweiteilchenzustände, Zwei-Teilchen-S-Matrix
- Streuquerschnitte, Streuphasen, Hochenergiestreuung

5 Noch einmal Resonanzen

- S-Matrix nahe einer Resonanzenergie, Konsequenzen der Unitarität
- Verallgemeinerte Breit-Wigner-Formel
- Querschnitte, Verzweigungsverhältnisse

6 Altmodische Störungstheorie

- Störungsreihe für die S-Matrix
- Funktionalanalysis, quadratintegrabler Kern
- hinreichende Konvergenzbedingungen
- Obere Schranke für Bindungsenergien
- distorted wave Born approximation (DWBA), Coulomb-Unterdrückung

7 Zeitabhängige Störungstheorie

- Zeitentwicklungsoperator, Wechselwirkungsbild, Zeitgeordnete Produkte
- Dysonsche Störungsreihe, Lorentz-Invarianz, »in-in«-Formalismus

8 Schwach gebundene Zustände

- Low-Gleichung, Niederenergienäherung, Lösung für die Streulänge
- Neutron-Proton-Streuung, Lösung durch das Herglotz-Theorem

Allgemeine Streutheorie

8

ÜBERBLICK

» Das letzte Kapitel beschrieb die Theorie der elastischen Streuung eines einzelnen nichtrelativistischen Teilchens durch ein lokales Potenzial. Es gibt viel allgemeinere Situationen, in denen Streutheorie anwendbar ist. Die Streuung kann zusätzliche Teilchen erzeugen; die Wechselwirkung ist womöglich kein lokales Potenzial; einige oder alle der beteiligten Teilchen bewegen sich womöglich bei relativistischen Geschwindigkeiten; und der Anfangszustand enthält womöglich mehr als ein Teilchen. Dieses Kapitel wird Streutheorie in einer Allgemeinheit beschreiben, die alle diese Möglichkeiten berücksichtigt.

In diesem Kapitel werden wir die relativistische Formel für Energien verwenden: Die Energie eines Teilchens mit Impuls $\mathbf{p}$ und Masse m beträgt $(\mathbf{p}^2c^2 + m^2c^4)^{1/2}$ mit der Lichtgeschwindigkeit c. Der Grund dafür ist, dass wir unelastische Streuprozesse betrachten wollen, bei denen Massenenergie in kinetische Energie verwandelt wird und umgekehrt. Es ist nicht ganz trivial, dynamische Theorien zu formulieren, die mit der speziellen Relativitätstheorie konsistent sind – der einzige wirklich befriedigende Ansatz beruht auf der Quantenfeldtheorie – aber was allgemeine Prinzipien anbelangt, gilt Quantenmechanik für relativistische und nichtrelativistische Systeme gleichermaßen. «

8.1 Die S-Matrix

Wir nehmen wieder an, dass der Hamiltonian H die Summe aus einem ungestörten hermiteschen Term H_0, der eine Anzahl nichtwechselwirkender Teilchen beschreibt, und einer Wechselwirkung V ist:

$$H = H_0 + V. \tag{8.1.1}$$

Hinsichtlich der Wechselwirkung V nehmen wir lediglich an, dass sie hermitesch ist und ihre Auswirkungen vernachlässigbar werden, wenn die von H_0 beschriebenen Teilchen alle weit voneinander entfernt sind.

In Abschnitt 7.1 haben wir einen »in«-Zustand $\Psi_{\mathbf{k}}^{\text{in}}$ als einen Eigenzustand des Hamiltonians definiert, der so ausschaut, als bestünde er aus einem einzigen Teilchen mit Impuls $\hbar\mathbf{k}$ fern vom Streuzentrum, wenn Messungen zu hinreichend kleinen Zeiten vorgenommen werden. Wir verallgemeinern diese Definition und definieren »in«- und »out«-Zustände Ψ_α^+ und Ψ_α^- als Eigenzustände des Hamiltonians

$$H\Psi_\alpha^\pm = E_\alpha \Psi_\alpha^\pm, \tag{8.1.2}$$

die wie ein Eigenzustand Φ_α des Hamiltonians für freie Teilchen

$$H_0\Phi_\alpha = E_\alpha\Phi_\alpha \tag{8.1.3}$$

ausschauen, der aus einer Anzahl von Teilchen in großem Abstand voneinander besteht, vorausgesetzt, die Messungen werden für sehr kleine Zeiten (für Ψ_α^+) oder sehr große Zeiten (für Ψ_α^-) ausgeführt. Hier ist α ein Multiindex, der für die Arten und Anzahlen der Teilchen in dem Zustand ebenso wie für ihre Impulse und 3-Komponenten des Spins (oder Helizitäten) steht. Es ist praktisch, die Zustände Φ_α orthonormal zu wählen, sodass

$$\left(\Phi_\beta, \Phi_\alpha\right) = \delta(\beta - \alpha) \tag{8.1.4}$$

gilt. Die Deltafunktion $\delta(\alpha - \beta)$ besteht aus einem Produkt von Kronecker-Deltas für die Anzahlen, Arten und 3-Komponenten des Spins der entsprechenden Teilchen in den Zuständen α und β sowie dreidimensionaler Deltafunktionen für die Impulse der entsprechenden Teilchen in diesen Zuständen.

Man kann die Definition von Ψ_α^+ und Ψ_α^- präziser machen, indem man festlegt, dass, sofern $g(\alpha)$ eine hinreichend glatte Funktion der Impulse im Zustand α ist, dann (als Verallgemeinerung der Gleichungen (7.1.3) und (7.1.4)) gilt:

$$\int d\alpha\, g(\alpha)\Psi_\alpha^\pm \exp(-iE_\alpha t/\hbar) \to \int d\alpha\, g(\alpha)\Phi_\alpha \exp(-iE_\alpha t/\hbar) \tag{8.1.5}$$

für $t \to \mp\infty$. (Integrale über α beinhalten im Allgemeinen Summen über die Anzahlen und Arten von Teilchen sowie die 3-Komponenten ihrer Spins, ebenso wie Integrale über die Impulse aller Teilchen im Zustand α.) Wir können diese Bedingung erfüllen, indem wir Gleichung (8.1.2) als eine Verallgemeinerung der Lippmann-Schwinger-Gleichung (7.1.7) umschreiben:

$$\Psi_\alpha^\pm = \Phi_\alpha + (E_\alpha - H_0 \pm i\epsilon)^{-1} V\Psi_\alpha^\pm, \tag{8.1.6}$$

mit ϵ positiv und infinitesimal. Gleichung (8.1.5) folgt dann als eine einfache Erweiterung des in Abschnitt 7.1 verwendeten Arguments: Aus Gleichung (8.1.6) erhalten wir

$$\int d\alpha\, g(\alpha)\Psi_\alpha^\pm \exp(-iE_\alpha t/\hbar) = \int d\alpha\, g(\alpha)\Phi_\alpha \exp(-iE_\alpha t/\hbar) + \int d\alpha \int d\beta\, \frac{g(\alpha)\exp(-iE_\alpha t/\hbar)\left(\Phi_\beta, V\Psi_\alpha^\pm\right)}{E_\alpha - E_\beta \pm i\epsilon}\Phi_\beta. \tag{8.1.7}$$

Die rasche Oszillation des Exponentialausdrucks im zweiten Term der rechten Seite unterdrückt alle Beiträge zu diesem Integral außer denen von E_α bei E_β, wo sich der Nenner rasch ändert. Diesen Beitrag können wir für $t \to \infty$ auswerten, indem wir den Integrationsweg über E_α für $t \to -\infty$ durch einen großen Halbkreis in der oberen Hälfte der komplexen Ebene schließen, bzw. für $t \to +\infty$ in der unteren Hälfte der komplexen Ebene, da in beiden Fällen der Faktor $\exp(-iE_\alpha t/\hbar)$ auf dem Halbkreis exponentiell gedämpft wird. In beiden Fällen befindet sich der Pol bei $E_\alpha = E_\beta \mp i\epsilon$ außerhalb des Integrationswegs, somit verschwindet dieses Integral und es verbleibt Gleichung (8.1.5). (Es ist übrigens der $\pm i\epsilon$-Term im Nenner von Gleichung (8.1.6), der zu den »in«- und »out«-Zuständen geführt hat, die man für gewöhnlich Ψ_α^+ bzw. Ψ_α^- nennt.)

Die »in«- und »out«-Zustände bewohnen denselben Hilbertraum und unterscheiden sich nur durch die Art ihrer Beschreibung und durch ihr Aussehen bei $t \to -\infty$ oder bei $t \to +\infty$. In der Tat läßt sich jeder »in«-Zustand als eine Überlagerung von »out«-Zuständen ausdrücken:

$$\Psi_\alpha^+ = \int d\beta\, S_{\beta\alpha}\, \Psi_\beta^-. \tag{8.1.8}$$

Die Koeffizienten $S_{\beta\alpha}$ in dieser Beziehung bilden die sogenannte **S-Matrix**. Wenn wir einen Zustand so einrichten, dass er bei $t \to -\infty$ wie ein Zustand Φ_α eines freien Teilchens ausschaut, dann ist dieser Zustand Ψ_α^+, und gemäß Gleichung (8.1.8) wird der Zustand zu späten Zeiten wie die Überlagerung $\int d\beta\, S_{\beta\alpha}\Phi_\beta$ aussehen. Wie wir sehen werden, enthält die S-Matrix alle Informationen über die Reaktionsraten zwischen Teilchen beliebiger Arten.

Wir können eine nützliche Formel für die S-Matrix herleiten, indem wir betrachten, wie der »in«-Zustand bei Messungen zu *späten* Zeiten aussieht. Wir verwenden wiederum Gleichung (8.1.7) für Ψ_α^+, aber nun können wir wegen $t > 0$ den Integrationsweg von E_α im zweiten Term nur mit einem großen Halbkreis in der *unteren* Hälfte der komplexen Ebene schließen, wodurch wir einen Beitrag vom Pol bei $E_\alpha = E_\beta - i\epsilon$ bekommen. Weil wir über einen geschlossenen Weg integrieren, der im Uhrzeigersinn läuft, ist der Beitrag des Pols $(-2\pi i)$ mal dem gleichen Integral, diesmal aber ohne den Nenner; die Integration über E_α wird dadurch ersetzt, dass wir im Rest des Integranden $E_\alpha = E_\beta - i\epsilon$ setzen.

Da ϵ infinitesimal ist, entspricht dies einfach einer Ersetzung von $(E_\alpha - E_\beta + i\epsilon)^{-1}$ in Gleichung (8.1.7) durch $-2\pi i\delta(E_\alpha - E_\beta)$, sodass für $t \to +\infty$

$$\int d\alpha\, g(\alpha)\Psi_\alpha^+ \exp(-iE_\alpha t/\hbar) \to \int d\alpha\, g(\alpha)\Phi_\alpha \exp(-iE_\alpha t/\hbar) \\ -2\pi i \int d\alpha \int d\beta\, g(\alpha)\exp(-iE_\alpha t/\hbar)\Big(\Phi_\beta, V\Psi_\alpha^+\Big)\delta(E_\alpha - E_\beta)\Phi_\beta \tag{8.1.9}$$

gilt. Wie im vorherigen Absatz bemerkt, schaut der Zustand Ψ_α^+ für $t \to +\infty$ wie die Überlagerung $\int d\beta S_{\beta\alpha}\Phi_\beta$ aus, sodass wir aus Gleichung (8.1.9)

$$S_{\beta\alpha} = \delta(\beta - \alpha) - 2\pi i\delta(E_\alpha - E_\beta)T_{\beta\alpha} \tag{8.1.10}$$

erhalten mit

$$T_{\beta\alpha} \equiv \Big(\Phi_\beta, V\Psi_\alpha^+\Big). \tag{8.1.11}$$

Wir haben die Zustände Φ_α orthonormal gewählt; es folgt dann aus Gleichung (8.1.6), dass die »in«- und »out«-Zustände ebenso orthonormal sind. Ziemlich offensichtlich ist das aus der Bedingung (8.1.5) zu ersehen, wir können aber auch einen direkteren Beweis angeben. Wir können das Matrixelement $(\Psi_\beta^\pm, V\Psi_\alpha^\pm)$ auswerten, indem wir Gleichung (8.1.6) entweder auf der linken oder auf der rechten Seite des Skalarprodukts anwenden. Die Ergebnisse müssen übereinstimmen, somit gilt (unter Verwendung der Hermitezität von H_0 und V)

$$\Big(\Psi_\beta^\pm, V\Phi_\alpha\Big) + \Big(\Psi_\beta^\pm, V(E_\alpha - H_0 \pm i\epsilon)^{-1}V\Psi_\alpha^\pm\Big) \\ = \Big(\Phi_\beta, V\Psi_\alpha^\pm\Big) + \Big(\Psi_\beta^\pm, V(E_\beta - H_0 \mp i\epsilon)^{-1}V\Psi_\alpha^\pm\Big). \tag{8.1.12}$$

Wir verwenden die triviale Identität

$$(E_\alpha - H_0 \pm i\epsilon)^{-1} - (E_\beta - H_0 \mp i\epsilon)^{-1} = -\frac{E_\alpha - E_\beta \pm 2i\epsilon}{(E_\alpha - H_0 \pm i\epsilon)(E_\beta - H_0 \mp i\epsilon)},$$

sodass sich nach einer Division durch $E_\alpha - E_\beta \pm 2i\epsilon$

$$-\left[\frac{\Big(\Phi_\alpha, V\Psi_\beta^\pm\Big)}{E_\beta - E_\alpha \pm 2i\epsilon}\right]^* - \frac{\Big(\Phi_\beta, V\Psi_\alpha^\pm\Big)}{E_\alpha - E_\beta \pm 2i\epsilon} = \Big(\Psi_\beta^\pm, V(E_\beta - H_0 \mp i\epsilon)^{-1}(E_\alpha - H_0 \pm i\epsilon)^{-1}V\Psi_\alpha^\pm\Big)$$

ergibt. An ϵ ist nur wichtig, dass es positiv und inifinitesimal ist, sodass wir 2ϵ genauso gut durch ϵ ersetzen können. Nach Gleichung (8.1.6) besagt dies

$$-\Big(\Phi_\alpha, [\Psi_\beta^\pm - \Phi_\beta]\Big)^* - \Big(\Phi_\beta, [\Psi_\alpha^\pm - \Phi_\alpha]\Big) = \Big([\Psi_\beta^\pm - \Phi_\beta], [\Psi_\alpha^\pm - \Phi_\alpha]\Big),$$

und somit gilt

$$\Big(\Psi_\beta^\pm, \Psi_\alpha^\pm\Big) = \Big(\Phi_\beta, \Phi_\alpha\Big) = \delta(\alpha - \beta). \tag{8.1.13}$$

Bilden wir das Skalarprodukt von Gleichung (8.1.8) mit Ψ_β^-, so erhalten wir nun

$$S_{\beta\alpha} = \Big(\Psi_\beta^-, \Psi_\alpha^+\Big). \tag{8.1.14}$$

Folglich ist $S_{\beta\alpha}$ die Wahrscheinlichkeitsamplitude dafür, dass ein Zustand, den man so einrichtet, dass er bei $t \to -\infty$ wie der Zustand eines freien Teilchens Φ_α ausschaut, bei Messungen zu Zeiten $t \to \infty$ wie der Zustand eines freien Teilchens Φ_β ausschaut.

Da $S_{\beta\alpha}$ die Matrix der Skalarprodukte zweier vollständiger orthonormaler Sätze von Zustandsvektoren ist, muss sie unitär sein. Wir können das auch direkt zeigen, indem wir Gleichung (8.1.12) (für »in«-Zustände) mit $\delta(E_\alpha - E_\beta)$ multiplizieren, woraus sich

$$\delta(E_\alpha - E_\beta)\Big(T^*_{\alpha\beta} - T_{\beta\alpha}\Big) = 2i\epsilon\delta(E_\alpha - E_\beta)\int d\gamma \frac{T^*_{\gamma\beta}T_{\gamma\alpha}}{(E_\alpha - E_\gamma)^2 + \epsilon^2}$$

ergibt. Für infinitesimales ϵ ist die Funktion $\epsilon/(x^2 + \epsilon^2)$ außer bei $x = 0$ vernachlässigbar, während ihr Integral über alle x gleich π ist; somit können wir die Funktion in jedem Integral durch $\pi\delta(x)$ ersetzen. Multiplizieren wir mit $-2i\pi$ und ersetzen $\delta(E_\alpha - E_\beta)\delta(E_\alpha - E_\gamma)$ durch $\delta(E_\beta - E_\gamma)\delta(E_\alpha - E_\gamma)$, so erhalten wir mit Gleichung (8.1.10)

$$-[S_{\beta\alpha} - \delta(\alpha - \beta)] - [S^*_{\alpha\beta} - \delta(\alpha - \beta)] = \int d\gamma\ [S_{\gamma\beta} - \delta(\beta - \gamma)]^*[S_{\gamma\alpha} - \delta(\alpha - \gamma)]$$

oder in anderen Worten

$$\int d\gamma\ S^*_{\gamma\beta}S_{\gamma\alpha} = \delta(\alpha - \beta). \tag{8.1.15}$$

In Matrizensprache bedeutet das $S^\dagger S = 1$, wobei $\dagger$ wie immer für die Transponierte der Komplex-Konjugierten steht.

Wären α und β diskrete Zustände und nicht Mitglieder eines Kontinuums, würde die Unitarität der S-Matrix auf das Ergebnis führen, dass die Gesamtwahrscheinlichkeit $\sum_\beta |S_{\beta\alpha}|^2$ gleich eins ist. Die physikalischen Auswirkungen der Unitarität in der realen Welt, wo diese Zustände ein Kontinuum bilden, wird in Abschnitt 8.3 besprochen.

* * *

Der Unterschied zwischen »in«- und »out«-Zuständen ist im Vorzeichen des $\pm i\epsilon$-Terms im Nenner der Lippmann-Schwinger-Gleichung (8.1.6) enthalten. Um das weniger abstrakt zu machen, betrachten wir, wie die Wellenfunktion von »out«-Zuständen in dem in Kapitel 7 behandelten Fall aussieht: Ein nichtrelativistisches Teilchen der Masse μ und mit Impuls $\hbar\mathbf{k}$ wird an einem realen lokalen Potenzial $V(\mathbf{x})$ gestreut. Wir haben in Abschnitt 7.2 gesehen, dass die Streuwellenfunktion $\psi^+_\mathbf{k}(\mathbf{x})$ im Ortsraum der Integralgleichung (7.2.3) genügt:

$$\psi^+_\mathbf{k}(\mathbf{x}) = (2\pi\hbar)^{-3/2}e^{i\mathbf{k}\cdot\mathbf{x}} + \int d^3y\ G^+_k(\mathbf{x} - \mathbf{y})\ V(\mathbf{y})\ \psi^+_\mathbf{k}(\mathbf{y}), \tag{8.1.16}$$

wobei $G^+_k(\mathbf{x} - \mathbf{y})$ eine Greensche Funktion ist, die durch Gleichung (7.2.4) gegeben ist:

$$G^+_k(\mathbf{x} - \mathbf{y}) = \Big(\Phi_\mathbf{x}, [E(k) - H_0 + i\epsilon]^{-1}\Phi_\mathbf{y}\Big) = -\frac{2\mu}{\hbar^2}\frac{1}{4\pi|\mathbf{x} - \mathbf{y}|}e^{ik|\mathbf{x}-\mathbf{y}|}. \tag{8.1.17}$$

Das hochgestellte »+« soll dabei klar machen, dass sich dies nur auf »in«-Zustände bezieht. Für »out«-Zustände genügt die Wellenfunktion stattdessen der Gleichung

$$\psi_{\mathbf{k}}^{-}(\mathbf{x}) = (2\pi\hbar)^{-3/2} e^{i\mathbf{k}\cdot\mathbf{x}} + \int d^3y \, G_k^{-}(\mathbf{x}-\mathbf{y}) \, V(\mathbf{y}) \, \psi_{\mathbf{k}}^{-}(\mathbf{y}), \tag{8.1.18}$$

wobei $G_k^{-}(\mathbf{x}-\mathbf{y})$ eine andere Greensche Funktion ist mit

$$G_k^{-}(\mathbf{x}-\mathbf{y}) = \left(\Phi_{\mathbf{x}}, [E(k) - H_0 - i\epsilon]^{-1} \Phi_{\mathbf{y}}\right). \tag{8.1.19}$$

Ein Vergleich der Gleichungen (8.1.17) und (8.1.19) zeigt, dass

$$G_k^{-}(\mathbf{x}-\mathbf{y}) = G_k^{+*}(\mathbf{y}-\mathbf{x}) = -\frac{2\mu}{\hbar^2} \frac{1}{4\pi|\mathbf{x}-\mathbf{y}|} e^{-ik|\mathbf{x}-\mathbf{y}|} \tag{8.1.20}$$

gilt. Damit ist die Lösung von Gleichung (8.1.18) einfach

$$\psi_{\mathbf{k}}^{-}(\mathbf{x}) = \psi_{-\mathbf{k}}^{+*}(\mathbf{x}). \tag{8.1.21}$$

Insbesondere ist die asymptotische Form der »out«-Wellenfunktion im Ortsraum für große $|\mathbf{x}|$ anstelle von Gleichung (7.2.5) durch

$$\psi_{\mathbf{k}}^{-}(\mathbf{x}) \to (2\pi\hbar)^{-3/2} \left[e^{i\mathbf{k}\cdot\mathbf{x}} + f_{-\mathbf{k}}^{*}(\hat{x}) e^{-ikr}/r\right] \tag{8.1.22}$$

gegeben mit $r \equiv |\mathbf{x}|$.

8.2 Raten

Die durch Gleichung (8.1.10) gegebene S-Matrix erhält offensichtlich die Energie. Selbst in den Fällen, wo die Zustände α und β verschieden sind, ist $S_{\beta\alpha}$ proportional zu $\delta(E_\alpha - E_\beta)$. Ferner sagt uns die Symmetrie der Invarianz unter räumlichen Translationen, dass der Hamiltonian H mit dem Impulsoperator $\mathbf{P}$ vertauscht, und da H_0 offensichtlich mit $\mathbf{P}$ vertauscht, gilt dies auch für V; daraus folgt dann, dass $T_{\beta\alpha}$ und $S_{\beta\alpha}$ auch zu einer dreidimensionalen Deltafunktion $\delta^3(\mathbf{P}_\alpha - \mathbf{P}_\beta)$ proportional sind, wobei $\mathbf{P}_\alpha$ und $\mathbf{P}_\beta$ die Gesamtimpulse der Zustände α und β sind. Falls α und β nicht identische Zustände sind, können wir

$$S_{\beta\alpha} = \delta(E_\alpha - E_\beta) \, \delta^3(\mathbf{P}_\alpha - \mathbf{P}_\beta) \, M_{\beta\alpha} \tag{8.2.1}$$

schreiben, wobei $M_{\beta\alpha}$ eine glatte Funktion der Impulse in den Zuständen α und β ist und keine Deltafunktionen enthält.[1] Die Gegenwart der Deltafunktionen in Gleichung (8.2.1) wirft unmittelbar ein Problem auf: Was machen wir mit den Quadraten von $\delta(E_\alpha - E_\beta)$ und $\delta^3(\mathbf{P}_\alpha - \mathbf{P}_\beta)$, wenn wir die Wahrscheinlichkeit für den Übergang $\alpha \to \beta$ gleich $|S_{\beta\alpha}|^2$ setzen?

1 Streng genommen, stimmt das nur, wenn keine Untermenge von Teilchen in den Zuständen α und β gleichen Gesamtimpuls hat. Diese Bedingung ist nötig, um die Möglichkeit auszuschließen, dass der Übergang $\alpha \to \beta$ mehrere Reaktionen beinhaltet, die weit voneinander entfernt stattfinden und nichts miteinander zu tun haben; in einem solchen Fall würde $S_{\beta\alpha}$ mehrere Faktoren von impulserhaltenden Deltafunktionen beinhalten, jeweils eine für jede Reaktion. Diese Möglichkeit besteht bei der Streuung von nur zwei Teilchen nicht.

Der einfachste Weg, um mit diesem Problem fertig zu werden, ist es, sich vorzustellen, dass sich das System in einem Kasten mit endlichem Volumen V befindet und dass die Wechselwirkung nur für eine endliche Zeit T eingeschaltet wird. Eine Konsequenz davon ist, dass die Deltafunktionen, die wie in Abschnitt 3.2 gezeigt, als

$$\delta^3(\mathbf{P}_\alpha - \mathbf{P}_\beta) \equiv \frac{1}{(2\pi\hbar)^3} \int d^3x \, e^{i(\mathbf{P}_\alpha - \mathbf{P}_\beta)\cdot \mathbf{x}/\hbar},$$
$$\delta(E_\alpha - E_\beta) \equiv \frac{1}{2\pi\hbar} \int_{-\infty}^{\infty} dt \, e^{i(E_\alpha - E_\beta)t/\hbar}$$

geschrieben werden können, stattdessen durch

$$\delta_V^3(\mathbf{P}_\alpha - \mathbf{P}_\beta) \equiv \frac{1}{(2\pi\hbar)^3} \int_V d^3x \, e^{i(\mathbf{P}_\alpha - \mathbf{P}_\beta)\cdot \mathbf{x}/\hbar},$$
$$\delta_T(E_\alpha - E_\beta) \equiv \frac{1}{2\pi\hbar} \int_T dt \, e^{i(E_\alpha - E_\beta)t/\hbar} \tag{8.2.2}$$

ersetzt werden. Dann erhalten wir

$$\left[\delta_V^3(\mathbf{P}_\alpha - \mathbf{P}_\beta)\right]^2 = \frac{V}{(2\pi\hbar)^3} \delta_V^3(\mathbf{P}_\alpha - \mathbf{P}_\beta), \tag{8.2.3}$$

$$\left[\delta_T(E_\alpha - E_\beta)\right]^2 = \frac{T}{2\pi\hbar} \delta_T(E_\alpha - E_\beta). \tag{8.2.4}$$

Ebenso müssen wir die Zustände geeignet normiert wählen, wenn wir das Quadrat der Elemente der S-Matrix als Übergangswahrscheinlichkeiten verwenden. Im Ortsraum bedeutet das, dass wir einem Einteilchenzustand $\Phi_\mathbf{p}$ mit Impuls $\mathbf{p}$ nicht die Wellenfunktion (6.2.9) mit Kontinuumsnormierung,

$$\left(\Phi_\mathbf{x}, \Phi_\mathbf{p}\right) = \frac{e^{i\mathbf{p}\cdot\mathbf{x}/\hbar}}{(2\pi\hbar)^{3/2}},$$

geben, sondern sie so normieren, dass das Integral ihres quadrierten Absolutbetrags über den Kasten gleich eins ist:

$$\left(\Phi_\mathbf{x}, \Phi_\mathbf{p}^{\text{Kasten}}\right) = \frac{e^{i\mathbf{p}\cdot\mathbf{x}/\hbar}}{\sqrt{V}}.$$

Das heißt, dass wir den auf den Kasten normierten Zustand als

$$\Phi_\mathbf{p}^{\text{Kasten}} \equiv \sqrt{\frac{(2\pi\hbar)^3}{V}} \Phi_\mathbf{p} \tag{8.2.5}$$

definieren. Für Vielteilchenzustände taucht ein Produkt von Faktoren $\sqrt{(2\pi\hbar)^3/V}$ in der Beziehung zwischen den kastennormierten und kontinuumsnormierten Zuständen auf. Daher sind die Elemente der S-Matrix zwischen kastennormierten Zuständen

$$S_{\beta\alpha}^{\text{Kasten}} = \left[\frac{(2\pi\hbar)^3}{V}\right]^{(N_\alpha+N_\beta)/2} S_{\beta\alpha}, \tag{8.2.6}$$

wobei N_α und N_β die Teilchenzahlen in den Anfangs- und Endzuständen sind. Setzen wir alles zusammen, so sehen wir, dass die Übergangswahrscheinlichkeit $\alpha \to \beta$ gleich

$$P(\alpha \to \beta) = \left|S_{\beta\alpha}^{\text{Kasten}}\right|^2 = \frac{T}{2\pi\hbar}\left[\frac{(2\pi\hbar)^3}{V}\right]^{N_\alpha+N_\beta-1} \delta_T(E_\alpha - E_\beta)\delta_V^3(\mathbf{P}_\alpha - \mathbf{P}_\beta)\left|M_{\beta\alpha}\right|^2$$

ist. Die Übergangs*rate* ist die Übergangswahrscheinlichkeit geteilt durch die Zeit T, während der die Wechselwirkung wirkt, beziehungsweise

$$\Gamma(\alpha \to \beta) = \frac{P(\alpha \to \beta)}{T} = \frac{1}{2\pi\hbar}\left[\frac{(2\pi\hbar)^3}{V}\right]^{N_\alpha+N_\beta-1} \delta_T(E_\alpha - E_\beta)\delta_V^3(\mathbf{P}_\alpha - \mathbf{P}_\beta)\left|M_{\beta\alpha}\right|^2 . \quad (8.2.7)$$

Dies ist allerdings immer noch nicht das Ergebnis, das man im Allgemeinen misst. Gleichung (8.2.7) liefert die Übergangsrate in einen einzigen der möglichen Endzustände. Aber in einem großen Kasten liegen diese Zustände sehr nahe beieinander. Wie wir in Abschnitt 6.2 gesehen haben, ist die Zahl der Einteilchenzustände in einem Volumen d^3p des Impulsraums gleich $V d^3p/(2\pi\hbar)^3$, somit ist die Übergangsrate in einen Bereich $d\beta$ von Endzuständen

$$\begin{aligned} d\Gamma(\alpha \to \beta) &= [V/(2\pi\hbar)^3]^{N_\beta}\,\Gamma(\alpha \to \beta)\,d\beta \\ &= \frac{1}{2\pi\hbar}\left[\frac{(2\pi\hbar)^3}{V}\right]^{N_\alpha-1} \left|M_{\beta\alpha}\right|^2 \delta(E_\alpha - E_\beta)\delta^3(\mathbf{P}_\alpha - \mathbf{P}_\beta)\,d\beta, \end{aligned} \quad (8.2.8)$$

wobei $d\beta$ hier das Produkt der d^3p-Faktoren für jedes Teilchen in dem Zustand ist. (Wir haben die tiefgestellten Indizes V und T bei den Deltafunktionen weggelassen, weil diese Formel immer im Limes $V \to \infty$ und $T \to \infty$ verwendet werden wird, wo die Deltafunktionen (8.2.2) zu den gewöhnlichen Deltafunktionen werden.) Das ist unsere abschließende allgemeine Formel für Übergangsraten.

Der Faktor $(1/V)^{N_\alpha-1}$ in Gleichung (8.2.8) verhält sich genauso, wie man es aus physikalischen Gründen erwarten würde. Für $N_\alpha = 1$ ist dieser Faktor gleich eins, somit ist die Zerfallsrate eines einzelnen Teilchens in einem Teilchensatz β unabhängig von dem Volumen, in dem der Zerfall stattfindet. Es gilt also

$$d\Gamma(\alpha \to \beta) = \frac{1}{2\pi\hbar}\left|M_{\beta\alpha}\right|^2 \delta(E_\alpha - E_\beta)\delta^3(\mathbf{P}_\alpha - \mathbf{P}_\beta)\,d\beta, \quad (8.2.9)$$

wie man es erwarten würde. Für $N_\alpha = 2$ lautet dieser Faktor $1/V$, somit ist die Rate der Erzeugung des Endzustands β bei der Kollision zweier Teilchen proportional zur Dichte $1/V$ eines der beiden Teilchen am Ort des anderen. Das ist wiederum, wie man es erwarten würde. Da es sich um eine Rate handelt, sollte sie eigentlich proportional zu der Rate pro Fläche u_α/V sein, mit der der Strahl eines der beiden Teilchen den anderen trifft, wobei u_α die Relativgeschwindigkeit der beiden Teilchen ist. Der Koeffizient von u_α/V in der Übergangsrate $d\Gamma(\alpha \to \beta)$ ist der differenzielle Wirkungsquerschnitt

$$d\sigma(\alpha \to \beta) \equiv \frac{d\Gamma(\alpha \to \beta)}{u_\alpha/V} = \frac{(2\pi\hbar)^2}{u_\alpha}\left|M_{\beta\alpha}\right|^2 \delta(E_\alpha - E_\beta)\delta^3(\mathbf{P}_\alpha - \mathbf{P}_\beta)\,d\beta. \quad (8.2.10)$$

Wir werden hauptsächlich im Schwerpunktssystem arbeiten, wo die beiden Teilchen gleiche und entgegengesetzte Impulse haben – etwa $\mathbf{p}$ und $-\mathbf{p}$ – sodass die relative Geschwindigkeit gleich

$$u = \frac{|\mathbf{p}|c^2}{E_1} + \frac{|\mathbf{p}|c^2}{E_2} = \frac{|\mathbf{p}|}{\mu} \qquad \mu \equiv \frac{E_1 E_2}{c^2(E_1 + E_2)} \tag{8.2.11}$$

mit

$$E_1 = \sqrt{\mathbf{p}^2 c^2 + m_1 c^4}, \quad E_2 = \sqrt{\mathbf{p}^2 c^2 + m_2 c^4}$$

ist. Im nichtrelativistischen Fall, wo $E \simeq mc^2$ gilt, ist die Größe μ die bekannte reduzierte Masse $m_1 m_2/(m_1 + m_2)$.

Es gibt sogar physikalisch wichtige Kollisionsprozesse mit *drei* Teilchen im Anfangszustand. Ein Beispiel ist der erste Schritt $e^- + p + p \to d + \nu$ in der Kette von Reaktionen, bei denen die Wärme in der Sonne erzeugt wird. Die Raten solcher Reaktionen sind natürlich proportional zum Produkt der Dichten von jeweils zwei der Teilchen am Ort des dritten Teilchens, bzw. $1/V^2$.

Es bleibt noch zu erklären, wie man mit dem Faktor $\delta(E_\alpha - E_\beta)\delta^3(\mathbf{P}_\alpha - \mathbf{P}_\beta)\, d\beta$ in den Gleichungen (8.2.8)–(8.2.10) umgeht. Für zwei Teilchen im Endzustand ist dieser Faktor gerade proportional zum differenziellen Raumwinkelelement. Wir wollen nun im Schwerpunktsystem arbeiten, in dem der Gesamtimpuls des Anfangszustands verschwindet. Besteht dort der Endzustand aus zwei Teilchen mit den Impulsen $\mathbf{p}_1$ und $\mathbf{p}_2$ sowie den Energien E_1 und E_2, so ist dieser Faktor

$$\begin{aligned}\delta^3(\mathbf{p}_1 + \mathbf{p}_2)\delta(E_1 + E_2 - E)\, d^3p_1 d^3p_2 &= \delta(E_1 + E_2 - E)\, p_1^2\, dp_1\, d\Omega_1 \\ &= \frac{p_1^2\, d\Omega_1}{|\partial(E_1 + E_2)/\partial p_1|} = \mu p_1 d\Omega_1, \end{aligned} \tag{8.2.12}$$

wobei μ durch Gleichung (8.2.11) gegeben ist. Im abschließenden Ausdruck ist p_1 der durch die Energieerhaltung (die Lösung der Gleichung $E_1 + E_2 = E$) festgelegte Impuls. (Bei der Herleitung dieses Ergebnisses haben wir $\delta(f(p))dp = 1/|f'(p)|$ verwendet, wobei $f'(p)$ an dem Wert von p ausgewertet wird, am dem $f(p) = 0$ ist.)

Zum Beispiel ist gemäß Gleichung (8.2.9) die Zerfallsrate eines einzelnen Teilchens in zwei Teilchen

$$d\Gamma = \frac{1}{2\pi\hbar} \left|M_{\beta\alpha}\right|^2 \mu_\beta p_\beta d\Omega_\beta, \tag{8.2.13}$$

und Gleichung (8.2.10) liefert den differenziellen Wirkungsquerschnitt für den Übergang in einen Zwei-Teilchen-Endzustand bei der Kollision zweier Teilchen im Schwerpunktsystem als

$$d\sigma(\alpha \to \beta) = \frac{(2\pi\hbar)^2}{u_\alpha} \left|M_{\beta\alpha}\right|^2 \mu_\beta p_\beta d\Omega_\beta = (2\pi\hbar)^2 \left(\frac{p_\beta}{p_\alpha}\right) \mu_\alpha \mu_\beta \left|M_{\beta\alpha}\right|^2 d\Omega_\beta. \tag{8.2.14}$$

Um mit den Ergebnissen aus dem vorigen Kapitel vergleichen zu können, halten wir fest, dass es im Fall einer elastischen Streuung eines nichtrelativistischen Teilchens an einem festen Streuzentrum keine Deltafunktion aufgrund der Impulserhaltung in Gleichung (8.2.1) gibt, die sich dann auf

$$S_{\mathbf{k}',\mathbf{k}} = \delta(E(k') - E(k))\, M_{\mathbf{k}',\mathbf{k}} \tag{8.2.15}$$

reduziert, wobei $\mathbf{k}$ und $\mathbf{k}'$ die Wellenzahlen am Anfang und am Ende sind. Außerdem nehmen wir hier $\mathbf{k}' \neq \mathbf{k}$. Ein Vergleich mit den Gleichungen (8.1.10) und (8.1.11) liefert

$$M_{\mathbf{k}',\mathbf{k}} = -2\pi i \Big(\Phi_{\mathbf{k}'}, V\Psi^+_{\mathbf{k}}\Big) = -2\pi i \int d^3x\, (2\pi\hbar)^{-3/2} e^{-i\mathbf{k}'\cdot\mathbf{x}} V(\mathbf{x})\psi_{\mathbf{k}}(\mathbf{x}). \tag{8.2.16}$$

Dann liefert Gleichung (7.2.6) die Beziehung zwischen der Streuamplitude (in einer etwas anderen Schreibweise) und dem M-Matrixelement:

$$f(\mathbf{k} \to \mathbf{k}') = -2\pi\hbar i \mu M_{\mathbf{k}',\mathbf{k}}. \tag{8.2.17}$$

Hier sind $\mu_\beta = \mu_\alpha \equiv \mu$ und $p_\alpha = p_\alpha$, somit liefert in diesem Fall Gleichung (8.2.14) für den differenziellen Streuquerschnitt $d\sigma = |f|^2 d\Omega$, was mit dem Ergebnis aus Abschnitt 7.2 übereinstimmt.

8.3 Das allgemeine optische Theorem

Wir befassen uns nun mit einer wichtigen Konsequenz der Unitarität der S-Matrix. Gleichung (8.2.1) gilt nur im Fall einer Reaktion, bei der die Zustände α und β verschieden sind; allgemeiner haben wir

$$S_{\beta\alpha} = \delta(\alpha - \beta) + \delta(E_\alpha - E_\beta)\, \delta^3(\mathbf{P}_\alpha - \mathbf{P}_\beta)\, M_{\beta\alpha}. \tag{8.3.1}$$

Die Unitaritätsbedingung lautet

$$\begin{aligned}
\delta(\alpha - \beta) &= \int d\gamma\; S^*_{\gamma\beta} S_{\gamma\alpha} \\
&= \delta(\alpha - \beta) + \delta(E_\alpha - E_\beta)\, \delta^3(\mathbf{P}_\alpha - \mathbf{P}_\beta) \Big[M_{\beta\alpha} + M^*_{\alpha\beta}\Big] \\
&\quad + \int d\gamma\, M^*_{\gamma\beta} M_{\gamma\alpha} \delta(E_\gamma - E_\beta)\, \delta^3(\mathbf{P}_\gamma - \mathbf{P}_\beta) \delta(E_\gamma - E_\alpha)\, \delta^3(\mathbf{P}_\gamma - \mathbf{P}_\alpha)
\end{aligned}$$

und somit für $\mathbf{P}_\beta = \mathbf{P}_\alpha$ und $E_\beta = E_\alpha$

$$0 = M_{\beta\alpha} + M^*_{\alpha\beta} + \int d\gamma\, M^*_{\gamma\beta} M_{\gamma\alpha} \delta(E_\gamma - E_\alpha)\, \delta^3(\mathbf{P}_\gamma - \mathbf{P}_\alpha). \tag{8.3.2}$$

Das ist besonders im Fall $\alpha = \beta$ nützlich. In diesem Fall ist der letzte Term von Gleichung (8.3.2) proportional zur Gesamtrate für alle Reaktionen mit Anfangszustand α, die durch Gleichung (8.2.8) zu

$$\Gamma_\alpha \equiv \int d\gamma\, \Gamma(\alpha \to \gamma) = \frac{1}{2\pi\hbar}\left[\frac{(2\pi\hbar)^3}{V}\right]^{N_\alpha - 1} \int \left|M_{\gamma\alpha}\right|^2 \delta(E_\alpha - E_\gamma)\delta^3(\mathbf{P}_\alpha - \mathbf{P}_\gamma)\, d\gamma \quad (8.3.3)$$

gegeben ist. Somit kann man Gleichung (8.3.2) im Fall $\alpha = \beta$ wie folgt schreiben:

$$\mathrm{Re}\, M_{\alpha\alpha} = -\pi\hbar \left[\frac{V}{(2\pi\hbar)^3}\right]^{N_\alpha - 1} \Gamma_\alpha. \quad (8.3.4)$$

Das ist die allgemeinste Form des optischen Theorems.

Im Spezialfall eines Zweiteilchenzustands α wird Gleichung (8.3.4) zu

$$\mathrm{Re}\, M_{\alpha\alpha} = -\frac{\pi\hbar}{(2\pi\hbar)^3} u_\alpha \sigma_\alpha, \quad (8.3.5)$$

wobei u_α die Relativgeschwindigkeit ist und $\sigma_\alpha = \Gamma_\alpha/(u_\alpha/V)$ der totale Streuquerschnitt für alle möglichen Ergebnisse der Kollision der zwei Teilchen. Unter Verwendung von Gleichung (8.2.17) lautet der Imaginärteil der Vorwärtsstreuamplitude dann

$$\mathrm{Im}\, f(\mathbf{k}_\alpha \to \mathbf{k}_\alpha) = -2\pi\hbar\mu_\alpha \mathrm{Re} M_{\alpha\alpha} = \frac{\mu_\alpha u_\alpha}{4\pi\hbar}\sigma_\alpha = \frac{k_\alpha}{4\pi}\sigma_\alpha, \quad (8.3.6)$$

was das in Abschnitt 7.3 hergeleitete ursprüngliche optische Theorem ist.

8.4 Die Partialwellenentwicklung

Verwenden wir die Rotationsinvarianz zusammen mit der Unitarität, so können wir eine Darstellung der S-Matrix ableiten, die dem Ausdruck der Streuamplitude durch die Streuphasen aus dem letzten Kapitel recht ähnlich ist, aber sich nun in einem viel allgemeineren Kontext befindet, der unelastische Reaktionen und Teilchen mit Spin einschließt.

Wir müssen erst verstehen, wie man Zweiteilchenzustände $\Phi_{\mathbf{p}_1,\sigma_1;\mathbf{p}_2,\sigma_2}$ mit Impulsen $\mathbf{p}_1$ und $\mathbf{p}_2$, Spins s_1 und s_2, und 3-Komponenten des Spins σ_1 und σ_2 durch Zustände mit fester Gesamtenergie E, Gesamtimpuls $\mathbf{P}$, Gesamtdrehimpuls J, 3-Komponente des Gesamtdrehimpulses M, Bahndrehimpuls ℓ und Gesamtspin s ausdrückt. Wir definieren

$$\Phi_{\mathbf{P},E,J,M,\ell,s,n} \equiv \int d^3p_1\, \frac{1}{\sqrt{\mu|\mathbf{p}_1|}}\delta(E - E_1 - E_2) \times \sum_{\sigma_1\sigma_2\sigma m} Y_\ell^m(\hat{p}_1) C_{s_1 s_2}(s\sigma; \sigma_1\sigma_2) C_{s\ell}(JM; \sigma\, m) \Phi_{\mathbf{p}_1,\sigma_1;\mathbf{P}-\mathbf{p}_1,\sigma_2;n}. \quad (8.4.1)$$

Hier ist n ein Multiindex, der die Teilchenarten bezeichnet, einschließlich ihrer Massen m_1 und m_2 sowie Spins s_1 und s_2; Y_ℓ^m ist die in Abschnitt 2.2 beschriebene Kugelflächenfunktion; die Cs sind die Clebsch-Gordan-Koeffizienten, die in Abschnitt 4.3 besprochen wurden; und die E_i sind die Energien

$$E_1 \equiv \sqrt{m_1^2 c^4 + \mathbf{p}_1^2 c^4}, \quad E_2 \equiv \sqrt{m_2^2 c^4 + (\mathbf{P} - \mathbf{p}_1)^2 c^4}.$$

Wir werden uns hier auf das Schwerpunktsystem konzentrieren, für das $\mathbf{P} = 0$ gilt. In diesem Fall ist μ die reduzierte Masse, die durch Gleichung (8.2.11) definiert ist. Die Idee hinter der Definition (8.4.1) ist, dass sich die zwei Spins zu einem Gesamtspin s mit 3-Komponente σ aufaddieren; und im Schwerpunktsystem mit $\mathbf{P} = 0$ addieren sich der Gesamtspin und der Bahndrehimpuls zu einem Gesamtdrehimpuls J mit 3-Komponente M auf. Wie wir gleich sehen werden, wurde der Faktor $(\mu|\mathbf{p}_1|)^{-1/2}$ eingeführt, um den Zuständen (8.4.1) eine einfache Norm zu geben.

Die Zustände $\Phi_{\mathbf{p}_1,\sigma_1;\mathbf{p}_2,\sigma_2;n}$ sollen die übliche Kontinuumsnormierung

$$\left(\Phi_{\mathbf{p}'_1,\sigma'_1;\mathbf{p}'_2,\sigma'_2;n'}, \Phi_{\mathbf{p}_1,\sigma_1;\mathbf{p}_2,\sigma_2;n}\right) = \delta_{n'n}\delta^3(\mathbf{p}'_1 - \mathbf{p}_1)\,\delta^3(\mathbf{p}'_2 - \mathbf{p}_2)\delta_{\sigma'_1\sigma_1}\delta_{\sigma'_2\sigma_2} \tag{8.4.2}$$

aufweisen. Wir wollen nun die Normierung der Zustände (8.4.1) überprüfen. Im hier interessierenden Fall, in dem einer dieser Zustände Gesamtimpuls null haben soll, lautet das Skalarprodukt dieser Zustände

$$\begin{aligned}\left(\Phi_{\mathbf{P}',E',J',M',\ell',s',n'}, \Phi_{0,E,J,M,\ell,s,n}\right) &= \delta_{n'n}\delta^3(\mathbf{P}')\delta(E'-E)\int \frac{d^3p_1}{\mu|\mathbf{p}_1|} \\ &\times \delta(E_1+E_2-E) \sum_{\sigma_1\sigma_2 m' m \sigma' \sigma} Y_{\ell'}^{m'}(\hat{p}_1)^* Y_\ell^m(\hat{p}_1) \\ &\times C_{s_1s_2}(s'\sigma';\sigma_1\sigma_2)C_{s'\ell'}(J'M';\sigma'\,m')C_{s_1s_2}(s\sigma;\sigma_1\sigma_2)C_{s\ell}(JM;\sigma\,m). \end{aligned} \tag{8.4.3}$$

Verwenden wir die Definitionseigenschaft der Deltafunktion, so erhalten wir (für $\mathbf{P} = 0$)

$$\int_0^\infty p_1^2\,dp_1\,\delta(E_1+E_2-E) = \frac{p_1^2}{|(\partial/\partial p_1)(E_1+E_2)|} = p_1E_1E_2/Ec^2 = \mu p_1.$$

Hierbei ist p_1 gerade die Lösung der Energieerhaltungsgleichung $E_1 + E_2 = E$ mit $E_1 \equiv \sqrt{m_1^2c^4 + p_1^2c^4}$ und $E_2 \equiv \sqrt{m_2^2c^4 + p_1^2c^4}$. Das wird durch den Faktor $1/\mu p_1$ in Gleichung (8.4.3) weggehoben, weswegen wir die Wurzel dieses Faktors überhaupt in dio Definition (8.4.1) eingebaut haben. Somit wird Gleichung (8.4.2) zu

$$\begin{aligned}\left(\Phi_{\mathbf{P}',E',J',M',\ell',s',n'}, \Phi_{0,E,J,M,\ell,s,n}\right) &= \delta_{n'n}\delta^3(\mathbf{P}')\delta(E'-E) \sum_{\sigma_1\sigma_2 m' m \sigma' \sigma} \int d^2\hat{p}_1\, Y_{\ell'}^{m'}(\hat{p}_1)^* Y_\ell^m(\hat{p}_1) \\ \times C_{s_1s_2}(s'\sigma';\sigma_1\sigma_2)&C_{s'\ell'}(J'M';\sigma'\,m')C_{s_1s_2}(s\sigma;\sigma_1\sigma_2)C_{s\ell}(JM;\sigma\,m). \end{aligned} \tag{8.4.4}$$

Als Nächstes verwenden wir die Orthonormalitätseigenschaften der Kugelflächenfunktionen und der Clebsch-Gordan-Koeffizienten:

$$\int d^2\hat{p}_1\, Y_{\ell'}^{m'}(\hat{p}_1)^* Y_\ell^m(\hat{p}_1) = \delta_{\ell'\ell}\delta_{m'm}, \quad \sum_{\sigma_1\sigma_2} C_{s_1s_2}(s'\sigma';\sigma_1\sigma_2)C_{s_1s_2}(s\sigma;\sigma_1\sigma_2) = \delta_{s's}\delta_{\sigma'\sigma}$$

und somit

$$\sum_{\sigma m} C_{s\ell}(J'M';\sigma\,m)\,C_{s\ell}(JM;\sigma\,m) = \delta_{J'J}\delta_{M'M},$$

sodass aus Gleichung (8.4.4) das gesuchte Resultat wird:

$$\left(\Phi_{\mathbf{P}',E',J',M',\ell',s',n'}, \Phi_{0,E,J,M,\ell,s,n}\right) = \delta_{n'n}\delta^3(\mathbf{P}')\delta(E'-E)\delta_{s's}\delta_{\ell'\ell}\delta_{J'J}\delta_{M'M}. \tag{8.4.5}$$

Der Vorteil bei der Verwendung der Zustände (8.4.1) als Basis besteht darin, dass für diese Zustände das Wigner-Eckart-Theorem sowie Energie- und Impulserhaltung besagen, dass die S-Matrix als

$$S_{\mathbf{P}',E',J',M',\ell',s',n';0,E,J,M,\ell,s,n} = \delta^3(\mathbf{P})\delta(E'-E)\delta_{J'J}\delta_{M'M}S^J_{n'\ell's';n\ell s}(E) \tag{8.4.6}$$

ausgedrückt werden kann, wobei S^J eine Matrix mit diskreten Indizes für ihre Zeilen und Spalten ist. Es folgt, dass die Matrix $M_{\beta\alpha}$ aus Gleichung (8.3.1) in dieser Basis die folgende Gestalt annimmt:

$$M_{0,E,J',M',\ell',s',n';0,E,J,M,\ell,s,n} = \delta_{J'J}\delta_{M'M}\left[S^J(E)-1\right]_{n'\ell's';n\ell s}. \tag{8.4.7}$$

Um aber Wirkungsquerschnitte zu berechnen, benötigen wir diese Matrix in der ursprünglichen Basis aus Zuständen, die für jedes Teilchen einen festen Impuls haben. Um zur ursprünglichen Basis überzugehen, berechnen wir mithilfe der Gleichungen (8.4.1) und (8.4.2) das Skalarprodukt

$$\begin{aligned}\left(\Phi_{\mathbf{p}_1,\sigma_1;-\mathbf{p}_1,\sigma_2,n},\Phi_{\mathbf{P},E,J,M,\ell,s,n'}\right) &= \frac{\delta_{nn'}}{\sqrt{\mu|\mathbf{p}_1|}}\delta^3(\mathbf{P})\,\delta(E-E_1-E_2)\\ &\times\sum_{\sigma m} Y_\ell^m(\hat{p}_1)C_{s_1s_2}(s\sigma;\sigma_1\sigma_2)C_{s\ell}(JM;\sigma\, m)\Phi_{\mathbf{p}_1,\sigma_1;-\mathbf{p}_1,\sigma_2;n}.\end{aligned} \tag{8.4.8}$$

Dann ergibt Gleichung (8.4.5)

$$\begin{aligned}\Phi_{\mathbf{p}_1,\sigma_1;-\mathbf{p}_1,\sigma_2;n} &= \int d^3P\int dE\sum_{JM\ell sn'}\left(\Phi_{\mathbf{P},E,J,M,\ell,s,n'},\Phi_{\mathbf{p}_1,\sigma_1;-\mathbf{p}_1,\sigma_2;n}\right)\Phi_{\mathbf{P},E,J,M,\ell,s,n'}\\ &= \frac{1}{\sqrt{\mu|\mathbf{p}_1|}}\sum_{JM\ell ms\sigma} Y_\ell^m(\hat{p}_1)^* C_{s_1s_2}(s\sigma;\sigma_1\sigma_2)C_{s\ell}(JM;\sigma\, m)\Phi_{0,E_1+E_2,J,M,\ell,s,n},\end{aligned} \tag{8.4.9}$$

und aus Gleichung (8.4.7) erhalten wir

$$\begin{aligned}M_{\mathbf{p}_1',\sigma_1',-\mathbf{p}_1',\sigma_2',n';\mathbf{p}_1,\sigma_1,-\mathbf{p}_1,\sigma_2,n} &= \frac{1}{\sqrt{\mu'|\mathbf{p}_1'|}}\frac{1}{\sqrt{\mu|\mathbf{p}_1|}}\\ &\times\sum_{JM}\sum_{\ell'm's'\sigma'} Y_{\ell'}^{m'}(\hat{p}_1')C_{s_1's_2'}(s'\sigma';\sigma_1'\sigma_2')C_{s'\ell'}(JM;\sigma'\, m')\\ &\times\sum_{\ell ms\sigma} Y_\ell^m(\hat{p}_1)^* C_{s_1s_2}(s\sigma;\sigma_1\sigma_2)C_{s\ell}(JM;\sigma\, m)\left[S^J(E)-1\right]_{\ell',s',n';\ell,s,n}.\end{aligned} \tag{8.4.10}$$

Wir wählen nun ein Koordinatensystem, in dem der Anfangsimpuls $\mathbf{p}_1$ in die 3-Richtung zeigt, und verwenden die Eigenschaft der Kugelflächenfunktionen, dass in diesem Fall

$$Y_\ell^m(\hat{p}_1) = \delta_{m0}\sqrt{\frac{2\ell+1}{4\pi}} \tag{8.4.11}$$

gilt, sodass sich Gleichung (8.4.10) leicht vereinfacht:

$$M_{\mathbf{p}'_1,\sigma'_1,-\mathbf{p}'_1,\sigma'_2,n';\mathbf{p}_1,\sigma_1,-\mathbf{p}_1,\sigma_2,n} = \frac{1}{\sqrt{\mu'|\mathbf{p}'_1|}}\frac{1}{\sqrt{\mu|\mathbf{p}_1|}}$$
$$\times \sum_{JM}\sum_{\ell'm's'\sigma'} Y_{\ell'}^{m'}(\hat{p}'_1)C_{s'_1s'_2}(s'\sigma';\sigma'_1\sigma'_2)C_{s'\ell'}(JM;\sigma'\,m')$$
$$\times \sum_{\ell s\sigma}\sqrt{\frac{2\ell+1}{4\pi}}C_{s_1s_2}(s\sigma;\sigma_1\sigma_2)C_{s\ell}(JM;\sigma\,0)\left[S^J(E)-1\right]_{\ell',s',n';\ell,s,n}. \tag{8.4.12}$$

Das ergibt einen komplizierten differenziellen Wirkungsquerschnitt, aber das Ergebnis wird viel einfacher, wenn wir über die Richtung des Endimpulses integrieren, über die 3-Komponenten des Spins am Ende summieren und über die 3-Komponenten des Spins am Anfang mitteln. Nach Gleichung (8.2.14) ist der totale Wirkungsquerschnitt für den Übergang $n \to n'$ ohne Beachtung der Spins gleich

$$\sigma(n\to n';E) = \frac{(2\pi\hbar)^2\mu\mu'}{(2s_1+1)(2s_2+1)}\left(\frac{p'_1}{p_1}\right)\sum_{\sigma_1\sigma_2\sigma'_1\sigma'_2}\int d\Omega'_1\left|M_{\mathbf{p}'_1,\sigma'_1,-\mathbf{p}'_1,\sigma'_2,n';\mathbf{p}_1,\sigma_1,-\mathbf{p}_1,\sigma_2,n}\right|^2. \tag{8.4.13}$$

Die Summen über J, M, ℓ', m', s', σ', ℓ, s, σ in dem einen Faktor der M-Matrix in Gleichung (8.4.12) gehen mit einer Summe über die unabhängigen Variablen $\overline{J}$, $\overline{M}$, $\overline{\ell}'$, $\overline{m}'$, $\overline{s}'$, $\overline{\sigma}'$, $\overline{\ell}$, $\overline{s}$, $\overline{\sigma}$ in dem anderen Faktor der M-Matrix einher, aber diese Doppelsummen vereinfachen sich zu einfachen Summen, wenn wir hintereinander die folgenden Beziehungen in der angegebenen Reihenfolge verwenden:

$$\int Y_{\ell'}^{m'}(\hat{p}'_1)Y_{\overline{\ell}'}^{\overline{m}'}(\hat{p}'_1)^*\,d\Omega'_1 = \delta_{\ell'\overline{\ell}'}\delta_{m'\overline{m}'}, \tag{8.4.14}$$

$$\sum_{\sigma'_1\sigma'_2} C_{s'_1s'_2}(s'\sigma';\sigma'_1\sigma'_2)C_{s'_1s'_2}(\overline{s}',\overline{\sigma}';\sigma'_1\sigma'_2) = \delta_{s'\overline{s}'}\delta_{\sigma'\overline{\sigma}'}, \tag{8.4.15}$$

$$\sum_{\sigma'm'} C_{s'\ell'}(JM;\sigma'm')C_{s'\ell'}(\overline{J},\overline{M};\sigma'm') = \delta_{J\overline{J}}\delta_{M\overline{M}}, \tag{8.4.16}$$

$$\sum_{\sigma_1\sigma_2} C_{s_1s_2}(s\sigma;\sigma_1\sigma_2)C_{s_1s_2}(\overline{s}\,\overline{\sigma};\sigma_1\sigma_2) = \delta_{s\overline{s}}\delta_{\sigma\overline{\sigma}}, \tag{8.4.17}$$

$$\sum_{M\sigma} C_{s\ell}(JM;\sigma 0)C_{s\overline{\ell}}(JM;\sigma 0) = \frac{2J+1}{2\ell+1}\delta_{\ell\overline{\ell}}. \tag{8.4.18}$$

Nach Ausführung dieses Integrals und dieser Summen wird Gleichung (8.4.13) zu

$$\sigma(n\to n';E) = \frac{\pi}{k^2(2s_1+1)(2s_2+1)}\sum_{J\ell's'\ell s}(2J+1)\left|\left(S^J(E)-1\right)_{\ell's'n',\ell sn}\right|^2, \tag{8.4.19}$$

wobei $k \equiv p_1/\hbar$ die Anfangswellenzahl ist. Für jede Matrix A gilt $\sum_{N'} |A_{N'N}|^2 = (A^\dagger A)_{NN}$; somit ist der totale Streuquerschnitt für die Erzeugung von Zweiteilchen-Endzuständen gleich

$$\sum_{n'} \sigma(n \to n'; E) = \frac{\pi}{k^2(2s_1+1)(2s_2+1)} \sum_{J\ell s} (2J+1) \left[\left(S^{J\dagger}(E) - 1\right)\left(S^J(E) - 1\right)\right]_{\ell sn,\ell sn} . \tag{8.4.20}$$

Man kann dies mit dem totalen, spingemittelten Wirkungsquerschnitt für alle Reaktionen vergleichen, der durch das allgemeine optische Theorem (8.3.5) gegeben ist:

$$\sigma_{\text{total}}(n; E) = -\frac{8\pi^2\hbar^2\mu}{p_1(2s_1+1)(2s_2+1)} \sum_{\sigma_1\sigma_2} \text{Re} M_{\mathbf{p}_1,\sigma_1,-\mathbf{p}_1,\sigma_2,n;\mathbf{p}_1,\sigma_1,-\mathbf{p}_1,\sigma_2,n} . \tag{8.4.21}$$

Verwenden wir wieder die Gleichungen (8.4.12) und (8.4.11), so erhalten wir dann

$$\begin{aligned}\sigma_{\text{total}}(n; E) = \frac{2\pi}{k^2(2s_1+1)(2s_2+1)} &\sum_{\sigma_1\sigma_2 JM\ell' s'\sigma'\ell s\sigma} \sqrt{(2\ell+1)(2\ell'+1)} \\ &\times C_{s_1 s_2}(s'\sigma'; \sigma_1\sigma_2) C_{s_1 s_2}(s\sigma; \sigma_1\sigma_2) C_{s'\ell'}(JM; \sigma' 0) C_{s\ell}(JM; \sigma\, 0) \\ &\times \text{Re}\left[1 - S^J(E)\right]_{\ell' s' n,\ell sn} .\end{aligned}$$

Dann ergeben die Gleichungen (8.4.17) und (8.4.18) (mit Hochstrichen anstelle von Querstrichen) den totalen, spingemittelten Wirkungsquerschnitt:

$$\sigma_{\text{total}}(n; E) = \frac{2\pi}{k^2(2s_1+1)(2s_2+1)} \sum_{J\ell s} (2J+1)\, \text{Re}\left[1 - S^J(E)\right]_{\ell sn,\ell sn} . \tag{8.4.22}$$

Im Allgemeinen stimmt dies *nicht* mit Gleichung (8.4.20) überein, weil die Summe in Gleichung (8.4.20) nur über Zweiteilchen-Endzustände läuft. Der Unterschied zwischen (8.4.22) und (8.4.20) besteht im Streuquerschnitt für Reaktionen, bei denen der Endzustand drei oder mehr Teilchen enthält:

$$\begin{aligned}\sigma_{\text{Produktion}}(n; E) &\equiv \sigma_{\text{total}}(n; E) - \sum_{n'} \sigma(n \to n'; E) \\ &= \frac{\pi}{k^2(2s_1+1)(2s_2+1)} \sum_{J\ell s} (2J+1) \left[1 - S^{J\dagger}(E) S^J(E)\right]_{\ell sn,\ell sn} .\end{aligned} \tag{8.4.23}$$

Nur wenn die Energie zu klein ist, um die Produktion von weiteren Teilchen zuzulassen, ist die Matrix $S^J(E)$ (die im Raum der Zweiteilchenzustände definiert wurde) unitär.

Es kommt manchmal vor, dass für ein gegebenes n und E die einzigen Endzustände, die aus einem Satz von Anfangszuständen erzeugt werden können, eben diese Zustände sind. Das ist zum Beispiel der Fall bei der Kollision zweier spinloser Teilchen, deren Energie zu niedrig ist, um inelastische Streuung zuzulassen, da wir zwangsläufig $\ell = J$ und natürlich $s = 0$ haben. Das Gleiche trifft für die elastische Streuung von Teilchen mit $s_1 = 0$ und $s_2 = 1/2$ zu (wenn wir die schwache Paritätsverletzung ignorieren), wie zum Beispiel für die Pion-Nukleon-Streuung unterhalb der Schwelle für die Erzeugung von zusätzlichen

Pionen,[2] da die zwei Zustände mit $\ell = J + 1/2$ und $\ell = J - 1/2$ entgegengesetzte Parität haben und daher nicht durch nichtverschwindende Elemente von S^J verknüpft werden können. In allen diesen Fällen besagen das angenommene Verschwinden des Produktionsquerschnitts (8.4.23) und das Verschwinden der Matrix $S_{\ell' s' n', \ell s n}$, außer für $\ell' = \ell$, $s' = s$ und $n' = n$, dass

$$1 = \left[S^{J\dagger}(E)S^J(E)\right]_{\ell sn,\ell sn} = \left|\left[S^J(E)\right]_{\ell sn,\ell sn}\right|^2, \tag{8.4.24}$$

ist, und somit können wir hier

$$\left[S^J(E)\right]_{\ell' s' n',\ell sn} = \exp\left(2i\delta_{J\ell sn}(E)\right)\delta_{\ell'\ell}\delta_{s's}\delta_{n'n} \tag{8.4.25}$$

schreiben, wobei $\delta_{J\ell sn}(E)$ eine reelle Größe ist, die man (in Analogie zu ihrem Auftreten im Fall der Potenzialstreuung) Streuphase nennt. Verwenden wir dieses Ergebnis in Gleichung (8.4.19), so erhalten wir den Wirkungsquerschnitt (der hier der totale Wirkungsquerschnitt ist)

$$\sigma(n \to n; E) = \frac{4\pi}{k^2(2s_1+1)(2s_2+1)} \sum_{J\ell s}(2J+1)\sin^2\left(\delta_{J\ell sn}(E)\right). \tag{8.4.26}$$

Das ist eine Verallgemeinerung des entsprechenden Ergebnisses (7.5.13) für die Potenzialstreuung, die aber nur anwendbar ist auf den Fall von Teilchen mit Spin, mit relativistischen Geschwindigkeiten oder mit Wechselwirkungen, die komplizierter sind als lokale Potenziale.

Noch allgemeiner besagt Gleichung (8.4.23), dass $\left[S^{J\dagger}(E)S^J(E)\right]_{\ell sn,\ell sn}$ höchstens eins ist, somit gilt im Allgemeinen

$$\left|\left[S^J(E)\right]_{\ell sn,\ell sn}\right|^2 \leq \left[S^{J\dagger}(E)S^J(E)\right]_{\ell sn,\ell sn} \leq 1. \tag{8.4.27}$$

Wenn wir wollen, können wir

$$\left[S^J(E)\right]_{\ell sn,\ell sn} \equiv \exp\left(2i\delta_{J\ell sn}(E)\right) \tag{8.4.28}$$

schreiben, aber dann ist im Allgemeinen $\mathrm{Im}\,\delta_{J\ell sn}(E) \geq 0$.

Anhand dieses Formalismus können wir einen guten Einblick in das Verhalten der verschiedenen Streuquerschnitte bei hoher Energie erhalten. Ist die Energie so groß, dass die Wellenlänge h/p viel kleiner als der charakteristische Radius R der kollidierenden Teilchen ist – das heißt, $kR \gg 1$ mit $k = p/\hbar$ –, dann ist es plausibel, ein klassisches Bild der Streuung heranzuziehen.

2 Streng genommen gelten diese Bemerkungen nur für die Streuung $\pi^+ p$ oder $\pi^- n$, weil es bei den anderen Fällen inelastische Reaktionen wie $\pi^- p \leftrightarrow \pi^0 n$ gibt. Diese anderen Fälle können in gleicher Weise behandelt werden, wenn wir die Erhaltung sowohl des Isospins als auch des Gesamtdrehimpulses ausnutzen. Das heißt, wir haben Streuphasen für Zustände mit festem J, ℓ und Gesamtisospin T, mit $T = 1/2$ oder $T = 3/2$.

Nehmen wir an, dass sich zwei Hadronen, deren Querschnitte Scheiben mit den Radien R_1 und R_2 sind, einander mit den Impulsen $\mathbf{p}_1$ und $-\mathbf{p}_1$ parallel zu einer zentralen Linie nähern und von dieser jeweils den Abstand b_1 und b_2 haben. Klassisch ist der Gesamtdrehimpuls $\ell\hbar = |\mathbf{p}_1|b_1 + |\mathbf{p}_1|b_2$. Die Hadronen werden aufeinander treffen, wenn $R_1 + R_2 \geq b_1 + b_2$ ist, also mit $\ell \leq kR$ für $k = |\mathbf{p}_1|/\hbar$ und $R = R_1 + R_2$. Wir nehmen an, dass in diesem Fall die Teilchen destruktiv kollidieren, ohne dass die Chance auf einen Übergang $\ell sn \to \ell sn$ besteht, bei dem nichts passiert, während es für $\ell \geq kR$ keine Kollision gibt. Das heißt, wir nehmen an, dass

$$S^J_{\ell\, s\, n,\, \ell\, s\, n} = \begin{cases} 0 & \ell < kR \\ 1 & \ell > kR \end{cases} \tag{8.4.29}$$

gilt. Zusammen mit Gleichung (8.4.22) ergibt dies

$$\sigma_{\text{total}}(n; E) \to \frac{2\pi}{k^2(2s_1+1)(2s_2+1)} \sum_{\ell=0}^{kR} \sum_{J,s} (2J+1). \tag{8.4.30}$$

Die Werte von J laufen in dieser Summe von $|\ell - s|$ bis $\ell + s$. Für $kR \gg 1$ wird diese Summe von großen Werten von ℓ dominiert, für die $\ell \gg s$ gilt und somit $2J+1 \simeq 2\ell$ ist. Die Anzahl der Werte von J für $\ell \gg s$ ist $2s+1$. Ferner läuft die Summe über s von $s = |s_1 - s_2|$ bis $s = s_1 + s_2$, somit lautet die verbleibende Summe über s

$$\sum_{s=|s_1-s_2|}^{s_1+s_2} (2s+1) = 2\left[\frac{(s_1+s_2)(s_1+s_2+1)}{2} - \frac{(|s_1-s_2|-1)|s_1-s_2|}{2}\right]$$
$$+ s_1 + s_2 - |s_1 - s_2| + 1 = (2s_1+1)(2s_2+1).$$

Zuletzt gilt

$$\sum_{\ell=0}^{kR} 2\ell = kR(kR+1) \to (kR)^2.$$

Setzen wir alles zusammen, ergibt Gleichung (8.4.30) nun

$$\sigma_{\text{total}}(n; E) \to 2\pi R^2. \tag{8.4.31}$$

Der Faktor 2 in Gleichung (8.4.31) mag vielleicht überraschend sein. Eigentlich hätte man vermutet, dass hochenergetische Teilchen im Schwerpunktsystem dann und nur dann eine Reaktion erfahren, wenn sie sich einander auf Linien nähern, die nicht mehr voneinander entfernt sind als R, die Reichweite ihrer Wechselwirkung. In diesem Fall würde der asymptotische Wert des Gesamtdrehimpulses πR^2 betragen anstatt $2\pi R^2$. Dass der Streuquerschnitt größer ist, lässt sich auf die quasielastische Streuung zurückführen. Dort gibt es zwei Teilchen im End- ebenso wie im Anfangszustand aufgrund der Beugung von Teilchen, die sich einander auf Abstände nähern, die ein wenig größer als R sind. Wir können den relativen Anteil der quasielastischen Streuung und Teilchenproduktion abschätzen, wenn wir Gleichung (8.4.29) schärfer fassen. Dazu nehmen wir an, dass

$$S^J_{\ell' s' n', \ell s n} = \begin{cases} 0 & \ell < kR \\ \delta_{\ell' \ell}\delta_{s' s}\delta_{n' n} & \ell > kR \end{cases} \tag{8.4.32}$$

gilt. In diesem Fall ergibt Gleichung (8.4.23)

$$\sigma_{\text{Produktion}}(n; E) \to \frac{\pi}{k^2(2s_1+1)(2s_2+1)} \sum_{\ell=0}^{kR} \sum_{J,s} (2J+1) = \pi R^2 . \tag{8.4.33}$$

Das Ergebnis $\sigma_{\text{Produktion}}(n; E) \to \pi R^2$ ist nicht überraschend. Teilchen, die deutlich innerhalb der effektiven Fläche πR^2 kollidieren, können nicht einfach quasielastisch gestreut werden, sondern müssen vielmehr einen Schauer anderer Teilchen produzieren, etwa wie kollidierende Glaskugeln.

Die Streuquerschnitte für Streuprozesse mit starker Wechselwirkung wie zum Beispiel der Proton-Proton-Streuung[3] werden bei sehr hoher Energie tatsächlich nahezu konstant. Die Streuquerschnitte wachsen langsam an, was auf ein langsames Anwachsen von R zurückzuführen ist. Wir können annehmen, dass R der Abstand ist, bei dem ein Potenzial wie das Yukawa-Potenzial $V \propto e^{-r/R_Y}/r$ unter die kinetische Energie $\hbar^2 k^2/2\mu$ fällt, was für sehr große k auf $R \simeq R_Y \ln k$ führt. Daher erwarten wir, dass die Querschnitte wie $\ln^2 k$ anwachsen. Das ist das schnellstmögliche Anwachsen, das aus sehr allgemeinen Überlegungen erlaubt ist.[4] Es mag überraschend sein, aber diese Ergebnisse stimmen sehr gut mit der Beobachtung überein.[5] Messungen der Proton-Proton-Streuung am LHC (Large Hadron Collider) bei 7 TeV und in kosmischen Strahlen bei 57 TeV zeigen, dass die Streuquerschnitte in der Tat wie $\ln^2 k$ anwachsen, während sich der Quotient $\sigma_{\text{Produktion}}/\sigma_{\text{total}}$ dem Wert $0{,}491 \pm 0{,}021$ annähert, was gut mit dem Wert des Quotienten aus den Gleichungen (8.4.33) und (8.4.31) übereinstimmt.

8.5 Noch einmal Resonanzen

In Abschnitt 7.6 haben wir die Streuung eines spinlosen nichtrelativistischen Teilchens an einem Potenzial mit einer hohen breiten Barriere betrachtet, die eine innere Region umgibt, in der das Potenzial viel kleiner ist. In Gleichung (7.6.13) haben wir festgestellt, dass die Streuamplitude proportional zu $(E - E_R + i\Gamma/2)^{-1}$ ist, wobei Γ exponentiell klein ist; E_R ist (bis auf Terme der Ordnung Γ) die Energie eines Zustands, der für eine unendlich hohe und breite Barriere ein stabiler gebundener Zustand wäre. Wir haben die

3 Bei Proton-Proton-Kollisionen gibt es keine merklichen Übergänge zu anderen Zweiteilchenzuständen, sodass wir hier nicht zwischen dem »Produktions« querschnitt (8.4.33) und dem totalen inelastischen Querschnitt unterscheiden müssen.

4 M. Froissart, Phys. Rev. **135**, 1053 (1961).

5 M. M. Block und F. Halzen, Phys. Rev. Lett. **107**, 212002 (2011).

Zeitabhängigkeit eines Wellenpakets in Gleichung (7.6.12) betrachtet und konnten so die Größe $\Gamma/\hbar$ als die Zerfallsrate dieses instabilen Zustands interpretieren.

Dieses Argument können wir umkehren und verallgemeinern. Für das Auftreten nahezu stabiler Zustände gibt es mehrere mögliche Gründe. Einer davon ist die Existenz einer Barriere, wie wir sie in Abschnitt 7.6 behandelt haben. Das Teilchen musste sie durchtunneln, damit der Zustand zerfallen kann. Das ist zum Beispiel beim nuklearen Alphazerfall der Fall, wie etwa dem radioaktiven Zerfall von ^{235}U oder ^{238}U, bei dem das Alphateilchen durch das Coulomb-Potenzial von 90 Protonen tunneln muss. Ein beinahe stabiler Zustand kann auch vorkommen, wenn der Zerfall des Zustands nur aufgrund einer intrinsisch schwachen Wechselwirkung stattfinden kann. Gleichung (6.5.13) zeigt zum Beispiel, dass die Rate $\Gamma/\hbar$, mit der atomare Zustände durch die Emission eines einzelnen Photons zerfallen, typischerweise von der Ordnung $e^2\omega^3 a^2/c^3\hbar$ ist, wobei a eine charakteristische atomare Längenskala ist und $\omega \approx e^2/a\hbar$ die Photonenfrequenz; sie ist von der gleichen Ordnung wie die Frequenz, mit der Elektronen klassisch ihre Bahn durchlaufen. Das Verhältnis der Zerfallsrate zur Bahnfrequenz ist dann $\Gamma/\hbar\omega \approx e^6/\hbar^3 c^3$, was wegen $e^2/\hbar c \simeq 1/137$ sehr klein ist. Es kann auch sein, dass ein Zustand einer großen Anzahl von Teilchen beinahe stabil ist, weil die Energieerhaltung den Zerfall nur erlaubt, wenn aufgrund einer Fluktuation ein Großteil der Energie des Zustands bei einem einzigen Teilchen konzentriert ist. Unabhängig von dem Grund für die Existenz eines beinahe stabilen Zustands erzeugt in allen solchen Fällen die Existenz eines Zustands mit Energie E_R und Zerfallsrate $\Gamma/\hbar$ einen Faktor $(E - E_R + i\Gamma/2)^{-1}$ in der S-Matrix, sodass die Wahrscheinlichkeit dafür, dass die Reaktion für eine Zeit t andauert, proportional zu[6]

$$\left|\int_{-\infty}^{\infty} \frac{\exp(-iEt/\hbar)\, dE}{(E - E_R + i\Gamma/2)}\right|^2 = 4\pi^2 \exp(-\Gamma t/\hbar) \tag{8.5.1}$$

sein wird.

Das Verhalten der Elemente der S-Matrix nahe der Resonanz wird weitgehend von der Unitarität der S-Matrix bestimmt, egal welcher Mechanismus für den beinahe stabilen Zustand verantwortlich ist. Um dies zu analysieren, ist es hilfreich, die im letzten Abschnitt eingeführte Zustandsbasis zu verallgemeinern. Für gegebene Gesamtenergie E und gegebenen Gesamtimpuls $\mathbf{P}$ ist das Volumen des Raumes, den die erlaubten einzelnen Dreierimpulse belegen können, endlich; somit kann man einen Vielteilchenzustand $\Phi_{\mathbf{p}_1,\mathbf{p}_2,\mathbf{p}_2,\ldots}$ immer in eine Reihe von Zuständen $\Phi_{E,\mathbf{P},J,M,N}$ entwickeln, ähnlich der Entwicklung (8.4.9) im Zweiteilchenfall. Hier sind E, $\mathbf{P}$, J und M wieder die Gesamtenergie, der Gesamtimpuls, der Gesamtdrehimpuls und die 3-Komponente des Gesamtdrehimpulses; N ist ein diskre-

6 Das berechnet man wie üblich, indem man den Integrationsweg durch einen großen Halbkreis in der unteren Halbebene schließt und den Beitrag des Pols bei $E = E_{\mathcal{R}} - i\Gamma/2$ aufsammelt. Natürlich kommen im tatsächlichen Integranden auch andere Faktoren vor, darunter die Amplitude des Wellenpakets, und auch diese können auch Pole in der unteren Halbebene haben. Für hinreichend enge Resonanzen werden diese Pole aber von der reellen Achse weiter als $\Gamma/2$ entfernt sein und daher für große Zeiten keinen Beitrag liefern.

ter Index, der den Multiindex ℓ, s, n für Zweiteilchenzustände verallgemeinert. In dieser Basis können wir allgemeine Elemente der S-Matrix im Schwerpunktsystem als

$$S_{E'\,\mathbf{P}'\,J'\,M'\,N',\,E\,0\,J\,M\,N} = \delta(E'-E)\delta^3(\mathbf{P}')\delta_{J'J}\delta_{M'M}\mathcal{S}^J_{N'N}(E) \tag{8.5.2}$$

schreiben. (Dass das Matrixelement von M nur durch den Faktor $\delta_{M'M}$ abhängt, folgt aus den Ergebnissen von Abschnitt 4.2.) Sind diese Zustände so normiert, dass

$$\left(\Phi_{E',\mathbf{P}',J'\,M'\,N'}, \Phi_{E,\mathbf{P},J\,M\,N}\right) = \delta(E'-E)\delta^3(\mathbf{P}'-\mathbf{P})\delta_{J'J}\delta_{M'M}\delta_{N'N} \tag{8.5.3}$$

gilt, so besagt die Unitarität, dass die Matrix $\mathcal{S}^J(E)$ unitär sein muss:

$$\mathcal{S}^{J\dagger}(E)\,\mathcal{S}^J(E) = 1, \tag{8.5.4}$$

wobei 1 hier natürlich die Matrix mit $1_{N'N} = \delta_{N'N}$ ist.

Nehmen wir nun an, dass die Matrix $\mathcal{S}^J$ nahe der Resonanz die Gestalt

$$\mathcal{S}^J(E) \simeq \mathcal{S}^{(0)} + \frac{\mathcal{R}}{E-E_R+i\Gamma/2} \tag{8.5.5}$$

hat mit den konstanten Matrizen $\mathcal{S}^{(0)}$ und $\mathcal{R}$. Wir behalten die Benennung J bei $\mathcal{S}^{(0)}$ und $\mathcal{R}$ nicht bei, weil anzunehmen ist, dass Gleichung (8.5.5) nur für genau einen Wert von J gilt, nämlich den Gesamtdrehimpuls des resonanten Zustands. (Der Term $\mathcal{S}^{(0)}$ ist analog zu $\exp(2i\overline{\delta})$, während $\overline{\delta}$ die langsam veränderliche, nicht-resonante Streuphase in Gleichung (7.6.8) ist.)

Die Matrix $\mathcal{S}^{J\dagger}(E)\mathcal{S}^J(E) - 1$ ist eine Summe von Termen, die jeweils proportional zu $(E-E_{\mathcal{R}})^2/[(E-E_{\mathcal{R}})^2 + \Gamma^2/4]$, $1/[(E-E_{\mathcal{R}})^2 + \Gamma^2/4]$ und einer Konstanten sind. Da diese drei Funktionen von E unabhängig sind, müssen aufgrund der Unitaritätsbeziehung (8.5.4) die Koeffizienten jedes Terms verschwinden. Der konstante Term ergibt

$$\mathcal{S}^{(0)\dagger}\mathcal{S}^{(0)} = 1\,; \tag{8.5.6}$$

die Terme proportional zu $(E-E_{\mathcal{R}})/[(E-E_{\mathcal{R}})^2 + \Gamma^2/4]$ geben

$$\mathcal{S}^{(0)\dagger}\mathcal{R} + \mathcal{R}^\dagger\mathcal{S}^{(0)} = 0\,; \tag{8.5.7}$$

und die Terme proportional zu $1/[(E-E_{\mathcal{R}})^2 + \Gamma^2/4]$ geben

$$-\frac{i\Gamma}{2}\mathcal{S}^{(0)\dagger}\mathcal{R} + \frac{i\Gamma}{2}\mathcal{R}^\dagger\mathcal{S}^{(0)} + \mathcal{R}^\dagger\mathcal{R} = 0. \tag{8.5.8}$$

Diese Bedingungen kann man durchsichtiger machen, indem man eine weitere konstante Matrix $\mathcal{A}$ einführt, sodass

$$\mathcal{R} = -i\Gamma\mathcal{A}\mathcal{S}^{(0)} \tag{8.5.9}$$

gilt. Wie wir wissen, ist das möglich, weil Gleichung (8.5.6) zeigt, dass die Matrix $S^{(0)}$ eine Inverse hat. Wegen der Gleichungen (8.5.7) und (8.8.8) gilt dann

$$\mathcal{A}^\dagger = \mathcal{A}, \qquad \mathcal{A}^2 = \mathcal{A}. \tag{8.5.10}$$

Weil die Matrix $\mathcal{A}$ hermitesch ist, kann man sie diagonalisieren – das heißt, man kann sie durch $u\mathcal{D}u^\dagger$ ausdrücken. Dabei ist u eine unitäre Matrix und $\mathcal{D}$ eine diagonale Matrix. Ferner sind wegen $\mathcal{A}^2 = \mathcal{A}$ die Elemente von $\mathcal{D}$ auf der Diagonalen alle entweder null oder eins. Man kann also Folgendes schreiben:

$$\mathcal{A}_{N'N} = \sum_r u_{N'r} u^*_{Nr} \,. \tag{8.5.11}$$

Die Summe läuft hier über alle Eigenwerte von $\mathcal{A}$, die eins und von null verschieden sind. Weil u eine unitäre Matrix ist, genügen ihre Elemente u_{Nr} einer Normierungsbedingung:

$$\sum_N u^*_{Nr} u_{Nr'} = \left[u^\dagger u\right]_{rr'} = \delta_{rr'} \,. \tag{8.5.12}$$

Die Gleichungen (8.5.5), (8.5.9) und (8.5.11) ergeben dann die Matrix $S(E)$ nahe einer Resonanz zu

$$S^J(E)_{N'N} \simeq \sum_{N''} \left[\delta_{N'N''} - \frac{i\Gamma}{E - E_R + i\Gamma/2} \sum_r u_{N'r} u^*_{N''r}\right] S^{(0)}_{N''N} . \tag{8.5.13}$$

Bisher waren unsere Überlegungen recht allgemein. Um weiter zu kommen, nehmen wir nun vereinfachend an, dass die Streuung nahe der Resonanz gänzlich von der Resonanz dominiert wird, sodass $S^{(0)} \simeq 1$ ist und Gleichung (8.5.13) somit

$$S^J(E)_{N'N} \simeq \delta_{N'N} - \frac{i\Gamma}{E - E_R + i\Gamma/2} \sum_r u_{N'r} u^*_{Nr} \tag{8.5.14}$$

ergibt. Wir werden weiter annehmen, dass die einzige Entartung des resonanten Zustands diejenige ist, die mit den $2J + 1$ Werten der 3-Komponente M des Gesamtdrehimpulses zusammenhängt. Der Index r nimmt daher nur einen einzigen Wert an, und wir können ihn im Folgenden weglassen. Dann wird Gleichung (8.5.14) zu

$$S^J(E)_{N'N} \simeq \delta_{N'N} - \frac{i\Gamma}{E - E_R + i\Gamma/2} u_{N'} u^*_N , \tag{8.5.15}$$

und die Normierungsbedingung (8.5.12) lautet hier

$$\sum_N |u_N|^2 = 1. \tag{8.5.16}$$

Gemäß Gleichung (8.5.15) ist die Wahrscheinlichkeit, dass der resonante Zustand in Kanal N zerfällt, proportional zu $|u_N|^2$, und Gleichung (8.5.16) besagt dann, dass die Proportionalitätskonstante eins ist – das heißt, $|u_N|^2$ *ist* die Wahrscheinlichkeit dieses Zerfalls, die man als **Verzweigungsverhältnis** bezeichnet.

Insbesondere können wir bei Basiszuständen, die nur zwei Teilchen enthalten, für N den Multiindex ℓ, s, n verwenden, wobei ℓ der Bahndrehimpuls ist, s der Gesamtspin und n

die Bezeichnung der Art der zwei Teilchen, einschließlich ihrer Massen und Spins. In der Schreibweise von Abschnitt 8.4 ergibt Gleichung (8.5.14) für Zweiteilchenzustände

$$S^J(E)_{\ell' s' n', \ell s n} \simeq \delta_{\ell' \ell} \delta_{s' s} \delta_{n' n} - \frac{i\Gamma}{E - E_R + i\Gamma/2} u_{\ell' s' n'} u^*_{\ell s n}, \tag{8.5.17}$$

und Gleichung (8.5.16) ergibt

$$\sum_{\ell s n} \left|u_{\ell s n}\right|^2 + \sum_{\geq 3 \text{ Teilchen}} \left|u_N\right|^2 = 1. \tag{8.5.18}$$

Dann liefert Gleichung (8.4.19) den Wirkungsquerschnitt für den Übergang $n \to n'$ (aufsummiert über die Spins am Ende und gemittelt über die Spins am Anfang) bei Energien nahe der Resonanz zu

$$\sigma(n \to n'; E) = \frac{\pi(2J+1)}{k^2(2s_1+1)(2s_2+1)} \frac{\Gamma_n \Gamma_{n'}}{(E - E_R)^2 + \Gamma^2/4}, \tag{8.5.19}$$

wobei Γ_n die **Partialbreite**

$$\Gamma_n \equiv \Gamma \sum_{\ell s} \left|u_{\ell s n}\right|^2 \tag{8.5.20}$$

ist. Ferner ergibt Gleichung (8.4.22) den totalen Wirkungsquerschnitt (gemittelt über die Spins am Anfang) für *alle* Reaktionen mit Anfangszustand n:

$$\sigma_{\text{total}}(n; E) = \frac{\pi(2J+1)}{k^2(2s_1+1)(2s_2+1)} \frac{\Gamma_n \Gamma}{(E - E_R)^2 + \Gamma^2/4}. \tag{8.5.21}$$

Man beachte, dass das Verhältnis des speziellen Wirkungsquerschnitts (8.5.19) und des totalen Querschnitts (8.5.21) einfach

$$\frac{\sigma(n \to n'; E)}{\sigma_{\text{total}}(n; E)} = \frac{\Gamma_{n'}}{\Gamma} = \sum_{\ell s} |u_{\ell s n'}|^2 \tag{8.5.22}$$

ist. Unabhängig vom Endzustand ist die Wahrscheinlichkeit für die Bildung des resonanten Zustands im Streuprozess dieselbe. Gleichung (8.5.22) liefert somit das Verzweigungsverhältnis, also die Wahrscheinlichkeit, dass der resonante Zustand in den speziellen Zweikörper-Endzustand n' zerfällt. Gemäß Gleichung (8.5.18) ist die Summe dieser Verzweigungsverhältnisse gleich eins, wenn der resonante Zustand nur in Zweiteilchenzustände zerfällt; sonst ist diese Summe kleiner als eins. Weil $\Gamma/\hbar$ die totale Zerfallsrate der Resonanz ist, folgt schließlich, dass $\Gamma_{n'}/\hbar$ die Rate ist, mit der der resonante Zustand in den spezifischen Endzustand n' zerfällt.

8.6 Altmodische Störungstheorie

Die Lippmann-Schwinger-Gleichung (8.1.6) lässt sich formal leicht iterativ lösen:

$$\Psi_\alpha^\pm = \Phi_\alpha + (E_\alpha - H_0 \pm i\epsilon)^{-1} V\Phi_\alpha + (E_\alpha - H_0 \pm i\epsilon)^{-1} V (E_\alpha - H_0 \pm i\epsilon)^{-1} V\Phi_\alpha + \cdots . \quad (8.6.1)$$

Das wiederum liefert eine Reihe für die S-Matrix (8.1.10) in Potenzen der Wechselwirkung, die man wie folgt schreibt:

$$S_{\beta\alpha} = \delta(\alpha - \beta) - 2\pi i\, \delta(E_\beta - E_\alpha) \left(\Phi_\beta, \left[V + G(E_\alpha + i\epsilon) \right] \Phi_\alpha \right), \quad (8.6.2)$$

wobei für ein beliebiges komplexes W

$$G(W) = K(W) + K^2(W) + \cdots , \quad (8.6.3)$$

und

$$K(W) \equiv (W - H_0)^{-1} V \quad (8.6.4)$$

gilt. Das nennt man »altmodische Störungstheorie«, weil sie für die meisten (aber nicht alle) Zwecke durch die zeitabhängige Störungstheorie abgelöst wurde; sie wird im nächsten Abschnitt beschrieben. Der erste Term in eckigen Klammern in Gleichung (8.6.2) liefert die in Abschnitt 7.4 beschriebene Bornsche Näherung.

Natürlich kommt die Frage nach der Konvergenz von Entwicklungen wie (8.6.3) auf. Sie lässt sich einfach beantworten, wenn K eine Zahl ist: Die Reihe konvergiert dann und nur dann, wenn $|K| < 1$ ist. Die Antwort ist auch einfach, wenn K eine endliche Matrix ist: Die Reihe konvergiert dann und nur dann, wenn jeder Eigenwert von K einen Absolutbetrag kleiner als eins hat. Allgemeiner wissen wir aus der Funktionalanalysis, dass sich Operatoren, die *vollstetig* sind, mit beliebiger Genauigkeit durch endliche Matrizen annähern lassen. Folglich konvergiert die geometrische Reihe $K + K^2 + K^3 + \cdots$ für vollstetiges K, wenn alle Eigenwerte von K im Absolutbetrag kleiner als eins sind.[7] Vollstetigkeit hat eine ziemlich abstrakte Definition,[8] die für uns hier nicht nützlich wäre. Der wichtige Punkt für uns ist, dass ein Operator K vollstetig ist, wenn (aber nicht nur wenn) er einen endlichen Wert für die Größe

$$\tau_K \equiv \mathrm{Tr}\left[K^\dagger K\right] \quad (8.6.5)$$

hat, wobei die Spur hier für die Summe über alle diskreten Indizes und das Integral über alle kontinuierlichen Indizes der Diagonalelemente des Operators steht. Ferner genügen die Eigenwerte λ von K alle der Ungleichung

$$|\lambda|^2 \leq \tau_K . \quad (8.6.6)$$

Damit konvergiert die Potenzreihe (8.6.3), wenn (aber nicht nur wenn) $\tau_K < 1$ ist.

7 Diese Themen und ihre Anwendung auf die Streutheorie werden von mir in einigem Detail zusammen mit Verweisen auf die Originalliteratur in *Lectures on Particles and Field Theory – 1964 Brandeis Summer Institute in Theoretical Physics* (Prentice Hall, Englewood-Cliffs, NJ, 1965): S. 289–403 behandelt.

8 Ein Operator A heißt vollstetig, wenn es für jede unendliche Menge von Vektoren Φ_ν, die in dem Sinne beschränkt ist, dass alle Normen (Φ_ν, Φ_ν) kleiner als eine Zahl M sind, eine Teilfolge Φ_n gibt, für die $A\Phi_n$ konvergiert, in dem Sinne, dass für einen Vektor Ω die Norm von $A\Phi_n - \Omega$ für $n \to \infty$ gegen null strebt.

Damit wir überhaupt eine Chance haben, die Gleichung (8.6.3) als eine Reihe von Potenzen eines Kerns K mit einem endlichen Wert für τ_K zu schreiben, müssen wir uns offensichtlich mit den impulserhaltenden Deltafunktionen in den Matrixelementen des Operators $(W-H_0)^{-1}V$ befassen. Das ist kein Problem für Theorien mit einem Teilchen in einem festen Potenzial, bei denen K keine impulserhaltende Deltafunktion beinhaltet. Es ist auch kein Problem für zwei Teilchen ohne äußeres Potenzial. Im letzteren Fall können wir Operatoren $\mathcal{V}$ und $\mathcal{K}$ definieren, indem wir eine Deltafunktion herausziehen,

$$\left(\Phi_\beta, V\Phi_\alpha\right) \equiv \delta^3(\mathbf{P}_\beta - \mathbf{P}_\alpha)\mathcal{V}_{\beta\alpha}, \quad \left(\Phi_\beta, (W-H_0)^{-1}V\Phi_\alpha\right) \equiv \delta^3(\mathbf{P}_\beta - \mathbf{P}_\alpha)\mathcal{K}_{\beta\alpha}(W),$$

und die Gleichungen (8.6.2) und (8.6.3) als

$$S_{\beta\alpha} = \delta(\alpha-\beta) - 2\pi i\delta(E_\beta - E_\alpha)\delta^3(\mathbf{P}_\beta - \mathbf{P}_\alpha)\left[\mathcal{V} + \mathcal{V}\mathcal{G}(E_\alpha + i\epsilon)\right]_{\beta\alpha}$$

umschreiben, wobei für ein beliebiges komplexes W

$$\mathcal{G}(W) = (W-H_0)^{-1}\mathcal{V} + (W-H_0)^{-1}\mathcal{V}(W-H_0)^{-1}\mathcal{V} + \cdots$$

gilt. Da wir eine impulserhaltende Deltafunktion für die Zweikörperstreuung herausgezogen haben, sind die Matrixelemente von $\mathcal{K} \equiv (W-H_0)^{-1}\mathcal{V}$ glatte Funktionen, zumindest insofern, dass sie keine weiteren Deltafunktionen enthalten. Es ist dann zumindest möglich, dass $\tau_\mathcal{K}$ endlich ist, natürlich in Abhängigkeit von der Energie und den Details des Potenzials.

Schwieriger ist es, diese Methoden für Probleme zu verwenden, die drei oder mehr Teilchen betreffen. Die Drei-Teilchen-Matrixelemente des Operators $(W-H_0)^{-1}V$ enthalten Terme, in denen irgendeiner der drei Teilchenimpulse erhalten ist, ebenso wie die Summe aller drei Impulse. Diese Terme stehen für die unvermeidbare Möglichkeit, dass zwei Teilchen wechselwirken und das dritte dabei frei bleibt. Diese Deltafunktionen kann man nicht einfach herausziehen, weil sie nicht in jedem Term identisch sind. Es gibt komplizierte Vorgehensweisen, bei denen man die Reihe (8.6.3) umschreibt, um in jeder Theorie mit einer endlichen Anzahl von Teilchen mit diesem Problem fertig zu werden.[9] Aber diese Methoden versagen für Theorien mit unbegrenzten Teilchenzahlen, wie zum Beispiel für die Quantenfeldtheorien.

Aus diesen Gründen werden wir uns hier auf den Fall eines einzelnen Teilchens in einem festen Potenzial oder das äquivalente Problem von zwei Teilchen in Abwesenheit eines äußeren Potenzials beschränken. Im Zweiteilchenfall können wir das Problem der impulserhaltenden Deltafunktionen eliminieren, indem wir die Deltafunktion wie oben beschrieben herausziehen. Aus Gründen der Einfachheit konzentrieren wir uns von nun an auf den Fall der Streuung eines einzelnen nichtrelativistischen Teilchens an einem lokalen (aber nicht unbedingt zentralen) Potenzial $V(\mathbf{x})$.

9 Dies wurde zum ersten Mal für den Fall von drei Teilchen von L. D. Faddeev, Sov. Phys. JETP **12**, 1014 (1961); Sov. Phys. Doklady **6**, 384 (1963); Sov. Phys. Doklady **7**, 600 (1963) und unabhängig davon für beliebige Teilchenzahlen von S. Weinberg, Phys. Rev. **133**, B232 (1964) ausgerechnet.

Ob mit einem oder zwei Teilchen: Es gibt immer noch ein Problem mit der Singularität des Operators $(W-H_0)^{-1}$, wenn sich W reellen Werten im Spektrum von H_0 annähert. Wie von vielen Autoren festgestellt, kann man mit diesem Problem normalerweise fertig werden, indem man in Potenzen eines symmetrisierten Operators entwickelt, der im Einteilchenfall durch

$$\overline{K}(W) \equiv V^{1/2}(W-H_0)^{-1}V^{1/2} \tag{8.6.7}$$

definiert ist. Man kann die S-Matrix (8.6.2) als

$$S_{\beta\alpha} = \delta(\alpha-\beta) - 2\pi i\,\delta(E_\beta - E_\alpha)\left(\Phi_\beta, \left[V + V^{1/2}\overline{G}(E_\alpha + i\epsilon)V^{1/2}\right]\Phi_\alpha\right) \tag{8.6.8}$$

schreiben, wobei für ein beliebiges komplexes W

$$\overline{G}(W) = \overline{K}(W) + \overline{K}(W)^2 + \cdots \tag{8.6.9}$$

gilt. In Ortsdarstellung können wir den Operator $(E + i\epsilon - H_0)^{-1}$ mittels Gleichung (7.2.4) als

$$\left(\Phi_{\mathbf{x}'}, (E + i\epsilon - H_0)^{-1}\Phi_{\mathbf{x}}\right) = -\frac{2\mu}{\hbar^2}\frac{e^{ik|\mathbf{x}'-\mathbf{x}|}}{4\pi|\mathbf{x}'-\mathbf{x}|} \tag{8.6.10}$$

schreiben, wobei μ die Teilchenmasse ist (im Zweiteilchenfall wäre das die reduzierte Masse), und k die positive Wurzel von $E = k^2/2\mu$. Die Spur (8.6.5) des Operators $\overline{K}$ ist dann

$$\tau_{\overline{K}} \equiv \mathrm{Tr}\left[\overline{K}(E + i\epsilon)^\dagger \overline{K}(E + i\epsilon)\right] = \left(\frac{2\mu}{\hbar^2}\right)^2 \int d^3x\, d^3x'\; V(\mathbf{x}')V(\mathbf{x})\frac{1}{16\pi^2|\mathbf{x}'-\mathbf{x}|^2}. \tag{8.6.11}$$

Diese Spur konvergiert, wenn $V(\mathbf{x})$ für $|\mathbf{x}| \to 0$ nicht stärker als $|\mathbf{x}|^{-2+\delta}$ divergiert und für $|\mathbf{x}| \to \infty$ mindestens so schnell wie $|\mathbf{x}|^{-3-\delta}$ verschwindet (mit $\delta > 0$ in beiden Fällen). Für das abgeschirmte Coulomb-Potenzial $V(r) = -g\exp(-r/R)/r$ erhalten wir zum Beispiel, dass $\tau_{\overline{K}} = 2\mu^2 g^2 R^2/\hbar^4$. Somit konvergiert die Störungsreihe für die S-Matrix für $|g| < \hbar^2/\mu R\sqrt{2}$. Beim unabgeschirmten Coulomb-Potenzial ist R hingegen unendlich, und dieser Konvergenztest versagt.

Mithilfe ähnlicher Techniken kann man Grenzen für die Bindungsenergien möglicher gebundener Zustände setzen. Zu diesem Zweck braucht man eine Entwicklung des Operators $[W-H]^{-1}$, den man die **Resolvente** nennt:

$$[W-H]^{-1} = [W-H_0]^{-1} + \left[K(W) + K^2(W) + \cdots\right][W-H_0]^{-1}, \tag{8.6.12}$$

wobei $K(W)$ der unsymmetrisierte Kern (8.6.4) ist. (Man könnte dies natürlich auch durch den symmetrisierten Kern $V^{1/2}[W-H_0]^{-1}V^{1/2}$ ausdrücken, aber das ist hier nicht nötig, weil $[W-H_0]^{-1}$ für $W = -B < 0$ nicht singulär ist.) Die Resolvente muss singulär werden, wenn W gleich der Energie $-B$ eines gebundenen Zustands unterhalb des Spektrums von H_0 ist, weil für eine solche Energie $W-H$ den Zustandsvektor des gebundenen Zustands annihiliert. Aber bei einer Energie außerhalb des Spektrums von H_0 ist jeder Term in Gleichung (8.6.12) endlich, sodass die Singularität in der Resolvente nur mit einer Divergenz der Reihe in Potenzen von $K(-B)$ zusammenhängen kann. Daher kann es keinen gebundenen Zustand mit Energie $-B$ geben, wo $\tau_K(-B) < 1$ ist mit $\tau_K(-B) \equiv \text{Tr}\left[K(-B)^\dagger K(-B)\right]$. Aus Gleichung (8.6.10) mit $k = +i\sqrt{2B\mu}/\hbar$ erhält man für ein lokales Potenzial

$$\begin{aligned}\tau_K(-B) &= \left(\frac{2\mu}{\hbar^2}\right)^2 \int d^3x\, d^3x'\; V^2(\mathbf{x}) \frac{\exp\left(-2\sqrt{2B\mu/\hbar^2}|\mathbf{x}'-\mathbf{x}|\right)}{16\pi^2|\mathbf{x}'-\mathbf{x}|^2} \\ &= \left(\frac{2\mu}{\hbar^2}\right)^{3/2} \frac{1}{8\pi\sqrt{B}} \int d^3x\; V^2(\mathbf{x}). \end{aligned} \tag{8.6.13}$$

Daher können nur gebundene Zustände auftreten, deren Bindungsenergien unterhalb der Schranke

$$B \leq \left(\frac{2\mu}{\hbar^2}\right)^3 \left[\frac{1}{8\pi} \int d^3x\; V^2(\mathbf{x})\right]^2 \tag{8.6.14}$$

liegen.

Manchmal ist das Potenzial V selbst nicht klein genug, um Übergangsamplituden durch Störungstheorie berechnen zu können, man kann aber

$$V = V_s + V_w \tag{8.6.15}$$

schreiben. Dabei ist V_s stark, kann aber selbst keinen gegebenen Übergang $\alpha \to \beta$ auslösen, während V_w diesen Übergang auslösen kann und hinreichend schwach ist, dass wir die Amplitude für $\alpha \to \beta$ in erster Ordnung in V_w berechnen können. Allerdings muss man dabei alle Ordnungen von V_s mitnehmen. Zum Beispiel kann man beim nuklearen Betazerfall die starke Kernwechselwirkung und sogar die elektromagnetische Wechselwirkung nicht vernachlässigen, aber selbst können sie Neutronen und Protonen nicht ineinander umwandeln oder Elektronen und Neutrinos erzeugen. Ohne die schwache Kernwechselwirkung würde die Amplitude des Betazerfalls daher verschwinden, und da diese Wechselwirkung in der Tat schwach ist, braucht man die Amplitude nur in erster Ordnung in der schwachen Wechselwirkung zu berechnen.

Um Übergangsamplituden in erster Ordnung in V_w zu berechnen, definieren wir zunächst Zustände, die »in«- und »out«-Zustände wären, wenn das Potenzial V_w gleich null wäre:

$$\Psi^{\pm}_{s\alpha} = \Phi_\alpha + (E_\alpha - H_0 \pm i\epsilon)^{-1} V_s \Psi^{\pm}_{s\alpha}. \tag{8.6.16}$$

Dann können wir Gleichung (8.1.11) als

$$\begin{aligned}T_{\beta\alpha} &= \left(\Phi_\beta, V\Psi^+_\alpha\right) \\ &= \left([\Psi^-_{s\beta} - (E_\beta - H_0 - i\epsilon)^{-1} V_s \Psi^-_{s\beta}], V\Psi^+_\alpha\right) \\ &= \left(\Psi^-_{s\beta}, V\Psi^+_\alpha\right) - \left(\Psi^-_{s\beta}, V_s(E_\alpha - H_0 + i\epsilon)^{-1} V\Psi^+_\alpha\right)\end{aligned}$$

schreiben und erhalten wieder mithilfe der Lippmann-Schwinger-Gleichung schließlich

$$\begin{aligned}T_{\beta\alpha} &= \left(\Psi^-_{s\beta}, V\Psi^+_\alpha\right) - \left(\Psi^-_{s\beta}, V_s\Psi^+_\alpha\right) + \left(\Psi^-_{s\beta}, V_s\Phi_\alpha\right) \\ &= \left(\Psi^-_{s\beta}, V_w\Psi^+_\alpha\right) + \left(\Psi^-_{s\beta}, V_s\Phi_\alpha\right).\end{aligned} \tag{8.6.17}$$

Das ist im eben genannten Fall äußerst nützlich, bei dem der Prozess $\alpha \to \beta$ ohne die schwache Wechselwirkung nicht stattfinden kann. In diesem Fall verschwindet der letzte Term in Gleichung (8.6.17) und wir erhalten

$$T_{\beta\alpha} = \left(\Psi^-_{s\beta}, V_W \Psi^+_\alpha\right). \tag{8.6.18}$$

Bisher war unsere Rechnung exakt. Da Gleichung (8.6.18) einen expliziten Faktor V_W enthält, können wir den Unterschied zwischen Ψ^+_α und $\Psi^+_{s\alpha}$ in erster Ordnung in V_W ignorieren, und Gleichung (8.6.18) als

$$T_{\beta\alpha} \simeq \left(\Psi^-_{s\beta}, V_W \Psi^+_{s\alpha}\right) \tag{8.6.19}$$

schreiben. Das nennt man die **distorted wave Born approximation (DWBA)**.

Wir können zum Beispiel beim nuklearen Betazerfall als V_s die Summe der starken Kernwechselwirkung und der elektromagnetischen Wechselwirkung verwenden, während V_W die schwache Kernwechselwirkung ist. In diesem Fall ist $\Psi^+_{s\alpha}$ in Gleichung (8.6.19) gerade der Zustandsvektor des ursprünglichen Kerns, während $\Psi^-_{s\beta}$ der Zustandsvektor des finalen Kerns, des emittierten Elektrons (oder Positrons) und des Antineutrinos (oder Neutrinos) ist. Neutrino oder Antineutrino unterliegen nicht der starken Kernwechselwirkung oder der elektromagnetischen Wechselwirkung mit dem finalen Kern, während das Elektron oder Positron zwar der elektromagnetischen Wechselwirkung, aber nicht der Kernwechselwirkung mit dem finalen Kern unterliegt. In einer Ortsdarstellung ist der Zustandsvektor $\Psi^-_{s\beta}$ proportional zu dem Produkt einer ebenen Welle für das Neutrino oder Antineutrino, die uns hier nicht interessieren, und der Zweiteilchenwellenfunktion des Elektrons oder Positrons und des finalen Kerns. Die schwache Kernwechselwirkung setzt nur ein, wenn Elektron oder Positron mit dem Kern in Kontakt sind. Somit ist (zumindest für nichtrelativistische Elektronen oder Positronen) das Matrixelement proportional zum Wert der Coulomb-Streuwelle im Abstand null, die durch die Gleichungen (7.9.11) und (7.9.10) als die Größe (7.9.15) gegeben ist. Die Rate für den Betazerfall ist daher von der Größe $\xi = \pm Z' e^2 m_e / \hbar^2 k_e$ abhängig (wobei $Z'e$ die Ladung des finalen Kerns ist; das Vorzeichen ist positiv bzw. negativ für Positronen bzw. Elektronen), und zwar ist sie proportional zu[10]

$$\mathcal{F}(\xi) = |\Gamma(1 + i\xi)|^2 \exp(-\pi\xi) = \frac{2\pi\xi}{\exp(2\pi\xi) - 1}. \tag{8.6.20}$$

Der gleiche Faktor taucht in den niederenergetischen Wirkungsquerschnitten für $\nu + N \to e^- + N'$ und $\overline{\nu} + N \to e^+ + N'$ auf.

10 Bei der Auswertung verwenden wir die Realitätseigenschaft $\Gamma(z)^* = \Gamma(z^*)$ und die bekannte Rekursionsbeziehung $\Gamma(1+z) = z\Gamma(z)$, um

$$|\Gamma(1 + i\xi)|^2 = \Gamma(1 + i\xi)\Gamma(1 - i\xi) = i\xi\Gamma(i\xi)\Gamma(1 - i\xi)$$

zu schreiben, und dieses Produkt berechnen wir dann mit der klassischen Formel

$$\Gamma(z)\Gamma(1 - z) = \pi / \sin \pi z.$$

Für $|\xi| \ll 1$ ist der Faktor $\mathcal{F}$ gleich eins, was bedeutet, dass der Prozess weder verstärkt noch unterdrückt wird. Für $\xi \ll -1$ ist dieser Faktor $2\pi|\xi|$, was auf eine schwache Verstärkung hindeutet. Für $\xi \gg 1$ ist $F \simeq 2\pi\xi \exp(-2\pi\xi)$, was auf eine starke Abschwächung hindeutet. Diese Abschwächung ist einfach die Auswirkung der positiven Potenzialbarriere, die in Abschnitt 7.6 besprochen wurde.

8.7 Zeitabhängige Störungstheorie

Die Energienenner in der im letzten Abschnitt diskutierten altmodischen Störungstheorie verleihen diesem Formalismus einige Nachteile. Weil diese Nenner von der Energie, aber nicht vom Impuls abhängen, machen sie die Lorentz-Invarianz relativistischer Theorien undurchsichtig, und weil die Nenner von den Energien aller Teilchen in einer Reaktion abhängen, verdecken sie die Unabhängigkeit der Raten von Prozessen, die fern voneinander ablaufen. Beide Nachteile werden vermieden, wenn man die gleiche Störungsreihe in einem anderen Formalismus beschreibt, den man als zeitabhängige Störungstheorie bezeichnet.

Um eine Formel für die S-Matrix in der zeitabhängigen Störungstheorie abzuleiten, kehren wir zu der definierenden Bedingung (8.1.5) für »in«- und »out«-Zustände zurück. Mithilfe der Energieeigenwertbedingungen (8.1.2) und (8.1.3) können wir Gleichung (8.1.5) als

$$\exp(-iHt/\hbar) \int d\alpha\; g(\alpha)\Psi_\alpha^\pm \overset{t\to\mp\infty}{\to} \exp(-iH_0 t/\hbar) \int d\alpha\; g(\alpha)\Phi_\alpha \tag{8.7.1}$$

schreiben. Dies können wir abkürzen als

$$\Psi_\alpha^\pm = \Omega(\mp\infty)\Phi_\alpha \tag{8.7.2}$$

mit

$$\Omega(t) \equiv e^{iHt/\hbar} e^{-iH_0 t/\hbar}. \tag{8.7.3}$$

Die Grenzübergänge $t \to \mp\infty$ sind wirklich nur wohldefiniert, wenn Gleichung (8.7.2) mit der Amplitude $g(\alpha)$ eines glatten Wellenpakets multipliziert und über α integriert wird, aber wir können den Grenzübergang intuitiv verstehen, indem wir feststellen, dass der Hamiltonian H zu sehr kleinen oder sehr großen Zeiten effektiv gleich H_0 wird, wenn die kollidierenden Teilchen sehr weit voneinander entfernt sind.

Anhand von Gleichung (8.1.14) sehen wir, dass die S-Matrix gleich

$$S_{\beta\alpha} = \left(\Psi_\beta^-, \Psi_\alpha^+\right) = \left(\Phi_\beta, \Omega^\dagger(+\infty)\Omega(-\infty)\Phi_\alpha\right) = \left(\Phi_\beta, U(+\infty,-\infty)\Phi_\alpha\right) \tag{8.7.4}$$

ist mit

$$U(t,t') \equiv \Omega^\dagger(t)\Omega(t') = e^{iH_0 t/\hbar} e^{-iH(t-t')/\hbar} e^{-iH_0 t'/\hbar}. \tag{8.7.5}$$

Um U zu berechnen, können wir Gleichung (8.7.5) als eine Differenzialgleichung

$$\frac{d}{dt}U(t,t') = -\frac{i}{\hbar}e^{iH_0t/\hbar}[H-H_0]e^{-iH(t-t')/\hbar}e^{-iH_0t'/\hbar} = -\frac{i}{\hbar}V_I(t)U(t,t') \tag{8.7.6}$$

zusammen mit der Anfangsbedingung

$$U(t',t') = 1 \tag{8.7.7}$$

schreiben. Dabei ist

$$V_I(t) \equiv e^{iH_0t/\hbar}\,V\,e^{-iH_0t/\hbar} \tag{8.7.8}$$

und natürlich $V \equiv H - H_0$. Der Index I steht für »Wechselwirkungsbild« (von Interaktion, A. d. Ü.), ein Begriff, den man verwendet, um Operatoren zu beschreiben, deren Zeitabhängigkeit vom Hamiltonian H_0 für freie Teilchen bestimmt wird, im Gegensatz zu den Operatoren im Heisenberg-Bild, deren Zeitabhängigkeit vom Gesamthamiltonian H bestimmt wird, und den Operatoren im Schrödinger-Bild, die nicht von der Zeit abhängen.

Die Differenzialgleichung (8.7.6) und die Anfangsbedingung (8.7.7) sind äquivalent zu einer Integralgleichung

$$U(t,t') = 1 - \frac{i}{\hbar}\int_{t'}^{t} d\tau\, V_I(\tau)U(\tau,t'), \tag{8.7.9}$$

die man (zumindest formal) durch Integration lösen kann:

$$U(t,t') = 1 - \frac{i}{\hbar}\int_{t'}^{t} d\tau\, V_I(\tau) + \left(-\frac{i}{\hbar}\right)^2 \int_{t'}^{t} d\tau_1 \int_{t'}^{\tau_1} d\tau_2\, V_I(\tau_1)V_I(\tau_2) + \cdots\,. \tag{8.7.10}$$

Wir können dieses Ergebnis umschreiben, indem wir ein **zeitgeordnetes Produkt** einführen:

$$T\{V_I(\tau)\} \equiv V_I(\tau), \qquad T\{V_I(\tau_1)V_I(\tau_2)\} \equiv \begin{cases} V_I(\tau_1)V_I(\tau_2) & \tau_1 > \tau_2 \\ V_I(\tau_2)V_I(\tau_1) & \tau_2 > \tau_1 \end{cases},$$

und ganz allgemein

$$T\{V_I(\tau_1)\cdots V_I(\tau_n)\} \equiv \sum_P \theta(\tau_{P1}-\tau_{P2})\theta(\tau_{P2}-\tau_{P3})\cdots\theta(\tau_{P[n-1]}-\tau_{Pn}) \times V_I(\tau_{P1})\cdots V_I(\tau_{Pn})\,, \tag{8.7.11}$$

wobei die Summen über alle $n!$ Permutationen von $1,2,\ldots n$ in $P1, P2, \ldots Pn$ laufen, und θ die Stufenfunktion

$$\theta(x) \equiv \begin{cases} 1 & x > 0 \\ 0 & x < 0 \end{cases} \tag{8.7.12}$$

ist. Das Produkt von Stufenfunktionen in Gleichung (8.7.11) zieht den einen Term aus der Summe heraus, in dem die Operatoren V_I zeitgeordnet sind, und zwar so, dass der Operator V_I mit dem zeitlich letzten Argument als erster Term vorkommt, der Operator V_I mit dem vorletzten Argument als zweiter Term, und so weiter. Wenn wir Gleichung

(8.7.11) über alle τ_i von t' bis t integrieren, so ergibt jeder der $n!$ Terme genau das Integral, das im Term n-ter Ordnung in Gleichung (8.7.10) auftaucht, sodass

$$U(t,t') = \sum_{n=0}^{\infty} \frac{1}{n!} \left[-\frac{i}{\hbar}\right]^n \int_{t'}^{t} d\tau_1 \cdots \int_{t'}^{t} d\tau_n \, T\{V_I(\tau_1) \cdots V_I(\tau_n)\} \tag{8.7.13}$$

ist, wobei wir den $n = 0$-Term gleich dem Einheitsoperator setzen. Gleichung (8.7.4) ergibt dann die Dysonsche Störungsreihe[11] für die S-Matrix:

$$S_{\beta\alpha} = \sum_{n=0}^{\infty} \frac{1}{n!} \left[-\frac{i}{\hbar}\right]^n \int_{-\infty}^{\infty} d\tau_1 \cdots \int_{-\infty}^{\infty} d\tau_n \left(\Phi_\beta, T\{V_I(\tau_1) \cdots V_I(\tau_n)\}\, \Phi_\alpha\right). \tag{8.7.14}$$

Jeden Term in dieser Reihe können wir dann unmittelbar ausrechnen – wir müssen nur das Matrixelement des Integrals über ein Produkt von Operatoren im Wechselwirkungsbild zwischen Zuständen freier Teilchen, deren von H_0 bestimmte Dynamik im Wesentlichen trivial ist, ausrechnen. Wenn wir die Summe über n auf eine endliche Zahl von Termen beschränken, kann das Resultat natürlich eine gute oder schlechte Näherung sein.

Diese Formel macht die Lorentz-Invarianz zumindest in einigen Theorien sichtbar. Für den Operator $V_I(t) = \int d^3x\, \mathcal{H}(\mathbf{x}, t)$, wobei $\mathcal{H}$ eine skalare Funktion von Feldvariablen ist, ergibt Gleichung (8.7.14) zum Beispiel

$$S_{\beta\alpha} = \sum_{n=0}^{\infty} \frac{1}{n!} \left[-\frac{i}{\hbar}\right]^n \int d^4x_1 \cdots \int d^4x_n \left(\Phi_\beta, T\{\mathcal{H}(x_1) \cdots \mathcal{H}(x_n)\}\, \Phi_\alpha\right). \tag{8.7.15}$$

Die Integrale laufen nun über die ganze Raumzeit. Das scheint zumindest Lorentz-invariant, obwohl wir uns immer noch Gedanken über die Zeitordnung in Gleichung (8.7.15) machen müssen. Die Aussage, dass ein Punkt $\{\mathbf{x}', t'\}$ der Raumzeit zu einer späteren Zeit ist als ein Punkt $\{\mathbf{x}, t\}$, ist Lorentz-invariant, wenn $\{\mathbf{x}', t'\}$ innerhalb des bei $\{\mathbf{x}, t\}$ zentrierten Lichtkegels liegt – das heißt, wenn $(\mathbf{x}' - \mathbf{x})^2 < c^2(t' - t)^2$ gilt. Damit ist die Zeitordnung in Gleichung (8.7.15) Lorentz-invariant, wenn $\mathcal{H}(\mathbf{x}, t)$ mit $\mathcal{H}(\mathbf{x}', t')$ kommutiert für $(\mathbf{x}' - \mathbf{x})^2 \geq c^2(t' - t)^2$. (Das ist eine hinreichende, aber nicht notwendige Bedingung, denn es gibt wichtige Theorien, bei denen nichtverschwindende Terme in den Kommutatoren von $\mathcal{H}(\mathbf{x}, t)$ mit $\mathcal{H}(\mathbf{x}', t')$ für $(\mathbf{x}' - \mathbf{x})^2 \geq c^2(t' - t)^2$ durch Terme im Hamiltonian weggehoben werden, die man nicht als Integrale über Skalare schreiben kann.)

Gleichung (8.7.14) macht auch die Unabhängigkeit weit entfernter Prozesse sichtbar. Nehmen wir an, dass der Übergang $\alpha \to \beta$ aus zwei getrennten Übergängen $a \to b$ und $A \to B$ besteht, wobei alle Teilchen in den Zuständen a und b weit entfernt sind von allen Teilchen in den Zuständen A und B. Wenn wir annehmen, dass Wechselwirkungen zwischen entfernten Teilchen vernachlässigbar werden, so wirkt jeder Operator $V_I(t)$ in Gleichung (8.7.14) entweder auf die Teilchen in den Zuständen a und b, oder auf die Teilchen in den Zuständen A und B, aber nicht auf alle gleichzeitig. Falls der Operator $V_I(\mathbf{x}, t)$ auf die Teilchen in den Zuständen a und b wirkt und der Operator $V_I(\mathbf{x}', t')$ auf die Teilchen in den Zuständen A und B wirkt, so kommutieren diese Operatoren, und wir

11 F. J. Dyson, Phys. Rev. **75**, 486, 1736 (1949).

können ihr zeitgeordnetes Produkt durch ein gewöhnliches Produkt ersetzen. Für einen gegebenen Term n-ter Ordnung in Gleichung (8.7.14) müssen wir über die Anzahl m der Operatoren, die auf die Teilchen in den Zuständen a und b wirken, von $m = 0$ bis $m = n$ summieren, wobei die verbleibenden $n - m$ Operatoren auf die Teilchen in den Zuständen A und B wirken. Die Anzahl der Möglichkeiten, die m Operatoren, die auf a und b wirken, von den $n-m$ Operatoren, die auf A und B wirken, zu trennen, ist $n!/m!(n-m)!$, sodass

$$\begin{aligned} S_{bB,aA} &= \sum_{n=0}^{\infty} \frac{1}{n!} \left[-\frac{i}{\hbar}\right]^n \int_{-\infty}^{\infty} d\tau_1 \cdots \int_{-\infty}^{\infty} d\tau_n \sum_{m=0}^{n} \frac{n!}{m!(n-m)!} \\ &\quad \times \Big(\Phi_b, T\{V_I(\tau_1)\cdots V_I(\tau_m)\}\,\Phi_a\Big)\Big(\Phi_B, T\{V_I(\tau_{m+1})\cdots V_I(\tau_n)\}\,\Phi_A\Big) \\ &= S_{ba}\, S_{BA} \end{aligned}$$

gilt. Diese Faktorisierung stellt sicher, dass die Raten für die verschiedenen Endzustände b, die aus einem Anfangszustand a erzeugt werden, nicht von der Existenz des Übergangs $A \to B$ abhängen. Diese wichtige Faktorisierung lässt sich in der altmodischen Störungstheorie nicht leicht erkennen.

In den Ausnahmefällen, in denen die Operatoren V_I mit unterschiedlichen τ-Argumenten alle untereinander vertauschen, können wir die Zeitordnung in Gleichung (8.7.14) fallen lassen, sodass die Summe einfach die übliche konvergente Reihe für die Exponentialfunktion

$$S_{\beta\alpha} = \left(\Phi_\beta, \exp\left[\frac{-i}{\hbar}\int_{-\infty}^{\infty} d\tau\; V_I(\tau)\right]\Phi_\alpha\right)$$

ist, Sogar dort, wo dieses Ergebnis (wie üblich) nicht gilt, ist es verbreitet, das Ergebnis (8.7.14) als

$$S_{\beta\alpha} = \left(\Phi_\beta, T\left\{\exp\left[\frac{-i}{\hbar}\int_{-\infty}^{\infty} d\tau\; V_I(\tau)\right]\right\}\Phi_\alpha\right) \tag{8.7.16}$$

abzukürzen, wobei das T anzeigt, dass diese Größe durch Zeitordnung aller Terme der Potenzreihe für den Ausdruck in geschweiften Klammern auszuwerten ist.

Als ein sehr einfaches Beispiel, bei dem die Operatoren $V_I(\tau_i)$ *nicht* miteinander kommutieren, betrachten wir den klassischen Fall eines einzelnen nichtrelativistischen Teilchens, das an einem lokalen Potenzial gestreut wird. Hier ist H_0 die kinetische Energie, eine Funktion $H_0 = \mathbf{p}^2/2\mu$ des Impulsoperators, und V ist eine Funktion $V(\mathbf{x})$ des Ortsoperators. Da die Beziehung (8.7.8) zwischen der Wechselwirkung im Wechselwirkungsbild und im Schrödinger-Bild eine Ähnlichkeitstransformation ist, ergibt sie (zumindest für jedes Potenzial, das als eine Potenzreihe ausgedrückt werden kann)

$$V_I(\tau) = V\Big(\mathbf{x}_I(\tau)\Big), \tag{8.7.17}$$

wobei $\mathbf{x}_I(\tau)$ der Ortsoperator im Wechselwirkungsbild ist:

$$\mathbf{x}_I(t) \equiv e^{iH_0 t/\hbar}\,\mathbf{x}\,e^{-iH_0 t/\hbar}. \tag{8.7.18}$$

Dieser Operator genügt der Differenzialgleichung

$$\frac{d}{dt}\mathbf{x}_I(t) = \frac{i}{\hbar}e^{iH_0t/\hbar}\,[H_0, \mathbf{x}]\,e^{-iH_0t/\hbar} = \frac{1}{\mu}e^{iH_0t/\hbar}\,\mathbf{p}\,e^{-iH_0t/\hbar} = \mathbf{p}/\mu, \tag{8.7.19}$$

und der offensichtlichen Anfangsbedingung

$$\mathbf{x}_I(0) = \mathbf{x}, \tag{8.7.20}$$

sodass

$$\mathbf{x}_I(t) = \mathbf{x} + \mathbf{p}t/\mu, \tag{8.7.21}$$

und daher

$$V_I(\tau) = V\Big(\mathbf{x} + \mathbf{p}\tau/\mu\Big) \tag{8.7.22}$$

gilt. (Hier sind $\mathbf{x}$ und $\mathbf{p}$ die zeitunabhängigen Orts- und Impulsoperatoren im Schrödinger-Bild.)

Weil sowohl $\mathbf{x}$ als auch $\mathbf{p}$ darin vorkommen, kommutieren die Operatoren $\mathbf{x}_I(\tau)$ mit unterschiedlichen τs nicht untereinander. Stattdessen gilt

$$[x_{Ii}(\tau), x_{Ij}(\tau')] = \frac{i\hbar}{\mu}\Big(\tau' - \tau\Big)\delta_{ij}. \tag{8.7.23}$$

Folglich kommutieren auch die Operatoren $V_I(\tau)$ mit unterschiedlichen τs nicht miteinander, und somit ist dies *kein* Beispiel, bei dem die Dyson-Reihe einfach die Entwicklung einer Exponentialfunktion ist.

Obwohl die S-Matrix in der Teilchenphysik eine zentrale Rolle spielt, ist sie nicht die einzige Größe, die sich auszurechnen lohnt. Manchmal müssen wir den Erwartungswert eines Operators $\mathcal{O}_H(t)$ (der etwa durch ein Produkt von Operatoren, alle zur gleichen Zeit t, gegeben ist) im Heisenberg-Bild berechnen, und zwar in einem Zustand Ψ_α^+, der durch sein Aussehen für sehr kleine Zeiten gegeben ist. (Das ist das Problem, das uns insbesondere bei der Berechnung von Korrelationsfunktionen in der Kosmologie begegnet, wo α üblicherweise der Vakuumzustand ist.) Das hat eine andere Version der zeitabhängigen Störungstheorie zur Folge, die man als den »in-in«-Formalismus bezeichnet.[12] Jeder Operator im Heisenberg-Bild lässt sich durch den entsprechenden Operator im Wechselwirkungsbild über

$$\mathcal{O}_H(t) = e^{iHt/\hbar}\mathcal{O}e^{-iHt/\hbar} = e^{iHt/\hbar}e^{-iH_0t/\hbar}\mathcal{O}_I(t)e^{iH_0t/\hbar}e^{-iHt/\hbar} = \Omega(t)\mathcal{O}_I(t)\Omega^\dagger(t) \tag{8.7.24}$$

ausdrücken. Zusammen mit den Gleichungen (8.7.2) und (8.7.5) ergibt sich daraus für den Erwartungswert

$$\begin{aligned}\Big(\Psi_\alpha^+, \mathcal{O}_H(t)\Psi_\alpha^+\Big) &= \Big(\Phi_\alpha, \Omega^\dagger(-\infty)\Omega(t)\mathcal{O}_I(t)\Omega^\dagger(t)\Omega(-\infty)\Phi_\alpha\Big)\\ &= \Big(\Phi_\alpha, U^\dagger(t,-\infty)\mathcal{O}_I(t)U(t,-\infty)\Phi_\alpha\Big).\end{aligned} \tag{8.7.25}$$

12 J. Schwinger, Proc. Nat. Acad. Sci. USA **46**, 1401 (1960); J. Math. Phys. **2**, 407 (1961); K. T. Mahanthappa, Phys. Rev. **126**, 329 (1962); P. M. Bakshi und K. T. Mahanthappa, J. Math. Phys. **4**, 1, 12 (1963); L. V. Keldysh, Soviet Physics JETP **20**, 1018 (1965); D. Boyanovsky und H. J. de Vega, Ann. Phys. **307**, 335 (2003); B. DeWitt, *The Global Approach to Quantum Field Theory* (Clarendon Press, Oxford, 2003): Abschnitt 31. Für einen Überblick mit Anwendungen auf kosmologische Korrelationen siehe S. Weinberg, Phys. Rev. **D72**, 043514 (2005) [hep-th/0506236].

Mithilfe der Störungsreihe (8.7.13) für $U(t,-\infty)$ erhalten wir dann

$$\left(\Psi_\alpha^+, \mathcal{O}_H(t)\Psi_\alpha^+\right) = \left(\Phi_\alpha, \left[T\left\{\exp\left[\frac{-i}{\hbar}\int_{-\infty}^{t} d\tau\ V_I(\tau)\right]\right\}\right]^\dagger \right.$$
$$\left. \times\, \mathcal{O}_I(t)\, T\left\{\exp\left[\frac{-i}{\hbar}\int_{-\infty}^{t} d\tau\ V_I(\tau)\right]\right\}\Phi_\alpha\right), \qquad (8.7.26)$$

wobei $T\{\}$ dieselbe Bedeutung wie in Gleichung (8.7.16) hat; das heißt, wir müssen die Operatoren V_I in der Potenzreihenentwicklung des Exponentialausdrucks zeitordnen. Die Adjungierte des ersten zeitgeordneten Produkts in Gleichung (8.7.26) bedeutet, dass die Wechselwirkungsoperatoren in diesem Teil des Ausdrucks nicht zeitgeordnet, sondern umgekehrt zeitgeordnet sind, der erste Operator links ist also derjenige mit dem *kleinsten* Argument, und so fort. Damit unterscheidet sich die Struktur des »in-in«-Erwartungswerts (8.7.26) stark von der Struktur der Dyson-Entwicklung (8.7.16) für die S-Matrix.

8.8 Schwach gebundene Zustände

Wenn ein gebundener Zustand hinreichend schwach gebunden ist, können wir manchmal Ergebnisse für Streuamplituden lediglich aus einer Kenntnis der Bindungsenergie, ohne detaillierte Information über die Wechselwirkung, erhalten. Zu diesem Zweck verwenden wir ein Werkzeug, das man die **Low-Gleichung** nennt.[13]

Zur Herleitung der Low-Gleichung wenden wir die Wechselwirkung V auf die Lippmann-Schwinger-Gleichung (8.1.6) an, sodass

$$V\Psi_\alpha^\pm = V\Phi_\alpha + V[E_\alpha - H_0 \pm i\epsilon]^{-1} V\Psi_\alpha^\pm \qquad (8.8.1)$$

gilt. Wir können die Lösung dieser Gleichung als

$$V\Psi_\alpha^\pm = T(E_\alpha \pm i\epsilon)\,\Phi_\alpha \qquad (8.8.2)$$

schreiben, wobei $T(W)$ die Lösung der Operatorgleichung

$$T(W) = V + V(W - H_0)^{-1}\, T(W) \qquad (8.8.3)$$

ist. Wir erinnern uns, dass die S-Matrix gemäß Gleichungen (8.1.10) und (8.1.11) zu

$$S_{\beta\alpha} = \delta(\beta - \alpha) - 2\pi i\delta(E_\beta - E_\alpha)\, T_{\beta\alpha} \qquad (8.8.4)$$

gegeben ist mit

$$T_{\beta\alpha} \equiv \left(\Phi_\beta, V\Psi_\alpha^+\right) = \left(\Phi_\beta, T(E_\alpha + i\epsilon)\Phi_\alpha\right). \qquad (8.8.5)$$

13 Die Gleichung ist nach Francis Low benannt. Es war mir nicht möglich, die Quelle zu finden, in der sie erstmals publiziert wurde.

Daran ist bisher nichts Neues, abgesehen von ein wenig Formalismus. Nun sehen wir, dass wir mit ein wenig elementarer Algebra die Lösung der Operatorgleichung (8.8.3) als

$$T(W) = V + V(W-H)^{-1}V \tag{8.8.6}$$

schreiben können. Den Resolventenoperator $(W-H)^{-1}$ können wir erhalten, indem wir eine Summe über einen vollständigen Satz unabhängiger Eigenzustände von H einsetzen. Dazu gehören auch die »in«-Streuzustände Ψ_α^+ und alle gebundenen Zustände. (Die »out«-Zustände Ψ_α^- gehören hier nicht dazu, weil sie nicht unabhängig sind; man kann die Ψ_α^- als Überlagerung $\int d\beta\, S^*_{\alpha\beta}\Psi_\beta^+$ schreiben.) Somit ist

$$\left(\Phi_\beta, T(W)\Phi_\alpha\right) = V_{\beta\alpha} + \int db \frac{\left(\Phi_\beta, V\Psi_b\right)\left(\Phi_\alpha, V\Psi_b\right)^*}{W-E_b} + \int d\gamma\, \frac{T_{\beta\gamma}T^*_{\alpha\gamma}}{W-E_\gamma} \tag{8.8.7}$$

mit $V_{\beta\alpha} \equiv (\Phi_\beta, V\Phi_\alpha)$; b bezeichnet die Eigenschaften der verschiedenen gebundenen Zustände, einschließlich ihres Gesamtimpulses. Insbesondere ergibt Gleichung (8.8.7) mit $W = E_\alpha + i\epsilon$

$$T_{\beta\alpha} = V_{\beta\alpha} + \int db \frac{\left(\Phi_\beta, V\Psi_b\right)\left(\Phi_\alpha, V\Psi_b\right)^*}{E_\alpha - E_b} + \int d\gamma\, \frac{T_{\beta\gamma}T^*_{\alpha\gamma}}{E_\alpha - E_\gamma + i\epsilon}. \tag{8.8.8}$$

(Im Nenner des Terms für den gebundenen Zustand lassen wir $i\epsilon$ weg, weil die Energie jedes gebundenen Zustands außerhalb des Spektrums von H_0 liegen muß.) Gleichung (8.8.8) nennt man die Low-Gleichung.

Die Low-Gleichung ist eine nichtlineare Integralgleichung für $T_{\beta\alpha}$, bei der ein nichtverschwindender Wert von $T_{\beta\alpha}$ durch die beiden ersten Terme in Gleichung (8.8.8) getrieben wird. Für einen schwach gebundenen Zustand, dessen Energie nahe am Kontinuum liegt, ist es plausibel, dass der Term für den gebundenen Zustand in Gleichung (8.8.8) den Potenzialterm dominieren wird. Zudem wird das $T_{\beta\gamma}$ und $T_{\alpha\gamma}$ besonders große Werte verleihen, wenn E_γ am nächsten an den Energien der gebundenen Zustände ist – also nahe der minimalen Kontinuumsenergie – vorausgesetzt, diese zwei Teilchen haben $\ell = 0$, um eine Unterdrückung der Matrixelemente durch Faktoren k^ℓ zu vermeiden. Somit ist es plausibel, γ auf Zweiteilchenzustände derselben zwei Arten zu beschränken, wenn α ein Zweiteilchenzustand mit $\ell = 0$ und β ein Zustand von zwei Teilchen der gleichen zwei Arten wie in α ist. (Ich denke hier an die niederenergetische Streuung eines Protons und eines Neutrons,wo der schwach gebundene Zustand das Deuteron ist. Allerdings werde ich die Betrachtung noch eine Weile allgemeiner halten.) Wie in Abschnitt 8.4 können wir diese Zweiteilchenzustände durch ihre Gesamtenergie, ihren Gesamtimpuls $\mathbf{P}$, ihren Gesamtspin s, ihren Bahndrehimpuls $J = s$, die 3-Komponenten des Gesamtdrehimpulses (und Gesamtspins), und die Art der zwei Teilchen kennzeichnen. Lassen wir die Bezeichnungen $\ell = 0$, s und die immer gleich bleibenden Teilchenarten weg, so können wir die freien Zustände als $\Phi_{E,\mathbf{P},\sigma}$ schreiben und die »in«-Streuzustände als $\Psi^+_{E,\mathbf{P},\sigma}$. Die gebundenen Zustände, die in Gleichung (8.8.8) beitragen, müssen ebenso einen Spin s haben.

Nehmen wir an, es gäbe nur einen einzigen solchen gebundenen Zustand. Die Bezeichnungen s und $\ell = 0$ können wir dann fallenlassen und den gebunden Zustand lediglich durch seinen Gesamtimpuls und 3-Komponente des Spins als $\Psi_{\mathbf{P},\sigma}$ bezeichnen, wobei die Energie eine feste Funktion von $\mathbf{P}$ ist. Die relevanten Matrixelemente im Schwerpunktssystem haben dann die Gestalt

$$T_{E',\mathbf{P}',\sigma';E,0,\sigma} = \mathcal{T}(E',E)\delta^3(\mathbf{P}')\delta_{\sigma',\sigma}, \tag{8.8.9}$$

und

$$\left(\Phi_{E,0,\sigma}, V\Psi_{\mathbf{P},\sigma'}\right) = \mathcal{G}(E)\delta^3(\mathbf{P})\delta_{\sigma'\sigma}. \tag{8.8.10}$$

Von nun an werden wir unter E die Energie verstehen, die relativ zur Gesamtruhemasse im Zweiteilchenzustand gemessen wurde, sodass wir sie von null bis unendlich integrieren. Die Energie des gebundenen Zustands im Schwerpunktsystem ist $-B$, wobei B die Bindungsenergie ist. Unter Vernachlässigung des Potenzialterms in Gleichung (8.8.8) lautet die Low-Gleichung nun

$$\mathcal{T}(E',E) = \frac{\mathcal{G}(E')\,\mathcal{G}^*(E)}{E+B} + \int_0^\infty dE''\;\frac{\mathcal{T}(E',E'')\,\mathcal{T}^*(E,E'')}{E-E''+i\epsilon}. \tag{8.8.11}$$

Wie wir erklärt haben, sind wir an dieser Gleichung in dem Fall interessiert, in dem E und E' klein sind und ihr Beitrag vergleichbar ist mit der Größe der Bindungsenergie B. In diesem Fall ist es vermutlich eine gute Näherung,

$$\mathcal{G}(E) = \sqrt{p(E)}\,g \tag{8.8.12}$$

zu schreiben, wobei g eine Konstante ist und $p(E)$ der Impuls jedes der beiden Teilchen im Schwerpunktsystem, wenn die Gesamtenergie E ist. In nichtrelativistischer Kinematik ist $p(E) = \sqrt{2\mu E}$ mit der reduzierten Masse μ. Den Faktor $p(E)$ benötigen wir, weil $V\Psi_{0,\sigma}$ Matrixelemente zwischen Zweiteilchenzuständen mit jeweiligen Impulsen $\mathbf{p}$ und $-\mathbf{p}$ haben wird. Die Matrixelemente sind analytisch in $\mathbf{p}$ nahe $\mathbf{p} = 0$. Wie in Gleichung (8.4.9) gezeigt, sind diese Zweiteilchenzustände durch die Zustände $\Phi_{E,0,\sigma}$ mal einem Faktor proportional zu $1/\sqrt{|\mathbf{p}|}$ gegeben. Die Low-Gleichung (8.8.11) lautet nun

$$\mathcal{T}(E',E) = \frac{\sqrt{p(E')\,p(E)}\,|g|^2}{E+B} + \int_0^\infty dE''\;\frac{\mathcal{T}(E',E'')\,\mathcal{T}^*(E,E'')}{E-E''+i\epsilon}. \tag{8.8.13}$$

Eine Betrachtung dieser Gleichung zeigt, dass wir sie mit einem Ansatz

$$\mathcal{T}(E',E) = \sqrt{p(E')\,p(E)}\,t(E) \tag{8.8.14}$$

lösen können, sodass Gleichung (8.8.13) erfüllt ist, wenn

$$t(E) = \frac{|g|^2}{E+B} + \int_0^\infty dE'\;p(E')\,\frac{|t(E')|^2}{E-E'+i\epsilon} \tag{8.8.15}$$

gilt. Das können wir sogar exakt lösen. Wie am Ende dieses Abschnitts gezeigt, lautet die Lösung für eine beliebige positive Funktion $p(E)$

$$t(E) = \left[\frac{E+B}{|g|^2} + (E+B)^2 \int_0^\infty \frac{p(E')\,dE'}{(E'+B)^2(E'-E-i\epsilon)}\right]^{-1},$$

solange $p(E)$ für $E \to \infty$ nicht zu rasch anwächst. Für den Fall $p(E) = \sqrt{2\mu E}$ ergibt dies

$$t(E) = \left[\frac{E+B}{|g|^2} + \frac{\pi(B-E)}{2}\sqrt{\frac{2\mu}{B}} + i\pi\sqrt{2\mu E}\right]^{-1}. \tag{8.8.16}$$

Wir können die Kopplung g des gebundenen Zustands an seine Bestandteile berechnen, indem wir die Bedingung ausnutzen, dass der Zustandsvektor $\Psi_{\mathbf{P},\sigma}$ für den gebundenen Zustand normiert ist, also

$$\left(\Psi_{\mathbf{P}',\sigma'}, \Psi_{0,\sigma}\right) = \delta^3(\mathbf{P}')\delta_{\sigma'\sigma} \tag{8.8.17}$$

gilt. Der nackte Zweiteilchenzustand $\Phi_{E,0,\sigma}$ ist ein Eigenzustand von H_0 mit Eigenwert E, während der gebundene Zustand $\Psi_{0,\sigma}$ ein Eigenzustand von H mit Eigenwert $-B$ ist, es gilt also

$$\left(\Phi_{E,0,\sigma}, V\Psi_{\mathbf{P}',\sigma'}\right) = \left(\Phi_{E,0,\sigma}, [H-H_0]\Psi_{\mathbf{P}',\sigma'}\right) = -(E+B)\left(\Phi_{E,0,\sigma}, \Psi_{\mathbf{P}',\sigma'}\right)$$

oder, unter Verwendung der Gleichungen (8.8.10) und (8.8.12),

$$\left(\Phi_{E,0,\sigma}, \Psi_{\mathbf{P}',\sigma'}\right) = -\delta^3(\mathbf{P}')\delta_{\sigma'\sigma}\frac{g\sqrt{p(E)}}{E+B}. \tag{8.8.18}$$

Damit ergibt Gleichung (8.8.17), wenn wir nach nackten Zweiteilchenzuständen entwickeln,

$$1 = |g|^2 \int_0^\infty \frac{p(E)\,dE}{(E+B)^2}$$

und somit[14]

$$|g|^2 = \frac{1}{\pi}\sqrt{\frac{2B}{\mu}}. \tag{8.8.19}$$

Verwenden wir dies in der Lösung (8.8.16) für die Low-Gleichung, so erhalten wir

$$t(E) = \frac{1}{\pi\sqrt{2\mu}}\left[\sqrt{B} + i\sqrt{E}\right]^{-1}. \tag{8.8.20}$$

14 Allgemeiner: Wenn die Eigenzustände von H_0 zusätzlich zum Kontinuum noch einen Elementarteilchenzustand einschließen, der die gleichen Quantenzahlen wie der gebundene Zustand hat, so ist $|g|$ um einen Faktor $1-Z$ kleiner als der in Gleichung (8.8.19) angegebene Wert, wobei Z die Wahrscheinlichkeit ist, dass eine Untersuchung des gebundenen Zustands ihn im Elementarteilchenzustand und nicht im Zweiteilchenzustand findet. Der Fall $Z \neq 0$ wird im Detail in S. Weinberg, Phys. Rev. 137, B672 (1965) betrachtet.

Wir müssen dieses Ergebnis nun in eine Formel für die $\ell = 0$ Streuphase umwandeln. Die Gleichungen (8.4.7) und (8.4.25) geben die Streuamplitude im Schwerpunktsystem in der hier verwendeten Basis (unter Unterdrückung der Indizes $\ell = 0$, s, n und $J = s$) zu

$$M_{0,E,\sigma';0,E,\sigma} = \delta_{\sigma'\sigma}\left[e^{2i\delta(E)} - 1\right].$$

Ferner haben wir, wenn wir die Gleichungen (8.3.1) und (8.8.4) vergleichen sowie Gleichung (8.8.9) verwenden,

$$\delta^3(\mathbf{P})\,M_{\mathbf{P},E,\sigma';0,E,\sigma} = -2\pi i\,T_{E,0,\sigma';E,\mathbf{P},\sigma'} = -2\pi i\,\mathcal{T}(E,E)\delta^3(\mathbf{P})\delta_{\sigma',\sigma},$$

sodass die Gleichungen (8.8.9) und (8.8.14)

$$e^{2i\delta(E)} - 1 = -2\pi i\mathcal{T}(E,E) = -2\pi i\sqrt{2\mu E}\,t(E) \tag{8.8.21}$$

ergeben. Verwenden wir die Lösung (8.8.20), so haben wir dann

$$e^{2i\delta(E)} - 1 = -2i\sqrt{E}\left[\sqrt{B} + i\sqrt{E}\right]^{-1}. \tag{8.8.22}$$

Nehmen wir das Inverse, so finden wir, dass auf beiden Seiten ein Term –1/2 auftaucht, sodass wir nach Hinwegheben dieses Terms

$$\cot\delta = -\sqrt{B/E} \tag{8.8.23}$$

erhalten. Es sei bemerkt, dass dieses Ergebnis reell ist und somit konsistent mit der Unitarität der S-Matrix, eine nichttriviale Konsistenzbedingung, die in der Bornschen Näherung nicht erfüllt wäre. Das Ergebnis (8.8.23) können wir mit der Entwicklung in der effektiven Reichweite, Gleichung (7.5.21), vergleichen. Setzen wir $E = \hbar^2 k^2/2\mu$, so erhalten wir $k\cot\delta = -\sqrt{2\mu B}/\hbar$, sodass die Streulänge

$$a_s = \hbar/\sqrt{2\mu B} \tag{8.8.24}$$

ist und die effektive Reichweite und alle höheren Terme in der Entwicklung vernachlässigbar sind. Das sind exakte Resultate im Grenzfall verschwindender B und E mit festen Verhältnis E/B.

Wir hatten bereits erwähnt, dass die klassische Anwendung dieser Rechnung die niederenergetische Proton-Neutron-Streuung in dem Zustand ist, der denselben Gesamtspin $s = 1$ hat wie das Deuteron. Hier sind $\mu = m_n m_p/(m_n + m_p) \simeq m_p/2$ und $B =$ 2,2246 MeV, sodass Gleichung (8.8.24) $a_s = 4{,}31 \times 10^{-13}$ cm ergibt. Das Experiment ergibt $a_s = 5{,}41 \times 10^{-13}$ cm. Die gemessene effektive Reichweite ist nicht null, aber deutlich kleiner: $r_{\text{eff}} = 1{,}75 \times 10^{-13}$ cm. Die Reichweite der Kernkräfte ist von der Ordnung 10^{-13} cm, somit ist die Genauigkeit dieser Voraussagen so gut, wie wir es erwarten konnten.

Nebenbei sei bemerkt, dass Gleichung (8.8.23) für B gegen 0 $\cot\delta \to 0$ ergibt und somit $\delta \to 90°$ bis auf ein Vielfaches von 180° gilt. Das ist eine Ausnahme gegenüber den niederenergetischen Grenzfällen, die in Abschnitt 7.5 diskutiert wurden.

* * *

Wir kommen nun auf die Lösung der nichtlinearen Integralgleichung (8.8.15) zurück. Wir definieren eine Funktion für ein allgemeines komplexes z:

$$f(z) \equiv \frac{|g|^2}{z+B} + \int_0^\infty dE'\; p(E') \frac{|t(E')|^2}{z-E'}, \tag{8.8.25}$$

sodass

$$t(E) = f(E+i\epsilon) \tag{8.8.26}$$

gilt. Wir stellen fest, dass $-f(z)$ in der oberen Halbebene analytisch ist, wo es einen positiv-definiten Imaginärteil

$$\text{Im}\left[-f(z)\right] = \text{Im}\, z\left[\frac{|g|^2}{|z+B|^2} + \int_0^\infty dE'\; p(E') \frac{|t(E')|^2}{|z-E'|^2}\right] \tag{8.8.27}$$

hat. Das Gleiche gilt dann auch für $1/f(z)$. Ein allgemeines Theorem[15] besagt, dass jede solche Funktion die Darstellung

$$f^{-1}(z) = f^{-1}(z_0) + (z-z_0)f^{-1\prime}(z_0) + (z-z_0)^2 \int_{-\infty}^\infty dE' \; \frac{\sigma(E')}{(E'-z_0)^2(E'-z)} \tag{8.8.28}$$

haben muss, wobei $\sigma(E)$ reell und positiv und z_0 beliebig ist. (Eine Formel dieser Art nennt man »zweifach subtrahierte Dispersionsrelation«.) Es ist praktisch, $z_0 = -B$ zu wählen. Wir wissen, dass $f^{-1}(-B) = 0$ und $f^{-1\prime}(-B) = 1/|g|^2$ gilt, und somit ist

$$f^{-1}(z) = \frac{z+B}{|g|^2} + (z+B)^2 \int_{-\infty}^\infty dE \; \frac{\sigma(E)}{(E+B)^2(E-z)}. \tag{8.8.29}$$

Was ist nun $\sigma(E)$? Nehmen wir zunächst versuchsweise an, dass $f(z)$ keine Nullstellen auf der reellen Achse hat. Dann ergibt Gleichung (8.8.29)

$$\sigma(E) = \frac{1}{\pi}\text{Im}\, f^{-1}(E+i\epsilon) = -\frac{\text{Im}\, f(E+i\epsilon)}{\pi|f(E+i\epsilon)|^2} = \begin{cases} p(E) & E \geq 0 \\ 0 & E \leq 0 \end{cases}. \tag{8.8.30}$$

Verwenden wir dies in Gleichung (8.8.29), so erhalten wir

$$f(z) = \left[\frac{z+B}{|g|^2} + (z+B)^2 \int_0^\infty \frac{p(E')\, dE'}{(E'+B)^2(E'-z)}\right]^{-1}. \tag{8.8.31}$$

Setzen wir $z = E + i\epsilon$, so erhalten wir $t(E)$, und setzen wir $p(E) = \sqrt{2\mu E}$, so erhalten wir Gleichung (8.8.16).

Diese Lösung ist nicht eindeutig, denn wir haben vorhin angenommen, dass $f(z)$ keine Nullstellen auf der reellen Achse hat. Im Grenzfall, dass B viel kleiner ist als die Positionen solcher Nullstellen, wird allerdings jede andere Lösung von der hier gefundenen ununterscheidbar.

15 A. Herglotz, Verhandl. Sächs. Ges. Wiss. Leipzig, Math.-Phys. **63**, 501 (1911); J. A. Shohat und J. D. Tamarkin, *The Problem of Moments* (American Mathematical Society, New York, 1943), Kapitel II.

EXTRAS ONLINE

Lösungen

Aufgaben zu Kapitel 8

1 Betrachten Sie einen allgemeinen Hamiltonian $H_0 + V$, wobei H_0 die Energie freier Teilchen ist. Definieren Sie einen Zustand Ψ^0_α durch die modifizierte Lippmann-Schwinger-Gleichung

$$\Psi^0_\alpha = \Phi_\alpha + \frac{(E_\alpha - H_0)}{(E_\alpha - H_0)^2 + \epsilon^2} V\Psi^0_\alpha,$$

wobei Φ_α ein Eigenzustand von H_0 mit Eigenwert E_α ist; ϵ ist eine positive infinitesimale Größe. Definieren Sie

$$A_{\beta\alpha} \equiv \left(\Phi_\beta, V\Psi^0_\alpha\right).$$

a. Zeigen Sie, dass $A_{\beta\alpha} = A^*_{\alpha\beta}$ für $E_\beta = E_\alpha$ ist.

b. Berechnen Sie für den einfachen Fall eines nichtrelativistischen Teilchens mit Energie $\mathbf{k}^2\hbar^2/2\mu$ in einem lokalen Potenzial $V(\mathbf{x})$ das asymptotische Verhalten der Ortsraumwellenfunktion $(\Phi_\mathbf{x}, \Psi^0_\mathbf{k})$ des Zustands $\Psi^0_\mathbf{k}$ für $\mathbf{x} \to \infty$. Drücken Sie das Ergebnis durch Matrixelemente von A aus.

2 Betrachten Sie eine separable Wechselwirkung, deren Matrixelemente zwischen Zuständen freier Teilchen die Gestalt

$$\left(\Phi_\beta, V\Phi_\alpha\right) = f(\alpha) f^*(\beta)$$

haben, wobei $f(\alpha)$ eine allgemeine Funktion der Impulse und anderer Quantenzahlen ist, die den freien Zustand Φ_α charakterisiert.

a. Bestimmen Sie eine exakte Lösung der Lippmann-Schwinger-Gleichung für den »in«-Zustand dieser Theorie.

b. Berechnen Sie mithilfe des Ergebnisses aus (a) die S-Matrix.

c. Überprüfen Sie die Unitarität der S-Matrix.

3 Die Streuung der Teilchen π^+ an Protonen bei Energien von weniger als einigen hundert MeV ist rein elastisch. Nennenswerte Beiträge kommen nur von den Bahndrehimpulsen $\ell = 0$ und $\ell = 1$.

a. Zählen Sie alle Streuphasen auf, die in die Amplitude für die π^+-Proton-Streuung bei diesen niedrigen Energien eingehen. (Denken Sie daran, dass die Spins des Pions und des Protons null bzw. 1/2 sind.)

b. Geben Sie eine Formel für den differenziellen Wirkungsquerschnitt als Funktion dieser Streuphasen an.

4 Sei $T^{(1)}_{\beta\alpha}$ der Term in $T_{\beta\alpha}$, der Beiträge aller Ordnungen in V_s, aber nur erster Ordnung in V_W einschließt, wobei die Gesamtwechselwirkung $V_S + V_W$ ist. Zeigen Sie, dass das Komplex-Konjugierte von $T^{(1)}_{\beta\alpha}$ einer Beziehung der Form

$$T^{(1)*}_{\beta\alpha} = \int d\beta'\, d\alpha'\, c_{\beta\alpha\beta'\alpha'}\, T^{(1)}_{\beta'\alpha'}$$

genügt. Geben Sie eine Formel für die Koeffizienten $c_{\beta\alpha\beta'\alpha'}$ als Funktion der Elemente der S-Matrix an, einschließlich der Beiträge aller Ordnungen in V_s, aber nur nullter Ordnung in V_W.

5 Zeigen Sie durch direkte Rechnung, dass die Terme erster und zweiter Ordnung in der Wechselwirkung in der zeitabhängigen Störungstheorie die gleichen Ergebnisse für die S-Matrix ergeben wie die Terme erster und zweiter Ordnung in der altmodischen Störungstheorie.

6 Nehmen Sie Isospin-Erhaltung an und ferner, dass die einzige nennenswerte Streuphase bei der Streuung von Pionen an Nukleonen diejenige mit den Quantenzahlen $J = 3/2$, $\ell = 1$ und $T = 3/2$ ist. Berechnen Sie den differenziellen Wirkungsquerschnitt für die Reaktionen $\pi^+ + p \to \pi^+ + p$, $\pi^+ + n \to \pi^+ + n$, $\pi^+ + n \to \pi^0 + p$ und $\pi^- + n \to \pi^- + n$ als Funktion dieser Streuphase.

Lernziele

1 Der Lagrange-Formalismus
- Stationäre Wirkung, Lagrangesche Bewegungsgleichungen
- Beispiel: Kugelkoordinaten

2 Symmetrieprinzipien und Erhaltungssätze
- Noether-Theorem, Erhaltungsgrößen aus Symmetrien des Lagrangian
- Räumliche Translation, Rotationen, Symmetrien der Wirkung

3 Der Hamilton-Formalismus
- Zeitliche Translation und der Hamiltonian
- Hamiltonsche Bewegungsgleichungen
- Wieder Kugelkoordinaten

4 Kanonische Kommutatorrelationen
- Erhaltene Größen als Generatoren von Symmetrien
- Kommutatoren von kanonischen Variablen und ihren Konjugierten
- Impuls und Drehimpuls, Poisson-Klammern, Jacobi-Identität

5 Hamiltonsche Systeme mit Zwangsbedingungen
- Beispiel: Teilchen auf einer Oberfläche
- Primäre und sekundäre Zwangsbedingungen
- Zwangsbedingungen erster und zweiter Klasse
- Dirac-Klammern

6 Der Pfadintegral-Formalismus
- Ableitung des allgemeinen Pfadintegrals
- Ausintegrieren der Impulse
- Das freie Teilchen
- Doppelspaltexperiment
- Wechselwirkungen

Der kanonische Formalismus

9

ÜBERBLICK

» Um Berechnungen in der Quantenmechanik auszuführen, benötigen wir eine Formel für den Hamiltonian als Funktion der Operatoren, deren Kommutatoren wir kennen. Bis jetzt haben wir uns mit einfachen Systemen befasst, bei denen man so eine Formel leicht erraten kann. Für ein System nichtrelativistischer spinloser Teilchen, die durch ein Potenzial V wechselwirken, das nur vom Abstand abhängt, legt uns die klassische Formel für die Energie nahe, dass wir

$$H = \sum_n \frac{\mathbf{p}_n^2}{2m_n} + V(\mathbf{x}_1 - \mathbf{x}_2, \mathbf{x}_1 - \mathbf{x}_3, \dots)$$

verwenden sollten, wobei $\mathbf{x}_n$ und $\mathbf{p}_n$ Ort und Impuls des n-ten Teilchens sind. Wir haben in Abschnitt 3.5 gesehen, dass der Kommutator des Operators für den Gesamtimpuls $\mathbf{P} = \sum_n \mathbf{p}_n$ mit dem Ort des n-ten Teilchens in einem beliebigen System durch Gleichung (3.5.3) gegeben ist. Von dort war es nur ein kurzer Sprung, die Kommutatoren (3.5.6) der Orte und Impulse der individuellen Teilchen zu erraten:

$$[x_{ni}, p_{mj}] = i\hbar\delta_{nm}\delta_{ij}.$$

Die Aufgabe kann in komplizierteren Theorien allerdings viel schwieriger sein, wenn wir mit geschwindigkeitsabhängigen Potenzialen, Wechselwirkungen von Teilchen mit Feldern oder Wechselwirkungen von Feldern untereinander umgehen müssen.

Dieses Problem löst man im Allgemeinen mit den Regeln des kanonischen Formalismus. Wie wir in Abschnitt 9.1 sehen werden, können die Bewegungsgleichungen in klassischen Systemen normalerweise aus einer Funktion von verallgemeinerten Ortskoordinaten und deren Zeitableitungen, die man den Lagrangian nennt, hergeleitet werden. Der große Vorteil des Lagrange-Formalismus, der in Abschnitt 9.2 beschrieben wird, besteht darin, dass er es uns erlaubt, die Existenz von Erhaltungsgrößen aus Symmetrieprinzipien herzuleiten. Eine dieser Erhaltungsgrößen ist der Hamiltonian, der in Abschnitt 9.3 besprochen wird. Der Hamiltonian wird als Funktion der verallgemeinerten Koordinaten und der verallgemeinerten Impulse ausgedrückt. Wie in Abschnitt 9.4 gezeigt, müssen diese Variablen bestimmten Vertauschungsregeln genügen, damit die vom Lagrange-Formalismus gelieferten Erhaltungsgrößen als die Generatoren der Symmetrietransformationen, mit denen sie assoziiert sind, dienen können; insbesondere auch, damit der Hamiltonian als der Generator zeitlicher Translationen dienen kann.

Ich werde alle diese Punkte durch Bezug auf die Theorie nichtrelativistischer Teilchen in einem lokalen Potenzial illustrieren. In diesem Fall ist die Anwendung des kanonischen Formalismus ziemlich einfach. Sie wird schwieriger bei Systemen, die einer Zwangsbedingung unterliegen, wie zum Beispiel bei einem Teilchen, das sich nur auf einer Oberfläche bewegen kann. Systeme mit Zwangsbedingungen werden in Abschnitt 9.5 besprochen. Eine alternative Version des kanonischen Formalismus, der Pfadintegral-Formalismus, wird in Abschnitt 9.6 hergeleitet. «

9.1 Der Lagrange-Formalismus

Man findet gewöhnlich, dass die dynamischen Gleichungen für die allgemeinen Ortsvariablen $q_N(t)$, die ein klassisches physikalisches System beschreiben, aus einem Variationsprinzip hergeleitet werden können, das besagt, dass ein Integral

$$I[q] \equiv \int_{-\infty}^{\infty} L\Big(q(t), \dot{q}(t), t\Big)\, dt \tag{9.1.1}$$

in Bezug auf alle infinitesimalen Variationen $q_N(t) \mapsto q_N(t) + \delta q_N(t)$, für die alle $\delta q_N(t)$ an den Endpunkten $t \to \pm\infty$ des Integrals verschwinden, stationär ist. Die Funktion oder das Funktional L nennt man den Lagrangian der Theorie, während man das Funktional $I[q]$ die Wirkung nennt. In einer Theorie von Teilchen ist N ein Multiindex ni, wobei $q_N(t)$ die i-te Komponente $x_{ni}(t)$ der Position des n-ten Teilchens zur Zeit t ist. In einer Feldtheorie ist N ein Multiindex $n\mathbf{x}$, wobei $q_N(t)$ der Wert des n-ten Feldes am Ort $\mathbf{x}$ zur Zeit t ist. Wir werden N als diskreten Index behandeln, aber es wird in Kapitel 11 leicht sein, die hier hergeleiteten Formeln an den Fall von Feldern anzupassen.

Das Funktional L soll hier eine explizite Zeitabhängigkeit aufweisen, um die Möglichkeit zu berücksichtigen, dass das System von zeitabhängigen äußeren Feldern beeinflusst wird. Im Fall eines isolierten Systems hängt das Funktional L nur von der Zeit nur durch seine Abhängigkeit von $q(t)$ and $\dot{q}(t)$ ab.

Die Bedingung, dass (9.1.1) stationär sein soll, ergibt

$$0 = \delta I[q] = \sum_N \int_{-\infty}^{\infty} \left[\frac{\partial L\Big(q(t), \dot{q}(t), t\Big)}{\partial q_N(t)} \delta q_N(t) + \frac{\partial L\Big(q(t), \dot{q}(t), t\Big)}{\partial \dot{q}_N(t)} \delta \dot{q}_N(t) \right] dt.$$

Die Variation in der Zeitableitung ist die Zeitableitung der Variation, sodass wir den zweiten Term partiell integrieren können. Da die Variationen an den Endpunkten des Integrals verschwinden, lautet das Ergebnis

$$0 = \sum_N \int_{-\infty}^{\infty} \left[\frac{\partial L\Big(q(t), \dot{q}(t), t\Big)}{\partial q_N(t)} - \frac{d}{dt} \frac{\partial L\Big(q(t), \dot{q}(t), t\Big)}{\partial \dot{q}_N(t)} \right] \delta q_N(t)\, dt. \tag{9.1.2}$$

Das muss für beliebige infinitesimale Funktionen $q_N(t)$ gelten, die für $t \to \pm\infty$ verschwinden, sodass wir für jedes N und jedes endliche t

$$\frac{\partial L\Big(q(t), \dot{q}(t)\Big)}{\partial q_N(t)} = \frac{d}{dt} \frac{\partial L\Big(q(t), \dot{q}(t), t\Big)}{\partial \dot{q}_N(t)} \tag{9.1.3}$$

haben müssen.

Zum Beispiel lauten für ein klassisches System, das aus einer Anzahl nichtrelativistischer Teilchen mit Massen m_n besteht, die nur durch ein ortsabhängiges Potenzial wechselwirken, die Newtonschen Bewegungsgleichungen

$$m_n \ddot{x}_{ni}(t) = -\frac{\partial V}{\partial x_{ni}(t)}. \tag{9.1.4}$$

Das sind gerade die Lagrange-Gleichungen (9.1.3), wenn wir den Lagrangian gleich

$$L = \sum_n \frac{m_n}{2}\dot{\mathbf{x}}_n^2 - V \tag{9.1.5}$$

setzen.

Eine der schönen Eigenschaften des Lagrange-Formalismus ist, dass er es uns leicht macht, beliebige Koordinaten unserer Wahl zu verwenden. Betrachten wir zum Beispiel ein einzelnes Teilchen der Masse m, das sich in zwei Dimensionen in einem Potenzial $V(r)$ bewegt, das nur von der Radialkoordinate abhängt. In diesem Fall können wir als Koordinaten q_N die Polarkoordinaten r und θ verwenden und den Lagrangian (9.1.5) als

$$L = \frac{m}{2}\left[\dot{r}^2 + r^2\dot{\theta}^2\right] - V(r) \tag{9.1.6}$$

schreiben. Die Lagrangeschen Bewegungsgleichungen (9.1.3) lauten in diesen Koordinaten

$$0 = \frac{d}{dt}\frac{\partial L}{\partial \dot{r}} - \frac{\partial L}{\partial r} = m\ddot{r} - mr\dot{\theta}^2 + V'(r) \tag{9.1.7}$$

$$0 = \frac{d}{dt}\frac{\partial L}{\partial \dot{\theta}} - \frac{\partial L}{\partial \theta} = \frac{d}{dt}\left(mr^2\dot{\theta}\right). \tag{9.1.8}$$

Wir sehen in Gleichung (9.1.7) die Auswirkung der Zentrifugalkraft und in der Gleichung (9.1.8) das zweite Keplersche Gesetz. Beides wurde hergeleitet, ohne dass wir die kartesischen Bewegungsgleichungen (9.1.4) direkt in Polarkoordinaten umwandeln mussten.

Ein anspruchsvolleres Beispiel für den Lagrange-Formalismus liefert die Theorie geladener Teilchen in einem elektromagnetischen Feld, die wir im nächsten Kapitel besprechen.

9.2 Symmetrieprinzipien und Erhaltungssätze

Der große Vorteil des Lagrange-Formalismus besteht darin, dass er eine einfache Beziehung zwischen Symmetrieprinzipien und der Existenz von Erhaltungsgrößen herstellt. Jede kontinuierliche Symmetrie der Wirkung impliziert die Existenz einer Größe, die sich den Bewegungsgleichungen zufolge zeitlich nicht ändert. Dieses allgemeine Resultat stammt von Emmy Noether (1882–1935) und wird **Noether-Theorem** genannt.[1]

Wir betrachten eine beliebige infinitesimale Transformation der Variablen $q_N(t)$

$$q_N \to q_N + \epsilon \mathcal{F}_N(q), \tag{9.2.1}$$

1 E. Noether, Nachr. König. Gesell. Wiss. zu Göttingen, Math.-phys. Klasse 1918, S. 235.

wobei ϵ eine infinitesimale Konstante ist; die Funktionen $\mathcal{F}_N$ sind Funktionen der Variablen qs, die von der Natur der betroffenen Symmetrie abhängen. Dies ist eine Symmetrie des Lagrangian, wenn

$$0 = \sum_N \left[\frac{\partial L}{\partial q_N} \mathcal{F}_N + \frac{\partial L}{\partial \dot{q}_N} \dot{\mathcal{F}}_N \right] \tag{9.2.2}$$

gilt. Verwenden wir die Lagrangeschen Bewegungsgleichungen (9.1.3) im ersten Term, so ergibt dies

$$0 = \sum_N \left[\left(\frac{d}{dt} \frac{\partial L}{\partial \dot{q}_N} \right) \mathcal{F}_N + \frac{\partial L}{\partial \dot{q}_N} \dot{\mathcal{F}}_N \right] = \frac{dF}{dt}, \tag{9.2.3}$$

wobei F die Erhaltungsgröße

$$F \equiv \sum_N \frac{\partial L}{\partial \dot{q}_N} \mathcal{F}_N(q) \tag{9.2.4}$$

ist.

Solange das Potenzial V nur von den Differenzen der Teilchenorte abhängt, ist zum Beispiel der Lagrangian (9.1.5) invariant unter Translationen

$$x_{ni} \to x_{ni} + \epsilon_i \tag{9.2.5}$$

mit dem gleichen ϵ_i für jeden Teilchenindex n. Dann haben wir für jedes i eine Erhaltungsgröße, nämlich die i-te Komponente des Gesamtimpulses

$$P_i = \sum_n \frac{\partial L}{\partial \dot{x}_{ni}} = \sum_n m_n \dot{x}_{ni}. \tag{9.2.6}$$

In ähnlicher Weise ist der Lagrangian (9.1.5), falls V rotationsinvariant ist, unter den infinitesimalen Drehungen

$$\mathbf{x}_n \to \mathbf{x}_n + \mathbf{e} \times \mathbf{x}_n \tag{9.2.7}$$

invariant, mit demselben infinitesimalen 3-Vektor $\mathbf{e}$ für jeden Teilchenindex n. Daraus folgt, dass

$$\frac{d}{dt}\mathbf{L} = 0 \tag{9.2.8}$$

mit

$$\mathbf{e} \cdot \mathbf{L} = \sum_{ni} \frac{\partial L}{\partial \dot{x}_{ni}} [\mathbf{e} \times \mathbf{x}_n]_i = \sum_n m_n \dot{\mathbf{x}}_n \cdot [\mathbf{e} \times \mathbf{x}_n].$$

Erinnern wir uns, dass das Spatprodukt von Vektoren $\mathbf{a}$, $\mathbf{b}$ und $\mathbf{c}$ die Symmetrieeigenschaft $\mathbf{a} \cdot [\mathbf{b} \times \mathbf{c}] = \mathbf{b} \cdot [\mathbf{c} \times \mathbf{a}]$ hat, so sehen wir, dass

$$\mathbf{L} = \sum_n m_n \mathbf{x}_n \times \dot{\mathbf{x}}_n \tag{9.2.9}$$

gilt. Das ist lediglich der Bahndrehimpuls, und er ist natürlich nicht zwangsläufig erhalten, wenn die Wechselwirkung die Spinoperatoren $\mathbf{S}_n$ der Teilchen enthält, weil in diesem Fall der Lagrangian im Allgemeinen nicht unter Transformationen wie (9.2.7) erhalten ist, wenn wir nicht auch Transformationen des Spins mit einbeziehen.

Allgemeiner können wir Transformationen betrachten, die *keine* Symmetrien des Lagrangian sind, aber Symmetrien der Wirkung. In diesem Fall müssen wir anstelle von Gleichung (9.2.2)

$$\sum_N \left[\frac{\partial L}{\partial q_N}\mathcal{F}_N + \frac{\partial L}{\partial \dot{q}_N}\dot{\mathcal{F}}_N\right] = \frac{dG}{dt} \tag{9.2.10}$$

haben, wobei $G(t)$ eine Funktion der Variablen $q_N(t)$ und $\dot{q}_N(t)$ und vielleicht auch von t ist, die bei $t = \pm\infty$ gleiche Werte (wie zum Beispiel null) annimmt. In diesem Fall kann die Invarianzbedingung (9.2.10) unter Verwendung der Lagrangeschen Bewegungsgleichungen als der Erhaltungssatz

$$0 = \frac{d}{dt}[F - G] \tag{9.2.11}$$

geschrieben werden, wobei F wieder durch Gleichung (9.2.4) gegeben ist.

9.3 Der Hamilton-Formalismus

Es gibt eine weitere Symmetrie, die jedoch einer speziellen Behandlung bedarf: die Symmetrie unter zeitlichen Verschiebungen. Diese Symmetrie erlaubt es uns, eine Größe zu konstruieren, die man Hamiltonian nennt und die erhalten ist, wenn der Lagrangian keine *explizite* Zeitabhängigkeit hat, und, allgemeiner, deren Zeitabhängigkeit ausschließlich von irgendeiner expliziten Zeitabhängigkeit des Lagrangian herrührt.

Der Hamiltonian wird definiert als

$$H \equiv \sum_N \dot{q}_N \frac{\partial L}{\partial \dot{q}_N} - L. \tag{9.3.1}$$

Unter Verwendung der Lagrangeschen Bewegungsgleichungen (9.1.3) lautet seine Änderungsrate

$$\frac{dH}{dt} = \sum_N \ddot{q}_N \frac{\partial L}{\partial \dot{q}_N} + \sum_N \dot{q}_N \frac{\partial L}{\partial q_N} - \frac{dL}{dt}.$$

Aber die Gesamtänderungsrate des Lagrangian lautet

$$\frac{dL}{dt} = \frac{\partial L}{\partial t} + \sum_N \ddot{q}_N \frac{\partial L}{\partial \dot{q}_N} + \sum_N \dot{q}_N \frac{\partial L}{\partial q_N},$$

wobei $\partial L/\partial t$ die Änderungsrate des Lagrangian aufgrund irgendeiner expliziten Zeitabhängigkiet ist, wie im Fall von zeitabhängigen externen Feldern. Somit gilt

$$\frac{dH}{dt} = -\frac{\partial L}{\partial t}; \tag{9.3.2}$$

insbesondere ist der Hamiltonian für isolierte Systeme erhalten, bei denen der Lagrangian keine explizite Zeitabhängigkeit hat.

Anstelle der differenziellen Bewegungsgleichungen zweiter Ordnung im Lagrange-Formalismus, können wir den Hamilton-Formalismus verwenden, um die Bewegungsgleichungen als Differenzialgleichungen erster Ordnung für doppelt so viele Variablen zu schreiben: Das sind die Variablen q_N und ihre »kanonischen Konjugierten«

$$p_N = \frac{\partial L}{\partial \dot{q}_N}. \tag{9.3.3}$$

Zu diesem Zweck müssen wir uns den Hamiltonian als eine Funktion $H(q, p)$ der Variablen q_N und p_N vorstellen, wobei wir $\dot{q}_N$ in Gleichung (9.3.1) als eine Funktion der Variablen q_N und p_N betrachten, die durch Auflösung von Gleichung (9.3.3) nach $\dot{q}_N$ gegeben ist. Das heißt, Gleichung (9.3.1) sollte als

$$H(q, p) = \sum_N \dot{q}_N(q, p) p_N - L\Big(q, \dot{q}(q, p)\Big) \tag{9.3.4}$$

interpretiert werden. Dann gilt

$$\frac{\partial H}{\partial q_N} = \sum_M \frac{\partial \dot{q}_M}{\partial q_N} p_M - \frac{\partial L}{\partial q_N} - \sum_M \frac{\partial L}{\partial \dot{q}_M} \frac{\partial \dot{q}_M}{\partial q_N}.$$

Der erste und der dritte Term heben sich gemäß Gleichung (9.3.3) weg, und die Lagrangesche Bewegungsgleichung (9.1.3) ergibt dann

$$\dot{p}_N = -\frac{\partial H}{\partial q_N}. \tag{9.3.5}$$

Ebenso gilt

$$\frac{\partial H}{\partial p_N} = \dot{q}_N + \sum_M p_M \frac{\partial \dot{q}_M}{\partial p_N} - \sum_M \frac{\partial L}{\partial \dot{q}_M} \frac{\partial \dot{q}_M}{\partial p_N}.$$

Nun heben sich der zweite und der dritte Term weg, und es verbleibt

$$\dot{q}_N = \frac{\partial H}{\partial p_N}. \tag{9.3.6}$$

Die Gleichungen (9.3.5) und (9.3.6) sind die allgemeinen Bewegungsgleichungen im Hamilton-Formalismus.

Als ein sehr einfaches Beispiel betrachten wir den Lagrangian (9.1.5):

$$L = \sum_n \frac{m_n}{2} \dot{\mathbf{x}}_n^2 - V(\mathbf{x})$$

mit $q_{ni} \equiv [\mathbf{x}_n]_i$. Gleichung (9.3.3) ergibt hier das bekannte Resultat $\mathbf{p}_n = m_n \dot{\mathbf{x}}_n$, das man ohne große Schwierigkeit lösen kann und $\dot{\mathbf{x}}_n = \mathbf{p}_n / m_n$ erhält. Der Hamiltonian (9.3.1) lautet dann

$$H = \sum_n \frac{1}{m_n} \mathbf{p}_n^2 - L = \sum_n \frac{1}{2m_n} \mathbf{p}_n^2 + V(\mathbf{x}).$$

Das ist der bekannte Hamiltonian, auf dem wir unsere Diskussion in Kapitel 2 aufgebaut haben. Die Bewegungsgleichungen (9.3.5) und (9.3.6) lauten hier

$$\dot{p}_{ni} = -\frac{\partial V}{\partial x_{ni}}, \qquad \dot{x}_{ni} = p_{ni}/m_n$$

und ergeben zusammen die Bewegungsgleichungen (9.1.4).

Der Hamilton-Formalismus kann in jedem Koordinatensystem angewandt werden. Zum Beispiel lauten die kanonisch Konjugierten von r und θ für das zweidimensionale System mit dem Lagrangian (9.1.6)

$$p_r = m\dot{r}, \qquad p_\theta = mr^2\dot{\theta} \tag{9.3.7}$$

und der Hamiltonian lautet

$$H = \frac{p_r^2}{2m} + \frac{p_\theta^2}{2mr^2} + V(r). \tag{9.3.8}$$

Gemäß Gleichung (9.3.5) besagt die Tatsache, dass der Hamiltonian nicht von θ abhängt, unmittelbar, dass p_θ konstant ist, was mit Keplers zweitem Gesetz übereinstimmt.

9.4 Kanonische Kommutatorrelationen

Bisher war unsere Diskussion in diesem Kapitel rein klassisch, obwohl sie genauso für quantenmechanische Operatoren im Heisenberg-Bild gilt. Nun müssen wir den Übergang zur Quantenmechanik vollziehen, indem wir den Variablen q_N und p_N geeignete Kommutatorrelationen auferlegen.

Um diese Kommutatorrelationen zu motivieren, kehren wir zum Einbau der Symmetrieprinzipien in die Quantenmechanik zurück. In Abschnitt 9.2 haben wir eine Symmetrie dies Lagrangian unter einer infinitesimalen Transformation

$$q_N \to q_N + \epsilon\mathcal{F}_N(q) \tag{9.4.1}$$

betrachtet. Um diese Symmetrie als eine unitäre quantenmechanische Transformation

$$[1 - i\epsilon F/\hbar]^{-1} q_N [1 - i\epsilon F/\hbar] = q_N + \epsilon\mathcal{F}_n(q) \tag{9.4.2}$$

zu implementieren, benötigen wir einen Operator, der als Generator der Symmetrie dient, in dem Sinne, dass

$$[F, q_N] = -i\hbar\mathcal{F}_N(q) \tag{9.4.3}$$

gilt. (Der Faktor $-i/\hbar$ wird aus F in der Gleichung (9.4.2) herausgezogen, um eine Analogie mit der Formel (3.5.2) für den unitären Operator, der Translationen beschreibt, aufrechtzuerhalten.) Wir haben in Abschnitt 9.2 gesehen, dass die Invarianz des Lagrangian unter der Transformation (9.4.1) die Existenz einer Erhaltungsgröße (9.2.4) impliziert, die wir nun als

$$F = \sum_N p_N\mathcal{F}_N(q) \tag{9.4.4}$$

schreiben können. Solche Operatoren F genügen der Kommutatorrelation (9.4.3) für alle Symmetrien der Gestalt (9.4.1), wenn wir die kanonischen Kommutatorrelationen

$$[q_N(t), p_{N'}(t)] = i\hbar\delta_{NN'}, \tag{9.4.5}$$

$$[q_N(t), q_{N'}(t)] = [p_N(t), p_{N'}(t)] = 0 \tag{9.4.6}$$

fordern.

Die Kommutatorrelation der Variablen p untereinander in Gleichung (9.4.6) wird für Gleichung (9.4.3) nicht benötigt, aber mit ihr erzeugen die Operatoren (9.4.4) in einfachen Fällen einfache Transformationen der Variablen p_N ebenso wie der Variablen q_N. Für den Fall nichtrelativistischer Teilchen (die wir mit n bezeichnen) in einem translationsinvarianten Potenzial (wo N der Multiindex ni ist) gibt es eine Symmetrie unter Translationen, bei denen die Gleichung (9.4.1) die Gestalt (9.2.5) annimmt, und der Generator (9.2.6) die Form

$$\mathbf{P} = \sum_n \mathbf{p}_n \tag{9.4.7}$$

hat. In diesem Fall ist es aus Gleichung (9.4.6) offensichtlich, dass alle $\mathbf{p}_n$ translationsinvariant sind:

$$[\mathbf{P}, \mathbf{p}_n] = 0. \tag{9.4.8}$$

Ebenso gibt es für nichtrelativistische spinlose Teilchen in einem rotationsinvarianten Potenzial eine Symmetrie unter Rotationen, bei denen Gleichung (9.4.1) die Gestalt (9.2.7) annimmt; der Generator (9.2.9) wird zu

$$\mathbf{L} = \sum_n \mathbf{x}_n \times \mathbf{p}_n. \tag{9.4.9}$$

(Weil es sich hier um ein Kreuzprodukt von Operatoren handelt, kommen keine Produkte gleicher Komponenten von Ort und Impuls vor, sodass die Reihenfolge dieser Operatoren gleichgültig ist.) In diesem Fall wirkt $\mathbf{L}$ als ein Generator von Rotationen sowohl der Orte als auch der Impulse,

$$[L_i, x_{nj}] = i\hbar \sum_k \epsilon_{ijk} x_{nk}, \qquad [L_i, p_{nj}] = i\hbar \sum_k \epsilon_{ijk} p_{nk}, \tag{9.4.10}$$

wobei ϵ_{ijk} wie üblich die total antisymmetrische Größe mit $\epsilon_{123} = 1$ ist. (Um das zu beweisen, schreibt man Gleichung (9.4.9) als $L_i = \sum_n \epsilon_{ij'k'} x_{nj'} p_{nk'}$.)

In Theorien für Teilchen mit Spin wird ein Operator, der Spins in skalaren Kombinationen wie $\mathbf{s}_n \cdot \mathbf{p}_m$ oder $\mathbf{s}_n \cdot \mathbf{x}_m$ beinhaltet, rotationsinvariant sein, aber nicht mit dem Bahndrehimpuls $\mathbf{L}$ vertauschen. Die Spinmatrizen $\mathbf{s}_n$ werden so definiert, dass sie den üblichen Kommutatorrelationen

$$[s_{ni}, s_{n'j}] = i\hbar\delta_{nn'} \sum_k \epsilon_{ijk} s_{nk}, \quad [s_{ni}, x_{n'j}] = [s_{ni}, p_{n'j}] = 0$$

genügen, sodass der Operator $\mathbf{J} \equiv \mathbf{L} + \sum_n \mathbf{s}_n$ Rotationen der Spins ebenso wie der Orte und Impulse erzeugt:

$$[J_i, x_{nj}] = i\hbar \sum_k \epsilon_{ijk} x_{nk}, \quad [J_i, p_{nj}] = i\hbar \sum_k \epsilon_{ijk} p_{nk}, \quad [J_i, s_{nj}] = i\hbar \sum_k \epsilon_{ijk} s_{nk}. \tag{9.4.11}$$

Somit vertauscht $\mathbf{J}$ mit jedem rotationsinvarianten Operator.

Die Symmetrie der Invarianz unter zeitlicher Translation bedarf wieder einer speziellen Behandlung. Wir halten fest, dass wir als Konsequenz der Vertauschungsrelationen (9.4.5) und (9.4.6) für jede Funktion $f(q,p)$ der Variablen q_N und p_N

$$[f(q,p), q_N] = -i\hbar \frac{\partial f(q,p)}{\partial p_N}, \tag{9.4.12}$$

$$[f(q,p), p_N] = i\hbar \frac{\partial f(q,p)}{\partial q_N} \tag{9.4.13}$$

haben. (Um Gleichung (9.4.12) zu beweisen, stellen wir fest, dass wir, wenn wir q_N im Produkt $f(q,p)q_N$ nach links an allen Variablen p in $f(q,p)$ vorbei schieben, für jedes p_N in $f(q,p)$ einen Term $-i\hbar$ mal der Funktion $f(q,p)$ unter Auslassung dieses p_N erhalten. Die Summe dieser Terme ist dieselbe wie $-i\hbar\partial f(q,p)/\partial p_N$. Der Beweis von Gleichung (9.4.13) verläuft ähnlich. Die Ableitungen müssen wir berechnen, indem wir Faktoren p_N oder q_N entfernen und die Ordnung aller anderen Operatoren unverändert lassen. Zum Beispiel gilt $\partial q_2 p_1 p_2/\partial p_1 = q_2 p_2$.) Die Hamiltonschen Bewegungsgleichungen (9.3.5) und (9.3.6) können wir somit wie folgt schreiben:

$$\dot{p}_N = \frac{i}{\hbar}[H(q,p), p_N], \qquad \dot{q}_N = \frac{i}{\hbar}[H(q,p), q_N]. \tag{9.4.14}$$

Somit ist der Hamiltonian der Generator der zeitlichen Translationen. Es folgt auch, dass für jede Funktion $f(q,p)$, die nicht explizit von der Zeit abhängt,

$$\dot{f}(q,p) = \frac{i}{\hbar}[H(q,p), f(q,p)] \tag{9.4.15}$$

gilt. Insbesondere ist der Generator $\mathbf{P}$, da er mit jedem translationsinvarianten Hamiltonian vertauscht, in der Abwesenheit externer Felder erhalten. Die Spinmatrizen sind im Heisenberg-Bild so *definiert*, dass sie eine Zeitabhängigkeit haben, die Gleichung (9.4.14) entspricht:

$$\dot{\mathbf{s}}_n = \frac{i}{\hbar}[H, \mathbf{s}_n]. \tag{9.4.16}$$

Aus den Gleichungen (9.4.15) und (9.4.16) erhalten wir dasselbe Ergebnis für den Gesamtdrehimpuls $\mathbf{J} = \mathbf{L} + \sum_n \mathbf{s}_n$,

$$\dot{\mathbf{J}} = \frac{i}{\hbar}[H, \mathbf{J}], \tag{9.4.17}$$

sodass $\mathbf{J}$ erhalten ist, wenn der Hamiltonian rotationsinvariant ist, wie er es für isolierte Systeme sein wird.

Wir können die Gleichungen (9.4.12) und (9.4.13) verallgemeinern, um eine Formel für den Kommutator zweier Funktionen der Variablen q und p zu erhalten:

$$[f(q,p), g(q,p)] = i\hbar [f(q,p), g(q,p)]_{\mathrm{P}}, \tag{9.4.18}$$

wobei man die Größe $[f(q,p), g(q,p)]_{\mathrm{P}}$ in der klassischen Dynamik als **Poisson-Klammer** kennt:

$$[f(q,p), g(q,p)]_{\mathrm{P}} \equiv \sum_N \left[\frac{\partial f(q,p)}{\partial q_N} \frac{\partial g(q,p)}{\partial p_N} - \frac{\partial g(q,p)}{\partial q_N} \frac{\partial f(q,p)}{\partial p_N} \right]. \tag{9.4.19}$$

(Wenn wir $f(q,p)$ rechts an $g(q,p)$ vorbei schieben, so erhalten wir eine Summe von Termen: Gemäß Gleichung (9.4.12) erhalten wir für jede Variable q_N in $g(q,p)$ einen Faktor $-i\hbar\partial f(q,p)/\partial p_N$ mal $g(q,p)$ unter Auslassung dieses q_N, was den zweiten Term in Gleichung (9.4.19) ergibt, und gemäß Gleichung (9.4.13) erhalten wir für jedes p_N in $g(q,p)$ einen Faktor $+i\hbar\partial f(q,p)/\partial q_N$ mal $g(q,p)$ unter Auslassung dieses p_N, was den ersten Term in Gleichung (9.4.19) ergibt. Wiederum muss man in der Quantenmechanik die Reihenfolge der Variablen q und p in der Poisson-Klammer festlegen, was man am besten von Fall zu Fall macht.)

Kommutatoren haben bestimmte algebraische Eigenschaften:

$$[f,g] = -[g,f]\,, \tag{9.4.20}$$

$$[f,gh] = [f,g]h + g[f,h], \tag{9.4.21}$$

und die **Jacobi-Identität** lautet

$$[f,[g,h]] + [g,[h,f]] + [h,[f,g]] = 0. \tag{9.4.22}$$

Es läßt sich leicht direkt überprüfen, dass die Poisson-Klammer (9.4.19) den gleichen algebraischen Eigenschaften genügt.

Wie wir in Abschnitt 1.4 gesehen haben, verallgemeinerte Dirac im Jahr 1926 auf der Grundlage einer Analogie mit den Poisson-Klammern der Quantenmechanik die Kommutatorrelationen, die Heisenberg erraten hatte, auf den vollen Satz (9.4.5), (9.4.6). Es wäre allerdings schwierig zu behaupten, dass diese Analogie oder der kanonische Formalismus selbst den Status eines Fundamentalprinzips der Physik haben, insbesondere weil es physikalische Größen wie den Spin gibt, für die der kanonische Formalismus nicht gilt. Andererseits scheinen beim gegenwärtigen Stand der Physik Symmetrieprinzipien so fundamental wie nur möglich. Das ist der Grund dafür, warum wir in diesem Abschnitt die kanonischen Vertauschungsrelationen durch die Notwendigkeit motiviert haben, quantenmechanische Operatoren zu konstruieren, die Symmetrietransformationen erzeugen, und nicht durch die Analogie zu den Poisson-Klammern.

9.5 Hamiltonsche Systeme mit Zwangsbedingungen

Bisher haben wir Systeme mit einer gleichen Anzahl unabhängiger Variablen q und ps betrachtet, aber im Allgemeinen können diese kanonischen Variablen Zwangsbedingungen unterliegen. Wir werden ein wichtiges physikalisches Beispiel eines solchen eingeschränkten Systems in Kapitel 11 kennenlernen. Im Augenblick werden wir das Problem dagegen mit einem etwas künstlichen, aber erhellenden Beispiel illustrieren: Wir betrachten ein nichtrelativistisches Teilchen, das sich nur auf einer Oberfläche bewegen kann, die durch die Zwangsbedingung

$$f(\mathbf{x}) = 0 \tag{9.5.1}$$

beschrieben wird, wobei $f(\mathbf{x})$ eine glatte Funktion des Ortes ist.

Wir können den Lagrangian gleich

$$L(\mathbf{x}, \dot{\mathbf{x}}) = \frac{m}{2}\dot{\mathbf{x}}^2 - V(\mathbf{x}) + \lambda f(\mathbf{x}) \tag{9.5.2}$$

setzen, wobei $V(\mathbf{x})$ ein lokales Potenzial und λ eine zusätzliche Koordinate ist. Die Lagrangeschen Bewegungsgleichungen für $\mathbf{x}$ lauten dann

$$m\ddot{\mathbf{x}} = -\nabla V + \lambda \nabla f = 0. \tag{9.5.3}$$

Da keine zeitliche Ableitung von λ im Lagrangian auftaucht, besagt die Bewegungsgleichung für λ einfach $\partial L/\partial\lambda = 0$, was die Zwangsbedingung (9.5.1) ergibt. (Man beachte, dass $\nabla f(\mathbf{x})$ die Richtung der Normalen auf der Oberfläche (9.5.1) bei $\mathbf{x}$ ist, weil für jede Richtung $\mathbf{u}$ tangential zu dieser Oberfläche bei $\mathbf{x}$ und für jedes infinitesimales ϵ sowohl $f(\mathbf{x} + \epsilon\mathbf{u})$ als auch $f(\mathbf{x})$ verschwinden müssen, sodass $f(\mathbf{x} + \epsilon\mathbf{u}) - f(\mathbf{x}) = \epsilon\mathbf{u} \cdot \nabla f(\mathbf{x}) = 0$ ist. Somit verkörpert Gleichung (9.5.3) die physikalische Bedingung, dass das Festhalten des Teilchens auf der Oberfläche (9.5.1) nur Kräfte senkrecht zu dieser Oberfläche erzeugen kann.)

Gleichung (9.5.1) nennt man wir eine primäre Zwangsbedingung, die direkt durch die Natur des Systems auferlegt wird. Es gibt auch eine sekundäre Zwangsbedingung, die durch die Bedingung auferlegt wird, dass die primäre Zwangsbedingung erfüllt bleibt, während sich das Teilchen bewegt: Für alle $\mathbf{x}$ auf der Oberfläche gilt

$$\frac{df}{dt} = \dot{\mathbf{x}} \cdot \nabla f(\mathbf{x}) = 0. \tag{9.5.4}$$

Dann gibt es auch die Bedingung, dass diese sekundäre Zwangsbedingung erfüllt bleibt:

$$\ddot{\mathbf{x}} \cdot \nabla f = 0. \tag{9.5.5}$$

(Da Gleichung (9.5.4) für alle $\mathbf{x}$ gilt, verschwindet der Term $\sum_{ij} \dot{x}_i \dot{x}_j \partial_i \partial_j f$ in der zeitlichen Ableitung von $\dot{\mathbf{x}} \cdot \nabla f$.) Gleichung (9.5.5) wird nicht als eine neue Zwangsbedingung gewertet, weil sie nur dazu dient, λ zu bestimmen. Verwendet man die Bewegungsgleichung (9.5.3) in Gleichung (9.5.5), so erhält man

$$\lambda = \frac{\nabla f \cdot \nabla V}{(\nabla f)^2}, \tag{9.5.6}$$

sodass die Bewegungsgleichung zu

$$m\ddot{\mathbf{x}} = -\nabla V + \nabla f \frac{\nabla f \cdot \nabla V}{(\nabla f)^2} \tag{9.5.7}$$

wird. Man kann leicht überprüfen, dass diese Gleichung nur von der Oberfläche abhängt, auf der sich das Teilchen bewegen muss, nicht von der speziellen Funktion $f(\mathbf{x})$, deren Verschwinden man benutzt, um diese Zwangsbedingung zu beschreiben. Das heißt, wenn wir eine neue Funktion $g(\mathbf{x}) = G(f(\mathbf{x}))$ einführen, wobei G irgendeine glatte Funktion von f mit $G(0) = 0$ ist, so können wir aus der Bewegungsgleichung mit $g(\mathbf{x})$ anstelle von $f(\mathbf{x})$ die Bewegungsgleichung in der Form (9.5.7) herleiten, in der f vorkommt.

Wegen $\partial L/\partial\dot{\lambda} = 0$ lautet der Hamiltonian für dieses System einfach

$$H(\mathbf{x}, \mathbf{p}) = \mathbf{p} \cdot \dot{\mathbf{x}} - L$$

mit

$$\mathbf{p} = m\dot{\mathbf{x}}.$$

Verwenden wir die Zwangsbedingung (9.5.1), so ist dies einfach

$$H(\mathbf{x}, \mathbf{p}) = \frac{\mathbf{p}^2}{2m} + V(\mathbf{x}). \tag{9.5.8}$$

Wir können hier allerdings nicht die üblichen kanonischen Kommutatorrelationen $[x_i, p_j] = i\hbar\delta_{ij}$ fordern, weil dies sowohl mit der primären Zwangsbedingung (9.5.1) als auch der sekundären Zwangsbedingung (9.5.4) inkonsistent wäre, die nun

$$\mathbf{p} \cdot \nabla f = 0 \tag{9.5.9}$$

lautet. Welche Kommutatorrelationen *sollten* wir also verwenden?

Eine allgemeine Antwort wurde von Dirac[2] für eine große Klasse von Hamiltonschen Systemen mit Zwangsbedingungen vorgeschlagen. Nehmen wir an, dass es eine Anzahl von primären und sekundären Zwangsbedingungen gibt, die in der Form

$$\chi_r(q, p) = 0 \tag{9.5.10}$$

ausgedrückt werden können. Zum Beispiel gibt es im oben diskutieren Problem zwei Zwangsbedingungen χ mit

$$\chi_1 = f(\mathbf{x}), \qquad \chi_2 = \mathbf{p} \cdot \nabla f(\mathbf{x}). \tag{9.5.11}$$

2 P. A. M. Dirac, *Lectures on Quantum Mechanics* (Yeshiva University, New York, 1964).

Dirac betrachtete zwei Fälle, die sich durch die Eigenschaften der Matrix

$$C_{rs}(q,p) \equiv [\chi_r(q,p), \chi_s(q,p)]_P \tag{9.5.12}$$

unterscheiden, wobei $[f,g]_P$ für die Poisson-Klammer steht, die durch Gleichung (9.4.19) definiert ist:

$$[f(q,p), g(q,p)]_\mathrm{P} \equiv \sum_N \left[\frac{\partial f(q,p)}{\partial q_N}\frac{\partial g(q,p)}{\partial p_N} - \frac{\partial g(q,p)}{\partial q_N}\frac{\partial f(q,p)}{\partial p_N}\right]. \tag{9.5.13}$$

Dabei werden die Zwangsbedingungen erst angewandt, *nachdem* die partiellen Ableitungen berechnet wurden. Zwangsbedingungen, für die es Koeffizienten u_s gibt, sodass $\sum_s C_{rs}u_s = 0$ für alle r gilt, nennt man **Zwangsbedingungen erster Klasse**. Sie müssen behandelt werden, indem man Bedingungen stellt, die die Anzahl der unabhängigen Variablen reduzieren. (Würden wir im Beispiel des Teilchens auf einer Oberfläche λ als unabhängige Variable behalten, anstelle die Bedingung (9.5.6) zu stellen, dann wären die Zwangsbedingungen in diesem Fall erster Klasse. Wir werden ein weiteres Beispiel für eine Zwangsbedingung erster Klasse in Kapitel 11 kennenlernen; sie wird durch die Wahl einer bestimmten Eichung für die elektromagnetischen Potenziale eliminiert.) Ist das geschehen, sind die **Zwangsbedingungen zweiter Klasse**. Sie sind durch die Bedingung

$$\mathrm{Det}\, C \neq 0 \tag{9.5.14}$$

definiert, sodass die Matrix C ein Inverses C^{-1} hat. Dirac schlug vor, dass in einer Theorie, in der nur Zwangsbedingungen zweiter Klasse vorkommen, die Kommutatoren anstelle von $i\hbar$ mal der Poisson-Klammer wie in Gleichung (9.4.18) durch

$$[f(q,p), g(q,p)] = i\hbar [f(q,p), g(q,p)]_D \tag{9.5.15}$$

gegeben sind, wobei $[f(q,p), g(q,p)]_D$ die **Dirac-Klammer**[3]

$$[f(q,p), g(q,p)]_D \equiv [f(q,p), g(q,p)]_P - \sum_{rs} [f(q,p), \chi_r(q,p)]_P C^{-1}_{rs}(q,p) [\chi_s(q,p), g(q,p)]_P \tag{9.5.16}$$

ist. Insbesondere verlangt Diracs Vorschlag anstelle der üblichen kanonischen Vertauschungsrelationen, dass

$$[q_N, p_M] = i\hbar \left[\delta_{NM} - \sum_{rs} \frac{\partial \chi_r}{\partial p_N} C^{-1}_{rs} \frac{\partial \chi_s}{\partial q_M}\right], \tag{9.5.17}$$

und

$$[q_N, q_M] = i\hbar \sum_{rs} \frac{\partial \chi_r}{\partial p_N} C^{-1}_{rs} \frac{\partial \chi_s}{\partial p_M}, \tag{9.5.18}$$

$$[p_N, p_M] = i\hbar \sum_{rs} \frac{\partial \chi_r}{\partial q_N} C^{-1}_{rs} \frac{\partial \chi_s}{\partial q_M}. \tag{9.5.19}$$

3 Es gibt verschiedene Umstände, unter denen Gleichung (9.4.18) aus den üblichen kanonischen Vertauschungsrelationen für einen eingeschränkten Satz kanonischer Variablen hergeleitet werden kann; siehe T. Maskawa und H. Nakajima, Prog. Theor. Phys. **56**, 1295 (1976); S. Weinberg, *The Quantum Theory of Fields*, Vol. I (Cambridge University Press, Cambridge, 1995), Anhang zum Kapitel 7.

(Kommen in der Dirac-Klammer nichtkommutierende Operatoren vor, so muss man bei ihrer Anordnung sorgfältig sein. Wiederum muss man sich damit von Fall zu Fall auseinandersetzen.) Umgekehrt folgt die allgemeine Kommutatorrelation (9.5.15) aus den Gleichungen (9.5.17)–(9.5.19).

Dieser Vorschlag erfüllt eine Reihe von notwendigen Bedingungen an Kommutatoren. Zunächst hat die Dirac-Klammer die gleichen algebraischen Eigenschaften (9.4.20)–(9.4.22) wie Kommutatoren:

$$[f,g]_D = -[g,f]_D\,, \tag{9.5.20}$$

$$[f,gh]_D = [f,g]_D h + g[f,h]_D, \tag{9.5.21}$$

$$[f,[g,h]_D]_D + [g,[h,f]_D]_D + [h,[f,g]_D]_D = 0. \tag{9.5.22}$$

Ferner ist die Annahme (9.5.15) konsistent mit den Zwangsbedingungen. Man beachte, dass die Dirac-Klammer einer beliebigen Zwangsbedingungsfunktion, sagen wir $\chi_r(q,p)$, mit einer anderen Funktion $g(q,p)$ durch die Gleichungen (9.5.12) und (9.5.16) zu

$$[\chi_r, g]_D = [\chi_r, g]_P - \sum_{r's} C_{rr'} C^{-1}_{r',s} [\chi_s, g]_P = 0 \tag{9.5.23}$$

gegeben ist, sodass Gleichung (9.5.15) mit der Bedingung, dass der Operator χ_r verschwindet, konsistent ist.

Sehen wir uns an, wie das für das obige Beispiel eines Teilchens, das sich auf einer Oberfläche bewegen muss, funktioniert. Die Poisson-Klammer der Zwangsbedingungsfunktionen (9.5.11) lautet

$$C_{12} = -C_{21} = [\chi_1, \chi_2]_D = (\nabla f)^2, \tag{9.5.24}$$

und natürlich gilt $C_{11} = C_{22} = 0$; somit hat die Inverse der C-Matrix Elemente

$$C^{-1}_{12} = -C^{-1}_{21} = -(\nabla f)^{-2}, \quad C^{-1}_{11} = C^{-1}_{22} = 0. \tag{9.5.25}$$

Somit ergibt Gleichung (9.5.17)

$$[x_i, p_j] = i\hbar \left[\delta_{ij} - \frac{\partial f}{\partial x_i} (\nabla f)^{-2} \frac{\partial f}{\partial x_j}\right]. \tag{9.5.26}$$

Ebenso ergibt hier Gleichung (9.5.18), da χ_1 nicht von $\mathbf{p}$ abhängt,

$$[x_i, x_j] = 0. \tag{9.5.27}$$

Man muss sich etwas mehr anstrengen, um den Kommutator der Operatoren p zu berechnen. Gemäß Gleichung (9.5.19) haben wir

$$[p_i, p_j] = -i\hbar \left[\frac{\partial f}{\partial x_i} (\nabla f)^{-2} \frac{\partial}{\partial x_j} (\mathbf{p} \cdot \nabla f) - i \leftrightarrow j\right]. \tag{9.5.28}$$

Im Allgemeinen verschwindet dieser Ausdruck nicht. Zwingen wir zum Beispiel das Teilchen, auf einer Kugeloberfläche mit Radius R zu bleiben, sodass $f(\mathbf{x}) = \mathbf{x}^2 - R^2$ gilt, dann ergibt Gleichung (9.5.28)

$$[p_i, p_j] = \frac{-i\hbar}{R^2} (x_i p_j - x_j p_i).$$

Der Unterschied zwischen diesen Kommutatorrelationen und den üblichen Kommutatoren besteht im *Nichtverschwinden* des Kommutators (9.5.28) und der Gegenwart des zweiten Terms in Gleichung (9.5.26), den man benötigt, damit der Kommutator von $\mathbf{p} \cdot \nabla f$ und x_i mit dem Verschwinden von $\mathbf{p} \cdot \nabla f$ konsistent ist.

Wir können nun die Bewegungsgleichungen in diesem Beispiel ausrechnen. Weil der Hamiltonian H der Generator der zeitlichen Translationen ist, muss für beliebige Operatoren $\mathcal{O}$ wie immer $\dot{\mathcal{O}} = (i/\hbar)[H, \mathcal{O}]$ gelten. Wenden wir die Vertauschungsrelationen (9.5.26)–(9.5.28) und Gleichung (9.5.8) für H an, so erhalten wir

$$\dot{x}_i = \frac{i}{2m\hbar}[\mathbf{p}^2, x_i] = \frac{1}{m} p_j \left[\delta_{ij} - \frac{\partial f}{\partial x_i} (\nabla f)^{-2} \frac{\partial f}{\partial x_j} \right],$$

und da $\mathbf{p} \cdot \nabla f = 0$ ist, gibt dies einfach

$$\dot{\mathbf{x}} = \mathbf{p}/m. \tag{9.5.29}$$

Andererseits gilt

$$\dot{p}_j = \frac{i}{\hbar}[V(\mathbf{x}), p_j] = -\frac{\partial V}{\partial x_i} \left[\delta_{ij} - \frac{\partial f}{\partial x_i} (\nabla f)^{-2} \frac{\partial f}{\partial x_j} \right]$$

oder, mit anderen Worten,

$$\dot{\mathbf{p}} = -\nabla V + \nabla f \frac{\nabla f \cdot \nabla V}{(\nabla f)^2}. \tag{9.5.30}$$

Damit führt Diracs Annahme (9.5.15) auf dieselben Bewegungsgleichungen (9.5.7), wie sie auch der klassische Lagrangian für dieses Modell liefert.

9.6 Der Pfadintegral-Formalismus

In seiner Doktorarbeit[4] schlug Richard Feynman (1918–1988) einen Formalismus vor, nach dem die Amplitude für einen Übergang von einer Konfiguration eines Satzes von Teilchen zu einer Anfangszeit zu einer anderen Konfiguration zu einer Endzeit durch ein Integral über alle Pfade gegeben ist, die Teilchen nehmen können, um von der Anfangskonfiguration zur Endkonfiguration zu gelangen. Feynman scheint mit diesem Pfadintegral-Formalismus eine Alternative zu der üblichen Formulierung der Quantenmechanik im Sinn gehabt zu haben, aber wie man später realisierte, kann man ihn aus dem üblichen kanonischen Formalismus herleiten.

Betrachten wir einen Satz von Operatoren $Q_N(t)$ im Heisenberg-Bild und ihre Kanonisch-Konjugierten $P_N(t)$, die den üblichen Vertauschungsrelationen (9.4.5) und (9.4.6) genügen:

$$[Q_N(t), P_M(t)] = i\hbar\delta_{NM}, \tag{9.6.1}$$

$$[Q_N(t), Q_M(t)] = [P_N(t), P_M(t)] = 0. \tag{9.6.2}$$

4 R. P. Feynman, *The Principle of Least Action in Quantum Mechanics* (Princeton University, 1942; University Microfilms Publication No. 2948, Ann Arbor). Siehe auch R. P. Feynman und A. R. Hibbs, *Quantum Mechanics and Path Integrals* (McGraw-Hill, New York, 1965).

(Wir verwenden nun Großbuchstaben, um die Operatoren von ihren Eigenwerten zu unterscheiden, die mit Kleinbuchstaben bezeichnet werden.) Wir können einen vollständigen orthonormalen Satz von Eigenvektoren aller $Q_N(t)$ einführen:

$$Q_N(t)\Psi_{q,t} = q_N \Psi_{q,t}, \tag{9.6.3}$$

$$\left(\Psi_{q',t}, \Psi_{q,t}\right) = \delta(q-q') \equiv \prod_N \delta(q_N - q'_N). \tag{9.6.4}$$

Angenommen, wir wollen die Wahrscheinlichkeitsamplitude $(\Psi_{q',t'}, \Psi_{q,t})$ dafür berechnen, dass das System aus einem Zustand, in dem die Operatoren $Q_N(t)$ die Eigenwerte q_N haben, in einen Zustand übergeht, in dem die Operatoren $Q_N(t')$ die Eigenwerte q'_N haben mit $t' > t$. Zu diesem Zweck führen wir im Zeitintervall von t bis t' eine große Anzahl von Zeiten τ_n ein mit $t' > \tau_1 > \tau_2 > \cdots > \tau_{\mathcal{N}} > t$ und nutzen die Vollständigkeit der Zustände $\Psi_{q,\tau}$, um

$$\left(\Psi_{q',t'}, \Psi_{q,t}\right) = \int dq_1\, dq_2 \cdots dq_{\mathcal{N}}\, \left(\Psi_{q',t'}, \Psi_{q_1,\tau_1}\right)\left(\Psi_{q_1,\tau_1}, \Psi_{q_2,\tau_2}\right) \cdots \left(\Psi_{q_{\mathcal{N}},t_{\mathcal{N}}}, \Psi_{q,t}\right) \tag{9.6.5}$$

zu schreiben, wobei $\int dq_n$ eine Abkürzung von $\prod_N \int dq_{N,n}$ ist. (Die Indizes der Eigenwerte q in Gleichung (9.6.5) sind Werte des Index n, der unterschiedliche Zeiten bezeichnet, und nicht Werte des Index N, der unterschiedliche kanonische Variablen bezeichnet.) Somit müssen wir nun das Skalarprodukt $(\Psi_{q',\tau'}, \Psi_{q,\tau})$ für allgemeines q' und q (nicht zwangsläufig q und q' aus Gleichung (9.6.5)) berechnen, wenn τ' ein klein wenig größer als τ ist.

Zu diesem Zweck erinnern wir uns daran, dass Operatoren im Heisenberg-Bild eine Zeitabhängigkeit haben, die durch

$$Q_N(\tau') = e^{iH(\tau'-\tau)/\hbar} Q_N(\tau) e^{-iH(\tau'-\tau)/\hbar} \tag{9.6.6}$$

gegeben ist, sodass

$$\Psi_{q',\tau'} = e^{iH(\tau'-\tau)/\hbar} \Psi_{q',\tau} \tag{9.6.7}$$

und somit

$$\left(\Psi_{q',\tau'}, \Psi_{q,\tau}\right) = \left(\Psi_{q',\tau}, e^{-iH(\tau'-\tau)/\hbar} \Psi_{q,\tau}\right) \tag{9.6.8}$$

gilt. Man kann den Hamiltonian H nun als eine Funktion der Operatoren Q_N und P_N im Schrödinger-Bild schreiben, oder, da der Hamiltonian mit sich selbst kommutiert, ebenso gut als die gleiche Funktion von $Q_N(\tau)$ und $P_N(\tau)$ für beliebiges τ. Um das Matrixelement (9.6.8) auszuwerten, müssen wir einen vollständigen orthonormalen Satz von Eigenzuständen der Operatoren $P_N(t)$ rechts vom Exponentialausdruck einschieben:

$$\left(\Psi_{q',\tau'}, \Psi_{q,\tau}\right) = \int dp \left(\Psi_{q',\tau}, \exp\left[-iH\big(Q(\tau), P(\tau)\big)(\tau' - \tau)/\hbar\right] \Phi_{p,\tau}\right)\left(\Phi_{p,\tau}, \Psi_{q,\tau}\right)$$

mit $\int dp \equiv \prod_N \int dp_N$ und

$$P_N(\tau)\Phi_{p,\tau} = p_N \Phi_{p,\tau}, \tag{9.6.9}$$

$$\left(\Phi_{p',\tau}, \Phi_{p,\tau}\right) = \delta(p - p') \equiv \prod_N \delta(p_N - p'_N). \tag{9.6.10}$$

Wir können immer die Vertauschungsrelationen (9.6.1) und (9.6.2) verwenden, um den Hamiltonian in einer Form zu schreiben, bei der alle Q links von allen P stehen; in diesem Fall können wir die Operatoren $Q(\tau)$ und $P(\tau)$ im Hamiltonian durch ihre Eigenwerte ersetzen:[5]

$$\left(\Psi_{q',\tau'}, \Psi_{q,\tau}\right) = \int dp \ \exp\left[-iH(q', p)(\tau' - \tau)/\hbar\right]\left(\Psi_{q',\tau}, \Phi_{p,\tau}\right)\left(\Phi_{p,\tau}, \Psi_{q,\tau}\right). \tag{9.6.11}$$

Wie für gewöhnliche ebene Wellen nehmen die Skalarprodukte, die in Gleichung (9.6.11) verbleiben, die einfache Form

$$\left(\Psi_{q',\tau}, \Phi_{p,\tau}\right) = \prod_N \frac{e^{ip_N q'_N/\hbar}}{\sqrt{2\pi\hbar}}, \quad \left(\Phi_{p,\tau}, \Psi_{q,\tau}\right) = \prod_N \frac{e^{-ip_N q_N/\hbar}}{\sqrt{2\pi\hbar}}$$

an, sodass Gleichung (9.6.11) nun

$$\left(\Psi_{q',\tau'}, \Psi_{q,\tau}\right) = \int \prod_N \frac{dp_N}{2\pi\hbar} \exp\left[-iH(q', p)(\tau' - \tau)/\hbar + i\sum_N p_N(q'_N - q_N)/\hbar\right]$$

lautet, oder in der Form, in der wir sie in Gleichung (9.6.5) brauchen:

$$\left(\Psi_{q_n,\tau_n}, \Psi_{q_{n+1},\tau_{n+1}}\right) = \int \prod_N \frac{dp_{N,n}}{2\pi\hbar}$$
$$\times \exp\left[-\frac{i}{\hbar}H(q_n, p_n)(\tau_n - \tau_{n+1}) + \frac{i}{\hbar}\sum_N p_{N,n}(q_{N,n} - q_{N,n+1})\right], \tag{9.6.12}$$

mit der Vereinbarung

$$q_0 = q', \quad \tau_0 = t', \quad q_{n+1} = q, \quad \tau_{n+1} = \tau.$$

Wir können nun Gleichung (9.6.12) für die Matrixelemente in Gleichung (9.6.5) verwenden, was

$$\left(\Psi_{q',t'}, \Psi_{q,t}\right) = \int \left[\prod_N \prod_{n=1}^{\mathcal{N}} dq_{N,n}\right]\left[\int \prod_N \prod_{n=0}^{\mathcal{N}} \frac{dp_{N,n}}{2\pi\hbar}\right]$$
$$\times \exp\left[-\frac{i}{\hbar}\sum_{n=0}^{\mathcal{N}} H(q_n, p_n)(\tau_n - \tau_{n+1}) + \frac{i}{\hbar}\sum_N \sum_{n=0}^{\mathcal{N}} p_{N,n}(q_{N,n} - q_{N,n+1})\right] \tag{9.6.13}$$

5 Weil H im Exponentialausdruck auftaucht, gilt dies nur für infinitesimale Differenzen $\tau' - \tau$; in diesem Fall ist der Exponentialausdruck eine lineare Funktion von H.

ergibt. Wir können komplexe Funktionen $q_N(\tau)$ und $p_N(\tau)$ einführen, die zwischen den Zeiten τ_n interpolieren, in der Form, dass

$$q_N(\tau_n) = q_{N,n}, \qquad p_N(\tau_n) = p_{N,n} \tag{9.6.14}$$

gilt. Ferner können wir die Differenz aufeinanderfolgender Zeiten τ durch eine infinitesimale Zeit $d\tau$ ersetzen:

$$\tau_{n-1} - \tau_n = d\tau, \tag{9.6.15}$$

sodass in erster Ordnung in $d\tau$

$$q_{N,n} - q_{N,n+1} = \dot{q}_N(\tau_n)d\tau, \quad H(q_n, p_n)(\tau_n - \tau_{n+1}) = H(q(\tau_n), p(\tau_n))d\tau$$

gilt, und somit können wir Gleichung (9.6.13) als

$$\begin{aligned}\left(\Psi_{q',t'}, \Psi_{q,t}\right) = \int_{q(t)=q;\; q(t')=q'} \prod_\tau dq(\tau) \int \prod_\tau \frac{dp(\tau)}{2\pi\hbar} \\ \times \exp\left[\frac{i}{\hbar}\int_t^{t'} d\tau \left(\sum_N p_N(\tau)\dot{q}_N(\tau) - H\Big(q(\tau), p(\tau)\Big)\right)\right]\end{aligned} \tag{9.6.16}$$

schreiben mit

$$\int \prod_\tau dq(\tau) \int \prod_\tau \frac{dp(\tau)}{2\pi\hbar} \equiv \int \prod_N \prod_{n=1}^{\mathcal{N}} dq_{N,n} \int \prod_N \prod_{n=0}^{\mathcal{N}} \frac{dp_{N,n}}{2\pi\hbar}.$$

Es handelt sich also um ein **Pfadintegral**, ein Integral über alle Funktionen $q_N(\tau)$ und $p_N(\tau)$, wobei $q_N(\tau)$ durch die Bedingungen, dass $q_N(t) = q_N$ und $q_N(t') = q'_N$, eingeschränkt ist.

Eine der schönen Eigenschaften des Pfadintegral-Formalismus ist es, dass er einen leichten Übergang aus der Quantenmechanik in den klassischen Grenzfall erlaubt. In makroskopischen Systemen haben wir im Allgemeinen

$$\int_t^{t'} d\tau \left(\sum_N p_N(\tau)\dot{q}_N(\tau) - H\Big(q(\tau), p(\tau)\Big)\right) \gg \hbar.$$

Die Phase des Exponentialausdrucks in Gleichung (9.6.16) ist dann sehr groß, sodass der Exponentialausdruck sehr rasch oszilliert und damit alle Beiträge zum Pfadintegral unterdrückt, mit Ausnahme der Pfade, bei denen die Phase gegenüber kleinen Variationen im Pfad stationär ist. Die Bedingung, dass die Phase stationär gegenüber Variationen der Funktionen $q_N(\tau)$ ist, die die Werte zu den Anfangs- und Endzeiten unverändert lassen, lautet

$$0 = \int_t^{t'} \left[\sum_N p_N(\tau)\delta\dot{q}_N(\tau) - \frac{\partial H}{\partial q_N(\tau)}\delta q_N(\tau)\right] = \int_t^{t'} \left[-\sum_N \dot{p}_N(\tau) - \frac{\partial H}{\partial q_N(\tau)}\right]\delta q_N(\tau),$$

sodass

$$\dot{p}_N = -\frac{\partial H}{\partial q_N}$$

gilt. Ferner lautet die Bedingung, dass die Phase stationär gegenüber beliebigen Variationen in den Funktionen $p_N(\tau)$ ist,

$$\dot{q}_N = \frac{\partial H}{\partial p_N}.$$

Natürlich erkennen wir hier die klassischen Bewegungsgleichungen.

Feynman war teilweise von dem Ziel motiviert, Übergangswahrscheinlichkeiten in der Quantenmechanik durch den Lagrangian anstatt durch den Hamiltonian auszudrücken. (Wie in Abschnitt 8.7 diskutiert, ist in Lorentz-invarianten Theorien der Lagrangian, anders als der Hamiltonian, typischerweise das Integral über eine skalare Dichte.) Aber der Integrand des Integrals im Exponentialausdruck in Gleichung (9.6.16) ist *nicht* der Lagrangian, weil hier $p_N(t)$ und nicht die Größe $\partial L/\partial \dot{q}_N$ eine unabhängige Integrationsvariable ist. Es gibt einen häufig vorkommenden Fall, in dem das Integral über $p(\tau)$ ausgewertet werden kann, indem man einfach $p_N = \partial L/\partial \dot{q}_N$ setzt, sodass der Integrand wirklich der Lagrangian ist. Das ist der Fall, in dem der Hamiltonian die Summe eines Terms zweiter Ordnung in den Variablen p mit konstanten Koeffizienten plus möglicher Terme erster und nullter Ordnung in den Variablen p ist, sodass der Exponentialausdruck eine Gaußsche Funktion der Variablen p ist. Das Integral einer Gaußschen Funktion ist allgemein durch die Formel

$$\int_{-\infty}^{\infty} \prod_r d\xi_r \exp\left\{ i \left[\frac{1}{2} \sum_{rs} K_{rs}\xi_r\xi_s + \sum_r L_r\xi_r + M \right] \right\}$$
$$= \left[\mathrm{Det}(K/2i\pi)\right]^{-1/2} \exp\left\{ i \left[\frac{1}{2} \sum_{rs} K_{rs}\xi_{0r}\xi_{0s} + \sum_r L_r\xi_{0r} + M \right] \right\} \qquad (9.6.17)$$

gegeben, wobei ξ_{0r} der Wert von ξ_r ist, bei dem das Argument des Exponentials stationär ist:

$$\sum_s K_{rs}\xi_{0s} + L_r = 0. \qquad (9.6.18)$$

Der Wert der Funktion $p_N(\tau)$, bei dem der Integrand in Gleichung (9.6.16) stationär ist, genügt der Bedingung

$$\dot{q}_N(\tau) = \frac{\partial H\big(q(\tau), p(\tau)\big)}{\partial p_N(\tau)}, \qquad (9.6.19)$$

deren Lösung den Ausdruck $\sum_N p_N(\tau)\dot{q}_N(\tau) - H\big(q(\tau), p(\tau)\big)$ gleich dem Lagrangian macht. Somit ergibt das Integral über die Variablen p in Gleichung (9.6.16)

$$\left(\Psi_{q',t'}, \Psi_{q,t}\right) = C \int_{q(t)=q;\ q(t')=q'} \prod_\tau dq(\tau) \exp\left[\frac{i}{\hbar} \int_t^{t'} d\tau L\big(q(\tau), \dot{q}(\tau)\big) \right], \qquad (9.6.20)$$

wobei der Proportionalitätsfaktor C von q, q' und auch von den Termen im Hamiltonian unabhängig ist, die linear in den Variablen P oder von ihnen unabhängig sind. Er hängt jedoch vom Zeitintervall $t' - t$ und dessen Zerlegung in $\mathcal{N} + 1$ Segmente der Länge $d\tau$ ab. Zum Beispiel lautet der Term im Hamiltonian, der quadratisch in p ist, für ein nichtrelativistisches Teilchen, das sich in einem Potenzial in D Dimensionen bewegt, gerade $\mathbf{p}^2/2m$, und nach Gleichung (9.6.17) benötigen wir nur dies, um C zu berechnen. In diesem Fall ist[6]

$$C = \left[\frac{1}{2\pi\hbar}\int_{-\infty}^{\infty} dp\, \exp\left(-\frac{ip^2 d\tau}{2m\hbar}\right)\right]^{(\mathcal{N}+1)D} = \left[\frac{m}{2i\pi\hbar d\tau}\right]^{(\mathcal{N}+1)D/2} . \tag{9.6.21}$$

Die verbleibende Pfadintegration in Gleichung (9.6.20) ist im Allgemeinen nicht leicht. Die Fälle, in denen man sie leicht ausführen kann, sind der eines freien Teilchens (oder freien Feldes) oder der eines Teilchens im Potenzial eines harmonischen Oszillators, bei dem der Lagrangian quadratisch in $\dot{q}_N$ und q_N ist. Bei einem quadratischen Lagrangian kann hier wiederum das Integral bis auf einen konstanten Faktor ausgeführt werden, indem man $q(t)$ gleich der Funktion setzt, für die das Integral über den Lagrangian gegenüber kleinen Variationen in den Funktionen $q_N(\tau)$, bei denen $q_N(t') = q'_N$ und $q_N(t) = q_N$ fest sind, stationär wird – für die also die Funktion $q_N(\tau)$ den klassischen Bewegungsgleichungen

$$\frac{d}{d\tau}\frac{\partial L(\tau)}{\partial \dot{q}_N(\tau)} = \frac{\partial L(\tau)}{\partial q_N(\tau)}$$

mit $q_N(t') = q'_N$ und $q_N(t) = q_N$ genügt. Für ein freies Teilchen in D Dimensionen zum Beispiel haben wir $L = m\dot{\mathbf{x}}^2/2$ und die Lösung der klassischen Bewegungsgleichungen hat eine konstante Geschwindigkeit

$$\dot{\mathbf{x}}(\tau) = \left(\frac{\mathbf{x}' - \mathbf{x}}{t' - t}\right) .$$

Somit ergibt Gleichung (9.6.20)

$$\left(\Psi_{\mathbf{x}',t'}, \Psi_{\mathbf{x},t}\right) = BC \exp\left(\frac{im(\mathbf{x}' - \mathbf{x})^2}{2(t' - t)\hbar}\right) , \tag{9.6.22}$$

wobei B, wie C, eine von $\mathbf{x}'$ und $\mathbf{x}$ unabhängige Konstante ist. Eine ziemlich umständliche Rechnung entsprechend unserer Berechnung von C ergibt[7]

$$B = \mathcal{N}^{-D/2}\left(\frac{m}{2i\pi\hbar d\tau}\right)^{-D\mathcal{N}/2} ,$$

sodass wegen $\mathcal{N} d\tau = t' - t$

$$BC = \left(\frac{m}{2i\pi\hbar(t' - t)}\right)^{D/2} \tag{9.6.23}$$

gilt. Wir können dies überprüfen, indem wir feststellen, dass sich Gleichung (9.6.22) im Grenzfall $t' \to t$ der Deltafunktion $\delta^D(\mathbf{x}' - \mathbf{x})$ annähern muss. Es muss also in diesem Grenzfall für jede glatte Funktion $f(\mathbf{x})$

$$\int d^D x \left(\frac{m}{2i\pi\hbar(t' - t)}\right)^{D/2} \exp\left(\frac{im(\mathbf{x}' - \mathbf{x})^2}{2(t' - t)\hbar}\right) f(\mathbf{x}) \to f(\mathbf{x}')$$

6 Feynman und Hibbs, Fußnote 1, geben ein indirektes Argument für dieses Ergebnis, anstatt es aus dem Integral über die Variablen p zu erhalten, das in ihrem Buch nicht auftaucht.

7 Feynman und Hibbs, Fußnote 4, S. 43–44.

gelten. Für $t' \to t$ variiert der Exponentialausdruck sehr rasch mit $\mathbf{x}$ außer bei $\mathbf{x} = \mathbf{x}'$, sodass wir das Integral ausführen können, indem wir das Argument von f gleich $\mathbf{x}'$ setzen, und wir müssen nur zeigen, dass

$$\int d^D x \left(\frac{m}{2i\pi\hbar(t'-t)} \right)^{D/2} \exp\left(\frac{im(\mathbf{x}'-\mathbf{x})^2}{2(t'-t)\hbar} \right) = 1$$

gilt, was aus der allgemeinen Formel für Integrale Gaußscher Funktionen folgt. Die Abhängigkeit des Matrixelements (9.6.22) von $\mathbf{x}'$ kann man verstehen, indem man feststellt, dass dieses Matrixelement nichts anderes als die Wellenfunktion des Zustands $\Psi_{\mathbf{x},\tau}$ ist, definiert als ein Eigenzustand der $\mathbf{x}(\tau)$, in einer Basis, in der die $\mathbf{x}(t')$ diagonal sind. Somit muss dieses Matrixelement der Schrödinger-Gleichung

$$-\left(\frac{\hbar^2 \nabla'^2}{2m} \right) \left(\Psi_{\mathbf{x}',t'}, \Psi_{\mathbf{x},t} \right) = i\hbar \frac{\partial}{\partial t'} \left(\Psi_{\mathbf{x}',t'}, \Psi_{\mathbf{x},t} \right)$$

genügen, was es auch tut. Daher erlaubt uns der Pfadintegral-Formalismus, die Lösung der Schrödinger-Gleichung zu finden, ohne jemals die Schrödinger-Gleichung aufzuschreiben.

In einem Experiment, in dem man ein Teilchen von einem Punkt $\mathbf{x}$ auf einer Seite eines Schirms, in dem sich mehrere Löcher befinden, zu einem Punkt $\mathbf{x}'$ auf der anderen Seite laufen lässt, gibt es nicht nur eine Bahn $\mathbf{x}(\tau)$, für die die Wirkung $\int L(\tau) d\tau$ stationär ist, sondern eine Bahn für jedes Loch. Der Pfadintegral-Formalismus erlaubt es uns daher, das in einem solchen Experiment erzeugte Interferenzmuster ohne Wellenmechanik zu verstehen. Stattdessen betrachten wir es als eine Konsequenz der Überlagerung der Beiträge mehrerer möglicher klassischer Pfade.

Im Allgemeinen kann man das Pfadintegral (9.6.20) für nichtquadratische Lagrangians nicht analytisch berechnen. Eine Möglichkeit, mit diesem Problem umzugehen, besteht darin, nach Potenzen des nichtquadratischen Teils des Lagrangians zu entwickeln, was auf eine Lagrange-Version der zeitabhängigen Störungstheorie führt. Der andere Zugang besteht darin, den Integrationsbereich von t bis t' in eine endliche Zahl von Segmenten der Dauer $\Delta\tau$ aufzuspalten und das Integral von $\exp(iL(\tau)\Delta\tau/\hbar)$ über die Teilchenkoordinaten an jedem Ende des Segments numerisch zu berechnen. In Quantenfeldtheorien müsste man auch den Raum als ein Gitter von Punkten darstellen und numerisch über die Felder an jedem Punkt des Raumzeitgitters integrieren. Dieser Zugang kann Eigenschaften eines Problems aufdecken, die in der Störungstheorie nicht zugänglich sind.[8]

8 Für Anwendungen von Gittermethoden in der Feldtheorie, siehe M. Creutz, *Quarks, Gluons, and Lattices* (Cambridge University Press, Cambridge, 1985); T. DeGrand und C. DeTar, *Lattice Methods for Quantum Chromodynamics* (World Scientific Press, Singapore, 2006).

Aufgaben zu Kapitel 9

EXTRAS ONLINE
Lösungen

1 Betrachten Sie die Theorie eines einzelnen Teilchens mit Lagrangian

$$L = \frac{m}{2}\dot{\mathbf{x}}^2 + \dot{\mathbf{x}} \cdot \mathbf{f}(\mathbf{x}) - V(\mathbf{x}),$$

wobei $\mathbf{f}(\mathbf{x})$ und $V(\mathbf{x})$ beliebige vektorielle und skalare Funktionen des Ortes sind.

a. Bestimmen Sie die Bewegungsgleichung, die $\mathbf{x}$ erfüllt.

b. Bestimmen Sie den Hamiltonian als Funktion von $\mathbf{x}$ und der kanonisch Konjugierten $\mathbf{p}$.

c. Wie lautet die Schrödinger-Gleichung, die von der Ortsraumwellenfunktion $\psi(\mathbf{x}, t)$ erfüllt wird?

2 Zeigen Sie, dass Poisson-Klammern und Dirac-Klammern beide die Jacobi-Identität erfüllen.

3 Betrachten Sie einen eindimensionalen harmonischen Oszillation mit dem Hamiltonian

$$H = \frac{p^2}{2m} + \frac{m\omega^2 x^2}{2}.$$

Berechnen Sie mithilfe des Pfadintegralformalismus die Wahrscheinlichkeitsamplitude für einen Übergang von einem Ort x zur Zeit t zu einem Ort x' zur Zeit $t' > t$.

Lernziele

1 Kanonischer Formalismus für geladene Teilchen
- Bewegungsgleichungen
- skalare und Vektorpotenziale
- Lagrangian, Hamiltonian
- Vertauschungsrelationen

2 Eichinvarianz
- Eichtransformationen von Potenzialen
- Eichtransformation des Lagrangian
- Eichtransformation des Hamiltonian
- Eichtransformation des Zustandsvektors
- Eichinvarianz der Energieeigenwerte

3 Landau-Niveaus
- Hamiltonian im homogenen Magnetfeld
- Energieniveaus
- Ferminiveau
- Periodizität in $1/B_z$
- Shubnikow-de Haas-Effekt und de Haas-van Alphen-Effekt

4 Der Aharonov-Bohm-Effekt
- Anwendung der Eikonalnäherung
- Interferenz zwischen alternativen Strahlpfaden
- Beziehung zur Berry-Phase
- Auswirkung eines feldfreien Vektorpotenzials
- Periodizität im Fluss

Geladene Teilchen in elektromagnetischen Feldern

10

ÜBERBLICK

» In diesem Kapitel greifen wir das Problem geladener nichtrelativistischer Teilchen in einem äußeren elektromagnetischen Feld auf – das heißt, einem Feld, das von einem makroskopischen System erzeugt wird, dessen Quantenfluktuationen vernachlässigbar sind. Das Problem ist an sich von großer physikalischer Bedeutung und liefert auch ein Beispiel, in dem die kanonischen Kommutatorrelationen ein wenig überraschend sind. «

10.1 Kanonischer Formalismus für geladene Teilchen

Wir betrachten einen Satz von nichtrelativistischen spinlosen Teilchen mit den Massen m_n und den Ladungen e_n in einem klassischen externen elektrischen Feld $\mathbf{E}(\mathbf{x}, t)$ und Magnetfeld $\mathbf{B}(\mathbf{x}, t)$. (Spineffekte werden in Abschnitt 10.3 betrachtet.) Weil es einfach ist, werden wir in der Theorie ebenso ein lokales Potenzial $\mathcal{V}$ einbauen, das von einigen oder allen der verschiedenen Teilchenkoordinaten abhängt. Die Bewegungsgleichungen der Teilchen lauten

$$m_n\ddot{\mathbf{x}}_n(t) = e_n\left[\mathbf{E}\Big(\mathbf{x}_n(t), t\Big) + \frac{1}{c}\dot{\mathbf{x}}_n(t) \times \mathbf{B}\Big(\mathbf{x}_n(t), t\Big)\right] - \boldsymbol{\nabla}_n\mathcal{V}\Big(\mathbf{x}(t)\Big). \tag{10.1.1}$$

Es ist nicht möglich, einen Lagrangian für dieses System direkt mittels $\mathbf{E}$ und $\mathbf{B}$ aufzuschreiben; wir müssen stattdessen ein Vektorpotenzial $\mathbf{A}(\mathbf{x}, t)$ und ein skalares Potenzial $\phi(\mathbf{x}, t)$ einführen, für die

$$\mathbf{E} = -\frac{1}{c}\dot{\mathbf{A}} - \boldsymbol{\nabla}\phi, \quad \mathbf{B} = \boldsymbol{\nabla} \times \mathbf{A} \tag{10.1.2}$$

gilt. (Das ist immer möglich, weil die Felder $\mathbf{E}$ und $\mathbf{B}$ die homogenen Maxwell-Gleichungen $\boldsymbol{\nabla} \times \mathbf{E} + \dot{\mathbf{B}}/c = 0$ und $\boldsymbol{\nabla} \cdot \mathbf{B} = 0$ erfüllen.)

Wir verwenden als Lagrangian versuchsweise

$$L(t) = \sum_n \left[\frac{m_n}{2}\dot{\mathbf{x}}_n^2(t) - e_n\phi\Big(\mathbf{x}_n(t), t\Big) + \frac{e_n}{c}\dot{\mathbf{x}}_n(t) \cdot \mathbf{A}\Big(\mathbf{x}_n(t), t\Big)\right] - \mathcal{V}(\mathbf{x}) \tag{10.1.3}$$

und überprüfen, ob der Ausdruck die richtigen Bewegungsgleichungen (10.1.1) ergibt. Hier sind ϕ und $\mathbf{A}$ externe Felder, keine dynamischen Variablen. (Sie werden zu dynamischen Variablen, wenn wir das elektromagnetische Feld im nächsten Kapitel quantisieren.) Daher haben wir es hier nur mit den Differenzialgleichungen (9.1.3) zu tun, in denen die Funktionen $q_N(t)$ die Koordinaten $x_{ni}(t)$ sind. Für den Lagrangian (10.1.3) erhalten wir (wobei wir das Zeitargument von $\mathbf{x}_n$ nicht explizit machen)

$$\frac{\partial L(t)}{\partial x_{ni}} = -e_n\frac{\partial\phi(\mathbf{x}_n, t)}{\partial x_{ni}} + \frac{e_n}{c}\sum_j \dot{x}_{nj}\frac{\partial A_j(\mathbf{x}_n, t)}{\partial x_{ni}} - \frac{\partial\mathcal{V}(\mathbf{x})}{\partial x_{ni}}, \tag{10.1.4}$$

$$\frac{\partial L(t)}{\partial \dot{x}_{ni}} = m_n\dot{x}_{ni} + \frac{e_n}{c}A_i(\mathbf{x}_n, t), \tag{10.1.5}$$

und somit

$$\frac{d}{dt}\frac{\partial L(t)}{\partial \dot{x}_{ni}} = m_n\ddot{x}_{ni} + \frac{e_n}{c}\frac{\partial A_i(\mathbf{x}_n, t)}{\partial t} + \frac{e_n}{c}\sum_j \frac{\partial A_i(\mathbf{x}_n, t)}{\partial x_{nj}}\dot{x}_{nj}. \tag{10.1.6}$$

Die Bewegungsgleichungen (9.1.3) lauten dann

$$\begin{aligned} m_n\ddot{x}_{ni} = &- e_n\frac{\partial\phi(\mathbf{x}_n, t)}{\partial x_{ni}} - \frac{e_n}{c}\frac{\partial A_i(\mathbf{x}_n, t)}{\partial t} \\ &+ \frac{e_n}{c}\sum_j \dot{x}_{nj}\left[\frac{\partial A_j(\mathbf{x}_n, t)}{\partial x_{ni}} - \frac{\partial A_i(\mathbf{x}_n, t)}{\partial x_{nj}}\right] - \frac{\partial\mathcal{V}(\mathbf{x})}{\partial x_{ni}}. \end{aligned} \tag{10.1.7}$$

Wir erkennen, dass sich gemäß Gleichung (10.1.2) die Koeffizienten von e_n in den beiden ersten Termen auf der rechten Seite zum elektrischen Feld aufaddieren. Ebenso ergibt die Summe im dritten Term auf der rechten Seite

$$\sum_j \dot{x}_{nj} \left[\frac{\partial A_j(\mathbf{x}_n, t)}{\partial x_{ni}} - \frac{\partial A_i(\mathbf{x}_n, t)}{\partial x_{nj}} \right] = \sum_{jk} \dot{x}_{nj} \epsilon_{ijk} [\nabla \times \mathbf{A}(\mathbf{x}_n, t)]_k = [\dot{\mathbf{x}}_n \times \mathbf{B}(\mathbf{x}_n, t)]_i,$$

wobei ϵ_{ijk} wie üblich der total antisymmetrische Tensor mit $\epsilon_{123} = 1$ ist. Damit ist die aus diesem Lagrangian hergeleitete Bewegungsgleichung (10.1.7) in der Tat identisch mit Gleichung (10.1.1).

Um Energieniveaus zu berechnen, müssen wir einen Hamiltonian konstruieren. Gemäß Gleichung (10.1.5) ist die Zeitableitung der Koordinate eine Funktion sowohl der Koordinate als auch ihrer kanonisch Konjugierten:

$$\dot{\mathbf{x}}_n = \frac{1}{m_n} \left[\mathbf{p}_n - \frac{e_n}{c} \mathbf{A}(\mathbf{x}_n, t) \right] . \tag{10.1.8}$$

Gleichung (9.3.1) gibt dann den Hamiltonian zu

$$H(\mathbf{x}, \mathbf{p}, t) = \sum_n \frac{1}{m_n} \mathbf{p}_n \cdot \left[\mathbf{p}_n - \frac{e_n}{c} \mathbf{A}(\mathbf{x}_n, t) \right] - \sum_n \left\{ \frac{1}{2m_n} \left[\mathbf{p}_n - \frac{e_n}{c} \mathbf{A}(\mathbf{x}_n, t) \right]^2 - e_n \phi\left(\mathbf{x}_n, t \right) \right.$$
$$\left. + \frac{e_n}{c} \left[\frac{\mathbf{p}_n}{m_n} - \frac{e_n}{m_n c} \mathbf{A}(\mathbf{x}_n, t) \right] \cdot \mathbf{A}\left(\mathbf{x}_n, t \right) \right\} + \mathcal{V}(\mathbf{x}),$$

oder einfacher

$$H(\mathbf{x}, \mathbf{p}, t) = \sum_n \frac{1}{2m_n} \left[\mathbf{p}_n - \frac{e_n}{c} \mathbf{A}(\mathbf{x}_n, t) \right]^2 + \sum_n e_n \phi\left(\mathbf{x}_n, t \right) + \mathcal{V}(\mathbf{x}). \tag{10.1.9}$$

Würden wir nun Gleichung (10.1.8) verwenden, um den ersten Term als $\sum_n m_n \dot{\mathbf{x}}_n^2/2$ zu schreiben, hätte es den Anschein, als bliebe die Dynamik dieser Teilchen vom Vektorpotenzial unberührt, das ist aber falsch; wenn wir den Hamiltonian verwenden, um dynamische Gleichungen herzuleiten, müssen wir ihn wie in Gleichung (9.3.4) als eine Funktion von $\mathbf{x}_n$ und $\mathbf{p}_n$ betrachten und nicht als eine Funktion von $\mathbf{x}_n$ und $\dot{\mathbf{x}}_n$. Insbesondere erscheint in den kanonischen Vertauschungsrelationen $\mathbf{p}_n$ und nicht $m_n \dot{\mathbf{x}}_n$:

$$[x_{ni}, p_{mj}] = i\hbar \delta_{nm} \delta_{ij}, \tag{10.1.10}$$

$$[x_{ni}, x_{mj}] = [p_{ni}, p_{mj}] = 0. \tag{10.1.11}$$

Wir werden diesen Hamiltonian und diese Vertauschungsrelationen in Abschnitt 10.3 verwenden, um die Energieniveaus eines geladenen Teilchens in einem gleichförmigen Magnetfeld zu bestimmen.

10.2 Eichinvarianz

Unterschiedliche Vektorpotenziale und skalare Potenziale können auf die gleichen elektrischen und magnetischen Felder führen. Genauer gesagt, zeigt eine Betrachtung der Gleichungen (10.1.2), dass wir die Potenziale durch eine **Eichtransformation**

$$\mathbf{A}(\mathbf{x},t) \mapsto \mathbf{A}'(\mathbf{x},t) = \mathbf{A}(\mathbf{x},t) + \boldsymbol{\nabla}\alpha(\mathbf{x},t), \tag{10.2.1}$$

$$\phi(\mathbf{x},t) \mapsto \phi'(\mathbf{x},t) = \phi(\mathbf{x},t) - \frac{1}{c}\frac{\partial}{\partial t}\alpha(\mathbf{x},t) \tag{10.2.2}$$

ohne Änderung in den elektrischen und magnetischen Feldern verändern können (wobei $\alpha(\mathbf{x},t)$ eine beliebige reelle Funktion ist). Es ist daher auffällig, dass – obwohl der Lagrangian (10.1.3) von der spezifischen Wahl des vektoriellen und des skalaren Potenzials abhängt – die aus diesem Lagrangian hergeleiteten Bewegungsgleichungen nur von den elektrischen und magnetischen Feldern abhängen. Wir können dies verstehen, indem wir beobachten, dass der Lagrangian unter der Transformation (10.2.1), (10.2.2) zu

$$\begin{aligned} L(t) \mapsto L'(t) &= L(t) + \sum_n \frac{e_n}{c}\left[\frac{\partial\alpha(\mathbf{x}_n,t)}{\partial t} + \dot{\mathbf{x}}_n \cdot \boldsymbol{\nabla}_n\alpha(\mathbf{x}_n,t)\right] \\ &= L(t) + \frac{d}{dt}\sum_n \frac{e_n}{c}\alpha(\mathbf{x}_n,t) \end{aligned} \tag{10.2.3}$$

transformiert wird. Der Lagrangian ist somit nicht eichinvariant, aber die Wirkung $\int dt\, L(t)$ *ist* eichinvariant (vorausgesetzt, $\alpha(\mathbf{x},t)$ verschwindet für $t \to \pm\infty$), und da die Feldgleichungen aussagen, dass die Wirkung stationär ist gegenüber kleinen Variationen der dynamischen Parameter, die für $t \to \pm\infty$ verschwinden, sind auch sie eichinvariant.

Der Hamiltonian ist allerdings nicht eichinvariant. Führen wir die Umeichung (10.2.1), (10.2.2) im Hamiltonian (10.1.9) aus, so erhalten wir einen neuen Hamiltonian:

$$\begin{aligned} H'(\mathbf{x},\mathbf{p},t) =& \sum_n \frac{1}{2m_n}\left[\mathbf{p}_n - \frac{e_n}{c}\mathbf{A}(\mathbf{x}_n,t) - \frac{e_n}{c}\boldsymbol{\nabla}\alpha(\mathbf{x}_n,t)\right]^2 \\ &+ \sum_n e_n\phi\big(\mathbf{x}_n,t\big) - \sum_n \frac{e_n}{c}\frac{\alpha(\mathbf{x_n},t)}{dt} + \mathcal{V}(\mathbf{x}). \end{aligned} \tag{10.2.4}$$

Nun können wir gemäß der Vertauschungsrelationen (10.1.10), (10.1.11) einen unitären Operator

$$U(t) \equiv \exp\left[i\sum_n \frac{e_n}{\hbar c}\alpha(\mathbf{x_n},t)\right] \tag{10.2.5}$$

definieren, für den

$$U(t)\mathbf{p}_n(t)U^{-1}(t) = \mathbf{p}_n(t) - \frac{e_n}{c}\boldsymbol{\nabla}\alpha(\mathbf{x}_n,t) \tag{10.2.6}$$

gilt. Der Hamiltonian (10.2.4) kann daher in der neuen Eichung als

$$H'(\mathbf{x},\mathbf{p},t) = U(t)H(\mathbf{x},\mathbf{p},t)U^{-1}(t) + i\hbar\left[\frac{d}{dt}U(t)\right]U^{-1}(t) \tag{10.2.7}$$

ausgedrückt werden, wobei der zweite Term auf der rechten Seite den vorletzten Term in Gleichung (10.2.4) liefert. (Die Operatoren $\mathbf{x}_n$ und $\mathbf{p}_n$ seien hier zeitunabhängige Operatoren im Schrödinger-Bild, was uns erlaubt, die Zeitableitung im zweiten Term von Gleichung (10.2.7) als d/dt anstelle von $\partial/\partial t$ zu schreiben.) Man sieht dann leicht, dass, sofern $\Psi(t)$ die zeitabhängige Schrödinger-Gleichung

$$i\hbar\frac{d}{dt}\Psi(t) = H(t)\Psi(t) \tag{10.2.8}$$

in der ursprünglichen Eichung erfüllt, der unitär transformierte Zustandsvektor

$$\Psi'(t) \equiv U(t)\Psi(t) \tag{10.2.9}$$

dann ebenfalls die zeitabhängige Schrödinger-Gleichung in der neuen Eichung erfüllt:

$$i\hbar\frac{d}{dt}\Psi'(t) = U(t)H(t)\Psi(t) + i\hbar\left[\frac{d}{dt}U(t)\right]\Psi(t) = H'(t)\Psi'(t). \tag{10.2.10}$$

Wir erinnern uns, dass $\mathbf{x}_n$ der Operator ist, der die Ortsraumwellenfunktion mit dem n-ten Ortsvektor multipliziert. Somit ist die Transformation (10.2.9) eine ortsabhängige Phasenänderung der Ortsraumwellenfunktionen, ohne dass sich die Wahrscheinlichkeitsdichte im Ortsraum ändert.

Es ist besonders interessant, die Auswirkungen einer Eichtransformation auf die Energieeigenwerte des Hamiltonians im Fall zeitunabhängiger elektrischer und magnetischer Felder zu betrachten, für die der Hamiltonian zeitunabhängig ist. Um die Felder zeitunabhängig zu halten, werden wir die Eichtransformation ebenso zeitunabhängig wählen.[1] In diesem Fall ist Gleichung (10.2.7) nur eine unitäre Transformation $H' = UHU^{-1}$. Ist also Ψ ein Eigenzustand von H mit Eigenwert E, so ist $\Psi' = U\Psi$ ein Eigenzustand von H' mit dem gleichen Eigenwert E. In Fällen, in denen die Energien wohldefiniert sind, sind sie eichinvariant.

1 Die transformierten Felder werden ebenso zeitunabhängig sein, wenn wir $\alpha(\mathbf{x}, t) = \lambda t$ setzen, wobei λ unabhängig von $\mathbf{x}$ und t ist. Dies entspricht einer Änderung einer beliebigen additiven Konstante im elektrostatischen Potenzial und verschiebt alle Energien in einem System mit Gesamtladung Q um den gleichen Betrag $-\lambda Q/c$.

10.3 Landau-Niveaus

Als ein Beispiel für den Gebrauch der Theorie geladener Teilchen in einem elektromagnetischen Feld greifen wir nun ein klassisches Problem auf, das erstmals 1930 von Lev Landau (1908–1968) behandelt wurde: die Quantentheorie der Bewegung eines Elektrons in einem homogenen Magnetfeld in zwei Dimensionen.[2] Da Elektronen einen Spin haben, müssen wir einen Term $-\mu_e \mathbf{s} \cdot \mathbf{B}/(\hbar/2)$ zum Hamiltonian hinzufügen, wobei μ_e das magnetische Moment des Elektrons ist. Der Hamiltonian für ein Elektron (mit Ladung $-e$) in einem allgemeinen elektromagnetischen Feld lautet dann

$$H = \frac{1}{2m_e}\left(\mathbf{p} + \frac{e}{c}\mathbf{A}(\mathbf{x}, t)\right)^2 - e\phi(\mathbf{x}, t) - \frac{2\mu_e}{\hbar}\mathbf{s} \cdot \mathbf{B}(\mathbf{x}, t). \tag{10.3.1}$$

Wir vernachlässigen hier jegliche Wechselwirkung zwischen den Elektronen, sodass es sinnvoll ist, nur ein Elektron auf einmal zu betrachten. Wir nehmen an, dass das Magnetfeld in die $+z$-Richtung weist und einen konstanten Wert B_z hat. Wir schließen auch ein elektrisches Feld entlang der z-Richtung ein, das nur von z abhängt. Dieses Feld hat die Aufgabe, das Elektron in dieser Richtung zu halten, sei es in einer dünnen oder einer dicken Schicht. Wir können dann für das Vektorpotenzial und das skalare Potenzial die Form

$$A_y = xB_z, \quad A_x = A_z = 0, \quad \phi = \phi(z) \tag{10.3.2}$$

annehmen. (Diese Wahl ist natürlich nicht eindeutig, aber wie in Abschnitt 10.2 gezeigt, sind die Eigenwerte des Hamiltonian von der speziellen Wahl der Potenziale, die die angenommenen elektrischen und magnetischen Felder ergeben, unabhängig.) Mit diesen Potenzialen nimmt der Hamiltonian (10.3.1) die Gestalt

$$H = \frac{1}{2m_e}\left(p_x^2 + (p_y + eB_z x/c)^2 + p_z^2\right) - e\phi(z) - 2\mu_e s_z B_z/\hbar \tag{10.3.3}$$

an. Dieser Hamiltonian kommutiert mit den Operatoren p_y und s_z sowie mit

$$\mathcal{H} \equiv \frac{p_z^2}{2m_e} - e\phi(z), \tag{10.3.4}$$

somit können wir nach Zuständen Ψ suchen, die Eigenzustände all dieser Operatoren

$$\mathcal{H}\Psi = \mathcal{E}\Psi, \quad s_z\Psi = \pm\frac{\hbar}{2}\Psi, \quad p_y\Psi = \hbar k_y\Psi \tag{10.3.5}$$

ebenso wie von

$$H\Psi = E\Psi \tag{10.3.6}$$

sind. Die Schrödinger-Gleichung (10.3.6) lautet dann

$$\frac{1}{2m_e}\left(p_x^2 + (\hbar k_y + eB_z x/c)^2\right)\Psi = (E - \mathcal{E} \pm \mu_e B_z)\,\Psi. \tag{10.3.7}$$

Wir können diese Gleichung in eine vertrautere Form bringen, indem wir sie als

$$\left[\frac{1}{2m_e}p_x^2 + \frac{m_e\omega^2}{2}(x - x_0)^2\right]\Psi = (E - \mathcal{E} \pm \mu_e B_z)\,\Psi \tag{10.3.8}$$

2 L. Landau, Zeit. f. Physik **64**, 629 (1930).

schreiben mit

$$\omega = \frac{eB_z}{m_e c}, \quad x_0 = -\frac{\hbar k_y c}{eB_z}. \tag{10.3.9}$$

(Der Parameter ω ist die Kreisfrequenz der klassischen Elektronenbahnen in einem Magnetfeld B_z und wird daher Zyklotronfrequenz genannt.) Natürlich erkennen wir in Gleichung (10.3.8) die Schrödinger-Gleichung für einen harmonischen Oszillator, der in Abschnitt 2.5 diskutiert wurde. (Auch wenn der Operator p_x in Gleichung (10.3.7) nicht einfach gleich $m_e\dot{x}$ ist, erfüllt er doch die Vertauschungsrelation $[x, p_x] = i\hbar$ und wirkt daher als der Differenzialoperator $-i\hbar\partial/\partial x$ auf die Wellenfunktion im Ortsraum, genau wie beim gewöhnlichen harmonischen Oszillator.) Das x_0 in Gleichung (10.3.8) wirkt sich nicht auf die Energieeigenwerte aus, da man es durch Umdefiniton der Ortskoordinate $x \mapsto x' = x - x_0$ absorbieren kann. Somit sind die Energien durch

$$E = \mathcal{E} \mp \mu_e B_z + \hbar\omega\left(n + \frac{1}{2}\right) \tag{10.3.10}$$

gegeben mit $n = 0, 1, 2, \ldots$.

Dieser Ausdruck nimmt eine interessante Gestalt an, wenn wir den tatsächlichen Wert des magnetischen Moments des Elektrons,

$$\mu_e = -\frac{e\hbar(1+\delta)}{2m_e c}, \tag{10.3.11}$$

einsetzen, wobei $\delta = 0{,}001165923(8)$ eine kleine Strahlungskorrektur ist. Die Gleichung lautet dann

$$E = \mathcal{E} + \hbar\omega\left(n + \frac{1}{2} \pm \frac{1+\delta}{2}\right). \tag{10.3.12}$$

Wir beobachten eine Beinaheentartung: In der Näherung $\delta \simeq 0$ gibt es für ein gegebenes $\mathcal{E}$ und k_y einen Zustand mit Energie $\mathcal{E}$ und jeweils zwei Zustände mit Energien $\mathcal{E} + \hbar\omega$, $\mathcal{E} + 2\hbar\omega$, usw.

Weil die Energien (10.3.12) nicht von k_y abhängen, zeigen diese Energieniveaus einen weiteren sehr hohen Entartungsgrad. Nehmen wir an, die Elektronen seien in einer quadratischen Schicht eingeschlossen mit $-L_x/2 \leq x \leq L_x/2$ und $-L_y/2 \leq y \leq L_y/2$. Die Wellenfunktionen des harmonischen Oszillators (2.5.13) erstrecken sich um x_0 über eine mikroskopische Distanz $\simeq (\hbar/m_e\omega)^{1/2}$ in der x-Richtung, von der wir annehmen, dass sie sehr viel kleiner als L_x ist, sodass für x_0 in Gleichung (10.3.8) $|x_0| < L_x/2$ gelten muss, was nach Gleichung (10.3.9) $|k_y| < eB_zL_x/2\hbar c$ ergibt. Wie in Gleichung (1.1.1), kann die Wellenzahl k_y nur Werte $2\pi n_y/L_y$ annehmen, wobei n_y eine positive oder negative ganze Zahl ist, sodass die Anzahl der Zustände mit gegebenem n, $\mathcal{E}$ und s_z, die die Bedingung erfüllen, dass $|k_y|$ kleiner als $eB_zL_x/2\hbar c$ ist, gleich der Anzahl positiver oder negativer ganzer Zahlen mit Betrag kleiner als $(eB_zL_x/2\hbar c)(L_y/2\pi)$ ist, die

$$\mathcal{N}_y = \frac{eB_zA}{2\pi\hbar c}, \tag{10.3.13}$$

beträgt, wobei $A = L_xL_y$ die Fläche der Schicht ist.

Um weiter zu kommen, müssen wir eine Annahme über den Term $\mathcal{H}$ im Hamiltonian machen, der die z-Abhängigkeit der Wellenfunktion steuert und der durch Gleichung (10.3.4) gegeben ist. Wir werden uns auf den einfachsten Fall konzentrieren und annehmen, dass wir es mit einer Metallschicht zu tun haben, die in der z-Richtung so dünn ist, dass die Eigenwerte $\mathcal{E}$ von $\mathcal{H}$ sehr weit voneinander getrennt sind, sodass wir annehmen können, dass alle Leitungselektronen sich in dem Eigenzustand von $\mathcal{H}$ mit der niedrigsten Energie $\mathcal{E}_0$ befinden.

Wenn wir annehmen, dass alle Zustände des harmonischen Oszillators von Elektronen bis zu einer Maximalenergie $\mathcal{E}_F$ (die Fermienergie minus $\mathcal{E}_0$) besetzt sind, so wird die Gesamtzahl der Leitungselektronen gleich

$$N = 2\left(\frac{\mathcal{E}_F}{\hbar\omega}\right)\mathcal{N}_y = \frac{\mathcal{E}_F m_e A}{\pi\hbar^2} \tag{10.3.14}$$

sein. Ohne ein Magnetfeld hätten wir einfach dieselbe Beziehung zwischen der Fermienergie und der Anzahl N/A von Elektronen pro Fläche:

$$N = 2\left(\frac{L_x}{2\pi}\right)\left(\frac{L_y}{2\pi}\right)\int_0^{\sqrt{2m_e\mathcal{E}_F}/\hbar} 2\pi k\, dk = \frac{\mathcal{E}_F m_e A}{\pi\hbar^2}.$$

Worauf sich das Magnetfeld auswirkt, ist die Quantisierung der Energieniveaus. Nach Gleichung (10.3.12) (mit $\delta = 0$) muss die partielle Fermienergie $\mathcal{E}_F$, wenn alle Energieniveaus (10.3.12) bis zu einem Maximalwert vollständig gefüllt sind, ein ganzzahliges Vielfaches von $\hbar\omega$ sein, was für den Wert von $\mathcal{E}_F$ aus Gleichung (10.3.14) für eine bestimmte Anzahl von Leitungselektronen pro Fläche N/A nicht zwangsläufig zutrifft. Ist die partielle Fermienergie $\mathcal{E}_F$ kein ganzzahliges Vielfaches von $\hbar\omega$, so ist das oberste Energieniveau des harmonischen Oszillators nicht vollständig gefüllt. Genauer gesagt, wenn $[\mathcal{E}_F/\hbar\omega]$ die größte ganze Zahl kleiner oder gleich $\mathcal{E}_F/\hbar\omega$ ist, so werden alle Energieniveaus bis $\hbar\omega[\mathcal{E}_F/\hbar\omega]$ voll besetzt sein, und der Bruchteil f des nächsthöheren besetzten Energieniveaus wird durch die Bedingung

$$\left(\left[\frac{\mathcal{E}_F}{\hbar\omega}\right] + f\right)\hbar\omega = \mathcal{E}_F$$

gegeben sein, also durch

$$f = \frac{\mathcal{E}_F}{\hbar\omega} - \left[\frac{\mathcal{E}_F}{\hbar\omega}\right]. \tag{10.3.15}$$

Mit zunehmendem Magnetfeld nimmt das Verhältnis $\mathcal{E}_F/\hbar\omega$ wie $1/B_z$ ab, somit nimmt auch f ab, bis $\mathcal{E}_F/\hbar\omega$ eine ganze Zahl ist, dann ist $f = 0$. Nimmt B_z weiter zu, so wird die Besetzung f von null auf fast eins springen und dann wieder auf null abfallen, wenn $\mathcal{E}_F/\hbar\omega$ gleich der nächstniedrigeren ganzen Zahl ist, und so weiter. Viele Eigenschaften des Metalls zeigen daher eine Periodizität in $1/B_z$, wobei eine Periode gleich der Abnahme in $1/B_z$ ist, die notwendig ist, damit $\mathcal{E}_F/\hbar\omega$ um eine Einheit abnimmt:

$$\Delta\left(\frac{1}{B_z}\right) = \frac{\hbar e}{m_e c\mathcal{E}_F}. \tag{10.3.16}$$

Die beobachtete Periodizität im spezifischen elektrischen Widerstand und der magnetischen Suszeptibilität nennt man den **Shubnikow-de Haas-Effekt** bzw. den **de Haas-van Alphen-Effekt**. Misst man ein solche Periodizität für verschiedene Orientierungen des Magnetfeldes, so kann man daraus die Beziehung zwischen Elektronenenergien und -impulsen in einem Kristall bestimmen.

Ähnliche Periodizitäten beobachtet man auch in Schichten endlicher Dicke in der z-Richtung, in der viele verschiedene Eigenzustände von $\mathcal{H}$ besetzt sind. In diesem Fall sind die Eigenwerte $\mathcal{E}$ Funktionen der z-Komponente k_z der Blochwellenzahl, und die Oszillationen hängen mit Maxima und Minima von $\mathcal{E}(k_z)$ zusammen.

10.4 Der Aharonov-Bohm-Effekt

Wie in Abschnitt 10.1 betont, ist die Einführung von Vektorpotenzial und skalarem Potenzial in der Quantenmechanik entscheidend, obwohl es sich dabei in der klassischen Physik nur um eine bequeme mathematische Formulierung handelt. Das zeigt sich sehr deutlich an der Existenz eines Effekts, der von Aharonov und Bohm[3] vorhergesagt wurde. Dabei kann das Vektorpotenzial messbare Auswirkungen auf ein geladenes Teilchen haben, obwohl das Magnetfeld auf dem Pfad des Teilchens überall verschwindet.

Überlegen wir uns zunächst, wie man die Wellenfunktion eines Elektrons (unter Vernachlässigung von Spineffekten) mit der Energie E in einem statischen elektromagnetischen Feld berechnet, und zwar in einem Fall, in dem die Längenskala, auf der sich das Feld merklich ändert, groß im Vergleich zur Elektronenwellenlänge ist. In diesem Fall können wir die Eikonalnäherung verwenden, die in Abschnitt 7.10 beschrieben wurde, mit einem Hamiltonian, der durch Gleichung (10.1.9) für die Ladung $-e$ und ohne elektromagnetisches Potenzial $\mathcal{V}$ gegeben ist:

$$H(\mathbf{x}, \mathbf{p}) = \frac{1}{2m_e}\left[\mathbf{p} + \frac{e}{c}\mathbf{A}(\mathbf{x})\right]^2 - e\phi(\mathbf{x}). \tag{10.4.1}$$

Wir müssen Strahlpfade konstruieren, die durch die Hamiltonschen Gleichungen (7.10.4) definiert sind und für den Hamiltonian (10.4.1)

$$\frac{dx_i}{d\tau} = \frac{1}{m_e}\left[p_i + \frac{e}{c}A_i(\mathbf{x})\right], \tag{10.4.2}$$

$$\frac{dp_i}{d\tau} = -\frac{e}{m_e c}\sum_j \left[p_j + \frac{e}{c}A_j(\mathbf{x})\right]\frac{\partial A_j(\mathbf{x})}{\partial x_i} + e\frac{\partial \phi(\mathbf{x})}{\partial x_i} \tag{10.4.3}$$

lauten. Dabei parametrisiert τ den Pfad durch den Phasenraum. Die Anfangsbedingungen für die Wellenfunktion werden auf einer Anfangsfläche festgelegt, auf der die Phase der Wellenfunktion in führender Ordnung eine Konstante ist, etwa null; $\mathbf{p}$ ist senkrecht auf dieser Oberfläche; und der Hamiltonian H entspricht der Elektronenenergie E, sodass sich

3 Y. Aharonov und D. Bohm, Phys. Rev. **115**, 485 (1959).

mit den Gleichungen (10.4.2) und (10.4.3) entlang eines beliebigen Pfads $H = E$ ergibt. An jedem Punkt $\mathbf{x}$ ist die Phase $S(\mathbf{x})/\hbar$ der Wellenfunktion gegeben, indem man einen Strahlpfad konstruiert, der bei $\tau = 0$ auf der Anfangsfläche anfängt und $\mathbf{x}$ bei $\tau = \tau_{\mathbf{x}}$ erreicht, sowie das Integral

$$S(\mathbf{x}) = \int_0^{\tau_{\mathbf{x}}} \mathbf{p}(\tau) \cdot \frac{d\mathbf{x}(\tau)}{d\tau} d\tau \tag{10.4.4}$$

berechnet. Wenn man Gleichung (10.4.2) verwendet und den Hamiltonian (10.4.1) gleich E setzt, ergibt dies in unserem Fall

$$S(\mathbf{x}) = \int_0^{\tau_{\mathbf{x}}} \left[-\frac{e}{c}\mathbf{A}(\tau) \cdot \frac{d\mathbf{x}}{d\tau} + 2\Big(E + e\phi(\mathbf{x}(\tau))\Big) \right] d\tau. \tag{10.4.5}$$

Die Wellenfunktion bei $\mathbf{x}$ wird von der Gestalt $N(\mathbf{x}) \exp(iS(\mathbf{x})/\hbar))$ sein, wobei $N(\mathbf{x})$ eine langsam veränderliche reelle Amplitude ist, die von den Anfangsbedingungen nur insofern abhängt, dass sie proportional zu dem Wert der Amplitude an dem Punkt ist, an dem der Strahlpfad zu $\mathbf{x}$ durch die Anfangsfläche dringt.

Nehmen wir nun an, dass ein einzelner kohärenter Elektronenstrahl durch eine Anordnung von Feldern, Schirmen und/oder Strahlteilern in zwei Teile aufgespalten wird, sodass es zwei Strahlpfade zu einem Detektor bei $\mathbf{x}$ gibt. Die Wellenfunktion bei $\mathbf{x}$ wird die Gestalt

$$\psi(\mathbf{x}) = N_1(\mathbf{x}) \exp\Big(iS_1(\mathbf{x})/\hbar\Big) + N_2(\mathbf{x}) \exp\Big(iS_2(\mathbf{x})/\hbar\Big) \tag{10.4.6}$$

annehmen, wobei die Indizes 1 und 2 die zwei Pfade zum Detektor bezeichnen. Die Wahrscheinlichkeitsdichte bei $\mathbf{x}$ hängt dann von der Differenz der Phasen ab:

$$|\psi(\mathbf{x})|^2 = N_1^2(\mathbf{x}) + N_2^2(\mathbf{x}) + 2N_1(\mathbf{x})N_2(\mathbf{x}) \cos\Big([S_1(\mathbf{x}) - S_2(\mathbf{x})]/\hbar\Big). \tag{10.4.7}$$

Die hier auftretende Phasendifferenz kann man als ein Integral über eine Kurve C_{12} schreiben, die von der Anfangsfläche zu $\mathbf{x}$ entlang Pfad 1 verläuft und dann zurück zur Anfangsfläche entlang Pfad 2.

$$\frac{1}{\hbar}\Big[S_1(\mathbf{x}) - S_2(\mathbf{x})\Big] = \frac{1}{\hbar} \oint_{C_{12}} \left[-\frac{e}{c}\mathbf{A}(\tau) \cdot \frac{d\mathbf{x}(\tau)}{d\tau} + 2\Big(E + e\phi(\mathbf{x}(\tau))\Big) \right] d\tau. \tag{10.4.8}$$

Nach dem Stokesschen Satz ist der erste Term in der Phasendifferenz proportional zum magnetischen Fluss durch die von C_{12} eingeschlossene Fläche A_{12}:

$$-\frac{e}{\hbar c} \oint_{C_{12}} \mathbf{A}(\tau) \cdot \frac{d\mathbf{x}(\tau)}{d\tau} d\tau = -\frac{e}{\hbar c} \int_{A_{12}} \mathbf{B} \cdot \hat{n}\, dA, \tag{10.4.9}$$

wobei $\hat{n}$ der auf der Fläche senkrecht stehende Einheitsvektor ist. Der Aharonov-Bohm-Effekt ist hier in einem zeitunabhängigen Kontext beschrieben worden, aber wir können ihn auch als die Auswirkung des sich ändernden Magnetfeldes auffassen, das man im Ruhesystem des Elektrons sieht. In diesem Sinne können wir Gleichung (10.4.9) als ein Beispiel der in Abschnitt 6.7 besprochenen Berry-Phase sehen.

In dem von Aharonov und Bohm betrachteten speziellen Fall wird eine Magnetspule zwischen den Pfaden 1 und 2 eingebracht. Sie trägt einen magnetischen Fluss Φ, der sich zur

Gänze in der Spule befindet. Mit dem gleichen Argument wie in Abschnitt 10.1 werden die Strahlpfade nur von den elektrischen und magnetischen Feldern entlang der Pfade beeinflusst und somit nicht durch die Spule. Aber das Vektorpotenzial der Spule erstreckt sich auch außerhalb von ihr, und das trägt einen Term $-e\Phi/\hbar c$ zum Phasenunterschied bei, auch wenn das Magnetfeld der Spule entlang beider Strahlpfade verschwindet. Es gibt noch andere Beiträge zur Phasendifferenz, aber den Beitrag der Spule kann man beobachten, indem man ihren Fluss Φ ändert, während man am System sonst nichts ändert. Wie in Gleichung (10.4.7) gezeigt, wird die elektronische Wahrscheinlichkeitsdichte am Detektor periodisch in Φ sein, und zwar mit einer Periode von $2\pi\hbar c/e = 4{,}14 \times 10^{-7}$Gauss cm^2. Diesen Effekt hat man in zahlreichen Experimenten beobachtet.[4]

4 R. G. Chambers, Phys. Rev. Lett. **5**, 3 (1960); H. A. Fowler, L. Marton, J. A. Simpson, und J. A. Suddeth, J. Appl. Phys. **22**, 1153 (1961); H. Boersch, H. Hamisch, K. Grohmann und D. Wohlleben, Z. Phys. **165**, 79 (1961); G. Möllenstedt und W. Bayh, Phys. B1 **18**, 299 (1962); A. Tomomura, T. Matsuda, R. Suzuki, *et al.*, Phys. Rev. Lett. **48**, 1443 (1982).

Aufgaben zu Kapitel 10

EXTRAS ONLINE
Lösungen

1 Betrachten Sie ein System in einem externen elektromagnetischen Feld. Nehmen Sie an, dass der Teil des Lagrangian, der von dem skalaren Potenzial ϕ und dem Vektorpotenzial $\mathbf{A}$ abhängt, die Gestalt

$$L_{\text{int}}(t) = \int d^3x \; [-\rho(\mathbf{x}, t)\phi(\mathbf{x}, t) + \mathbf{J}(\mathbf{x}, t) \cdot \mathbf{A}(\mathbf{x}, t)]$$

annimmt, wobei ρ und J von den Variablen der Materie, nicht aber ϕ oder $\mathbf{A}$ abhängen. Welche Bedingung müssen ρ und $\mathbf{J}$ erfüllen, damit die Wirkung eichinvariant ist?

2 Betrachten Sie eine homogene rechteckige Metallschicht mit den Kanten L_x, L_y und L_z. Nehmen Sie an, dass das elektrische Potenzial ϕ in der Schicht verschwindet und dass die Wellenfunktionen der Leitungselektronen in der Schicht auf den Oberflächen der Schicht periodische Randbedingungen erfüllen. Nehmen Sie ferner an, dass sich die Schicht in einem konstanten Magnetfeld in der z-Richtung befindet, das so stark ist, dass die Zyklotronfrequenz ω sehr viel größer als $\hbar/m_e L_z^2$ ist. Nehmen Sie an, dass es n_e Leitungselektronen pro Einheitsvolumen in der Schicht gibt. Berechnen Sie die Maximalenergie der einzelnen Leitungselektronen im Grenzfall $\omega m_e L_z^2/\hbar \to \infty$.

3 Betrachten Sie ein nichtrelativistisches Elektron in einem externen elektromagnetischen Feld. Berechnen Sie die Kommutatoren der verschiedenen Komponenten seiner Geschwindigkeit.

Lernziele

1 Die Euler-Lagrange-Gleichungen
- Allgemeine Feldtheorien
- Variationelle Ableitungen des Lagrangian, Lagrange-Dichte

2 Der Lagrangian der Elektrodynamik
- Maxwell-Gleichungen, Ladungsdichte und Stromdichte
- Lagrangians für Felder, Wechselwirkung und Materie

3 Kommutatorrelationen in der Elektrodynamik
- Coulomb-Eichung, Zwangsbedingungen
- Anwendung von Dirac-Klammern

4 Der Hamiltonian für die Elektrodynamik
- Auswertung des Hamiltonian, Coulomb-Energie
- Auffinden der Maxwell-Gleichungen

5 Wechselwirkungsbild
- Operatoren im Wechselwirkungsbild
- Entwicklung nach ebenen Wellen
- Polarisationsvektoren

6 Photonen
- Erzeugungs- und Vernichtungsoperatoren
- Fockraum, Photonenenergien, Vakuumenergie, Photonenimpuls, Photonenspin, Polarisierungsarten
- Kohärente Zustände

7 Strahlungsübergangsraten
- S-Matrix für die Photonenemission
- Separation der Schwerpunktsbewegung
- Allgemeine Zerfallsrate, Elektrische Dipolstrahlung
- Elektrische Quadrupolstrahlung und magnetische Dipolstrahlung
- 21 cm-Strahlung, keine $0 \to 0$ Übergänge

Die Quantentheorie der Strahlung

11

ÜBERBLICK

» Wir kommen nun auf das Problem zurück, das zu Beginn des zwanzigsten Jahrhunderts zur Quantentheorie führte – die Natur der elektromagnetischen Strahlung. «

11.1 Die Euler-Lagrange-Gleichungen

Um das elektromagnetische Feld zu quantisieren, werden wir mit einem Lagrangian arbeiten, der auf die Maxwellschen Gleichungen führt. Aber bevor wir diesen Lagrangian einführen, ist es hilfreich, zunächst allgemein zu erklären, wie man in Feldtheorien die Feldgleichungen aus einem Lagrangian herleiten kann.

Die kanonischen Variablen $q_N(t)$ in allgemeinen Feldtheorien sind Felder $\psi_n(\mathbf{x}, t)$, wobei N ein Multiindex ist, der eine diskrete Bezeichnung n beinhaltet, die die Art des Feldes angibt, sowie eine Ortskoordinate $\mathbf{x}$. Dementsprechend ist der Lagrangian $L(t)$ ein **Funktional** von $\psi_n(\mathbf{x}, t)$ und $\dot{\psi}_n(\mathbf{x}, t)$, abhängig von der Gestalt aller Funktionen $\psi_n(\mathbf{x}, t)$ und $\dot{\psi}_n(\mathbf{x}, t)$ für alle $\mathbf{x}$, aber zu einer festen Zeit t. Als Konsequenz daraus muss man die partiellen Ableitungen nach q_N und $\dot{q}_N$ in den Bewegungsgleichungen als funktionale Ableitungen nach $\psi_n(\mathbf{x}, t)$ und $\dot{\psi}_n(\mathbf{x}, t)$ interpretieren, sodass diese Gleichungen

$$\frac{\partial}{\partial t}\left(\frac{\delta L(t)}{\delta \dot{\psi}_n(\mathbf{x}, t)}\right) = \frac{\delta L(t)}{\delta \psi_n(\mathbf{x}, t)} \tag{11.1.1}$$

lauten, wobei die funktionalen Ableitungen $\delta L/\delta\dot{\psi}_n$ und $\delta L/\delta\psi_n$ so definiert sind, dass die Änderung im Lagrangian, die von unabhängigen infinitesimalen Änderungen in $\delta\psi_n(\mathbf{x}, t)$ und $\delta\dot{\psi}_n(\mathbf{x}, t)$ zu einer festen Zeit t verursacht wird,

$$\delta L(t) = \sum_n \int d^3x \sum_n \left[\frac{\delta L(t)}{\delta \psi_n(\mathbf{x}, t)}\delta\psi_n(\mathbf{x}, t) + \frac{\delta L(t)}{\delta \dot{\psi}_n(\mathbf{x}, t)}\delta\dot{\psi}_n(\mathbf{x}, t)\right] \tag{11.1.2}$$

ist. Entsprechend lautet die kanonisch Konjugierte zu $\psi_n(\mathbf{x}, t)$

$$\pi_n(\mathbf{x}, t) = \frac{\delta L(t)}{\delta \dot{\psi}_n(\mathbf{x}, t)}, \tag{11.1.3}$$

und in einer Theorie ohne Zwangsbedingungen sind die kanonischen Kommutatorrelationen zu

$$[\psi_n(\mathbf{x}, t), \pi_m(\mathbf{y}, t)] = i\hbar\delta_{nm}\delta^3(\mathbf{x} - \mathbf{y}), \tag{11.1.4}$$

$$[\psi_n(\mathbf{x}, t), \psi_m(\mathbf{y}, t)] = [\pi_n(\mathbf{x}, t), \pi_m(\mathbf{y}, t)] = 0 \tag{11.1.5}$$

gegeben.

Typischerweise (aber nicht immer) wird der Lagrangian in einer Feldtheorie ein Integral über eine lokale **Lagrange-Dichte** $\mathcal{L}$ sein:

$$L(t) = \int d^3x\, \mathcal{L}\Big(\psi(\mathbf{x}, t), \boldsymbol{\nabla}\psi(\mathbf{x}, t), \dot{\psi}(\mathbf{x}, t)\Big). \tag{11.1.6}$$

Die Variation der Lagrangeschen Wirkung aufgrund einer infinitesimalen Änderung in den Feldern ψ_n und ihren räumlichen und zeitlichen Ableitungen beträgt

$$\delta\, L(t) = \int d^3x \sum_n \left[\frac{\partial\mathcal{L}}{\partial\psi_n}\delta\psi_n + \sum_i \frac{\partial\mathcal{L}}{\partial(\partial_i\psi_n)}\frac{\partial}{\partial x_i}\delta\psi_n + \frac{\partial\mathcal{L}}{\partial\dot{\psi}_n}\frac{\partial}{\partial t}\delta\psi_n\right].$$

Partielle Integration ergibt

$$\delta L(t) = \int d^3x \sum_n \left[\left(\frac{\partial \mathcal{L}}{\partial \psi_n} - \sum_i \frac{\partial}{\partial x_i} \frac{\partial \mathcal{L}}{\partial(\partial_i \psi_n)} \right) \delta\psi_n + \frac{\partial \mathcal{L}}{\partial \dot{\psi}_n} \frac{\partial}{\partial t} \delta\psi_n \right].$$

Dies kann man durch Formeln für die variationellen Ableitungen des Lagrangian ausdrücken:

$$\frac{\delta L}{\delta \psi_n} = \frac{\partial \mathcal{L}}{\partial \psi_n} - \sum_i \frac{\partial}{\partial x_i} \frac{\partial \mathcal{L}}{\partial(\partial_i \psi_n)} \tag{11.1.7}$$

$$\frac{\delta L}{\delta \dot{\psi}_n} = \frac{\partial \mathcal{L}}{\partial \dot{\psi}_n}. \tag{11.1.8}$$

Die Bewegungsgleichungen (11.1.1) erhalten dann die Gestalt von **Euler-Lagrange-Feldgleichungen**:

$$\frac{\partial \mathcal{L}}{\partial \psi_n} - \sum_i \frac{\partial}{\partial x_i} \frac{\partial \mathcal{L}}{\partial(\partial_i \psi_n)} = \frac{\partial}{\partial t} \frac{\partial \mathcal{L}}{\partial \dot{\psi}_n}. \tag{11.1.9}$$

(In relativistisch invarianten Theorien ist es praktisch, dies als

$$\frac{\partial \mathcal{L}}{\partial \psi_n} = \sum_\mu \frac{\partial}{\partial x^\mu} \frac{\partial \mathcal{L}}{\partial(\partial_\mu \psi_n)} \tag{11.1.10}$$

zu schreiben. Hier ist μ ein Index für eine Viererkomponente, die man über die Werte $i = 1, 2, 3$ und 0 aufsummiert, mit $x^i = x_i$ und $x^0 = ct$.) In ähnlicher Weise lautet in Theorien mit einer lokalen Lagrange-Dichte die Feldvariable (11.1.3), die zu $\psi_n(\mathbf{x}, t)$ kanonisch konjugiert ist,

$$\pi_n = \frac{\delta L}{\delta \dot{\psi}_n} = \frac{\partial \mathcal{L}}{\partial \dot{\psi}_n}. \tag{11.1.11}$$

11.2 Der Lagrangian der Elektrodynamik

Das elektrische Feld $\mathbf{E}(\mathbf{x}, t)$ und das Magnetfeld $\mathbf{B}(\mathbf{x}, t)$ gehorchen den inhomogenen Maxwell-Gleichungen[1]

$$\nabla \times \mathbf{B} - \frac{1}{c}\frac{\partial \mathbf{E}}{\partial t} = \frac{4\pi}{c}\mathbf{J}, \quad \nabla \cdot \mathbf{E} = 4\pi\rho \tag{11.2.1}$$

und den homogenen Maxwell-Gleichungen, denen wir bereits in Abschnitt 10.1 begegnet sind:

$$\nabla \times \mathbf{E} + \frac{1}{c}\frac{\partial \mathbf{B}}{\partial t} = 0, \quad \nabla \cdot \mathbf{B} = 0. \tag{11.2.2}$$

Hier ist $\rho(\mathbf{x}, t)$ die elektrische Ladungsdichte, die so definiert ist, dass die elektrische Ladung in einem beliebigen Volumen gleich dem Integral von ρ über dieses Volumen ist, und

1 Der Faktor 4π erscheint hier, weil wir in diesem Buch Gaußsche CGS-Einheiten für die elektrischen Ladungen und Ströme verwenden, sodass das von einer Ladung e im Abstand r erzeugte elektrische Feld gleich e/r^2 und nicht $e/4\pi r^2$ ist.

$\mathbf{J}(\mathbf{x}, t)$ ist die elektrische Stromdichte, die so definiert ist, dass die pro Sekunde durch eine kleine Fläche fließende Ladung die Komponente von $\mathbf{J}$ senkrecht zu dieser Fläche ist, multipliziert mit der Fläche. Die beiden Größen genügen der Ladungserhaltungsbedingung (Kontinuitätsgleichung, A. d. Ü.)

$$\frac{\partial \rho}{\partial t} + \nabla \cdot \mathbf{J} = 0, \tag{11.2.3}$$

die man zur Konsistenz der Gleichungen (11.2.1) benötigt. Zum Beispiel sind Ladungs- und Stromdichte für einen Satz nichtrelativistischer Punktteilchen mit Ladungen e_n und Ortsvektoren $\mathbf{x}_n(t)$

$$\rho(\mathbf{x}, t) = \sum_n e_n \delta^3\Big(\mathbf{x} - \mathbf{x}_n(t)\Big), \quad \mathbf{J}(\mathbf{x}, t) = \sum_n e_n\, \dot{\mathbf{x}}_n(t)\, \delta^3\Big(\mathbf{x} - \mathbf{x}_n(t)\Big). \tag{11.2.4}$$

Man sieht leicht, dass sie die Erhaltungsbedingung (11.2.3) erfüllen, indem man die Beziehung

$$\frac{\partial}{\partial t}\delta^3\Big(\mathbf{x} - \mathbf{x}_n(t)\Big) = -\dot{\mathbf{x}}_n(t) \cdot \nabla \delta^3\Big(\mathbf{x} - \mathbf{x}_n(t)\Big)$$

anwendet.

Wie in Abschnitt 10.1 müssen wir, um einen Lagrangian für die Elektrodynamik zu konstruieren, die elektrischen und magnetischen Felder durch ein Vektorpotenzial $\mathbf{A}(\mathbf{x}, t)$ und ein skalares Potenzial $\phi(\mathbf{x}, t)$ ausdrücken:

$$\mathbf{E} = -\frac{1}{c}\dot{\mathbf{A}} - \nabla \phi, \quad \mathbf{B} = \nabla \times \mathbf{A}, \tag{11.2.5}$$

sodass die homogenen Maxwell-Gleichungen (11.2.2) automatisch erfüllt sind. Wir haben in Gleichung (10.1.3) gesehen, dass der Term im Lagrangian für die Wechselwirkung eines Satzes nichtrelativistischer Teilchen mit einem elektromagnetischen Feld

$$L_{\text{int}}(t) = \sum_n \left[-e_n \phi\Big(\mathbf{x}_n(t), t\Big) + \frac{e_n}{c}\dot{\mathbf{x}}_n(t) \cdot \mathbf{A}\Big(\mathbf{x}_n(t), t\Big)\right]$$

lautet. Das kann man als das Integral einer lokalen Dichte ausdrücken:

$$L_{\text{int}}(t) = \int d^3x\, \mathcal{L}_{\text{int}}(\mathbf{x}, t) \tag{11.2.6}$$

mit

$$\mathcal{L}_{\text{int}}(\mathbf{x}, t) = -\rho(\mathbf{x}, t)\phi(\mathbf{x}, t) + \frac{1}{c}\mathbf{J}(\mathbf{x}, t) \cdot \mathbf{A}(\mathbf{x}, t). \tag{11.2.7}$$

Wir werden dies als die Lagrange-Dichte der Wechselwirkung für beliebige Ladungen und Ströme verwenden.

Zu (11.2.7) müssen wir eine Lagrange-Dichte $\mathcal{L}_0$ für die elektromagnetischen Felder selbst hinzunehmen, sodass der Teil des Lagrangian, in dem die elektromagnetischen Felder vorkommen, das Integral der Dichte

$$\mathcal{L}_{\text{em}} = \mathcal{L}_0 + \mathcal{L}_{\text{int}} \tag{11.2.8}$$

ist. Wie wir gleich sehen werden, lautet der Lagrangian des elektromagnetischen Feldes, der auf die korrekten Maxwell-Gleichungen führt,

$$\mathcal{L}_0 = \frac{1}{8\pi}\left[\mathbf{E}^2 - \mathbf{B}^2\right], \tag{11.2.9}$$

wobei **E** und **B** durch **A** und ϕ mittels Gleichung (11.2.5) ausgedrückt werden. Der Gesamt-Lagrangian für das System ist dann

$$L(t) = \int d^3x\, \mathcal{L}_{\text{em}}(\mathbf{x}, t) + L_{\text{mat}}(t), \tag{11.2.10}$$

wobei $L_{\text{mat}}(t)$ nur von den Materiekoordinaten und ihrer Änderungsrate, aber nicht von den elektromagnetischen Potenzialen abhängt und somit keine Rolle bei der Bestimmung der elektromagnetischen Feldgleichungen spielt.

Die Ableitungen der Lagrange-Dichte nach den Potenzialen und deren Ableitungen sind dann

$$\frac{\partial \mathcal{L}_{\text{em}}}{\partial(\partial_j A_i)} = -\frac{1}{4\pi}\sum_k \epsilon_{kji} B_k, \quad \frac{\partial \mathcal{L}_{\text{em}}}{\partial \dot{A}_i} = -\frac{1}{4\pi c} E_i, \quad \frac{\partial \mathcal{L}_{\text{em}}}{\partial A_i} = \frac{1}{c} J_i, \tag{11.2.11}$$

$$\frac{\partial \mathcal{L}_{\text{em}}}{\partial(\partial_i \phi)} = -\frac{1}{4\pi} E_i, \quad \frac{\partial \mathcal{L}_{\text{em}}}{\partial \dot{\phi}} = 0, \quad \frac{\partial \mathcal{L}_{\text{em}}}{\partial \phi} = -\rho, \tag{11.2.12}$$

wobei die Indizes i, j, k über die drei Koordinatenachsen $1, 2, 3$ laufen; wie zuvor ist ϵ_{kji} die total antisymmetrische Größe mit $\epsilon_{123} = +1$. Man sieht dann leicht, dass die inhomogenen Maxwell-Gleichungen (11.2.1) mit den Euler-Lagrange-Gleichungen (11.1.9) für A_i und ϕ übereinstimmen:

$$\frac{\partial \mathcal{L}_{\text{em}}}{\partial A_i} - \sum_j \frac{\partial}{\partial x_j}\frac{\partial \mathcal{L}_{\text{em}}}{\partial(\partial_j A_i)} = \frac{d}{dt}\frac{\partial \mathcal{L}_{\text{em}}}{\partial \dot{A}_i}, \quad \frac{\partial \mathcal{L}_{\text{em}}}{\partial \phi} - \sum_i \frac{\partial}{\partial x_i}\frac{\partial \mathcal{L}_{\text{em}}}{\partial(\partial_i \phi)} = \frac{d}{dt}\frac{\partial \mathcal{L}_{\text{em}}}{\partial \dot{\phi}}. \tag{11.2.13}$$

Somit kann man $\mathcal{L}_{\text{em}}$ in der Tat als die Lagrange-Dichte für elektromagnetische Felder verwenden. Natürlich könnten wir den ganzen Lagrangian L für Materie und Strahlung mit einem beliebigen konstanten Faktor multiplizieren und immer noch die gleichen elektromagnetischen Feldgleichungen und Bewegungsgleichungen für die Teilchen erhalten. Wie wir sehen werden, ist die Normierung von L so gewählt, dass sich sinnvolle Ergebnisse für die Energien von Photonen und geladenen Teilchen ergeben.

11.3 Kommutatorrelationen in der Elektrodynamik

Aus den Gleichungen (11.2.12) und (11.2.11) ersehen wir, dass die kanonisch Konjugierten von A_i und ϕ durch[2]

$$\Pi_\phi \equiv \frac{\partial \mathcal{L}}{\partial \dot{\phi}} = 0, \tag{11.3.1}$$

$$\Pi_i \equiv \frac{\partial \mathcal{L}}{\partial \dot{A}_i} = -\frac{1}{4\pi c} E_i = \frac{1}{4\pi c}\left[\frac{1}{c}\dot{\mathbf{A}} + \boldsymbol{\nabla}\phi\right]_i \tag{11.3.2}$$

gegeben sind. Die Zwangsbedingung (11.3.1) ist offensichtlich mit der üblichen Kommutatorregel $[\phi(\mathbf{x},t), \Pi_\phi(\mathbf{y},t)] = i\hbar\delta^3(\mathbf{x}-\mathbf{y})$ inkonsistent. Die Feldgleichung für **E** besagt ferner, dass Π_i einer weiteren Zwangsbedingung

$$\boldsymbol{\nabla}\cdot\boldsymbol{\Pi} = -\rho/c \tag{11.3.3}$$

unterliegt. Gleichung (11.3.3) ist mit den üblichen kanonischen Kommutatorrelationen inkonsistent, die verlangen würden, dass $[A_i(\mathbf{x},t), \Pi_j(\mathbf{y},t)] = i\hbar\delta_{ij}\delta^3(\mathbf{x}-\mathbf{y})$ ist und dass $A_i(\mathbf{x},t)$ mit $\rho(\mathbf{y},t)$ vertauscht.

In der in Abschnitt 9.5 beschriebenen Sprache von Dirac sind die Zwangsbedingungen (11.3.1) und (11.3.3) »erster Klasse,« weil die Poisson-Klammer von Π_ϕ und $\boldsymbol{\nabla}\cdot\boldsymbol{\Pi} + \rho/c$ verschwindet. Andererseits (und nicht ohne Bezug zum Vorliegen von Zwangsbedingungen erster Klasse) gibt uns die Eichinvarianz eine Freiheit, den dynamischen Variablen weitere Bedingungen aufzuerlegen. Es gibt verschiedene Möglichkeiten, aber die häufigste Wahl ist die **Coulomb-Eichung**, bei der wir die Bedingung auferlegen, dass das Vektorpotenzial divergenzfrei ist:

$$\boldsymbol{\nabla}\cdot\mathbf{A} = 0. \tag{11.3.4}$$

(Man beachte, dass dies immer möglich ist, weil man eine nicht-verschwindende Divergenz $\boldsymbol{\nabla}\cdot\mathbf{A}$ immer durch eine Eichtransformation (10.2.1), (10.2.2) zum Verschwinden bringen kann:

$$\mathbf{A} \mapsto \mathbf{A}' = \mathbf{A} + \boldsymbol{\nabla}\alpha, \qquad \phi \mapsto \phi' = \phi - \dot{\alpha}/c,$$

mit $\nabla^2\alpha = -\boldsymbol{\nabla}\cdot\mathbf{A}$, was $\boldsymbol{\nabla}\cdot\mathbf{A}' = 0$ bewirkt.) Mit der Wahl der Eichung (11.3.4) ergibt die Feldgleichung $\boldsymbol{\nabla}\cdot\mathbf{E} = 4\pi\rho$ also $\nabla^2\phi = -4\pi\rho$, somit ist ϕ keine unabhängige Feldvariable, sondern eine Funktion von **x** und den Materiekoordinaten zur gleichen Zeit:[3]

$$\phi(\mathbf{x},t) = \int d^3y\, \frac{\rho(\mathbf{y},t)}{|\mathbf{x}-\mathbf{y}|} = \sum_n \frac{e_n}{|\mathbf{x}-\mathbf{x}_n(t)|}. \tag{11.3.5}$$

Somit müssen wir uns über das Verschwinden der kanonisch Konjugierten Π_ϕ keine Gedanken machen. Wir haben immer noch zwei Zwangsbedingungen, (11.3.3) und (11.3.4),

2 Ich verwende einen Großbuchstaben für das kanonisch Konjugierte von A_i, um die Operatoren A_i und Π_i im Heisenberg-Bild von ihren Gegenstücken im Wechselwirkungsbild zu unterscheiden, die wir in Abschnitt 11.5 mit a_i und π_i bezeichnen werden.

3 Hier verwenden wir die Beziehung $\nabla^2|\mathbf{y}-\mathbf{z}|^{-1} = -4\pi\delta^3(\mathbf{y}-\mathbf{z})$. Man überprüft leicht, dass diese Größe für $\mathbf{y} \neq \mathbf{z}$ verschwindet, weil $d/dr(r^2\, d/dr(1/r)) = 0$ ist. Aber der Gaußsche Satz besagt, dass ihr Integral über eine bei **z** zentrierte Kugel gleich dem Integral von $(d/dr)(1/r)$ über die Oberfläche der Kugel ist, das -4π ergibt.

die wir im Einklang mit der Schreibweise in Abschnitt 9.5 als $\chi_1 = \chi_2 = 0$ schreiben werden mit

$$\chi_1 = \boldsymbol{\nabla} \cdot \mathbf{A}, \quad \chi_2 = \boldsymbol{\nabla} \cdot \boldsymbol{\Pi} + \rho/c. \tag{11.3.6}$$

Wie in Abschnitt 9.5 definieren wir eine Matrix

$$C_{r\mathbf{x},s\mathbf{y}} \equiv [\chi_r(\mathbf{x}), \chi_s(\mathbf{y})]_P, \tag{11.3.7}$$

wobei $[\cdots, \cdots]_P$ für die Poisson-Klammer (9.4.19) steht. (Wir erinnern uns, dass die Poisson-Klammer bis auf einen Faktor $i\hbar$ den Kommutatoren entspräche, wenn die kanonischen Kommutatorrelationen hier gelten würden.) Diese »Matrix« hat die Elemente

$$C_{1\mathbf{x},2\mathbf{y}} = -C_{2\mathbf{y},1\mathbf{x}} = \sum_{ij} \delta_{ij} \frac{\partial^2}{\partial x_i \partial y_j} \delta^3(\mathbf{x}-\mathbf{y}) = -\nabla^2 \delta^3(\mathbf{x}-\mathbf{y}), \tag{11.3.8}$$

$$C_{1\mathbf{x},1\mathbf{y}} = C_{2\mathbf{x},2\mathbf{y}} = 0. \tag{11.3.9}$$

Sie hat ein Matrixinverses

$$C^{-1}_{1\mathbf{x},2\mathbf{y}} = -C^{-1}_{2\mathbf{y},1\mathbf{x}} = -\frac{1}{4\pi|\mathbf{x}-\mathbf{y}|}, \tag{11.3.10}$$

$$C^{-1}_{1\mathbf{x},1\mathbf{y}} = C^{-1}_{2\mathbf{x},2\mathbf{y}} = 0, \tag{11.3.11}$$

in dem Sinne, dass

$$\int d^3y \begin{pmatrix} 0 & C_{1\mathbf{x},2\mathbf{y}} \\ C_{2\mathbf{x},1\mathbf{y}} & 0 \end{pmatrix} \begin{pmatrix} 0 & C^{-1}_{1\mathbf{y},2\mathbf{z}} \\ C^{-1}_{2\mathbf{y},1\mathbf{z}} & 0 \end{pmatrix} \begin{pmatrix} \delta^3(\mathbf{x}-\mathbf{z}) & 0 \\ 0 & \delta^3(\mathbf{x}-\mathbf{z}) \end{pmatrix} \tag{11.3.12}$$

gilt, also ist

$$\int d^3y\, C_{1\mathbf{x},2\mathbf{y}} C^{-1}_{2\mathbf{y},1\mathbf{z}} = \int d^3y \left[-\nabla^2 \delta^3(\mathbf{x}-\mathbf{y})\right] \left[\frac{1}{4\pi|\mathbf{y}-\mathbf{z}|}\right]$$
$$= \int d^3y \left[\delta^3(\mathbf{x}-\mathbf{y})\right] \left[-\nabla^2 \frac{1}{4\pi|\mathbf{y}-\mathbf{z}|}\right] = \delta^3(\mathbf{x}-\mathbf{z})$$

und Gleiches gilt für $\int d^3y\, C_{2\mathbf{x},1\mathbf{y}} C^{-1}_{1\mathbf{y},2\mathbf{z}}$. Wir halten auch die Poisson-Klammern fest:

$$[A_i(\mathbf{x},t), \chi_{2\mathbf{x}'}(t)]_P = \frac{\partial}{\partial x'_i} \delta^3(\mathbf{x}-\mathbf{x}'), \quad [A_i(\mathbf{x},t), \chi_{1\mathbf{x}'}(t)]_P = 0,$$
$$[\chi_{1\mathbf{y}'}(t), \Pi_j(\mathbf{y},t)]_P = \frac{\partial}{\partial y'_j} \delta^3(\mathbf{y}'-\mathbf{y}), \quad [\chi_{2\mathbf{y}'}(t), \Pi_j(\mathbf{y},t)]_P = 0.$$

Dann sind die Kommutatoren der kanonischen Variablen gemäß (9.5.17)-(9.5.19)

$$\begin{aligned}
[A_i(\mathbf{x},t),\Pi_j(\mathbf{y},t)] =& i\hbar\Big[\delta_{ij}\delta^3(\mathbf{x}-\mathbf{y}) - \int d^3x' \int d^3y' \, [A_i(\mathbf{x},t),\chi_{2\mathbf{x}'}(t)]_P \\
&\times C^{-1}_{2\mathbf{x}',1\mathbf{y}'}[\chi_{1\mathbf{y}'}(t),\Pi_j(\mathbf{y},t)]_P\Big] \\
=& i\hbar\left[\delta_{ij}\delta^3(\mathbf{x}-\mathbf{y}) - \int d^3x' \int d^3y' \left[\frac{\partial}{\partial x'_i}\delta^3(\mathbf{x}-\mathbf{x}')\right]\right. \\
&\left.\times \left[\frac{1}{4\pi|\mathbf{x}'-\mathbf{y}'|}\right]\left[\frac{\partial}{\partial y'_j}\delta^3(\mathbf{y}-\mathbf{y}')\right]\right] \\
=& i\hbar\left[\delta_{ij}\delta^3(\mathbf{x}-\mathbf{y}) - \frac{\partial^2}{\partial x_i \partial y_j}\frac{1}{4\pi|\mathbf{x}-\mathbf{y}|}\right] \qquad (11.3.13)\\
[A_i(\mathbf{x},t),A_j(\mathbf{y},t)] =& [\Pi_i(\mathbf{x},t),\Pi_j(\mathbf{y},t)] = 0. \qquad (11.3.14)
\end{aligned}$$

Es gibt eine merkwürdige Eigenschaft der kanonischen Kommutatorrelationen in der Coulomb-Eichung, die wir bis jetzt nicht aufgedeckt haben. Obwohl die Kommutatoren der Teilchenorte x_{nj} mit A_i und Π_i alle verschwinden, haben die Teilchenmomente p_{nj} nicht-verschwindende Kommutatoren mit Π_i. Nach der Diracschen Vorschrift und den Gleichungen (11.3.8)–(11.3.11) lautet dieser Kommutator

$$\begin{aligned}
[\Pi_i(\mathbf{x},t),p_{nj}(t)] &= -i\hbar\int d^3y \int d^3z \, [\Pi_i(\mathbf{x},t),\chi_{1\mathbf{y}}(t)]_P \, C^{-1}_{1\mathbf{y},2\mathbf{z}}[\chi_{2\mathbf{z}}(t),p_{nj}(t)]_P \\
&= -i\hbar\int d^3y \int d^3z \left[-\frac{\partial}{\partial y^i}\delta^3(\mathbf{x}-\mathbf{y})\right]\left[\frac{-1}{4\pi|\mathbf{y}-\mathbf{z}|}\right]\left[\frac{1}{c}\frac{\partial}{\partial x_{nj}}\rho(\mathbf{z})\right] \\
&= \frac{i\hbar e_n}{4\pi c}\frac{\partial^2}{\partial x_i \partial x_{nj}}\frac{1}{|\mathbf{x}-\mathbf{x}_n(t)|}, \qquad (11.3.15)
\end{aligned}$$

Wir können diese Komplikation vermeiden, indem wir $\boldsymbol{\Pi}$ durch seinen divergenzfreien Teil

$$\boldsymbol{\Pi}^\perp \equiv \boldsymbol{\Pi} - \frac{1}{4\pi c}\boldsymbol{\nabla}\phi = \frac{1}{4\pi c^2}\dot{\mathbf{A}} \qquad (11.3.16)$$

ersetzen, für den

$$\boldsymbol{\nabla}\cdot\boldsymbol{\Pi}^\perp = 0 \qquad (11.3.17)$$

gilt. Die Dirac-Klammer des Terms $-\boldsymbol{\nabla}\phi/4\pi c$ mit p_{nj} ist gerade die Poisson-Klammer, sodass

$$\left[\frac{\partial}{\partial x_i}\phi(\mathbf{x},t),p_{nj}(t)\right] = i\hbar e_n\frac{\partial^2}{\partial x_i \partial x_{nj}}\frac{1}{|\mathbf{x}-\mathbf{x}_n(t)|} \qquad (11.3.18)$$

gilt. Somit ist also

$$[\boldsymbol{\Pi}^\perp(\mathbf{x},t),p_{nj}(t)] = 0. \qquad (11.3.19)$$

Da die Poisson-Klammern des Potenzials ϕ mit χ_1 und χ_2 verschwinden, verschwinden auch seine Kommutatoren mit $\mathbf{A}$ und $\boldsymbol{\Pi}$, und somit sind die Kommutatoren der Komponenten von $\mathbf{\Pi}^{\perp}$ untereinander und mit $\mathbf{A}$ dieselben wie für $\mathbf{\Pi}$:

$$[A_i(\mathbf{x},t),\Pi_j^{\perp}(\mathbf{y},t)] = i\hbar\left[\delta_{ij}\delta^3(\mathbf{x}-\mathbf{y}) - \frac{\partial^2}{\partial x_i \partial y_j}\frac{1}{4\pi|\mathbf{x}-\mathbf{y}|}\right] \tag{11.3.20}$$

$$[A_i(\mathbf{x},t),A_j(\mathbf{y},t)] = [\Pi_i^{\perp}(\mathbf{x},t),\Pi_j^{\perp}(\mathbf{y},t)] = 0. \tag{11.3.21}$$

Man beachte, dass diese Vertauschungsrelationen konsistent mit dem Verschwinden der Divergenzen von $\mathbf{A}$ und $\mathbf{\Pi}^{\perp}$ sind.

11.4 Der Hamiltonian für die Elektrodynamik

Wir wollen nunmehr den Hamiltonian für diese Theorie konstruieren. Da das Potenzial Φ in der Coulomb-Eichung keine unabhängige physikalische Variable ist, lautet der Gesamthamiltonian

$$H = \int d^3x \left[\mathbf{\Pi}\cdot\dot{\mathbf{A}} - \mathcal{L}_0\right] + H_{\text{mat}}, \tag{11.4.1}$$

wobei $\mathcal{L}_0$ die rein elektromagnetische Lagrange-Dichte (11.2.9) ist und H_{mat} der Hamiltonian für die Materie, nun einschließlich ihrer elektromagnetischen Wechselwirkung. Wegen $\nabla\cdot\mathbf{A} = 0$ können wir $\mathbf{\Pi}$ im ersten Term durch $\mathbf{\Pi}^{\perp}$ ersetzen und mithilfe von Gleichung (11.3.16) $\dot{\mathbf{A}}$ durch $4\Pi c^2\mathbf{\Pi}^{\perp}$ ersetzen. Mithilfe der Gleichungen (11.3.16) und (11.2.5) können wir auch $\mathbf{E}$ in $\mathcal{L}_0$ durch $-4\pi c\mathbf{\Pi}^{\perp} - \nabla\phi$ ersetzen:

$$H = \int d^3x \left[4\pi c^2[\mathbf{\Pi}^{\perp}]^2 - \frac{1}{8\pi}[4\pi c\mathbf{\Pi}^{\perp} + \nabla\phi]^2 + \frac{1}{8\Pi}(\nabla\times\mathbf{A})^2\right] + H_{\text{mat}}.$$

Partielle Integration ergibt $\int d^3x\, \mathbf{\Pi}^{\perp}\cdot\nabla\phi = 0$ und

$$-\frac{1}{8\Pi}\int d^3x\,(\nabla\phi)^2 = \frac{1}{8\Pi}\int d^3x\,\phi\nabla^2\phi = -\frac{1}{2}\int d^3x\,\rho\phi.$$

Der Hamiltonian lautet dann

$$H = \int d^3x \left[2\Pi c^2[\mathbf{\Pi}^{\perp}]^2 + \frac{1}{8\pi}(\nabla\times\mathbf{A})^2\right] + H'_{\text{mat}} \tag{11.4.2}$$

mit

$$H'_{\text{mat}} = H_{\text{mat}} - \frac{1}{2}\int d^3x\,\rho\phi. \tag{11.4.3}$$

Zum Beispiel ergibt Gleichung (10.1.9) in dem Fall, in dem die Materie aus nicht-relativistischen geladenen Punktteilchen in einem allgemeinen lokalen Potenzial $\mathcal{V}$ besteht,

$$H_{\text{mat}} = \sum_n \frac{1}{2m_n}\left[\mathbf{p}_n - \frac{e_n}{c}\mathbf{A}(\mathbf{x}_n,t)\right]^2 + \sum_n e_n\phi(\mathbf{x}_n,t) + \mathcal{V}(\mathbf{x})$$

und zudem[4]

$$\phi(\mathbf{x},t) = \sum_m \frac{e_m}{|\mathbf{x}-\mathbf{x}_m(t)|}, \qquad \int d^3x\,\rho(\mathbf{x},t)\phi(\mathbf{x},t) = \sum_{n\neq m}\frac{e_n e_m}{|\mathbf{x}_n - \mathbf{x}_m(t)|}.$$

4 Wenn wir die Einschränkung $n \neq m$ für die Summe über n und m machen, lassen wir einen Beitrag im Hamiltonian fallen, der einer unendlichen komplexen Zahl entspricht und lediglich alle Energien um den selben Betrag verschiebt und keine Auswirkung auf die aus dem Hamiltonian hergeleiteten Änderungsraten hat.

Folglich ist

$$H'_{\text{mat}} = \sum_n \frac{1}{2m_n}\left[\mathbf{p}_n - \frac{e_n}{c}\mathbf{A}(\mathbf{x}_n)\right]^2 + \frac{1}{2}\sum_{n\neq m}\frac{e_n e_m}{|\mathbf{x}_n - \mathbf{x}_m|} + \mathcal{V}(\mathbf{x}). \tag{11.4.4}$$

(Zeitargumente werden hier unterdrückt.) Wir erkennen im zweiten Term die übliche Coulomb-Energie für einen Satz geladener Punktteilchen. Der Faktor 1/2 in diesem Term ergibt sich aus der Kombination eines Terms $\int d^3x\rho\phi$ in H_{mat} mit dem Term $-(1/2)\int d^3x\rho\phi$ in Gleichung (11.4.3). Dieser Faktor dient dazu, Doppelzählungen zu eliminieren: Zum Beispiel enthält die Summe über n und m für zwei Teilchen sowohl einen Term mit $n = 1$, $m = 2$ als auch einen gleichen Term mit $n = 2$, $m = 1$.

Wir wollen nun überprüfen, dass wir die Maxwell-Gleichungen aus diesem Hamiltonian herleiten können. Mithilfe der Kommutatoren (11.3.20) und (11.3.21) sowie Gleichung (11.3.17) lauten die Hamiltonschen Bewegungsgleichungen für $\mathbf{A}$ und $\mathbf{\Pi}$

$$\dot{A}_i = \frac{i}{\hbar}[H, A_i] = 4\pi c^2 \Pi_i^\perp, \tag{11.4.5}$$

$$\dot{\Pi}_i^\perp = \frac{i}{\hbar}[H, \Pi_i^\perp] = -\frac{1}{4\pi}(\nabla \times \nabla \times \mathbf{A})_i + \sum_{nj}\frac{e_n}{m_n c}\left(p_{nj} - \frac{e_n}{c}A_j(\mathbf{x}_n)\right)\left[\delta^3(\mathbf{x}-\mathbf{x}_n)\delta_{ij} - \frac{\partial^2}{\partial x_i \partial x_{nj}}\frac{1}{4\pi|\mathbf{x}-\mathbf{x}_n|}\right]. \tag{11.4.6}$$

(Der Ausdruck im letzten Faktor des letzten Terms in Gleichung (11.4.6) stammt von dem Kommutator (11.3.20). In Gleichung (11.4.5) und im ersten Term von Gleichung (11.4.6) müssen wir den zweiten Term in diesem Kommutator nicht behalten, weil $\mathbf{\Pi}^\perp$ und $\nabla \times \mathbf{A}$ beide die Divergenz null haben.) Um eine Verbindung zu den Maxwell-Gleichungen herzustellen, bedenken wir, dass nach Gleichung (10.1.8) die Beziehung $\mathbf{p}_n - e_n\mathbf{A}(\mathbf{x}_n)/c = m_n\dot{x}_n$ gilt. Damit ergeben die Gleichungen (11.4.5) und (11.4.6)

$$\ddot{\mathbf{A}} = -c^2\nabla \times \mathbf{B} + 4\pi c\mathbf{J} - c\nabla\dot{\phi},$$

oder in anderen Worten

$$\dot{\mathbf{E}} = c\nabla \times \mathbf{B} - 4\pi\mathbf{J},$$

was dasselbe ist wie die erste der inhomogenen Maxwell-Gleichungen (11.2.1). In der Coulomb-Eichung ergibt sich die andere inhomogene Maxwell-Gleichung $\nabla \cdot \mathbf{E} = 4\pi\rho$ einfach direkt aus der Formel (11.2.5) für $\mathbf{E}$, ausgedrückt durch $\dot{\mathbf{A}}$ und $\nabla\phi$, zusammen mit der Zwangsbedingung (11.3.4) und Gleichung (11.3.5) für ϕ. Die beiden homogenen Maxwell-Gleichungen (11.2.2) folgen direkt aus der Definition (11.2.5) für die Felder, ausgedrückt durch die Potenziale. Somit ergibt sich aus dem Hamiltonian (11.4.2) zusammen mit den Vertauschungsrelationen (11.3.20) und (11.3.21) in der Tat der vollständige Satz der Maxwell-Gleichungen.

11.5 Wechselwirkungsbild

Um die in Abschnitt 8.7 beschriebene zeitabhängige Störungstheorie anzuwenden, müssen wir den Hamiltonian H zerlegen: in einem Term H_0, der in allen Ordnungen behandelt werden wird, und einem Term V, nach dem wir entwickeln:

$$H = H_0 + V. \tag{11.5.1}$$

Um die Raten für Strahlungsübergänge zwischen ansonsten stabilen Zuständen von Atomen oder Molekülen zu berechnen, spalten wir den durch die Gleichungen (11.4.2) und (11.4.4) gegebenen Hamiltonian H in

$$H_0 = H_{0\,\gamma} + H_{0\ \mathrm{mat}} \tag{11.5.2}$$

$$H_{0\,\gamma} = \int d^3x \left[2\pi c^2 [\mathbf{\Pi}^{\perp}]^2 + \frac{1}{8\pi} (\nabla \times \mathbf{A})^2 \right], \tag{11.5.3}$$

$$H_{0\ \mathrm{mat}} = \sum_n \frac{\mathbf{p}_n^2}{2m_n} + \frac{1}{2} \sum_{n \neq m} \frac{e_n e_m}{|\mathbf{x}_n - \mathbf{x}_m|} + \mathcal{V}(\mathbf{x}) \tag{11.5.4}$$

und einen Ausdruck V auf, der aus den Termen in (11.4.4) besteht, in denen das Vektorpotenzial vorkommt:

$$V = -\sum_n \frac{e_n}{m_n c} \mathbf{A}(\mathbf{x}_n) \cdot \mathbf{p}_n + \sum_n \frac{e_n^2}{2m_n c^2} \mathbf{A}^2(\mathbf{x}_n). \tag{11.5.5}$$

Im ersten Term von V haben wir $\mathbf{A}(\mathbf{x}_n) \cdot \mathbf{p}_n + \mathbf{p}_n \cdot \mathbf{A}(\mathbf{x}_n)$ durch $2\mathbf{A}(\mathbf{x}_n) \cdot \mathbf{p}_n$ ersetzt, was erlaubt ist, weil in der Coulomb-Eichung

$$\mathbf{A}(\mathbf{x}_n) \cdot \mathbf{p}_n - \mathbf{p}_n \cdot \mathbf{A}(\mathbf{x}_n) = i\hbar \nabla \cdot \mathbf{A}(\mathbf{x}_n) = 0$$

gilt.

Wir müssen auch Operatoren im Wechselwirkungsbild einführen, deren Zeitabhängigkeit durch H_0 anstatt durch H gegeben ist. Für das Vektorpotenzial $\mathbf{a}$ im Wechselwirkungsbild und den divergenzfreien Teil $\pi^{\perp}$ seines kanonisch Konjugierten können wir die Zeitabhängigkeit im Wechselwirkungsbild bestimmen, indem wir ihre Kommutatoren mit $H_{0\gamma}$ berechnen, so, wie wir es für die Operatoren im Heisenberg-Bild im letzten Abschnitt getan haben. Die Ergebnisse werden offensichtlich dieselben sein, außer dass es nun keinen Beitrag von der Wechselwirkung V gibt, und somit erhalten wir einfach die Gleichungen (11.4.5) und (11.4.6), aber ohne die Terme, in denen Ladungen e_n vorkommen:

$$\dot{\mathbf{a}} = 4\pi c^2 \pi^{\perp}, \tag{11.5.6}$$

$$\dot{\pi}^{\perp} = -\frac{1}{4\pi} \nabla \times \nabla \times \mathbf{a}. \tag{11.5.7}$$

Die Operatoren im Wechselwirkungsbild sind mit den entsprechenden Operatoren im Heisenberg-Bild zum Zeitpunkt $t = 0$ durch eine unitäre Transformation

$$\mathbf{a}(\mathbf{x}, t) = e^{iH_0 t/\hbar} \mathbf{A}(\mathbf{x}, 0) e^{-iH_0 t/\hbar}, \quad \pi^{\perp}(\mathbf{x}, t) = e^{iH_0 t/\hbar} \mathbf{\Pi}^{\perp}(\mathbf{x}, 0) e^{-iH_0 t/\hbar} \tag{11.5.8}$$

verknüpft, somit erfüllen diese Operatoren dieselben zeitunabhängigen Bedingungen wie die Operatoren im Heisenberg-Bild:

$$\nabla \cdot \mathbf{a} = \nabla \cdot \pi^{\perp} = 0. \tag{11.5.9}$$

Infolgedessen gilt $\nabla \times \nabla \times \mathbf{a} = -\nabla^2 \mathbf{a}$. Indem wir $\pi^{\perp}$ aus den Gleichungen (11.5.6) und (11.5.7) eliminieren, erhalten wir eine Wellengleichung für $\mathbf{a}$:

$$\ddot{\mathbf{a}} = c^2 \nabla^2 \mathbf{a}. \tag{11.5.10}$$

Die allgemeine hermitesche Lösung der Gleichungen (11.5.9) und (11.5.10) können wir als Fourier-Integral

$$\mathbf{a}(\mathbf{x}, t) = \int d^3k \left[e^{i\mathbf{k}\cdot\mathbf{x}} e^{-i|\mathbf{k}|ct} \boldsymbol{\alpha}(\mathbf{k}) + e^{-i\mathbf{k}\cdot\mathbf{x}} e^{i|\mathbf{k}|ct} \boldsymbol{\alpha}^{\dagger}(\mathbf{k}) \right] \tag{11.5.11}$$

ausdrücken, wobei der Operator $\boldsymbol{\alpha}(\mathbf{k})$ der Bedingung

$$\mathbf{k} \cdot \boldsymbol{\alpha}(\mathbf{k}) = 0 \tag{11.5.12}$$

unterliegt. Gleichung (11.5.6) ergibt dann den divergenzfreien Teil der kanonisch Konjugierten zu $\mathbf{a}$ als

$$\pi^{\perp}(\mathbf{x}, t) = -\frac{i}{4\pi c} \int |\mathbf{k}|\, d^3k \left[e^{i\mathbf{k}\cdot\mathbf{x}} e^{-i|\mathbf{k}|ct} \boldsymbol{\alpha}(\mathbf{k}) - e^{-i\mathbf{k}\cdot\mathbf{x}} e^{i|\mathbf{k}|ct} \boldsymbol{\alpha}^{\dagger}(\mathbf{k}) \right]. \tag{11.5.13}$$

Wir müssen nun die Kommutatoren der Operatoren $\boldsymbol{\alpha}(\mathbf{k})$ und ihrer hermitesch Adjungierten berechnen. Wiederum gilt, dass sie, weil die Operatoren im Wechselwirkungsbild mit den entsprechenden Operatoren im Heisenberg-Bild bei $t = 0$ durch eine unitäre Transformation verbunden sind, den gleichen Kommutatorrelationen zu gleicher Zeit (11.3.20), (11.3.21) genügen müssen wie die Operatoren im Heisenberg-Bild:

$$[a_i(\mathbf{x}, t), \pi_j^{\perp}(\mathbf{y}, t)] = i\hbar \left[\delta_{ij} \delta^3(\mathbf{x} - \mathbf{y}) - \frac{\partial^2}{\partial x_i \partial y_j} \frac{1}{4\pi |\mathbf{x} - \mathbf{y}|} \right] \tag{11.5.14}$$

$$[a_i(\mathbf{x}, t), a_j(\mathbf{y}, t)] = [\pi_i^{\perp}(\mathbf{x}, t), \pi_j^{\perp}(\mathbf{y}, t)] = 0, \tag{11.5.15}$$

und sowohl $\mathbf{a}$ als auch $\pi^{\perp}$ kommutieren mit allen Orten und Impulsen der materiellen Teilchen. Aus den Gleichungen (11.5.11) und (11.5.13) erhalten wir den Kommutator von $a_i(\mathbf{x}, t)$ und $\pi_j^{\perp}(\mathbf{y}, t)$:

$$\begin{aligned}
[a_i(\mathbf{x}, t), \pi_j^{\perp}(\mathbf{y}, t)] = \frac{i}{4\pi c} \int d^3k \int d^3k' |\mathbf{k}'| \Big[& e^{i(\mathbf{k}\cdot\mathbf{x} - \mathbf{k}'\cdot\mathbf{y})} e^{ict(-|\mathbf{k}| + |\mathbf{k}'|)} [\alpha_i(\mathbf{k}), \alpha_j^{\dagger}(\mathbf{k}')] \\
& - e^{i(-\mathbf{k}\cdot\mathbf{x} + \mathbf{k}'\cdot\mathbf{y})} e^{ict(|\mathbf{k}| - |\mathbf{k}'|)} [\alpha_i^{\dagger}(\mathbf{k}), \alpha_j(\mathbf{k}')] - e^{i(\mathbf{k}\cdot\mathbf{x} + \mathbf{k}'\cdot\mathbf{y})} e^{ict(-|\mathbf{k}| - |\mathbf{k}'|)} [\alpha_i(\mathbf{k}), \alpha_j(\mathbf{k}')] \\
& + e^{i(-\mathbf{k}\cdot\mathbf{x} - \mathbf{k}'\cdot\mathbf{y})} e^{ict(|\mathbf{k}| + |\mathbf{k}'|)} [\alpha_i^{\dagger}(\mathbf{k}), \alpha_j^{\dagger}(\mathbf{k}')] \Big].
\end{aligned} \tag{11.5.16}$$

Gleichung (11.5.14) entnehmen wir, dass dies zeitunabhängig sein muss; somit müssen die Terme mit positiv-definiter oder negativ-definiter Frequenz beide verschwinden, was auf

$$[\alpha_i(\mathbf{k}), \alpha_j(\mathbf{k}')] = [\alpha_i^{\dagger}(\mathbf{k}), \alpha_j^{\dagger}(\mathbf{k}')] = 0 \tag{11.5.17}$$

führt.

Die verbleibenden Kommutatoren berechnen wir mithilfe der Fouriertransformationen

$$\delta^3(\mathbf{x}-\mathbf{y}) = \int \frac{d^3k}{(2\pi)^3}\, e^{i\mathbf{k}\cdot(\mathbf{x}-\mathbf{y})}, \quad \frac{1}{4\pi|\mathbf{x}-\mathbf{y}|} = \int \frac{d^3k}{(2\pi)^3|\mathbf{k}|^2}\, e^{i\mathbf{k}\cdot(\mathbf{x}-\mathbf{y})},$$

und schreiben Gleichung (11.5.14) zu

$$[a_i(\mathbf{x},t), \pi_j^{\perp}(\mathbf{y},t)] = i\hbar \int \frac{d^3k}{(2\pi)^3}\, e^{i\mathbf{k}\cdot(\mathbf{x}-\mathbf{y})} \left[\delta_{ij} - \frac{k_i k_j}{|\mathbf{k}|^2}\right] \tag{11.5.18}$$

um. Vergleichen wir dies mit den ersten beiden Termen in Gleichung (11.5.16), so sehen wir, dass

$$[\alpha_i(\mathbf{k}), \alpha_j^\dagger(\mathbf{k}')] = \frac{4\pi c\hbar}{2|\mathbf{k}|(2\pi)^3}\delta^3(\mathbf{k}-\mathbf{k}') \left[\delta_{ij} - \frac{k_i k_j}{|\mathbf{k}|^2}\right] \tag{11.5.19}$$

gilt. Die Kommutatorrelationen (11.5.15) folgen dann automatisch.

Wie jeden Vektor, der zu einem gegebenen $\mathbf{k}$ senkrecht ist, kann man den Operator $\boldsymbol{\alpha}(\mathbf{k})$ als eine Linearkombination von zwei beliebigen unabhängigen Vektoren $\mathbf{e}(\hat{k}, \pm 1)$ senkrecht zu $\mathbf{k}$ ausdrücken:

$$\boldsymbol{\alpha}(\mathbf{k}) = \sqrt{\frac{4\pi c\hbar}{2|\mathbf{k}|(2\pi)^3}} \sum_{\pm} \mathbf{e}(\hat{k}, \pm 1) a(\mathbf{k}, \pm 1), \tag{11.5.20}$$

wobei wir den Faktor $\sqrt{4\pi c\hbar/2|\mathbf{k}|(2\pi)^3}$ eingeführt haben, um die Kommutatoren zu vereinfachen, die wir für die Operatoren $a(\mathbf{k}, \pm 1)$ finden werden. Wir können für $\mathbf{k}$ in der z-Richtung zum Beispiel

$$\mathbf{e}(\hat{z}, \pm 1) = \frac{1}{\sqrt{2}}\left(1, \pm i, 0\right) \tag{11.5.21}$$

verwenden; für $\mathbf{k}$ in jede andere Richtung verwenden wir $e_i(\hat{k}, \pm 1) = \sum_j R_{ij}(\hat{z}) e_j(\hat{z}, \pm 1)$, wobei $R_{ij}(\hat{k})$ die Rotationsmatrix ist, die die z-Richtung in die Richtung von $\mathbf{k}$ überführt. Daraus folgt, dass wir für beliebige $\mathbf{k}$

$$\mathbf{k} \cdot \mathbf{e}(\hat{k}, \sigma) = 0, \quad \mathbf{e}(\hat{k}, \sigma) \cdot \mathbf{e}^*(\hat{k}, \sigma') = \delta_{\sigma\sigma'} \tag{11.5.22}$$

haben. Ferner gilt

$$\sum_\sigma e_i(\hat{k}, \sigma) e_j^*(\hat{k}, \sigma) = \delta_{ij} - \hat{k}_i \hat{k}_j. \tag{11.5.23}$$

(Man beweist die Gleichungen (11.5.22) und (11.5.23) am leichtesten durch direkte Berechnung in dem Fall, in dem $\hat{k}$ in die z-Richtung zeigt; danach verwendet man, dass diese Gleichungen ihre Form unter Rotationen behalten.) Die Kommutatorrelationen (11.5.19) sind dann erfüllt, wenn

$$[a(\mathbf{k}, \sigma), a^\dagger(\mathbf{k}', \sigma')] = \delta_{\sigma'\sigma}\delta^3(\mathbf{k}-\mathbf{k}') \tag{11.5.24}$$

ist. Ebenso sind die Kommutatorrelationen (11.5.17) erfüllt, wenn

$$[a(\mathbf{k}, \sigma), a(\mathbf{k}', \sigma')] = [a^\dagger(\mathbf{k}, \sigma), a^\dagger(\mathbf{k}', \sigma')] = 0 \tag{11.5.25}$$

ist.

Den Hamiltonian $H_{0\gamma}$ für das freie elektromagnetische Feld berechnen wir im Wechselwirkungsbild, indem wir in Gleichung (11.5.3) $t = 0$ setzen und dann die unitäre Transformation (11.5.8) anwenden, die einen Hamiltonian gleicher Form ergibt:

$$H_{0\,\gamma} = \int d^3x \left[2\pi c^2 [\pi^\perp]^2 + \frac{1}{8\pi}(\nabla \times \mathbf{a})^2\right]. \qquad (11.5.26)$$

Wir können die physikalische Bedeutung der Operatoren $a(\mathbf{k}, \sigma)$ und $a^\dagger(\mathbf{k}, \sigma)$ aufdecken, indem wir den Hamiltonian des freien Feldes $H_{0\gamma}$ durch diese Operatoren ausdrücken. Sie tauchen in den Formeln für $\mathbf{a}(\mathbf{x}, t)$ und $\pi^\perp(\mathbf{x}, t)$ auf:

$$\mathbf{a}(\mathbf{x}, t) = \sqrt{4\pi c\hbar} \sum_\sigma \int \frac{d^3k}{\sqrt{2k(2\pi)^3}} \left[e^{i\mathbf{k}\cdot\mathbf{x}} e^{-ictk} \mathbf{e}(\mathbf{k}, \sigma) a(\mathbf{k}, \sigma) + \text{h.c.}\right] \qquad (11.5.27)$$

$$\pi^\perp(\mathbf{x}, t) = -i\frac{\sqrt{4\pi c\hbar}}{4\pi c} \sum_\sigma \int \frac{k\, d^3k}{\sqrt{2k(2\pi)^3}} \left[e^{i\mathbf{k}\cdot\mathbf{x}} e^{-ictk} \mathbf{e}(\mathbf{k}, \sigma) a(\mathbf{k}, \sigma) - \text{h.c.}\right] \qquad (11.5.28)$$

mit $k \equiv |\mathbf{k}|$; »h.c.« steht für das hermitesch Konjugierte des vorausgehenden Terms. Das Integral über $\mathbf{x}$ in Gleichung (11.5.26) ergibt Deltafunktionen für die Wellenzahlen mal $(2\pi)^3$. Wir erhalten dann

$$\begin{aligned}\int d^3x\, (\nabla \times \mathbf{a})^2 = 2\pi c\hbar \sum_{\sigma'\sigma} \int k\, d^3k \Big[&\mathbf{e}^*(\hat{k}, \sigma) \cdot \mathbf{e}(\hat{k}, \sigma') a^\dagger(\mathbf{k}, \sigma) a(\mathbf{k}, \sigma') \\ &+ \mathbf{e}^*(\hat{k}, \sigma') \cdot \mathbf{e}(\hat{k}, \sigma) a(\mathbf{k}, \sigma) a^\dagger(\mathbf{k}, \sigma') + \mathbf{e}(\hat{k}, \sigma) \cdot \mathbf{e}(-\hat{k}, \sigma') a(\mathbf{k}, \sigma) a(-\mathbf{k}, \sigma') e^{-2ickt} \\ &+ \mathbf{e}^*(\hat{k}, \sigma) \cdot \mathbf{e}^*(-\hat{k}, \sigma') a^\dagger(\mathbf{k}, \sigma) a^\dagger(-\mathbf{k}, \sigma') e^{2ickt}\Big],\end{aligned}$$

$$\begin{aligned}\int d^3x\, (\pi^\perp)^2 = -\frac{\hbar}{8\pi c} \sum_{\sigma'\sigma} \int k\, d^3k \Big[&-\mathbf{e}^*(\hat{k}, \sigma) \cdot \mathbf{e}(\hat{k}, \sigma') a^\dagger(\mathbf{k}, \sigma) a(\mathbf{k}, \sigma') \\ &- \mathbf{e}^*(\hat{k}, \sigma') \cdot \mathbf{e}(\hat{k}, \sigma) a(\mathbf{k}, \sigma) a^\dagger(\mathbf{k}, \sigma') + \mathbf{e}(\hat{k}, \sigma) \cdot \mathbf{e}(-\hat{k}, \sigma') a(\mathbf{k}, \sigma) a(-\mathbf{k}, \sigma') e^{-2ickt} \\ &+ \mathbf{e}^*(\hat{k}, \sigma) \cdot \mathbf{e}^*(-\hat{k}, \sigma') a^\dagger(\mathbf{k}, \sigma) a^\dagger(-\mathbf{k}, \sigma') e^{2ickt}\Big].\end{aligned}$$

Wenn wir die beiden Terme in Gleichung (11.5.26) addieren, stellen wir fest, dass sich die zeitabhängigen Terme wegheben (was zwangsläufig so ist, weil $H_{0\,\gamma}$ mit sich selbst kommutiert). Das ist auch gut so, denn $e(\hat{k}, \sigma) \cdot e(-\hat{k}, \sigma)$ hängt davon ab, wie wir die Rotationen wählen, die $\hat{z}$ in $\hat{k}$ und $-\hat{k}$ überführen. Andererseits tragen die beiden Terme in Gleichung (11.5.26) in gleichem Maße zu den zeitunabhängigen Termen bei. Diese verbleibenden Terme können wir mittels Gleichung (11.5.22) auswerten, was $e^*(\hat{k}, \sigma) \cdot e(\hat{k}, \sigma') = \delta_{\sigma'\sigma}$ ergibt, und wir erhalten

$$H_{0\,\gamma} = \frac{1}{2} \sum_\sigma \int d^3k\, \hbar ck \left[a^\dagger(\mathbf{k}, \sigma)\, a(\mathbf{k}, \sigma) + a(\mathbf{k}, \sigma)\, a^\dagger(\mathbf{k}, \sigma)\right]. \qquad (11.5.29)$$

Die physikalische Interpretation dieses Ergebnisses wird im nächsten Abschnitt beschrieben.

11.6 Photonen

Gemäß den Vertauschungsrelationen (11.5.24) und (11.5.25) sind die Kommutatoren des ungestörten elektromagnetischen Hamiltonians (11.5.29) mit den Operatoren $a^\dagger(\mathbf{k},\sigma)$ und $a(\mathbf{k},\sigma)$

$$[H_{0\gamma}, a^\dagger(\mathbf{k},\sigma)] = \hbar ck\, a^\dagger(\mathbf{k},\sigma), \tag{11.6.1}$$

$$[H_{0\gamma}, a(\mathbf{k},\sigma)] = -\hbar ck\, a(\mathbf{k},\sigma). \tag{11.6.2}$$

Somit sind $a^\dagger(\mathbf{k},\sigma)$ und $a(\mathbf{k},\sigma)$ Aufsteige- und Absteigeoperatoren für die Energie. Wenn also Ψ ein Eigenzustand von $H_{0\gamma}$ mit Eigenwert E ist, so ist $a^\dagger(\mathbf{k},\sigma)\Psi$ ein Eigenzustand mit Energie $E+\hbar ck$ und $a(\mathbf{k},\sigma)\Psi$ ein Eigenzustand mit Energie $E-\hbar ck$.

Obwohl uns der Formalismus der Quantenmechanik nicht dazu zwingt, veranlasst uns die Stabilität der Materie zu der Annahme, dass es einen Zustand Ψ_0 niedrigster Energie gibt. Dass ein Zustand $a(\mathbf{k},\sigma)\Psi_0$ eine Energie hat, die um einen Betrag $\hbar ck$ niedriger ist, können wir nur durch die Annahme

$$a(\mathbf{k},\sigma)\Psi_0 = 0 \tag{11.6.3}$$

vermeiden. Die Energie des Zustands Ψ_0 können wir bestimmen, indem wir mithilfe der Vertauschungsrelationen (11.5.24) Gleichung (11.5.29) als

$$H_{0\gamma} = \sum_\sigma \int d^3k\, a^\dagger(\mathbf{k},\sigma)a(\mathbf{k},\sigma) + E_0 \tag{11.6.4}$$

schreiben, wobei E_0 die unendliche Konstante

$$E_0 = \int d^3k\, \frac{\hbar ck}{2}\, \delta^3(\mathbf{k}-\mathbf{k}) \tag{11.6.5}$$

ist. Wir können diesem Ausdruck eine gewisse Bedeutung verleihen, indem wir das System in einen Kasten mit dem Volumen Ω setzen. Dann wird $\delta^3(\mathbf{k}-\mathbf{k})$ zu $\Omega/(2\pi)^3$, sodass wir eine Energie pro Volumen

$$E_0/\Omega = (2\pi)^{-3} \int d^3k\, \frac{\hbar ck}{2} \tag{11.6.6}$$

erhalten. Diese Energie kann man den unvermeidlichen Quantenfluktuationen im elektromagnetischen Feld zuschreiben. Wie durch die Gleichungen (11.5.18) und (11.5.6) gezeigt, ist es nicht möglich, dass das Vektorpotenzial an einem Punkt im Raum für ein endliches Zeitintervall verschwindet (oder irgendeinen festen Wert annimmt); wenn das Feld zu einem Zeitpunkt verschwindet, so kann seine Änderungsrate in diesem Augenblick keinen festen Wert annehmen, also auch nicht gleich null sein. Die Energiedichte (11.6.6) hat in gewöhnlichen Laborexperimenten keine Auswirkung, weil sie im Raum selbst steckt, und Raum normalerweise nicht erzeugt oder vernichtet werden kann; sie hat aber Auswirkungen auf die Gravitation und beeinflusst somit die Expansion des Universums und die Bildung großer Objekte wie Galaxienhaufen. Unnötig zu sagen, dass unsere Beobachtung das Ergebnis »unendlich« nicht zulässt. Selbst wenn wir das Integral bei der höchsten in Laborexperimenten untersuchten Wellenzahl abschneiden, etwa 10^{15} cm^{-1}, ist das Resultat immer noch rund um einen Faktor 10^{56} größer, als es die Beobachtung zulässt. Die Energie, die auf die Fluktuationen im elektromagnetischen Feld und andere bosonische Felder zurückgeht, kann durch die negative Energie von Fluktuationen in fermionischen Feldern kompensiert werden. Allerdings ist kein Grund bekannt, warum diese Kompensation exakt sein sollte oder zumindest exakt genug, um die Vakuumenergie auf einen Wert zu bringen, der zu der Beobachtung passt. Man wusste bereits lange, dass E_0/Ω sehr viel kleiner war als der Wert, den man aus Vakuumfluktuationen auf zugänglichen Skalen abgeschätzt hatte. Daher haben jahrzehntelang die meisten Physiker, die überhaupt über dieses Problem nachgedacht haben, einfach angenommen, dass man irgendein Fundamentalprinzip entdecken würde, das einer beliebigen Theorie eine Bedingung auferlegt, die E_0/Ω zum Verschwinden bringt. Diese Möglichkeit wurde 1998 durch die Entdeckung ausgeschlossen,[5] dass sich die Ausdehnung des Universums beschleunigt, und zwar in einer Weise, die einen Wert von E_0/Ω andeutet, der etwa dreimal größer ist als die Energiedichte in Materie. Der Wert der Vakuumenergie bleibt also ein fundamentales Problem der modernen Physik,[6] aber man kann es ignorieren, solange man sich nicht mit den Auswirkungen der Gravitation befasst.

Wir können nun Zustände konstruieren, die den sogenannten **Fockraum** aufspannen:

$$\Psi_{\mathbf{k}_1,\sigma_1;\mathbf{k}_2,\sigma_2;\ldots;\mathbf{k}_n,\sigma_n} \propto a^\dagger(\mathbf{k}_1,\sigma_1)\, a^\dagger(\mathbf{k}_2,\sigma_2) \cdots a^\dagger(\mathbf{k}_n,\sigma_n)\Psi_0. \tag{11.6.7}$$

Gemäß Gleichung (11.6.1) (und nach Weglassen des Terms E_0) haben sie die Energie

$$\hbar c k_1 + \hbar c k_2 + \cdots + \hbar c k_n.$$

Dies interpretieren wir als einen Zustand von n Photonen mit den Energien $\hbar c k_1, \hbar c k_2, \ldots$ $\hbar c k_n$.

Um den Impuls dieser Zustände zu berechnen, stellen wir fest, dass nach den allgemeinen Ergebnissen von Abschnitt 9.4 der Operator, der die infinitesimale Transformation $a_i(\mathbf{x},t) \mapsto a_i(\mathbf{x}-\boldsymbol{\epsilon},t)$ erzeugt, durch Gleichung (9.4.4) zu

$$\boldsymbol{\epsilon}\cdot\mathbf{P}_\gamma = -\sum_i \int d^3x\, \pi_i^\perp(\mathbf{x},t)\,(\boldsymbol{\epsilon}\cdot\boldsymbol{\nabla})\, a_i(\mathbf{x},t) \tag{11.6.8}$$

gegeben ist. (Das heißt, die Summe über N in Gleichung (9.4.4) wird durch eine Summe über den Vektorindex i und ein Integral über das Argument $\mathbf{x}$ des Feldes ersetzt.) Mithilfe der Vertauschungsrelationen (11.5.14) und (11.5.15) erhalten wir

$$[\mathbf{P}_\gamma, a_i(\mathbf{x},t)] = i\hbar\boldsymbol{\nabla} a_i(\mathbf{x},t), \quad [\mathbf{P}_\gamma, \pi_i^\perp(\mathbf{x},t)] = i\hbar\boldsymbol{\nabla}\pi_i^\perp(\mathbf{x},t). \tag{11.6.9}$$

5 Das ist die unabhängige Entdeckung zweier Teams: The Supernova Cosmology Project [S. Perlmutter *et al.*, Astrophys. J. **517**, 565 (1999). Siehe auch S. Perlmutter *et al.*, Nature **391**, 51 (1998).] und dem High-z Supernova Search Team [A. G. Riess *et al.*, Astron. J. **116**, 1009 (1998). Siehe auch B. Schmidt *et al.*, Astrophys. J. **507**, 46 (1998).]

6 Für eine Übersicht, siehe S. Weinberg, Rev. Mod. Phys. **61**, 1 (1989).

(Der zweite Term in eckigen Klammern in Gleichung (11.5.14) trägt nichts bei, weil $\nabla \cdot \mathbf{a} = 0$ und $\nabla \cdot \pi^{\perp} = 0$ ist.) Dann vertauscht $\mathbf{P}_\gamma$ mit $H_{0\,\gamma}$, genauso wie mit dem Integral über $\mathbf{x}$ einer beliebigen Funktion von $a_i(\mathbf{x}, t)$, $\pi_i^{\perp}(\mathbf{x}, t)$ und ihren Gradienten. Setzen wir die Gleichungen (11.5.11) und (11.5.13) in Gleichung (11.6.9) ein, so erhalten wir

$$[\mathbf{P}_\gamma, a(\mathbf{k}, \sigma)] = -\hbar\mathbf{k}\, a(\mathbf{k}, \sigma), \quad [\mathbf{P}_\gamma, a^\dagger(\mathbf{k}, \sigma)] = \hbar\mathbf{k}\, a^\dagger(\mathbf{k}, \sigma). \tag{11.6.10}$$

Unter der Annahme, dass der Zustand Ψ_0 translationsinvariant ist, wissen wir, dass die Zustände (11.6.7) den Impuls

$$\hbar\mathbf{k}_1 + \hbar\mathbf{k}_2 + \cdots \hbar\mathbf{k}_n$$

haben. Somit können wir diese Zustände so interpretieren, als bestünden sie aus n Photonen, von denen jedes einen Impuls $\hbar\mathbf{k}$ und eine Energie $\hbar ck$ hat. Da die Energie E eines Photons mit seinem Impuls is $\mathbf{p}$ über $E = c|\mathbf{p}|$ zusammenhängt, ist das Photon ein Teilchen der Masse null.

Mithilfe der Vertauschungsrelationen (11.5.24) sehen wir, dass sich die Wirkung der Anwendung der Operatoren $a(\mathbf{k}, \sigma)$ und $a^\dagger(\mathbf{k}, \sigma)$ auf die Zustände (11.6.7) folgendermassen auswirkt:

$$a(\mathbf{k}, \sigma)\Psi_{\mathbf{k}_1,\sigma_1;\mathbf{k}_2,\sigma_2;\ldots;\mathbf{k}_n,\sigma_n} \propto \sum_{r=1}^{n} \delta^3(\mathbf{k} - \mathbf{k}_r)\delta_{\sigma\sigma_r}\Psi_{\mathbf{k}_1,\sigma_1;\mathbf{k}_2,\sigma_2;\ldots\mathbf{k}_{r-1},\sigma_{r-1};\mathbf{k}_{r+1},\sigma_{r+1};\ldots;\mathbf{k}_n,\sigma_n} \tag{11.6.11}$$

$$a^\dagger(\mathbf{k}, \sigma)\Psi_{\mathbf{k}_1,\sigma_1;\mathbf{k}_2,\sigma_2;\ldots;\mathbf{k}_n,\sigma_n} \propto \Psi_{\mathbf{k},\sigma;\mathbf{k}_1,\sigma_1;\mathbf{k}_2,\sigma_2;\ldots;\mathbf{k}_n,\sigma_n}. \tag{11.6.12}$$

Somit vernichten und erzeugen die Operatoren $a(\mathbf{k}, \sigma)$ und $a^\dagger(\mathbf{k}, \sigma)$ jeweils ein Photon mit Impuls $\hbar\mathbf{k}$ und Spinindex σ.

Wir müssen nun die physikalische Bedeutung der Bezeichnung σ betrachten, die jedes Photon trägt. Dazu müssen wir die Eigenschaften der Operatoren $a(\mathbf{k}, \sigma)$ unter Rotationen herausarbeiten. Betrachten wir einen Wellenvektor $\mathbf{k}$ in der z-Richtung $\hat{z}$ und beschränken wir uns auf Rotationen, die $\hat{z}$ invariant lassen. Nach Gleichung (4.1.4) erfährt ein Vektor wie $\boldsymbol{\alpha}(k\hat{z})$ bei einer von einer orthogonalen Matrix R_{ij} beschriebenen Rotation die Transformation

$$U^{-1}(R)\alpha_i(k\hat{z})U(R) = \sum_j R_{ij}\alpha_j(k\hat{z}). \tag{11.6.13}$$

Setzen wir die Zerlegung (11.5.20) ein, so ergibt dies

$$\sum_\sigma e_i(\hat{z}, \sigma)U^{-1}(R)a(k\hat{z}, \sigma)U(R) = \sum_\sigma \sum_j R_{ij}e_j(\hat{z}, \sigma)a(k\hat{z}, \sigma).$$

Die Rotationen, die $\hat{z}$ invariant lassen, haben die Gestalt

$$R_{ij}(\theta) = \begin{pmatrix} \cos\theta & -\sin\theta & 0 \\ \sin\theta & \cos\theta & 0 \\ 0 & 0 & 1 \end{pmatrix}.$$

Eine einfache Rechnung zeigt, dass

$$\sum_j R_{ij}(\theta)\ e_j(\hat{z},\sigma) = e^{-i\sigma\theta} e_i(\hat{z},\sigma) \tag{11.6.14}$$

ist, sodass wir durch Gleichsetzen der Koeffizienten von $e_i(\hat{z},\sigma)$

$$U^{-1}(R)a(k\hat{z},\sigma)U(R) = e^{-i\sigma\theta} a(k\hat{z},\sigma) \tag{11.6.15}$$

erhalten. Für infinitesimales θ gilt nun $R_{ij} = \delta_{ij} + \omega_{ij}$, wobei die nichtverschwindenden Elemente ω_{ij} durch $\omega_{xy} = -\omega_{yx} = -\theta$ gegeben sind. Somit gilt nach den Gleichungen (4.1.7) und (4.1.11)

$$U(\theta) \to 1 - (i/\hbar)\theta J_z,$$

und Gleichung (11.6.15) wird zu

$$(i/\hbar)[J_z, a(k\hat{z},\sigma)] = -i\sigma a(k\hat{z},\sigma).$$

Die Bildung der Adjungierten ergibt

$$[J_z, a^\dagger(k\hat{z},\sigma)] = \hbar\sigma a^\dagger(k\hat{z},\sigma).$$

Nehmen wir an, dass der Zustand ohne Photonen rotationsinvariant ist, so erfüllt der Einphotonenzustand $\Psi_{k\hat{z},\sigma} \equiv a^\dagger(k\hat{z},\sigma)\Psi_0$ die Gleichung

$$J_z \Psi_{k\hat{z},\sigma} = \hbar\sigma\Psi_{k\hat{z},\sigma}. \tag{11.6.16}$$

Die z-Richtung ist in keiner Weise speziell, somit können wir schließen, dass ein allgemeiner Einphotonenzustand $\Psi_{\mathbf{k},\sigma}$ die Helizität $\hbar\sigma$ hat. Das ist der Drehimpuls $\mathbf{J}\cdot\hat{k}$ in der Bewegungsrichtung. Deshalb bezeichnet man das Photon als ein Teilchen mit Spin eins, aber es ist eine Besonderheit masseloser Teilchen, dass der Zustand mit $\mathbf{J}\cdot\hat{k} = 0$ fehlt. Klassisch ausgedrückt, bilden Photonen mit Helizität ± 1 einen Strahl von links- oder rechtszirkulär polarisiertem Licht.

Natürlich müssen Photonen nicht zirkulär polarisiert sein. Im Allgemeinen ist ein Photon mit Impuls $\hbar\mathbf{k}$ eine Überlagerung

$$\Psi_{\mathbf{k},\xi} \equiv \Big(\xi_+ a^\dagger(\mathbf{k},+) + \xi_- a^\dagger(\mathbf{k},-)\Big)\Psi_{0\,\gamma}.$$

Dabei ist $\xi_\pm$ ein Paar von im Allgemeinen komplexen Zahlen mit $|\xi_+|^2 + |\xi_-|^2 = 1$. Ein solcher Zustand ist mit einem Polarisationsvektor

$$e_i(\hat{k},\xi) \equiv \xi_+ e_i(\hat{k},+) + \xi_- e_i(\hat{k},-)$$

verknüpft, was bedeutet, dass

$$\Big(\Psi_{0\,\gamma}, \mathbf{a}(\mathbf{x},t)\Psi_{\mathbf{k},\xi}\Big) = \frac{\sqrt{4\pi c\hbar}}{(2\pi)^{3/2}\sqrt{2k}} e^{i\mathbf{k}\cdot\mathbf{x}} e^{-ickt}\mathbf{e}(\hat{k},\xi)$$

gilt. Zirkuläre Polarisation ist der Extremfall, in dem entweder ξ_+ oder ξ_- verschwinden und das Photon eine definierte Helizität hat. Im entgegengesetzten Extremfall mit

$|\xi_-| = |\xi_+| = 1/\sqrt{2}$, ist der Polarisationsvektor bis auf eine globale Phase reell, und es liegt der Fall linearer Polarisierung vor. Zum Beispiel ist für $\xi_\pm = e^{\mp i\zeta}/\sqrt{2}$ der Polarisationsvektor für $\mathbf{k}$ in der z-Richtung gleich $e(\hat{z}, \xi) = (\cos\zeta, \sin\zeta, 0)$. Der dazwischen liegende Fall, in dem $|\xi_+|$ und $|\xi_-|$ ungleich sind, aber beide nicht verschwinden, ist der Fall elliptischer Polarisierung.

Es ist für masselose Teilchen charakteristisch, dass sie nur in zwei Zuständen auftreten, die Heilizität $\pm\hbar j$ aufweisen, wobei j ganzzahlig oder halb-ganzzahlig sein kann. Wir haben gesehen, dass für Photonen $j = 1$ gilt; die Quantisierung des Gravitationsfeldes zeigt, dass für Gravitonen $j = 2$ gilt.

Da die Operatoren $a(\mathbf{k}, \sigma)$ und $a^\dagger(\mathbf{k}, \sigma)$ nicht vertauschen, kann man keine Eigenzustände beider Operatoren finden. Aber die Operatoren $a(\mathbf{k}, \sigma)$ vertauschen untereinander für alle $\mathbf{k}$ und σ, sodass man Zustände $\Phi_\mathcal{A}$ finden kann, die Eigenzustände aller dieser Vernichtungsoperatoren sind:

$$a(\mathbf{k}, \sigma)\Phi_\mathcal{A} = \mathcal{A}(\mathbf{k}, \sigma)\Phi_\mathcal{A}, \tag{11.6.17}$$

wobei $\mathcal{A}$ eine beliebige komplexe Funktion von $\mathbf{k}$ und σ ist. Man nennt sie **kohärente Zustände**. In einem kohärenten Zustand ist der Erwartungswert des elektromagnetischen Feldes (11.5.11)

$$\frac{\left(\Phi_\mathcal{A}, \mathbf{a}(\mathbf{x}, t)\Phi_\mathcal{A}\right)}{\left(\Phi_\mathcal{A}, \Phi_\mathcal{A}\right)} = \int d^3k \sum_\sigma \sqrt{\frac{4\pi c\hbar}{2|\mathbf{k}|(2\pi)^3}} \Big[e^{i\mathbf{k}\cdot\mathbf{x}} e^{-ic|\mathbf{k}|t} \mathbf{e}(\mathbf{k}, \sigma)\mathcal{A}(\mathbf{k}, \sigma) + e^{-i\mathbf{k}\cdot\mathbf{x}} e^{ic|\mathbf{k}|t} \mathbf{e}^*(\mathbf{k}, \sigma)\mathcal{A}^*(\mathbf{k}, \sigma) \Big]. \tag{11.6.18}$$

(Wir haben hier die Definitionseigenschaft der Adjungierten verwendet, und zwar $(\Phi, a^\dagger\Phi) = (a\Phi, \Phi)$.) Der kohärente Zustand $\Phi_\mathcal{A}$ erscheint klassisch, als hätte das elektromagnetische Vektorpotenzial diesen Wert. Dieser Zustand enthält eine unbegrenzte Anzahl von Photonen, denn wäre $\Phi_\mathcal{A}$ eine Überlagerung von Zuständen (11.6.7) mit einer maximalen Anzahl N von Photonen, so wäre $a(\mathbf{k}, \sigma)\Phi_\mathcal{A}$ eine Überlagerung von Zuständen mit einer maximalen Anzahl $N - 1$ von Photonen und könnte deshalb nicht zu $\Phi_\mathcal{A}$ proportional sein.

11.7 Strahlungsübergangsraten

Wir wollen nun die Rate atomarer oder molekularer Übergänge $a \to b + \gamma$ berechnen, wobei Ψ_a und Ψ_b Eigenzustände des Materiehamiltonians (11.5.4) sind:

$$H_{0\ \mathrm{mat}}\Psi_a = E_a\Psi_a, \qquad H_{0\ \mathrm{mat}}\Psi_b = E_b\Psi_b. \tag{11.7.1}$$

Die Zustände Ψ_a und Ψ_b sind beide Nullphotonenzustände mit

$$a(\mathbf{k},\sigma)\Psi_a = a(\mathbf{k},\sigma)\Psi_b = 0, \tag{11.7.2}$$

für beliebige Photonenwellenzahl $\mathbf{k}$ und Helizität σ. Somit können wir den Endzustand des Zerfallsprozesses mit Strahlung, der ein Photon mit einer speziellen Wellenzahl $\mathbf{k}$ und Helizität σ enthält, als

$$\Psi_{b,\gamma} = \hbar^{-3/2}a^\dagger(\mathbf{k},\sigma)\Psi_b \tag{11.7.3}$$

ausdrücken. Der Faktor $\hbar^{-3/2}$ wird hier eingeführt, damit das Skalarprodukt dieser Zustände eine Deltafunktion für Impulse und nicht für Wellenzahlen enthält; mithilfe der Gleichungen (11.7.2), (11.7.3) und (11.5.24) ergibt sich also

$$\left(\Psi_{b',\gamma'},\Psi_{b,\gamma}\right) = \hbar^{-3}\delta^3(\mathbf{k}'-\mathbf{k})\left(\Psi_{b'},\Psi_b\right) = \delta^3(\hbar\mathbf{k}'-\hbar\mathbf{k})\left(\Psi_{b'},\Psi_b\right).$$

Das S-Matrix-Element für den Übergang $a \to b+\gamma$ ist in erster Ordnung in der Wechselwirkung V durch die Gleichung (8.6.2) [oder durch die Gleichung (8.7.14) mit $(\Psi_{b\gamma}, V(\tau)\Psi_a) = \exp(-i(E_a-E_b-\hbar ck)\tau/\hbar)(\Psi_{b\gamma}, V(0)\Psi_a)$] zu

$$\begin{aligned} S_{b\gamma,a} &= -2\pi i\delta(E_a-E_b-\hbar ck)(\Psi_{b\gamma}, V(0)\Psi_a) \\ &= -2\pi i\hbar^{-3/2}\delta(E_a-E_b-\hbar ck)(\Psi_b, a(\mathbf{k},\sigma)V(0)\Psi_a) \end{aligned} \tag{11.7.4}$$

gegeben.

Die Wechselwirkung V bei $\tau = 0$ ist durch Gleichung (11.5.5) gegeben, die man mit Operatoren im Wechselwirkungsbild schreiben kann, weil sie mit den Operatoren im Heisenberg-Bild bei $\tau = 0$ übereinstimmen:

$$V = -\sum_n \frac{e_n}{m_n c}\mathbf{a}(\mathbf{x}_n)\cdot\mathbf{p}_n + \sum_n \frac{e_n^2}{2m_n c^2}\mathbf{a}^2(\mathbf{x}_n). \tag{11.7.5}$$

(Wir lassen nun das Zeitargument $\tau = 0$ weg.) Der $\mathbf{a}^2$-Term in Gleichung (11.7.5) kann nur entweder zwei Photonen erzeugen oder zerstören oder die Zahl der Photonen unverändert lassen; somit können wir ihn weglassen, und uns verbleibt

$$S_{b\gamma,a} = 2\pi i\hbar^{-3/2}\delta(E_a-E_b-\hbar ck)\sum_n \frac{e_n}{m_n c}\left(\Psi_b, a(\mathbf{k},\sigma)\mathbf{a}(\mathbf{x}_n)\cdot\mathbf{p}_n\Psi_a\right).$$

Mithilfe von Gleichung (11.5.27) und den Vertauschungsrelationen (11.5.24) und (11.5.25), können wir dies wie folgt schreiben:

$$S_{b\gamma,a} = \frac{2\pi i\sqrt{4\pi c\hbar}}{\sqrt{2k(2\pi\hbar)^3}}\delta(E_a-E_b-\hbar ck)\mathbf{e}^*(\hat{k},\sigma)\cdot\sum_n \frac{e_n}{m_n c}\left(\Psi_b, e^{-i\mathbf{k}\cdot\mathbf{x}_n}\mathbf{p}_n\Psi_a\right). \tag{11.7.6}$$

Natürlich bleiben Impuls und Energie beim Zerfallsprozess erhalten. Um zu sehen, wie das funktioniert, und aus anderen Gründen, die später klar werden, führen wir für die Teilchen Relativkoordinaten $\bar{\mathbf{x}}_n$ mit

$$\bar{\mathbf{x}}_n \equiv \mathbf{x}_n - \mathbf{X} \tag{11.7.7}$$

ein, wobei $\mathbf{X}$ die Schwerpunktskoordinate und M die Gesamtmasse

$$\mathbf{X} \equiv \sum_n m_n \mathbf{x}_n / M, \qquad M \equiv \sum_n m_n \tag{11.7.8}$$

ist. (Natürlich sind die Relativkoordinaten $\bar{\mathbf{x}}_n$ nicht unabhängig, sondern unterliegen einer Bedingung $\sum_n m_n \bar{\mathbf{x}}_n = 0$.) Somit können wir das Matrixelement in Gleichung (11.7.6) als

$$\left(\Psi_b, e^{-i\mathbf{k}\cdot\mathbf{x}_n}\mathbf{p}_n \Psi_a\right) = \left(\Psi_{\bar{b}}, e^{-i\mathbf{k}\cdot\bar{\mathbf{x}}_n}\mathbf{p}_n \Psi_a\right) \tag{11.7.9}$$

schreiben mit

$$\Psi_{\bar{b}} \equiv e^{i\mathbf{k}\cdot\mathbf{X}}\Psi_b. \tag{11.7.10}$$

Es sei bemerkt, dass $[\mathbf{P}, e^{i\mathbf{k}\cdot\mathbf{X}}] = \hbar\mathbf{k}e^{i\mathbf{k}\cdot\mathbf{X}}$ gilt, sodass der Operator $e^{i\mathbf{k}\cdot\mathbf{X}}$ lediglich die Wirkung einer Galilei-Transformation des Zustands hat, die seinen Impuls um $\hbar\mathbf{k}$ verschiebt:

$$\mathbf{P}\Psi_{\bar{b}} = (\mathbf{p}_b + \hbar\mathbf{k})\Psi_{\bar{b}}. \tag{11.7.11}$$

Der Operator $\mathbf{P}$ vertauscht mit $\bar{\mathbf{x}}_n$ und mit $\mathbf{p}_n$, sodass das Matrixelement (11.7.9) verschwindet, wenn nicht $\mathbf{p}_b + \hbar\mathbf{k} = \mathbf{p}_a$ gilt. Man kann daher schreiben

$$\left(\Psi_{\bar{b}}, e^{-i\mathbf{k}\cdot\bar{\mathbf{x}}_n}\mathbf{p}_n \Psi_a\right) = \delta^3(\mathbf{p}_b + \hbar\mathbf{k} - \mathbf{p}_a)\mathbf{D}_{n\,ba}(\hat{k}), \tag{11.7.12}$$

dabei ist $\mathbf{D}_{n\,ba}(\hat{k})$ frei von Deltafunktionen. (Wir schreiben $\mathbf{D}_{n\,ba}(\hat{k})$ als Funktion von $\hat{k}$ anstatt von $\mathbf{k}$, weil der Wert von $k = |\mathbf{k}|$ durch die Energieerhaltung festgelegt ist.)

Um zu sehen, wie die Berechnung dieser Funktion in der Praxis funktioniert, halten wir fest, dass die Wellenfunktionen, die die Zustände Ψ_a und Ψ_b beschreiben, im Ortsraum die Gestalt $(2\pi\hbar)^{-3/2}\exp(i\mathbf{p}_a\cdot\mathbf{X}/\hbar)\psi_a(\bar{\mathbf{x}})$ und $(2\pi\hbar)^{-3/2}\exp(i\mathbf{p}_b\cdot\mathbf{X}/\hbar)\psi_b(\bar{\mathbf{x}})$ annehmen; somit ist das Matrixelement

$$\begin{aligned}&\left(\Psi_b, e^{-i\mathbf{k}\cdot\mathbf{x}_n}\mathbf{p}_n \Psi_a\right)\\ &\quad = (2\pi\hbar)^{-3}\int d^3X \int \left(\prod_m d^3\bar{x}_m\right)\,\delta^3\left(\sum_m m_m \bar{\mathbf{x}}_m/M\right)\exp(-i\mathbf{p}_b\cdot\mathbf{X}/\hbar)\psi_b^*(\bar{\mathbf{x}})\\ &\qquad \times \exp(-i\mathbf{k}\cdot\bar{\mathbf{x}}_n)\exp(-i\mathbf{k}\cdot\mathbf{X})(-i\hbar\nabla_n)\exp(i\mathbf{p}_a\cdot\mathbf{X}/\hbar)\psi_a(\bar{\mathbf{x}}).\end{aligned}$$

Wir werden im Schwerpunktsystem arbeiten, somit gilt $\mathbf{p}_a = 0$, und wir können die $\mathbf{X}$-abhängigen Faktoren in einem einzigen Exponentialausdruck zusammenfassen. Das Integral über $\mathbf{X}$ ergibt dann

$$\begin{aligned}\left(\Psi_b, e^{-i\mathbf{k}\cdot\mathbf{x}_n}\mathbf{p}_n \Psi_a\right) &= \delta^3(\mathbf{p}_b + \hbar\mathbf{k})\\ &\quad \times \int \left(\prod_m d^3\bar{x}_m\right)\,\delta^3\left(\sum_m m_m \bar{\mathbf{x}}_m/M\right)\psi_b^*(\bar{\mathbf{x}})e^{-i\mathbf{k}\cdot\bar{\mathbf{x}}_n}(-i\hbar\nabla_n)\psi_a(\bar{\mathbf{x}}).\end{aligned}$$

Vergleichen wir dies mit Gleichung (11.7.12) für $\mathbf{p}_a = 0$, so erhalten wir

$$\mathbf{D}_{n\,ba}(\hat{k}) = \int \left(\prod_m d^3\overline{\mathrm{x}}_m\right) \delta^3\left(\sum_m m_m \overline{\mathbf{x}}_m / M\right) \psi_b^*(\overline{\mathbf{x}}) e^{-i\mathbf{k}\cdot\overline{\mathbf{x}}_n}(-i\hbar\boldsymbol{\nabla}_n)\psi_a(\overline{\mathbf{x}}). \quad (11.7.13)$$

Kehren wir nun zur Berechnung des S-Matrixelements zurück, so können wir die Gleichungen (11.7.6), (11.7.9) und (11.7.12) kombinieren; wir erhalten

$$S_{b\gamma,a} = \delta(E_a - E_b - \hbar ck)\,\delta^3(\mathbf{p}_a - \mathbf{p}_b - \hbar\mathbf{k})\,M_{b\gamma,a} \quad (11.7.14)$$

mit

$$M_{b\gamma,a} = \frac{2\pi i\sqrt{4\pi c\hbar}}{\sqrt{2k(2\pi\hbar)^3}}\mathbf{e}^*(\hat{k},\sigma)\cdot\sum_n \frac{e_n}{m_n c}\mathbf{D}_{n\,ba}(\hat{k}). \quad (11.7.15)$$

Die Zerfallsrate für $a \to b + \gamma$ ist dann im Schwerpunktsystem (in dem $\mathbf{p}_a = 0$ und $\mathbf{p}_b = -\hbar\mathbf{k}$ gilt) durch Gleichung (8.2.13) mit $\hat{k}$ in einem infinitesimalen Raumwinkel $d\Omega$ durch

$$d\Gamma = \frac{1}{2\pi\hbar}|M_{\beta\alpha}|^2\mu\hbar k d\Omega \quad (11.7.16)$$

gegeben, wobei für μ Gleichung (8.2.11) gilt; im üblichen Fall, in dem $E_b \approx Mc^2 \gg \hbar ck$ ist, ergibt das

$$\mu \equiv \frac{E_b\hbar ck}{c^2(E_b + \hbar ck)} \simeq \frac{\hbar k}{c}. \quad (11.7.17)$$

Verwenden wir die Gleichungen (11.7.15) und (11.7.17) in Gleichung (11.7.16), so erhalten wir

$$d\Gamma(\hat{k},\sigma) = \frac{k}{2\pi\hbar}\left|\mathbf{e}^*(\hat{k},\sigma)\cdot\sum_n \frac{e_n}{m_n c}\mathbf{D}_{n\,ba}(\hat{k})\right|^2 d\Omega. \quad (11.7.18)$$

Wird die Polarisation der Photonen nicht gemessen, so ist die Übergangsrate die Summe dieses Ausdrucks über σ. Verwenden wir Gleichung (11.5.20), so lautet die

$$d\Gamma(\hat{k}) \equiv \sum_\sigma d\Gamma(\hat{k},\sigma) = \frac{k}{2\pi\hbar}\sum_{nmij}\frac{e_n e_m}{m_n m_m c^2}\mathbf{D}_{nabi}(\hat{k})\mathbf{D}^*_{mabj}(\hat{k})\left[\delta_{ij} - \hat{k}_i\hat{k}_j\right] d\Omega. \quad (11.7.19)$$

Häufig kann man diese Ergebnisse stark vereinfachen. Ein typischer Wert für die Energie $\hbar ck$, die beim Übergang emittiert wird, ist $\approx e^2/r$, wobei r ein typischer Abstand der Teilchen vom Schwerpunkt ist. Daher ist das Argument des Exponentials in den Gleichungen (11.7.12) und (11.7.13) von der Ordnung $kr \approx e^2/\hbar c \simeq 1/137$. Da das klein ist, solange $\mathbf{D}_{n\,ba}(\hat{k})$ nicht verschwindet, ist es eine gute Näherung, das Argument des Exponentials $\exp(-i\mathbf{k}\cdot\overline{\mathbf{x}}_n)$ gleich null zu setzen, sodass hier

$$\mathbf{D}_{nab}(\hat{k}) = (b|\mathbf{p}_n|a) \quad (11.7.20)$$

ist, wobei das reduzierte Matrixelement $(b|\mathbf{p}_n|a)$, das in Gleichung (11.7.12) definiert ist, einfach als das Matrixelement von $\mathbf{p}_n$ ohne die Deltafunktion genommen wird:

$$\left(\Psi_{\overline{b}}, \mathbf{p}_n\Psi_a\right) = \delta^3(\mathbf{p}_a - \mathbf{p}_b - \hbar\mathbf{k})(b|\mathbf{p}_n|a). \quad (11.7.21)$$

In Rechnungen im Ortsraum erhalten wir

$$(b|\mathbf{p}_n|a) = \int \left(\prod_m d^3\overline{\mathbf{x}}_m\right) \delta^3\left(\sum_m m_m\overline{\mathbf{x}}_m/M\right) \psi_b^*(\overline{\mathbf{x}})(-i\hbar\boldsymbol{\nabla}_n)\psi_a(\overline{\mathbf{x}}). \tag{11.7.22}$$

Weil das reduzierte Matrixelement nun unabhängig von der Richtung von $\hat{k}$ ist, gibt Gleichung (11.7.19) die Winkelabhängigkeit der Übergangsrate explizit:

$$d\Gamma(\hat{k}) = \frac{k}{2\pi\hbar}\sum_{nmij}\frac{e_n e_m}{m_n m_m c^2}(b|p_{ni}|a)(b|p_{mj}|a)^*\left[\delta_{ij} - \hat{k}_i\hat{k}_j\right] d\Omega. \tag{11.7.23}$$

Wir können daher Gleichung (11.7.19) über die Richtungen $\hat{k}$ integrieren und als totale Zerfallsrate aufgrund von Strahlung

$$\Gamma = \frac{4k}{3\hbar}\left|\sum_n \frac{e_n}{m_n c}(b|\mathbf{p}_n|a)\right|^2 \tag{11.7.24}$$

finden.

Diese Formel ist uns bereits begegnet, allerdings in einer ein wenig anderen Form mit Matrixelementen von Orten anstatt von Impulsen. Um den Zusammenhang zu erkennen, stellen wir fest, dass

$$[H_{0\ \text{mat}}, \overline{\mathbf{x}}_n] = -i\hbar\left[\frac{\mathbf{p}_n}{m_n} - \frac{\mathbf{P}}{M}\right]$$

gilt. Da wir im Schwerpunktsystem sind mit $\mathbf{P}\Psi_a = 0$, können wir den zweiten Term in den eckigen Klammern weglassen und das Matrixelement in Gleichung (11.7.22) als

$$\left(\Psi_{\overline{b}}, \mathbf{p}_n\Psi_a\right) = \frac{im_n}{\hbar}\left(\Psi_{\overline{b}}, [H_{0\ \text{mat}}, \overline{\mathbf{x}}_n]\Psi_a\right) = \frac{im_n}{\hbar}(E_{\overline{b}} - E_a)\left(\Psi_{\overline{b}}\overline{\mathbf{x}}_n\Psi_a\right)$$

schreiben. Da der Zustand $\Psi_{\overline{b}}$ den Impuls $\mathbf{p}_b + \hbar\mathbf{k} = \mathbf{p}_a = 0$ hat, ist seine Energie $E_{\overline{b}}$ nicht exakt gleich E_b, sondern vielmehr E_b minus der tatsächlichen kinetischen Rückstoßenergie $(\hbar k)^2/2M$. In einem nicht-relativistischen System wird diese Rückstoßenergie sehr klein im Vergleich zur Energieaufspaltung $E_b - E_a = \hbar ck$ sein, denn es gilt $E_a - E_b \ll Mc^2$. Somit können wir $E_{\overline{b}} - E_a \simeq \hbar ck$ setzen und erhalten

$$\left(\Psi_{\overline{b}}, \mathbf{p}_n\Psi_a\right) = ickm_n\left(\Psi_{\overline{b}}, \overline{\mathbf{x}}_n\Psi_a\right). \tag{11.7.25}$$

Natürlich ist auch hier der Impuls immer noch eine Erhaltungsgröße, somit können wir

$$\left(\Psi_{\overline{b}}, \overline{\mathbf{x}}_n\Psi_a\right) = \delta^3(\mathbf{p}_b + \hbar c\mathbf{k})(b|\overline{\mathbf{x}}_n|a) \tag{11.7.26}$$

schreiben, und mit dem gleichen Argument, das auf Gleichung (11.7.22) geführt hat, ergibt sich

$$(b|\overline{\mathbf{x}}_n|a) = \int \left(\prod_m d^3\overline{\mathbf{x}}_m\right) \delta^3\left(\sum_m m_m\overline{\mathbf{x}}_m/M\right) \psi_b^*(\overline{\mathbf{x}})\overline{\mathbf{x}}_n\psi_a(\overline{\mathbf{x}}). \tag{11.7.27}$$

Somit können wir Gleichung (11.7.24) als

$$\Gamma = \frac{4\omega^3}{3c^3\hbar}\left|\sum_n e_n(b|\overline{\mathbf{x}}_n|a)\right|^2 \tag{11.7.28}$$

schreiben mit $\omega \equiv ck$. Der Operator $\sum_n e_n\overline{\mathbf{x}}_n$ ist der elektrische Dipoloperator, daher nennt man dies **elektrische Dipolstrahlung**.

Diese Formel ist eine geringfügige Verallgemeinerung von Gleichung (1.4.5), die 1925 von Heisenberg auf der Grundlage einer Analogie zur Strahlung eines klassischen geladenen Oszillators hergeleitet wurde. Wie in Abschnitt 6.5 besprochen, wurde das gleiche Ergebnis von Dirac 1926 erneut hergeleitet, diesmal auf der Grundlage der Berechnung der stimulierten Emission in einer klassischen Lichtwelle zusammen mit der Einsteinschen Beziehung (1.2.16) zwischen den Raten der stimulierten und spontanen Emission. Die hier angegebene Herleitung, die ursprünglich auf Dirac im Jahr 1927 zurückgeht,[7] war die erste, die zeigte, wie sich Photonen auf die Wechselwirkung eines quantisierten elektromagnetischen Feldes mit einem materiellen System zurückführen lassen.

Die Operatoren $\mathbf{p}_n$ und $\overline{\mathbf{x}}_n$ sind räumliche Vektoren und verhalten sich daher unter Rotationen wie Operatoren mit $j = 1$, wie in Gleichung (4.4.6) gezeigt. Nach den in Abschnitt 4.3 beschriebenen Regeln für die Addition von Drehimpulsen haben solche Operatoren verschwindende Matrixelemente zwischen den Zuständen Ψ_a und $\Psi_{\overline{b}}$, außer die Drehimpulse $\hbar j_a$ und $\hbar j_b$ dieser Zustände erfüllen die Ungleichung $|j_a - j_b| \leq 1$, wobei j_a und j_b beide von null verschieden sind. Ferner wechseln diese Operatoren unter einer Reflektion der Raumkoordinaten das Vorzeichen, sodass diese Matrixelemente verschwinden, sofern die Zustände a und b nicht entgegengesetzte Parität haben. Somit kann man, von kleinen Effekten, die den Elektronenspin betreffen, abgesehen, beispielsweise die Gleichung (11.7.28) verwenden, um die Rate von Einzelphotonemissionen bei Übergängen im Wasserstoff zu berechnen, wie zum Beispiel beim Lyman-α-Übergang $2p \to 1s$, aber nicht bei den Übergängen $3d \to 1s$ oder $3p \to 2p$.

Um die Raten für die Einzelphotonenemission bei solchen Übergängen zu berechnen, müssen wir höhere Ordnungen bei der Entwicklung des Exponentialausdrucks in Gleichung (11.7.13) berücksichtigen. Angenommen, wir haben einen Übergang, bei dem die Matrixelemente $(\Psi_{\overline{b}}, \mathbf{p}_n\Psi_a)$ und $(\Psi_{\overline{b}}, \overline{\mathbf{x}}_n\Psi_a)$ alle verschwinden. In diesem Fall können wir versuchen, die Übergangsrate zu berechnen, indem wir den Term erster Ordnung in der Entwicklung des Exponentials in der Gleichung (11.7.13) mitnehmen, sodass wir anstelle von Gleichung (11.7.20) nun

$$D_{nabi}(\hat{k}) = -i\sum_j k_j(b|\overline{x}_{nj}p_{ni}|a) \tag{11.7.29}$$

7 P. A. M. Dirac, Proc. Roy. Soc. Lond. **A114**, 710 (1927).

erhalten. Dabei ist das reduzierte Matrixelement eines beliebigen Operators $\mathcal{O}$, der mit dem Gesamtteilchenimpuls kommutiert, durch

$$(\Psi_{\overline{b}}, \mathcal{O}\Psi_a) = \delta^3(\mathbf{p}_b + \hbar\mathbf{k} - \mathbf{p}_a)\,(b|\mathcal{O}|a) \tag{11.7.30}$$

definiert. Die differenzielle Zerfallsrate (11.7.19) kann dann als

$$d\Gamma(\hat{k}) = \frac{k^3}{2\pi\hbar} \sum_{nmijkl} \frac{e_n e_m}{m_n m_m c^2} (b|\overline{x}_{nk} p_{ni}|a)(b|\overline{x}_{ml} p_{mj}|a)^* \hat{k}_k \hat{k}_l \left[\delta_{ij} - \hat{k}_i \hat{k}_j\right] d\Omega \tag{11.7.31}$$

geschrieben werden. Um über die Richtungen von $\hat{k}$ zu integrieren, benötigen wir nun die Formel[8]

$$\int d\Omega\; \hat{k}_i \hat{k}_j \hat{k}_k \hat{k}_l = \frac{4\pi}{15}\left[\delta_{ij}\delta_{kl} + \delta_{ik}\delta_{jl} + \delta_{il}\delta_{jk}\right]$$

sowie die früher verwendete Formel

$$\int d\Omega\; \hat{k}_k \hat{k}_l = \frac{4\pi}{3}\delta_{kl}.$$

Die Zerfallsrate ist dann

$$\Gamma = \frac{2k^3}{15\hbar} \sum_{nmijkl} \frac{e_n e_m}{m_n m_m c^2} (b|\overline{x}_{nk} p_{ni}|a)(b|\overline{x}_{ml} p_{mj}|a)^* \left[4\delta_{ij}\delta_{kl} - \delta_{ik}\delta_{jl} - \delta_{jk}\delta_{il}\right]. \tag{11.7.32}$$

Es ist hilfreich, den letzten Faktor zu zerlegen in einen Term, der symmetrisch in i und k sowie in j und l ist, und einen Term, der antisymmetrisch in i und k sowie in j und l ist:

$$4\delta_{ij}\delta_{kl} - \delta_{ik}\delta_{jl} - \delta_{jk}\delta_{il} = \frac{3}{2}\left(\delta_{ij}\delta_{kl} + \delta_{kj}\delta_{il} - \frac{2}{3}\delta_{ik}\delta_{jl}\right) + \frac{5}{2}\left(\delta_{ij}\delta_{kl} - \delta_{kj}\delta_{il}\right). \tag{11.7.33}$$

Entsprechend können wir die Rate (11.7.32) als

$$\Gamma = \frac{2k^3}{15\hbar c^2} \sum_{ij} \left[\frac{3}{4}|(b|Q_{ij}|a)|^2 + \frac{5}{4}|(b|M_{ij}|a)|^2\right] \tag{11.7.34}$$

ausdrücken mit

$$(b|Q_{ij}|a) \equiv \sum_n \frac{e_n}{m_n}\left[(b|\overline{x}_{ni} p_{nj}|a) + (b|\overline{x}_{nj} p_{ni}|a) - \frac{2}{3}\delta_{ij}\sum_l (b|\overline{x}_{nl} p_{nl}|a)\right], \tag{11.7.35}$$

$$(b|M_{ij}|a) \equiv \sum_n \frac{e_n}{m_n}\left[(b|\overline{x}_{ni} p_{nj}|a) - (b|\overline{x}_{nj} p_{ni}|a)\right]. \tag{11.7.36}$$

Die reduzierten Matrixelemente $(b|Q_{ij}|a)$ und $(b|M_{ij}|a)$ nennt man die **elektrischen Quadrupolmatrixelemente** (E2) und die **magnetischen Dipolmatrixelemente** (M1). Die vorkommenden Operatoren transformieren sich unter Drehungen wie Operatoren mit $j = 2$

8 Die rechten Seiten dieser Formeln sind bis auf einen konstanten Faktor die eindeutigen Kombinationen von Kronecker-Deltas, die in den Indizes symmetrisch sind. Die numerischen Vorfaktoren können berechnet werden, indem man feststellt, dass das Integral bei Kontraktion aller Indexpaare gleich 4π sein muss.

und $j = 1$, sodass diese Matrixelemente verschwinden, außer die folgenden Auswahlregeln sind erfüllt:

$$\text{E2}: \quad |j_a - j_b| \leq 2 \leq j_a + j_b, \qquad \text{M1}: \quad |j_a - j_b| \leq 1 \leq j_a + j_b. \tag{11.7.37}$$

Ebenso verschwinden diese Matrixelemente, außer die Zustände a und b haben *dieselbe* Parität, anders als im Fall des elektrischen Dipols. Daher werden zum Beispiel beim Wasserstoff die Übergänge $3d \to 2s$ und $3d \to 1s$ vom elektrischen Quadrupolmatrixelement dominiert, während beim Übergang $3p \to 2p$ Beiträge sowohl aus den elektrischen Quadrupolmatrixelementen als auch aus den magnetischen Dipolmatrixelementen kommen.

Wir können die Gleichungen (11.7.35) und (11.7.36) für die E2- und M1-Matrixelemente in eine nützlichere Form bringen. Analog zu unserer Herangehensweise bei der Herleitung von Gleichung (11.7.25) können wir leicht zeigen, dass das E2-Matrixelement gleich

$$(b|Q_{ij}|a) = ick \sum_n e_n \left[(b|\overline{x}_{ni}\overline{x}_{nj}|a) - \frac{1}{3}(b|\mathbf{x}_n^2|a) \right] \tag{11.7.38}$$

ist. Für das M1-Matrixelement können wir diesen Trick leider nicht verwenden, stellen aber stattdessen fest, dass

$$(b|M_{ij}|a) = \sum_l \epsilon_{ijk} \sum_n \frac{e_n}{m_n} (b|L_{nk}|a) \tag{11.7.39}$$

gilt. Dabei ist $\mathbf{L}_n$ der Bahndrehimpuls $\mathbf{x}_n \times \mathbf{p}_n$ des n-ten Teilchens.

Bisher haben wir den möglichen Spin der geladenen Teilchen ignoriert, aber damit diese Berechnung genau ist, müssen wir nun auch die Auswirkungen der magnetischen Momente berücksichtigen. Wie in Gleichung (10.3.1) festgestellt, besteht sie darin, zur Wechselwirkung einen Term

$$\Delta V = -\sum_n \boldsymbol{\mu}_n \cdot \left(\boldsymbol{\nabla} \times \mathbf{a}(\mathbf{x}_n) \right) \tag{11.7.40}$$

hinzuzufügen, wobei (für beliebigen Spin) $\boldsymbol{\mu}_n = \mu_n \mathbf{S}_n / s_n$ gilt. Dabei ist $\mathbf{S}_n$ der Spinoperator des n-ten Teilchens und μ_n das magnetische Moment des n-ten Teilchens. Folgen wir der Analyse, die auf Gleichung (11.7.34) geführt hat, so stellen wir fest, dass wir in Folge des Hinzunehmens dieses Terms (11.7.40) Gleichung (11.7.39) durch

$$(b|M_{ij}|a) = \sum_k \epsilon_{ijk} \sum_n \frac{e_n}{m_n} (b|L_{nk} + g_n S_{nk}|a) \tag{11.7.41}$$

ersetzen müssen. Dabei ist g_n das gyromagnetische Verhältnis – eine dimensionslose Konstante, die generell von der Ordnung eins ist und durch $\mu_n = e_n g_n s_n / 2m_n$ definiert wird; in anderen Worten, $\boldsymbol{\mu}_n = e_n g_n \mathbf{S}_n / 2m_n$. (Für Elektronen ist $g = 2.002322\ldots$.) Beim wichtigen Übergang vom $1s$-Zustand des Wasserstoffatoms mit Gesamtspin (Elektron plus Nukleon) eins in den $1s$-Zustand mit Gesamtspin null, bei dem Photonen mit einer Wellenlänge von 21 cm erzeugt werden, wird die Rate beispielsweise vom M1-Matrixelement dominiert, das ausschließlich vom zweiten Term in Gleichung (11.7.41) kommt.

Diese Analyse kann man fortsetzen. Das Matrixelement für einen Übergang, der den Auswahlregeln für elektrische Dipolmomente, elektrische Quadrupolmomente oder magnetische Dipolmomente nicht genügt, kann man berechnen, indem man im Exponential in den Gleichungen (11.7.12) oder (11.7.13) Terme von höherer als der ersten Ordnung in $\mathbf{k} \cdot \overline{\mathbf{x}}_n$ mitnimmt. Aber es gibt eine Art von Übergang, die in allen Ordnungen in $\mathbf{k} \cdot \overline{\mathbf{x}}_n$ verboten ist – Einzelphotonenübergänge zwischen Zuständen mit $j_a = j_b = 0$. Diese Regel folgt unmittelbar aus der Erhaltung der Drehimpulskomponente entlang der Richtung $\hat{k}$. Liegt $j_a = j_b = 0$ vor, so haben die Zustände a und b zwangsläufig für diese (oder irgendeine) Komponente des Drehimpulses den Wert null, während das Photon für diese Komponente nur einen Wert $\hbar$ oder $-\hbar$ haben kann. Somit ist zum Beispiel der Zerfall des geladenen spinlosen Mesons K^+ in das geladene spinlose Meson π^+ und ein einzelnes Photon absolut verboten.

EXTRAS ONLINE
Lösungen

Aufgaben zu Kapitel 11

1 Berechnen Sie die Emissionsraten für Photonen bei den Übergängen $3d \to 2p$ und $2p \to 1s$ im Wasserstoff. Geben Sie Formeln und Zahlenwerte an. Sie können verwenden, dass das Proton viel schwerer als das Elektron ist und dass die Wellenlänge des bei diesen Prozessen emittierten Photons viel größer als die Abmessung des Atoms ist. Außerdem können Sie den Elektronenspin vernachlässigen.

2 Welche Potenz der Photonenwellenzahl kommt in der Rate für die Einzelphotonenemission im Zerfall des $4f$-Zustands des Wasserstoffs in die Zustände $3s$, $3p$ und $3d$ vor?

3 Betrachten Sie die Theorie eines reellen skalaren Feldes $\varphi(\mathbf{x}, t)$, das mit einem Satz von Teilchen mit den Koordinaten $\mathbf{x}_n(t)$ wechselwirkt. Verwenden Sie als Lagrangian

$$L(t) = \frac{1}{2} \int d^3x \left[\left(\frac{\partial \varphi(\mathbf{x}, t)}{\partial t} \right)^2 - c^2 \Big(\nabla \varphi(\mathbf{x}, t) \Big)^2 - \mu^2 \varphi^2(\mathbf{x}, t) \right]$$
$$- \sum_n g_n \varphi(\mathbf{x}_n(t), t) + \sum_n \frac{m_n}{2} \Big(\dot{\mathbf{x}}_n(t) \Big)^2 - V\Big(\mathbf{x}(t)\Big),$$

wobei μ, m_n und g_n reelle Parameter sind und V eine reelle lokale Funktion der Differenzen der Teilchenkoordinaten ist.

a. Bestimmen Sie die Feldgleichungen und Vertauschungsrelationen für φ.

b. Bestimmen Sie den Hamiltonian des Gesamtsystems.

c. Drücken Sie φ im Wechselwirkungsbild durch Operatoren aus, die die Quanten des skalaren Feldes erzeugen und vernichten.

d. Berechnen Sie Energie und Impuls dieser Quanten.

e. Geben Sie eine allgemeine Formel für die Emissionsrate pro Raumwinkel für ein einzelnes φ-Quant bei einem Übergang zwischen Eigenzuständen des materiellen

Teils des Hamiltonians an (d. h. des Teils des Hamiltonians, der nur die Koordinaten $\mathbf{x}_n$ und ihre kanonisch Konjugierten enthält).

f. Integrieren Sie diese Formel über Raumwinkel in dem Fall, in dem die Wellenlänge der emittieren Quanten viel größer ist als die Größe des ursprünglichen und endgültigen Teilchensystems. Wie lauten die Auswahlregeln für diese Übergänge?

4 Drücken Sie den kohärenten Zustand $\Phi_{\mathcal{A}}$ als Überlagerung von Zuständen (11.6.7) mit festen Photonenzahlen aus.

Lernziele

1 Paradoxa der Verschränkung

- Einstein-Podolsky-Rosen-Paradoxon
- Bohmsches Paradoxon
- Instantane Kommunikation?
- Verschränkungsentropie

2 Die Bellschen Ungleichungen

- Theorien mit lokalen versteckten Variablen
- Ungleichung für zwei Spins
- Verallgemeinerte Ungleichung
- Experimentelle Tests

3 Quantencomputing

- qbits
- Vergleich mit klassischen digitalen Computern
- Berechnung als unitäre Transformation
- Fouriertransformierte
- Gatter
- Auslesen des Speichers
- no-cloning-Theorem
- Notwendigkeit der Verschränkung

Verschränkung

ÜBERBLICK

12

» Die Quantenmechanik ist beunruhigend seltsam. Ihre seltsamste Eigenschaft ist vielleicht die Verschränkung: Sogar Systeme, die sich über makroskopische Distanzen erstrecken, müssen auf eine Weise beschrieben werden, die nicht mit klassischen Vorstellungen konsistent ist. «

12.1 Paradoxa der Verschränkung

Von Anfang an hatte sich Einstein der Idee widersetzt, die Quantenmechanik könne eine vollständige Beschreibung der Realität liefern. Seine Vorbehalte konkretisierte er 1935 in einer Veröffentlichung[1] mit Boris Podolsky (1896–1966) und Nathan Rosen (1909–1995). Sie betrachteten ein Experiment, bei dem zwei Teilchen, die sich entlang der x-Achse mit den Koordinaten x_1 und x_2 sowie den Impulsen p_1 und p_2 bewegen, in irgendeiner Weise in einen Eigenzustand der Observablen $x_1 - x_2$ und $p_1 + p_2$ gebracht wurden: Genauer gesagt hat in diesem Zustand $p_1 + p_2$ einen Eigenwert null und es gilt $x_2 - x_1 = x_0$. Dabei ist x_0 eine Länge, die makroskopisch groß sein soll, viel zu groß, als dass sich Teilchen 1 und Teilchen 2 irgendwie gegenseitig beeinflussen könnten. Aus Sicht der Quantenmechanik steht dem nichts entgegen, denn diese zwei Observablen kommutieren. Tatsächlich können wir die Wellenfunktion für einen solchen Zustand leicht aufschreiben:

$$\psi(x_1, x_2) = \int_{-\infty}^{\infty} dk \, \exp[ik(x_1 - x_2 + x_0)] = 2\pi\delta(x_1 - x_2 + x_0). \tag{12.1.1}$$

Natürlich ist diese Wellenfunktion nicht normierbar, aber das ist nur das übliche Problem mit Wellenfunktionen im Kontinuum; die Wellenfunktion (12.1.1) kann beliebig gut durch eine normierbare Wellenfunktion angenähert werden, wie zum Beispiel

$$\exp(-\kappa(x_1 + x_2)^2) \int_{-\infty}^{\infty} dk \, \exp[ik(x_1 - x_2 + x_0)] \exp\Big(-L^2(k - k_0)^2\Big),$$

mit sehr kleinem L und κ.

Einstein *et al.* stellten sich vor, dass ein Beobachter, der Teilchen 1 untersucht, dessen Impuls misst und einen Wert $\hbar k_1$ bestimmt. Der Impuls von Teilchen 2 muss dann gleich $-\hbar k_1$ sein, wenn man von einer beliebig kleinen Ungenauigkeit absieht. Aber stellen wir uns vor, dass der Beobachter dann den Ort von Teilchen 1 misst und einen Ort x_1 erhält; in diesem Fall müsste der Ort von Teilchen 2 gleich $x_1 + x_0$ sein. Wir verstehen, dass die Messung des Ortes von Teilchen 1 mit seinem Impuls interferieren kann, sodass der Impuls von Teilchen 1 nach der zweiten Messung keinen festen Wert mehr hat. Wie kann aber die zweite Messung mit dem Impuls von Teilchen 2 interferieren, wenn die Teilchen weit voneinander entfernt sind? Und wenn dem nicht so ist, so muss Teilchen 2 nach beiden Messungen sowohl einen festen Ort als auch einen festen Impuls haben, was der Tatsache widerspricht, dass diese Observablen nicht kommutieren.

Einstein *et al.* versuchten nicht zu beschreiben, wie man einen solchen Zustand konstruieren kann, aber man kann sich vorstellen, dass zwei Teilchen, die ursprünglich in einer Art von instabilen Molekül in Ruhe gebunden sind, frei in entgegengesetzte Richtungen auseinanderfliegen mit gleichen, aber entgegengesetzten Impulsen, bis ihr Abstand makroskopisch groß wird. Haben sie ursprünglich einen Abstand $x_1^{\text{init}} - x_2^{\text{init}}$, so wird

1 A. Einstein, B. Podolsky, und N. Rosen, Phys. Rev. **47**, 777 (1935).

nach einer Zeit t (unter der Annahme, die Teilchen hätten gleiche Masse m) ihr Abstand gleich

$$x_1 - x_2 = x_1^{\text{init}} - x_2^{\text{init}} + (p_1 - p_2)t/m$$

sein. Wir können nicht davon ausgehen, dass der ursprüngliche Abstand $x_1^{\text{init}} - x_2^{\text{init}}$ exakt bekannt ist, denn dann wäre der Relativimpuls zur Gänze unbestimmt, sodass der Abstand $x_1 - x_2$ bald ebenso unbestimmt ist. Nehmen wir an, dass der ursprüngliche Abstand innerhalb einer Unbestimmtheitsbreite $\Delta|x_1^{\text{init}} - x_2^{\text{init}}| = L$ bekannt ist, so wird die Unbestimmtheit im Relativimpuls mindestens von der Ordnung $\hbar/L$ sein, und nach einer Zeit t wird die Unbestimmtheit im Abstand mindestens von der Ordnung $L + \hbar t/mL$ sein. Diese hat ein Minimum bei $L = \sqrt{\hbar t/m}$, wo die Unbestimmtheit in $x_1 - x_2$ ebenfalls von der Ordnung $\sqrt{\hbar t/m}$ ist. Aber das behindert das Einstein-Podolsky-Rosen-Paradoxon nicht: Denn wenn die erste Messung den Wert k_2 mit einer gewünschten Genauigkeit bestimmt und die zweite Messung x_2 mit einer Genauigkeit von etwa $\sqrt{\hbar t/m}$ bestimmt, so kann das Produkt dieser Unbestimmtheiten beliebig klein sein, was dem Unbestimmtheitsprinzip widerspricht.

Im Rahmen der Quantenmechanik besteht der Ausweg aus diesem Dilemma darin, anzunehmen, dass die zweite Messung, die Teilchen 1 einen festen Ort gibt, in der Tat Teilchen 2 daran hindert, einen festen Impuls zu haben, auch wenn die zwei Teilchen weit voneinander entfernt sind. Man sagt, die Zustände der beiden Teilchen seien **verschränkt**.

Das von Einstein, Rosen, und Podolsky aufgebrachte Problem wurde von David Bohm (1917–1992) zugespitzt.[2] Ein System mit Gesamtdrehimpuls null zerfällt in zwei Teilchen, jedes mit Spin 1/2. Verwendet man die Clebsch-Gordan-Koeffizienten, um Spin 1/2 und Spin 1/2 zu einem Gesamtspin 0 zu kombinieren, so lautet der Spinzustandsvektor

$$\Psi = \frac{1}{\sqrt{2}}\left[\Psi_{\uparrow\downarrow} - \Psi_{\downarrow\uparrow}\right], \tag{12.1.2}$$

wobei die zwei Pfeile die Vorzeichen der z-Komponente der Spins der beiden Teilchen anzeigen. Nach einer langen Zeit sind die Teilchen weit voneinander entfernt; dann werden Messungen an den Spinkomponenten von Teilchen 1 ausgeführt. Misst man die z-Komponente des Spins von Teilchen 1, so muss sie einen Wert $+\hbar/2$ oder $-\hbar/2$ haben, und demnach muss dann die z-Komponente des Spins von Teilchen 2 entsprechend einen Wert $-\hbar/2$ beziehungsweise $+\hbar/2$ haben. Das ist nicht mysteriös – die Teilchen waren einmal in Kontakt, somit ist es nicht überraschend, dass die z-Komponenten ihrer Spins stark korreliert sind. Nehmen wir nun an, dass auf diese Messung folgend nun die x-Komponente des Spins von Teilchen 1 gemessen wird. Man wird für sie einen Wert $\hbar/2$ oder $-\hbar/2$ bestimmen, und die z-Komponente des Spins von Teilchen 1 wird keinen festen Wert mehr haben. Es gibt kein Problem, die Änderung des Spinzustands von Teilchen 1 zu verstehen; misst man eine Spinkomponente dieses Teilchens, so beeinflusst dies natürlich andere Spinkomponenten. Aber wenn Teilchen 1 und Teilchen 2

2 D. Bohm, *Quantum Theory* (Prentice Hall, Inc., New York, 1951), Kapitel XXII. Siehe auch D. Bohm und Y. Aharonov, Phys. Rev. **108**, 1070 (1957).

sehr weit voneinander entfernt sind, wie kann dann eine Messung des Spinzustands von Teilchen 1 den Spinzustand von Teilchen 2 beeinflussen? Und sollen wir anderenfalls den Schluss ziehen, dass der Spin von Teilchen 2 feste Werte sowohl für die x- als auch die y-Komponente hat, obwohl diese Komponenten nicht kommutieren? Die Konsistenz mit der Quantenmechanik können wir nur mit der folgenden Annahme wahren: Während die erste Messung das System in einen Zustand bringt, in dem die z-Komponenten des Spins des ersten und des zweiten Teilchens fest sind, bringt die zweite Messung das System nun in einen Zustand, in dem nur die x-Komponenten des Spins des ersten und des zweiten Teilchens feste Werte haben. Obwohl die Teilchen weit voneinander entfernt sind, bleiben ihre Spins verschränkt.

Die Existenz von Verschränkung in der Quantenmechanik wirft natürlich die Frage auf, ob man die Messung eines Teils eines verschränkten Systems verwenden kann, um Nachrichten an einen anderen Teil zu übermitteln, wobei die Übertragungsgeschwindigkeit nicht durch die endliche Lichtgeschwindigkeit beschränkt ist. Das ist nicht möglich! Im Fall von Einstein-Podolsky-Rosen hat ein Beobachter von Teilchen 2 keine Möglichkeit zu sagen, ob das Teilchen einen festen Impuls hat oder nicht – eine Messung des Impulses liefert einen Wert, aber der Beobachter weiß nicht, ob er auch einen anderen Wert hätte erhalten können. Auch wenn man dieses Experiment viele Male wiederholt, kann der Beobachter von Teilchen 2 nicht sagen, welche Messungen an Teilchen 1 ausgeführt worden sind. Er misst verschiedene Werte für den Impuls von Teilchen 2, kann aber nicht wissen, ob das daran liegt, dass die Position von Teilchen 1 gemessen wurde, oder ob Teilchen 1 von Anfang an in einer Überlagerung von Impulszuständen war.

Man kann das sehr allgemein formulieren, zumindest für Systeme wie die, die von Bohm betrachtet wurden, bei denen die gemessenen Größen nur diskrete Werte annehmen. Nehmen wir an, ein solches System sei in einem Zustand

$$\Psi = \sum_{nm} \psi_{nm}\, \Psi_n \otimes \Phi_m \tag{12.1.3}$$

wobei die direkten Produkte $\Psi_n \otimes \Phi_m$ einen vollständigen orthonormalen Satz von Zustandsvektoren beschreiben, die von einer Beobachterin Alice als die Zustände Ψ_n gesehen werden und von einem entfernten Beobachter Bob als die Zustände Φ_m. Der Koeffizient ψ_{nm} ist eine komplexe Wellenfunktion. Sie ist eine Funktion der Indizes n und m, die so normiert ist, dass $\sum_{nm}|\psi_{nm}|^2 = 1$. Im Bohmschen Fall etwa ist Gleichung (12.1.2) von der Gestalt (12.1.3) mit $\psi_{\uparrow\downarrow} = -\psi_{\downarrow\uparrow} = 1/\sqrt{2}$ und $\psi_{\uparrow\uparrow} = \psi_{\downarrow\downarrow} = 0$. Der Zustand des Systems ist verschränkt, wenn die Wellenfunktion ψ_{nm} nicht einfach das Produkt einer Funktion von n und einer Funktion von m ist. Nehmen wir nun an, dass sich Bob entschließt, eine Messung auszuführen, die seinen Teil des Systems in irgendeinen aus einem Satz von Zustandsvektoren $\sum_m u_m^{(r)}\Phi_m$ bringt, wobei die $u^{(r)}$ ein vollständiger Satz orthonormaler Vektoren

$$\sum_n u_n^{(r)*} u_n^{(s)} = \delta_{rs}, \qquad \sum_r u_n^{(r)*} u_m^{(r)} = \delta_{nm} \tag{12.1.4}$$

sind. Zusätzlich nehmen wir an, dass Alice eine Messung vornimmt, die ihren Teil des Systems in irgendeinen der Zustände Ψ_n bringt. Die Wahrscheinlichkeit, dass Alice ihren Teil des Systems in einem Zustand Ψ_n mit einem bestimmten n finden wird und Bob seinen Teil des Systems in einem Zustand $\sum_m u_m^{(r)} \Phi_m$ für ein bestimmtes r finden wird, beträgt

$$P(n,r) = \left| \sum_m u_m^{(r)} \psi_{nm} \right|^2 . \tag{12.1.5}$$

Da Alice nicht weiß, welches Ergebnis Bob erhält, ist die Wahrscheinlichkeit, dass sie ihren Teil des Systems in einem speziellen Zustand Ψ_n findet, gleich

$$P(n) = \sum_r P(n,r) = \sum_r \left| \sum_m u_m^{(r)} \psi_{nm} \right|^2 . \tag{12.1.6}$$

Kann Alice diese Wahrscheinlichkeit (wenn nötig mittels wiederholter Messungen) verwenden, um sagen zu können, was Bob misst? Nein, denn mithilfe der zweiten Gleichung (12.1.4) kann man diese Wahrscheinlichkeit als

$$P(n) = \sum_m |\psi_{nm}|^2 \tag{12.1.7}$$

schreiben. Da dieses Ergebnis nicht von den $u_m^{(r)}$ abhängt, enthält es keine Information darüber, was Bob sich zu messen entschlossen hat, oder gar darüber, ob er überhaupt eine Messung vorgenommen hat.

Dasselbe gilt auch, wenn Alice zulässt, dass sich der Zustandsvektor für eine Zeit t unter irgendeinem Hamiltonian H entwickelt, und dann die Wahrscheinlichkeit misst, dass sich ihr Teil des Systems in einem Zustand Ψ_n befindet. Diese Wahrscheinlichkeit ist

$$P(n,t) = \sum_r \left| \sum_{mn'} u_m^{(r)} U_{nn'} \psi_{n'm} \right|^2 = \sum_m \left| \sum_{n'} U_{nn'} \psi_{n'm} \right|^2 , \tag{12.1.8}$$

wobei U die Matrix $U_{nn'} = (\Psi_n, \exp(-iHt/\hbar)\Psi_{n'})$ ist. Das ist wiederum unabhängig davon, zu welcher Messung sich Bob entscheidet. Daher ist es unmöglich, Verschränkung für eine Kommunikation mit Überlichtgeschwindigkeit zu verwenden. Dies ist jedoch eine spezielle Eigenschaft der Quantenmechanik, die aus der Linearität des Zeitentwicklungsoperators $\exp(-iHt/\hbar)$ rührt. Alle Versuche, die Quantenmechanik zu verallgemeinern, indem man kleine Nichtlinearitäten in der Entwicklung der Zustandsvektoren zuläßt, bergen das Risiko, dass eine instantane Kommunikation zwischen getrennten Beobachtern möglich wird.[3]

Natürlich ändert Bobs Messung die Wellenfunktion für den Teil des Systems, der von Alice beobachtet wird – sie ändert nur nichts an den Ergebnissen von Alices Messungen. Wäre es Alice möglich, diese Wellenfunktion durch andere Mittel als Messungen zu untersuchen, dann wäre Kommunikation mit Überlichtgeschwindigkeit möglich. Wie in

3 N. Gisin, Helv. Phys. Acta **62**. 363 (1989); J. Polchinski, Phys. Rev. Lett. **66**, 397 (1991).

Abschnitt 3.7 erwähnt, stellt das Phänomen der Verschränkung damit ein Problem für jede Interpretation der Quantenmechanik dar, die der Wellenfunktion oder dem Zustandsvektor irgendeine physikalische Bedeutung zuschreibt, die darüber hinausgeht, dass es sich um ein Mittel handelt, die Ergebnisse von Messungen vorherzusagen.

Es gibt ein nützliches Maß für die Verschränkung, das man **Verschränkungsentropie** nennt. In einem reinen Zustand wie (12.1.3) verschwindet die von Neumann-Entropie (3.3.38) natürlich. Aber wenn Alice nichts über Bobs Beobachtungen weiß, dann ist für sie das System in irgendeinem der normierten Zustände $\Psi^{(m)} = \sum_n \psi_{nm}\Psi_n/P_m^{1/2}$ mit Wahrscheinlichkeiten $P_m = \sum_n |\psi_{nm}|^2$. Alices Dichtematrix lautet somit

$$\rho_A = \sum_m P_m[\Psi^{(m)}\Psi^{(m)\dagger}] = \sum_{mnn'} \psi_{nm}\psi^*_{n'm}[\Psi_n\Psi^\dagger_{n'}]. \tag{12.1.9}$$

Ihre Entropie ist

$$S_A = -k_B \sum_r p_r^{(A)} \ln p_r^{(A)}, \tag{12.1.10}$$

wobei die Zahlen $p_r^{(A)}$ die Eigenwerte der Matrix aus Gleichung (12.1.9) sind:

$$A_{nn'} \equiv \sum_m \psi_{nm}\psi^*_{n'm}. \tag{12.1.11}$$

Es sei erwähnt, dass wir ohne Verschränkung $\psi_{nm} = \psi_n\varphi_m$ mit $\sum_n |\psi_n|^2 = \sum_m |\varphi_m|^2 = 1$ erhalten würden, sodass in diesem Fall $A_{nn'} = \psi_n\psi^*_{n'}$ wäre, was die Eigenwerte 0 und 1 hat. Das würde $S_A = 0$ ergeben; somit ist ein nicht-verschwindender Wert von S_A in der Tat ein Zeichen von Verschränkung.

Die Verschränkungsentropie ist auch geschlechtsneutral. Wenn Bob nichts darüber weiß, was Alice beobachtet, dann lautet für ihn die Dichtematrix

$$\rho_B = \sum_{nmm'} \psi_{nm}\psi^*_{nm'}[\Phi_m\Phi^\dagger_{m'}]. \tag{12.1.12}$$

Sie hat die Entropie

$$S_B = -k_B \sum_s p_s^{(B)} \ln p_s^{(B)} \tag{12.1.13}$$

wobei die Zahlen $p_s^{(B)}$ die Eigenwerte der Matrix aus Gleichung (12.1.12) sind:

$$B_{mm'} \equiv \sum_n \psi_{nm}\psi^*_{nm'}. \tag{12.1.14}$$

Wie man leicht sieht, haben die Matrizen $A_{nn'}$ und $B_{mm'}$ die gleichen Eigenwerte. In einer Matrixschreibweise, in der ψ die Matrix mit den Komponenten ψ_{nm} ist, gilt

$$A = \psi\psi^\dagger, \quad B = \psi^{\mathrm{T}}\psi^*.$$

Beide Matrizen sind hermitesch, somit sind ihre Eigenwerte reell. Wenn also die Matrix A einen Eigenvektor v hat, so ist $\psi^{\mathrm{T}}v^*$ ein Eigenvektor der Matrix B mit dem gleichen Eigenwert, und wenn die Matrix B einen Eigenvektor w hat, so ist ψw^* ein Eigenvektor der Matrix A zum gleichen Eigenwert. Sind die Eigenwerte der Matrizen A und B gleich, so sind auch die Verschränkungsentropien S_A und S_B gleich.

12.2 Die Bellschen Ungleichungen

Man könnte sich vorstellen, dass man die merkwürdige Verschränkung, die man in der Quantenmechanik antrifft, durch eine Modifikation der Quantenmechanik vermeiden könnte, die auf der Einführung von lokalen versteckten Variablen beruht. Wir nehmen also an, dass der Zweielektronenzustand in der von Bohm beschriebenen Situation nicht (12.1.2) lautet, sondern stattdessen ein Ensemble möglicher Zustände ist, die durch einen Parameter oder einen Satz von Parametern, die wir kollektiv λ nennen, charakterisiert werden, sodass der Wert der Komponente des Spins des ersten Teilchens in einer beliebigen Richtung $\hat{a}$ durch eine feste Funktion $(\hbar/2)S(\hat{a},\lambda)$ gegeben ist, wobei $S(\hat{a},\lambda)$ nur die Werte ± 1 annehmen kann. Unsere Erfahrung und die Erhaltung des Drehimpulses besagen dann, dass die Komponente des Spins des zweiten Teilchens in derselben Richtung gleich $-(\hbar/2)S(\hat{a},\lambda)$ sein wird. Der Parameter λ liegt fest, bevor sich die beiden Teilchen voneinander trennen, somit ist keine Nichtlokalität im Spiel. Um aber die probabilistischen Eigenschaften der Quantenmechanik zu imitieren, soll der Wert von λ hier zufällig sein. Für die Wahrscheinlichkeitsdichte $\rho(\lambda)$ muss man lediglich $\rho(\lambda) \geq 0$ und $\int \rho(\lambda)\, d\lambda = 1$ annehmen. Die Korrelation zwischen den Spins der zwei Teilchen kann als der Durchschnitt des Produkts der $\hat{a}$-Komponente des Spins von Teilchen 1 und der $\hat{b}$-Komponente des Spins von Teilchen 2 angenommen werden:

$$\Big\langle (\mathbf{s}_1 \cdot \hat{a})\,(\mathbf{s}_2 \cdot \hat{b}) \Big\rangle = -\frac{\hbar^2}{4} \int d\lambda\; \rho(\lambda) S(\hat{a},\lambda) S(\hat{b},\lambda), \tag{12.2.1}$$

wobei $\hat{a}$ und $\hat{b}$ zwei beliebige Einheitsvektoren sind. In der Quantenmechanik ist der Spin von Teilchen 1 ein Operator, der die Beziehung[4]

$$(\mathbf{s}_1 \cdot \hat{a})\,(\mathbf{s}_1 \cdot \hat{b}) = \frac{\hbar^2}{4} \hat{a} \cdot \hat{b} + i\frac{\hbar}{2}\left(\hat{a} \times \hat{b}\right) \cdot \mathbf{s}_1 \tag{12.2.2}$$

erfüllt, somit ist der Durchschnitt des Produkts der Spinkomponenten in (12.1.2), wobei $\mathbf{s}_2 = -\mathbf{s}_1$ ist und $\mathbf{s}_1$ den Erwartungswert null hat, gleich

$$\Big\langle (\mathbf{s}_1 \cdot \hat{a})\,(\mathbf{s}_2 \cdot \hat{b}) \Big\rangle_{\mathrm{QM}} = -\frac{\hbar^2}{4} \hat{a} \cdot \hat{b}. \tag{12.2.3}$$

Es spricht nichts dagegen, eine Funktion S und eine Wahrscheinlichkeitsdichte ρ zu konstruieren, für die (12.2.1) und (12.2.3) für jedes Paar von Richtungen $\hat{a}$ und $\hat{b}$ gleich sind. Somit ist es unmöglich, experimentell zwischen Theorien mit lokalen versteckten Variablen und der Quantenmechanik zu unterscheiden, indem man nur Spinkomponenten in zwei Richtungen anschaut. In einer Veröffentlichung[5] aus dem Jahr 1964 konnte John Bell

4 Das sieht man am leichtesten, indem man sich erinnert, dass der Spinoperator $\mathbf{s}$ für Spin 1/2 als $(\hbar/2)\boldsymbol{\sigma}$ dargestellt werden kann, wobei die Komponenten von $\boldsymbol{\sigma}$ die Pauli-Matrizen (4.2.18) sind. Eine direkte Rechnung zeigt dann, dass diese Matrizen die Multiplikationsregel $\sigma_i \sigma_j = \delta_{ij} 1 + i \sum_k \epsilon_{ijk} \sigma_k$ erfüllen, aus der Gleichung (12.2.2) unmittelbar folgt.

5 J. S. Bell, Physics **1**, 195 (1964). Diese Zeitschrift erscheint nicht mehr; man findet die Veröffentlichung von Bell in der Sammlung *Quantum Theory and Measurement*, Hrsg. J. A. Wheeler und W. Zurek (Princeton University Press, Princeton, NJ, 1983).

(1928–1990) allerdings zeigen, dass ein solcher Konflikt besteht, wenn man Spinkomponenten für drei unterschiedliche Richtungen $\hat{a}$, $\hat{b}$ und $\hat{c}$ betrachtet. In diesem Fall erfüllt die Korrelationsfunktion (12.2.1) Ungleichungen, die im Allgemeinen von den quantenmechanischen Erwartungswerten (12.2.3) nicht erfüllt werden.

Um dies zu sehen, stellen wir fest, dass gemäß der allgemeinen Eigenschaften der oben angenommenen Theorien mit lokalen versteckten Variablen

$$\left\langle (\mathbf{s}_1 \cdot \hat{a})\, (\mathbf{s}_2 \cdot \hat{b}) \right\rangle - \langle (\mathbf{s}_1 \cdot \hat{a})\, (\mathbf{s}_2 \cdot \hat{c}) \rangle = -\frac{\hbar^2}{4} \int \rho(\lambda) d\lambda \left[S(\hat{a},\lambda) S(\hat{b},\lambda) - S(\hat{a},\lambda) S(\hat{c},\lambda) \right] \quad (12.2.4)$$

ist. Da $S^2(\hat{b},\lambda) = 1$ ist, kann man dies in der Form

$$\left\langle (\mathbf{s}_1 \cdot \hat{a})\, (\mathbf{s}_2 \cdot \hat{b}) \right\rangle - \langle (\mathbf{s}_1 \cdot \hat{a})\, (\mathbf{s}_2 \cdot \hat{c}) \rangle = -\frac{\hbar^2}{4} \int \rho(\lambda) d\lambda \; S(\hat{a},\lambda)\, S(\hat{b},\lambda) \left[1 - S(\hat{b},\lambda) S(\hat{c},\lambda) \right] \quad (12.2.5)$$

schreiben. Der Absolutbetrag eines Integrals ist höchstens so groß wie das Integral des Absolutbetrags, somit gilt

$$\left| \left\langle (\mathbf{s}_1 \cdot \hat{a})\, (\mathbf{s}_2 \cdot \hat{b}) \right\rangle - \langle (\mathbf{s}_1 \cdot \hat{a})\, (\mathbf{s}_2 \cdot \hat{c}) \rangle \right| \le \frac{\hbar^2}{4} \int \rho(\lambda) d\lambda \; \left[1 - S(\hat{b},\lambda) S(\hat{c},\lambda) \right],$$

und daher

$$\left| \left\langle (\mathbf{s}_1 \cdot \hat{a})\, (\mathbf{s}_2 \cdot \hat{b}) \right\rangle - \langle (\mathbf{s}_1 \cdot \hat{a})\, (\mathbf{s}_2 \cdot \hat{c}) \rangle \right| \le \frac{\hbar^2}{4} + \left\langle (\mathbf{s}_1 \cdot \hat{b})\, (\mathbf{s}_2 \cdot \hat{c}) \right\rangle . \quad (12.2.6)$$

Das ist die ursprüngliche Bellsche Ungleichung.

Wesentlich ist, dass zumindest für einige Richtungen $\hat{a}$, $\hat{b}$ und $\hat{c}$ diese Ungleichung *nicht* von der quantenmechanischen Korrelationsfunktion (12.2.3) erfüllt wird. Nehmen wir zum Beispiel

$$\hat{b} \cdot \hat{a} = 0, \qquad \hat{c} = [\hat{a} + \hat{b}]/\sqrt{2} \quad (12.2.7)$$

an. Dann lautet für die quantenmechanische Korrelationsfunktion (12.2.3) die linke Seite der Ungleichung (12.2.6)

$$\left| \left\langle (\mathbf{s}_1 \cdot \hat{a})\, (\mathbf{s}_2 \cdot \hat{b}) \right\rangle_{\mathrm{QM}} - \langle (\mathbf{s}_1 \cdot \hat{a})\, (\mathbf{s}_2 \cdot \hat{c}) \rangle_{\mathrm{QM}} \right| = \frac{\hbar^2}{4\sqrt{2}}, \quad (12.2.8)$$

während die rechte Seite gleich

$$\frac{\hbar^2}{4} + \left\langle (\mathbf{s}_1 \cdot \hat{b})\, (\mathbf{s}_2 \cdot \hat{c}) \right\rangle_{\mathrm{QM}} = \frac{\hbar^2}{4} - \frac{\hbar^2}{4\sqrt{2}} \quad (12.2.9)$$

ist. Es ist offensichtlich die Größe (12.2.8) größer als die Größe (12.2.9), nicht kleiner. Somit kann die Messung der Korrelationsfunktionen $\langle (\mathbf{s}_1 \cdot \hat{a})\, (\mathbf{s}_2 \cdot \hat{b}) \rangle$, $\langle (\mathbf{s}_1 \cdot \hat{a})\, (\mathbf{s}_2 \cdot \hat{c}) \rangle$, und $\langle (\mathbf{s}_1 \cdot \hat{b})\, (\mathbf{s}_2 \cdot \hat{c}) \rangle$ eine klare Entscheidung zwischen den Voraussagen der Quantenmechanik und jenen einer beliebigen Theorie mit lokalen versteckten Variablen treffen.

Das Experiment kann eine solche Entscheidung nicht nur treffen, sondern hat es auch bereits getan. Die Experimente, die von Alain Aspect und seinen Mitarbeitern[6] durchgeführt wurden, überprüften in Wirklichkeit eine Verallgemeinerung der ursprünglichen Bellschen Ungleichung. Sie betrachteten eine Größe $S_n(\hat{a})$ für ein Teilchen n, die (wie die Komponente des Elektronenspins $\hat{a}\cdot\mathbf{s}_n$ in Einheiten von $\hbar/2$) nur die Werte ± 1 annehmen kann. In einer Theorie mit lokalen versteckten Variablen wird der für $S_n(\hat{a})$ gemessene Wert eine feste Funktion $S_n(\hat{a},\lambda)$ eines Parameters oder eines Satzes von Parametern λ sein, dessen Wert festgelegt wird, bevor sich die Teilchen trennen. Die Wahrscheinlichkeit, einen Wert zwischen λ und $\lambda + d\lambda$ zu erhalten, beträgt dabei $\rho(\lambda)\, d\lambda$. Die Korrelation zwischen dem Wert für $S_1(\hat{a})$ von Teilchen 1 und dem Wert für $S_2(\hat{b})$ von Teilchen 2 ist der Mittelwert des Produkts:

$$\left\langle S_1(\hat{a})\, S_2(\hat{b})\right\rangle = \int d\lambda\; \rho(\lambda)\, S_1(\hat{a},\lambda)\, S_2(\hat{b},\lambda). \tag{12.2.10}$$

Wir betrachten die Größe

$$\begin{aligned}\left\langle S_1(\hat{a})\, S_2(\hat{b})\right\rangle - \left\langle S_1(\hat{a})\, S_2(\hat{b}')\right\rangle + \left\langle S_1(\hat{a}')\, S_2(\hat{b})\right\rangle + \left\langle S_1(\hat{a}')\, S_2(\hat{b}')\right\rangle = \int d\lambda\; \rho(\lambda)\\ \times \left[S_1(\hat{a},\lambda)\, S_2(\hat{b},\lambda) - S_1(\hat{a},\lambda)\, S_2(\hat{b}',\lambda) + S_1(\hat{a}',\lambda)\, S_2(\hat{b},\lambda) + S_1(\hat{a}',\lambda)\, S_2(\hat{b}',\lambda)\right]\end{aligned}$$

für 4 verschiedene Richtungen $\hat{a}$, $\hat{b}$, $\hat{a}'$, $\hat{b}'$. Für beliebiges λ kann jedes Produkt $S_1 S_2$ in den eckigen Klammern nur den Wert ± 1 annehmen, sodass die Summe nur die Werte[7] 0, +2 oder –2 annehmen kann. Der Mittelwert muss daher der Ungleichung

$$\left|\left\langle S_1(\hat{a})\, S_2(\hat{b})\right\rangle - \left\langle S_1(\hat{a})\, S_2(\hat{b}')\right\rangle + \left\langle S_1(\hat{a}')\, S_2(\hat{b})\right\rangle + \left\langle S_1(\hat{a}')\, S_2(\hat{b}')\right\rangle\right| \leq 2 \tag{12.2.11}$$

genügen. Es sei erwähnt, dass diese Ungleichung für eine größere Klasse von Theorien als die ursprüngliche Bellsche Ungleichung (12.2.6) gilt, weil wir bei ihrer Herleitung die ursprüngliche Annahme, dass $S_2(\hat{a},\lambda) = -S_1(\hat{a},\lambda)$ für alle Richtungen $\hat{a}$ gilt, nicht machen mussten.

Damit die Ungleichung (12.2.11) bei der Unterscheidung von Theorien mit lokalen versteckten Variablen und der Quantenmechanik von Nutzen ist, muss der von der Quantenmechanik gegebene Wert auf der linken Seite die Ungleichung verletzen. Um diesen Wert zu berechnen, müssen wir natürlich eine spezielle experimentelle Anordnung festlegen. Einem älteren Vorschlag von Clauser *et al.* folgend,[8] maßen Aspect *et al.* Korrelationen zwischen Photonpolarisierungen in einem Zweiphotonenübergang, der zuvor

6 A. Aspect, P. Grangier, und G. Roger, Phys. Rev. Lett. **47**, 460 (1981); **49**, 91 (1982); A. Aspect, J. Dalibard, und G. Roger, Phys. Rev. Lett. **49**, 1804 (1982). Die Diskussion folgt hier vor allem der zweiten Veröffentlichung.

7 Es ist unmöglich, dass die Summe im Integranden den Wert +4 für irgendein λ annimmt: Damit die ersten drei Terme den Wert +1 annehmen, müsste $S_1(\hat{a},\lambda) = S_2(\hat{b},\lambda) = -S_2(\hat{b}',\lambda) = S_1(\hat{a}',\lambda)$ gelten, was den vierten Term gleich –1 setzt und die Summe gleich +2 und nicht gleich +4 macht. In ähnlicher Weise ist es unmöglich, dass die Summe für irgendein λ den Wert –4 annimmt, denn um für die ersten drei Terme den Wert –1 zu erhalten, müsste $S_1(\hat{a},\lambda) = -S_2(\hat{b},\lambda) = S_2(\hat{b}',\lambda) = S_1(\hat{a}',\lambda)$ gelten; der vierte Term wäre dann +1 und die Summe wäre gleich –2 und nicht gleich –4.

8 J. F. Clauser, M. A. Horne, A. Shimony, und R. A. Holt, Phys. Rev. Lett. **23**, 880 (1969). Für einen Übersichtsartikel über verschiedene Versionen von Bellschen Ungleichungen und deren experimentelle Überprüfung siehe J. F. Clauser und A. Shimony, Rep. Prog. Phys. **41**, 1881 (1978).

von Kocher und Commins[9] untersucht worden war. Die zwei Photonen werden in einem Kaskadenzerfall in Kalziumatomen emittiert, wobei der erste Zerfall von einem Zustand mit $j = 0$ und gerader Parität in einen kurzlebigen Zwischenzustand mit $j = 1$ und ungerader Parität führt und der zweite aus diesem Zustand in einen anderen Zustand mit $j = 0$ und gerader Parität. Diese Photonen werden in Polarisatoren gelenkt. Ein Polarisator schickt Photon 1 in einen Photomultiplier, wenn es eine lineare Polarisierung entlang einer Richtung $\hat{a}$ (orthogonal zur Photonenrichtung $\hat{k}$) aufweist; in diesem Fall wird ein Wert $S_1(\hat{a}) = +1$ festgehalten. Ist das Photon linear entlang einer Richtung orthogonal zu $\hat{a}$ und $\hat{k}$ polarisiert, wird es in einen anderen Photomultiplier geschickt und ein Wert $S_1(\hat{a}) = -1$ festgehalten. In ähnlicher Weise schickt der andere Polarisator Photon 2 in einen Photomultiplier, wenn das Photon eine lineare Polarisation entlang einer Richtung $\hat{b}$ (orthogonal zur Photonenrichtung $-\hat{k}$) aufweist, wobei dann ein Wert $S_2(\hat{b}) = +1$ festgehalten wird, und in einen anderen Photomultiplier, wenn es entlang einer Richtung linear polarisiert ist, die zu $\hat{b}$ und $-\hat{k}$ orthonormal ist. In diesem Fall wird ein Wert $S_2(\hat{b}) = -1$ festgehalten. Die Polarisatoren können gedreht werden, sodass entweder $\hat{a}$ durch $\hat{a}'$ oder $\hat{b}$ durch $\hat{b}'$ oder beide ersetzt werden. Da der Zweiphotonenübergang zwischen atomaren Zuständen mit $j = 0$ ist, muss die Amplitude für den Übergang eine skalare Funktion der beiden Polarisierungen sein; da die atomaren Zustände am Anfang und am Ende gerade Parität haben, ist der Skalar $\hat{k} \cdot (\mathbf{e}_1 \times \mathbf{e}_2)$ ausgeschlossen, sodass die Amplitude proportional zu $\mathbf{e}_1 \cdot \mathbf{e}_2$ sein muss und die Wahrscheinlichkeit, dass Teilchen 1 in Richtung $\hat{a}$ und Teilchen 2 in Richtung $\hat{b}$ polarisiert ist, somit gleich $(\hat{a} \cdot \hat{b})^2/2$ ist. (Der Faktor 1/2 wird durch die Bedingung festgelegt, dass die Summe über zwei orthogonale Richtungen von $\hat{a}$ und $\hat{b}$ eins ergeben muss.) Addieren wir $S_1(\hat{a})S_2(\hat{b})$ für die vier Möglichkeiten $S_1(\hat{a}) = \pm 1$, $S_2(\hat{b}) = \pm 1$ gewichtet mit diesen Wahrscheinlichkeiten auf, so sehen wir, dass der quantenmechanische Erwartungswert von $S_1(\hat{a})$ mal $S_2(\hat{b})$ gleich

$$\left\langle S_1(\hat{a})S_2(\hat{b})\right\rangle_{QM} = \frac{1}{2}\left(\cos^2\theta_{ab} - \sin^2\theta_{ab} - \sin^2\theta_{ab} + \cos^2\theta_{ab}\right) = \cos 2\theta_{ab} \qquad (12.2.12)$$

ist, wobei θ_{ab} der Winkel zwischen $\hat{a}$ und $\hat{b}$ ist. Somit lautet die linke Seite von Gleichung (12.2.11) in der Quantenmechanik

$$\left\langle S_1(\hat{a})\, S_2(\hat{b})\right\rangle_{QM} - \left\langle S_1(\hat{a})\, S_2(\hat{b}')\right\rangle_{QM} + \left\langle S_1(\hat{a}')\, S_2(\hat{b})\right\rangle_{QM} + \left\langle S_1(\hat{a}')\, S_2(\hat{b}')\right\rangle_{QM}$$

$$= \cos 2\theta_{ab} - \cos 2\theta_{ab'} + \cos 2\theta_{a'b} + \cos 2\theta_{a'b'}. \qquad (12.2.13)$$

Sie wird maximal,[10] wenn $\theta_{ab} = \theta_{a'b} = \theta_{a'b'} = 22{,}5^\circ$ und $\theta_{ab'} = 67{,}5^\circ$ ist. In diesem Fall gilt

$$\left\langle S_1(\hat{a})\, S_2(\hat{b})\right\rangle_{QM} - \left\langle S_1(\hat{a})\, S_2(\hat{b}')\right\rangle_{QM} + \left\langle S_1(\hat{a}')\, S_2(\hat{b})\right\rangle_{QM} + \left\langle S_1(\hat{a}')\, S_2(\hat{b}')\right\rangle_{QM}$$

$$= 2\sqrt{2} = 2{,}828.$$

9 C. A. Kocher und E. D. Commins, Phys. Rev. Lett. **18**, 575 (1967).

10 Alle Richtungen $\hat{a}$, $\hat{b}$, $\hat{a}'$ und $\hat{b}'$ sind senkrecht zu $\hat{k}$, sodass sie alle in der gleichen Ebene liegen. Der Maximalwert von (12.2.13) wird erreicht, indem man sie so anordnet, dass $\theta_{ab'} = \theta_{ab} + \theta_{a'b} + \theta_{a'b'}$ ist, und dann die Ableitungen des Ausdrucks (12.2.13) nach θ_{ab} und $\theta_{a'b}$ sowie $\theta_{a'b'}$ alle gleich null setzt.

Da die Polarisatoren im Experiment nicht perfekt effizient waren, erwartete man nur einen Wert von $2{,}70 \pm 0{,}05$. Das experimentelle Ergebnis für die linke Seite von Gleichung (12.2.11) war $2{,}697 \pm 0{,}0515$, in guter Übereinstimmung mit der Quantenmechanik und in klarer Verletzung der Ungleichung (12.2.11), die von allen Theorien mit lokalen versteckten Variablen erfüllt wird.

12.3 Quantencomputing

In den letzten Jahren haben die Möglichkeiten, die die Quantenmechanik für Berechnungen liefert, viel Aufmerksamkeit erfahren.[11] Dieser Abschnitt wird nur einen kurzen Einblick in die Fähigkeiten von Quantencomputern und deren Beschränkungen geben.

Es ist die Existenz der quantenmechanischen Verschränkung, die die Möglichkeit gibt, auf Quantencomputern Rechnungen auszuführen, die auf einem klassischen Computer exponentiell mehr Ressourcen benötigen würden. Man kann sich vorstellen, dass der Arbeitsspeicher eines Quantencomputers aus n **qbits** besteht, Elementen wie Atomen mit Gesamtdrehimpuls 1/2 oder elektrischen Strömen in supraleitenden Schleifen, bei denen eine physikalische Größe wie etwa die z-Komponente des Drehimpulses oder die Richtung des Stroms nur zwei Werte annehmen kann. Wir werden diese zwei Werte mit einem Index s bezeichnen, der nur die Werte 0 oder 1 annimmt, und $\Psi_{s_1 s_2 \ldots s_n}$ als den normierten Zustandsvektor definieren, bei dem die qbits die Werte s_1, s_2, ... s_n annehmen. Der allgemeine Zustand des Speichers ist dann

$$\Psi = \sum_{s_1 s_2 \ldots s_n} \psi_{s_1 s_2 \ldots s_n} \Psi_{s_1 s_2 \ldots s_n}, \tag{12.3.1}$$

wobei die $\psi_{s_1 s_2 \ldots s_n}$ komplexe Zahlen sind, die der Normierungsbedingung

$$\sum_{s_1 s_2 \ldots s_n} \left|\psi_{s_1 s_2 \ldots s_n}\right|^2 = 1 \tag{12.3.2}$$

unterliegen. Da nur die Absolutbeträge der komplexen Zahlen $\psi_{s_1 s_2 \ldots s_n}$ dieser Bedingung unterliegen und ihre globale Phase irrelevant ist, gibt es $2^n - 1$ unabhängige Koeffizienten $\psi_{s_1 s_2 \ldots s_n}$, sodass ein Quantencomputer mit n qbits einen Speicher hat, der $2^n - 1$ unabhängige komplexe Zahlen enthalten kann, in dem Sinne, dass es sich um die Information handelt, die der Computer während der Rechnungen bearbeiten kann. (Wie wir sehen werden, ist diese Information im Allgemeinen nicht zum Auslesen aus dem Speicher verfügbar.)

Man kann das mit einem klassischen digitalen Computer vergleichen. Der Zustand eines klassischen Speichers, der n bits enthält, ist einfach eine Folge von n Nullen und Einsen, die man als die Binärschreibweise einer einzelnen ganzen Zahl betrachtet, die einen Wert

11 Siehe z. B. N. D. Mermin, *Quantum Computer Science – An Introduction* (Cambridge University Press, Cambridge, 2007). Für einen online zugänglichen Überblick über Quantencomputing, siehe J. Preskill, www.theory.caltech.edu/people/preskill/ph229/#lecture.

zwischen 0 und 2^n-1 annimmt. Der Vergleich zwischen einem Quantenspeicher, der 2^n-1 komplexe Zahlen ohne Einschränkung enthält, und einem klassischen Speicher, der eine einzelne ganze Zahl zwischen 0 und 2^n-1 speichert, macht den Unterschied zwischen Quantencomputern und klassischen Computern deutlich. Ein klassischer digitaler Computer kann alles machen, was auch ein Quantencomputer kann, benötigt dafür aber einen exponentiell größeren Speicher.

Wie bei einem klassischen Computer, können wir bei den Indizes s_1, s_2, ... s_n an ψ und Ψ an eine Folge von Nullen und Einsen denken und sie durch eine einzelne ganze Zahl zwischen null und 2^n-1 ersetzen, deren binäre Darstellung gleich $s_1 s_2 \ldots s_n$ ist. (Im Fall $n=2$ würden wir zum Beispiel $\Psi_0 \equiv \Psi_{00}$, $\Psi_1 \equiv \Psi_{01}$, $\Psi_2 \equiv \Psi_{10}$, $\Psi_3 \equiv \Psi_{11}$ definieren.) Wir können somit Gleichung (12.3.1) als

$$\Psi = \sum_{\nu=0}^{2^n-1} \psi(\nu)\Psi_\nu \tag{12.3.3}$$

schreiben und bei $\psi(\nu)$ an eine komplexwertige Funktion der ganzen Zahl ν denken.

Setzt man die n qbits verschiedenen äußeren Einflüssen aus, so ist es im Prinzip möglich, auf ihren Zustandsvektor mit einem Operator der Form $\exp(-iHt/\hbar)$ einzuwirken, wobei H irgendeine Art von hermiteschem Operator ist, und auf diese Weise am Zustandsvektor eine beliebige unitäre Transformation $\Psi \to U\Psi$ unserer Wahl auszuführen. Die Auswirkung auf die Wellenfunktion wird

$$\psi(\nu) \mapsto \sum_{\mu=0}^{2^n-1} U_{\mu\nu}\psi(\mu) \tag{12.3.4}$$

sein, wobei $U_{\mu\nu}$ eine mehr oder weniger beliebige unitäre Matrix ist. Auf diese Weise kann ein Quantencomputer Funktionen in andere Funktionen umwandeln. So macht zum Beispiel die Konstruktion eines Algorithmus zum Auffinden der Primfaktoren großer ganzer Zahlen[12] von einer unitären Transformation Gebrauch mit

$$U_{\mu\nu} = 2^{-n/2} \exp\left(2i\pi\mu\nu/2^n\right), \tag{12.3.5}$$

wodurch $\psi(\nu)$ in ihre Fouriertransformierte verwandelt wird:

$$\psi(\nu) \mapsto 2^{-n/2} \sum_{\mu=0}^{2^n-1} \exp\left(2i\pi\mu\nu/2^n\right)\psi(\mu). \tag{12.3.6}$$

Das ist unitär, weil wir für μ und μ' ganzzahlig zwischen 0 und 2^n-1

$$\sum_{\nu=0}^{2^n-1} U_{\mu\nu} U^*_{\mu'\nu} = 2^{-n} \sum_{\nu=0}^{2^n-1} \exp\left(2i\pi(\mu-\mu')\nu/2^n\right) = \delta_{\mu\mu'}$$

haben. Um die Vorteile von Quantencomputern nicht zu verlieren, ist es notwendig, solche nützlichen unitären Transformationen aus »Gattern« aufzubauen – unitären Transformationen, die nicht auf mehr als eine feste Anzahl von qbits gleichzeitig wirken. Zum

12 P. W. Shor, J. Sci. Statist. Comput. **26**, 1484 (1997).

Beispiel zeigt die Referenz in Fußnote 12, dass man die unitäre Transformation (12.3.5) aus nur zwei Arten von Gattern aufbauen kann: einem Gatter R_j, das auf die zwei Zustände des j-ten qbits mit einer unitären Matrix

$$R_j : \quad \frac{1}{\sqrt{2}} \begin{pmatrix} 1 & 1 \\ 1 & -1 \end{pmatrix}$$

wirkt, und einem Gatter S_{jk}, das auf die vier Zustände des j-ten und k-ten qbits (mit $j < k$) wirkt:

$$S_{jk} : \quad \begin{pmatrix} 1 & 0 & 0 & 0 \\ 0 & 1 & 0 & 0 \\ 0 & 0 & 1 & 0 \\ 0 & 0 & 0 & \exp(i\pi 2^{j-k}) \end{pmatrix} .$$

Dabei entsprechen die Zeilen und Spalten den Zweiqbitzuständen mit den Indizes 00, 01, 10 und 11 in dieser Reihenfolge.

Quantencomputing unterliegt Beschränkungen, die intrinsisch und extrinsisch sind. Intrinsische Beschränkungen tauchen beim Auslesen des Speicherinhalts eines Quantencomputers auf. Für einen Speicher in einem allgemeinen Zustand (12.3.3) mit unbekannten Koeffizienten $\psi(\nu)$ kann uns keine einzelne Messung des Zustands jedes qbits an sich irgendetwas Präzises über die Werte dieser Koeffizienten sagen. Selbst wenn wir identische Rechnungen viele Male wiederholen und jedes Mal den Zustand jedes qbits messen, erhalten wir nur die Werte der Beträge $|\psi(\nu)|$. Andererseits gilt: Wenn wir wissen, dass eine Rechnung den Speicher in einen der Basiszustände Ψ_ν versetzt hat, so können wir die ganze Zahl ν bestimmen, indem wir den Zustand jedes qbits messen. Insbesondere besteht bei der Faktorisierung großer Zahlen in ein Produkt von Primzahlen die Ausgabe in einem Satz von Zahlen, die durch Zustände Ψ_ν beschrieben werden, und es gibt kein Problem damit, diese Zahlen durch eine Messung des Zustands jedes qbits zu bestimmen.

Allgemeinere Messungen sind ebenfalls möglich. Wenn wir wissen, dass eine Quantenrechnung den Speicher in einen Zustand gebracht hat, für den

$$\sum_{\nu=0}^{2^n-1} A^r_{\mu\nu}\psi(\nu) = a^r\psi(\mu)$$

mit einem Satz hermitescher Matrizen A^r gilt, so können wir durch geeignete Messungen die Eigenwerte a^r bestimmen. (Das vorhin erwähnte Beispiel, bei dem eine Berechnung den Speicher in einem Zustand Ψ_ν hinterlässt, ist einfach der Fall, in dem diese Matrizen gleich $A^\nu_{\mu'\mu} = \nu\delta_{\nu\mu'}\delta_{\nu\mu}$ sind.)

Eine weitere intrinsische Beschränkung ist wie folgt: Aufgrund der Linearität der Operationen U, die auf dem Inhalt eines Speicherregisters ausgeführt werden können, gibt es einige Dinge, die man leicht mit einem klassischen Computer machen kann, die auf einem Quantencomputer nicht möglich sind. Eines davon ist das Kopieren des Inhalts eines Speicherregisters in ein anderes Register. Diese Beobachtung bezeichnet man als **no-cloning-Theorem.**[13] Der Zustand zweier unabhängiger Register kann als direktes Produkt beschrieben werden, $\Psi \otimes \Phi$, wobei Ψ und Φ die Zustände der beiden Register sind. (Wenn also $\Psi = \sum_\nu \psi(\nu)\Psi_\nu$ und $\Phi = \sum_\mu \phi(\mu)\Phi_\mu$ gilt, so ist $\Psi \otimes \Phi = \sum_{\nu\mu} \psi(\nu)\phi(\mu)\Psi_{\nu\mu}$.) Ein Kopieroperator U müsste die Eigenschaft

$$U(\Psi \otimes \Phi_0) = \Psi \otimes \Psi \tag{12.3.7}$$

haben, wobei Ψ ein beliebiger Zustand des ersten Registers und Φ_0 ein fester »leerer« Zustand des zweiten Registers ist. Wenn das für beliebige Zustände Ψ zutrifft, muss es auch wahr sein, wenn Ψ eine Summe $\Psi_A + \Psi_B$ ist, sodass

$$\begin{aligned} U\Big((\Psi_A + \Psi_B) \otimes \Phi_0\Big) &= (\Psi_A + \Psi_B) \otimes (\Psi_A + \Psi_B) \\ &= \Psi_A \otimes \Psi_A + \Psi_A \otimes \Psi_B + \Psi_B \otimes \Psi_A + \Psi_B \otimes \Psi_B \end{aligned} \tag{12.3.8}$$

gilt. Wenn aber U linear ist, so gilt

$$U\Big((\Psi_A + \Psi_B) \otimes \Phi_0\Big) = U\Big(\Psi_A \otimes \Phi_0\Big) + U\Big(\Psi_B \otimes \Phi_0\Big) = \Psi_A \otimes \Psi_A + \Psi_B \otimes \Psi_B, \tag{12.3.9}$$

was im Widerspruch zu Gleichung (12.3.8) steht.

Die extrinsische Beschränkung des Quantencomputing besteht in der Notwendigkeit, die Verschränkung der qbits während einer Berechnung aufrechtzuerhalten. Ein entschränkter Zustand, bei dem $\psi_{s_1 \dots s_n}$ ein Produkt von Funktionen der Indizes ist, kann nur $n-1$ und nicht 2^n-1 unabhängige komplexe Zahlen enthalten, sodass der Vorsprung des Quantencomputing vor den klassischen Computern verloren ist. Es bleibt zu sehen, ob man die Verschränkung für viele qbits gut genug aufrechterhalten kann, um die Entwicklung nützlicher Quantencomputer zu ermöglichen.

13 W. R. Wooters und W. H. Zurek, Nature **299**, 802 (1982); D. Dicks, Phys. Lett. A **92**, 271 1982).

Index